高等学校食品质量与安全专业适用教材

中国轻工业“十四五”规划教材

# 食品微生物风险评估

丁　甜　董庆利　主　编

中国轻工业出版社

**图书在版编目（CIP）数据**

食品微生物风险评估 / 丁甜，董庆利主编. —北京：
中国轻工业出版社，2024. 8
高等学校食品质量与安全专业适用教材　中国轻工业
“十四五”规划教材
ISBN 978-7-5184-4584-4

Ⅰ. ①食…　Ⅱ. ①丁…　②董…　Ⅲ. ①食品微生物—
风险评价—高等学校—教材　Ⅳ. ①TS201. 3

中国国家版本馆 CIP 数据核字（2023）第 197686 号

责任编辑：钟　雨
策划编辑：钟　雨　　责任终审：白　洁　　封面设计：锋尚设计
版式设计：砚祥志远　　责任校对：晋　洁　　责任监印：张　可

出版发行：中国轻工业出版社（北京鲁谷东街 5 号，邮编：100040）
印　　刷：北京君升印刷有限公司
经　　销：各地新华书店
版　　次：2024 年 8 月第 1 版第 1 次印刷
开　　本：787×1092　1/16　印张：22. 75
字　　数：537 千字
书　　号：ISBN 978-7-5184-4584-4　定价：69. 00 元
邮购电话：010-85119873
发行电话：010-85119832　010-85119912
网　　址：http://www. chlip. com. cn
Email：club@ chlip. com. cn

210229J1X101ZBW

## 本书编写人员


主　编　丁　甜　　浙江大学

　　　　董庆利　　上海理工大学

副主编　王　军　　广东海洋大学

　　　　王晔茹　　国家食品安全风险评估中心

　　　　冯劲松　　浙江大学

　　　　李长城　　福建农林大学

委　员　（按姓氏笔画排序）

　　　　王彝白纳　国家食品安全风险评估中心

　　　　方　婷　　福建农林大学

　　　　石　超　　西北农林科技大学

　　　　田明胜　　上海市食品药品监督管理局

　　　　白　莉　　国家食品安全风险评估中心

　　　　刘阳泰　　上海理工大学

　　　　汪　雯　　浙江省农业科学院

　　　　张昭寰　　上海海洋大学

　　　　赵　勇　　上海海洋大学

　　　　施春雷　　上海交通大学

　　　　韩荣伟　　青岛农业大学

　　　　廖新浴　　浙江大学长三角智慧绿洲创新中心

# 序 Foreword

本世纪以来，食品安全问题成为全球公认的公共卫生问题。微生物风险评估更是国际食品安全领域新兴和重要的科学进步。2000 年联合国粮食及农业组织和世界卫生组织联合成立的微生物风险评估专家组（JRMRA）是国际最权威的食品微生物风险评估科学组织，不断引领各国如何识别、评估和控制食品中的微生物风险，从而保障公众健康和公平的国际贸易。我国开展食品微生物风险评估的工作起步于 20 年前，但涉足该领域的研究力量和科学成果严重不足。随着 2009 年《中华人民共和国食品安全法》的颁布，风险评估、风险监测和风险管理等国际先进理念被列入相关条款，国家组建成立了第一届国家食品安全风险评估专家委员会，由跨部门、跨领域的 42 名专家组成。国家食品安全风险评估中心承担专家委员会秘书处的工作，开始有计划、有组织的启动某些特定食品中重要微生物的风险评估工作。值此《食品微生物风险评估》教材的面世之际，我非常高兴地见证将“食品微生物风险评估”编入教材、走进高等院校大课堂。

本教材汇集了来自食品安全领域满怀激情和热爱的一批年轻学者，包括近年来参与国际事务的 JRMRA 专家以及国家食品安全风险评估专家委员会的委员和秘书处人员。他们将自己的专业知识和经验融入其中，为读者呈现了一本理论先进、内容全面的食品微生物风险评估教材。

本教材内容全面系统，涵盖了食品微生物风险评估的理论、方法和实际应用等多个方面。从风险分析的理论框架出发，探讨了风险评估的基本理论，以及危害识别、危害特征描述、暴露评估、风险特征描述等关键环节。特别是，结合我国开展此项工作面临的困惑，有针对性的对预测微生物模型、交叉污染、变异性、不确定性和敏感性等问题，进行了独到的解读与阐述。同时，本书介绍了定量评估模型构建和软件应用等内容，为读者提供了实用工具和实践案例，有助于对理论知识的理解和有效应用。

本教材不仅可以作为高等院校食品科学与工程、食品质量与安全、粮食工程等食品相关专业本科生、研究生的教材，也可供食品、制药、环境等行业的科研、管理和技术人员参考。

衷心希望，本教材能够在食品安全领域发挥积极的作用，成为全国食品相关专业学生和从业者学习和研究食品微生物风险评估的重要参考书，从而让更多师生、学者以此书为启蒙，增长兴趣，热爱并投身于食品微生物风险评估工作，为我国食品安全事业的可持续发展，培养人才、不断壮大专业技术队伍而贡献力量。

刘秀梅

2024 年 7 月

# 前言 Preface

当前食品风险的概念已深入人心，特别是随着2009年我国《食品安全法》的制定、颁布和实施，使得“风险”这一概念在食品安全监管领域得以广泛推广。食品安全风险分析是现代食品安全监管的核心环节，包括风险评估、风险管理和风险交流，其中风险评估是风险分析体系中的科学基础。

近年来，我国政府重视食品安全并逐渐加强风险分析体系的构建和实施。根据历年来国家卫生健康委的统计数据，表明由致病微生物导致的食物中毒发病率一直高于其他危害。加强我国的食品微生物定量风险评估（QMRA），缩小与其他国家的研究差距，从国家层面上势在必行。特别是2011年成立国家食品安全风险评估中心以来，我国已有不少针对具体食品致病菌情况的QMRA研究。微生物风险评估对于预防病原微生物引起的食源性疾病具有重要意义，也是制定食品安全标准等食源性疾病防控措施的重要科学依据。

QMRA的经典体系包括危害识别、危害特征描述、暴露评估和风险特征描述等，由此来制定旨在减少病原微生物对人群健康影响的有效风险管理政策。在QRMA的研究中，主要涉及剂量反应模型和微生物预测模型，这些模型常被应用于微生物危害特征描述和暴露评估阶段，评估特定微生物对特定人群产生的影响。同时，QMRA当前在预测微生物学、疾病负担、交叉污染建模及应用领域也有较多深入的融合，需要更新相关知识体系；食品微生物风险评估相关的智能软件工具也发展迅速，这些都对相关理论和实践应用有重要影响。

本书由丁甜、董庆利担任主编，具体编写分工为：第1章由白莉、丁甜编写；第2章由施春雷编写；第3章由王晔茹编写；第4章由石超编写；第5章由丁甜编写；第6章由刘阳泰编写；第7章由赵勇、张昭寰编写；第8章由方婷编写；第9章由董庆利编写；第10章由冯劲松、廖新浴编写；第11章由王彝白纳编写；第12章由汪雯、田明胜编写；第13章由李长城编写；第14章由王军、韩荣伟编写。本书由丁甜、董庆利、王军负责统稿。

本书力求以通俗易懂的语言，结合实际的案例来阐述复杂的微生物风险评估理论，期望读者在阅读本书后能够掌握微生物风险评估的基本理论知识，并能了解风险评估的实践操作步骤。本书适用于高等院校食品及相关专业本科生、研究生的教学，也可供相关科研人员、食品安全监管人员等参考。

由于本书涉及食品科学、微生物学、流行病学和统计学等多学科知识，书中难免有欠妥或错误之处，真诚地希望读者批评指正。

主　编

2024年3月

# 目录 Contents

# 第一章 绪论

CHAPTER 1

[学习目标]

1. 了解我国食品安全现状、风险评估的产生背景和发展过程。
2. 了解食品风险评估的定义、步骤、特点、重要性和意义。
3. 了解国内国际开展微生物风险评估机构情况。

食品安全问题是全球各国共同面临的公共卫生问题。据世界卫生组织（World Health Organization，WHO）公布的数据显示，每年约有200万人因摄入不安全的食品而死亡。随着经济全球化步伐加快和世界食品贸易量持续增长，世界食品供应链体系遭受到前所未有的冲击。食品生产的工业化和新技术、新材料、新产品的采用，使得食品污染因素日趋复杂化，这些变化导致了一系列食品安全事件的爆发。

近年来，全世界范围内发生的重大食品安全事件，对人类的生命和健康造成了巨大的危害和威胁，同时也造成了重大的经济损失。2006年，美国发生菠菜被肠出血性大肠杆菌O157：H7污染事件；2008年，我国发生的三聚氰胺事件，对于中国的乳粉行业来说是一次近乎毁灭性的打击；2010年美国鸡蛋沙门菌事件，造成美国大量鸡蛋被召回；2010年德国二噁英污染饲料事件，使得各国重新重视饲料作为食物链源头的污染问题；2011年，德国发生豆芽被肠出血性大肠杆菌O104：H4污染事件；2011年中国台湾饮料中“起云剂”非法添加增塑剂事件更是使得台湾地区几乎所有大的食品企业卷入其中，对台湾地区的食品行业造成致命的打击；2015年，美国发生黄瓜被肠出血性大肠杆菌O157：H7污染事件；2017—2018年，南非发生肉制品被单核细胞增生李斯特菌污染事件；2022年欧洲多国暴发单相鼠伤寒沙门菌污染巧克力产品事件。近年来，随着食品安全立法和监管力度加大，我国食品安全形势得到极大好转。但是，食品产业高度工业化导致的食源性疾病暴发呈现出跨国界、跨区域、进展快、难预测等特点，极易造成严重的疾病和经济负担。在经济全球化和食品国际贸易的背景下，食品安全事件在一个国家暴发，往往会造成全球食品供应链的风险。因此，在目前的食品安全形势下，没有一个国家可以独善其身，食品安全问题需要每个国家通力协作，才能得到控制。

造成目前食品安全现状的原因非常复杂，其中包括各国食品安全管理体系不够完善和应对能力滞后等原因，但也应该看到，从某种程度上来讲，食品安全现状也是人类某些活动的必然结果，如人口增加、工业化程度增大、国际贸易的发展、环境污染等。随着人类社会的发展，影响食品安全的因素越来越多，食品安全管理的难度也越来越高。影响食品安全体系全球因素的变化直接或间接地影响世界食品供应链，增加了食品供应链的安全风险，这些因素无疑也增加了食品安全管理的难度。随着世界一体化和食品国际贸易的深入发展，人们的食品供应链在地理和生产维度上不断延长，这种食品供应链无疑使引入食品安全风险的概率也越来越大，这一现状与过去人们食品供应链主要集中于居住地相比，发生了很大的变化。同时，随着食品生产、销售、消费方式的变化和贸易的国际化，新的致病微生物及耐药株不断涌现，这些新的问题给各国的食品安全带来了新的挑战。党的二十大报告强调："提高公共安全治理水平。坚持安全第一、预防为主，建立大安全大应急框架，完善公共安全体系，推动公共安全治理模式向事前预防转型。"因此，当前全球的食品安全现状和新的供应链体系需要各国家和国际组织采取适应性的食品安全管理理念和管理模式，以应对复杂的食品安全形势。

食品安全风险分析是近年来国际上出现的保证食品安全的新模式，也是一门正在发展中的新兴学科。作为一种新的食品安全管理理念，风险评估和风险管理已被许多国家和组织所采用，建立了基于食品安全风险分析理论的食品安全管理机制。我国 2009 年通过的《中华人民共和国食品安全法》，经 2015 年修订及 2018 年和 2021 年两次修正后，明确提出食品安全工作实行预防为主、风险管理、全程控制、社会共治，建立科学、严格的监督管理制度；明确规定建立食品安全风险监测和风险评估制度；明确规定食品安全风险评估结果是制定、修订食品安全标准和实施食品安全监督管理的科学依据。

食品安全分析理论在国内外已经有了充分的实践，并在不断完善中。值得说明的是，食品安全风险分析理论已经成为国际食品贸易中相关标准制定的原则和方法，即在世界贸易组织（World Trade Organization，WTO）框架下，各个国家要参与食品国际贸易必须遵循食品安全分析理论和技术。我国的食品安全法规和标准要与国际标准接轨，也必须采用食品安全风险分析理论和技术。因此，加强食品安全风险评估分析理论和技术的研究，是非常必要和及时的。只有通过科学的理论和技术，结合各国的实践和经验，才能在全球范围内解决食品安全问题，保障人类的生命健康和社会稳定。

## 一、食品风险评估产生的背景及发展过程

风险评估是系统识别、分析和管理风险的过程，旨在减少潜在的危害。它在食品安全、环境保护、公共健康等领域应用广泛。

食品风险评估的发展始于 20 世纪 80 年代末和 90 年代初，当时国际贸易中的食品安全问题成为全球范围内的关注焦点，这些问题不仅影响了消费者的健康，而且还可能影响国际贸易。因此，需要制定统一的国际标准和规则来保证食品的安全性和贸易公平性。

1986—1994 年举行的乌拉圭回合多边贸易谈判，讨论了包括食品在内的产品贸易问题，最终形成了与食品密切相关的两个正式协定，即《实施卫生与植物卫生措施协定》（*The WTO Agreement on the Application of Sanitary and Phytosanitary Measures*，SPS 协定）和《贸易技术壁垒协定》（*Agreement on Technical Barriers to Trade*，TBT 协定）。SPS 协定确认，即使受到贸易上的限制，各国政府也有通过采取强制性卫生措施保护该国人民健康，免受进口食品带来危害的权利。SPS 协定同时要求各国政府必须建立在风险评估的基础上采取卫生措施，以保护人民健康和避免隐蔽的贸易保护措施。另外，采取的卫生措施必须是非歧视性的和没有超过必要贸易限制的，同时必须建立在充分的科学证据和国际标准之上。在食品领域，食品法典委员会（Codex Alimentarius Commission，CAC）的标准被明确地认为是实施卫生措施的基础。SPS 协定第

一次以国际贸易协定的形式明确承认，为了在国际贸易中建立合理的、协调的食品规则和标准，需要有一个严格的科学方法。因此，CAC 应遵照 SPS 协定提出一个科学框架。目前，CAC 的标准仍然是自愿性的，SPS 协定为 WTO 成员提供了一个集体采用 CAC 标准、导则和推荐的机制。维持严于 CAC 标准的国家可能会被要求在 WTO 专门小组中就他们的标准进行答辩。

1991 年，联合国粮食及农业组织（Food and Agriculture Organization，FAO）、WHO 和食品化学添加剂及食品贸易会议［与关贸总协定（General Agreement on Tariffs and Trade，GATT）联合召开］，建议 CAC 在制定决定时应采用风险评估原则。1991 年和 1993 年举行的 CAC 第 19 届和第 20 届大会同意采用这一工作程序。1994 年，第 41 届 CAC 执行委员会会议建议 FAO 与 WHO 就风险分析问题联合召开会议。根据这一建议，1995 年 3 月 13～17 日，在日内瓦 WHO 总部召开了 FAO/WHO 联合专家咨询会议，会议最终形成了一份题为“风险分析在食品标准问题上的应用”的报告，该报告根据 SPS 协定中的基本精神，重新界定了有关术语，规定了风险分析应包括风险评估、风险管理和风险交流三个方面，并对风险评估的方法以及风险评估过程中不确定性和变异性进行了讨论。这份报告中所使用的“风险分析”概念，相当于 SPS 协定中“风险评估”的概念；而使用的“风险评估”概念，则比 SPS 协定中的“风险评估”概念范围较窄，该报告一经问世就立即受到各方面的高度重视。这次会议的召开，是国际食品安全评价领域的一个发展里程碑。

1995 年，CAC 要求下属所有有关的食品法典分委员会对这一报告进行研究，并且将风险分析的概念应用到具体的工作程序中去。另外，FAO 与 WHO 要求就风险管理和风险交流问题继续进行咨询。1997 年 1 月 27～31 日，FAO/WHO 联合专家咨询会议在罗马 FAO 总部召开，会议提交了“风险管理与食品安全”报告，该报告规定了风险管理的框架和基本原理。1998 年 2 月 2~6 日，在罗马召开了 FAO/WHO 联合专家咨询会议，会议提交了题为《风险交流在食品标准和安全问题上的应用》的报告，对风险交流的要素和原则进行了规定，同时对进行有效风险交流的障碍和策略进行了讨论。至此，有关食品安全风险分析原理的基本理论框架已经形成。CAC 于 1997 年已正式决定采用与食品安全有关的风险分析术语的基本定义，并把它们包含在新的 CAC 工作程序手册中。目前，食品安全风险分析的理论已经被全世界许多国家和组织所采用，被认为是制定食品安全标准的基础，也是食品安全控制的科学基础。食品安全风险分析理论不仅是各国面对新的食品安全形势的内在需求，也是参与世界食品贸易的必然选择。

在食品安全风险评估的发展过程中，国际组织和各国政府都发挥了重要作用。除了前文提到的 FAO、WHO、GATT 和 WTO 外，还有一些其他组织也对食品安全风险评估做出了贡献。例如，国际食品安全协会（Global Food Safety Forum，GFSF）是一个致力于促进国家间食品安全管理经验交流，推动国际食品安全事业的国际机构。GFSF 旨在促进国际间食品贸易发展，探讨国内国际食品安全的形势、问题和对策，帮助企业解决食品安全问题，推进全球食品供应链质量安全建设，减少由食品安全引起的贸易摩擦，共同推动国际食品安全的发展，致力于成为消费者、企业、科研院所、政府之间的桥梁，为消费者食品安全意识、企业食品安全控制水平的提高建立一个交流的平台，是国际食品安全交流的公共和非营利组织。此外，许多国家也在自己的国内建立了食品安全风险评估机构，如美国食品和药物监督管理局（Food and Drug Administration，FDA）和欧洲食品安全局（European Food Safety Authority，EFSA）。这些机构采用最新的科学技术和方法，对食品中的各种因素进行评估，包括微生物、化学物质和营养成分等。

总的来说，食品安全风险评估是一个不断发展和改进的过程。随着科学技术的不断进步和对食品安全问题的不断关注，可以预见食品安全风险评估在未来的发展中将继续扮演至关重要的角色。

## 二、食品风险评估定义及重要性

食品风险评估是一个对食品安全风险进行独立科学评估的过程，它对风险管理措施的形成无疑具有重要意义。国际食品法典委员会定义风险评估由 4 个步骤组成，即危害识别、暴露评估、危害特征描述和风险特征描述，这 4 个分析步骤在实际的风险评估过程中主要是针对人类健康风险和环境风险进行评估。这种评估主要是就危害物对人类和环境的暴露所造成危害的可能性和严重性进行评估，主要基于自然科学，如毒理学、流行病学、微生物学、化学等方面的知识。这种基于自然科学的风险评估，对于确定食品危害的风险无疑是合适的。因为食品安全风险评估本身就是科学的过程，但风险管理的决策则是一个考虑多方因素的过程，虽然利用了风险评估的科学结果，但决策本身并不是一个完全科学的过程，某种程度上是一个多方博弈的结果。当前食品安全风险评估的领域已经有了很大的扩展，从过去单一的自然科学评估，已经延伸到健康、环境、社会、经济和道德伦理等各个方面。无论风险评估的范围向哪个方向延伸，目的都是为了全面客观地对食品安全风险进行评估，为食品安全风险管理提供支撑。

近年来，食品安全事件频发，对全球食品供应和消费者的健康造成了极大的威胁，特别是突发食品安全风险（emerging food risk），突发食品安全风险被定义为未预料到的偶发食品安全风险，同时包括了食品生产者的欺诈和恶意行为所导致的风险。由于其早期的风险信息收集、评估、预警较为困难，导致食品安全风险管理者面对突发食品安全风险时往往准备不足，不能够有效地制定风险管理措施，对消费者的食品安全造成很大的威胁。因此，突发食品安全风险已经成为世界各国面对的重大公共安全问题之一。

食品安全风险评估的重要性体现在以下几个方面。

**1. 为制定科学的食品安全标准提供科学依据**

食品安全风险评估可以对潜在食品危害对人体健康和环境造成的风险进行科学评估，为制定合理的食品安全标准提供科学依据。食品安全标准对保障消费者健康和促进国际贸易具有重要意义，而食品安全风险评估可以为制定科学的食品安全标准提供参考。

**2. 提高食品安全管理的科学性和精准性**

食品安全风险评估可以为食品安全管理提供科学依据，提高食品安全管理的科学性和精准性。通过食品安全风险评估，可以确定潜在食品危害对人体健康和环境造成的风险，为制定针对性的食品安全管理措施提供依据。

**3. 促进国际贸易的顺利进行**

国际贸易对食品安全标准有着严格的要求，而食品安全风险评估可以为各国制定食品安全标准提供科学依据，有助于促进国际贸易的顺利进行。

**4. 应对突发食品安全事件**

食品安全风险评估可以及时发现和评估突发食品安全事件的风险，为应对突发食品安全事件提供科学依据。通过对突发食品安全事件的评估，可以及时采取有效的风险管理措施，保障消费者健康和促进食品安全。

综上所述，食品安全风险评估在食品安全管理中具有不可替代的作用，其重要性已经被世界各国政府和相关组织所认可和重视。

## 三、食品微生物风险评估概述

食品微生物风险评估（microbiological risk assessment，MRA）是一种系统的、科学的方法，主要目的是确定食品中微生物的危害特征，并评估人类接触该食品中微生物的暴露水平以及可能产生的健康风险。不同于其他风险评估，MRA 其特点是需要精确的数据模型、复杂的监控技术，以及对微生物行为的深入理解，其难点在于微生物种类多样、繁殖迅速，且环境因素对其影响较大，导致预测模型的准确性具有挑战性。此外，评估过程中需要收集和分析多种数据，包括微生物污染情况、人类接触该食品的方式和频率、微生物的生长和死亡特性，等等。数据的获取和分析过程复杂，耗时且费用高昂。值得注意的是，微生物风险评估是一个动态的过程，随着数据的积累和科学认识的不断深入，评估结果也会不断更新和修正。因此，对于微生物风险评估的持续关注和研究是非常重要的，只有不断地完善和提高评估方法和技术，才能更好地保障公众的食品安全和健康。

根据世界卫生组织最新发布的《食品中微生物风险评估指南》，国际食品法典委员会对食品微生物风险评估的步骤分为危害识别、暴露评估、危害特征描述和风险特征描述四部分。关于该四个步骤的详细描述见第三章第三节。

## 四、食品微生物风险评估的国内外研究进展

目前，国际上和各个国家都在积极推进微生物风险评估研究，下面介绍一些国际上和各个国家进行微生物风险评估的进展情况。

在国际上，FAO 和 WHO 在 1999 年通过了微生物风险评估的工作原则和指南，2021 年，FAO/WHO 将其进行了更新，是微生物风险评估的最新指南。此外，FAO/WHO 成立了微生物风险评估专家联席会议（Joint FAO/WHO Expert Meeting on Microbiological Risk Assessment，JEMRA）委员会对微生物危害进行风险评估。

在美国，FDA 和美国农业部（United States Department of Agriculture，USDA）是主要的食品监管机构，1998 年美国 FDA 公布了第一个正式的定量微生物风险评估（quantitative microbial risk assessment，QMRA）研究结果——鸡蛋中肠炎沙门菌的风险评估报告。随后，FDA 在 2002 年和 2003 年分别发布了对鸡肉和鸡蛋中沙门菌污染的 QMRA 研究结果。

在欧洲，2002 年，EFSA 成立，它是欧盟食品安全管理的关键机构之一，负责食品安全风险评估和风险交流。欧盟在 2000 年发布了“食品安全白皮书”，明确了欧盟食品安全管理体系的框架。欧盟食品安全局在对不同微生物的风险评估方面做出了重要贡献，例如对单核细胞增生李斯特菌和沙门菌的风险评估。除此之外，为应对强化欧洲传染病监测和预防于 2004 年成立的欧洲疾病预防和控制中心（European Centre for Disease Prevention and Control，ECDC）在微生物风险评估方面也发挥了重要作用。

在加拿大，政府部门公布了大量的微生物风险评估结果和相关数据，并致力于在食品安全管理方面的国际合作。加拿大卫生部的食品微生物安全科学实验室负责食品中微生物风险评估、暴露评估和风险管理方面的研究工作，并与其他部门以及国际组织进行合作，如与美国联邦食品药品监督管理局合作开展食品中致病微生物和有害化学物质的风险评估工作。

近些年，亚太地区部分国家也在微生物风险评估方面进行积极探索。在日本，日本食品安全委员会（The Food Safety Commission of Japan，FSCJ）是负责对食品中微生物危害进行风险评估和监测的机构，该委员会定期发布食品安全公报，对食品中的微生物污染情况进行报告和分析。在澳大利亚，澳大利亚新西兰食品标准局（Food Standards Australia New Zealand，FSANZ）则负责制定食品标准和规范，并致力于在微生物风险评估方面进行研究和工作。在中国，国家卫生健康委员会负责食品安全风险评估工作，于2011年成立国家食品安全风险评估中心（China National Center for Food Safety Risk Assessment，CFSA），是中国唯一的国家级食品安全风险评估机构。近些年中国在微生物风险评估研究方面也取得了一些成果。2006年，陈艳和刘秀梅开展生食牡蛎中副溶血性弧菌的评估研究；2011年，国家食品安全风险评估中心启动了第一项全国性的食品微生物风险评估研究——零售生鸡肉中沙门菌污染对中国居民健康影响的初步定量风险评估；随后，国家食品安全风险评估中心先后启动并完成了不同食品基质-致病菌组合的风险评估工作，包括贝类海产品中副溶血性弧菌污染对我国沿海地区居民健康影响的全过程初步定量风险评估和熟肉制品中单核细胞增生李斯特菌初步定量风险评估等。

至今，国际上已发布超过20项食品微生物风险评估相关的研究结果，涉及沙门菌、单核细胞增生李斯特菌、创伤弧菌、霍乱弧菌O1和O139、阪崎肠杆菌、弯曲菌、副溶血性弧菌、出血性大肠杆菌、产志贺毒素大肠杆菌和寄生虫等多种致病性微生物及多种风险评估关键技术。

总体来说，食品安全管理的机制和食品安全风险分析方法在国际上得到了广泛应用和推广。各国和国际组织通过建立食品安全管理机制和食品安全风险分析方法，能够更加有效地识别和评估食品中微生物等危害物质的风险，并采取相应的控制措施，保障公众的健康安全。未来，随着食品生产、加工和流通的复杂化和国际贸易的日益频繁，食品安全问题的复杂性和挑战性也会越来越大。因此，各国和各国际组织需要不断加强食品安全管理机制和食品安全风险分析方法的研究和改进，提高食品安全风险评估的准确性和可靠性，加强国际合作，共同推进全球食品安全事业的发展。

## 五、食品微生物风险评估应用的技术方法

前面我们已经提及食品微生物风险评估是指通过对食品中微生物存在的种类和数量进行评估，结合微生物的危害性和人类暴露的情况，来预测食品对人体健康的潜在风险，其技术方法包括传播途径分析、模型预测、危害及其剂量反应关系、不确定性分析、分子生物学、大数据和人工智能等多种。

食品微生物污染的传播途径分析技术主要用于评估食品微生物污染的来源、传播途径，从而确定食品微生物污染的原因和防控措施，主要方法包括流行病学调查、分子流行病学和风险通路分析等。其中，流行病学调查主要通过调查食品中微生物的来源、生长条件和污染情况等，确定食品微生物污染的原因和防控措施。分子流行病学则主要通过分子技术对微生物进行分类和鉴定，从而确定微生物的种类和污染源。风险通路分析则主要是从食品生产、储存、加工和销售等环节入手，分析食品中微生物污染的可能来源和传播途径，为制定防控策略提供科学依据。

食品微生物生长的模型和预测方法则主要用于评估食品中微生物的生长和生存情况，以

及对人体健康的潜在危害性，为制定食品安全标准和防控措施提供科学依据，主要包括生长曲线模型、预测模型和模拟模型等。生长曲线模型主要是通过研究微生物在不同温度、水分、酸碱度等条件下的生长规律，建立微生物生长曲线，为制定食品安全标准提供科学依据。预测模型则主要是通过建立微生物生长的预测模型，根据环境因素的变化预测微生物在食品中的生长情况，为制定食品储存和加工条件提供科学依据。模拟模型则主要是通过模拟微生物在食品中的生长和存活情况，评估食品对人体健康的潜在危害性，并为制定防控策略提供科学依据。

食品微生物对人类健康的危害及其剂量反应关系的研究方法主要包括动物试验、流行病学调查和分子生物学等方法。其中，动物试验主要是通过动物模型研究微生物对人体健康的潜在危害性和剂量反应关系，为制定食品安全标准提供科学依据。流行病学调查则主要是通过调查食品中微生物污染对人体健康的影响和剂量反应关系，确定微生物的危害性和制定食品安全标准。分子生物学则主要是通过分子技术研究微生物毒力因子的基因结构和表达情况，从而确定微生物的毒力和危害性。

食品微生物风险评估中的不确定性分析技术可以对评估结果的精度和可靠性进行评估和改进，主要包括敏感性分析、模型验证和不确定性分析等方法。敏感性分析主要是通过改变模型中的输入参数和模型结构，评估模型输出结果的敏感性和影响程度。模型验证则主要是通过实验验证和比较模型预测结果及实际结果的一致性，评估模型的可靠性和精度。不确定性分析则主要是通过分析输入参数的不确定性、模型结构的不确定性和数据的不确定性等因素，评估结果的可靠性和精度。

分子生物学方法主要用来分析食品微生物的特征和多样性，主要包括基因测序技术、聚合酶链式反应（PCR）技术和微生物群落分析等方法。基因测序技术主要是通过对微生物基因组进行测序，研究微生物的基因组结构和功能，从而确定微生物的特征和多样性。PCR技术则主要是通过检测微生物的DNA序列，研究微生物的遗传多样性和种群结构，从而评估微生物对食品安全的影响。微生物群落分析则主要是通过对食品样品中微生物的种群结构、多样性和数量进行分析，研究微生物的群落结构和生态学特征，从而评估食品微生物的潜在危害性。

此外，随着大数据的涌现和人工智能的发展，食品微生物风险评估的技术方法和手段也在不断创新和完善。例如，通过图像化、空间化和时序化等可视化方式将食品微生物风险评估结果呈现出来，帮助决策者和公众更好地理解食品微生物风险的程度和影响，为公众健康提供更加可靠和科学的保障。

## 六、食品微生物风险评估目前存在问题

目前国内外开展的微生物风险评估研究虽然取得了很多的成就，然而，随着食品供应链的复杂化和全球化发展，食品微生物风险评估面临的新挑战和问题也日益突出，最重要的是“数据”缺失，包括食品消费、食品污染、疾病监测，定量监测和评估模型参数等。

**1. 数据缺失问题**

食品微生物风险评估的核心是基于科学数据对潜在的食品安全风险进行定性或定量分析。然而，当前的研究中普遍存在数据缺失的现象，这严重限制了风险评估的准确性和可靠性。数据缺失问题主要体现在以下几个方面。

（1）食品消费数据的缺失　食品消费数据是进行微生物风险评估的重要基础之一。我国曾于1959年、1982年、1992年、2002年和2012年分别进行过多次全国营养调查，这对于了解我国城乡居民膳食结构和营养水平，评价城乡居民营养与健康水平发挥了积极的作用。但是，针对食品安全风险评估的目的，这些调查数据比较单薄，不足以提供足够的数据进行科学的定量MRA。然而，由于人口的多样性、饮食习惯的复杂性以及地区差异等原因，准确全面的或特定的食品消费数据难以获得。特别是在中国这样一个幅员辽阔、人口众多的国家，不同地区间的饮食习惯差异显著，导致食品消费数据的收集和归一化处理面临极大挑战。此外，随着新兴食品和食品加工技术的发展，传统的食品消费数据往往不能即时反映市场的最新动态，进一步加剧了数据的缺失问题。

（2）食品微生物污染数据的缺失　食品微生物污染数据一般作为风险评估的初始污染水平，直接关系到微生物风险评估结果的准确性和严重性。然而，现有的食品污染数据往往存在不完整、不系统的问题。一方面，食品污染源的检测和报告机制尚不完善，导致大量数据未能及时收集和整理。另一方面，不同食品类别、不同加工工艺以及不同储存条件下的污染水平差异巨大，这些变量的复杂性使得数据的全面采集变得更加困难。

（3）食源性疾病监测数据的缺失　食源性疾病监测数据是评价微生物风险评估结果的重要依据，也是危害识别的途径之一。然而，现阶段的疾病监测数据往往存在报告滞后、地区覆盖不全以及病例数据不准确等问题。特别是在发展中国家，公共卫生系统的基础设施薄弱，疾病监测体系尚未完全建立，导致大量潜在病例未能及时发现和报告。此外，随着食品供应链的复杂化，跨境食品引发的疾病爆发日益频繁，而国际间的疾病监测合作和数据共享机制尚不健全，这对全球食品安全监管提出了新的挑战。

**2. 评估模型缺失问题**

（1）定量监测和评估模型的缺失　食品微生物风险评估依赖于一系列定量监测数据和数学模型。然而，现有模型往往受到数据缺失的限制，难以准确预测风险。特别是在新兴食品和新型加工技术的背景下，传统模型往往无法应对新风险的评估需求。此外，模型参数的设置和验证需要大量实验数据支持，而这些数据往往因实验条件的复杂性和数据获取的高成本而难以全面覆盖。这导致现有评估模型的适用性受到限制，尤其是在面对新出现的食品安全问题时，评估结果的可靠性和可行性均受到挑战。

（2）剂量-反应模型的缺失　现有的剂量-反应关系模型，很多是基于1株致病性菌株建立的（如致病性副溶血性弧菌的剂量-反应关系模型），并未考虑不同菌株毒力的差异性。剂量-反应关系模型的应用在开展风险评估和进行风险管理时至关重要。收集剂量-反应关系模型的数据的难度在于：需考虑不同菌株之间的差异性，需收集大量的食源性疾病和食物中毒的数据等。动物模型的局限性、人群的易感性以及菌株的高致病性等使得开发有效的剂量-反应关系模型显得尤为复杂。

我国开展剂量-反应关系模型研究的另一难点在于，目前发表的食物中毒资料中，很少有引起食物中毒的食品中致病菌的定量数据，使流行病学数据和食物中毒难以被应用于剂量-反应关系模型的建立和验证。建议在开展流行病学调查和食物中毒处理时，同时对问题食品中的致病菌进行定量检测，为剂量-反应关系模型的开展提供数据储备和积累。

此外，不同数学模型对于剂量-反应关系数据的拟合度也需要考虑。美国食品和药物监督管理局开展了单核细胞增生李斯特菌的剂量-反应关系模型研究，基于人群监测数据和食品调查数据，建立了能描述单核细胞增生李斯特菌的菌株毒力差异性，宿主易感性的 lognormal-Poisson 模型，并提出新建立的 lognormal-Poisson 模型与 beta-Poisson 方程相比，能更好地描述单核细胞增生李斯特菌的食物中毒数据。由此可见，需要根据新的研究数据来更新现有的剂量-反应关系模型，使其更好地应用于风险评估，更准确地评估风险，降低风险评估的不确定性。

（3）交叉污染模型的缺失 食品烹饪过程中容易导致微生物的交叉污染，这是导致食源性病原菌食物中毒事件发生的主要原因。为了开展更加准确可靠的 MRA 研究，交叉污染必须纳入到风险评估模型中。在我国已经进行开展的微生物风险评估研究中已有交叉污染模型的报道，将交叉污染的影响予以量化并考虑在内，为风险评估结果提供了支撑，但是相关数据还比较薄弱，有待进一步加强交叉污染的研究，包括针对不同食品类型、不同操作习惯的场景模拟。我国的很多食品都是烹饪后再食用，因此，造成食物中毒的原因主要是由于在食品烹饪过程中没有做到生熟分开导致的交叉污染。不良的卫生习惯、较差的设备及缺乏有效的控制措施是造成食源性病原菌交叉污染的主要原因。

## 七、食品微生物风险评估机构及工具概况

### 1. 国内外食品安全风险评估机构

国际上主要的食品安全风险评估机构有联合国粮食及农业组织（FAO）、世界卫生组织（WHO）、美国农业部（USDA）、美国食品和药物监督管理局（FDA）、美国环境保护署（Environmental Protection Agency，EPA）、欧洲食品安全局（EFSA）、欧洲疾病预防和控制中心（European Centre for Disease Prevention and Control，ECDC）、德国联邦风险研究所（Bundesinstitut für Risikobewertung，BfR）、日本食品安全委员会（FSCJ）等，这些国际机构发布的食品安全风险评估报告和技术指南等技术资料均在其官网上公布，可为我国开展微生物风险评估提供借鉴。在我国，微生物风险评估工作主要由国家食品安全风险评估中心（CFSA）负责开展，承担“从农田到餐桌”全过程食品安全风险管理的技术支撑。

### 2. 食品微生物风险评估的常用工具

为确保食品质量与安全，食品安全管理采用基于风险控制的方法，推动食品产业采用新的技术方法来确保产品的质量与安全，而非仅仅依靠终产品检测。微生物在食品链中的消长变化需应用数理统计和数学建模来进行预测。风险评估应用软件是开展风险评估的重要工具，国内外开展食源性致病菌风险评估研究的常用软件包括：①Risk Ranger 软件：用于开展半定量风险评估；②sQMRA 软件：用于快速微生物定量风险评估，从零售阶段开始，通过分析与致病菌增殖和传播相关的关键因素，获得该食物-致病菌组合导致的感染和发病人数；③@ RISK 软件：用于开展定量微生物风险评估；④FDA-iRISK 软件：用于开展风险分级以及比较不同的干预及控制措施对公众健康风险的影响。在开展微生物风险评估时，需根据研究目的、科学问题、可获取的数据类型选择应用软件，以便快速、结构化、定量或定性地开展风险评估。在后续章节中，我们会详细介绍@ RISK 和 FDA-iRISK 软件工具的具体应用和使用方法，以帮助读者快速、结构化、定量或定性地开展风险评估，并根据研究目的、科学问题、可获取的数据类型选择应用软件。

## 思考题

1. 简述风险评估的重要性及意义。
2. 简述目前我国食品微生物风险评估中存在的问题。

第一章拓展阅读　绪论

第二章

CHAPTER 2

# 风险分析理论框架

[学习目标]

1. 了解危害与风险的区别与联系。
2. 掌握风险分析的框架。
3. 了解风险分析的主体及其应用现状。

风险分析（risk analysis）是一种用来估计人体健康和安全风险的方法。风险分析框架包含三大模块：风险评估、风险管理和风险交流。随着近几年全球性食品安全事件的频繁发生，人们已经认识到以往的基于产品检测的事后管理体系无论是在效果上还是效率上都不尽人意。不仅事后检测无法改变食品已被污染的事实，而且对每一件产品进行检测会花费巨额成本。因此，现代食品安全风险管理的着眼点应该是进行事前有效管理。而风险分析则是保证食品安全的一种新模式，同时也是一门正在发展中的新兴学科，对解决食品安全现状有着巨大的意义。20世纪90年代中后期，我国开始开展食品安全风险分析，但由于我国开展食品安全风险分析起步较晚，食品安全风险分析只是停留在对某一种食品和产业链的某一环节的风险分析上，缺少从农田到餐桌全过程的食品风险分析。《食品安全标准与监测评估“十四五”规划》中指出要“依托食品安全风险评估与标准研制特色实验室，加快食品安全标准急需的相关风险评估结果产出，强化风险监测评估结果对食品安全标准研制的科学支撑。”本章将系统介绍风险与危害这两者的区别与联系，明确风险分析三大模块的内涵与功能。同时，了解风险分析的主体和目前的应用方向。

## 第一节　风险分析的本质

在食品微生物风险评估中，由于中文翻译的原因，“危害”和“风险”的概念常给初学者造成混淆。“危害”的英文原文是hazard，指食品中对人体健康产生潜在不良影响的生物、化学和物理等因素。“风险”的英文原文是risk，指对人体健康产生潜在不良影响的可能性、患病概率或概率密度函数，重点描述的是该“危害”可能导致的严重程度。“风险”可由食品本身或/和其流通链中的一种或几种“危害”所引起，危害可能是存在与不存在、是与否的状态，但风险对于任何物质及状态都是存在的，理论上来说，“零风险”的事件是不存在的。对于微生物风险评估而言，致病微生物是风险评估的“危害（hazard）”，而致病微生物所导致的患病概率（probability）是风险评估所计算的“风险（risk）”。例如，在FDA开展生牡蛎中致病性副溶血性弧菌对公共卫生的影响的定量风险评估中，“危害”指生牡蛎中存在的致病性副溶血性弧菌，“风险”则是指食用生牡蛎后，可能引起的副溶血性弧菌感染概率或严重程度。

食品中的危害可以大致分为：①化学性危害：食品中的环境污染物、天然毒素、生产加工过程来源污染物、非法添加物等，如重金属、塑化剂、苯并芘等；②物理性危害：如辐照食品的放射性、食品加工中混入的硬物或尖锐物等；③生物性危害：如微生物及其毒素、生物碱、生物胺等。其中，随着食品科学的发展，食品工业已经有较为成熟的物理性、化学性危害风险评估体系，并能够控制所生产食品中的物理性危害和化学性危害——大部分有害化学物质可以被检出并除去，从而避免化学性危害；选用非辐照灭菌方法，并检测食品中是否混入杂质可以避免物理性危害。

但时至今日，生物性危害仍难以被克服，其中以微生物危害尤甚，这是因为：微生物几乎是无处不在的，并且不同于化学物质，微生物具有很强的动态性，能够在适宜的环境中大量繁殖，且可以通过特定的方式多次传播；某些食品可能缺少合适的杀菌方法，使用不恰当的杀菌方法可能影响食品的品质或者顾此失彼地引入化学性或物理性危害（如采用某些易残留的化学杀菌剂、辐照等）。因此，对于食品中微生物危害的控制已经成为食品行业重点关注的问题。

风险是未来可能发生的负面事件的不确定性，在食品科学的范畴来解释，就是食品中的危害因子产生的对人体健康不良作用和其他严重后果的概率（函数）。从这个意义上来说，理解风险的本质需要回答以下3个问题：

一是会发生什么问题？一般针对某一类食品，描述其中发生了哪些危害因子的污染事件。

二是发生问题的可能性有多大？可以用概率或频率来描述，比如发病率（一定时间内一定范围人群中某病新发病例出现的频率）。

三是后果是什么？在食品安全范畴，后果主要包括公众健康遭受的损伤以及由此产生的经济损失。

基于以上二者定义的区分，可以看出危害和风险是截然不同，危害是某种具体的物质，而风险是一个数学概念。基于以上对于风险本质的厘清，回答有关风险的3个问题并力求解决问题的过程就是风险分析（risk analysis）。它是一种用来估计人体健康和安全风险的方法，可以确定并实施合适的方法来控制风险并与利益相关方就风险及所采取的措施进行交流。风险分析不但能解决因突发事件或因食品管理体系的缺陷而导致的危害，还能支撑和促进标准的不断改进和完善。风险分析能为食品安全监管者提供所需的信息和依据以便做出有效决策，有助于提高食品安全水平，改善公众健康状况。无论制度背景怎样，风险分析的原则为所有食品安全管理机构提供了一个可显著改善食品安全状况的有效工具。它为我们提供了一个框架，借此可对各种可能措施产生的可能影响进行分析（包括对特定群体如食品企业等部门的影响），并通过重点关注食品安全风险最大的因素来促进公共资源的有效配置。

## 第二节　风险分析框架

风险分析主要由3个部分组成，即风险评估（risk assessment）、风险管理（risk management）和风险交流（risk communication）。

风险评估、风险管理、风险交流的相互关系如图2-1所示：

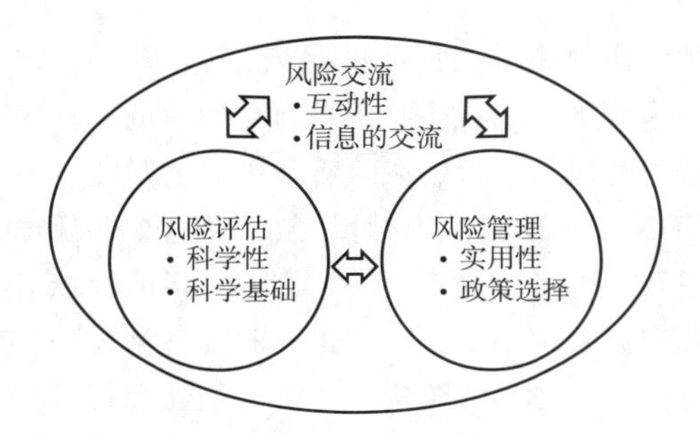


图2-1　风险分析三要素的相互联系

图2-1描述了风险分析的过程，并且清晰地告知风险分析的3个部分在功能上相互独立，并在必要时三者之间或相互之间需要进行信息交换。在风险分析框架内，风险评估与风险管理的相对独立对于确保风险评估结果的科学客观具有重要意义。

### 一、风险评估

风险评估是评估食品、饮料、饲料中的添加剂、污染物、毒素或致病微生物对人群或动物潜在副作用的科学程序。通过这一过程，能够利用科学的分析演算推导出食品受污染程度和消费者食用此类食品的风险大小，从而为风险管理提供科学的决策依据。风险评估由危害识别、暴露评估、危害特征描述和风险特征描述四个步骤组成。通过系统的科学评估来描述食品中某一危害因子对人群健康产生不良作用的可能性和不确定性。

在进行风险评估过程中，需要回答以下关键问题：

①可以获取哪些相关信息？②这些信息的数量和质量如何？③发生问题的可能性有多大？④如果任由其发展，可能的后果会有多严重？⑤在这种情况下，是否应该采取相应的干预措施？

开展微生物风险评估的一般原则包括以下11条：

①微生物风险评估必须建立在正确的科学基础之上；②风险评估与风险管理的功能之间应有明确区别；③应以系统的方法进行微生物风险评估，该方法包括危害识别、暴露评估、危害特征描述和风险特征描述；④必须明确开展微生物风险评估的目的，包括该评估结果的表现形式；⑤微生物风险评估应是透明的；⑥识别并描述为微生物风险评估产生影响的任何限制因素及其影响结果，包括成本费用、资源和时间；⑦风险评估中应说明存在的不确定性及其来源；⑧风险评估中应该可以测定不确定因素的数据，数据和数据收集系统应尽可能具有足够的质量

和精确性，并将不确定性降低到最小；⑨微生物风险评估应考虑食品中微生物的生长、存活、死亡的动力学特征，并要考虑人体、摄入的微生物及相关物质之间相互作用的复杂性，以及微生物是否有进一步扩散的可能性；⑩风险评估应尽可能与独立的人体疾病数据进行比较；⑪当获得新的可利用信息时，应对微生物风险评估重新进行评价。

根据上述原则，风险评估的典型特征——不确定性呼之欲出，整个风险评估的过程一直伴随各种不确定性的描述，其产生根源主要归结为数据信息、技术方法、模型参数等，关于这一特征的描述详见本书第十章。

## 二、风险管理

风险管理即在风险评估结果的基础上制定政策、措施，从而将这一风险降低到可接受的范围内。例如，各食品安全国家标准中的微生物限量就是政策的一种表现形式。

风险管理主要有 4 个程序：风险评价、风险管理策略的制定、风险管理措施的实施、监督和评议。这四步形成一个闭环，周而复始，循环往复。从这个循环框架可以看出，风险评估的结果成为风险管理者决策过程中的考虑因素之一。因此，风险评估者和风险管理者有必要开展多层面的交流。例如，在确定风险评估范围、制定和验证各种风险管理方案、讨论风险评估结果等环节。这对利益相关方提出了更高的要求，要求其能够理解风险评估的过程和程序。一些利益相关方可能缺乏全程参与上述环节的技能和缺乏足够的财政能力以雇佣风险分析专家为其提供支持。为了保证风险管理过程的公平性和均衡性，即使那些利益相关方无力进行专家咨询，也要为其创造维护利益的公平过程。这种策略的结果造成了另一种冲突可能，即要求管理者提供的风险评估过程是完全独立和透明的，并能够包容来自任何方面的信息和要求。

为保障食品安全风险管理的有效执行，WHO 和 FAO 给出了 8 条原则：

①风险管理应采用系统的方法；②保护人类健康是风险管理决策的首要考虑因素；③风险管理决策和操作过程应当透明；④风险评估政策的确定应是风险管理的内容之一；⑤应保持风险管理和风险评估功能上的区别，从而保证风险评估过程中完整的科学性和一致性；⑥风险管理应考虑风险评估结果中的不确定性；⑦风险管理包括在其全过程中与消费者和有关利益相关方之间明晰而互动的交流；⑧风险管理是一个持续的过程，需要不断地把新出现的数据用于对风险管理决策的评估和审视中。

## 三、风险交流

风险管理过程中，风险评估者、风险管理者和各利益相关方（如政府、相关领域专家、食品行业从业者和对此感兴趣的媒体、大众等）可以开展风险交流。

交流的内容可以包括但不限于：①某种食品存在被致病微生物 X 污染的风险，经推算，人群食用该种食品后的风险大小为 $x\%$；②风险评估的结果是否准确？若是，则探讨风险管理者应当采取哪种风险管理措施；若否，则风险评估者需要进一步完善结果；③风险评估中是否存在考虑不够全面的因素？若是，则风险评估者应当再围绕这一因素进行深入研究；④风险评估的结果是否能够支持风险管理者所做的决策？若否，则可能需要进行更细致的研究；⑤经过交流，决策者有时可以了解到自己所做的决策是否会触及食品企业的利益，并决定是否需要选用其他降低风险的对策；若决策已定，则企业可以及时从交流中获取相关信息，对产品进行整改以适应新政策。

由上可见，风险交流既可以是简单的信息分享，以便食品行业和感兴趣的相关方获取新资讯；也可以是讨论性质，探讨研究结果的可信程度以及是否需要进行更为深入的研究；甚至可以探讨某项政策的可行性，如是否损害了食品企业和消费者的权益，有时食品行业从业者也可能考虑到决策者想不到的层面，因此风险交流很有必要。

风险交流的过程中可能会发现风险评估过程中的不足之处，需要对评估结果进行修改。抑或启发风险评估者往新的研究方向努力，得出新的风险评估结果；而新的风险评估结果也可能让风险管理者修改现有的政策，并有可能需要进行新一轮的风险交流以将新的信息及时地分享传递。

关于风险交流，FAO 和 WHO 也给出了具体的 8 条指导原则：

①要了解听众；②应把科学家包括在内；③应培育交流的技能；④信息来源要可靠；⑤责任分担；⑥区分科学和价值观；⑦保证透明度；⑧正确地对待风险。

## 第三节　风险分析的主体

食品微生物风险分析是一个涉及多方主体的复杂过程，其中包括政府监管机构、食品企业、学术研究机构、消费者以及国际组织，每个主体在风险分析中都扮演着独特而重要的角色。

首先，政府监管机构是食品微生物风险评估的主要实施者和监督者。这些机构通过制定法规和标准来确保食品安全，并且在保障公众健康方面承担着重大责任。具体而言，政府监管机构负责收集和分析微生物风险数据，发布风险评估报告，并在必要时采取干预措施，如召回受污染的食品。此外，这些机构还通过监督和执法，确保食品生产和流通中的微生物风险得到有效管理。政府监管机构还需具备危机管理能力，在食品安全事件发生时迅速反应，最大限度地减少对公众健康的威胁。在我国，国家卫生健康委员会负责食品安全风险评估工作，会同国家市场监督管理总局等部门制定、实施食品安全风险监测计划，而承担具体风险评估任务的机构是国家食品安全风险评估中心。国家食品安全风险评估中心成立于 2011 年 10 月 13 日，是唯一的国家级食品安全风险评估技术机构，为保障国家食品安全和助力健康中国建设做出了重大贡献。

此外，食品企业是食品生产和供应链的核心环节，直接影响食品的微生物安全性。企业在风险分析中主要依赖于危害分析与关键控制点（HACCP）体系的实施，以识别和控制食品生产中的微生物风险。食品企业不仅要在日常操作中进行内部监测和控制，还需确保供应链的各个环节符合食品安全标准，从原材料采购到成品运输，企业需采取严格的措施以最大限度降低微生物污染的风险。

与此同时，学术研究机构为食品微生物风险评估提供了科学基础和技术支持。这些机构通过基础研究与应用研究的发展，不断推动新技术、新方法的产生，为政府和企业提供坚实的科学依据。学术研究机构还在教育与培训方面发挥了关键作用，通过培养专业人才和提高行业的食品安全意识，进一步增强了整体的风险管理能力。

消费者作为食品链的最终环节，对食品微生物风险分析有着直接的影响。消费者的需求和行为不仅驱动了企业和政府的风险管理措施，而且他们的风险认知水平也对食品安全有着重要影响。通过教育和宣传，可以提升消费者的食品安全意识，从而帮助他们作出更为明智的食品选择。此外，消费者的反馈信息，如食品投诉或产品召回，也为风险评估和管理提供了重要的数据信息。

最后，国际组织在协调和统一全球食品微生物风险管理标准和方法方面发挥了不可或缺的作用。其中，国际食品法典委员会（CAC）是由 FAO 和 WHO 共同建立的一个政府间组织，旨在保障消费者健康和确保食品贸易的公平性。自 1961 年第 11 届联合国粮食及农业组织大会和 1963 年第 16 届世界卫生大会分别通过了创建 CAC 的决议以来，已有 188 个成员国和 1 个成员国组织（欧盟）加入该组织，覆盖全球 99%的人口。CAC 下设秘书处、执行委员会、6 个地区协调委员会、14 个专业委员会（包括 10 个综合主题委员会、4 个商品委员会）和 1 个政府间特别工作组。所有国际食品法典标准主要在其各下属委员会中讨论和制定，然后经 CAC 大会审议后通过。中国于 1984 年正式加入 CAC，1986 年成立了中国食品法典委员会，由与食品安全相关的多个部门组成。国际风险评估通常由 FAO 和 WHO 联合专家委员会来执行，包括 FAO/WHO 联合食品添加剂专家委员会（JECFA）、FAO/WHO 联合农药残留专家委员会（JMPR）以及 FAO/WHO 微生物风险评估专家联席会议（JEMRA）。这些委员会通过制定国际标准和指南，帮助各国实现食品安全目标，并促进全球范围内的食品安全一致性。

## 第四节　风险分析的应用及意义

食品安全风险分析在食品安全管理中起着至关重要的作用。它不仅为标准制定、质量控制、风险预警、监管立法等方面提供科学依据，还确保了消费者的健康和国际食品贸易的正常化。通过系统的风险分析，可以有效识别和控制食品中的各种风险因素，从而提高食品安全管理的科学性和有效性。

### 一、为标准制定提供科学依据

在国家食品安全标准体系制定过程中，食品安全风险分析有着良好的应用。为更好地维护消费者的安全与健康，食品安全标准制定的科学性、合理性是食品安全和食品稳定性的关键，食品安全风险分析在其中发挥着关键性作用。食品安全风险分析可对食品中各项风险因素进行分析，常见的分析内容包括农药残留、添加剂等，通过对食品安全性造成影响的因素进行详细分析，为食品安全标准制定科学合理基准线，保证食品安全。在 WTO 的 SPS 协定中明确规定，各成员需根据食品安全风险评估结果制定合理的食品安全标准，在保证贸易公平的同时，保障食品安全。食品安全标准的数据信息通过食品安风险分析得出，食品安全标准的制定也需要依据食品安全风险评估，只有对食品安全风险进行有效的分析，食品安全标准才能更加完善，为食品安全保驾护航。

### 二、为质量控制提供可靠依据

在食品工业质量控制中，食品安全风险分析有着重要的应用。食品安全风险分析通过对食品内的各项风险因素进行分析，了解食品的质量情况，对食品质量进行有效控制。无论是在食品加工还是在原材料筛选中，食品安全风险分析都在质量控制中发挥着重要作用。安全风险分析能够帮助了解食品的内在情况，包括食品成分、结构等，很多无法从外观上进行分析和判断的食品质量，通过安全风险分析的系统检测能够更好地得出结果，食品安全风险分析可以为食品质量的评估提供可靠的依据。现阶段食品安全风险分析在食物的质量控制，特别是加工类食品质量控制方面具有良好的应用，加工单位通过食品安全风险分析能够了解加工产品的质量情况，在筛选不合格产品以及提高生产质量上发挥良好的作用。

## 三、为风险预警提供一手数据

在食品安全预警中，食品安全风险分析可推进食品安全预警工作的进行。食品安全预警机制是食品安全质量管理的重点，特别在商业市场驱逐利益的大背景下，不少商家会触碰食品安全标准的红线，而食品安全预警机制在食品危机事件的预防和处理上发挥着重要作用。食品安全风险分析是食品安全预警中的重要检测手段和预警依据，对食品安全中的各项风险因素进行排查和分析，及时了解某一类食品或者某种食品中的成分构成问题、有毒有害危险因子等，对食品存在的风险进行评估，并尽早做出预警，避免食品威胁人们的身体健康。在疫情防控期间，食品安全风险分析为冷链食品的安全预警提供了有效辅助，将可能通过冷链传播的病毒在早期进行防控，避免造成进一步的危害。

## 四、为监管立法提供策略建议

在食品监管与立法中，食品安全风险分析能够帮助食品质量管理制定良好标准，为其提供可靠依据，同时可用于食品监管与立法当中。近年来食品监管与立法工作备受重视，各种食品安全问题，如乳粉、酒类、茶饮等引发了社会的广泛关注，食品监管与立法工作上的不足可通过有效的措施进行补充，而食品安全风险分析在这一过程中应用效果较为明显。食品安全分析能够对食品的成分进行检测，对致癌物、毒性物等进行分析，帮助完成食品的监督管理。在食品立法中安全风险分析能够通过风险的排查以及评估，帮助立法部门对食品的安全性进行科学分析，制定合理的食品法律法规。

总之，食品安全风险分析提供了管理风险的工具，是国际公认的手段，它在保护消费者健康的同时也保障了国际食品贸易的正常化。

### 思考题

1. 简述风险分析理论框架。
2. 简述实施风险分析的意义。

第二章拓展阅读 风险分析理论框架

第三章

CHAPTER 3

# 风险评估基本理论

[学习目标]

1. 掌握风险评估的原则。
2. 了解风险评估的内容。
3. 理解风险评估的实施步骤。

风险评估是整个风险分析过程的核心和基础，其结果可以为风险管理决策提供科学依据。实施食品安全风险评估是贯彻执行党的二十大关于提高公共安全治理水平的工作之一，可以积极推动食品安全管理模式向事前预防转型，更好的健全食品安全监管预警防控体系。早在 1999 年，国际食品法典委员会就在其文件 CAC/GL-30 中将风险评估定义为一个科学的、系统的流程，其主要由 4 个部分组成，即危害识别（hazard identification）、暴露评估（exposure assessment）、危害特征描述（hazard characterization）和风险特征描述（risk characterization）。

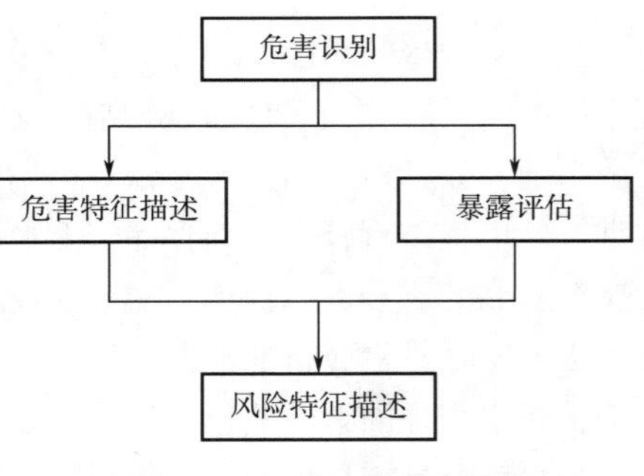

图 3-1 风险评估框架图

风险评估四步骤的开展顺序如图 3-1 所示。风险评估可以分为定性、半定量和定量三种类型。

## 第一节 风险评估的原则

开展风险评估主要遵循以下五点原则。

### 一、科学性原则

微生物风险评估应以科学为依据，应按照系统的方法有条理地进行危害识别、暴露评估、危害特征描述和风险特征描述。

### 二、独立性原则

风险评估和风险管理之间的功能不同，应注意区分，风险评估者和风险管理者之间尽量不要做超出职责范围的工作。这是为了避免风险评估者主观认定风险较高/较低或是不了解政策制定方面的禁忌而制定出错误的政策，同时也是为了避免风险管理者不理解风险评估中的原理导致风险评估结果出现巨大偏差。但这一原则并不限制风险评估者和风险管理者之间的沟通交流。

### 三、透明性原则

微生物风险评估的过程应透明。风险评估的结果报告中应当说明所有所做的假设、约束条件（如成本、资源或时间，并描述其可能造成的后果）、不确定性（描述并说明风险评估过程中何处会产生不确定性）、变异性等，以便风险管理者和各相关方充分理解风险评估过程，并利于政策的制定和交流改进。

### 四、高质量原则

数据和数据收集系统应尽可能具有足够的质量和精度以使风险评估中的不确定性最小化，且数据应能够确定风险评估中的不确定性；应尽量与独立的人类疾病数据库进行比较。

### 五、迭代性原则

风险评估的结果应当适时更新。科技的发展和新技术的产生能够获取比过去更多的相关信息，对于某些数据可能不再需要依赖假设，在这种情况下则应当重新进行微生物风险评估。

## 第二节　风险评估的作用

风险评估在食品安全管理中扮演着关键角色。通过科学的方法和系统的分析，其不仅帮助识别和量化食品中的潜在危害，还为各类食品安全决策提供了坚实的基础。其结果可以有效指导政策制定、资源分配以及风险交流，从而提升食品安全管理的整体水平。

### 一、作为风险管理的依据

通过建立风险评估数据库，在已知致病微生物摄入量的情况下就能够判断不同人群患病的风险，从而有利于制定政策、标准，例如可以在国家食品安全标准中设定各类食品的微生物限量以规范国内食品企业的生产加工，抑或规范进出口准入准出标准。通过分析各类食品的风险高低也有利于在同时管控多个食品的风险时按照风险高低合理分配资源，提高效率。某些食品会随着季节变化出现食用淡、旺季，通过积累其各个季度的风险情况以及总结以往管控措施的有效性，在旺季之前就可以做好预防工作。

### 二、找出降低风险的关键控制点，更新危害分析与关键点控制（HACCP）系统

进行微生物定量风险评估的过程中通常会将各种因素纳入到风险模型中，通过敏感性测试，即改变代表各类因素的变量数值的大小，观察最终风险结果的变化情况，就可以发现对风险结果影响较大的因素，即关键控制点，对该点进行控制通常能够有效降低风险。

### 三、便于风险交流

风险评估结果的呈现形式可以做到通俗易懂，在相关部门和公众进行舆情交流时可以便于非专业人士理解。

## 第三节　风险评估的内容

风险评估是风险分析的科学基础，其最初是因制定健康保护决策时面临科学上的不确定性而建立的。通常可以将食品安全风险评估描述为“对人类在特定时期因危害暴露而对生命和健康产生潜在不良影响的风险特征进行描述”。

为了保证食品安全风险评估的科学性、公正性和结果的一致性，食品安全风险评估采用国际公认的程式化的科学方法，通常由危害识别、暴露评估、危害特征描述和风险特征描述四个步骤组成，它是一个概念性的框架，针对食品中危害因素的安全性，提供了一个固定程序的安全性资料审查和评价机制。

### 一、危害识别

危害识别指对所关注的致病微生物及其毒素的危害进行明确识别，是风险评估中的第一步，一般可通过综合食源性疾病监测现状、流行病学调查、微生物生物学特性研究等多方面信息，对可能存在于食品中能引起健康危害的致病微生物及其毒素进行定性描述，明确致病微生物及其毒素对人体健康的不利影响。危害识别的目的在于确定人体摄入危害物的潜在不良作用，这种不良作用产生的可能性，以及产生这种不良作用的确定性和不确定性。危害识别不是对暴露人群的风险性进行定量的外推，而是对暴露人群发生不良作用的可能性做定性的评价。通常由于资料不足，因此，进行危害识别的最好方法是证据加权。其中信息可通过科学文献、食品工业界数据库、政府机构及国际组织如世界卫生组织、美国食品和药物监督管理局、美国环保署、欧洲食品安全局等权威机构的技术报告获取。此方法对不同研究的重视程度顺序如下：流行病学研究、动物毒理学研究体内试验、动物毒理学研究体外试验以及最后的量-效及构-效关系。

### 二、暴露评估

暴露评估是对不同暴露人群摄入的致病菌水平进行描述，需要考虑在食物生产到消费全过程中致病菌及其毒素水平的变化，并与消费人群的膳食数据结合，评估实际消费的食品

中致病菌的暴露水平。一般来说，食品微生物暴露评估一般遵循以下三个步骤：①收集暴露评估资料。②构建暴露评估模型。③暴露评估数据带入和计算。关于此部分的详细信息见本章第四节。

### 三、危害特征描述

危害特征描述用于描述摄入食品中病原微生物可能对健康造成的不良影响，如可能产生的症状、并发症、后遗症。当数据充足时，危害特征描述应根据危害物的定量暴露信息（即暴露评估的结果）和特定群体发生不良后果的概率，确定剂量-反应关系。一般分为①收集危害特征描述资料。②表示疾病特征和剂量反应关系。③代入和计算危害特征描述数据三个步骤。关于此部分的详细信息见本章第四节。

### 四、风险特征描述

风险特征描述是在危害识别、危害特征描述和暴露评估的基础上，对特定人群产生已知或潜在不良健康影响的可能性及严重性进行定性或定量的估计，包括相关的不确定性。定性风险评估是依靠先例、经验进行主观估计和判断，可提供给决策者低风险、中风险和高风险的定性判定。定量风险评估的目标是建立一个数学模式来阐明暴露于那些可造成健康损伤的因素所产生对健康不良作用的概率。食品微生物风险特征描述可以采取调查分析、实验检测和模型预测等方法对某种食品中微生物的种类、数量、毒力、传播途径、稳定性等对特定人群的风险进行估计。

## 第四节　风险评估的实施

本节主要讲解风险评估的实施过程，主要分为两个部分：一是实施前的准备工作；二是实施过程的具体步骤。

### 一、实施前的准备

在进行风险评估之前，需要进行全面的准备工作，以确保评估过程的科学性、独立性和有效性。准备工作主要包括成立风险评估小组、风险简述、确定风险评估的目的和范围以及制定风险评估政策。这些步骤确保风险评估能准确回应风险管理者的需求，并为后续的评估过程奠定坚实基础。

**1. 成立风险评估小组**

风险评估小组主要由风险管理者和风险评估者组成。

（1）风险管理者（1~2 人）　风险管理者最好是政府机构工作人员，且应当了解与目标危害相关的政策以及可用的风险干预措施等内容。

（2）风险评估者（3~7 人）　风险评估小组成员分别需要掌握食品科学、微生物学、概率论与数理统计学知识、英文检索能力以及计算机知识（熟悉风险评估软件）。

注：①定量风险评估涉及的知识专业性较强，可以考虑与高校教授或是科研院所的研究员

进行合作。②风险评估小组成员并不一定要是常驻人员，因为许多工作只有到了特定步骤时才需要具备对应知识的人来完成。但要求小组的成员之间保持密切联络，及时交流风险评估过程中出现的问题或困难，协商解决。

**2. 风险简述**

风险评估通常由风险管理者发动，回复风险管理者提出的风险管理问题，如是否需要制定或修订食品安全标准、食品安全健康风险大小等。为了保证风险评估在科学上的独立性，风险评估过程应当与风险管理分开，但是正式启动风险评估之前，需初步考虑风险评估的必要性及评估目的，并就此在风险管理、风险评估和科学团体间进行沟通。从初步考虑到正式风险评估的转变过程被称作问题简述或风险简述。它是一个由风险评估者和风险管理者共同参与的信息反复交换的过程，同时需要重视与其他利益相关方的充分交流。这一过程将决定风险评估的必要性和目的、范围等。

风险简述包括对食品安全问题进行梳理确定需优先解决的关键问题、制定风险评估政策（包括选择风险的可接受水平）、确定风险管理措施。

风险简述的最终产出是制订出一个针对危害因素及其潜在不良效应的风险评估计划，该计划可以随着风险评估的进行而调整。理想状况下，风险简述的产出是：为达到风险管理者的要求而需要在风险特征描述中回答的问题；确定资源需求和现有资源；完成风险评估的时间进度。

**3. 确定风险评估目的和范围**

根据风险简述，在评估前确定具体的或待估计的风险以及风险管理的目标。

风险评估目的应针对风险管理者的需求，根据风险评估的任务规定解决项目设定的主要问题，也包括有助于达到风险评估目的的阶段性目标。

风险评估范围应对待评估物质及其食品载体、所关注的敏感人群进行明确界定。

**4. 制定风险评估政策**

虽然风险评估是一个基于科学的、客观的过程，但是在风险评估过程中不可避免地要遇到一些政策性问题并需要做出政策上的选择或判断，某些判断甚至是主观性或经验性的。例如，选择 P95（表示百分位数的第 95 位，意味着保护暴露量最高的前 95%人群）还是 P90 代表高暴露人群受到管理者在政策上要保护多大比例的人群来确定等。

通常，风险评估政策由风险评估者和风险管理者通过积极的交流与合作来共同完成。基于科学的选择和判断主要由风险评估者决定，而基于价值的选择和判断主要由风险管理者决定。所有在评估过程中有可能遇到的需要做出决定的问题都应尽可能在进行风险评估之前确定，一旦启动评估便不能随意改变。

因此，风险评估政策是对管理者、评估者以及其他与本次风险评估有关的相关方的职责进行明确规定，并确认本次评估所用的默认假设、基于专业经验所进行的科学判断、可能影响风险评估结果的政策性因素及其处理方法等。将这些评估之前的评估政策书面记录下来有助于保障风险评估过程的一致性和透明性。

## 二、风险评估的步骤

**1. 危害识别**

微生物风险评估的危害识别指对关注的致病微生物及其毒素的危害进行明确识别，是风险评估的起始步骤，图 3-2 是危害识别的一般流程图，关于微生物危害识别的详细信息见第四章。

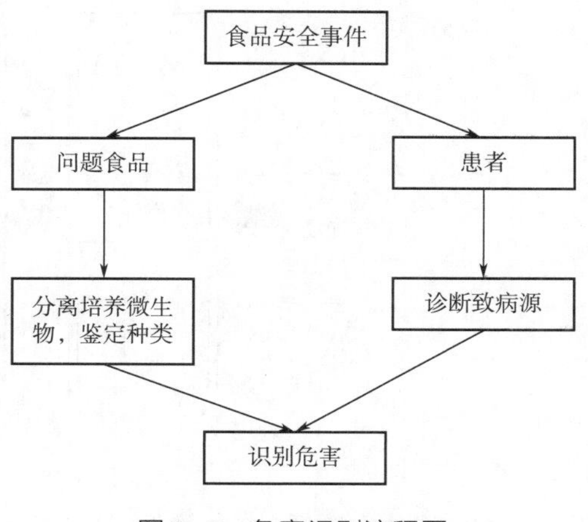


图 3-2　危害识别流程图

确定研究对象的方法有以下几种：

①查找过往的食源性疾病报道、流行病学资料或咨询公共卫生学专业人士，确定风险较大的“食品-致病微生物”组合。这是最常见的方法，优点是针对性强。

②收集食品安全事件中的问题食品，对其中的微生物进行分离培养并鉴定微生物种类（鉴定工作可参照 GB 4789 系列，或直接交由微生物学研究机构进行），从而确定致病微生物。但是这一方法的缺点在于，有时确定的致病微生物可能不止一种，还需要进一步确定真正的致病微生物。

③有些食品安全事件无法第一时间追溯到问题食品，但事发后产生不适症状的患者可能会就医，经过收集医院诊断结果就能够确定致病微生物。这一方法确定的危害更为准确，通常可以确定到特定的致病微生物，并追溯到问题食品；缺陷在于，有时医院开具的药物能无差别地减轻多种食源性疾病引起的症状，因此可能并不会进行细致的诊断来确定致病微生物，最好在征得患者同意的情况下进行较为细致的诊断。

**2. 暴露评估**

暴露评估是微生物风险评估中的第二步，其是评估消费者暴露量和对应暴露概率的过程，以此确定某种物质是否会对人体健康带来风险。食品微生物暴露评估一般遵循以下三个步骤：收集暴露评估资料、构建暴露评估模型、暴露评估数据带入和计算。

（1）收集暴露评估资料　暴露评估需要收集来自食品本身、食品供应链、微生物和消费者相关的数据，关于此部分的内容详见本书第五章第三节暴露评估的数据来源。但主要的是实际收集到的许多数据并非定值，而是存在变异性的，如每次食品从产地被运送到加工场所的运输时间、运输温度可能不同，且不同厂家之间运输时间和运输温度一般也不同；不同厂家加工方式或加工参数也可能有差异，例如有的采用普通巴氏杀菌，有的采用超高温杀菌；有的餐厅一天之内就能消耗完食材，即储存时间为一天，而有的餐厅则需要三天；被调查人群中每个消费者的消费频率可能各不相同。

因此若进行随机性定量风险评估，则最好由概率统计学专家将这种数据记录为概率分布的形式，如经过统计，70%的工厂使用普通巴氏杀菌，30%工厂使用超高温杀菌，则可以以二项分布的形式记录。

（2）构建暴露评估模型　首先根据具体的风险评估对象（食品）收集详尽的暴露途径信息以建立暴露途径模型，图 3-3 是“从农田到餐桌”的暴露途径概念模型示例，从图中可以看出食品从收获（捕获）到达消费者可能会经历不同的阶段。此外，暴露途径可拆分为各个小步骤，表 3-1 是暴露评估信息记录示例表。

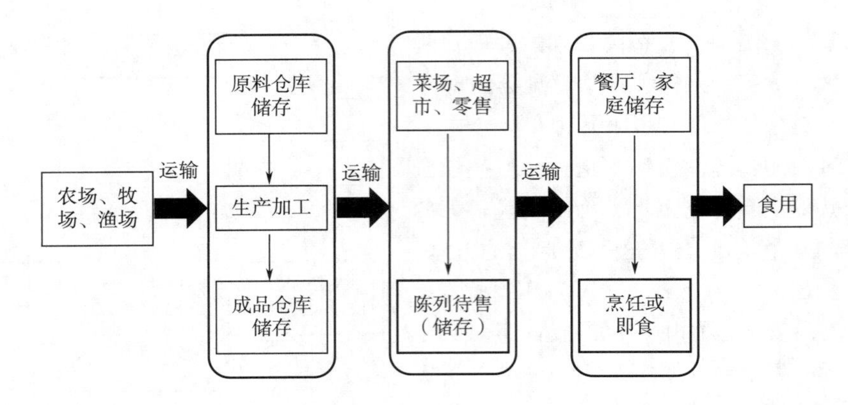


图 3-3 暴露途径概念模型

注：①有些食品（如大部分农产品和海鲜）可能不经历加工阶段，而是直接从产地运输到市场进行售卖；②有的食品也可能经过多个运输、加工过程，如肉制品通常需要从产地运输到屠宰场经过脱毛、宰杀、分割等步骤，再从屠宰场运输到加工场所制成食品；③大部分食品工业产品是即食食品，不需要考虑烹饪过程；④若研究对象为一类食品，如猪肉制品，那么暴露途径可能不止一条，因为猪肉可能会被制成肉饼、肉末、肉松等制品，其加工、烹饪和食用方式各不相同，需要分别考虑。

表 3-1 暴露评估信息记录表示例

| 初始污染水平/[（CFU/g 或 CFU/mL）] | | 初始污染率/% | | | | | | |
|---|---|---|---|---|---|---|---|---|
| 过程 | | 温度/℃ | 时间/min | 指标 1 | 指标 2 | 选用模型 | 污染水平（CFU/g 或 CFU/mL） | 污染率/% |
| 运输 | | | | | | | | |
| 原料仓库储存 | | | | | | | | |
| | 切割 | | | | | | | |
| | 混合 | | | | | | | |
| 加工 | 高温灭菌 | | | | | | | |
| | …… | | | | | | | |
| | …… | | | | | | | |
| 成品仓库储存 | | | | | | | | |
| 运输 | | | | | | | | |
| 市场陈列销售 | | | | | | | | |
| 运输 | | | | | | | | |
| 家庭、餐厅储存 | | | | | | | | |
| 烹饪 | | | | | | | | |
| 食品总量/份 | | | 每份食品分量/（g/份或 mL/份） | | | | 消费频率/（份/年） | |

针对各个步骤选择合适的模型，将各个步骤的加工参数（如 pH、压力等，记在上表的指标 1、指标 2 等处）以及上一步骤结束时的污染水平代入公式即可计算出各步骤结束时的污染水平，最终推算出消费者食用时食品的污染水平。通常认为：

消费者的暴露量=最终每份食品污染水平×每份食品分量×消费频率

根据预测微生物学和微生物生态学等原理，目前已有许多研究总结了生长与失活模型，用于预测微生物在各类环境下（如温度、压力、pH、辐照等）的数量变化；对于产毒素的致病微生物，也有许多经验模型总结了种群数量和产毒速率的关系等。

可通过以下网站选取各类模型：①Predictive Microbiology Portal；②FoodRisk. org；③Combase Predictor。

除此之外，各类相关文献也记载了常用的模型，常见的文献查阅方式如下：①中国知网食品科技知识资源总库；②食品科学和技术文献首要数据库 Food Science and Technology Abstracts；③科研数据库平台 Web of Science；④摘要和引文数据库 Scopus。

将各个小步骤所选的模型结合起来，就成了暴露评估模型。

注意：①此处所列的概念模型和信息记录示例表考虑了“从农田到餐桌”的全过程，但食品并不一定是在产地受到目标微生物的污染，如果能够确定最初发生污染的步骤，则之前的步骤可以忽略，只需要将此时的污染水平视为初始污染水平并完成后续步骤即可。

②为了便于计算，通常需要进行一些假设来简化模型。例如将运输、陈列待售等步骤均视为储存步骤——将运输时间、销售时间等视为储存时间，将运输环境温度和销售环境温度视为储存温度，从而选用储存模型来计算这一过程中微生物数量的变化；此外，实际当中微生物或毒素在食品中的分布并不一定是均匀的，因此“污染量=污染水平×食品分量”也是一种假设。不论选用了什么模型、做了什么假设，都应当在风险评估报告中如实记录。

③即使加工过程中涉及灭菌，也不能简单地认为“灭菌之后食品就是无菌的，之前的步骤不必研究”，因为在许多食品召回事件中人们发现经过灭菌的食品仍可能被检出致病微生物，这也许是因为灭菌设备的失灵或是发生二次污染，因此有时要收集灭菌设备故障率、加工环境以及包装材料的污染状况等信息。

④如果针对拆分后的某些步骤无法查找到对应的预测模型，则需要自行构建预测模型。

（3）暴露评估数据的代入和计算

①确定性暴露评估：首先为各个参数选取一个值（取值应当在该参数的定义域内，如取最大值、最小值、平均值、众数、第 95 百分位数等），然后将数值代入模型中进行计算即可得出暴露量。

将所有参数都选值并计算一次称为一次“迭代”，其结果表示的是一种特定情景下的暴露量。通过对各个参数有针对性地选值，可以预测多种情景下的暴露量。

确定性定量风险评估最常见的应用是将各个参数都取最坏情形下的数值（例如储存温度选择最适宜致病微生物生长的温度、储存时间选择最长、灭菌步骤故障率选择最高等），以此计算最坏情景下的暴露量，若此时风险仍在可接受范围内，则说明不需要采取风险干预措施。

②随机性暴露评估：随机性定量风险评估的计算需要利用软件来完成，常用的软件有@RISK®、CrystalBall®、Analytica®以及一些 Excel 插件等。

首先由概率与数理统计学专家将各个参数以概率分布的形式表示，再将暴露评估模型以及各个参数值的概率分布导入软件当中，进行蒙特卡罗模拟，通常推荐迭代 10000 次。迭代次数可以视具体模型的复杂程度而定——若模型复杂程度高，则计算机所需的迭代时间较长，可以适当减少迭代次数。迭代完成后即可输出各种情景下的暴露量。

### 3. 危害特征描述

危害特征描述是微生物风险评估的第三步，用于描述摄入食品中病原微生物可能对健康造成的不良影响，如可能产生的症状、并发症、后遗症。当数据充足时，危害特征描述应根据危害物的定量暴露信息（即暴露评估的结果）和特定群体发生不良后果的概率，确定剂量-反应关系。一般分为收集危害特征描述资料、表示疾病特征和剂量反应关系、代入和计算危害特征描述数据三个步骤。

（1）收集危害特征描述资料

①对于常见的致病微生物，经口暴露的症状（按严重程度分级）、并发症、后遗症、传染性和致死性等可以参考流行病学资料。而对于新发现的致病微生物，可能难以从流行病学研究中获取信息，需要进行进一步研究，在风险概述阶段就需要确定是否有充足的时间和资源进行研究，可行性如何。

②常见食源性致病微生物的剂量-反应模型通常已有文献资料总结过，可以通过文献查询查找合适的模型并引用，将对应人群的暴露量代入即可求出感染概率或患病概率。

③若某种致病微生物没有合适的剂量-反应模型，可参考相应文献步骤自行构建。但是构建的过程较为复杂（所需的实验量大且要求具备一定程度的数学知识），因此在审查风险评估的可行性时应当注意这一点，若难以建立剂量-反应模型则无法进行定量风险评估。

（2）疾病特征和剂量-反应关系的表示

关于疾病特征和剂量-反应关系、患病记录可以分别使用表3-2和表3-3进行记录。

表3-2　　疾病特征描述和剂量-反应关系记录表示例

| 暴露量 | 症状等级 | 症状 |
|---|---|---|
| $I<A$ | 无 | 无 |
| $I=A$ | 轻 | 此处假设将仅轻微呕吐或轻微腹泻定义为轻 |
| $A<I<10\times A$ | 较重 | 此处假设将上吐下泻定义为较重 |
| $10\times A<I<100\times A$ | 重 | 此处假设将严重上吐下泻伴随脱水或脱力等症状定义为重 |
| …… | …… | |

注：（1）表中，$I$ 表示摄入量；$A$ 表示可引起疾病的最低摄入量，即阈值。

（2）实际症状按照致病微生物实际所能引起的症状分级，此处仅为示例。

（3）症状等级的标注可以不必按照表中所示的分级方式，可以自定义为“一级、二级、三级”或“黄、橙、红”，最好与流行病学分级方式保持一致。

（4）不同人群的免疫力不同，剂量-反应关系也不同，需要先将人群按照免疫力划分为多个亚人群，然后分别确定。

表3-3　　患病概率记录表示例

| 所选剂量-反应模型 | | |
|---|---|---|
| 暴露量 | 症状严重程度 | 患病概率 |
| | | |

根据暴露量和剂量-反应关系表可以大致判断个体的症状严重程度，将暴露量代入剂量-

反应模型即可计算出患病概率。

（3）危害特征描述数据的代入和计算

①确定性危害特征描述：常见的应用情景是对人群的暴露量取平均值或P95，代入该人群的剂量-反应模型以计算症状和相应的患病概率。

②随机性危害特征描述：将人群中的暴露量以概率分布的形式表示（如5%的人摄入量为a，20%的人摄入量为b，……），把概率分布和该人群的剂量-反应模型导入软件，进行蒙特卡罗模拟。蒙特卡罗模拟能够一次性得出不同摄入量的人群的患病概率。

关于危害特征描述的详细内容见第六章。

**4. 风险特征描述**

风险特征描述是微生物风险评估中的第四个步骤，即总结前三个步骤的内容并推算出最终的风险等级（定性）或风险估值（定量）——在定量风险评估中，根据暴露评估可以获知消费者的暴露概率和暴露量，通过风险特征描述可以获知各种暴露量下人群的患病情况和患病概率，二者相结合即可计算出人群的风险大小。这一结合过程可以在软件当中完成。风险特征描述结果可以使用表3-4示例进行记录。关于风险特征描述的详细内容见第七章。

此处仅考虑以“风险估值”的形式来表示。

感染风险=暴露概率×感染概率

患病风险（各种症状严重程度分别计算）=暴露概率×患病概率

此处的计算过程也可以在软件内完成。

表3-4　风险特征描述结果记录表示例

| 人群 | 暴露量 | 暴露概率 | 所选剂量-反应模型 | 感染概率/患病概率 | 感染风险/患病风险 |
|---|---|---|---|---|---|
| 1 | | | | | |
| 2 | | | | | |
| 3 | | | | | |
| …… | | | | | |

微生物风险评估除了上述步骤外，在暴露评估和危害特征描述中实施敏感性分析以确定关键控制点、进行结果有效性验证和审查、在有新检测方法或更准确的预测模型出现时进行再评估均是风险评估过程的重要步骤。

思考题

1. 风险评估应该采取什么原则？
2. 简述实施风险评估的详细步骤。

第三章拓展阅读　风险评估基本理论

# 第四章 危害识别

CHAPTER 4

[学习目标]

1. 熟练掌握危害识别的定义。
2. 掌握危害识别的常用方法。
3. 了解致病微生物的污染途径和致病微生物的致病机制。

危害识别（hazard identification）即识别某一特定食物（或某一类食物）中能够对健康造成不良影响的生物、化学和物理因素。

危害识别指对关注的致病微生物及其毒素的危害进行明确识别，一般可通过综合食源性疾病监测现状、流行病学调查、微生物生物学特性研究等多方面信息，对可能存在于食品中能引起健康危害的致病微生物及其毒素进行定性描述，明确致病微生物及其毒素对人体健康的不利影响。

危害识别是风险评估的起始步骤，在这一阶段风险评估者要与风险管理者探讨交流，确定风险评估工作的基本框架，通常需要交流并明确研究目的、所要研究的食品种类、微生物、目标人群、考察范围等因素。但在评估过程中应当注意“基质-病原体-宿主”之间的效应。

## 第一节 致病性微生物

致病性微生物，是指能够引起人类、动物和植物生病的病害，具有致病性的微生物。近年来报道比较多的食物中毒事件中，大多是由以下致病性微生物引起的：①细菌及其毒素：沙门菌、副溶血性弧菌、大肠埃希菌、小肠结膜炎耶尔森菌、空肠弯曲杆菌、蜡样芽孢杆菌、肉毒梭状芽孢杆菌、产气荚膜梭状芽孢杆菌、志贺菌、金黄色葡萄球菌、霍乱弧菌、单核细胞增生李斯特氏菌、椰毒假单胞菌、克罗诺肠杆菌等及其携带或分泌的毒素；②病毒：甲型肝炎病毒、戊型肝炎病毒、人源诺如病毒、人源轮状病毒、星状病毒等；③真菌及其毒素：黄曲霉、赭曲霉等及其携带或分泌的毒素。

致病微生物的摄入并不一定意味着受到感染，或者会发生疾病和死亡，在感染和疾病发生中还有大量的屏障（如食品加工方法、宿主胃肠道环境、宿主免疫系统和体内抗生素的使用等），致病微生物所引起的反应（感染、疾病和死亡）是病原体、食品基质、宿主三者相互关联与妥协的结果，会随着致病微生物、食品基质和宿主因素的不同而变化。

## 一、致病微生物污染食品的类型

食品是致病微生物引起人类疾病的最普遍途径，进行致病微生物的风险评估时应考虑致病微生物污染食品的类型及污染率等。由于不同类型食品基质特性不同，包括理化性质、营养物质含量、矿质元素种类、水分活度等方面，在食品链中易受污染的环节不同，包括初级加工、加工过程和环境、包装、保质期和终产品等方面，致病微生物对环境的耐受度不同，包括耐高低温、酸碱度等，使不同类型的食品与不同的病原体往往具有一定的联系，表 4-1 列举了食品中的致病微生物及其污染率。

表 4-1 食品中的致病微生物及其污染率

| 食物 | 病原菌 | 污染发生率/% |
|---|---|---|
| 畜肉、禽肉、蛋 | 空肠弯曲杆菌 | 生鸡肉和火鸡肉（45~64） |
| | 沙门菌 | 生禽肉（10~100）、猪肉（3~20）、蛋类（0.1）和贝类（16） |
| | 金黄色葡萄球菌 | 生鸡肉（73）、猪肉（13~33）和牛肉（16） |
| | 产气荚膜梭状芽孢杆菌 | 生猪肉和鸡肉（39~45） |
| | 肉毒梭状芽孢杆菌 | |
| | 大肠杆菌 O157：H7 | 生牛肉、猪肉和禽肉 |
| | 蜡样芽孢杆菌 | 生绞碎牛肉（43~63）、烹饪的肉类（22） |
| | 单核细胞增生李斯特菌 | 红肌（75）、碎肉糜（95） |
| | 小肠结肠炎耶尔森菌 | 生猪肉（48~49） |
| | 志贺菌 | |
| | 甲肝病毒 | |
| | 旋毛形线虫 | |
| | 绦虫 | |
| 水果和蔬菜 | 空肠弯曲杆菌 | 蘑菇（2） |
| | 沙门菌 | 洋蓟（12）、卷心菜（17）、菠菜（5） |
| | 金黄色葡萄球菌 | 莴苣（14）、荷兰芹（8）、萝卜（37） |
| | 单核细胞增生李斯特菌 | 番茄（27）、萝卜（37）、豆芽（85）、卷心菜（2）和黄瓜（80） |
| | 志贺菌属 | |
| | 大肠杆菌 O157：H7 | 芹菜（18）、芫荽（20） |
| | 小肠结肠炎耶尔森菌 | 蔬菜（46） |
| | 嗜水气单胞菌 | 菜花（31） |
| | 甲肝病毒 | |

续表

| 食物 | 病原菌 | 污染发生率/% |
| --- | --- | --- |
| 水果和蔬菜 | 诺沃克病毒 | |
| | 蓝氏贾第鞭毛虫 | |
| | 隐孢子虫 | |
| | 卡宴圆孢子球虫 | |
| | 肉毒梭状芽孢杆菌 | |
| | 蜡样芽孢杆菌 | |
| | 真菌毒素 | |
| 乳制品 | 沙门菌 | |
| | 小肠结肠炎耶尔森菌 | 牛乳（48~49） |
| | 单核细胞增生李斯特菌 | 软质干酪（4~5） |
| | 大肠杆菌 | |
| | 空肠弯曲杆菌 | |
| | 志贺菌属 | |
| | 甲肝病毒 | |
| | 诺沃克病毒 | |
| | 金黄色葡萄球菌 | |
| | 产气荚膜梭状芽孢杆菌 | |
| | 蜡样芽孢杆菌 | 巴氏消毒乳（2~35）、奶油（5~11）、冰淇淋（20~35） |
| | 贝氏柯克斯体 | |
| | 真菌毒素 | |
| 贝类和鱼类 | 沙门菌 | |
| | 弧菌（副溶血性弧菌） | 生海鲜（33~46） |
| | 志贺菌 | |
| | 小肠结肠炎耶尔森菌 | |
| | 蜡样芽孢杆菌 | 鱼制品（4~9） |
| | 大肠杆菌 | |
| | 肉毒梭状芽孢杆菌 | |
| | 甲肝病毒 | |
| | 诺沃克病毒 | |
| | 蓝氏贾第鞭毛虫 | |
| | 隐孢子虫 | |
| | 代谢副产物 | |
| | 海藻毒素 | |

续表

| 食物 | 病原菌 | 污染发生率/% |
| --- | --- | --- |
| 谷物、粮食、豆类和坚果 | 沙门菌 | |
| | 单核细胞增生李斯特菌 | |
| | 志贺菌属 | |
| | 大肠杆菌 | |
| | 金黄色葡萄球菌 | |
| | 肉毒梭状芽孢杆菌 | |
| | 蜡样芽孢杆菌 | 生大麦（62~100）、米饭（10~93）、炒米（12~86） |
| | 真菌毒素 | |
| 香料 | 沙门菌 | |
| | 金黄色葡萄球菌 | |
| | 产气荚膜梭状芽孢杆菌 | |
| | 肉毒梭状芽孢杆菌 | |
| | 蜡样芽孢杆菌 | 香草和香料（10~75） |
| | 大肠杆菌 | |
| | 肠杆菌科 | |
| 水 | 革兰阴性菌 | |
| | 霉菌和链霉菌 | |
| | 蓝氏贾第鞭毛虫 | 水（30） |

## 二、致病微生物的污染途径

致病微生物通过食品产业链中的各个环节对食品造成污染，在进行危害识别时，在了解了不同类型的食品中常见的致病微生物及其污染率的基础上，还需要了解致病微生物在食品产业链中造成污染的具体环节和途径，从而对后期的危害特征描述和风险管理等工作做好前期的准备。

在食品产业链中，需要经过初级生产、原料采收与制备、加工过程、加工环境、包装、保质期和终产品等环节，在食品产业链的每一个环节，都有很大可能遭受到致病微生物的污染，而微生物污染食品的途径主要有土壤、空气、水、人及动物体、机械设备与管道、包装材料、原料与辅料等。

**1. 初级生产环节**

初级生产是指用于食品加工的原材料的生长，包括植物性原材料的种植和动物性原材料的养殖。在初级生产的过程中，食品原材料极易受到来自土壤、空气、水等外界环境中无处不在的致病微生物的污染。土壤中存在着丰富的营养物质，为微生物的生长繁殖提供了必要的营养物质、水分和矿质元素等，是微生物的天然培养基。土壤中微生物种类多，有细菌、真菌、放线菌、霉菌、酵母菌、藻类和原生动物等，土壤中微生物数量也很大，其中细菌的数量最大，所占比例高达70%~80%，其中不乏有很多致病微生物。

用于食品加工的植物性原料，在生长的过程中易于遭受到土壤中致病微生物的污染，在原料表面附着不同种类的微生物，如粮食作物中常含有假单胞菌属、微球菌属、乳杆菌属和芽孢杆菌属等细菌，还含有相当数量的霉菌孢子，主要是曲霉属、青霉属、交链孢霉属、镰刀霉属等，还有酵母菌，对于感染病菌的植物，其组织内部含有大量的病原菌，这些微生物会在同一种类生长的植物区域内进行传播。对于动物性原料，动物在饲养的过程中不可避免地遭受土壤、水中微生物的污染，动物的体表会附着大量的微生物，而与外界相通的肠道中也存在着大量微生物，鱼类和贝类等海产品在海水中生长，海水能够直接污染鱼、贝类食品原材料，其中含有大量的水生微生物，副溶血性弧菌是危害较为广泛的食源性致病菌，能引起人类的食物中毒。

**2. 原辅料采收与制备环节**

食品加工的原料和辅料是造成产品微生物污染的最直接的来源，食品原料和辅料包括植物性和动物性，其采收的方法和过程以及受到致病微生物的污染的可能性也是不同的。食品原料的采收、初加工和保藏过程极易受到致病微生物的污染，尤其是动物性原料的更易于受到致病微生物的污染。

对于动物性原料，在屠宰、分割、加工、储存和肉的配销过程中的每一个环节，微生物的污染都可能发生。健康的活禽具有健全完整的免疫系统，能够有效阻止微生物的侵入，但屠宰后的畜禽失去了免疫能力，一旦受到微生物的污染，畜禽肉中丰富的营养物质就会为微生物的繁殖提供条件。在使用未灭菌的刀屠宰畜禽时，将微生物引入到畜禽的血液中，随着血液污染扩散到胴体的各个部位。在畜禽的宰杀、去毛、去除内脏等工序中，如若操作不当也会导致畜禽毛皮和内脏中的微生物通过水流分散到生产车间造成交叉污染。对于患病的畜禽，其组织器官中会有微生物的存在，如结核杆菌和口蹄疫病毒常存在于病牛的体内，致病菌通常能够冲破机体的防御系统，进而扩散至全身，而患病的畜禽和无症状带菌者的存在会造成畜禽的相互感染。

乳制品的原料来自乳畜，当乳畜患乳房炎时，乳房内会含有引起乳房炎的病原菌，如无乳链球菌、化脓棒状杆菌、乳房链球菌和金黄色葡萄球菌等。患有结核或布杆菌病时，乳中可能有相应的病原菌存在，从而使乳产品受到微生物的污染。乳制品除了受到来自乳畜体内本身的污染外，还会受到外界污染，如在原料乳的挤乳过程中，如若操作不当或是环境卫生条件不足，就会受到乳畜体表微生物、环境中微生物的污染。

**3. 加工过程**

食品加工逐渐朝着机械化、自动化方向发展，这就不免用到机械设备和管路通道，这也是食品受到微生物污染的重大隐患。虽然食品加工设备本身不含有微生物生长繁殖所需的碳源、氮源和水等，但在食品加工过程中，食品的汁液或粉末颗粒易于黏附在设备表面和管道内表面，生产结束后，设备与产品所接触的，特别是肉眼看不见、不暴露的部位，如管道的弯头、阀门、连接处和设备的内部和死角不易清洗干净，尤其是黏稠性物料清洗难度更大，极易造成微生物污染，微生物进一步生长繁殖，有些菌体能够形成生物被膜对菌体产生保护作用，对于一般消毒剂的抗性更强，在后续的清洗中更加难以去除，在以后的食品加工中可直接与食品物料接触造成微生物污染。例如，果蔬汁和碎肉的加工过程中，原料本身携带的微生物利用设备中未完全清除的残留汁液生长繁殖，造成生产线的污染。因此，在加工过程中机械设备和管道是造成微生物污染的隐患。

水是食品加工过程中所必须使用到的物质，由于水能够直接或是间接接触食品，因此各种天然水包括地下水和自来水也是微生物污染食品的重要途径。水体中的微生物主要包括水生微生物和外界污染物中的微生物，如水体受到土壤和人畜排泄物污染后，会导致水体中大肠杆菌、粪链球菌、炭疽杆菌等肠道菌的数量增多。自来水是天然水经过净化消毒后的洁净水源，正常情况下含有的微生物数量较少，一般不能致病，但是如果自来水管出现漏洞、管道压力降低导致的暂时性负压的情况下，则会引起管道周围环境中的微生物渗入到自来水管道内，造成自来水中微生物含量增加。在食品加工过程中，水用于机械设备的清洗、食品加工工具的清洗，能够间接被致病微生物污染。

**4. 加工环境**

食品加工车间的环境是否洁净在一定程度上决定了所生产食品的污染率。食品加工环境主要包括空气、人和动物体。

空气是食品加工过程中遭受致病微生物污染的重要的间接途径。致病微生物不能在空气中生长和繁殖，因为空气不能提供微生物生长繁殖所需的营养物质、矿质元素和水分等，但空气中仍存在一定数量的微生物，主要包括霉菌、放线菌的孢子、细菌的芽孢和酵母菌。空气中的微生物可能来自水、土壤、植物、人和动物的脱落物和呼吸道、消化道的排泄物等。在食品的加工生产过程中，当有人讲话、咳嗽或打喷嚏、衣物上的灰尘脱落时，微生物可随着灰尘、水雾的飞扬或沉降间接污染食品。

人和动物体是造成致病微生物直接污染和二次污染的重要途径。在食品加工过程中，加工车间操作工人的手和工作服是产生微生物二次污染的重要源头，如若手和工作服未经消毒，就会有大量的微生物附着在其表面进而污染食品，当人感染了病原微生物后，体内就会存在大量的病原微生物，其中存在人畜共患病原微生物，如沙门菌、结核杆菌、布杆菌等，能够通过直接接触或是通过呼吸道或是消化道排出体外造成食品污染。蚊、蝇及蟑螂等昆虫携带有大量的微生物，试验证明，每只苍蝇带有数百万个细菌，80%的苍蝇肠道中带有痢疾杆菌，食品加工环境如果不能保持卫生，导致蚊虫滋生，进而污染食品。

**5. 食品包装环节**

食品的包装是食品加工的最后一环，包装材料与食品成品直接接触，对食品起保护作用，为食品在运输、销售过程中提供方便，防止污染，但包装材料的种类和灭菌效果都会影响产品的质量。包装材料的灭菌效果直接影响食品的品质，若是无菌包装在储存、印刷等加工过程也会遭到微生物的污染。包装材料的种类对于产品质量也有一定的影响，在包装材料中，最易发生微生物污染的是纸质包装材料，其次是各类软塑包装材料。在产品的运输销售过程中，如果发生包装材料的破损就会造成微生物的侵入和繁殖。因此，食品包装也是造成食品微生物污染的可能性途径之一。

**6. 保质期**

保质期是指在标签上规定的条件下，保持食品质量（品质）的期限。在此期限，食品完全适于销售，并符合标签上或产品标准中所规定的质量（品质）；超过此期限，在一定时间内食品仍然是可以食用的。食品的保质期受随着时间推移对产品质量有不良改变的多种因素的影响，其中很多因素是非微生物性的，如酶活性、氧化反应、结构性改变、腐败等，但微生物活性在一些食品的安全或腐败中扮演着重要角色。由于部分食品在运输销售过程中的碰撞、挤压，容易导致包装的破损，进而使空气中的微生物或包装外附着的微生物进入包装内污染食品，或是不同食品的不规范存放而引起的相互污染。

**7. 终产品**

受致病微生物污染的终产品是引起人类食源性疾病的直接因素。在进行危害识别的过程中，如果可用于证明成功应用了食品安全控制，或当缺乏信息评估产品状况时评估某一批次产品的微生物状况，则可使用终产品标准，对于少数食品，现有的预防措施和危害分析和关键控制点（hazard analysis critical control point，HACCP）可能不足以为消费者提供保护，必须使用终产品检验为消费者提供额外的保护。

## 三、致病微生物的致病机制与危害

**1. 致病微生物的致病机制**

致病微生物能够沿着食品链条，在食品生产加工、运输贮藏及销售等过程中污染食品，并在其中大量繁殖，进而进入机体造成不同危害。致病微生物根据其致病机制可分为感染型、毒素型和两者的混合型，不同机制引起的疾病其临床表现通常不同。在进行危害识别时，首先应当明确病原体作为危害因子是如何引起疾病的，其次才得以确认在后续的风险评估工作中应更加关注病原体的感染能力还是其产生的毒素，或是二者同时考虑。

（1）感染型　食源性致病菌如沙门菌、链球菌、变形杆菌和空肠弯曲杆菌等随同食品进入机体后，直接作用于肠道，在肠道内继续生长繁殖，靠其侵袭力附着于肠黏膜或侵入黏膜及黏膜下层，引起肠黏膜的充血、白细胞浸润、水肿、渗出等炎性病理变化。

病毒感染是指病毒通过多种途径侵入机体，并在易感的宿主细胞中增殖的过程，包括显性感染和隐性感染。动物病毒侵入有3种方式：①借吞饮作用将病毒粒子包入敏感细胞内，是个主动过程，如痘类病毒；②病毒囊膜与宿主细胞膜融合脱去囊膜，核衣壳直接侵入细胞，如副黏病毒、单纯疱疹病毒；③完整的病毒粒子直接穿过细胞膜进入细胞质中，如呼肠孤病毒（无包膜）。不同种类的病毒与宿主细胞相互作用，可表现出不同的形式。除进入非容纳细胞后产生顿挫感染而终止感染外，还可表现为溶细胞感染、稳定状态感染、细胞凋亡、细胞增殖和转化、病毒基因的整合以及包涵体的形成等。

（2）毒素型　许多细菌性病原体都可以产生外毒素，如金黄色葡萄球菌、白喉杆菌、破伤风杆菌、霍乱弧菌和产毒性大肠杆菌等（表4-2）。各种细菌产生的外毒素对组织的毒性有高度选择性，可引起不同的特殊病变和临床症状。这类毒素通常具有两种结构组分，一部分功能与敏感细胞吸附、转运毒素有关，另一部分是毒性成分，损伤细胞或导致死亡。例如，霍乱毒素含有A和B两个组分，A亚单位是毒性的活性部分；B亚单位与小肠黏膜上皮细胞受体结合，使A亚单位穿过细胞膜与胞内膜的腺苷酸环化酶作用，促使细胞内腺苷三磷酸（ATP）变成环磷酸腺苷（cAMP），细胞内cAMP浓度增加，从而促进细胞质内蛋白质磷酸化过程并激活细胞有关酶系统，改变细胞分泌功能，使$Cl^-$的分泌亢进，并抑制肠壁上皮细胞对$Na^+$和水的吸收，导致腹泻并引起呕吐、失水和电解质紊乱等症状。溶血素也是致病菌常见外毒素，能够损伤红细胞膜，导致溶血，发挥毒性作用，如李氏杆菌溶血素O。

表 4-2　　常见细菌的外毒素

| 外毒素类型 | 细菌 | 外毒素 | 疾病 | 作用机制 | 症状和体征 |
| --- | --- | --- | --- | --- | --- |
| 神经毒素 | 破伤风梭菌 | 痉挛毒素 | 破伤风 | 阻断上下神经元间正常抑制性神经冲动传递 | 骨骼肌强直性痉挛 |
| | 肉毒梭状芽孢杆菌 | 肉毒毒素 | 肉毒中毒 | 抑制胆碱能运动神经释放乙酰胆碱 | 肌肉松弛麻痹 |
| 细胞毒素 | 白喉杆菌 | 白喉毒素 | 白喉 | 抑制细胞蛋白质合成 | 肾上腺出血、心肌损伤、外周神经麻痹 |
| | 葡萄球菌 | TSST-1 | TSS | 增强对内毒素休克的敏感 | 表皮剥脱、发热、皮疹 |
| | A 型链球菌 | 致热外毒 | 猩红热 | 破坏毛细血管内皮细胞 | 休克猩红皮疹 |
| 肠毒素 | 霍乱弧菌 | 肠毒素 | 霍乱 | 激活肠黏膜腺苷环化酶，增高细胞内 cAMP 水平 | $Na^+$ 大量丢失、腹泻、呕吐 |
| | 产气荚膜梭状芽孢杆菌 | 肠毒素 | 食物中毒 | 同霍乱肠毒素 | 呕吐、腹泻 |
| | 金黄色葡萄球菌 | 肠毒素 | 食物中毒 | 作用于呕吐中枢 | 呕吐为主、腹泻 |

内毒素是革兰阴性细菌如大肠杆菌、沙门菌等的细胞壁外部结构成分。内毒素性质稳定、耐热，毒性较外毒素弱，其生物学效应包括发热、休克、糖和蛋白质代谢紊乱、抗吞噬细胞、激活补体丝裂原和佐剂等。

真菌毒素是由真菌产生的一类具有高水平生物蓄积效应的低分子质量的有害次生代谢物，其种类多达 400 余种。常见的真菌毒素及其来源如表 4-3 所示。真菌毒素一般可通过受污染的粮食、霉变中药、受侵染饲料喂养的动物等途径进入人类食物链，对人体和动物产生严重危害，主要表现为肝、肾、造血系统、免疫系统和生殖系统等毒性。真菌毒素对热不敏感，一般烹调加热处理不能将毒素破坏去除，无抗原性，也无传染性流行。危害人类健康的真菌毒素主要源于麦角菌、曲霉、青霉、镰刀菌和链格孢的次生代谢产物。

表 4-3　　常见的真菌毒素及其来源

| 真菌毒素 | 主要产毒微生物 | 对应污染对象 |
| --- | --- | --- |
| 黄曲霉毒素 | 黄曲霉、寄生曲霉 | 花生、玉米、大豆、稻米、小麦等粮油产品 |
| 玉米赤霉烯酮 | 禾谷镰刀菌 | 玉米、小麦、燕麦、大麦和小米等谷物及农副产品 |
| 脱氧雪腐镰刀菌烯 | 禾谷镰刀菌、黄色镰刀菌 | 小麦、大麦、玉米等 |
| 赭曲霉毒素 A | 赭曲霉、炭黑曲霉和疣孢青霉等霉菌 | 玉米、小麦、大麦等，也会对一些豆类造成污染 |

续表

| 真菌毒素 | 主要产毒微生物 | 对应污染对象 |
| --- | --- | --- |
| 伏马毒素 | 拟轮生镰刀菌和层出镰刀菌 | 玉米、大米和高粱等 |
| T-2 毒素 | 以拟枝孢镰刀菌为主的多种镰刀菌 | 玉米、小麦、燕麦、大麦、黑麦等粮食作物及其制品 |

（3）混合型　病原菌进入肠道，除侵入黏膜引起肠黏膜的炎性反应外，还可产生肠毒素引起急性胃肠道症状。这类致病菌引起的食源性疾病是由致病菌的直接参与和其产生的毒素的协同作用导致的，因此其发病机制为混合型。常见有副溶血性弧菌等。

**2. 致病微生物的危害**

根据致病微生物治病能力的强弱，根据国际微生物标准委员会（International Committee on Microbiological Specification for Food，ICMSF）（2002）将致病微生物分为五个等级，表 4-4 列出了每个危害等级常见的具有代表性的致病微生物。

表 4-4　微生物危害分类（基于 ICMSF 2002）

| 与一般和健康危害相关的关注度 | 示例 |
| --- | --- |
| 一般性指标<br>一般污染、保质期缩短、早期腐败 | 霉菌、酵母菌 |
| 轻度危害<br>指示菌、间接危害 | 肠杆菌科、大肠杆菌 |
| 中度危害<br>病症温和、没有生命危险、没有后遗症、病程短、症状能自愈、可能有严重不适 | 金黄色葡萄球菌、蜡样芽孢杆菌（包括呕吐毒素）、A 型产气荚膜梭状芽孢杆菌、副溶血性弧菌、大肠杆菌（EPEC 型，ETEC 型）、非 O1 型和非 O139 型霍乱弧菌、诺沃克病毒 |
| 严重危害<br>致残、丧失劳动力、不危及生命、后遗症较少、病程中等 | 鼠伤寒沙门菌、单核细胞增生李斯特菌、空肠弯曲杆菌、大肠杆菌、肠炎沙门菌、志贺菌、致病性小肠结肠炎耶尔森菌、甲肝病毒、微小隐孢子虫 |
| 针对一般人群的极严重危害<br>对大众有严重危害、有生命危险、有慢性后遗症、病程长 | 大肠杆菌 O157：H7、肉毒梭状芽孢杆菌神经毒素、布鲁氏菌、出血性大肠杆菌（EHEC）、伤寒沙门菌、结核病菌、疟疾志贺菌、黄曲霉毒素、O1 型和非 O139 型霍乱弧菌 |
| 针对限定人群的极严重危害<br>对特殊人群有严重危害、有生命危险、有慢性后遗症、病程长 | 沙门菌、克罗诺杆菌属、单核细胞增生李斯特菌、O19 型空肠弯曲杆菌［是导致格林-巴利综合征（GBS）的常见微生物］、C 型产气荚膜梭状芽孢杆菌、创伤弧菌、大肠杆菌 EPEC 型、坂崎肠杆菌、甲肝病毒、婴儿肉毒素、微小隐孢子虫 |

（1）细菌的危害　污染食品的细菌可分为腐败型细菌和致病型细菌。腐败型细菌主要包括假单胞菌属和乳杆菌属，致病型细菌主要包括葡萄球菌属、芽孢杆菌属、梭菌属、埃希菌

属、沙门菌属、弧菌属等属微生物，包含许多种致病菌。腐败型细菌主要引起食品腐败，其致病性不强，而致病型细菌在引起食品腐败的同时还会引起食物中毒。常见的污染食品的细菌及其危害如表4-5所示。

表4-5 常见的污染食品的细菌及其危害

| 类型 | 菌属 | 危害 |
| --- | --- | --- |
| 腐败型细菌 | 假单胞菌属 | 生黑色腐败假单胞菌（*P. nigrifaciens*）能使动物性食品腐败，并在其上产生黑色素。菠萝软腐病假单胞菌（*P. ananas*）可使菠萝腐烂，被侵害的组织变黑并枯萎 |
| | 乳杆菌属 | 该属中的许多种可用于生产乳酸或发酵食品，污染食品后也可以引起食品变质，但不致病 |
| 致病型细菌 | 葡萄球菌属 | 金黄色葡萄球菌（*S. aureus*）可产生肠毒素等多种毒素及血浆凝固酶等代谢产物，污染食品后可在其中生长繁殖，产生毒素，葡萄球菌肠毒素耐高温，加热到100℃不能将其破坏，人食入这些食品后可引起食物中毒 |
| | 芽孢杆菌属 | 蜡样芽孢杆菌（*Bacillus cereus*）广泛分布于土壤、水、调味料、乳以及咸肉中，污染食品后可以引起食品腐败变质，并产生肠毒素、溶血素、呕吐毒素等引起人食物中毒的毒素 |
| | 梭菌属 | 产气荚膜梭状芽孢杆菌（*C. perfringens*）既能产生强烈的外毒素，又有多种侵袭性酶，并有荚膜，构成其强大的侵袭力，引起感染致病。肉毒梭状芽孢杆菌（*C. botulinum*）在食品中繁殖可产生肉毒毒素，当人们食入含有该毒素的食品后，可发生食物中毒 |
| | 埃希菌属 | 大肠杆菌（*Escherichia coli*）能发酵乳糖产酸产气，产生吲哚，是人和动物肠道正常菌群之一，绝大多数大肠杆菌在肠道内无致病性，极少部分可产生肠毒素等致病因子而引起食物中毒 |
| | 沙门菌属 | 沙门菌（Salmonella）广泛分布于自然界，常污染鱼、肉、禽、蛋、乳等食品。该菌可在消化道内增殖，引起急性胃肠炎和败血症等，是重要的食物中毒性细菌之一 |
| | 耶尔森菌属 | 小肠结肠炎耶尔森菌（*Yersinia enterocolitica*）为兼性厌氧菌，广泛分布于自然界，污染食品后可引起以肠胃炎为主的食物中毒 |
| | 弧菌属 | 该属菌污染食品后可引起食物中毒，发生腹痛、腹泻、呕吐等急性肠胃炎症状。包括副溶血性弧菌（*V. parahaemolyticus*）、霍乱弧菌（*V. cholerae*）等 |
| | 李斯特菌属 | 单核细胞增生李斯特菌（*Listeria monocytogenes*）能引起人畜共患的单核细胞增生李斯特菌病，引起败血症、脑膜炎等，主要感染新生儿、老人以及免疫功能低下者 |

续表

| 类型 | 菌属 | 危害 |
| --- | --- | --- |
| 致病型细菌 | 志贺菌属 | 志贺菌属（*Shigella Castellani*）是一类革兰阴性短小杆菌，是人类细菌性痢疾最为常见的病原菌，产生的毒素能引起肠道功能紊乱、肠蠕动共济失调和痉挛等 |
| | 克罗诺杆菌属 | 克罗诺杆菌（*Cronobacter*）能引起菌血症、脑膜炎、坏死性小肠结肠炎等，致死率高达40%~80%，婴幼儿是高危人群 |

细菌性食源性疾病是指进食被细菌或细菌毒素污染的食物而引起的疾病。根据临床表现不同可分为胃肠型食源性疾病、神经型食源性疾病和慢性后遗症。

①胃肠型：食物中毒者最突出的流行病学史即为共同进食者集体发病，其特点是突然发生，病例集中，潜伏期短，夏秋季多发。在进食可疑食物后数小时至3d出现急性胃肠炎症状，典型表现包括恶心呕吐；发热以中低体温为主，一般在38℃左右，少有达40℃者；腹痛常位于中上腹部，呈持续性、阵发性或痉挛性，继而腹泻数次至10多次；呕吐腹泻严重时出现口渴、精神差、口舌干燥、眼眶下陷、皮肤弹性差等脱水症状，严重者可出现酸中毒、低血容量休克等症状；严重者还有脓血便及黏液便，如产气荚膜梭状芽孢杆菌及肠出血性大肠杆菌引起的急性胃肠炎。病程一般较短，一般1~3d可恢复，免疫力低下者也有因多器官功能衰竭而导致死亡。

②神经型：神经型食物中毒又称肉毒中毒，是由于进食含有肉毒梭状芽孢杆菌外毒素的食物而引起的食物中毒。肉毒梭状芽孢杆菌为革兰阳性厌氧的梭状芽孢杆菌，有鞭毛，能活动，其外毒素是一种剧毒性神经毒素，可侵犯神经系统而引起瘫痪。在我国引起中毒的食品多为发酵的豆、麦制品及储存不良的牛、羊肉。经食用受污染的食物传播，偶可因伤口感染肉毒梭状芽孢杆菌发生中毒，虽然肉毒外毒素有高度致病性，但患者本人无传染性。

神经型食源性疾病起病突然，潜伏期一般为12~36h，短则2h，长者可达8~10d。中毒剂量越大则潜伏期越短、病情越重。一般体温正常，前期症状轻，胃肠道症状很轻或缺失，早期全身症状表现为食欲缺乏、乏力、头晕、头痛等。典型症状及体征为对称性多种脑神经麻痹，表现为上眼睑下垂、眼外肌运动无力、眼球调节功能消失、吞咽、语言功能障碍、呼吸肌和四肢肌肉呈对称性弛缓性轻瘫，重症可有呼吸衰竭、心力衰竭而危及生命。病程长短不一，通常4~10d可恢复，语言和吞咽障碍可先行消失，而眼肌麻痹则需要较长时间才能恢复。一般无后遗症。

③慢性疾病：最近人们意识到了慢性后遗症（次级并发症）的严重性和人体应激反应的多变性。据估计，在食物中毒事件中有2%~3%会引发慢性后遗症，如表4-6所示。其中一些症状可能会持续几周甚至几个月，这些后遗症可能比原病症更严重，并导致长期的伤残甚至危及生命。由于人们很难将慢性后遗症与食源性疾病联系起来，所以不是总能得到证据证明微生物会引起慢性后遗症。

表4-6　食源性感染引发的慢性后遗症

| 疾病 | 相关的症状 |
| --- | --- |
| 弯曲杆菌病 | 关节炎、心肌炎、胆囊炎、大肠炎、心内膜炎、红斑性结节、格林-巴利综合征、溶血性尿毒症候群、脑膜炎、胰腺炎、败血病 |

续表

| 疾病 | 相关的症状 |
| --- | --- |
| 大肠杆菌（EPEC 和 EHEC 型）感染 | 红斑、心内膜炎、溶血性尿毒症候群、血清阴性关节炎 |
| 李斯特菌病 | 脑膜炎、心内膜炎、骨髓炎、流产和死产 |
| 沙门菌病 | 主动脉炎、胆囊炎、大肠炎、心内膜炎、睾丸炎、脑膜炎、心肌炎、骨髓炎、胰腺炎、赖透氏症候群、类风湿性综合征、败血病、化脓性放线菌、甲状腺炎 |
| 志贺菌病 | 红斑性结节、溶血性尿毒症候群、周围神经病、肺炎、赖透氏症候群、败血病、化脓性放线菌感染症、关节膜炎 |
| 耶尔森菌病 | 关节炎、胆道炎、红斑性结节、肝脾放线菌感染症、淋巴腺炎、肺炎、脓性肾炎、赖特综合征、败血病、脊椎炎、斯蒂尔氏病 |
| 布鲁菌病 | 睾丸炎、脑膜炎、心包炎、脊椎炎 |

（2）真菌的危害　真菌，是一种具真核的、产孢的、无叶绿体的真核生物。包含霉菌、酵母菌、蕈菌以及其他人类所熟知的菌菇类。最常见的真菌是各类蕈类，蕈类多为大型真菌，包括香菇、金针菇、木耳、银耳等，它们既是一类重要的菌类蔬菜，又是食品和制药工业的重要原料。霉菌是丝状真菌，在温暖潮湿的地方容易生长，霉菌的繁殖可通过无性繁殖和有性繁殖两种方式完成，无性繁殖主要是产生无性孢子完成繁殖。霉菌可用以生产工业原料，如柠檬酸的生产就是利用霉菌完成的，霉菌也可用于食品加工过程，如我们日常生活中常用的酱油需要用到霉菌。很多霉菌对人类都是有益的，但也有些霉菌能引起生产原料和产品发霉变质。霉菌及毒素污染食品，不仅可使食品营养价值降低变质，还可造成人体健康危害，霉菌毒素对人和禽畜的毒性可表现在神经和内分泌紊乱、免疫抑制、溶血性贫血、癌变、肝肾损伤等方面。

霉菌对人类的危害主要是通过产生毒素，不同种类的霉菌产毒的能力是有差异的。霉菌毒素中毒性最强的有黄曲霉毒素、赭曲霉毒素、黄绿青霉素、红色青霉素及青霉酸等。目前已知有 5 种毒素可引起动物致癌、它们是黄曲霉毒素、黄天精、环氯素、杂色曲霉毒素和展青霉素。其中黄曲霉毒素是毒性最大、对人类健康危害极为突出的一类霉菌毒素。其中黄曲霉毒素 $B_1$ 毒性和致癌性最强，仅次于肉毒梭状芽孢杆菌，其毒性是三氧化二砷（砒霜）的 68 倍。常见的污染食品的霉菌主要有曲霉属和青霉属，其特征和常见毒素如表 4-7 所示。

黄曲霉毒素是黄曲霉和寄生曲霉等某些菌株产生的双呋喃环类毒素。其衍生物有约 20 种，其中以 $B_1$ 的毒性最大，致癌性最强。动物食用黄曲霉毒素污染的饲料后，在肝、肾、肌肉、血、乳及蛋中可测出极微量的毒素。黄曲霉毒素主要污染粮油及其制品，各种植物性与动物性食品也能被污染。产毒素的黄曲霉菌很容易在水分含量较高的禾谷类作物、油料作物籽实及其加工副产品中寄生繁殖和产生毒素，使其发霉变质，人们通过误食这些食品或其加工副产品，又经消化道吸收毒素进去人体而中毒。黄曲霉毒素是一种剧毒的致肝癌物质，其不仅有很强的急性毒性，也有显著的慢性毒性。人摄入大剂量的黄曲霉毒素后可出现肝实质细胞坏死、胆管上皮细胞增生、肝脂肪浸润及肝出血等急性病变，前期症状为发烧、呕吐、厌食、黄疸，继而出现腹水，下肢浮肿并很快死亡。1974 年印度西部两个邦中 200 多个村庄皆以玉米为主食，由于当年雨水过多，造成玉米严重霉变，村民食用霉变玉米后导致397人中毒，106人死亡，尸检及病理实验证明，这次中毒事件的原因是黄曲霉毒素 $B_1$ 中毒。而慢性毒性表现为生长障碍，肝脏出现亚急性或慢性损伤，体重减轻，诱发肝癌等。

表4-7 常见的污染食品的真菌及毒素

| 菌属 | 特征 | 毒素 |
|---|---|---|
| 曲霉属 | 颜色多样而较稳定，营养菌丝体无色或有明亮的颜色 | 黄曲霉毒素、杂色曲霉毒素和棕曲霉毒素等 |
| 青霉属 | 营养菌丝体呈无色、淡色或鲜明的颜色 | 黄绿青霉素、桔青霉素、圆弧偶氮酸、展青霉素、红青霉素、黄天精、环氯素和皱褶青霉素 |

（3）病毒的危害　食源性病毒是指以食物为载体，导致人类患病的病毒，包括以粪—口途径传播的病毒，如脊髓灰质炎病毒、轮状病毒、冠状病毒、环状病毒和戊型肝炎病毒，以及以畜产品为载体传播的病毒，如禽流感病毒、朊病毒和口蹄疫病毒等。

机体感染病毒后，可表现出不同的临床类型，依据有无症状，可分为显性感染和隐性感染，其中显性感染根据感染持续时间长短进一步分为急性感染和持续性感染。对于急性感染，病毒侵入机体后，其潜伏期短、发病急、病程数日至数周，病后常可获得特异性免疫力，机体可通过自身的免疫机制把病毒完全清除出体外，如甲型肝炎病毒。与持续性感染而言，病毒侵入机体后，在体内持续存在数月、数年，甚至数十年，机体可出现临床症状，也可不出现临床症状而长期带有病毒，成为重要的传染源。病毒持续感染按病程、致病机制的不同，可分为三种。①慢性感染：病毒侵入机体后，长期存在于血液或组织中，机体可出现症状，也可不出现症状。在整个病程病毒均可被查出，如乙型肝炎病毒引起的慢性肝炎；②潜伏感染：原发感染后，病毒基因潜伏在机体一定的组织或细胞中，但不复制增殖出具有感染性的病毒，此时机体既没有临床症状，也不会向体外排出病毒。在某些条件下病毒可被激活而急性发作，并可检测出病毒，如单纯疱疹病毒；③慢发病毒感染：经显性或隐性感染后，病毒长时间潜伏在机体内，潜伏期可长达数月至数年，此时机体一般无症状，一般也检测不出病毒。一旦发病，则呈亚急性进行性加重直至死亡，如人类免疫缺陷病毒的感染。

朊病毒（prion）是一类不含核酸而仅由蛋白质构成的具有感染性的因子，其不具有病毒的结构特点，只是一种可传播的具有致病能力的蛋白质，可引起各种动物疾病，是迄今所知的最小的病原体。朊病毒的传播途径包括食用动物肉骨粉饲料、牛骨粉汤以及医源性感染，由于朊蛋白分子本身不能致病，必须转化为朊病毒才能致病，人类的格斯特曼综合征、致死性的家族性失眠症、克雅氏综合征以及疯牛病都与该病毒有关。成为人类关注焦点的家畜朊病毒当推1996年春天在英国蔓延的“疯牛病”，它不但引起了英国一场空前的经济和政治动荡，而且波及了整个欧洲，加上法国克雅氏综合征（人类的一种朊病毒病）患者增多，人们很自然与食用来自英国的进口牛肉相联系，因而引起了极大恐慌。

冠状病毒（coronavirus）可侵害动物范围广泛，包括家畜、家禽和宠物如马、牛、猪、狗、猫、鸟类以及人类等，主要感染上呼吸道和胃肠道。冠状病毒通过呼吸道分泌物排出体外，经口液、喷嚏、接触传染，并通过空气飞沫传播，一般不通过食品传播。冠状病毒引起呼吸道感染导致类似感冒的发热、呼吸道炎症的症状，消化道感染导致呕吐、腹泻、脱水消瘦等症状。近年来对人类社会造成较大危害的冠状病毒主要由非典病毒、新型冠状病毒、中东呼吸综合征冠状病毒以及严重急性呼吸综合征冠状病毒等。

轮状病毒（rotavirus）是导致全球婴幼儿病毒性腹泻的主要病原菌，主要通过粪—口途径和人—人密切接触传播。轮状病毒引起的急性胃肠炎，临床症状差别较大，其中6~24月龄婴幼儿症状最严重，而较大儿童或成年人多为轻型或亚临床症状，老年人群中有发生重症的感染者。典型的临床症状为水样性腹泻，伴有不同程度的恶心、呕吐、腹痛、腹胀，有时引起全身症状，如脱水、电解质紊乱，严重者甚至导致死亡。

诺如病毒（norovirus）是引起人类急性胃肠炎的主要病原体之一，可感染所有年龄阶段的人群，造成严重的疾病负担。其潜伏期通常在12~48h，临床症状主要是腹泻和呕吐，其次为恶心、腹痛、头痛、发热、畏寒和肌肉酸痛等。诺如病毒感染主要表现为自限性疾病，但少数病例会发展成重症，甚至死亡。

戊型肝炎病毒（hepatitis E virus）引起的戊型肝炎在世界范围内广泛流行。人对戊肝病毒普遍易感。年龄分布集中，常在20~59岁，一般青壮年以临床感染症状为主，儿童以亚临床和隐性感染居多。临床症状是以黄疸为主的急性病毒性肝炎，半数有发热现象，伴有乏力、恶心、呕吐、肝区痛等症状。通常情况下，戊型肝炎是一种自限性疾病，病程持续几天到几周，一般为4~6周。

## 四、食源性致病微生物的存活状态

健康的单细胞状态的致病菌通过多种途径进入食品链后，会遭遇一系列对其生长和存活不利的胁迫，在此状态下，它们往往会改变自己的存活状态或形态，使自身具备更强的抗性并存活，同时其致病性发生改变，对食品工业与人类健康造成严重危害。在危害识别中，应当明确病原体的存活状态，并进一步明确其在该种存活状态中的存活能力、生长繁殖能力、致病能力和应对其他不良环境的能力等。

### 1. 健康的单细胞状态

健康的单细胞状态致病菌一般存在于理想状态下，如在实验室条件下，培养于营养介质中的细菌。健康的单细胞致病菌通常在营养充足、培养条件及温度适宜的情况下，能够保持其固有的代谢能力、繁殖能力以及致病性。然而食品链中的多种环境压力常促使单细胞细菌多以其他形式存在，如形成芽孢，进入活的但不可培养（viable but non-culturable，VBNC）状态，形成生物被膜；同时，部分致病菌还能够对环境胁迫迅速地做出应激响应进而提升存活能力。因此健康的单细胞状态致病菌一般不在危害识别之列。

### 2. 生物被膜

生物被膜是由附着于惰性或活性实体表面的细菌细胞和包裹细菌的水合性胞外聚合物组成的结构性细菌群落，是细菌的另一种生活方式。在食品工业中常见的食源性致病菌和腐败菌容易黏附在食品、厂房地板、天花板、加工设备、工业管道等潮湿表面形成生物被膜，且通常难以清除。芽孢杆菌、大肠杆菌、志贺氏杆菌、葡萄球菌、李斯特菌、假单胞菌和沙门菌等致病菌形成的生物被膜已在食品加工环境中检测到，它们的代谢活动不仅能够加速设备的腐蚀，造成食品设备的穿孔和泄漏，引发染菌、设备故障等各种生产事故和产品质量事故，更容易通过散播微生物或微生物团形成微生物气溶胶的方式污染整个生产环境，造成产品的二次污染和交叉污染，降低产品品质，缩短保质期，给企业造成严重的经济损失。

生物被膜深层的细菌，不易获得养分和氧气，代谢率比较低，多处于休眠状态，一般不进行频繁的细胞分裂，体积往往较小，对外界刺激不敏感，能够帮助细菌逃逸免疫防御清除作用，如宿主的免疫调节作用、补体的裂解作用及吞噬作用。同时生物被膜特殊的生理结构使微生物对多种不利环境条件的抵抗能力大大增强，使其难以被酸、碱、强氧化剂及抗生素等清除，这也为致病菌的有效控制增加了难度。

生物被膜的致病性主要表现为对机体组织等接触表面的定植和扩散，以及影响机体的免疫功能。同时生物被膜为不同种属细菌的基因水平转移创造了绝佳的环境，细菌的毒力基因和耐药基因原件可能在不同种属间进行传播。据估计，大约65%的人类细菌性感染是由生物被膜细菌引起的，如慢性呼吸道感染、牙周炎、龋齿、慢性骨髓炎。

**3. 细菌活的非可培养状态**

细菌活的非可培养状态是指在一定环境胁迫条件下，一些不形成芽孢的细菌仅保留很低代谢活性但无法分裂，失去在培养基上形成菌落能力的状态。食品在加工、运输和储存过程中经常暴露在复杂的环境中，如低温、寡营养、高渗透压、极端pH、极端氧气等，这些胁迫因素能够诱导部分细菌进入VBNC状态，在适宜条件下，VBNC菌也可恢复在平板上生长的能力，这一过程称为复苏（resuscitation）。自1982年这一状态被发现以来，已有34个属的68种细菌被报道能够进入VBNC状态，这其中包括食品中常见的病原菌，如金黄色葡萄球菌、大肠杆菌O157：H7、副溶血性弧菌、单核细胞增生李斯特菌、沙门菌各血清型、志贺氏菌、蜡状芽孢杆菌、铜绿假单胞菌、荧光假单胞菌、空肠弯曲杆菌、粪肠球菌、创伤弧菌、霍乱弧菌、幽门螺杆菌、小肠结肠炎耶尔森菌、产气荚膜梭状芽孢杆菌以及一些暴露在低温、海水、水、唾液、磷酸盐缓冲液和盐腌大麻哈鱼鱼卵中的细菌等。

VBNC状态致病菌的毒力和致病性一直是相关领域的研究热点，但目前国内外对VBNC状态病原菌的致病性并没有明确的定论，且大部分研究中所涉及的VBNC菌的致病性主要依赖于细菌的复活。大多病原菌在进入VBNC状态后能够保留部分毒力和潜在的致病性，一旦复活便重新具有致病性和感染性。如VBNC的空肠弯曲菌除了表达毒性基因外，还保留了在体外侵入人肠上皮细胞Caco-2的能力。

**4. 芽孢**

芽孢又称内生孢子，是某些细菌个体生长发育到一定阶段或在一定环境条件下在细胞内的特定部位（如顶端、中部或偏端）形成球形、椭球形或圆柱形、厚壁、含水量极低、抗逆性极强的休眠结构。芽孢结构由外到内依次主要可分为芽孢衣（coat）、芽孢外膜（outer membrane）、皮层（cortex）、芽孢内膜（inner membrane）和芽孢核（core），在某些特殊种属的芽孢中，芽孢衣外还有一层松散泡状结构的芽孢外壁（exosporium）。由于其特殊结构，芽孢对热、碱、酸、高渗以及辐射均有强耐受性，是生物界抗性最强的生命体，在普通条件下可保持几年甚至几十年的活力。细菌的芽孢在形成以后，保存了原细菌细胞的全部生命活性，能感知外界环境的变化，当外界环境适宜，尤其是营养充足时，芽孢便开始萌发生长，恢复到营养菌体状态，并再次开始以指数形式进行细胞分裂。能产生芽孢的细菌主要包括好氧性芽孢杆菌属、厌氧性梭状芽孢杆菌属以及微好氧性芽孢乳杆菌属等。

食品中残存具有萌发能力的芽孢是影响产品保质期的重要因素。芽孢广泛存在于自然界中，不可避免会进入食品加工链中，同时因其具有极强的环境抗逆性，不易被常规灭菌方法完全杀灭。近年来芽孢菌污染食品导致的中毒事件频繁发生，如报道最多的是蜡样芽孢杆菌引起的食物中毒（居我国细菌性食物中毒第三位），该菌也是在谷物及谷物制品中最常被检出的病原菌之一。

**5. 胁迫耐受**

在食品生产、加工、储存和烹饪过程中，食源性致病菌会遭遇一系列对微生物生长和存活产生不利影响的胁迫，包括物理胁迫（高温、高压或高渗透压）、化学胁迫（酸或消毒剂）、生物胁迫（细菌素）等。此外，食源性病原体在宿主感染过程中也会受到应激，如在胃和巨噬细胞中遇到的低 pH、肠道渗透压升高、肠道内胆盐的暴露以及胃液中溶菌酶、胃蛋白酶等的分解作用等。现代食品加工的发展趋势已经转变为几种较为温和的加工方式相结合来取代施加单一的、极端胁迫的方式，其中的典型应用为“栅栏技术”。目前越来越多的研究发现初步暴露于一种给定的应激可以为细菌适应另一种应激提供有利条件。这些预先适应亚致死胁迫的细菌细胞会做出应激反应，帮助细菌修复自身损伤，维持细胞内稳态，从而使细菌能够增强对之后遭遇的其他逆境的耐受能力，这种现象称为交叉适应现象。一些常见的食源性致病菌如单核细胞增生李斯特菌、大肠杆菌、沙门菌等在遭受传统的胁迫因子如酸、营养限制等条件下，对随后的高温胁迫、盐胁迫、细菌素等依旧能产生较强的耐受性。

致病菌在食品加工过程中受到各种亚致死胁迫后所产生的应激反应可能会影响细菌菌株的致病能力。在发生交叉适应的过程中，一些应激反应调节因子（如革兰阴性菌中的 RpoS、革兰阳性菌中的 SigB）通常会参与对应食源性病原菌的毒力水平的调节，起到协同转录的调控效果，从而增强特定毒力因子表达，有助于致病菌进入宿主体内生存。另外在某些情况下，部分病原体在去除胁迫后表现出更高水平的抗生素耐药性，这意味着亚致死胁迫已经诱导了稳定的表型变化。

## 五、“基质-病原体-宿主”效应

图 4-1 所示为流行病学三角关系，在进行危害识别时，首先要确定“病原体-食品基质”的组合，方可进行风险评估工作。虽然风险评估者是开展风险评估工作的主体，但是风险管理者也会在风险评估中发挥重要的作用。出于制定政策、标准，或是解答舆情问题的需要，风险管理者通常会委托风险评估者对某类食品中特定的微生物进行风险评估。这也就确定了“病原体-食品基质”组合。

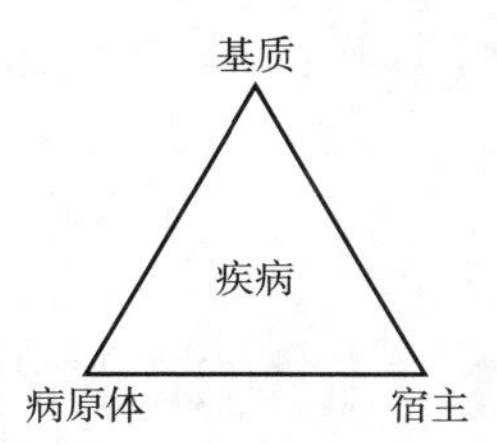


图 4-1　流行病学三角（由 Coleman 和 Marks 流行病三角模型修改，1998）

具体举例说明，对于基质-病原体效应，假设存在某种致病菌 X1，结构紧密的固态食品基质有时能将病原菌 X1 包埋起来，使其能够免受胃部的强酸性环境杀灭，从而顺利进入肠道并致人患病；而液态基质对胃酸的稀释作用，或者其含有的缓冲物质都可能“保护”病原菌免受胃酸的失活，也具有较高的风险。因此即便是同一致病菌，食品基质不同也可能使得最终的风险不同。

宿主即消费者群体，人们常说的风险通常是针对某一地区、某一人群的，因为不同地区的人口结构不同、人群的免疫力情况也不同，如青年群体的免疫力通常强于婴幼儿和老年人；曾有患病史的人群再次暴露于病原体 X1 时会激发特异性免疫反应产生大量抗体将 X1 杀灭，其免疫力通常较强。此外，不同地区的饮食习惯和风俗差异也可能影响风险的大小。例如，对于某种常带有致病菌的海鲜，a 地区的人们喜欢生吃，b 地区的人们喜欢蘸芥末食用，而 c 地区喜欢红烧或清蒸后食用，则显然这三地的不同饮食习惯会导致最终摄入的病原体量不同，则最终的风险也就有所不同，这也可以算作是群体之间差异的一种。因此，对于不同群体，风险不能一概而论。

## 第二节　研究范围的确定

研究的空间范围通常是镇、县、市、省，这是因为开展风险评估工作的人力物力通常有限，难以进行大范围的风险评估；并且上文也提到不同群体的饮食习惯也可能影响风险大小，因此盲目扩大研究范围可能导致高估（或低估）某一地区的风险；而如果研究范围选取过小，如某一小区，则该小区的人群可能无法代表该地区人群，以此结果为依据制定政策也可能导致政策在该地区不适用。

同理，研究的时间范围也要视风险管理者的问题而定。许多食品危害具有季节性特征，例如，人们的饮食习惯随时间的变化也会影响风险评估的结果，在夏季，人们大量饮水并经常饮用冷饮、吃冰淇淋，此时水对胃酸有稀释作用，冰块使消化道内的酶因温度降低而活性减弱，这些都可能使得机体无法顺利杀灭微生物，引起不良症状；在冬季，人们食用火锅的频率较其他季节更高，若某种火锅食品较易携带致病微生物，则火锅类食品在冬季的风险当然会高于其他季节；某种较易携带致病微生物的果蔬只在某一时节才有产出；若研究对象为鱼类，某些鱼类因为“禁海”政策只能在某些时段才可捕捞，人们才有机会食用；因此时间范围是必须考虑的因素之一。若调查时，目标食品已经“过季”，食用的人很少，则可能低估风险；而若调查时食品正在“食用旺季”，则会高估风险，根据这一结果制定政策可能导致在食用淡季仍耗费过多资源防范风险。因此，研究范围的确定是危害识别时需要重点考虑的因素。

## 第三节　危害识别的方法

确定了研究范围后，对于致病微生物，危害识别的主要方法包括食源性疾病监测和流行病学研究等。食源性疾病监测体系通过早期识别、监控和预警，确定特定疾病的发展趋势、危险因素和疾病负担。流行病学研究通过调查分析，描述疾病与健康的分布情况，找出某些因素与疾病或健康之间的关系，查找病因线索。

## 一、食源性疾病监测

食源性疾病监测是为了更好掌握食源性疾病发病及流行趋势，提高食源性疾病的预警与防控能力，预防与控制食源性疾病的发生而开展的一项系统性的监测工作。

食源性疾病监测体系目的在于鉴别和控制食源性疾病暴发；鉴定易感人群、高风险食品和不良食品操作规程；明确特定致病微生物的食源性传播途径；评估食源性疾病影响，减轻食源性疾病危害；制定食品安全评估计划；研究食源性疾病暴发溯源和预警战略措施。

世界卫生组织（World Health Organization，WHO）呼吁各个国家和各级组织机构共同参与加强建立食源性疾病监测系统，多个国家已建立了健全完善的食源性疾病监测系统，其中发达国家建立了较为完善的食源性疾病监测体系。

**1. 国外食源性疾病监测现状**

WHO和欧洲发达国家都建立了相关的监测系统，如WHO在全球沙门菌监测（Global Salmonella Survey，GSS）的基础上，建立了全球食源性感染性疾病网络（Global Foodborne Infections Network，GFN）；欧盟则建立了肠道菌监测网（Enter-Net），主要进行沙门菌和产志贺毒素的大肠杆菌O157及其耐药性的监测。在欧洲集中协调沙门菌血清分型和噬菌体分型，建立即时的沙门菌国际数据库。通过对暴发事件的识别和调查，在不同国家的专家之间及时交换信息，使得欧洲及其他地方的公共卫生行动更为有效，日本、加拿大、南非、澳大利亚及新西兰均加入了该网络。丹麦建立了综合耐药性监测和研究项目（The Danish Integrated Antimicrobial Resistance Monitoring and Research Programme，DANMAP）。

美国在1996年由美国农业部的食品安全检验局、卫生部的食品和药物管理局、疾病预防控制中心（Centers for Disease Control and Prevention，CDC）以及各地区卫生行政部门联合建立了食源性疾病主动监测网（FoodNet），包括沙门菌、志贺菌、肠出血性大肠埃希菌O157：H7、副溶血性弧菌、单核细胞增生李斯特菌、变形杆菌、隐孢子虫以及圆孢子虫等常见的食源性疾病病原的检测，除此之外，还包括一种针对18岁以下人群出现溶血性尿毒综合征症状监测。同时，通过对网络实验室开展基础设施与检测能力调查、对临床医生开展诊治腹泻病人问卷调查、对监测点开展以人群为基础的腹泻和高危食物电话调查、开展病例对照研究等。及时对上述调查和研究结果汇总分析，进行趋势和归因分析，为更新总疾病负担提供重要数据，确定特定疾病的发展趋势和危险因素，为食源性病原体的监测提供机制，并在此基础上发布食源性疾病的预警、预防措施和相关政策的调整。该系统是目前世界上较为完善、领先的监测系统。

此外，美国还建立了PulseNet全国实验室安全网络，脉冲凝胶电泳技术（pulsed field gel electrophoresis，PFGE）是PulseNet的一项关键技术。其工作原理是利用适当的内切酶在原位对整个细菌染色体进行酶切，酶切片段在特定的电泳系统中通过电场方向不断交替变换及合适的脉冲时间等条件下而得到良好的分离，从而鉴定其DNA的指纹图谱。PulseNet网络实验室采用标准化的PFGE分型方法对食源性致病菌进行溯源分析。这些实验室可以进入美国CDC的PulseNet数据库，将可疑菌的检测结果与电子数据库中致病菌指纹图谱进行比对，及时快速的识别致病菌，以便进一步展开调查和控制。该网络系统已经拓展到其他国家和地区，如加拿大PulseNet、欧洲PulseNet、亚太区PulseNet等。PulseNet网络通过分布各地的网络实验室的实际检测和监测，运用网络平台及时交流和比对数据，识别食源性传染病发生的关联及快速鉴定暴发的来源，从而在暴发事件的识别、分析、预警和控制措施改进中发挥重要作用。

**2. 我国食源性疾病监测现状**

我国从2011年开始建立食源性疾病监测体系，逐步在食源性疾病暴发、突发食品安全事件预警及食源性疾病负担研究中发挥一定作用。主要包括：食源性疾病暴发监测网（2011年）；食源性疾病病例监测网（2011年）；国家食源性疾病分子溯源网络（TraNet，2013年）；国家食源性致病菌耐药监测网（2013年）。经过5年的努力，我国在食源性疾病监测体系和制度建设方面取得了较大的进步，通过制定和实施统一的监测计划，组织架构更加清晰，监测内容由过去单一的群体性事件报告向暴发监测、病例监测、溯源调查和社区人群调查为一体的综合监测转变，监测模式也由过去的被动监测变为主动监测和被动监测互为补充。

（1）食源性疾病暴发监测系统　2011年，为了加强食源性疾病暴发事件的归因分析，确定暴发发生的原因、过程和性质，国家卫生计生委（原卫生部）对食源性疾病暴发监测系统进行改造升级，将暴发监测范围由原来的18个省（区、市）扩大到全国，全国各级疾病预防控制中心对已发现的2人及2人以上暴发事件进行核实、调查和报告。该网络直报平台由国家食品安全风险评估中心组建，截至2017年6月，在31个省（区、市）和新疆生产建设兵团的3378家疾病预防控制机构开展，对所有经信息核实的食源性疾病暴发事件及时进行网络填报。通过归因分析，基本掌握了中国生物性、化学性、有毒动植物性食源性疾病等暴发事件的高危食品和危险因素分布，为开展风险评估和确定监管重点提供基础数据。

（2）食源性疾病监测报告系统　2011年，为了掌握主要食源性疾病单病种的发病基线，确定其发生率和严重程度，发现新的细菌、病毒等食源性病原体，早期识别聚集和暴发线索，国家卫生计生委（原卫生部）启动了基于哨点医院的症候群报告和实验室监测的食源性疾病监测报告系统的建设，对疑似食源性疾病的症状与体征、发病时间、饮食暴露史等个案信息进行主动采集和报告，并对沙门菌、志贺菌、副溶血性弧菌、致泻大肠埃希菌、诺如病毒、单核细胞增生李斯特菌和阪崎肠杆菌等特定致病菌进行实验室监测。该监测系统由国家食品安全风险评估中心组建，医院负责病例信息采集和生物标本检测，并通过系统将数据上报至省级数据库；各级CDC负责辖区内数据的审核和阳性菌株的复核确认，同时对监测数据进行及时分析和隐患识别，并通过系统将监测数据上报至国家数据库；国家食品安全风险评估中心负责全国数据的审核分析，并识别全国范围内的重大暴发线索。截至2016年年底，在31个省（区、市）和新疆生产建设兵团，共设置8481家哨点医院，覆盖每个县区级行政区域的所有与食源性疾病诊疗有关的二级及以上医院，其中703家哨点医院进行生物标本采集。

（3）国家食源性疾病分子溯源网络　2013年，为了提高细菌性食源性疾病的聚集和暴发的早期识别能力，国家卫生计生委（原卫生部）依托国家食品安全风险评估中心和各级CDC构建了国家食源性疾病分子溯源网络（TraNet），由32个省级CDC和100家地市级CDC对辖区内哨点医院提交的病人食源性致病菌分离株进行PFGE分子分型，并实时在线提交分享标准化电子指纹图谱。TraNet对常见的沙门菌、副溶血性弧菌、单核细胞增生李斯特菌、志贺菌等食源性疾病致病菌进行基因水平的监测。

## 二、流行病学调查

流行病学调查是进行风险评估非常重要的工作。流行病学调查是指不对研究对象的暴露情况加以任何限制，通过调查分析，描述疾病或健康的分布情况，找出致病微生物与疾病和健康的关系，查找病因线索进行的流行病病因的研究。流行病学调查研究的4个基本特点：一是流行病学的研究对象是人群；二是流行病学研究的不仅是各种疾病，还有健康问题；三是研究疾病和健康状态的分布及影响因素，揭示其原因；四是研究如何控制和消灭疾病，并为促进人群健康提供科学的决策依据。

**1. 流行病学调查方法分类**

流行病学调查的设计方法可以根据需要从不同角度建立起多种分类系统。从流行病学研究性质来看，流行病学研究方法大致可以分为观察性研究、实验性研究和理论性研究，以前两种方法为主。

（1）观察性研究　观察性研究是流行病学调查的基本方法。多数情况下研究对象的暴露因素是客观存在的，但由于伦理、资源、手段等的限制，研究者不能掌握或控制研究对象的暴露条件，只能观察在自然状态下的发展。其目标是描述人群中某种疾病或健康状况的分布，某种疾病发生的频率和模式，提供疾病病因研究的线索，分析结局与危险性之间的关联，确定高危人群；进行疾病监测、预防接种等防治措施效果的评价。主要包括横断面研究、生态学研究、队列研究和病例对照研究。

①横断面研究（cross-sectional study），又称现况研究或现况调查，是在一个时间断面上或短暂的时间内收集调查人群的描述性信息，包括调查对象的疾病和健康状况及其影响因素，调查对象包括确定人群中所有个体或这个人群中的代表性样本。常用方法包括抽样调查、普查和筛查，调查结果常被作为卫生保健服务和规划制定的重要参考。

②生态学研究（ecological study）的特点是以群体而不是个体作为观察、分析单位，研究的人群可以是学校或班级、工厂、城镇甚至整个国家的人群。生态学研究是在群体水平上研究生活方式和生存条件对疾病的影响，分析某种因素的暴露与疾病的关系。生态学研究的目的有两个：一是产生或检验病因学假设；二是对人群干预实施的效果予以评价。

③队列研究（cohort study）又称随访研究（follow-up study），按照是否暴露于某种因素或者暴露的程度将研究人群分组，然后分析和比较这些人群组或研究队列的发病率或死亡率有无明显差别，从而判断暴露因素与疾病的关系。其目的是检验病因假设和描述基本的自然史。队列研究尤其适用于暴露率低的危险因素的研究。

④病例对照研究（case control study）又称病例历史或回顾性研究，是流行病学研究中最重要的方法之一，是检验病因假设的重要工具。病例对照研究是选择一定数量的患有某种疾病的病例为病例组，另选择一定数量的没有这种疾病的个体为对照组，调查病例组与对照组中某可疑因素出现的频率并进行比较，来分析该因素与这种疾病之间的关系。因为病例组与对照组来自不同的人群，因而难免有影响分析结果的因素导致偏差。病例对照研究可用于罕见疾病的病因调查，可以缩短研究周期和减少人力物力。病例组应尽可能选择确诊病例或可能病例，病例人数较少可选择全部病例，人数较多时可随机抽取 50~100 例。对照组应来自病例所在人群，通常选择同餐者、同班级、同家庭等未发病的健康人群做对照，人数应不少于病例组人数，病例组和对照组的人数比例最多不超过 1∶4。

（2）实验性研究　实验性研究（experimental study）又称干预研究（interventional trials）或流行病学实验（epidemiological experiment），是研究者在一定程度上掌握着实验的条件，根据研究目的主动给予研究对象某种干预措施，比如施加或减少某种因素，然后追踪、观察和分析研究对象的结果。根据研究目的和对象不同，实验性研究一般可以分为临床试验、现场试验和社区干预试验 3 种。

①临床试验（clinical trials）是以病人为研究对象，以临床治疗措施为研究内容，目的是揭示某种疾病的致病机制或因素，评价某种疾病的疗法或发现预防疾病结局（如死亡或残疾）的方法。临床试验对象必须是诊断确切的病例，并且诊断后很快进入研究，以便及时地安排治疗。临床试验应当遵循随机、对照和双盲的原则。

②现场试验（field trials）中接受处理或某种预防措施的基本单位是个人，而不是群体或亚人群。与临床试验不同，现场试验的主要研究对象为未患病的健康人或高危人群中的个体。由于研究对象不是病人，因此必须到工厂、家庭或学校等“现场”进行调查或建立研究中心，这些特点增加了研究费用，因此，仅适合于那些危害性大、发病范围广的疾病的预防研究。与临床试验相同的是研究过程中直接对受试者施加干预措施。

③社区干预和整群随机试验（community intervention and cluster randomized trials）又称社区为基础的公共卫生试验（community-based public health trials）。社区干预试验中接受处理或某种预防措施的基本单位是整个社区或某一群体的亚群，如某学校的某个班级、某工厂的某个车间等。所以社区干预试验也可以认为是以社区为基础的现场干预实验的扩展。通常选择 2 个社区，一个施加干预措施，一个作为对照，研究对照 2 个社区的发病率、死亡率以及可能的干预危险因素。社区干预试验一般历时较长，通常需要 6 个月以上。

**2. 流行病学调查流程**

食品安全事故流行病学调查的任务是通过开展现场流行病学调查、食品卫生学调查和实验室检验工作，调查事故有关人群的健康损害情况、流行病学特征及其影响因素，调查事故有关的食品及致病因子、污染原因，做出事故调查结论，提出预防和控制事故的建议，并向同级卫生行政部门提出事故调查报告，为同级卫生行政部门判定事故性质和事故发生原因提供科学依据。调查机构应当设立事故调查领导小组，由调查机构负责人、应急管理部门、食品安全相关部门、流行病学调查部门、实验室检验部门以及有关支持部门的负责人组成，负责事故调查的组织、协调和指导。食品安全事故流行病学调查结果直接关系到事故因素的及早发现和控制，是责任认定的重要证据之一。为提高全国食品安全事故流行病学调查工作技术水平，一定要按照规范性和科学性的程序进行工作。

调查机构应当设立事故调查专家组，可以聘任调查机构、医疗机构、卫生监督机构、实验室检验机构等相关技术人员作为事故调查技术支持专家，必要时也可以聘任国外相关领域专家。各级调查机构应当具备对辖区常见事故致病因子的实验室检验能力，国家级调查机构应当具备检验、鉴定新出现的食品污染物和食源性疾病致病因子的能力。

（1）现场流行病学调查　食品安全事故现场流行病学调查步骤一般包括核实诊断、制定病例定义、病例搜索、个案调查、描述性流行病学分析、分析性流行病学研究等内容。

①核实诊断：调查组到达现场应核实发病情况、访谈患者、采集患者标本和食物样品等。通过了解患者主要临床特征、诊治情况，查阅患者病历记录和临床实验室检验报告，核实发病情况。根据事故情况进行包括人口统计学信息、发病和就诊情况以及发病前的饮食史等的病例访谈。访谈对象首选首例、末例等特殊病例。调查员到达现场后应立即采集病例生物标本、食品和加工场所环境样品以及食品从业人员的生物标本。如未能采集到相关样本的，应做好记录，并在调查报告中说明相关原因。

②制定病例定义：在进行分析性流行病学研究时，应采用特异性较高的可能病例和确诊病例定义，以分析发病与可疑暴露因素的关联性。病例定义应当简洁，具有可操作性，可随调查

进展进行调整。病例定义可包括时间、地区、人群、症状和体征、临床辅助检查阳性结果、特异性药物治疗有效、致病因子检验阳性结果。

病例定义可分为疑似病例、可能病例和确诊病例。疑似病例定义通常指有多数病例具有的非特异性症状和体征；可能病例定义通常指有特异性的症状和体征，或疑似病例的临床辅助检查结果阳性，或疑似病例采用特异性药物治疗有效；确诊病例定义通常指符合疑似病例或可能病例定义，且具有致病因子检验阳性结果。

③病例搜索：调查组应根据具体情况选用适宜的方法开展病例搜索。对可疑餐次明确的事故，如因聚餐引起的食物中毒，可通过收集参加聚餐人员的名单来搜索全部病例；对发生在工厂、学校、托幼机构或其他集体单位的事故，可要求集体单位负责人或校医等通过收集缺勤记录、晨检和校医记录，收集可能发病的人员；对于事故涉及范围较小或病例居住地相对集中，或有死亡或重症病例发生时，可采用入户搜索的方式；事故涉及范围较大，或病例人数较多，应建议卫生行政部门组织医疗机构查阅门诊就诊日志、出入院登记、检验报告登记等，搜索并报告符合病例定义者；事故涉及市场流通食品，且食品销售范围较广或流向不确定，或事故影响较大等，应通过疾病监测报告系统收集分析相关病例报告，或建议卫生行政部门向公众发布预警信息，设立咨询热线，通过督促类似患者就诊来搜索病例。

④个案调查：调查方法可选择面访调查、电话调查或自填式问卷调查等进行个案调查。个案调查应使用一览表或个案调查表，采用相同的调查方法进行。个案调查范围应结合事故调查需要和可利用调查资源等确定，避免因完成所有个案调查而延误后续调查的开展。

调查内容和人口统计学信息：包括姓名、性别、年龄、民族、职业、住址、联系方式等；发病和诊疗情况：开始发病的症状、体征及发生、持续时间，随后的症状、体征及持续时间，诊疗情况及疾病预后，已进行的实验室检验项目及结果等；饮食史：进食餐次、各餐次进食食品的品种及进食量、进食时间、进食地点，进食正常餐次之外的所有其他食品，特殊食品处理和烹调方式等；其他个人高危因素信息：外出史、与类似病例的接触史、动物接触史、基础疾病史及过敏史等。

⑤描述性流行病学分析：个案调查结束后，应及时录入收集的信息资料，对录入的数据核对后，进行临床特征、时间分布、地区分布、人群分布等描述性流行病学分析。

⑥分析性流行病学研究：用于分析可疑食品或餐次与发病的关联性，常采用病例对照研究和队列研究。在完成描述性流行病学分析后，对于分析未得到食品卫生学调查和实验室检验结果支持的、无法判断可疑餐次和可疑食品的、事故尚未得到有效控制或可能有再次发生风险的以及调查组认为有继续调查必要的，应当继续进行分析性流行病学研究。

（2）食品卫生学调查　食品卫生学调查不同于日常监督检查，应针对可疑食品污染来源、途径及其影响因素，对相关食品种植、养殖、生产、加工、储存、运输、销售各环节开展卫生学调查，以验证现场流行病学调查结果，为查明事故原因、采取预防控制措施提供依据。食品卫生学调查应在发现可疑食品线索后尽早开展。调查方法包括访谈相关人员、查阅相关记录、现场勘查和样本采集等。

①访谈相关人员：访谈对象包括可疑食品生产经营单位负责人、加工制作人员及其他知情人员等。访谈内容包括可疑食品的原料及配方、生产工艺，加工过程的操作情况及是否出现停水、停电、设备故障等异常情况，从业人员中是否有发热、腹泻、皮肤病或化脓性伤口等。

②查阅相关记录：查阅可疑食品进货记录、可疑餐次的食谱或可疑食品的配方、生产加工

工艺流程图、生产车间平面布局图等资料，生产加工过程关键环节时间、温度等记录，设备维修、清洁、消毒记录，食品加工人员的出勤记录，可疑食品销售和分配记录等。

③现场勘查和样本采集：在访谈和查阅资料基础上，可绘制流程图，标出可能的危害环节和危害因素，初步分析污染原因和途径，便于进行现场勘查和采样。现场勘查应当重点围绕可疑食品从原材料、生产加工、成品存放等环节存在的问题进行。

原材料：根据食品配方或配料，勘查原料储存场所的卫生状况、原料包装有无破损情况、是否与有毒有害物质混放，测量储存场所内的温度；检查用于食品加工制作前的感官状况是否正常，是否使用高风险食品，是否误用有毒有害物质或者含有有毒有害物质的原料等。

配方：食品配方中是否存在超量、超范围使用食品添加剂，非法添加有毒有害物质的情况，是否使用高风险配料等。

加工用水：供水系统设计布局是否存在隐患，是否使用自备水并及其周围有无污染源。

加工过程：生产加工过程是否满足工艺设计要求。

成品销存：查看成品存放场所的条件和卫生状况，观察有无交叉污染环节，测量存放场所的温度、湿度等。

从业人员健康状况：查看接触可疑食品的工作人员健康状况，是否存在可能污染食品的不良卫生习惯，有无发热、腹泻、皮肤化脓破损等情况。

初步推断致病因子类型后，应针对生产加工环节有重点地开展食品卫生学调查。

（3）实验室检验　采样和实验室检验是事故调查的重要工作内容。实验室检验结果有助于确认致病因子、查找污染来源和途径、及时救治病人。

①样本的采集、保存和运送：采样应本着及时性、针对性、适量性和不污染的原则进行，以尽可能采集到含有致病因子或其特异性检验指标的样本。及时性原则要考虑到事故发生后现场有意义的样本有可能不被保留或被人为处理，应尽早采样，提高实验室检出致病因子的机会。针对性原则是根据病人的临床表现和现场流行病学初步调查结果，采集最可能检出致病因子的样本。适量性原则要求样本采集的份数应尽可能满足事故调查的需要；采样量应尽可能满足实验室检验和留样需求。当可疑食品及致病因子范围无法判断时，应尽可能多地采集样本。不污染原则是样本的采集和保存过程应避免微生物、化学毒物或其他干扰检验物质的污染，防止样本之间的交叉污染。同时也要防止样本污染环境。

样本的采集、登记和管理应符合有关采样程序的规定，采样时应填写采样记录，记录采样时间、地点、数量等，由采样人和被采样单位或被采样人签字。

所有样本必须有牢固的标签，标明样本的名称和编号；每批样本应按批次制作目录，详细注明该批样本的清单、状态和注意事项等。样本的包装、保存和运输，必须符合生物安全管理的相关规定。

为提高实验室检验效率，调查组在对已有调查信息认真研究分析的基础上，根据流行病学初步判断提出检验项目。在缺乏相关信息支持、难以确定检验项目时，应妥善保存样本，待相关调查提供初步判断信息后再确定检验项目和送检。调查机构应组织有能力的实验室开展检验工作，如有困难，应及时联系其他实验室或报请同级卫生行政部门协调解决。

②实验室检验：实验室应依照相关检验工作规范的规定，及时完成检验任务，出具检验报告，对检验结果负责。当样本量有限的情况下，要优先考虑对最有可能导致疾病发生的致病因子进行检验。开始检验前可使用快速检验方法筛选致病因子。对致病因子的确认和报告应优先

选用国家标准方法，在没有国家标准方法时，可参考行业标准方法、国际通用方法。如需采用非标准检测方法，应严格按照实验室质量控制管理要求实施检验。承担检验任务的实验室应当妥善保存样本，并按相关规定期限留存样本和分离到的菌毒株。

致病因子检验结果的解释：致病因子检验结果不仅与实验室的条件和技术能力有关，还可能受到样本的采集、保存、送样条件等因素的影响，对致病因子的判断应结合致病因子检验结果与事故病因的关系进行综合分析。检出致病因子阳性或者多个致病因子阳性时，需判断检出的致病因子与本次事故的关系。事故病因的致病因子应与大多数病人的临床特征、潜伏期相符，调查组应注意排查剔除偶合病例、混杂因素以及与大多数病人的临床特征、潜伏期不符的阳性致病因子。可疑食品、环境样品与病人生物标本中检验到相同的致病因子，是确认事故食品或污染原因较为可靠的实验室证据。未检出致病因子阳性结果，亦可能为假阴性，需排除以下原因：没能采集到含有致病因子的样本或采集到的样本量不足，无法完成有关检验；采样时病人已用药治疗，原有环境已被处理；因样本包装和保存条件不当导致致病微生物失活、化学毒物分解等；实验室检验过程存在干扰因素；现有的技术、设备和方法不能检出；存在尚未被认知的新致病因子等。

不同样本或多个实验室检验结果不完全一致时，应分析样本种类、来源、采样条件、保存条件以及不同实验室采用检验方法和试剂等的差异。

（4）调查结论和评估

①调查结论：包括是否定性为食品安全事故，以及事故范围、发病人数、致病因子、污染食品及污染原因。不能做出调查结论的事项应当说明原因。

在确定致病因子、致病食品或污染原因等时，应当参照相关诊断标准或规范，并参考现场流行病学调查结果、食品卫生学调查结果和实验室检验结果做出食品安全事故调查结论。对于三者相互支持的结果，调查组可以直接做出调查结论；对于现场流行病学调查结果得到食品卫生学调查或实验室检验结果之一支持的，如结果具有合理性且能够解释大部分病例的，调查组也可以做出调查结论；对于现场流行病学调查结果未得到食品卫生学调查和实验室检验结果支持，但现场流行病学调查结果可以判定致病因子范围、致病餐次或致病食品，经调查机构专家组 3 名以上具有高级职称的专家审定，可以做出调查结论；对于现场流行病学调查、食品卫生学调查和实验室检验结果不能支持事故定性的，应当做出相应调查结论并说明原因。

调查结论中因果推论应当考虑的因素如下。关联的时间顺序：可疑食品进食在前，发病在后；关联的特异性：病例均进食过可疑食品，未进食者均未发病；关联的强度：比值比（odds ratio，OR）或相对危险度（relative risk，RR）越大，可疑食品与事故的因果关联性越大；剂量-反应关系：进食可疑食品的数量越多，发病的危险性越高；关联的一致性：病例临床表现与检出的致病因子所致疾病的临床表现一致，或病例生物标本与可疑食品或相关的环境样品中检出的致病因子相同；终止效应：停止食用可疑食品或采取针对性的控制措施后，经过疾病的一个最长潜伏期后没有新发病例。

②工作总结和评估：事故调查结束后，调查机构应对调查情况进行工作总结和自我评估，总结经验，分析不足，以更好地应对类似事故的调查。总结评估的重点内容包括：日常准备是否充分，调查是否及时、全面地开展，调查方法有哪些需要改进，调查资料是否完整，事故结论是否科学、合理，调查是否得到有关部门的支持和配合，调查人员之间的沟通是否畅通，信息报告是否及时、准确，调查中的经验和不足，需要向有关部门反映的问题和意见等。调查机构应当将相关的文书、资料和表格原件整理、存档。

**3. 流行病学的应用**

(1) 流行病学的研究方法　在食品安全中，流行病学已经成为揭示食源性疾病危害因子的重要手段。对于一个不明原因的食源性疾病而言，从不知病因到病因清楚，要经过一系列的研究。1987 年，世界卫生组织召开会议制定了病因探索和鉴定的一般程序。一个未知的致病危害因子的探明一般分为 3 个阶段。首先要根据疾病和有关因素在人群中的分布特点，调查研究形成病因假设。其次通过病例对照研究和队列研究等流行病学研究方法，进一步深入反复研究以检验假设的正确性。最后结合生物学、医学及流行病学研究的综合结果证实假设。

①建立假设：这是食源性疾病病因研究的第一步。通过历史性回顾研究、横断面研究（抽样调查或普查）、疾病登记和报告分析、生态学研究等有关疾病的大量信息和资料，运用逻辑思维进行科学的分析和概括，从中找出与疾病发生有关的现象或因素，形成病因假说。

求异法：求异法即同中求异，就是在相似的事物或事件之间找不同点，故称求异法(method of difference)。如果生活在 2 个地区的同一类人群或生活在同一地区的两类人群疾病发生频率有明显的差别，而两地和两类人群的某种或某些因素又有明显的差别，那么，这些差异性因素可能就是病因。如解放初期新疆的察布查尔病，锡伯族人发病率比其他民族高很多，查明是他们的民族食品——“米送乎乎”中的肉毒毒素所致。

求同法：求同法即异中求同，对不同的事物或事件找出它们的共同点。如研究的食源性疾病在不同的环境中都有某种因素存在，而其他疾病则没有这种因素，通过归纳，可提出该因素的暴露是所研究疾病的病因假说，这就是求同法（method of agreement）。如放射工作者、胎期母亲接受 X 光照射的婴儿、日本原子弹爆炸区的幸存者中白血病的发病率都很高，他们的共同点是放射暴露，提示是白血病的病因。

共变法：共变法（method of concomitant variation）可以看作求同法的特例，即寻找 2 种事物之间共同变动的因素。如果某种因素的出现和消长规律与某种疾病的出现和消长规律一致，可以提出该因素与该疾病有联系的假说。共变法的应用有一定的条件，只有当暴露因素是等级或定量的并与疾病的效应成量变关系时才可以应用。例如，人新变异型克雅氏病与疯牛病在流行病学上具有高度的时空吻合性，大多数患者在英国，出现时间在疯牛病暴发高峰期 5 年以后，与疯牛病的潜伏期一致，两者的因果关系已经得到验证。

类推法：如果所研究疾病的分布特点与另一种病因已清楚的疾病相似，则可以提出两种疾病可能具有相同病因的假说，这就是类推法（method of analogy）。例如，已经证实棉酚中毒能引起烧热病，又发现一种低血钾软瘫症多分布在棉区，故可以建立低血钾软瘫可能与棉酚有关的假设。

排除法：在流行病学调查中，有时还常用排除法（method of exclusion），即在致病因素中逐一排除，直至找出病因，帮助形成假设的方法。例如，1972 年上海桑毛虫皮炎流行，调查组在排除了废气、花粉、纤毛和吸血节肢动物后，最后怀疑是桑毒蛾的幼虫所致，这一假设得到了证实。

②检验假说：食源性疾病病因假说建立之后，应用分析流行病学的方法，进一步研究推论因素和疾病之间的相关性，从而检验病因假说。常用的方法包括病例对照研究和队列研究。两者各有特点，前者容易找到研究对象，研究周期短，费用少，但只能确定联系的存在，不能确定因果联系；后者可观察因果的时间顺序，但只能用于发病率较高的疾病，花费时间、人力和财力较多。

③证实假说：通过病例对照和队列研究等对病因假说进行初步验证之后，一般还需要通过流行病学试验研究来证实病因假说。试验方法可人为地控制某些因素，比较暴露组和对照组的发病率或死亡率的差异，从而证实病因假说的真实性。动物试验是试验研究最常用的方法，如通过动物实验已经证实黄曲霉毒素是肝癌的致病因素。在条件允许的情况下，也可进行人群干预试验，是干预减少人群中某种因素的存在，比较人群中某种疾病的发病率或死亡率，也可证实病因。如通过禁止生产销售反应停、教育孕妇停止服用反应停等干预措施之后，胎儿海豹肢畸形明显下降，从而证实了反应停是胎儿海豹肢畸形的致病因素。

随着科学研究和文献检索手段的不断进展，文献在食品安全风险因子的危害识别实践中也起着越来越重要的作用。现在常用的是系统评价和荟萃分析等技术，通过对文献进行系统查询、严格评价和整合，获得某种疾病的风险因素比较客观的结论。

（2）病因推断标准　病因的确定是食源性疾病预防控制的关键，也是公共卫生和预防医学相关决策的重要依据。大量的信息和结果来自观察性流行病学研究，因此病因推断绝不是主观臆断和逻辑游戏，而是要基于丰富可靠的科学研究结果，进行科学的概括和逻辑推理，然后做出判断。这就需要建立一些判断标准，来衡量因素和疾病之间因果关联的真实性。

归纳起来，现在被广泛认可的标准有以下几点：研究因素和疾病之间关联强度越大，因果联系的可能性越大；如果用不同的方法对不同的人群或在不同的时间获得的因素与疾病之间的联系是一致的，那么两者之间因果联系的可能性强；因素和疾病之间联系的特异性越强，则因果联系的可能性越大；研究因素的暴露必须在疾病发生之前；因素和疾病之间的联系要有充分的生物学依据；若研究因素与疾病之间存在剂量—反应关系，则因果联系的可能性大；因素和疾病之间的联系要得到相关实验的支持。这些原则可作为风险因素研究证据的评价指南。

由上可以看出，疾病病因的判断是一个十分复杂的过程，要全面考虑、综合分析以及从群体管理出发。发现一个流行病学的病因，就相当于发现了一条可以预防这种疾病的实际途径和方法，对于食源性疾病的预防和风险评估具有重要的理论和实践意义。

## 思考题

1. 简述危害识别的定义。
2. 简述微生物危害识别的方法。
3. 简述致病性微生物污染食品的途径有哪些？
4. 致病性微生物的致病机制可以分为哪几类？
5. 简述食源性致病菌的特殊存活状态。
6. 简述流行病学的研究方法。
7. 论述 PulseNet 的工作原理，结合实例说明其在风险识别中的作用。

第四章拓展阅读　危害识别

第五章

CHAPTER 5

# 暴露评估

[学习目标]

1. 了解暴露评估的概念、目的和原则。
2. 掌握暴露评估过程中暴露量的计算方法、数据搜集方法、暴露评估模型分类及特点。

中共中央、国务院始终把食品安全摆在突出重要位置，习近平总书记强调，食品安全是重大民生工程、民心工程，要求食品安全落实“四个最严”要求。《中华人民共和国基本医疗卫生与健康促进法》明确了食品安全风险监测评估为基本公共卫生服务内容。暴露评估（exposure assessment）是食品安全风险评估中的第二步，其是评估消费者暴露量和对应暴露概率的过程，以此确定某种物质是否会对人体健康带来风险。国际食品法典委员会（CAC）的程序手册中将暴露评估定义为：对通过食物或其他渠道来源的生物性、化学性和物理性因子的摄取量的定性和（或）定量的评估。

膳食暴露评估是关联食品消费量数据和食品中危害物浓度的桥梁，通过比较膳食暴露评估的结果和相应的安全限量值，可以确定危害物的风险程度。进行膳食中危害物总摄入量的测定，需要知道食品消费量和相应食品中危害物浓度。

目前，关于化学性危害物的暴露评估的流程已经比较成熟。由于微生物性危害物在“农场到餐桌”过程中其含量是动态变化的，许多数据无所准确获取，通常需要构建模型和做各类的假设来预测结果，其摄入量的暴露评估将更为复杂。本章将主要介绍致病微生物暴露评估的目的、原则和分类，重点阐述了暴露评估过程中数据的来源、数据搜集方法、暴露量的计算和暴露评估模型的类型、特点及构建方法。

## 第一节　暴露评估的目的

暴露评估可以在不同情景中开展，并能够达到多种目的：①在风险评估中，暴露评估能够得出人群的摄入量，危害特征描述能够得出特定摄入量下患病的概率和严重程度，二者相结合就能得出“病原体-食品基质”组合的风险大小；②暴露评估可以把产品中微生物危害的污染水平和消费者暴露概率联系起来。因此可以通过对国际贸易中流通的食品进行暴露评估来衡量出口国和进口国的卫生措施是否对等，并验证出口食品的暴露水平是否符合进口国的要求；③暴露评估有利于确定哪些风险干预措施或风险管控方案对降低特定食品中微生物危害的暴露水平最有效；④比较不同干预措施在减少暴露程度方面的效率，或比较不同加工工艺和不同食品所造成的暴露水平；⑤比较不同途径（交叉污染与初级污染；不同污染源；不同产品等）的暴露情况；⑥确定需要获得的信息并明确研究方向，从而更准确地估计某一危害的暴露程度并更好地制定相应的干预措施；⑦确定饮食中可能使人暴露于微生物危害的主要食物；⑧评价现行防护措施的有效性；⑨识别加工过程中潜在的关键控制点（CCPs）从而更新危害分析和关键控制点（HACCP）系统。

进行暴露评估时，首先应当围绕一个或多个风险管理问题明确开展目标，即希望通过暴露评估的结果来解决什么问题，这就要求风险管理者将想要解决的问题明确地传达给风险评估者。如果风险管理者无法阐明需要解决的问题，则风险评估者应与其进行深入讨论以确定他们需要哪些信息来支持其做出决策，并说明要获取这些信息需要进行哪些工作，开展这些工作的可行性如何。若可以开展，则按照工作程序进行；若无法开展，则需要另行选择方案。

暴露评估人员所需要解决的问题和可用的时间、数据、信息、人力资源等决定了暴露评估所应采用的方法（定性或定量、确定或随机等）及方法的详细程度。暴露评估的目的可能是估计特定人群暴露于某一病原体的水平，也有可能只是评估食品在几个加工步骤中的污染情况，因此需要再次强调：风险管理者必须把他们的需求、风险评估所需的详细程度以及风险管理措施的限制因素等都清楚地传达给评估人员，否则，可能会发生风险管理者只需要评估加工过程中的暴露，而评估者把“农场到餐桌”的整个过程都评估了一遍的情况。例如，如果风险管理者提出的问题是要比较所有可用的风险干预措施的优缺点，则风险管理者应向风险评估者介绍这些措施，说明他们正在考虑实施的或已经实施的是哪些或哪个措施在特定情景下是不可用的。因此，应当在风险概述阶段确定暴露评估的目标和范围等内容，并及早确定风险评估的可行性。图 5-1 所示为暴露评估中各阶段的任务。

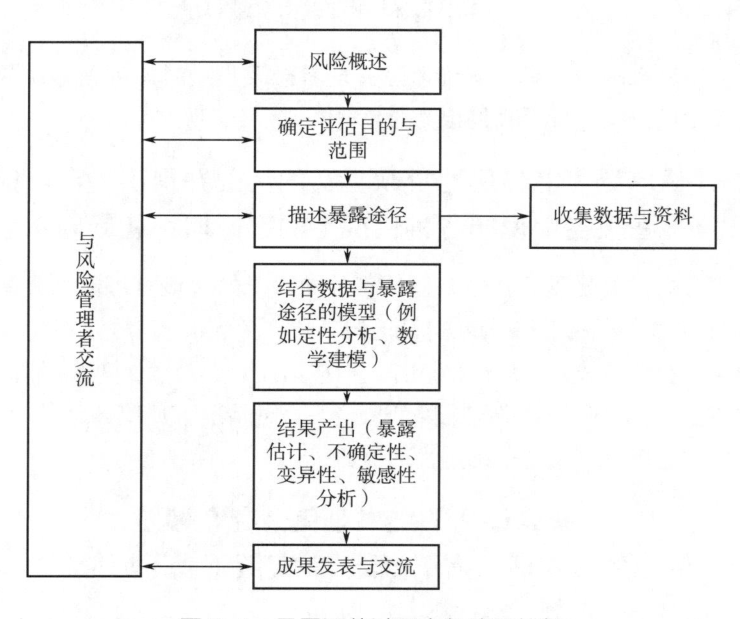


图 5-1 暴露评估过程中各阶段任务

如果明确了暴露评估在风险管理中的作用以及风险管理者对暴露评估的要求，下一步就需要考虑会直接影响消费者暴露程度的因素，包括产品或商品的消费频率、微生物危害的污染途径和污染频率、剂量范围，以及影响微生物生长的因素（如微生物的繁殖能力、烹饪过程中的灭活作用、营养物质摄入量、季节和地域影响等）。此外，在风险概述中还应说明与特定危害相关的暴露途径，如图 5-2 所示。

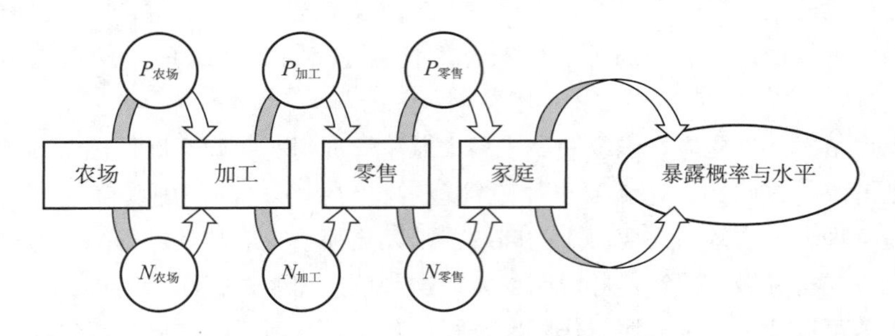


图 5-2　暴露评估中描述“从农场到餐桌”过程污染变化的概念模型

注：$P$ 表示污染率，即被污染食品占同批食品的比例；$N$ 表示污染水平，即产品中测出的致病微生物量。在产品被最终食用前，微生物污染率和数量都会随着商品的进一步加工以及时间的推移发生变化。

## 第二节　暴露评估的原则

暴露评估应当遵循以下 9 条原则。

### 一、确定评估的目的和范围

在开始评估之前，风险评估者应明确风险管理者想要借助暴露评估的结果来解决什么问题，以确定暴露评估的范围并着手收集相关的数据。

### 二、暴露评估应尽可能详尽地反映真实的情况并得出各种可能的结果（即应当在报告中说明各种情况下的暴露概率和暴露水平）

除非风险管理者仅需要暴露评估中某一特定的结果，如“最有可能的暴露量”或“最坏情况下的暴露量”。如果最坏情况下的暴露量仍低于造成危害的阈值，那么这种风险就可以忽略不计，不需要再进行评估或是采取严格管控。但应当注意，刻意保守的评估会高估风险，进而导致采取许多不必要的风险干预措施来降低风险，这种情况下风险评估的“成本-收益”也就大大下降了，同时也降低了描述不确定性的能力。

### 三、暴露评估的结果难免会存在偏差，偏差指暴露估值高于/低于真实值（或平均值）

而微生物危害的暴露评估应为风险管理者提供尽可能不带偏差的“最佳暴露估值”，所以在报告中应当说明为什么“最佳暴露估值”是最可信的暴露量，即在报告中将其依据清楚地传达给风险管理者，无论其依据是平均暴露量（平均值）、最可能的暴露量（人群中的个体最常见的暴露量）、95%的消费者涉及的暴露水平，或是某种其他指标。如果偏差无法消除（如使用最坏暴露情况下的估值，即保守估值），则应在报告中说明这种结果中带有何种倾向性及产生这种倾向性的原因。

### 四、暴露评估过程中风险评估者和风险管理者应当密切交流

虽然风险评估的原则中指出风险评估与风险管理应当是相互独立的，但风险管理者和风险评估者之间的交流仍是必不可少的，这有利于确保风险管理者理解风险评估中的具体细节和假设，从而能够更好地制定政策，确保风险评估的结果真正实用。

### 五、保证暴露评估的透明性

需要完整地记录整个过程，包括资料来源、评估方法、所使用的模型以及所作的所有假设，包括这些假设对风险评估结果的影响。

### 六、先定性再适量

进行定量风险评估前最好先从定性评估开始，因为定性评估能界定工作的性质、确定工作的可行性和所需的时间。

### 七、评估不确定性和变异性

对两者的说明对于正确理解和合理利用暴露评估结果十分重要，因此在暴露评估中应尽可能地识别和分析这两个因素，并在报告末尾将二者记录下来，讨论它们对暴露评估结果的影响，关于二者的详细介绍参见第十章。

### 八、提供建议和食品安全管理策略

评估者应该将评估结果与适用的食品安全标准进行比较，并提供相应的建议和食品安全管理策略，以帮助风险管理者制定食品安全政策和管理措施。

### 九、定期更新评估

评估者应该定期更新评估结果，并考虑新的数据和科学知识，以确保评估结果的准确性和可靠性。

## 第三节　暴露评估数据来源及特征

表3-1概述了“从农场到餐桌”的暴露评估通常需要收集的数据资料，为便于描述，将资料类型分为4类：食品、食品供应链、微生物危害和消费者。表中的内容同样适用于渔业（初级生产阶段）和餐饮业（食品摄入阶段）的暴露评估。

实际暴露评估中，可能并不需要收集暴露评估中每一步环节的数据，这取决于风险评估的研究范围。除表3-1中所列的资料以外，根据风险评估目的不同，可能还需要收集其他数据。

## 一、与食品相关数据

如果对食品进行污染调查，则需要充分说明与食品、微生物检测方法、实验设计以及数值分析相关的信息。首先需要对食品组分做详细说明。例如，对干酪类食品进行分析时，就应当详细描述含盐量、pH、包装材料和其他相关信息，因为干酪是一大类食品，其中包括多种不同的干酪，不同干酪的组分差异可能导致污染情况的不同；其次，需要说明有关的地理因素、季节因素以及代表所有制造商、经销商的信息。有的食品仅有部分地区的人民才会食用，并且其食用很有可能存在淡旺季的差别。而了解制造商、经销商有利于掌握这一种食品的加工和储存运输过程；再次，与食品有关的重要因素还包括：售卖时是新鲜的还是冷冻的，是熟食还是生食，是否经过深加工，以及配料等。上述的资料可能在危害识别阶段就已经收集了一部分，但要进行暴露评估可能需要收集更加详细的数据。

微生物在食品表面或食品内部的生长、繁殖和失活是暴露水平需要考虑的关键参数，因此还需要记录影响食品中致病微生物生长繁殖的指标。除了pH、水分活度和温度以外，食品中其他许多指标也会对微生物造成很大影响，如脂肪、氧气、磷酸盐、香辛料、酸根阴离子（特别是醋酸根和乳酸根）、亚硝酸盐、保湿剂（糖、盐等）以及抗菌剂（如苯甲酸酯和吸附剂）等的含量，此外，食品结构也会影响食品中微生物的生长行为。

## 二、食品供应链相关数据

食品供应链包括从初级生产到食用（包括家庭、餐饮机构中的食用）的所有阶段，暴露评估需要收集这些阶段中的相关数据。以肉类的加工和销售为例，其供应链包括肉禽、肉畜的农场养殖；运送到屠宰场或加工厂并存放、加工、包装、储存、运输至批发商和零售商处售卖（售卖过程也视为储存的一种）、运输到家庭、储存、烹饪和食用。其中一些阶段和过程可能因生产商、零售商和消费者而异，因此获取与这种差异有关的信息很重要。食品供应链的每一个阶段都可能对食品的微生物状况产生影响，换言之，风险评估者要确定食品是否受到污染，如果受到污染，要确定微生物的数量及其变化情况。此外，还应考虑微生物的生长和失活，以及在不同加工阶段中促进生长或抑制存活的因素，如时间、温度和其他环境因素（如pH），并需要了解商品在储存或运输期间的持续时间和温度、冷冻温度、巴氏杀菌时间和温度。如果商品是以熟食的形式出售的，则还需要了解其烹饪时间和温度，或是添加了哪些可能改变pH的成分。

在加工过程中，有许多杀菌方法能够降低最终食品受到微生物污染的风险。通过调查生产商的危害分析和关键控制点（hazard analysis critical control point，HACCP）系统就能获取这些信息，因为HACCP体系能具体到生产场所和每种产品。不同厂商的生产方式可能有很大的差异，而风险评估的调查范围内通常不只有一家生产商，若仅对某一家进行调查则最终的结果可能无法代表该地区此类食品的风险，因此需要收集数据来描述各生产商灭菌方法的差异，这方面的数据包括：各生产商对加工环境和加工设备的清洗和消毒方法，消毒效果如何以及清洗、消毒频率；对食品中微生物灭活方法及其灭活能力上限；对原料、中间产品或终产品会进行何种检测，其检测方法的灵敏度和特异性如何等。

食品加工环境中很有可能发生微生物交叉污染，因此需要获取能够反映交叉污染程度的数据，例如，活的和宰杀后的动物之间的接触情况、生的和加工后的蔬菜之间的接触程度、工人卫生状况、操作设备和工厂设计以及包装方法等。此外，能够反映不同加工环境之间交叉污染程度的不同的数据也十分宝贵。

食品的生产是一个复杂的过程，可能会涉及若干个混合和分割的阶段。例如，某头牛胴体的肉会被分割制成牛肉干，切分后的肉片也可能与其他配料混合制成调味牛排。分割和混合将会影响生物污染率和数量，进而影响食品中的微生物状态，因此应收集描述这些过程的数据，包括混合和分割事件发生的范围、对混合食品有影响的胴体或食品的数量，以及分割操作赋予食品的属性（包括分割后食品的份数、每份食品的分量，以及此时其中微生物的分布情况等）。

无论是家庭还是餐厅，购入食品后都可能不会立即食用，而是要经过储存和烹饪，这两个阶段都会影响暴露水平。例如，在储存期间如果温度适宜，微生物数量都可能会增长；在烹饪时如果不遵循合理的卫生规范，可能会发生交叉污染并影响后续的暴露水平；食品的烹饪可能使微生物数量减少，最终决定食用时食品中的微生物浓度。因此，需要收集相关细节的各种数据，以对其进行描述，如储存的时间和温度；常见的烹饪方法和原料准备过程中可能发生的潜在交叉污染；交叉污染事件发生的程度以及可能转移到厨房内不同地点的微生物数量；消费者与转移的微生物接触的程度；以及常见烹饪方法的时间和温度等。值得注意的是一种食物的烹饪方式会因地区而异，甚至在同一国家内也因种族或各地饮食习惯而不同。家庭、餐饮机构（包括街边摊的食品）的烹饪方式对致病微生物污染率和水平（与储存时间以及售卖中熟食的保温温度有关）的影响难以获取，这是一个巨大的数据缺口。

暴露评估中收集的数据应尽可能真实地反映食品供应链中各阶段的普遍加工条件和普遍烹饪方式，当然并非所有食品的暴露评估中都能轻易实现这一点，因为不同生产商、不同餐厅、不同家庭的加工和烹饪方式千差万别。有时可能需要使用一些替代数据，但在使用时必须清楚地说明选择替代数据的理由以及这些数据对现实中普遍条件的反映程度。

## 三、微生物危害相关数据

暴露评估通常需要估计食品供应链中各环节微生物的污染率和污染水平，因此所需的数据应能够描述这些参数并确定影响这些参数的环境因素。污染程度可以用污染样品的百分比（%污染率）和/或食品中的微生物数量（CFU/g 污染水平）表示。

各个阶段的污染状况可以通过抽样调查来获取，应对检验方法进行分析以确定误差的大小。但重要的是，风险评估者要了解检测水平、所需样本量以及该检验方法的灵敏度和特异性。灵敏度是指某种方法检验特定数值的能力，灵敏度过低的方法可能使得检验结果呈假阴性。特异性是指某种方法区分不同微生物危害的能力，特异性过低可能使得结果呈假阳性。应对详细情况进行说明，如年份、季节、地理位置、国家等，以便对污染率和污染程度进行最佳评估。应当注意的是，我国的标准中对于许多致病微生物的限量通常很低或是为零，因此国内大多数致病微生物检验方法是定性的而非定量的，只能得出该食品中是否含有致病微生物而无法得出其含量。有些致病微生物甚至尚无检验方法，因此即使是关于其污染率的数据也无法获得。而样本量则决定了测试结果的有效性，若样本量过少，可能所采集的样本无法准确反映目标食品中的污染率；若样本量过大，则需要投入大量的时间和资源。如果有些阶段污染率和污染程度无法检测，则需要获取初始污染量，并利用模型或是实验室模拟来推出后续各阶段污染率和污染程度的变化。

其中，动物性食品是较为复杂的，因为微生物在初级生产阶段可能在动物之间传染，污染率和污染水平可能与农场中动物的感染状况或定殖状态有关。此外，在屠宰阶段去除动物内脏时也可能造成污染。因此在进行暴露评估时还需要获得感染或定殖的概率、排泄量等数据并说明相关变异性。对于蔬菜水果，使用动物粪便（农家肥）做肥料可能提高果蔬或果蔬制品受致病微生物污染的概率和水平，虽然现在已不建议使用农家肥，但如果调查中发现有此类做法也应进行详细记录。

若要研究农场对食源性微生物危害的管控机制，则有必要了解初级生产阶段中感染和污染的动态变化。对污染率和污染程度的初步估计将取决于这些动态变化，因此必须有描述这些动态变化基本过程的信息，常见的信息包括：可能的感染源；在食品或动物之间的传播机制；管理措施，如使用抗菌药物或是接种疫苗；禽畜的放养密度；季节、区域差异和气候对感染或定殖的影响等。在收集了描述初始暴露水平的数据之后，还需要获取整个食品供应链中污染率和污染水平变化的信息。在供应链中的某些阶段可能有足够的信息来描述实际变化，而如果有些阶段没有足够信息的话就需要对污染率和水平的变化进行预测。对整个食品供应链中食品污染水平变化的预测主要以预测微生物学为依据，并基于生长和失活预测模型，预测需要的数据包括：每个阶段所使用的原辅料、加工设备、包装材料和工人身上是否存在微生物也是需要收集的数据，还需要考虑微生物对灭菌操作的反应以及食品基质在不同阶段对微生物的保护作用。此外，应当注意的是在进行暴露评估时，应考虑致病微生物感染能力或产毒能力的变异性，以便收集有代表性的数据。因为微生物在属或种之间也存在感染能力和产毒能力差异，有时即使在一个种内也可能只有某些亚型才能够致病。

如果一个国家或地区没有系统地收集本地的食源性致病微生物数据，可在暴露评估模型的某些部分引用其他国家或地区的数据，因此，应当清楚地记录选择该国家或地区的理由以及这些数据在反映该国家当前情况时可能存在的局限性。零售原料或食品中的最大污染水平是暴露评估中的一个敏感的、易受影响的参数，难以评估。少量食品中所测出的最大微生物浓度在推断数百万份食品的污染的概率和水平时可能不具有代表性。此外，有关微生物在食品中的生理和物理状态的研究还存在许多不足，许多研究通过向适宜温度下的无菌营养肉汤接种目标致病微生物来预测延滞期持续时间、预测稳定期细胞的生长速率，并将结果作为数据。然而，实际所研究的食物中的微生物细胞可能处于不同的生理状态，例如，加工条件可能会对微生物细胞造成一定的损伤，微生物受到损伤或对损伤进行修复都会影响其生长；微生物可能因为环境不适宜而处于芽孢阶段，而芽孢的萌发又需要一定的时间。微生物在食品中的分布情况也可能影响生长、失活和交叉污染；有时候食品中其他优势菌群的扩增也可能影响到致病微生物的生长繁殖，因此在实际的评估过程中需要注意考虑这些因素。

## 四、消费者相关数据

食品供应链的最后一环是消费者，即暴露评估最终阶段的研究对象就是消费者。在这一阶段定量暴露评估需要获得食物消费量和食物消费频率等信息，而这两个信息又取决于消费者的行为和食品的消费模式。常用的获取与消费者相关数据的研究方法包括总膳食研究、单一食品研究和双份膳食研究。①总膳食研究：总膳食研究是通过对人群整体膳食模式的观察来评估食品风险。研究人员通常会收集大量的膳食数据，包括人们的饮食习惯、食物摄入量以及可能的食品暴露情况。然后，通过统计分析和数据建模，研究人员可以估计出不同食品对人群健康的潜在风险。②单一食品研究：单一食品研究是专门针对某种具体食品进行的研究。研究人员通常会选择一种被怀疑存在潜在风险的食品，然后对其进行详细的研究。这可能包括实验室测试、动物实验、人体试验或回顾性研究。通过这些研究方法，研究人员可以更深入地了解该食品对健康的影响，并评估其潜在的风险。③双份膳食研究：双份膳食研究是将总膳食研究和单一食品研究相结合的方法。在这种研究中，研究人员首先进行总膳食研究，以获取人群整体膳食模式的数据。然后，他们选择一个具体的食品进行单一食品研究，深入研究该食品对健康的潜在影响。最后，研究人员将总膳食数据与单一食品研究结果相结合，以得出对整体膳食模式的风险评估。

虽然上述的研究方法各有适用的范围，但在现实生活中想要获取准确的食品消费数据存在着相当大的困难。如在家庭中，对食物的哪些预处理和烹饪方法会引起食品安全问题？能回答这一问题的资料少之又少，这是因为不同地区人们的种族、性别比例、风俗习惯等因素可能都不尽相同，这也就导致了食物的家常做法因地而异，难以确定一种典型的做法来进行研究。而且，在消费者这一环节，通常无法获知食品的储存时间和温度、交叉污染程度、烹饪时间和温度以及其他数据。同样的，餐饮机构（包括餐厅和街边小摊小贩）如何加工和烹饪食品的相关资料也很难获得，可能需要进行大范围的问卷调查或是评估者先进行一定的假设。食品消费模式可能因人群的年龄、性别、种族、健康状况、经济状况而异，也可能因食品供应季节和地区而异。因此需要调查易感亚人群（如幼儿、孕妇、老年人和免疫功能低下者）的食品消费模式和风险较高的消费行为（如食用未煮熟的或生的肉制品）。过往的微生物风险评估文献中在描述食品消费模式时常用到两类数据：食品数量统计和食品消费调查。此外，一些其他信息也能有助于填补食品产量或食品消费量的空白，如食品零售销售额或购买量等数据。

食品数量统计值反映了所有人可获得的食品总量。想要获取这一数据可以参考我国的统计数据，或者参考FAO的食品供求平衡表，如人均食品产量、人均食品损失量和人均食品利用量。应当注意的是，食品数量统计不包括那些已经生产出来但因变质或其他原因而未被购买的食品。此外，食品消费模式可能在一个国家的不同地区也有很大差异，但这种差异是食品数量统计值所无法反映的。例如，某一地区的人民是自给自足的，则食品数量统计无法反映这一地区的消费模式。全国食品消费调查也许能够很好地反映这些地区的消费模式，但遗憾的是世界上只有少数国家开展了相应的“菜篮子调查”来研究人们消费各种食品的数量和频率。食品消费调查提供了家庭消费食品的种类和数量等详细资料，有时还反映了食品的消费频率。这一调查通常包含了具有代表性的个人样本或家庭样本，从中可以推断总人群或特定人群的消费情况。在一些特殊的地区可能获得某些“高危”群体的食品消费数据。但并非所有国家调查资料集都有按日期和消费地点分列数据，也不一定包含每种食品的消费总量，即使有，也往往难以提取这类信息并加以分析（例如，调查时和在对数据进行细分以供分析时，需要明确定义一天中的时间段）。这需要相当复杂的软件来详细分析每个人的饮食数据，而不仅仅是推导人口统计数据的平均值。在进行统计时，不同来源的食品可能由于不同的加工途径而具有不同的污染水平，所以一种食品每多一种来源就会提高问题的复杂程度，如果一个人吃掉的某种食物的所有形式（例如，苹果、苹果汁）都需要汇总分析，则应当借助软件。食品消费调查收集了全国有代表性的个体对数千种食品的消费信息，但调查结果中没有记录可能影响食品安全的描述，例如，报告中不会反映出水产品的新鲜与否、某种水果是国产的还是进口的、食品是由生产商包装的还是由零售商包装的等。对于这方面的资料，可能需要另行收集食品行业、贸易协会、零售商店或其他食品销售数据，与食品消费调查的结果相结合，以估计更具体的消费频率。有条件的还应将这些数据与流行病学研究（病例控制、患病群体或疫情调查）的信息进行比较，以核实食品调查中发现的实际风险因素。

## 五、数据特征

暴露评估模型具有迭代性质，这种性质就可能使得初次对某一过程建模时利用的数据具有高度不确定性。例如，对于某个物质的暴露评估模型，初次建模时可能没有足够的数据可用，因此需要利用一些假设和近似值来估计模型参数。但是，这些假设和近似值可能存在误差和不确定性，这可能会影响模型的准确性。迭代这个过程可以用于确定最大不确定性的源头，也便于有针对性地收集数据。随着数据的收集，不确定性会逐渐降低。因此，评估的第一次迭代可以专门用来确定需要的数据和/或数据的变异性；第二次迭代可以评估暴露风险，但此时的结果依然具有较大的不确定性；随着迭代次数的增多，最终暴露评估结果会变得既有较小的不确定性又有较高的预测能力。

**1. 数据的记录格式**

数据的记录格式会因数据的具体类型而异，没有哪种格式能理想地表达所有数据。描述致病微生物的活动和食品加工过程的资料通常是文本格式的，而模型的输入参数则用数值形式表示。数据格式应该遵循一些基本原则：①应当公布资料来源以供参考；②数据应写明单位，并尽可能使用原始数据，而不是经过加工的平均值或其他统计数值；③若没有原始数据，也应尽可能描述不确定性和变异性。

**2. 数据的详细程度**

（1）数据的来源　如果来源是论文，则需要在参考文献中注明；如果是私人通信获取的未经发布的数据，需要记录提供者的姓名、从属关系或资金来源，最好记录收集日期。

（2）关于研究本身的数据　应说明是实验室研究还是实地考察。

（3）样品数据　禽畜、果蔬或终产品的品种（应用学名表示）；来源（国家、地区、生产厂家、连锁零售商等）；种群规模、种植规模或生产规模；采样方法（对于禽畜，不论样品是病例还是随机抽样的都应当详细记录下来），包括采样季节、采样部分占总体的比例和样本量等。

（4）微生物检测方法的相关信息　取样方法、致病微生物种类、亚种、菌株；使用的检测方法，与其他方法的差异；检测方法的灵敏度、特异性和精确度；检测所用样本的特征（大小、样本量等）。

**3. 数据的呈现方式**

数据的呈现方式也需要符合上文提到的资料的记录形式，不同之处在于将各种资料呈现给相关方时，所呈现的一般是经过分析的数据而并不一定是原始数据，并且要突出重点。例如，当数据量较大时，最好将主要的数据结论置于前言或概述中，将其他数据制成图表。数据呈现的基本原则是：表述清晰并易于数据呈现。呈现数据的第一部分通常是描述暴露途径，有时候消费者暴露于危害的途径不止一种，如果还是像数据记录时一样采用文字叙述可能不易理解，所以在呈现时可以考虑用图形表示，如用树状图表示多种途径。当呈现数字数据时，也应该遵循逻辑顺序，如遵循特定暴露路径中各步骤的顺序。汇总数据最好的方法通常是列表，但使用时应当附上注释或文字说明，图表或表格应注明出处，并在评估报告末尾附上一份详尽的参考文献，最好在附录当中列出文中出现过的网页链接等内容。

**4. 数据集的同质性**

有时多方对同一对象进行暴露评估的结论可能存在分歧，此时就需要对各方结论进行比较，如果这些风险评估的资料集能够满足前面建议的所有要求，那么就可以很容易地对其进行比较。在检测过程中，风险评估者最好采用通用的检测方法，这样有利于多方数据的比较，否则不同的实验室对致病微生物的检验方法往往不同，不同方法的检出限、特异性等特征可能均不相同，可能导致结果不存在可比性。

## 第四节 暴露评估模型

暴露评估的目的是根据现有的资料推断出特定人群暴露于危害中的概率和暴露程度，但详细的暴露数据（如食用时食物被污染程度的数据）往往是缺失的，因此暴露评估经常需要建立模型以便了解影响食品中致病微生物数量和分布的因素及其相互作用。模型的定义是指“对一个体系、理论或现象的描述，描述中可以体现已知的或推断的性质，并用于进一步研究其特性”。模型通常是对一些复杂的体系或现象的简化描述，它也被用来表达对现实情况的理解或假设。因此，模型的另一种定义是“描述一个系统如何运转或如何对输入做出反应的假说或假想系统”。这些假说或描述可以用文字表达，也可以用“假设、数据和推论”的系统表示，作为对实体或事态的数学描述。用于描述问题的一系列数学方程被称为算法。目前风险评估领域已经积累了许多经验模型，风险评估者可以引用接近自己研究情景的模型来进行计算，但若无法找到合适的模型时，则可以自行进行构建。

### 一、暴露评估模型的建立

建立暴露评估模型的第一步是建立“概念模型”。概念模型的作用就是说明暴露途径，描述影响暴露水平和概率的所有因素及其相互作用。概念模型可以用文本或图表表示。有许多方法都可以开发概念模型，例如：①事件树法：描述从污染发生到自定义的评估终点（如摄入）的过程，这种方法可以被用来描述导致污染和随后的疾病的高风险途径，识别需要更多数据或建模的变量；②故障树法：以危害的发生（如暴发食品中毒事件）作为起点，进而描述危害出现所必须经历的事件，这种方法通过确定促使特定事件发生的一系列基本条件或事件，为分析事件的发生概率提供框架；③动态流动树模型：将数据统计分析与预测微生物学结合，侧重于研究细菌生长的动态特性；④过程风险模型（process risk model，PRM）：侧重于将预测微生物学与情景分析相结合，以评估加工过程的卫生状况。

在建立概念模型时，“单元”的定义至关重要。单元被定义为在“从农场到餐桌”过程中对产品量的物理划分，如一只动物、一具（一部分）屠宰后的胴体，或一包碎牛肉、一瓶牛乳等。这一概念既可以表示初级生产阶段的一个单元，也可以表示消费时的单元，如鸡蛋或整只鸡。大多情况下，单元在加工过程中会发生变化。以牛胴体制成牛肉汉堡的过程为例：起初单元是牛胴体；经过切割，一批牛胴体变为一块块牛肉，此时单元就是牛肉块；再经过加工，牛肉块成为牛肉饼，此时单元就表示牛肉饼；最后制成一个个牛肉汉堡后，一个单元就表示一个牛肉汉堡。因此每个加工阶段单元需要重新定义。

建立暴露评估模型的第二步就是以概念模型为基础建立数学模型。较常用的暴露评估建模方法是模块化过程风险模型（modular process risk model，MPRM），它是 PRM 方法的延伸。MPRM 方法的基本假设是：在从生产到消费的各个中间阶段的每个步骤或过程都可以被单独分离出来，分离出来的过程可以按照图 5-3 进行分类，并针对这一过程单独建模，最后将各个过程的模型合并就可以得到整个过程的模型。

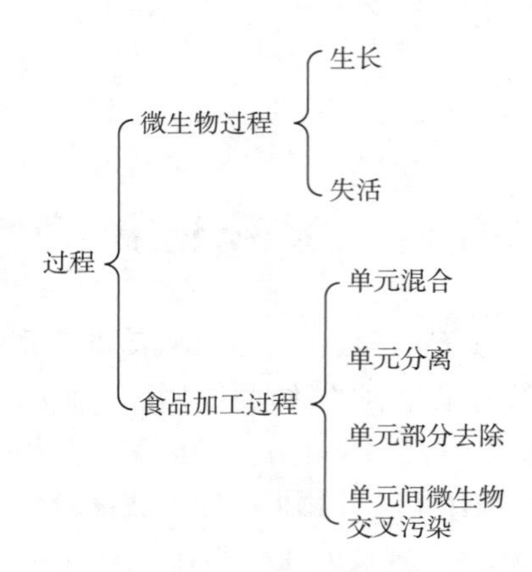


图 5-3　模块化过程风险模型过程分类

因为目前交叉污染没有一个通用的模型，所以在从生产到消费的各个阶段，如能够获取相关信息的话，则应当对该阶段的交叉污染进行讨论。由于感染的传播通常限于农场阶段，模拟这一过程的方法将在农场阶段部分讨论。

## 二、初级生产（农场）阶段的建模

初级生产阶段又称农场阶段，包含农田、果园、牧场和渔场等场所产出食品原料的全部过程。在这一阶段，暴露评估的重点是估计特定食品原料（例如，每头牛、每只家禽、每个苹果或每桶原料乳）中微生物的污染率和污染水平。致病微生物在果蔬等植物上的污染通常较少发生动态传播，相对简单；而动物群体中，一些人畜共患病的致病微生物可能发生传播，因此本节重点分析动物建模。在模型内要注意将微生物在动物产品中的污染、定殖和感染区分开来。污染通常指动物体表有致病微生物的存在，而定殖则指致病微生物进入到动物体内但并没有引发动物疾病，感染指致病微生物进入到动物体内并引发不良症状。三种情况下该动物个体都有可能将致病微生物传播到其他动物身上。当然，这三种情况也可能相互影响，例如，被感染或被定殖动物的排泄物可能污染自身体表或其他动物，甚至导致其他动物被感染。了解这些相互关系对于构建合理、有效的模型非常重要。农场模型的详细程度取决于所想要解决的风险问题——风险管理者是否希望改进农场的管控措施以降低风险，若否，则不需要考虑农场中致病微生物的传播和管控措施。因此农场模型的建立分为两种情况：不考虑感染和污染传播、考虑感染和污染传播。

**1. 不考虑感染和污染传播的建模**

如果不考虑感染或污染，则这一阶段的模型就可以相对简略，不必调查农场对微生物的管控措施，只要获取宰杀阶段或开始加工食品时微生物污染率和数量即可。对于果蔬，收集这些信息就需要进行抽样检测；而对动物食品而言，屠宰场一整年中每当要进行屠宰就会从牧群中抽取大量的样品，因此可以去屠宰场调查获得数据、信息用于评估。这类数据、信息将有助于分析污染率的区域差异、季节波动和农场的管理等因素。

污染率是模型中的一个不确定参数，不同国家、区域、季节等因素都可能导致污染率不同，因此要描述其不确定性需要使用大量统计技术。不同的动物个体之中、每份食品之中，微生物数量都是不同的。许多种概率分布都可以描述这种变异性，对概率分布的选择取决于模拟污染过程时所作的生物学假设以及数据的形式。估计食物中的污染水平要比估计污染率更困难，因为工业的控制条件下致病微生物的数量一般能够被控制在较低水平，难以检测，在这种情况下并不会直接检测致病微生物的数值，而是采用另一种方法——检测指示微生物。例如，检测特定食物中普通大肠杆菌的数量就可以衡量其被粪便污染的程度。

**2. 考虑感染和污染传播的建模**

如果考虑感染和污染传播，则暴露评估的过程就会较为复杂，需要对农场中的微生物管控措施进行调查。应首先考虑农场中致病微生物的感染来源或污染来源，随后说明在不同初级生产阶段微生物在动物群体传播的情况。如果研究对象是牲畜，则其在农场中的阶段包括安置、生长、出栏并运输到屠宰场，有时繁殖阶段也被纳入考虑范围；如果研究对象是果蔬，则其在农场中的阶段则包括种植、培育和收获。

影响暴露概率的因素很多，具体包括初级生产方法、环境因素、生理因素和人为干预。如对于畜禽而言，不同的初级生产方法即养殖技术的不同，例如，高密度圈养或散养，可能对暴露概率产生不同的影响；而环境因素，如地理位置、季节和海拔等，也可能影响暴露的概率和程度；生理因素包括动物本身的免疫力、年龄、怀孕与否等，可能影响动物的易感性；此外还应考虑人类干预对暴露过程的影响，如农场工作人员受到污染后持续工作可能加剧暴露，而遵循严格的保护措施可以减少暴露概率。综上所述，在考虑农场的感染和传播污染时需要调查农场的管控措施。在农场阶段末端，预测每只动物或每个单元中微生物的数量更困难。预测会受到各种变量的影响，包括微生物的传播方式、随粪便排出率、微生物在环境中的生长和生存能力以及其他农场管理因素。由于这些复杂的情况，通常只能根据观察到的数据来估计，如FAO/WHO对肉鸡中空肠弯曲杆菌的风险评估所使用的模型。

## 三、加工过程的建模

在建立模型描述微生物的污染率和数量变化前，需要明确加工过程的各个步骤，但在这一过程中就存在很多难处。以肉牛屠宰为例，假设有36道不同的加工工序，首先屠宰场工作者可能不会完全遵循所有加工工序，模型中的加工方案既要符合大多数工作者的情况，又要考虑到工作者之间的差异，因此可以将工厂的HACCP流程图作为加工步骤的信息来源。

加工的建模包括：①考虑加工单元从一个阶段到另一个阶段的变化方式（如分割、挤压膨化、高压处理、巴氏杀菌等）以及对微生物污染率和数量的影响；②考虑由于交叉污染而产生的变化（单元大小不发生改变）；③考虑微生物生长或失活引起的数量和分布位置变化。

在食品加工过程中，为了尽量减少微生物的生长，加工者投入了大量精力，利用微生物灭活技术（如使用热灭菌技术）最大限度地减少致病微生物。有关加工方式对微生物危害水平影响的研究通常是有限的。在数据充足的情况下，研究者会对加工前和加工后的样品进行分析，如受污染的肉鸡在脱毛阶段之前和之后，其胴体中的微生物数量会发生变化。在数量减少（或增加）时可以使用“黑匣子”方法建模，即不用描述经历了什么微生物过程，而只表示数量的变化，模型可以用指数表示为线性。若数量变化是由微生物的生长或失活产生的，可以使用预测模型估计加工持续时间和条件对微生物数量的影响。通常，对加工“之前”和“之后”样品的分析结果是以对数群体形式报告的。使用对数群体模拟交叉污染时必须谨慎，例如特定的交叉污染事件中，将包含 1000 个微生物（lg1000 = 3lg CFU）的单元和包含 100 个微生物的单元（lg100 = 2lg CFU）混合，那么使用对数计数时可能误计算为混合后单元中微生物数量为 5lg CFU。由于交叉污染事件与产品中的初始微生物数量无关，所以正确的计算应将对数计数转换为其算术值，然后相加，单元中微生物数量应为 100+1000 = 1100 个，即 lg1100 = 3. 04lg CFU，而不是 5lg CFU。

此外，评估者还应仔细考虑与建模相关的变异性和不确定性。在选择方法时，应仔细考虑数据所代表的意义（变异性、不确定性或两者兼具）以及它的代表性。一种解决方案是在单独研究中估计偏差的大小，并将其包括在模型中。例如，如果屠宰尸体上的污染物分布不均匀，将胴体分解成较小的碎片后，每个子单元的污染可能不同，这是结果产生偏差的一大原因。因此，需要对每个受污染的子单元的微生物污染率和数量以及污染程度采用分布表描述的方法，从而可以纳入模型当中。

## 四、加工后各流程的建模

食品加工后的流程包括储存和销售（零售和批发），最终流入餐厅和家庭厨房。表 5-1 列出了一些食品加工后各个环境中影响暴露频率和水平的重要因素。虽然每一个环境中的因素都不相同，但其存在许多重要的相似性，而且一个环境中收集的一些数据有时可作为替代数据来对其他环境（如砧板的污染）进行暴露评估，当然有部分数据（如储存温度）不能进行替代。加工后的环境因素比加工过程中的环境因素复杂得多，主要体现在以下几点：涉及食物种类繁多，例如，餐厅可能有数十种菜品，而自助餐厅可能有数百种；菜品烹饪的复杂性，不像食品加工一样大部分参数较为固定；不同厨房的布局和卫生条件不同；培训水平不同（新员工与经验丰富的员工）；准备时长的不同。

表 5-1　　加工后各环境中影响暴露频率和水平的重要因素

| 因素 | 示例 |
| --- | --- |
| 温度 | 冰箱冷藏温度、熟食的冷却时间及温度变化 |
| 食品成分 | 食品的 pH、水分活度和添加的防腐剂（山梨酸盐、乳酸盐、亚硝酸盐、乳酸链球菌素等） |
| 食品中的生物因子 | 食品相关致病微生物影响的腐败程度或其他微生物含量 |
| 时间 | 食品在台面上放置的时间 |
| 交叉污染 | |
| 食品表面 | 鸡肉携带的沙门菌 |
| 与食品接触的表面 | 弯曲杆菌从食物转移到砧板 |
| 与手接触的表面 | 单核细胞增生李斯特菌从手转移到冰箱门上 |
| 清洁用品（海绵、布） | 海绵中有大肠杆菌残留 |

续表

| 因素 | 示例 |
|---|---|
| 双手 | 手上的金黄色葡萄球菌转移到食物和餐具 |
| 体表孔隙（肛门等） | 手接触排泄物导致甲肝病毒传播 |
| 物体表面残留的微生物 | 不锈钢上残留的志贺氏菌 |
| 清洗 | |
| 洗涤 | 用肥皂和水洗涤 20s 的效果 |
| 消毒 | 用 200mg/kg 氯消毒的效果 |
| 废弃物 | 对废弃变质午餐肉的处理 |

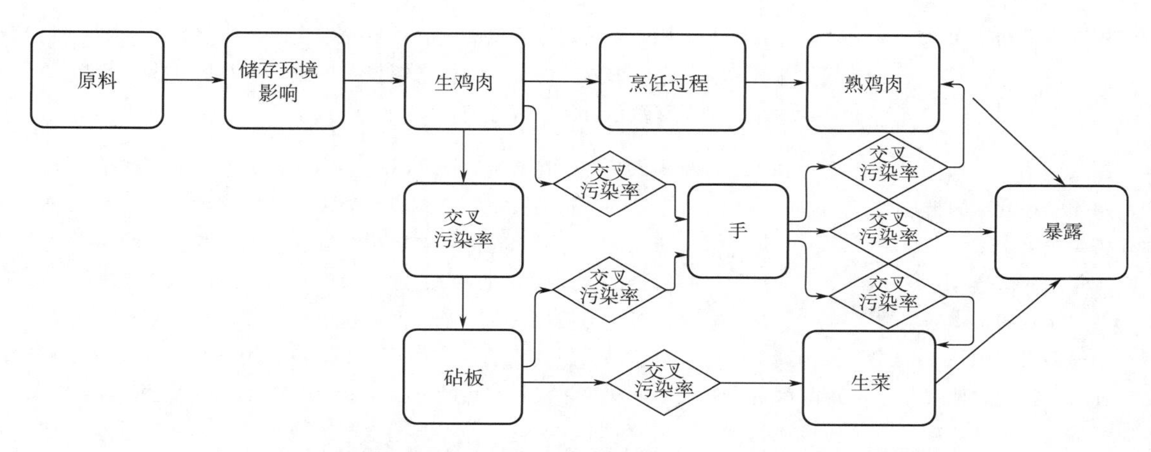


图 5-4　制作熟鸡肉产品和生菜沙拉过程中交叉污染途径举例

图 5-4 中举了制作熟鸡肉产品和生菜沙拉的例子来说明食物制备过程建模时潜在的复杂性。为了便于开展暴露评估，通常需要做一些简化假设：①生菜和准备食物的人不会携带对暴露水平产生影响的有害微生物，图中的微生物都来源于鸡肉，且仅能通过接触而产生交叉污染；②在厨房中，手和砧板是唯一的交叉污染中介，其他物体表面（刀子、盘子、海绵、毛巾、围裙、台面等）不与食物发生接触；③除储存和烹饪外，微生物的数量在其他任何步骤中都没有变化（如在砧板上细菌数量不发生变化）；④每个步骤中发生交叉污染的频率是不确定的，现实中在食品制备的任何过程中都可能发生多次污染。以上的简化假设只是为了便于开展暴露评估，其内容也可能是错误的。即便做了简化，将图 5-4 中的制作流程用模型表示仍存在难点，即缺乏消费者储存方式和交叉污染率等数据。

食品的加工处理和烹饪方式存在很大的不确定性和变异性——有时所研究地区对某种食品的烹饪方式多种多样，风险评估者可能无法面面俱到地了解每一种食用方式，因此存在不确定性；即便该地区烹饪方法已知，但每户人家的烹饪方式也可能存在差异，因此存在变异性。因此上述简化假设只是一个例子，在实际的风险评估中可能还需要做更多的假设。综上可见，食品后期加工是“从农场到餐桌”供应链中一个非常复杂、没有固定特点的环节，数据通常有限且变异性很大，尤其是在建立交叉污染模型时，因此应特别注意。

## 五、食品摄入阶段的建模

为了确定食品中微生物的暴露水平与产生风险的关系，有必要了解食品的摄入量和摄入频率，表5-2所示为食品摄入相关数据。MRA中具体调查何种食物摄入方式取决于风险评估要解决什么问题以及风险评估者可获得的数据。

表5-2 食品摄入相关数据

| 数据 | 备注 |
|---|---|
| 食品摄入总量 | |
| 平均摄入量 | |
| 人均摄入量 | 人均摄入量：食品总量除以人口总数 |
| 摄入者平均摄入量 | 摄入者平均摄入量：食品总量除以实际摄入食物的人数。对于一些常见的食品，如米饭，人均摄入量和摄入者平均摄入量数值近似 |
| 摄入频率<br>每年食用食物的天数<br>每年进食次数<br>年用餐次数<br>每年食用食物的次数<br>每年摄入100g的次数<br>在某一特定时期（如一年）内食用该食品的人口百分比 | 摄入频率指在特定时期内消费一种食物的人口比例或个体消费一种食物的频率。摄入频率的表现形式多种多样，取决于研究需要。可以将国家食物生产统计数据视为食品总量，则每日摄入食品总量可以通过将年度总摄入量除以365来粗略计算。但使用食品生产数据分析可能会高估摄入量，因为部分食品会因变质或其他原因而不会被食用，对于肉、鱼、水果、蔬菜等极易腐烂的食品，这种比例可能高达20%~25%，因此对于这些食品，不能把生产统计数据视为食品总量。而每餐的摄入量则需要经过调查才能得出 |

在根据食品摄入调查数据计算每日食品摄入量时，需要注意的是，数据究竟反映了调查过程中的所有日期还是仅反映摄入了食品的日期。例如，在一项研究中，为参加调查的人收集了两天的饮食记录。根据这些数据，摄入量可以计算为每个人在实际摄入食物的天数里的摄入量或两天的平均摄入量。例如，一个吃鱼的人表示在进行调查的两天中，他只在其中的一天摄入了200g鱼肉，那么如果以所有日子的平均摄入量计算，则为100g；如果以食用鱼肉的日均摄入量计算，则为200g。通过参考行业内其他信息，可以改进估计摄入频率的方法。例如，如果食物消费数据报告了干酪类食物的摄入频率，则其中市场份额数据可用于估计摄入特定类型干酪的频率。尽管摄入频率因干酪类型而异，但通常假设不同类型的干酪每份的量是相似的。如上文所述，应考虑由于变质、未在保质期内食用、未在最佳日期之前销售或由于其他原因被“浪费”而从未被摄入的产品比例。

### 建立食物摄入模型时应考虑的因素和面临的问题

（1）根据食品摄入调查结果进行数据估计　食品摄入调查一般从总人口的一个子集收集信息。如果被调查人群具有足够的代表性，并在数据分析中使用相关统计权重，则可用调查结果估计总人口的食品摄入模式。评估老年人或免疫受损者等易感人群的消费十分重要，因为大部分风险评估者在建模时没有获得这些群体的具体数据，所以很多风险评估项目中只能假定易感人群的消费模式与同龄、同性别的健康人群相同。由于这种假设会对结果造成影响，因此应当尽量收集易感人群的消费数据以规避。

（2）不常食用的食品　基于少量观测数据（即少量食品消费记录）的摄入量估计值在统计上可能不如基于较大样品的估计值可靠。因此，即使在数据分析中使用调查统计权重，在估计不经常消费食品的摄入量时也应谨慎。如果建模时使用了不经常摄入食品的摄入量数据，则该摄入量应从消费该食物的当天或当次开始计算，而不应计算所有调查时间的平均摄入量。

（3）食品单独摄入和作为食物组成成分摄入　有些食品既可以单独食用，也可以作为另一种食品一部分被食用。例如，牛乳既可以单独喝，也可以作为许多食品的配料（通常是少量的）摄入。这时，对组合食物的正常使用也会影响该食品的危害水平，例如，在饮用牛乳时有时需要加热处理，这时与常温牛乳相比，加热后的牛乳所含致病微生物数量较少。在模拟食物摄入时，需要明确希望研究的是该食物所有食用方式的总摄入量，还是仅仅是某种食用方式摄入量。如果是所有摄入方式的总和，则可能需要先制定一个“食谱”以说明该食品的所有食用方式，或者总结可能存在暴露危险的食用方式后再进行调查统计。例如，要调查牛肉中的某种危害，由于牛肉会被制成牛肉干、牛排、火锅肥牛、汉堡肉等产品，则可能需要逐一调查；然而火锅肥牛是消费者自行涮后食用的，其中的微生物可能没有完全杀灭，在这一系列食品中风险是最高的，有时需要优先进行研究，此时就单独考虑制成火锅肥牛的过程即可。

## 六、预测模型

在食品安全管理中，预测模型的应用日益重要。这些模型可以帮助我们理解和预测微生物在不同环境条件下的行为，从而有效地评估食品中的微生物风险。这些模型不仅有助于食品生产中的风险评估，还能在制定食品安全标准、优化食品保存方法以及预防食品污染方面发挥关键作用。以下部分将详细介绍预测模型的各个方面，包括预测微生物学、微生物生长和失活模型、预测模型的查找、预测模型的建立以及误差来源。

### 1. 预测微生物学

预测微生物学是以生物学知识为基础，结合实验总结得出微生物随环境条件变化而发生变化的学科。这类研究通过探究环境条件与微生物行为变化的关系，将观测数据整理归纳为预测性数学模型。目前已有许多数学模型能够描述和总结多种致病微生物对环境条件的反应，这些数学模型可以预测微生物在食物中的行为特点，包括滞后时间、生长速率、死亡率以及在食品储存期内产生毒素的概率等。在预测微生物学中，首先要关注食品中对微生物生长和繁殖影响较大的因素，如温度、pH、有机酸含量、盐含量和防腐剂含量等。然而，大部分预测生物学模型应用到某些“致病微生物-食品基质”效应影响较大的食品时还存在一些不足，因为实际食品中的一些因素在模型中可能并没有考虑到，如致病微生物和食品中其他微生物的相互作用、某些食品结构的影响等。例如，乳酸菌可抑制真空包装或改性气调包装食品中其他微生物的生长，油包水乳液（如黄油）对致病微生物的保护作用可能使得微生物随环境条件变化情况不满足预测微生物学规律。因此，对于这些食品应当选用合适的模型。大多数模型有以下特点：①生长速率是受多种环境因素共同影响的函数，模型中参数较多；②大部分模型中失活速率是与单一的致死因素相关的函数。但近来研究表明失活是一个随机过程，即具有活性的个体数在单位时间内减少的速率是变化的；③微生物在一定时期内生长或产毒的概率是多种环境因素导致的，因此模型中参数较多。

**2. 微生物生长和失活模型**

预测模型包括微生物生长模型和失活模型，是用来预测致病微生物在暴露途径中某一节点数量的一种方法，其原理即预测微生物学，可以借助预测微生物学模型来估计“从农场到餐桌”供应链中致病微生物水平的变化。例如，要预测储存结束后食品中微生物的数量，在已知初始污染量的情况下，可以将储存室温度、储存时间和表 5-3 进行对照，大致估算储存结束阶段食品中的微生物数量。

表 5-3　细菌生长与温度的函数关系

| 温度/℃ | 数量增加十倍所需的时间/h | 数量减少十倍所需的时间 |
|---|---|---|
| -80 | | 几年到几十年 |
| -20 | | 几个月 |
| 0 | 15~75 | |
| 5 | 10~30 | |
| 10 | 5~20 | |
| 20 | 3~10 | |
| 30 | 2~3 | |
| 35 | 1~2 | |
| 50 | 大部分微生物无法生长 | 几天到几周 |
| 60 | | 几小时 |
| 70 | | 几秒到几分钟 |
| 80 | | 几毫秒到几秒 |

食品中微生物有三种可能的状态：迟滞、生长和死亡，取决于食物的组分（内在因素）和加工、运输或储存条件等（外在因素）。同一单元食物中的致病微生物可能在不同时间段表现出不同的反应，因为在加工、运输、储存和烹饪等过程中环境条件都会发生变化，所以需要同时考虑食品的成分、加工或储存条件对微生物危害的影响。当然在某些加工过程中，食品中微生物数量的变化可能是交叉污染的结果，而不是生长或失活的结果。

一般来说，病毒在食品中并不活泼，但能够在活的宿主体内大量繁殖。因此，虽然病毒无法在食物中生长，但是仍然需要通过各种处理和加工步骤使它们失活。总之，对于病毒，不必考虑其在食品中的生长繁殖而只需要考虑其失活。

**3. 预测模型的查找**

20 世纪 90 年代初，研究人员在美国政府和英国政府资助下开展了两个大规模预测微生物学研究方案，最终开发了一套用于食源性致病微生物和一些腐败生物体种群反应的模型。ComBase 是一个观察数据库，包含许多关于微生物生长速率和失活速率的资料，该数据库的资料来源除了上文提到的美国和英国政府资助的研究方案，还包括从已出版文献中提取的数据以及世界各地研究组织捐赠的数据（包括已出版和未出版的数据）。此外，海产品中的致病微生物和腐败菌的模型可从丹麦海鲜腐败和安全预测网站获得。除了网站以外，在已发表的科学文献中也可以找到许多模型。有许多小规模研究的建模方案和研究内容最终没有在这些网站上发布或是没有被这些网站收录，而是在科学文献中公布（往往包括构建模型所用的原始数据），可以通过文献检索获取这些资料。如果是从 ComBase 等数据库或相关文献中引用预测微生物学模型，应该尽量选择与当前开展的评估对象（“食品-致病微生物”）一致或相近的模型，并综合考察文献模型发表的时间、构建模型的实验方法以及机构、作者的权威性。例如，检索到多篇牛乳中单核细胞增生李斯特菌的生长及失活模型文献，其实验原料可能是全脂乳、不同脱脂程度的巴氏乳或是超高温灭菌乳（UHT 乳）（考虑原料本身的差异性）；早年的文献以构建 Gompertz 和 logistic 模型等经验模型居多，此类模型的参数缺乏生物学意义。再如，早期的热处理失活模型大都为一级动力学模型（$D$、$Z$ 值），而现有大量数据已经表明，常见食源性致病微生物热处理或非热处理失活时均表现出“肩效应”或“拖尾效应”，因此此类模型并不适用。

**4. 预测模型的建立**

首先要确定模拟步骤的环境指标，如温度、pH、湿度、辐射或其他影响微生物生长的环境因素。当一种环境指标起主导作用时，只需要构建单因素模型（一元模型）即可对步骤结束时的微生物数量进行预测。正确的做法是将微生物接种到食品上，将食品置于想要研究的环境中，定期抽样检测微生物数量即可获得构建模型所需的实验数据。以温度为例，在恒温储存或是热力灭菌过程中起主导作用的指标是温度，因此可以构建关于温度的一元模型来预测这两种步骤结束时的微生物数量。恒温储存模型的构建——首先在无菌环境中准备多份食品样品，将一定量的微生物接种到食品上的常见污染位置，将食品置于储存温度下，每隔一段时间取样并检测微生物数量，记录；热力灭菌过程模型的构建——工业化生产中的热力灭菌通常有固定的程序，以巴氏杀菌为例，涉及升温、恒温、降温的过程，对 3 个过程分别建模，恒温过程的建模类似于恒温储存，升温和降温过程的建模需要首先确定温度变化曲线，再将接种后的食品置于这一温度环境中，定期抽样检测，记录。其他环境指标下微生物生长和失活模型的构建同理。

将实验结果的数据点输入软件，软件会生成曲线并给出公式来拟合该曲线。可以表示一条曲线的数学公式有时不止一种，拟合优度也不尽相同，需要选择合适的公式并在风险评估报告中记录选择该公式的理由。这个被选中的数学公式即可作为模型，用于预测这一条件下的微生物数量变化。若没有编程基础，可以采用 USDA 开发的 IPMP-Global Fit 软件或是 ComBase 网站中的 Excel 插件 DMFit 等拟合曲线，但这两种方法只能拟合较为基础的数学模型（通常只能模拟单因素模型），模型的拟合优度也较低。若有编程基础，则可以选择使用 R、MATLAB、Mathematica、Gauss、SAS 或 S-PLUS 等软件来拟合，这些软件有一定学习成本，但能够构建更为复杂的模型。当多个环境因素共同作用时，则需要建立多元模型进行预测，目前三元模型已经可以满足大部分情况下的预测需要。

**5. 误差来源**

模型的预测结果通常无法完美地与观察结果相匹配或反映现实状况，这是因为模型构建过程中的每一步都会引入一些误差：

（1）均匀性误差　一些食品的质地明显不是均匀的，而目前已有的预测模型通常不会考虑到食品的这种不均匀性，因此套用这些模型时就可能产生一定的误差。

（2）完整性误差　预测模型通常是一类简化的模型，一些难以量化的食品效应和微生物生态效应（食品基质的结构、不同微生物之间的竞争等）在一些模型中并没有反映，这也就导致预测不够准确。一些模型使用营养肉汤来替代目标食品，但营养肉汤和目标食品的营养成分不同，对微生物生长的支持力不同；食品基质可能具备一些包埋作用，而肉汤则完全没有保护作用。

（3）模型函数误差　类似于完整性误差。产生这类误差主要是因为在使用经验模型时所做的简化，模型只是对现实的近似表示，预测的结果并非真实值。

（4）测量误差　测量方法的局限性导致了用于构建模型的原始数据的不精确性。

（5）数值程序误差　风险评估有时需要使用模型拟合软件或是风险评估软件，软件程序在拟合实验数据曲线时就可能产生误差，因为拟合所得到的公式通常只是近似地表示曲线。

此外，根据经验，当用数据构建预测微生物模型时，每增加一个变量会使预测模型的误差增大。换言之，当影响生长速率的变量很多时，预测的准确性就会下降。

## 第五节　食品微生物暴露评估

微生物的“暴露评估”是对于通过食品可能摄入和其他有关途径暴露于人体和（或）环境的微生物的定性和（或）定量评价。在食品中化学成分的含量可能因为加工而发生略微变化的同时，致病微生物的数量则是动态变化的，并且可能在食品基质中显著地增加或减少。致病微生物数量的变化受到了一些复杂因素相互作用的影响。这些因素包括：所涉及的致病微生物的生态学；食品的加工、包装和储存；制作步骤（如烹调能够抑制细菌因子）；与消费者有关的文化因素等。

暴露评估考虑的是可能存在于食品中的致病性细菌的发生和数量以及确定剂量的消费（食用）数据。食品中的生物体（细菌、寄生虫等）的含量在土壤、植物、动物和生食品中测得的量不同于个体摄食时该物质的含量。对于生物体而言，在适宜的环境条件下，由于复制（繁殖），微生物污染物的含量可能会显著地增加。因此，食品在消费时其中细菌因子的含量，对于在生食品中所测得的或在动物、植物或土壤中所测得的含量之比，可能有显著的不确定性。

### 一、暴露途径

暴露途径是暴露评估的一个重要组成部分，是致病微生物从已知来源到被暴露个体的路线。对于致病性细菌因子而言，通常要根据实物原料的来源考虑从农田到餐桌或从场地到餐桌的全过程。例如，对于烤鸡，它对携带菌的暴露评估途径可能是这样的：在农场处的养殖→运输→其他收获前的干预策略→屠宰与加工→由于脱毛而发生的变化→由于掏膛而发生的变化→清洗和其他处理的效果→冷却和冷冻的效果→加工后的变化→家庭制备→交叉污染模式→已烹调鸡的暴露→食用。对于海鲜食品如生牡蛎，它所携带副溶血性弧菌（Vp）的暴露评估途径可能如下：①在收获阶段。区域、季节和年份变化→水分和水的盐度→总的 Vp/g→致病微生物 Vp/g；②在收获后阶段。收获时 Vp/g 和冷冻时间、空气温度→第一次冷冻时的 Vp/g→温度下降（下降时间作用）时的 Vp/g→消费时的 Vp/g（储存时间作用）；③在消费阶段。消费的 Vp/g 数量和每份牡蛎的数量及每个牡蛎的重量→摄入的剂量→患病的风险。

**1. 养殖或种植阶段的暴露评估**

以养殖为例。对于该阶段暴露评估的目的是去评价（最终）在屠宰点（加工）时，一个随机的个体（禽或畜）可能带有致病性细菌的可能性。这个可能性取决于所有禽（畜）群中的阳性比例，即禽（畜）群体的感染率，以及屠宰时一个阳性群体的感染率。一个阳性禽（畜）群定义为包含一个或多个被致病性细菌感染的个体。

在暴露评估时，应当使用代表全国范围内生产方法的禽（畜）群样本，作为评估模型的输入数据。可以使用流行病学和公开发表的资料，用以评价禽（畜）群的感染率。在一个阳性禽（畜）群内，预期被致病性细菌感染的禽（畜）的数量是禽（畜）群内感染率测定标准的基础。禽（畜）群内感染率直接与传播率相关，因此，对于一个阳性禽（畜）群这是一个时间依赖性现象。

在进行暴露评估时，还要考虑禽（畜）群体暴露的致病性细菌宿主。宿主可能包括野鸟、啮齿动物以及经农场工人造成的交叉污染。对于生产阶段暴露评估模型，描述禽（畜）群体内感染的时间依赖性过程是适宜的。

该过程分为两个阶段：第一阶段是包括初始感染个体在群内的传播，第二阶段是在禽（畜）群内剩下个体之间的传播。通过这两个阶段，可以详细描述致病性细菌在禽畜群体内的传播过程，从而评估在屠宰时个体带有致病性细菌的可能性。

**2. 运输**

被感染的禽畜肠道中的致病性细菌为食品污染提供了潜在的可能性。另一条导致食品污染的途径是致病性细菌在禽畜外表面的繁殖。这些致病性细菌最终可能会污染食品。因此，评估畜禽在进入加工设施这一点的污染水平是必要的，以便推论出相关的暴露评价，并最终确定来自禽（畜）肉产品的致病性细菌对人群（致病）的健康风险。

外表面污染的两个重要因素分别是养殖场内的污染和发生在运输过程中的污染。因此在进行暴露评估时，首先需要评估被感染禽畜肠道中致病性细菌的数量以及养殖场内的污染水平，然后再评估运输过程中交叉污染的程度。这样可以得出一羽或一头随机禽畜在屠宰点的肠道污染和外部污染的评估水平。

**3. 加工**

禽（畜）肉食品的加工过程由高度受控的工序组成，开始于屠宰加工，直至最终的销售产品的运输。如果致病性细菌存在于禽（畜）只的肠道内，则在屠宰和加工期间存在污染它们胴体的潜在可能性。污染的程度取决于禽（畜）只致病性细菌的感染率以及加工期间使用的卫生标准。污染发生的方式有两种，或是因被感染的活禽（畜），或是由诸如加工设备或另外的禽（畜）只/胴体所造成。

为了评估加工过程对禽（畜）产品污染水平的影响，需要首先了解加工过程的每个步骤对被污染产品的感染率和污染水平的影响。这个暴露评估的模式试图去抓住加工过程的关键要素和步骤来评估胴体的污染水平。这个模式的输出结果是一个对随机禽（畜）只产品被致病性细菌污染及其含有可能的致病性细菌数量的可能性的评价。

当然需要注意，考虑到不同的国家、产品类型或公司/加工厂所涉及的加工步骤可能有所不同。在对加工各步骤进行定性评估后，需要确定加工过程中最影响产品中致病性细菌状态的步骤。对于这些关键步骤，需要收集实验性数据，由适当的数学表达式描述这些步骤对特定产品的致病性细菌水平的影响。还要考虑加工过程的复杂性以及对于每个加工步骤可用的定性和定量的数据。

**4. 储存**

冷藏和冷冻储存能够减少禽（畜）产品加工后污染感染率和污染率，所以评估要收集冷藏和冷冻储存的研究数据，还要通过消费者来推断和获得储存时间，这些数据能被用于建立冷藏或冷冻状态下在一个给定时间后保留下来的致病性比例之间的相关性。

**5. 家庭制备**

在家庭餐饮制备期间，通过各种途径，人类个体能被暴露到来自新鲜禽（畜）肉的致病性细菌。这些途径可能包括：受到在摄入之前不经过随后的烹煮步骤而带来的任何食品中的禽（畜）肉的直接污染；放置被烹煮产品或即食食品的表面的间接污染；直接污染到手上及随后的摄入；不充分的烹煮和其他潜在的污染事件。FAO/WHO 关于消费者私人厨房处理和制备的风险评估模式被分为两个部分：一部分是由于不安全的食品处理程序所造成的餐饮的交叉污染，另一部分是由于禽（畜）肉略微烹调所造成的致病性细菌的残存。在这个阶段，应当注意到与食品处理程序相关存在大量的不确定性和可变性。由于许多不同的可能的污染路径和人类个体处理食品实际的差异以及在此领域这种数据相当有限，评估经由交叉污染和略微烹调造成的感染风险是一道难题。

（1）交叉污染——滴水液模式　目前，明确厨房加工中不同污染路径以及定量每条路径对全部风险所起的作用是十分困难的。此时可以使用基于先前在一个加拿大风险评估中描述的“滴水液模式”。简言之，这个方法考虑了包含在禽（畜）产品中的水分。在沉浸冷却器等加工过程中，水用于禽肉或畜肉时，一部分松散附着的致病性细菌会被稀释在水中。消费者在准备这些禽肉或畜肉时，含有这些松散附着致病性细菌的液体（滴水液）可能通过交叉污染或其他途径被消费者不知情地摄入。其他尽管暴露路径不能被明确说明，但一个单位容量的液体可能被摄入，从而导致暴露。假定稀释松散细菌的液体容量以及加工期间禽（畜）肉可以通过额外水分而增加禽（畜）肉重量。虽然被用以评价液体中（细菌）浓度的假设是合理的，但应当注意到，没有明确的数据支持这一假设。

（2）略微烹调——结合内部温度和被保护区域方法　略微烹调方法显示了家庭厨房在整个胴体进行烧烤加工过程中存活的致病性细菌摄入的暴露途径。本分析的目的是确定胴体在烹调后仍将保持被污染状态以及幸存细菌数量的发生频率。风险评估使用一个联合方法。该方法利用四个主要假设：①任何幸存细菌都位于受相对保护的区域内；②某些部分的禽（畜）肉含有细菌并处于这些被保护的区域；③在这些保护区域内达到一个最大（最终）的温度，并且细菌在一段时间内经历了这个温度；④消费者实际操作中的可变性导致烹调时间的变化，从而影响所能达到的最高温度（由于细菌数量的减少）。基于保护区域内的最终温度和假定的时间去计算。

**6. 零售阶段的污染**

通常用于零售的是即食食品（ready-to-eat foods，RTE），它不同于家庭制备食品。RTE 通常包括饮料，正常情况下是以生食状态或经过处理、加工、混合、烹调或其他方式制备后而成为一种无需进一步加工即能正常食用的形式。RTE 食品在不同国家按照当地的饮食习惯、冷链的有效性和完整性以及特定的法规（如零售层次的最大温度要求）而不同。

评估零售阶段污染的主要数据是感染率，即基于一个最低的微生物检测的灵敏度（例如，每克单核细胞增生李斯特菌 0.04 个，即 1 个细菌/25g）所确定的检出/未检出。采用 $\beta$ 分布来估计检出/未检出的不确定性，从而包括一个数据组中的样本数量的影响。定量数据以累积频率分布的形式排列。例如，在巴氏牛乳中，5%的样品具有少于或等于-1.18lg CFU/g 的浓度水平，50%的样品具有少于或等于-0.58lg CFU/g 的浓度水平，95%的少于或等于-0.23lg CFU/g 的浓度水平，以及 99%的少于或等于 2.15lg CFU/g 的浓度水平。在指定不确定性的范围后，这些分布被用于估计在购买食品中致病性细菌的浓度水平。

**7. 消费**

消费阶段的评估应当考虑多份餐食品的分量和饮食频次。对于一个个体而言，一份餐食品的分量应与一天中所有场合（如果消费多份餐食品，包括类似的食品如全脂或脱脂乳）的消费结合起来考虑。份餐食品的分量可由累积频次分布来描述。以乳为例，对于易感人群来说，50 百分位和 95 百分位的乳消费量分别为 182g 和 687g。一份餐食品的频次可按两种情况来计算：在一天中消费的可能性和每年每 10 万人消费餐食品的总数。例如，对于具有免疫力的加拿大人群，50 百分位和 95 百分位的乳消费频次分别为 0.75 和 0.79 份，而每 10 万个具有免疫力的人每年消费总次数分别为 $4.0\times10^9$ 和 $4.9\times10^9$。

由于大部分的数据未用于风险评估，且不同的风险评估具有不同的目的，经常必须使用不完全满足特定风险评估需求的数据。更严重的是，这些数据库的数据省略了儿童，这是一个可能比成人消费某些食品（如乳和冰淇淋）频次更高的群体。一种补救方式是从其他来源查找额外的资料，如来自其他国家或行业市场的调查数据，并且结合这些数据进行全部人群的估计。这就要求风险评估者付出相当多的时间和努力。作为替代，风险评估可以使用有效数据，并且在风险描述中说明这些数据的不足。

## 二、暴露评估的描述方法

微生物暴露评估主要是描述致病微生物在食品被消费时的分布情况，也包括消费者的因素。在消费时的分布被描述为一个受污染食品的 lg CFU/份餐的累积频次。不确定性用以估计所伴随的每个百分点值，以提供一个百分点精确性的可信度估计。其他输出值包括污染频次的 $\beta$ 分布、每年的份餐数量和份餐分量。

本处以一个具体的例子即“熟制鸡肉中沙门菌”的暴露评估描述来讲述微生物暴露评估的描述方法。Buchanna 和 Whiting（1996）发表了一个关于熟制鸡肉中沙门菌的风险评估报告，这个早期的研究应用了预测微生物学。熟制鸡肉的工艺是：原料肉在 10℃存放 48h，然后进行 60℃、3min 的烹制，在食用之前再在 10℃存放 72h。10℃的储存室温度是微生物生产的危险地带。

在这个工艺条件下，微生物暴露评估的步骤如下：第一阶段，烹制之前原料中沙门菌的数量。原料中沙门菌的数量根据不同预期水平不同，污染程度从 75%的样品中没有沙门菌到 1%的样品中每克鸡肉含有 100 个沙门菌细胞。假定肉的 pH 为 7.0，NaCl 含量为 0.5%，烹调之前 10℃储存 48h 过程中沙门菌的生产数量可以由生长模型得到。第二阶段，烹饪（60℃、3min）对鸡肉中沙门菌数量的影响。60℃的热力致死时间（$D$ 值）是 0.4min，热处理对沙门菌数量的影响可由式（5-1）计算：

$$\lg(N)=\lg(N_0)-t/D \tag{5-1}$$

式中 $N$——热处理后微生物的数量，CFU/g；

$N_0$——初始微生物数量，CFU/g；

$D$——热力致死时间，min；

$t$——热处理时间，min。

为了简化估计，上述评估计算方法没有考虑到温度升高到60℃的过程和烹饪后的冷却过程对沙门菌数量的影响。这个方程给出了烹饪之后存活的沙门菌数量，方程适用于7倍热力致死时间内的计算。第三阶段，食用之前，鸡肉10℃储存72h后沙门菌细胞的数量。与前面一样，由第一阶段的沙门菌的生长曲线可估计储存后食用前熟制鸡肉中微生物的数量。通过确定每个初始人群沙门菌的水平和后续生长情况，可以估计特定消费人群可能摄入沙门菌的数量。

在这个例子中，若1%的鸡肉样品中每克含有100个沙门菌细胞，则感染的概率（$Pi$）为$4.1\times10^{-8}$个/g食用的食物，这就意味着每10kg食品中存活的细胞少于1个。因此在这种储存条件下，熟制鸡肉中的沙门菌风险是最小的。这个例子可以作为一个模板来使用，可确定改变烹饪方式和储存条件带来的影响。例如，初始温度升至15℃，减少烹饪时间至2min，$Pi$就会上升至不可接受的水平。

## 思考题

1. 简述微生物暴露评估的概念。
2. 简述微生物暴露评估和化学性暴露评估的区别。
3. 简述污染率和污染水平的区别。
4. 简述暴露评估中与食品相关数据需要考虑的因素。
5. 简述获取与消费者相关数据的3种研究方法。
6. 简述微生物污染、定殖和感染的区别。

第五章拓展阅读　暴露评估

CHAPTER 6

# 第六章 危害特征描述

[学习目标]

1. 熟练掌握危害特征描述工作的流程和内容。
2. 明确疾病、危害物、宿主、食物来源的特征及关系。
3. 了解剂量反应关系的常用模型与方法。

目前，我国正面临着人口老龄化、环境变化以及生活方式转变等一系列挑战，突发、新发生物性危害对公众的健康威胁和心理压力长期存在。快速明确危害特征，准确描述危害严重性，避免生物性危害造成社会恐慌，已成为公共卫生安全领域重要课题，是推进健康中国建设，全周期保障人民健康的重要一环。

危害特征描述（hazard characterization）是风险评估的基本组成之一，其主要目的是在危害识别的基础上，明确危害物可导致特异性不良健康后果的剂量水平，也为后续开展定量风险特征描述工作提供了重要的数学模型。如何确立危害特征并获得建模和评估所需要的基本信息，如何利用已知信息构建不良健康后果与危害物剂量间关系，是危害特征描述工作的关键，也是本章节的重难点。

本章节将在危害识别和暴露评估的基础上，从危害特征描述的定义出发，说明针对微生物危害，该步骤的实施原则与主要内容、所需信息与数据来源，并着重介绍用于定量估计的常用数学函数与模型建立方法。

## 第一节　危害特征描述的定义

危害特征描述在食源性疾病的微生物风险评估中具有重要地位。以下将详细探讨危害特征描述的定义、基本原则及其工作流程，以期为食品安全风险评估工作提供系统性指导。

### 一、危害特征描述的基础概念

在食源性疾病的微生物风险评估中，危害特征描述用于描述摄入食品中病原微生物可能对健康造成的不良影响，如可能产生的症状、并发症、后遗症。当数据充足时，危害特征描述应根据危害物的定量暴露信息（即暴露评估的结果）和特定群体发生不良后果的概率，确定剂量-反应关系（dose-response relationship）的模型形式与参数，从而用于危害物之间的严重性比较和进一步定量风险评估中。

## 二、危害特征描述的基本原则

在开展危害特征描述工作中，一般需要遵循透明性、迭代性，及同质性的基本原则。

（1）透明性原则　透明性是确保危害特征描述正确开展的基础。该原则要求风险评估人员翔实地记录下整个过程，特别是信息来源及描述过程涉及的假设条件。遵循该原则需要风险管理者和风险评估者之间保持信息交流，确保风险评估者和风险管理者充分明确双方所需相关信息与工作目标，理解危害特征描述的原则、假设及结果。

（2）迭代性原则　危害特征描述不论作为独立的过程还是作为风险评估的一部分，都可根据实际危害情况需要不断更新其内容和目标。新知识和新信息可帮助突破待解决问题的最初设想（或问题陈述），这对于新型病原微生物和新发疾病的分析工作尤为重要和有效。

（3）同质性原则　当不考虑食品基质和消费方式对病原微生物毒力影响时，同一类病原微生物所产生危害的严重程度（或剂量-反应关系）通常是相近的。因此，危害特征描述既可以作为风险评估的一部分，也可以作为一个独立的步骤开展，这种独立项目的研究成果就可以作为这一病原微生物风险评估中的模块。换言之，在对某一种病原微生物的危害特征进行研究时可以参考已完成的相关工作，同时更新结果也可迁移至其他的风险评估中。例如，某个地区开发的危害特征描述可能符合另一个地区风险管理者的需求并被引用；针对饮用水的危害特征描述也可经过修改作为食品的危害特征描述。

微生物危害的风险评估和危害特征描述应为风险管理者提供风险和剂量-反应关系的“最佳估计”，尽可能消除偏差。一方面，如果采用较好情况进行评估，可能会低估危害造成的影响；另一方面，如果特意采用最坏情况来进行评估（即故意保守估计）则会降低风险评估用于研究成本效益时的作用，降低我们描述风险评估不确定性的能力。因此，危害特征描述工作也应尽可能通过模型跟踪不确定性和变异性，并将其记录到最终风险评估结果中。

## 三、危害特征描述的工作流程

危害特征描述一般遵循结构化的6步方法开展，如图6-1所示。

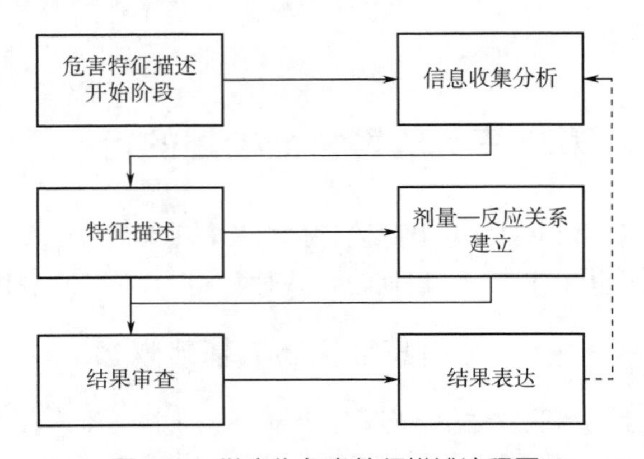


图6-1　微生物危害特征描述流程图

开展危害特征描述需要系统地规划工作的背景、目的、范围和重点。在开始阶段，需要考虑一些结构性问题，并设计问题用于获取目标信息。这些问题一般要求根据风险评估人员与风险管理者之间的沟通过程制定。例如，解决下列问题将有助于开展危害特征描述工作：

①目标病原微生物的哪些特征（如血清型、携带毒力基因）是否会影响其感染和致病能力（如感染性、致病性）？

②目标病原微生物所处环境（如温度、湿度、pH）与载体基质（如食品、水）是否会影响其感染和致病能力？

③目标病原微生物可能会产生哪些对宿主健康不利的影响（如轻度症状、可自愈症状、危及生命症状），及发生病征的频率如何？

④目标病原微生物更容易感染哪些宿主（如个体、亚人群、人群）？

⑤目标病原微生物在宿主中的感染和致病途径是什么？

⑥宿主的易感性受到哪些因素影响（如年龄、免疫力、并发疾病、医疗水平、遗传因素、妊娠状况、营养状况、行为特征）？

⑦宿主多次暴露之间是否会引发某种特异性免疫反应？

⑧宿主短期患病和长期患病后果是什么（如发病率、死亡率、后遗症、寿命缩短、生活质量受损）？

以上问题将指导可用信息和数据的收集、整理和评估，还将被用于识别数据的变异性和不确定性。通过对这些问题的回答应能够加深我们对病原微生物和疾病的了解，并确定在哪些领域我们需要进行进一步的研究。

通过初步调查后，根据收集数据的质量和数量，即可对危害信息进行定性或定量形式的描述。若定量数据不足，需要考虑已有信息的对应结论，或已有定量数据还能被用来解决什么其他问题；若定量数据充足，则应当考虑运用这些数据可以构建哪种类型的剂量-反应关系。剂量-反应关系模型的参数求解和比较优选过程，则采用数学方法进行描述。在此阶段，需要基于定性数据、定量数据或两者兼之构筑风险评估的总体框架，并通过风险评估和管理人员的共同审查，确定已有信息是否足以描述食源性病原微生物暴露情况与不良健康后果间的关系，并分析信息缺口。

虽然在第四章的危害识别阶段已经确定了风险评估的目的和范围等内容，但随着风险评估工作的开展，问题的复杂化可能导致最初评估目的和范围可能发生改动，又或是收集的各类信息在解决预期问题之余还可以解决其他问题。因此，经过危害特征描述流程后，如获得新知识，则表明可以改进初始研究范围。在此情况下，危害特征描述应重新进入信息收集分析阶段。应该注意的是，根据透明性原则，风险评估目标的改变通常需要与风险管理人员进行充分交流，以确保评估范围的变化不会影响最终结果的实用性。

## 第二节　危害特征描述的基础信息

在进行危害特征描述时，需要掌握有关疾病、危害物、宿主、食物基质、剂量反应关系的基础信息，这一节将对上述每个方面的基础信息做详细介绍。

## 一、疾病

在进行病原微生物的危害特征描述时，首先要做的工作之一就是确定目标微生物的毒力或致病力，即掌握其引发不利于人类健康的性状和机制，从而确认病原微生物引起不同程度疾病的能力。这需要对临床医学、实验和流行病学研究结果的质量和性质等进行核查，分析病原微生物特征以及获取有关的生物学机制等信息，并衡量各类文献当中依据的权重并进行总结。当通过动物实验或体外实验的结果进行推断其可能引起的人类疾病时，所涉及的生物学机制对于评估实验结果与人类的相关性相当重要。

在整合疾病相关信息时，下列4项要点需要关注：

①翔实地记录宿主的病程与发病终点（如痊愈、伤残、死亡）；

②翔实地记录不同病程阶段区分的依据；

③特别注意各病程阶段发生的顺序和延续的时间；

④特别注意不同病程阶段之间的关联，及特定事件可能产生的影响。

为了后续建模阶段和进一步风险评估的顺利进行，特征描述信息应当首先对可能的终点（如感染、患病）下定义。“感染”或“患病”需要有合适的判别标准，还应对严重程度进行等级划分，说明分级依据以及如何检测这些指标。描述还应包括不确定性及其来源的信息。

需要强调的是，目前对感染还没有统一的定义。感染一般很难测量，其准确度取决于诊断化验方法的灵敏度。感染的测定结果通常表示为是否被感染，但也有一些感染的指标是可以定量检测的，如体外细胞侵袭实验所使用的黏附率及侵袭率概念。对于毒素-感染型病原微生物，建议将与感染相关的因素和与毒素引起的疾病相关的因素分别考虑。

由于人类发病过程中的每一步都由许多微生物活动组成，因此对病原微生物进行危害特征描述时，应充分考虑如下疾病发生过程中病原微生物的流转和生物学特征的变化：

①病原微生物进入宿主体内的途径；

②环境条件对病原微生物毒力表达和存活机制的影响；

③包括基质效应在内的摄入条件对病原微生物的影响；

④胃肠道状况对病原微生物的影响；

⑤病原微生物进入组织和细胞的机制；

⑥非特异性细胞介导（先天）的免疫对病原微生物的影响；

⑦体液防御对病原微生物状态的影响；

⑧并发疾病和治疗手段（如免疫抑制或抗菌治疗）的影响；

⑨病原微生物被宿主自然消除的可能性；

⑩病原微生物在宿主及其细胞中的活动。

对人类健康不利影响的特征描述应考虑微生物危害所有的可能影响，包括无症状感染和临床表现，无论是急性、亚急性、慢性（如长期后遗症）或间歇性都应当考虑到。在涉及临床表现的情况下，特征描述内容应当包括不同的临床症状及其严重程度，这在不同病原微生物之间和感染同一病原微生物的不同宿主之间有所不同。此处症状的严重程度可以被定义为由微生物导致的临床疾病的严重程度，可以用多种方式表达，如下述几种情况：

①对于导致轻微胃肠道症状的病原微生物，其严重程度可以用短期持续时间来表示，或者

可以表示为受影响人群的比例，即发病率；

②对于所导致疾病严重到需要寻求医疗救助，或引发长期病程，或两者兼而有之的病原微生物，其严重程度除了可以用症状表示外，还可以用造成的社会损失来表示，如造成人群旷工的比例或疾病治疗所需的成本；

③对于一些可导致死亡的病原微生物，其严重程度可以用患者的死亡率来表示；

④对于引起慢性疾病的病原微生物，即疾病留下长期后遗症，在描述人类健康影响时，可能需要考虑疾病对后续生活质量所造成的影响。这种情况下，严重程度可通过引入生活质量调整寿命年（quality adjusted life years，QALY）或伤残调整寿命年（disability adjusted life years，DALY）概念量化不同疾病终点对个人或人群健康的影响。

无论采用何种描述方式，疾病相关信息应提供对疾病过程的详细见解，可以是定性或定量的，也可以是二者结合的。在大多数情况下，这种见解是基于现有的临床和流行病学研究，同时辅以文字叙述注解有助于根据已知信息的质量和局限性来总结证据的性质和可信度。虽然每种信息来源都有其优点和局限性，但均有利于描述潜在的不利健康的影响。分析过程应包括评估研究的统计能力，适当控制可能的测量偏差，同时确定有哪些不确定性因素和不确定性的来源。表 6-1 总结了描述疾病对人类健康的不利影响的部分重要内容和方式。

表 6-1 微生物危害特征描述中疾病相关信息记录内容

| 内容 | 描述方式 |
|---|---|
| 临床表现 | 参考文献记录、医院档案记录或询问医生 |
| 疾病持续时间 | 小时/天/月 |
| 严重程度 | 发病率，死亡率，有无后遗症 |
| 病理生理学研究结果 | 致病机制 |
| 流行病学研究结果 | 流行率、易感人群 |
| 二次传播 | 传播途径、传播概率 |
| 对宿主生活质量的影响 | 是否会造成寿命缩短、慢性衰弱等 |

除了描述疾病对人类健康的不利影响外，有关该疾病的信息还应包括其流行病学研究内容，即要明确该疾病是某地特有的，是零星发生的，还是流行性的。疾病的发病率和临床症状可能会有季节性规律，并且临床症状可能会随时间发生变化，在记录中都应当加以说明。最后，还应描述传播的可能性、程度或数量，包括无症状携带者，以及二次传播的情况。

## 二、危害物

在微生物风险评估中，获取危害物信息一般是为了确定病原微生物会影响其在宿主中的致病能力的关键特征。

分析内容需要考虑病原微生物的种类，如细菌、真菌、病毒、寄生虫等，以及引起疾病的相关机制，如传染性、感染毒性、产毒性、扩散性，以及是否导致免疫介导性疾病等。

危害特征描述原则上会描述各种病原微生物及其相关疾病，但对于食源性病原微生物通常将重点放在人体单次接触其产生的急性效应上，而不是慢性接触产生的长期效应上。需要注意的是，重复的单次暴露之间可能有相互影响，例如特异性免疫反应强度的提高，这也是相关特征信息描述的一个部分。

病原微生物的致病能力受许多因素的影响，但部分因素的作用机制仍不明确。首先，其中一些因素与病原微生物本身有关，如病原微生物的遗传特征主要决定了其毒力和致病性，以及宿主特异性，即导致特定宿主患病的能力。同时，病原微生物抵抗逆境的能力则可影响其在食品和水中生存和繁殖能力，进而决定了其能否顺利感染人体并引发疾病。需要说明的是，微生物的抗逆特征也是微生物风险评估中的暴露评估部分的关键研究内容之一。此外，对致病能力的描述还应该考虑描述该微生物的环境生态、菌株变异情况、感染机制和二次传播的可能性，这些内容取决于该微生物的生物学特性和危害特征描述的背景，即整个风险评估过程的问题制定阶段所描述的情景。

表 6-2 总结了与病原微生物有关的危害特征描述通常应包含的内容。如果对病原微生物的特征描述中未包含这些内容，则应特别说明，以遵循危害特征描述的透明性原则。

表 6-2　　微生物危害特征描述中危害物相关信息记录内容

| 内容 | 描述 |
|---|---|
| 病原体的内在特性 | 表型和遗传特征 |
| 毒力和致病机制 | 是否产毒素，是否引起免疫介导反应 |
| 病理特征和所能引起的疾病 | 所能引发的疾病 |
| 宿主特异性 | 是否只感染特定宿主或只引起特定宿主患病 |
| 感染机制和二次传播的可能性 | |
| 变异性 | 不同菌株之间的差异 |
| 耐药性及其对疾病严重程度的影响 | 耐药性强弱、是否容易发生耐药变异 |

## 三、宿主

宿主，或称为暴露人群，其抵御危害物的特征是也是危害特征描述的基础信息之一。

对于宿主来说，其特征一般分为先天的和后天获得的，这些特征不仅会改变感染概率，还可能会影响患病概率及症状严重程度。人体一般存在多重生理屏障，包括体表屏障、血脑屏障、血胎屏障等，其中每一重屏障都对病原微生物有一定的抵御效果，但因个体先天缺失或个体生理状态变化导致某种屏障被减弱或被破坏，则可能导致该个体的易感性上升。

因此，一般根据下列主要因素对人群进行划分，以有效反映其易感特征和感染（患病）后的严重程度：

①年龄及性别；

②遗传因素；

③身体及精神状况；

④生理屏障状况；

⑤免疫能力；

⑥潜在疾病；

⑦妊娠状况；

⑧营养状况。

需要说明的是，以上分类因素并非均适用于所有危害物及宿主。如婴幼儿、老年人、围产期人群及免疫力低下人群对单核细胞增生李斯特菌的易感性远高于健康成年人，但并没有证据指出不同性别的健康成年人对其易感性有显著差异。

## 四、食物基质

食物基质相关的基础信息主要指的是作为危害物载体的基质，其组成、结构、生化条件等方面的特征，尤其需要确定基质是否对危害物具有潜在的保护效应。

一些组成和结构特殊的食物基质可保护病原微生物免受或减弱外部胁迫环境的不利影响。例如，高缓冲能力食品和脂质丰富的食品可以延缓胃酸、胆汁等体内物质对病原微生物的消杀，导致其存活概率提升。

一些对食物基质微环境还能诱导病原微生物发生应激反应，并出现更强的抗逆性特征或交叉保护效应。例如，中度酸性的食品基质中细菌的耐胃酸能力有所增加，微生物在营养胁迫条件下的毒力可能上升。

此外，摄入条件也可能通过改变病原微生物和生理屏障之间的接触时间来影响存活率。例如，空腹时饮用饮品，由于液体在体内会被快速转运，则其中病原微生物与生理屏障的接触时间缩短，更难被阻挡或消除。

总而言之，病原微生物、宿主和食品基质中只要是会影响到疾病对健康的影响、暴露频率和症状严重程度的因素，都应当被纳入并进行说明或量化，以作为理解疾病的自然发生过程的基础信息。

## 五、剂量-反应关系

危害特征描述中的最终的、最重要的基础信息就是剂量-反应关系，即描述暴露个体的摄入剂量、感染情况与症状表现、严重程度之间的关系。

剂量-反应关系需要建立在基础数据之上。相关数据优先选取来自同行评审过的文献资料，其次参考一些未经公开的高质量数据源。根据危害特征描述的同质性原则，可以引用其他研究得出的同种病原微生物的剂量-反应关系作为目标研究的参考数据。和暴露评估一样，还可以从网站、文献、政府工作报告、医院资料等途径获取这类资料。如果使用互联网上发布的材料，应注意确定数据的最初来源、可靠性和有效性。需要注意的是，风险评估人员获取数据的目的通常和检测者测得这些数据的初始目的不同，因此了解数据来源的特征对于数据的选择和分析非常重要，风险评估人员和建模人员需要了解检测者的检测方式以及检测目的。风险评估员应与实验人员、流行病学家、食品或饮用水安全监管人员以及其他可能掌握有用数据的人进行沟通，日本卫生部通过收集疫情信息建立了沙门菌的剂量-反应模型是沟通获取信息的典型范例。

病原微生物、宿主和基质中，只要是会影响暴露后的反应的因素都应纳入剂量-反应关系的考虑范围。在能够获得合适的信息的情况下，还应该对所涉及的生物学机制进行探讨。表6-3列出了部分与剂量-反应关系相关的重点信息指标。

表 6-3　　微生物危害特征描述中剂量-反应相关信息记录内容

| 内容 | 描述 |
| --- | --- |
| 菌株生物类型 | 病原微生物的生物学信息 |
| 暴露途径与载体 | 食物的消费信息 |
| 暴露水平 | 人体获得病原微生物的剂量信息 |
| 不良反应 | 疾病症状严重程度信息 |
| 持续时间 | 不良反应持续发生的信息 |
| 反应终点 | 感染、患病或是死亡等 |
| 变异性 | 病原微生物或目标人群出现的差异信息 |

在能够获得临床数据或流行病学数据的情况下，对剂量-反应关系的讨论通常会基于以上信息数据，且获得数据的质量和数量将影响其结果。在许多情况下，分析结果可能只能得出剂量和临床疾病症状之间的关系，因此如何获取数据来描述感染过程、感染引发疾病和疾病引起不同结果的特征仍是一大难题。此外，当进一步纳入对变异性的考量时，会使获得确切的剂量-反应关系十分困难。比如微生物个体之间毒力、致病性、侵染性的差异，宿主之间易感性的差异，以及改变病原微生物对宿主影响能力各类载体的微环境差异。应清楚地认识到个体变异性的影响，并详尽描述不确定性及其来源。因此，剂量-反应分析必须清楚地记录使用了哪些信息数据以及这些信息数据是如何获得的。下一节将重点介绍危害特征描述不同类型数据的来源及其优缺点。

## 第三节　危害特征描述的数据来源

危害特征描述的数据来源多种多样，通过系统地收集和分析这些数据，能够准确评估病原微生物对人类健康的潜在影响。以下将详细介绍调查监测、人体试验、动物试验、体外试验以及专家预测等多种数据来源，并探讨如何通过科学的方法处理这些数据，以确保评估结果的可靠性和有效性。

### 一、调查监测

调查监测是获取危害特征描述数据的重要手段，通过对特定区域或人群中食源性疾病的流行情况进行系统调查和监测，能够提供丰富的定性和定量数据。以下将详细介绍调查监测中的不同方法，包括疫情暴发调查数据和健康统计数据，说明它们在危害特征描述中的具体应用。

**1. 疫情暴发调查数据**

疫情暴发调查是目前开展危害特征描述研究最直接的数据来源之一，对于新发和突发事件尤为重要。当某一区域或人群暴发食源性疾病时，相关监管机构一般会启动对该事件的流行病学调查工作获得定性和定量调查数据。通过整理分析疫情暴发数据可获得大量信息，通过排查疾病发生的源头和原因及病原微生物可能影响的人群范围，实行干预措施限制其进一步扩散，并据此对预防方案设计提出科学指导建议。

在开展疫情暴发调查过程中，首先应关注引发疾病的关键危害物及其载体，此处即指病原微生物与食物基质组合，并收集相关食物来源及其传播链的具体信息，以此推断疾病发生的因果关系。其次，某些特定食物还需要明确其消费方式信息，并针对病原微生物在食品中的特征进行观察。例如，在一次大规模的志贺菌疫情暴发后人们追溯到引发疾病的是被切碎的欧芹，被切碎后欧芹在室温下会大量滋生志贺菌，而若欧芹是完整的则没有志贺菌滋生。通过对留存食物样本进行定量检测，估计目标病原微生物的初始污染水平和不同人群的摄入剂量，同时结合人群患病概率情况，已成为最主要的剂量-反应关系构建方式之一。进一步对疫情暴发中发现的大量病例进行后续回访调查还可以确定后遗症的症状、后遗症的发生频率以及确定后遗症与病原微生物（及其特征相似微生物）之间的关联。

此外，如果一组暴露于目标微生物或微生物毒素的病例愿意接受检查，通过其检查结果就可以确定目标微生物可以使宿主产生哪些反应（反应的变异性），这些反应包括感染和临床观测到的所有症状，从而人们可以依照这些结论进行自我诊断或者能够认识到自己已经病重到需要寻求医疗救治。通过统计疫情暴发调查的病人比例还可以确定一些有高感染患病风险的特殊人群。例如，统计发现老年人和儿童占到总患病人数的60%，则我们可以认为老人和儿童是易感人群，或是确定在特定暴露条件下哪些行为、哪些宿主特征因素会使风险升高或降低。

疫情暴发调查的范畴存在一定局限性。监管机构调查的目的和重点是确定感染源、防止病情进一步扩散，而不是广泛地收集信息和精确量化风险大小。选择诊断和调查方法时优先看重效率，信息采集过程质量不保证，导致关键信息可能缺失或不完整。同时，大部分疫情暴发调查数据也存在一定的偏倚性，调查结果可能不包括对危害特征描述有用的数据，导致调查中收集的数据通常无法转化为对风险评估有用的关键信息。主要存在下列8点可能的原因：

①难以获得受污染食品的代表性样品用于检测分析；

②获得的样品，可能是在暴露后经过某种方式处理过的（如烹饪过），使得检测结果的参考意义大大减弱；

③管理部门首要关注对目标食品开展病原微生物的定性分析，可能导致定量数据缺失；

④定量检测方法的检测限一般较高，针对受污染食品中微量、痕量的活体病原微生物存在固有局限性；

⑤难以估计被感染个体摄入的具体被污染食物的量，导致实际剂量不可准确估计；

⑥病原微生物不同感染菌株在生存、传递和毒力等生态特征上存在异质性，不充分的生物学研究导致对微生物危害变异性的偏差估计；

⑦人群中不同个体在消费量、抵抗力、临床表现上可能存在较大差异，对轻症患者出现统计遗漏，或患者无法提供有效的消费和患病信息，导致对整体或特殊人群变异性的偏差估计；

⑧由于食品供应网络庞杂，追溯工作存在一定困难，并可能导致目标食品的总暴露人群的规模不易确定。

在这些情况下，使用疫情暴发调查的数据建立剂量-反应关系通常需要对缺失的信息进行假设，并需要使用较为复杂的多场景暴露模型来描述疫情暴发下的可能存在的不同暴露状况。

因此，微生物风险评估人员和流行病学家合作制定更全面的疫情调查方案，将有助于收集相关性更高的信息，也有助于注意到在疫情调查期间已经获得但未经报告的细节信息。

**2. 监测数据和健康统计数据**

目前许多国家卫生部门和国际组织的都曾汇编过不同疾病相关的监测数据和健康统计数据或报告，并定期进行公布，对于充分描述微生物的危害程度至关重要。世界卫生组织（WHO）会以数据图表和报告的形式发布成员国的相关疾病数据。我国国家统计局每年会将上一年度的检测与健康统计数据整理于《中国统计年鉴》并发行，可通过国家统计局官方网站（http://www. stats. gov. cn/）进行查阅。

由于监测数据和健康统计数据一般是政府监管部门及医疗系统的日常工作内容，因此需要额外投入的资源较少，将其用于危害特征描述对于风险评估者具有较高的成本效益。同时，监测数据和健康统计信息内容涵盖了各种人群和各种可能影响生物反应的因素，可从大数据的角度反映疾病与病原微生物的关联，有助于风险评估者研究特殊的亚群体。利用监测和健康统计数据不仅能够构建剂量-反应模型，还可用于对模型进行验证。验证剂量-反应模型的有效性通常是通过将它们与暴露评估的结果结合起来，暴露评估获取了每年各种人群的暴露量情况，而剂量-反应模型则可以判断出在这些暴露量下的症状严重程度，将二者结合，看是否与监测和健康统计数据中的各种严重程度的人数吻合，若吻合则说明剂量-反应模型是有效的。

需要注意的是，由于监测数据和健康统计信息的调查环境可能与面对的风险事件环境不同，因此分析这些汇总数据时通常需要进行大量假设，导致评估结果的不确定性增加。这两类方式获取的数据，在分析上高度依赖于收集信息的监测系统的可靠性以及获得信息的充分性。一般来说，对食源性疾病的公共卫生监督主要靠收集医院诊断结果，因此它只能够获取那些症状严重到需要寻医问药，且有能力支付医疗费用的人群。换言之，对于轻症、诊疗意识不强，或经济水平较低人群信息的忽视或遗漏，可能导致统计结果的不准确，并有可能最终导致不同医疗体系、经济水平、国民素质的国家间信息存在差异。同时，公开的统计数据和报告通常不会详细说明具体疾病暴发案例涉及的食品及其中病原微生物污染水平、毒素水平，和暴露人数等具体信息。因此，使用这些数据建立剂量-反应关系还取决于暴露评估的充分性，即能否确定实际摄入被污染食物群体的人群比例，以及相关高风险群体的人群比例。

## 二、人体试验

人体试验作为获取危害特征描述数据的重要途径之一，能够直接反映病原微生物对人类健康的影响。尽管人体试验面临诸多伦理和技术挑战，但在满足伦理要求和科学规范的前提下，它们依然是许多重要数据的来源。以下将详细介绍几种常见的人体试验方法，包括志愿者受试试验、使用生物标志物的研究以及干预研究，分析它们在微生物风险评估中的应用与局限。

**1. 志愿者受试试验数据**

志愿者受试试验指的是在受控条件下使人类直接暴露于不同剂量的低毒性病原微生物环境中，并获取病原微生物剂量-反应关系的方法。时至今日已经有许多食源性病原微生物的剂量-反应关系是通过志愿者暴露实验建立的，如志愿者受试试验曾用于研究弯曲杆菌（*Campylobacter*）、沙门菌（*Salmonella*）和志贺菌（*Shigella*）等常见病原微生物，是一类能准确反映病原微生物危害特征的方法。然而，需要特别指出的是，由于存在可能的医学道德伦理问题，目前该方法并非获取危害特征描述数据的首选方法。

在满足伦理要求的前提下，使用人类志愿者是获取暴露于微生物危害与人类群体中不良反应相关性的最直接的方法。如果计划周密，开展剂量-反应关系研究的用时可与其他临床试验

（如疫苗试验）一起进行。试验观察到的结果是剂量引起的宿主反应的直观体现。可以通过改变传播基质和病原微生物来一并评价食品基质对病原微生物的毒力的影响。

志愿者受试试验除了会牵涉伦理问题之外，还需耗费大量的资源用于组织和补偿志愿者，且最终获得的数据量十分有限。同时，对于志愿者的遴选也存在许多限制（如年龄、性别等），可能引起估计结果出现偏差。一般来说，大部分志愿者受试试验仅在18~50岁的健康人群中进行，以确保不会危及生命。针对食源性病原微生物来说，通常选用实验室采集或标准菌株库的少量菌株开展实验，可能存在待测菌株代表性不强的问题。由于菌株的收集和实验室扩增过程还没有标准化，且通常不会在最终报告中体现，但是这些条件可能影响微生物对酸、热或干燥条件的耐受性，甚至改变毒性，可能导致结果无法反映野生型菌株的真实毒力特征。例如，霍乱弧菌通过胃肠道会进入一种高传染性状态，这种状态甚至在随排泄物被冲入下水道后也会持续下去，而这种性状在离体环境中生长时也有可能短暂表达并很快消失。在许多关于肠道微生物的志愿者受试试验中常会口服缓冲物质来中和胃酸，减少胃酸对微生物的影响，使一定量的微生物能够进入肠道从而进行调查研究，但这一实验的结果并不能直接作为通过食物摄入微生物的剂量-反应关系。因此，在采取志愿者受试试验作为危害特征描述数据获取方法时，需要特别考虑下列因素：

①如何测量摄入剂量（如测量对象的“单元”分量大小和测量摄入剂量的过程）？

②测量病原微生物所用的样品大小和实际食品分量大小比如何？

③摄入剂量中并不一定所有微生物都是存活的或具毒性的，因此虽然各志愿者的摄入剂量相同但可能不同志愿者摄入的有效剂量不同。

④实验中志愿者应当选用哪种摄入方法？该方案是否有添加改变胃酸pH的药剂或其他能使微生物通过胃部而不暴露于胃酸的药剂？

⑤如何确定志愿者是否曾被该种病原微生物感染过，及血清中抗体的水平？

⑥如何定义感染？或者说出现什么特征算是感染？

⑦用于确定感染的分析方法的灵敏度和特异性如何？

⑧如何定义患病？或者说出现什么症状算是患病？

⑨当比较两个或两个以上群体的剂量-反应关系时，必须选取相同的生物学终点（例如，感染与患病）来进行比较。

**2. 生物标志物参考数据**

生物标志物（biomarker）是指微生物进入个体后产生一系列具有特异性的物质，通过检测个体体内这些物质的含量就可以反映出个体是否暴露于该微生物以及暴露程度。通常在难以检测宿主体内的病原微生物细胞量时就可以采用检测生物标志物的方法，这种方法检测出来的数据属于一类替代数据。

常见的生物标志物多种多样。例如，微生物进入个体之后可能会分泌一些具有特异性的分泌物，而有时这些分泌物可能还会与靶分子、靶细胞结合形成特殊物质，如果采用生物化学、免疫学、遗传学等方法检测宿主体内这种分泌物或是结合物的量就能够大致反映出摄入的微生物数量。之外，微生物进入体内还可能会导致宿主产生一定的应激代谢产物，例如抗体或是炎症反应时产生的C-反应蛋白（C-reactive protein，CRP）。只要这些物质具有特异性且能够被检测，则可被认定为有效的生物标志物。

美国国家科学院将生物标志物分为暴露生物标志物、生物反应标志物和易感性生物标志物三类。微生物进入体内或可能会分泌外源物质或是使宿主产生特殊代谢物，有时这些外源物质会与某些靶分子、靶细胞相互作用形成特殊物质。对这种物质的检测能够反映个体是否暴露于目标病原微生物、暴露程度，而这些物质统称为暴露生物标志物；生物反应标志物则指生物体内可测量的生化、生理或其他变化，如炎症反应，也可以作为认定该宿主是否患病的依据或是确定对健康的潜在危害大小；易感性生物标志物用于判断个体暴露于特定病原微生物时是否因先天或后天因素导致更易感染患病。例如，对于先天免疫缺陷人群，在暴露之后不会发生特异性免疫反应分泌抗体，则通过检测患病个体抗体的有无就可以判断其是否具有先天免疫缺陷。

生物标志物技术是获取有生物学意义的数据的一种有效方法，同时由于其对人体的损伤一般较小，因此可最小化人体试验研究涉及的各种技术缺点。通常，检测生物标志物能够产生与疾病状态相关的反应的定量数据。因此，使用这种方法有可能增加可考虑的重复次数或剂量，或提供一种提高客观性的方法，并提高流行病学或临床数据的精确度和重演性。生物标志物也为我们提供一种手段来了解潜在的危害，如在暴露量较低时微生物并不一定会引起宿主感染或患病，但有些时候我们在这一阶段就能从宿主体内检测到生物标志物，这就有助于我们研究低于感染（或患病）阈值的暴露量会对宿主产生什么影响。

由于生物标志物可通过已知生化机制与疾病联系在一起，因此即便有些特殊的受试者感染患病后无法产生临床症状，也可通过检测生物标志物的定量信息确定剂量-反应关系。根据这一原理，在面对不会产生与人类相似临床症状的动物试验中，可以将动物生物标志物检测作为动物试验的替代终点，并将研究结果推及至人类用于建立剂量-反应关系。

生物标志物能够反映的通常是是否感染、是否患病、病情严重程度、持续时间等指标，因此，若选用检测生物标志物的方法则需要建立生物标志物检测结果波动幅度与相应疾病状况之间的联系。同时，由于生物标志物的选择十分重要，对于特定病原微生物的暴露我们应当清楚其可能使宿主产生什么生物标志物，因此选用这种方法对相关人员的生物学、医学知识提出了比较高的要求。

目前常用的检测食源性病原微生物标志物的方法是血清学分析，即检测体内的抗体或是抗原-抗体复合物，可快速发现标志物的存在。然而，这种分析也存在一定的局限性，其对细菌和寄生虫感染的体液免疫反应通常是有限的、短暂的、非特异性的。例如，对大肠埃希菌O157 型的感染进行的免疫分析表明，对 O 抗原的特异性血清学反应通常只在较为严重的病例中出现，而在大肠埃希菌 O157 型仅引起无血腹泻病例中往往难以检出。

**3. 干预研究**

干预（intervention）研究也是人类试验的一种，指的是通过改变人群中某个假设的病因因素来检验假定的因果联系。这类研究对于评估消费者长期暴露于危害情况下的健康情况变化十分有效，如研究某种人们长期食用的某类食品产生的负面效应。从安全角度出发，干预研究一般通过一定手段减少部分人群的暴露量，观测受干预人群与对照群体的发病率或相关生物标志物等指标，比较不同暴露水平所推算的健康影响差异，以评估不同剂量下危害的严重程度。

干预研究的优点在于这项研究可以包含比较丰富的人群，体量与一般人群相同或接近一般人群。研究通过采取干预措施调查实验组的反应减弱情况，其中干预措施可以从病原微生物、宿主和食物基质三个方面入手，也就意味着可以定量反映出这三者对风险的独立影响与协同影响。这项研究可通过严格的干预来控制暴露剂量，条件控制相对简单、可操作性高、安全性高。

需要注意的是，开展干预研究过程应对受试人群的身体状况和饮食习惯进行充分调查，在符合伦理要求的前提下，对食物基质减少量进行严谨地设定和控制，并积极检测测试组和对照组中发生的生物反应，以避免意外事件发生。实际研究中，若暴露来源不止一个或是高估了干预措施的干预能力，则暴露量降低的程度可能比预期偏低，这时反映的减弱情况就与暴露量降低情况不对应。

## 三、动物试验

由于人体试验一般牵扯较多的伦理问题，因此动物试验研究成了重要的危害特征描述数据来源之一。目前，已有大量动物模型被广泛用于探究“病原微生物-宿主-基质”效应对食源性疾病特征的影响，或用于外推建立对应的人体剂量-反应关系。同样需要说明的是，尽管相对于人体来说，动物的伦理要求相对较低，但仍应注意对动物福利的保证，和社会文化层面的影响。

使用动物替代人类来描述微生物危害并建立剂量-反应关系，可一定程度上消除志愿者受试研究的局限性，同时仍然保证基于活生物体开展完整疾病过程的研究。与人体试验研究相比，动物试验对各资源的耗费较低，在群体设置、危害暴露、食物摄入方面可控性更高，因此可增加研究的组合范围、剂量水平和重复次数。同时，对于特殊的群体，如免疫缺陷、围产期、老年群体，动物试验更容易构建试验对象进行分组测定。

然而，由于试验动物与人体存在本质区别，导致面对相同危害物时其临床表现可能存在差异，这也限制了大部分条件下动物模型直接应用于描述危害对人体的作用，导致许多疾病不存在动物模型。一些与人体更为相似的动物模型则成本较高，如灵长类动物或猪，这又可能导致每个剂量组可使用的动物数量受到限制。因此，选用动物来替代人类进行实验时，须根据生物学原理对替代动物进行严格分析，明确可以替代内容和替代动物与人之间在检测指标上的联系，以便后期将结果向人体进行外推。如上所述，利用动物模型获得的数据来预测微生物对人类的健康影响时可以适当地利用生物标志物检测技术。由于人和动物的生理学差异，暴露后可能不会产生一样的症状，但有可能产生相同的生物标志物，因此可以将生物标志物作为人与动物剂量-反应关系的串联点进行外推。

同时，进行动物试验时需要选取与人体试验相同的菌株或具有高度相似性的菌株，并注意实验动物遗传多样性对危害特征变异性的影响，减少高度近亲群体的使用。目前，许多国家出于伦理和动物福利因素考虑，限制了可用的动物种类以及可以研究的生物学终点范围，让动物试验结果的横向比较更为困难。

## 四、体外试验

体外试验研究是使用细胞、组织、器官或培养相关的生物样品来研究病原微生物对宿主影响的一种方法。其最适用于病原微生物毒力的定性研究，但也可用于详细评估一些已确定的因素对疾病发生过程的影响。

体外实验技术可以很容易地将病原微生物和特定的靶细胞、靶器官联系起来。例如，可以研究病原微生物对器官的损伤，能够提供有关剂量-反应关系机制的基础信息；或是用不同的宿主细胞、组织或器官来代表不同的群体并将之暴露于病原微生物的环境中，从而能够表征一般人群和特殊人群之间剂量-反应关系的差异。体外实验技术可用于研究基质效应与毒力标志物表达之间的关系，并在严格可控条件下开展不同剂量水平的多次重复实验。同时，体外研究技术还可用于比较不同类型细胞、组织或器官暴露后的反应。例如，比较动物试验中所用动物的细胞和人类细胞暴露后的反应，以探究人类和替代动物之间的联系。

通过体外试验获得危害特征信息往往是间接的。由于忽视了宿主生理屏障和免疫系统的综合影响等因素，可能无法将从单个细胞或单个组织中观察到的变化与完整生命体体内观察到的疾病直接进行关联。因此，为了与完整的生命体进行比较，需要有一种方法将体外研究中观察到的参数与宿主体内观察到的参数联系起来。这些类型的研究通常仅限于提供影响剂量-反应关系的因素的细节和拓展危害特征描述的内容，难以作为建立剂量-反应模型的直接手段。对于许多微生物，其具体的毒力机制和涉及的标志物尚不清楚，并且这些可能在同一微生物的不同菌株之间有所不同，仍待更深入和广泛的研究。

## 五、专家预测

专家预测法是指由专家利用个人专业知识和经验，通过对被预测对象的性质、特点及其形式与结构上的过去变化进行直观的综合分析，从而给出被预测对象未来发展趋势及变化程度的主观推测与判断。专家预测适用于短期缺乏可用数据或为了获取更多信息情况下，通过征询专家意见对危害物的特征进行描述。

专家预测法操作比较简单，但由于存在主观倾向性，因此结果的精度和有效性由征询专家的质量决定，且不适于完全未知事物或信息量极少的事件。因此，应用专家预测发获取危害特征信息是，应提高对专家群体量和专业水平的要求，并经过可靠性分析后方可使用。

目前比较成熟的专家预测法主要有专家会议法、头脑风暴法、德尔菲法（Delphi method）、个人判断法和集体判断法五类。其中德尔菲法又称专家意见征询法，其通过向受邀专家发征询表并进行统计分析对预测结果进行定量描述，具有匿名性、反馈性和收敛性特点，是一类目前较为可靠的专家预测方法。

## 六、危害特征描述数据的处理方式

由于各类病原微生物的致病机制不同，不同研究选取的生物学终点不同等因素，所以目前尚无关于危害特征描述数据收集规范的系统总结，且不同来源的数据集之间也很难进行比较和归纳。尽管如此，实际操作时还是要保证风险评估的透明性，收集和分析数据的所有方法都必须在报告中详实地记录下来。在处理庞杂的原始数据过程中，应通过科学严谨的步骤让目标危害特征描述数据集具备可靠、完整、有效三种属性，并为剂量-反应关系的构建提供依据。

为了保证数据的可靠性，原始数据及其后续处理的质量需要严格控制，风险评估者必须评估用于分析的数据源的质量以及用于确定数据不确定性的各种方法的有效性。资料来源可以是经过同行审阅的或未经同行审查的文献。虽然经过同行审查的数据通常更适用于科学研究，但作为剂量-反应模型的输入它们也有一些明显的缺点。但经过同行审查文献中的数据通常以汇总的形式呈现，其详细程度不足以让我们进行不确定性分析，在一些年份较早的文献中测量过程的细节也可能没有被记录下来。出于这些原因，分析人员通常希望从其他来源获取更多的信息，因此，最好能有独立的专家团体认真地审查数据质量。

在有足够数据用于危害特征描述的情况下，质量不佳的数据就应当被标注或筛除。然而，大部分情况下危害特征信息较为有限，因此对数据的采纳和排除应基于预先制定好的准测，做到有理有据，而不单单是基于统计学标准。如果数据因存在很高的不均一性或一些极端数值而难以分析，则需要根据受影响人群的特征、微生物种类、基质类型或任何其他合适的标准对数据进行分层。数据分析过程应该更多地去剖析数据信息的可靠性，而不应盲目筛除数据而导致信息丢失。

数据的完整性体现在数据集包括资料来源和相关的研究信息，如样品大小、研究的物种和免疫力状态等。相关数据的特征包括受试者的年龄、来自哪个地区或国家、研究目的、涉及的微生物种类、所用微生物方法的灵敏度、特异性和精密度以及数据收集方法。在收集到所有需要的数据之后，我们可以将这些数据汇总成数据集，数据集中所记录的各类数据不要以模型的形式呈现，因为这样不利于数据的共享交流，他人在引用本数据集时可能难以从模型中找到想要的数据，而且模型中的数据可能是不完全的，因为收集到的数据并不一定全都对建模有用，有的数据在建模是并没有用上，但可能对其他研究十分关键，若要获取这些数据可能需要查找原始数据，而这在现实中可能很难实现。对此，目前在线工具如 VFDB 数据库、QMRA Wiki 等，提供了较好的信息集成平台用于快速查阅和比较已知病原微生物的危害相关特征信息。

数据的有效性体现在经过多方比较后可获得一致的结论。例如，动物试验的结果经过外推与人体试验的结果一致，则说明该数据有效；用多种方法测得某一数据，结果都近似相等，也说明该数据有效。人体试验数据一般不需要使用外推法，因此通常比动物试验和体外试验数据的有效性更好；目标病原微生物数据的有效性优于替代微生物的数据，若要采用替代微生物数据则应说明其与目标病原微生物至生物特征上的关联性，如二者具有相同的毒力因子。

特别地，为了满足构建剂量-反应关系的需要，在数据整合过程中应注意对危害物的分析检测方法，以及在不同食物中的污染和在不同个体的暴露定量信息进行明确，并详细记录暴露人群的特征，如年龄、免疫力、既往暴露史等。同时，还应对反应终点的类别（如感染、患病、死亡等）和表征（如阴性、阳性、持续作用等）进行阐释。最后，对于目标病原微生物和目标人群变异性的度量，将有助于说明建立模型的适用范围。关于剂量-反应关系建立的具体内容将在下一节中详述。

## 第四节　危害特征描述的定量模型

在了解和评估病原微生物对人类健康的潜在危害时，定量模型扮演着至关重要的角色。定量模型不仅帮助我们准确描述病原微生物的危害特征，还为制定有效的防控措施提供了科学依据。特别是剂量-反应关系模型，通过量化暴露剂量与健康反应之间的关系，使得风险评估更加精确和可靠。以下将详细介绍剂量-反应关系的主要理论、模型内容、模型建立过程以及模型的外推方法。

### 一、剂量-反应关系的主要理论

如第二节所述，剂量-反应关系用于解释摄入剂量与感染情况之间的关系。建立剂量-反应关系的模型就是用于定量描述已知剂量的病原微生物引起暴露个体感染、患病或死亡等反应的可能性。准确地说，剂量-反应模型就是描述特定病原微生物、传播途径和宿主的剂量反应关系的数学函数。

常见的剂量-反应模型一般是暴露剂量与患病概率（或感染概率）的数学关系式。在理想情况下，剂量-反应模型应能够描述以下一系列内容：暴露概率；感染后引起急性疾病的概率；急性疾病引发后遗症或引起死亡的概率等。而实际上，目前这种描述方法所必需的数据和概念仍难以获得。

制定合理的剂量-反应模型，需要首先厘清剂量-反应关系的主要理论和假设，即阈值机制与非阈值机制、独立作用与协同作用。

**1. 阈值机制与非阈值机制**

阈值指的是发生感染或引发疾病所必须摄入的病原微生物的最低水平。

支持阈值机制的学者认为，如果病原微生物的剂量低于这个暴露水平则对宿主没有影响，而一旦高于该水平，则一定会产生影响。虽然这一被称为“最低感染剂量”的概念已经被各种文献广泛地使用，但在实验人群中确定阈值的确切数值的尝试通常都以失败告终。

支持非阈值机制的学者则依据单菌侵染假说（single-hit assumption），认为微生物可以在宿主体内繁殖，感染可能仅仅是由单个有感染性的致病微生物细胞活着进入宿主体内并繁殖后造成的，这有别于化学危害物。因此，无论摄入的致病微生物数量有多低，感染和患病的概率始终是非零的（或无限接近于零），而这种理论中感染概率和患病概率也一样会随着摄入剂量的增加而增加。

应当注意的是，因为我们无法观测到无限小的响应，现实中我们的实验数据总会受制于观测阈值，即实验的检出限。因此，无论是在个体水平还是在人群水平上，阈值的存在与否仍是一个学术问题，尚难以通过实验来证明。因感染而引起疾病的概率取决于宿主体内那些导致临床症状发展的损害的累积程度，我们可以基于这一理论合理假设体内的病原微生物必须超过一定的最低数量才会引起感染或是致病。这是因为病原微生物之间的相互作用取决于它们在体内的数量，当病原微生物达到一定数量时它们才会开始转录毒力基因，其数量和毒性可能呈现非线性关系。在模型的建立方面，拟合没有阈值的剂量-反应模型（连续性函数）则是一种更实用的解决方案。该函数应当足够灵活，在低剂量时表现出较大的曲率，从而能够模拟接近阈值时的剂量-反应关系。

**2. 单独作用和协同作用**

“单独作用假说”假设每个摄入的病原微生物细胞引起（或协助引起）感染（症状性感染或致死性感染）的平均概率与摄入的病原微生物总数量无关，即每个病原微生物都是单独发挥作用，并且人群中小部分有抵抗力的宿主的平均概率小于该人群的平均值。

“协同作用假说”分为“集体协同作用假说”和“部分协同作用假说”，二者都假设直接摄入的病原微生物可能通过某些信号分子实现群体感应并相互合作，使感染概率随着摄入量的增加而变大。

近年来，群体感应备受微生物领域学者的关注，是解释某些细菌的毒力表现的重要理论之一。群体感应过程是指微生物群体在其生长过程中，当环境中微生物种群密度达到阈值时，信号分子的浓度也达到一定的水平，通过包括受体蛋白在内的相关蛋白的信号传递，诱导或抑制信号最终传递到胞内，影响特定基因的表达，调控微生物群体的生理特征，导致群体整体的生理和生化表现发生变化。群体感应可让微生物种群显示出少量微生物或单个微生物所不具备的特征群体感应效应。因此，意味着某些表型特征不会立即表达，如某些特定的毒力基因，其表达与否取决于细胞密度，只有当细菌种群达到一定密度时，利用多种小分子进行细胞间信号传导后才会进行表达。虽然群体感应及其引起的反应的生物学机制仍处于探索阶段，但其作用的性质是明确的，即某些毒力因子只有在细菌种群达到一定规模后才会表达。然而，目前对群体感应在传染过程的早期阶段作用的研究尚不深入，也没有关于群体感应与单菌侵染假说关系的解释提出。

## 二、剂量-反应关系的模型内容

数学模型已经长期应用于毒理学领域，而在食品微生物学领域，人们也开始意识到数学模型有助于进行风险评估，并能够提供有关变异性和不确定性的有用信息。在食源性病原微生物当中，根据致病方式可分为三类，一是毒素型（intoxication）病原微生物，如通过释放外毒素致病的金黄色葡萄球菌、肉毒梭状芽孢杆菌等；二是感染型（infection）病原微生物，如通过群体侵袭细胞致病的沙门菌、单核细胞增生李斯特菌等；三是毒素-感染混合型（toxico-infection），如既能通过产生毒素也能通过侵染细胞致病的蜡样芽孢杆菌、致泻性大肠埃希菌等。目前，对于毒素型和感染型建立的剂量-反应模型比较成熟，而混合型相关的模型由于缺乏充分的理论和观测数据支撑，仍有待深入。因此本小节将针对前两类微生物，详述目前建立剂量-反应模型时常用的假设、假设的使用方式以及存在的限制因素。

之所以要使用数学模型来进行风险评估，一是因为食品中的微生物污染量通常较低，这一暴露剂量所引发的症状通常难以观察或测量，但我们能够观察到高暴露剂量下的反应，因此常常需要借助模型从高剂量时的暴露情况外推到低剂量情况，或是统计相关病例来推断实际暴露概率；二是食品中的病原微生物通常不是随机分布的，通常会因为聚集效应呈团状或块状，在暴露评估时必须考虑到这一因素；三是实验组数量有限，即使在控制良好的实验中，也需要用模型来区分随机变化和真正的生物效应。

个体对于某一类危害物的反应严重程度增加的速率一般随着暴露剂量（用对数表示）增加先快后慢，因此图形曲线通常是S形的，可找到大量与之对应的数学函数进行拟合。但在进行外推时，若选用不同的模型则预测结果可能也会不同，因此有必要在众多可用的剂量-反应函数中选择合适的进行外推。在建立剂量-反应模型时，应仔细考虑病原微生物-宿主-基质相互作用中生物学方面的因素。

食源性疾病是病原微生物、宿主和基质三者相互作用的结果，步骤如图6-2所示。其中每个步骤都由许多“生物事件”组成，在构建剂量-反应模型的时候就需要对这些事件逐一进行分析。例如，感染和患病的生物事件即病原微生物成功地通过了宿主体内多重的生理屏障，而各层生理屏障在使病原微生物灭活方面的效果并非完全相同，取决于病原微生物和宿主个体（变异性），因此这也是剂量-反应模型中应当考虑的重要变量。

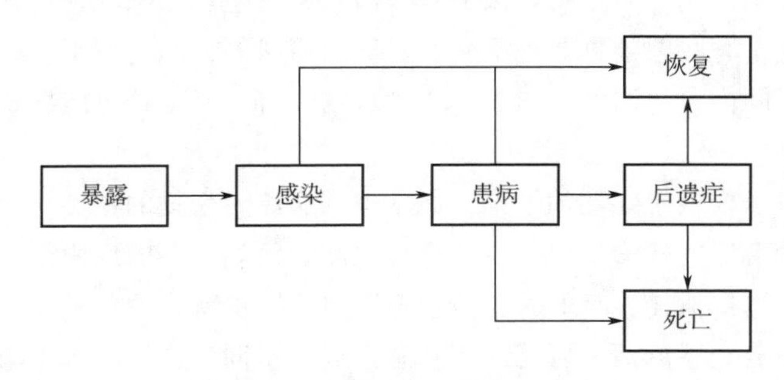


图6-2 微生物致病过程

因此，剂量-反应模型需要对特定人群暴露于不同水平特定病原微生物后发生感染、患病及死亡等不良反应的概率进行描述，以下将对这几者做详细的说明。

**1. 暴露**

在暴露评估步骤当中，可获得“暴露剂量”结果。剂量可以分为病原微生物初始摄入量和真实摄入量，前者指消费者食用的食品中所含的病原微生物数量，即暴露评估推测的结果；而后者指食用后真正到达靶位置（通常是肠道）并引起不良症状的病原微生物数量。一般来说前者的数据更易获取，因此通常建模使用的是前者；而后者则在理论上更合理，表示的是初始摄入剂量下的“幸存病原微生物”引发的不良反应，但这就需要考虑病原微生物在经过胃酸等环境时的死亡率，在日常评估工作中并不实用。因此初始摄入量通常用式（6-1）进行计算：

病原微生物初始摄入量=食品中病原微生物污染水平×摄入量 （6-1）

需要说明的是，这一假设认为病原微生物在食品中是均匀分布的，但实际情况并非如此，因此每个暴露个体的摄入量应当是一个可由概率分布表征的变量，而非定值。造成病原微生物分布差异的原因可能是两种不同的机制引起，一是测量过程中检测到的“单元”（如菌落形成单元“CFU”、组织培养获得的有感染性的菌量，或采用聚合酶链反应可以检测到的单元）可能由多个具有感染性的微粒组成（即微粒发生聚集现象）。这种情况常见于病毒，在其他病原微生物中也可能发生。聚集的程度一般取决于制备食品时的工艺；二是即便是在经过均质的液体中，单位体积中病原微生物的数量也是随机的。如果食品是固体或半固体状态的，也可能发生空间聚集，导致病原微生物在某处空间区域高度聚集或分散。因此剂量-反应模型中病原微生物的分布和实际情况可能存在不同。

同时，食品中病原微生物的污染水平通常是采用微生物、生化、化学或物理方法测得的，但每一种检测方法在灵敏度和特异性存在一定的限制。因此有时还需要根据测量方法的灵敏度和特异性校正测量浓度，以使活体病原微生物数量的估计值尽可能接近真实值。

**2. 感染**

构建感染模型想要获得的结果是感染概率，通常是通过收集统计各次疫情暴发事件的数据并总结成式（6-2）。

感染概率=感染个体数量/被调查人群人数 （6-2）

严格地讲，此处所述的“感染”并不等同于医学上的感染。医学上对“感染”的定义是：细菌、病毒、真菌、寄生虫等病原微生物侵入人体所引起的局部组织和全身性炎症反应；而在风险评估中，感染则是指病原微生物在被摄入并活着穿过生理屏障后，在其靶位置快速生长的情况。需要注意的是，有些感染可能是不会引起任何症状的，即宿主不会因感染产生任何不良反应，并在有限的时间内自主清除体内的病原微生物；有些感染则可能导致宿主表现出一些疾病的症状。

对感染的检测只需要获得定性的结论，通常根据病原微生物的特性，通过委托医疗机构或是微生物实验室选择合适的检测指标与方法进行检测。例如，有的病原微生物会随宿主粪便排出，则可以检测宿主的排泄物；有的病原微生物会引起宿主特异性免疫反应，则可以检测宿主血清是否存在抗体。表观感染概率可能与实际感染概率不同，这取决于诊断分析的灵敏度和特异性。

**3. 患病**

一种病原微生物可能具有多种毒力因子，并可能引起多种不良反应，一般来说，不良反应可以分为急性、慢性和间歇性。病原微生物引起不良反应的机制可以大致分为两种，即产生毒素或是损伤宿主的组织。其中，毒素可能在食物基质中就已经生成，或是在微生物进入体内后才产生；而组织损伤则可能由多种机制引起，包括破坏宿主细胞、侵袭细胞并引起炎症反应。目前，大部分食源性病原微生物的致病机制仍未完全探明，有待深入研究。

一般地，为了建立患病模型我们需要收集病情的严重程度以及患病人数等数据，患病概率的计算见式（6-3）和式（6-4）。

感染后患病概率=患病人数/感染人数 （6-3）

患病概率=患病人数/被调查人群总人数=感染概率×感染后患病概率 （6-4）

疾病可以被视为是病原微生物对宿主的伤害累积并最终引发不良反应的一个中间过程。不同个体出现的疾病体征和症状通常都有部分共同点但又各自不同，症状的严重程度也因病原微生物和被感染的宿主而异。因此，患病过程最好采用多方面的、定量的、连续的检测方法（如每天检测并记录排便次数、体温或一些其他指标）。在风险评估研究中通常将患病视为定性反应，即判断某人是否患上疾病。这类文献中通常根据该疾病相关的症状特征、症状发生的时间，以及实验室对食物/临床样品的病原微生物检测结果来判断患病的可能。然而，由于缺乏统一的评判标准，一定程度上阻碍了对不同来源的数据进行整合。

**4. 后遗症和致死性**

患病后，部分患者可能发生慢性感染或产生后遗症。有些病原微生物具有扩散性，如肠炎沙门菌，其引起的血清型伤寒可能会导致菌血症和全身感染。某些病原微生物产生的毒素不仅可能导致肠道疾病，还可能对易感器官造成严重损害，如溶血性尿毒综合征中由某些大肠杆菌菌株产生的类志贺毒素会对肾脏造成损害。

宿主的一些并发症也可能由免疫介导反应引起，因为一些对病原微生物的免疫反应会直接针对宿主组织，如反应性关节炎（如 Reiter 综合征，也称肠病后类风湿、眼尿道关节炎综合征）和格林-巴利综合征（又称急性特发性多神经炎、对称性多神经根炎）。

肠胃炎的并发症通常需要住院接受医疗护理，且并非所有患者都能完全康复。有的人在恢复后还可能会受到后遗症的折磨，更甚者可能患上终身后遗症，死亡风险大大升高。因此，尽管并发症发生的概率很低，但公共卫生还是应当对其予以重视。

## 三、剂量-反应关系的模型建立

**1. 模型选择**

数据中的一些特定属性仅在特定的模型背景下才有意义，不同的模型可能导致对相同数据产生不同的理解，因此在选择模型时需要遵循合理的原则。在选择数学模型时，可能会采用不同的标准，如要求模型的拟合优度达到统计学标准，或者说衡量其保守性、灵活性。

衡量一个模型是否保守有多种不同的方法，如“模型结构是否保守?”“参数估计是否保守?”“模型的特定属性是否保守?”等。从风险评估的角度来看，模型应该局限于描述数据，并将生物学信号和干扰区分开来。

衡量一个模型的灵活性可通关检查模型的参数数量或自由度来简单判定，即参数数量越多灵活性越大。添加参数通常会提高模型的拟合优度，但也可能出现过拟合（overfitting）现象导致模型用范围收窄。同时，在资料集缺乏的情况下，多参数模型更易产生较高的不确定性。建模时如果做了过多的假设，则整个模型中的参数数量会相应减少，灵活性低，但也可能同时低估了模型的不确定性。因此，一般建议根据生物学上可行的机制来做一些假设，并在此基础上建立剂量-反应模型进行统计分析。

根据上一小节指出的暴露-感染-患病过程，也可将剂量-反应模型细分为下列剂量-感染模型、感染-患病模型，剂量-患病，及疾病-死亡（后遗症）模型。

（1）剂量-感染模型　对于病原微生物而言，目前大部分学者认同基于单菌侵染假说和单独作用假说的剂量-感染模型兼顾了科学性和实用性。同时联系病原微生物的分散性质，得以建立起目前最为常用的指数模型（exponential model，式 6-5）和贝塔泊松模型（Beta-Poisson model，式 6-6）。

假设一个宿主只摄入了单个病原微生物细胞。根据单菌侵染假说，设该细胞穿过宿主的所有生理屏障后存活并定殖到体内的概率是非零值 $p$，则宿主不被感染的概率为 $1-p$。如果单独作用假说成立，则此时摄入第二个病原微生物的细胞后宿主不被感染的概率是 $(1-p)^2$，即摄入 $n$ 个病原微生物细胞后宿主未被感染的概率为 $(1-p)^n$。因此，摄入 $n$ 个病原体的宿主的感染概率 $P$ 可以表示为式（6-5）：

$$P(\text{感染} \mid n,\ p) = 1-(1-p)^n \tag{6-5}$$

该模型通常也被称为二项剂量-反应模型（binomial model）。从这个基本函数出发，可对食物中病原微生物分布和 p 进一步假设。当假定食物中微生物的分布是随机的（即具有泊松分布的特征），同时对于任意病原体-宿主组合 $p$ 为定值 r，$D$ 为平均摄入剂量，Teunis 和 Havelaar 证明感染概率与剂量的函数关系符合式（6-6）关系：

$$P(\text{感染} \mid D,\ \mathrm{r}) = 1-\exp(-rD) \tag{6-6}$$

该模型通常即为指数模型。当 $\mathrm{r}D \ll 1$ 时，公式近似为线性模型式（6-7）：

$$P(\text{感染} \mid D,\ \mathrm{r}) \approx -\mathrm{r}D \tag{6-7}$$

如果不同病原微生物个体在不同宿主个体中引发单菌侵染概率都不同，可假设单菌侵染概率符合 Beta（$\alpha$，$\beta$）分布，公式变为式（6-8）：

$$P(\text{感染} \mid D,\ \alpha,\ \beta) \approx 1-{}_1F_1(\alpha,\ \alpha+\beta,\ D) \tag{6-8}$$

其中，${}_1F_1$ 表示 Kummer 合流超几何函数（Abramowitz and Stegun，1972），可通过数学函数数字库进行查询。当 $\alpha \ll \beta$ 且 $\beta \gg 1$ 时，$P$ 近似可写为贝塔泊松模型如式（6-9）：

$$P(\text{感染} \mid D,\ \alpha,\ \beta) \approx 1-\left(1+\frac{D}{\beta}\right)^{-\alpha} \tag{6-9}$$

同理，当剂量较低且 $\alpha D \ll \beta$ 时，公式可近似化为式（6-10）：

$$P(\text{感染} \mid D,\ \alpha,\ \beta) \approx \frac{\alpha D}{\beta} \tag{6-10}$$

当 $\alpha \to \infty$，$\beta \to \infty$ 且 $\alpha/\beta \to r$ 时，贝塔泊松模型又可转化为指数模型。

除了基于单菌侵染理论的模型之外，也有学者认为单菌侵染模型高估了低剂量暴露条件下的风险，因此提议将一些经验模型用于构建剂量-反应模型，如对数概率模型、对数逻辑斯谛克分布模型（log-logistic distribution model，在经济学中也称 Fisk 分布）和威布尔伽马模型（Weibull-Gamma model）等。

（2）感染-患病模型　目前，由于可获得的数据十分有限，对于感染-患病模型的研究比较匮乏。实验观察表明，受感染的受试者患急性疾病的概率通常随着摄入病原微生物数量的增加而上升，但由于受试者的数量较少，这些数据无法得出与剂量相关的结论。在这种情况下，较为合理的建模方法是不再将摄入剂量作为变量，而是按照不同敏感性将人群分为多个亚人群，比较这些人群中摄入相同剂量的人的反应，并以此为基础建立模型。除了摄入剂量，感染-患病模型的建立还应获取与潜伏期、疾病持续时间和免疫反应时间等相关的信息，并且最好在一段连续的时间范围内对疾病的多项指标进行测量。同时，微生物在宿主体内也会生长繁殖，但目前尚无与之对应的模型用于描述体内种群数量增长对患病概率的影响。

（3）剂量-患病模型　目前，一般认为病原微生物引发患病的理论假设与感染是一致的，即可采用单菌侵染理论解释感染人体后微生物的致病过程。因此，剂量-感染模型和剂量-患病模型之间的唯一区别，在于剂量-患病模型的渐近线不是1，而是$P$（患病|感染），因此也可使用基于单菌侵染假说的剂量-感染模型相同形式进行描述。

（4）疾病-死亡（后遗症）模型　对于某种疾病，其引发后遗症的概率和死亡率受到病原微生物的危害特征影响，但更主要的是取决于宿主的免疫特征。患上后遗症或死亡通常是发生于特定亚人群中的罕见事件，这可能是由年龄或免疫力等因素决定的，目前人们越来越多地认为遗传因素也是其重要的决定因素之一。然而，与感染-患病模型相似，目前由于缺少系统性的研究和可用的临床大数据分析方法，仍不能很好地对疾病-死亡（后遗症）模型进行建立或归纳。

**2. 模型拟合**

Haas 等系统地总结了剂量-反应模型的具体拟合技术与方法。如今我们能在有关数理统计的教科书中找到关于模型拟合的概述。McCullagh 和 Nelder 是相关统计方法的开创者，在这一基础上许多剂量-反应模型可以被写成广义线性模型。

模型的拟合通常采用基于似然函数的方法。所采用的拟合方法取决于数据的类型以及假设的随机变量。例如，对于二进制数据，则可以通过二项分布似然函数来进行模型拟合。对于含有剂量数据$D$和参数向量$\theta$的剂量-反应函数$f$（$D$，$\theta$），通过一系列观测得出其似然函数为式（6-11）：

$$L(\theta) = \prod_i [f(D_i, \theta)]^{k_i}[1 - f(D_i, \theta)]^{n_i - k_i} \tag{6-11}$$

在使用这一函数计算所有剂量组时，记组数为$i$，各组的暴露剂量为$D_i$，暴露的受试者数量为$n_i$，而感染人数为$k_i$。拟合的过程即寻找使此函数结果最大（即取最大似然估计值）的参数值组合。优化时需要特别注意，大部分剂量-反应模型本质上是非线性函数，应采用与之对应的函数分析方法处理。大多数的数学作图软件（如 Matlab、Mathematica、Graphpad）或统计软件（如 SAS、Splus 或 R）中都有非线性优化的功能可供使用。

**3. 模型评价**

如果可以确定模型的似然函数，就可以通过计算似然比来对模型进行检验。当模型和数据的拟合程度较高时，也可以通过绘制图形来确定拟合情况。似然比检验是利用似然函数来检测某个假设（或限制）是否有效的一种检验。一般情况下，要检测某个附加的参数限制是否是正确的，可以将加入附加限制条件的较复杂模型的似然函数最大值与之前的较简单模型的似然函数最大值进行比较。如果参数限制是正确的，那么加入这样一个参数应当不会造成似然函数最大值的大幅变动。一般使用两者的比值来进行比较，这个方法被称为卡方检验（Chi-square test）。

拟合优度可以用似然数上限来评估，即模型的自由度是否与数据组数（即剂量组的数量）

相同。例如，对于二元反应，可通过将阳性反应与暴露受试者数量之比插入二项似然函数来计算似然数上限［式（6-12）］：

$$L = \prod_i \left[\frac{k_i}{n_i}\right]^{k_i} \left[1 - \frac{k_i}{n_i}\right]^{n_i - k_i} \tag{6-12}$$

偏差可表示为-2×对数似然数的差值，其值近似等于卡方变量，自由度等于剂量组的数量减去模型参数的数量。

该方法也适用于对模型的优劣进行排序。比较两个模型时，首先要计算两个模型的最大似然数，再确定它们的偏差，然后就可以在所需的显著性水平下，用自由度等于两个模型参数数量差值的卡方来检验这种偏差。

对于数量越大的样品，卡方近似越接近正确。值得注意的是，这种似然比检验（likelihood ratio test）仅对分层嵌套的模型（hierarchically nested model）有效，因此有时需要改变参数将一些普遍适用模型转换为特定条件下的模型以进行检验。

为了避免过拟合现象的出现，寻找可以最好地解释数据但包含最少自由参数的模型，也可通过采用信息标准度量模型复杂性的方法对模型进行评价，如赤池信息准则（Akaike information criterion，AIC）。这会降低参数的丰富程度，以使拟合优度与参数简约度达到平衡。另一种选择最优模型的方法是贝叶斯法，如贝叶斯信息准则（Bayesian information criterion，BIC）。其特点是普遍有效，它适用于任意模型的两两比较，而不仅限于比较上述嵌套模型。需要注意的是，如果对照不同的信息准则，则最终得到的模型可能不同，因为不同准则对模型拟合过程中的重视方面不同。

**4. 不确定性分析**

由于剂量-反应关系的信息一般存在大量假设情况，因此对模型及参数的不确定性分析是必不可少的，目前较为推荐的方法可分为以下 3 类：

（1）似然函数法　作为卡方偏差的（对数）似然函数可用于构造参数的置信区间。然而，对于多个参数，无法直接计算剂量-反应模型中产生的不确定性。

（2）拔靴法（又称自举法，bootstrapping）　是指利用有限的样本经过多次重复的抽样，重新建立起足以代表母体样本分布的新样本。例如在评估某一暴露剂量下的感染概率时，对受试者的测试结果就是二元数据（只有感染和未感染两种情况，比方说感染记为 1，未感染记为 0），则可以通过拔靴法从二项分布中随机取值，重复次数等于该剂量组中的受试者数量，则模拟了一种暴露量下的感染数据集。如此重复多次并将模型拟合到每个数据集，从而生成各个暴露量下的感染概率。通过该方法所构建剂量-反应关系的置信范围就可评估这一剂量下的不确定性。

（3）马尔可夫链蒙特卡罗法（markov chain monte carlo，MCMC）　是指在贝叶斯理论框架内，通过引入马尔可夫过程进行蒙特卡罗模拟的方法。该方法是一种从参数概率分布中进行取值的有效方法，在分析多参数模型时尤其有效，可避免经典似然函数法的局限性。

需要注意的是，目前大部分病原微生物的剂量-反应关系只考虑了二元反应，即感染与否或患病与否。在这种情况下，由于每个剂量组可能同时包含多种反应，难以分析反应的异质性，分离模型的不确定性和变异性参数。因此，关于剂量-反应关系的不确定性分析仍是该领域的一项重要课题。

## 四、剂量-反应关系的模型外推

在利用已数据建立剂量-反应模型的过程中，由于受到经济、伦理和资源利用等因素的限制，受试群体的规模，以及病原微生物、宿主、基质的样本质量方面存在许多不足。因此，基于已建立的模型进行外推，以适用于更多场景，成为危害特征描述研究中的重要部分。对此，主要分为低剂量外推和病原微生物-宿主-基质三角的外推两类。

**1. 低剂量外推**

在开展人体试验或动物试验中，剂量-反应信息通常是在宿主的反应易于检测的剂量范围，即较高的剂量范围内获得的。然而，在实际的风险评估中暴露剂量并不会那么高，因此需要以高剂量建立的模型为基础外推到低剂量场景中。如前文提及，在疫情暴发调查过程中，采用直接观测的方法或许可记录下低剂量情况部分宿主出现反应，但并不排除是由极少数个体差异造成的，因此不可作为低剂量情况模型外推的唯一依据。目前，已有学者在非阈值机制和独立作用的假设基础上，通过数学模型的方法，利用不同的函数形式，对低剂量场景进行外推（式6-5~式6-10）。这些模型的特征是在对数-对数坐标轴上，或是算术坐标轴上对低剂量场景进行线性外推，表现为在低剂量范围内感染概率（或患病概率）随剂量线性增加而变化的曲线。

**2. 病原微生物-宿主-基质三角的外推**

由于实验资料集通常是在严密控制的条件下测得的，因此在使用这些数据建立的模型往往忽略了异质性问题，可能仅适用于特定的病原微生物、宿主和食品基质的组合。在实际暴露情况下，这三种因素均存在一定的内在的变异性，如病原微生物不同菌株的毒力差异、不同宿主群体的免疫力差异，以及食品的不均匀性等。因此，应通过充分分析同一水平条件下目标人群、病原微生物菌株和食品的差异，评价三者变异性对模型结构和参数的影响，并建立具有一定普遍适用性的剂量-反应模型。

与危害特征描述的数据处理原则相同，为使病原微生物-宿主-基质三角关系得以外推，需要以可靠、完整、有效的信息集合建立模型为基础。在有多个可用数据资料集开发剂量-反应模型的情况下，应充分利用所有的相关数据，这有利于风险评估者可依据不同来源数据的特征对风险结果进行研判。风险评估者在选择资料来源时，应尽可能以客观的科学论据为基础，遵循预先制定的纳入与筛出原则，尽量避免出现主观论据。因此，应与风险管理者讨论已知信息的可靠性、完整性和有效性，以及其对风险管理的意义和影响。如果不同来源的数据，特别是当数据类型不同时可得出一致的剂量-反应关系，则该剂量-反应模型的可信度就较高，更适合将其规律进行外推。

病原微生物-宿主-基质三角关系外推的关键难点在于对宿主特异性的明确。一方面，在实际风险评估中，可能发现一些离群结果，即有部分个体的风险明显高于（低于）人群平均水平，或是部分个体在感染病原微生物出现过度（无）反应，这可能是由于免疫缺陷或获得性免疫的存在。对此，模型外推则不适合应用于这类人群的反应预测；另一方面，宿主特异性现象也导致剂量-反应关系难以在不同饮食习惯、卫生条件的国家间进行外推。例如，在卫生相对较差的国家常见儿童由于病原菌产生水样腹泻症状，而青年人则通常较少患病，这是由于宿主在早期感染后使获得免疫能力。相比之下，在卫生条件较好的国家，由于病原微生物的控制更好，人们与肠道病原微生物接触的频率较低，反而导致大部分人群都被划归为易感人群。

因此，宿主特异性对感染概率、感染后患病概率和疾病的严重程度存在着重要影响，也决定了所建模型是否可以进行外推。

## 思考题

1. 危害特征描述需要考虑哪些因素？
2. 如何进行危害特征描述的数据收集和分析？
3. 剂量反应关系的评价方法有哪些？

第六章拓展阅读　危害特征描述

# 第七章

# 风险特征描述

[学习目标]

1. 明确风险特征描述的基本概念、风险特征描述与危害特征描述的区别、风险特征描述的主要分类及对应的概念。
2. 掌握撰写微生物风险特征描述报告的技能。

风险特征描述（risk characterization）是风险评估的第四个步骤，也是风险评估的最后一个步骤，主要目的在于显示风险评估的最终结果，可为风险管理者提供科学的指导和建议。国际食品法典委员会（Codex Alimentarius Commission，CAC）将风险特征描述定义为：基于危害识别、危害特征描述和暴露评估的信息，定量或者定性地描述危害因子对特定人群健康产生不良影响的概率、严重程度以及评估过程的不确定性和变异性。

党的十八大以来，以习近平同志为核心的党中央坚持以人民为中心的发展思想，高度重视食品安全工作。党的二十大报告将食品安全纳入国家公共安全体系，强调要“强化食品药品安全监管”。微生物风险特征描述作为风险评估的最后一个步骤，主要目的在于总结前三个步骤的内容并推算出最终的微生物感染风险等级（定性）或风险估值（定量）。通过危害识别可以确定对人体健康产生不良影响的微生物危害因子，在由暴露评估计算出该微生物危害对于特定人群的暴露量或暴露概率，通过风险特征描述可以获知不同微生物暴露量下人群的具体反应，将三者有机结合就能计算出微生物危害对人群造成风险的程度。有效的微生物风险特征描述可为风险管理者解决微生物风险问题、制定政策等提供科学的依据，对构筑我国公共安全体系具有十分重要的现实意义。

本章基于之前几章对于危害识别、危害特征描述、暴露评估等食品微生物风险评估环节的阐释，重点教授学生掌握食品微生物风险特征描述的概念、内容、分类方式及具体的案例，以期通过本章教学让食品专业的学生充分掌握微生物风险特征描述的基本方法。

## 第一节　风险特征描述与危害特征描述的区别

在进行食品安全评估时，理解风险特征描述与危害特征描述的区别是至关重要的。这两者虽然在风险评估过程中都扮演着关键角色，但它们的目的和内容有着显著的差异。为了更清晰地理解这两者之间的关系，我们从危害与风险两个词的意义出发来探讨区别。

### 一、危害与风险的区别

关于危害与风险的区别前面已有相关论述，详见第二章第一节风险分析的本质部分。

### 二、概念层面的区别

2021 年，国家卫生健康委员会发布《食品安全风险评估管理规定》，将“危害特征描述”定义为：对与危害相关的不良健康作用进行定性或定量描述，而“风险特征描述”的定义为：在危害识别、危害特征描述和暴露评估的基础上，综合分析危害对人群健康产生不良作用的风险及其程度，同时应当描述和解释风险评估过程中的不确定性。危害特征描述侧重于分析危害与潜在风险间的关系，对于定量微生物风险评估而言，危害特征描述的核心是描暴露量和患病概率之间的函数关系，即剂量-反应模型。风险特征描述则主要是将危害特征描述和暴露评估的信息进行整合后，全面分析微生物导致的健康风险概率及严重程度，还应考虑到整体模型的不确定性和变异性，从而向风险管理者提供科学建议。

### 三、主要内容层面的区别

微生物危害特征描述通常解决以下问题：建立危害物剂量-反应的关系、确定微生物种属差异（定性和定量）、描述微生物作用方式的特征或机制等。风险特征描述主要以总结的形式对危害因素的风险特征进行描述，即将计算或估计的人群暴露水平与健康指导值进行比较，描述一般人群、特殊人群（高暴露和易感人群）或不同地区人群的健康风险，如有可能，应描述危害因素对健康损害发生的概率及程度。如果评估对象为微生物时，需要计算在不同时间、空间和人群中因该微生物导致人群发病的概率，以及不同的干预措施对降低或增加发病概率的影响等。

## 第二节　风险特征描述的主要内容

微生物风险特征描述主要包括评估微生物的暴露健康风险、阐述不确定性、分析风险评估模型的因素与患病风险之间的相关性等（图 7-1）。风险特征描述能够有效解决风险管理者的许多问题，例如，①不同食品、微生物亚型、微生物分布等所导致的患病风险；②不同年龄段、性别人群接触微生物而导致的患病风险；③不同管理措施、加工手段可能对微生物风险的影响（所导致的患病风险差异）；④在生产链或消费链的各个环节中，各因素与微生物患病风险之间的相关性；⑤添加风险干预措施实施后，风险程度是否有变化等等。

应当注意的是风险特征描述得出结论的基础并不一定就是上文提到的危害识别、暴露评估、危害特征描述。例如，丹麦食品和兽医研究所（Danish Institute for Food and Veterinary Research，DFVF）在 2014 年使用蒙特卡罗模拟模型评估通过牛乳代用乳粉传播牛海绵状脑病（bovine spongiform encephalopathy，BSE）给牛犊的风险时，在不进行暴露评估和危害特征描述的情况下估算出因食用动物而感染沙门菌的病例数。

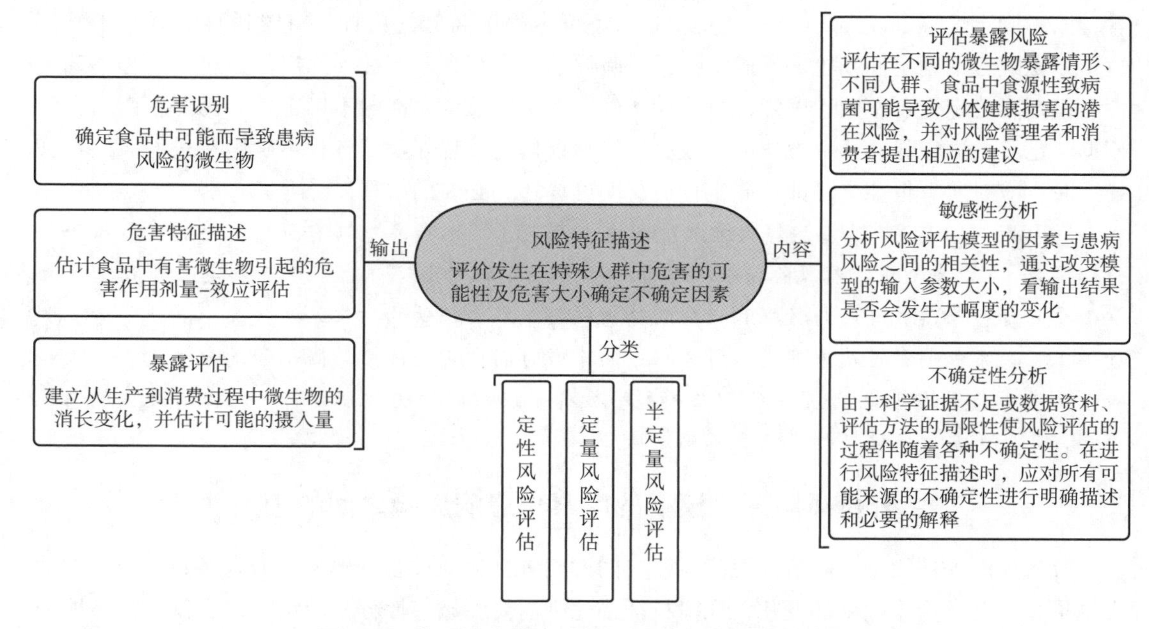


图 7-1　食品微生物风险特征描述的基本实施方案

## 一、评估暴露健康风险

评估在不同的微生物暴露情形、不同人群（包括普通人群、婴幼儿及孕妇等易感人群），食品中食源性致病菌可能导致人体健康损害的潜在风险，包括风险特性、严重程度、风险与人群亚组的相关性等，并对风险管理者和消费者提出相应的建议。

［**案例**］2021 年，国家食品安全风险评估中心贾华云等对零售生鲜猪肉从销售至食用阶段沙门菌的风险水平开展定量风险评估。该案例中风险特征描述的暴露健康风险阐述如下：“居民因生鲜猪肉交叉污染即食食品而摄入沙门菌的数量结合剂量-反应关系模型，预估生鲜猪肉因交叉污染即食食品导致沙门菌病的概率，结果显示室温储存导致的患病风险最高，为 $7.63\times10^{-3}$，冷藏和冷冻储存导致的患病风险差异不大，详见表 7-1。根据我国居民生鲜猪肉购买后储存习惯的调查结果，且假设每餐消费猪肉对居民罹患沙门菌病的风险是独立的，那么每 100 万居民每年因生鲜猪肉而罹患沙门菌病的估计人数约为 4748 人。”

表 7-1　　居民因生猪肉交叉污染即食食品罹患沙门菌病的风险

| 储存方式 | 占比/% | 患病风险的均值 | 患病人数的均值/（人/100 万人） |
| --- | --- | --- | --- |
| 室温 | 11.11 | $7.63\times10^{-3}$ | 1489 |
| 冷藏 | 49.83 | $8.74\times10^{-4}$ | 2110 |
| 冷冻 | 39.06 | $4.87\times10^{-4}$ | 1149 |
| 合计 | | | 4748 |

## 二、阐述不确定性

不确定性是由于缺乏知识而产生的，对于已有的知识或是信息可能存在一些无法确定的内容，而不确定性（uncertainty）正是衡量这一不确定程度高低的指标，有时被称为认知不确定性、知识缺乏不确定性或主观不确定性。风险评估中还存在着多种不确定性，包括过程不确定性、模型不确定性、参数不确定性、统计不确定性，以及变异性的不确定性。因此，由于科学证据不足或数据资料、评估方法的局限性使风险评估的过程伴随着各种不确定在进行风险特征描述时，应对所有可能来源的不确定性进行明确描述和必要的解释。

**[案例]** 2013 年，上海海洋大学唐晓阳博士开展了“水产品中副溶血性弧菌的定量风险评估研究”。在该案例中，对风险特征描述部分的不确定性作如下阐述：“不确定性是指由于缺少必要的资料而造成的，与数据和模型的选择相关。本次评估的对象是水产品，其他因素，如加工工艺、添加剂种类及浓度、销售过程中的冷藏时间、交叉污染的概率等均未考虑。本次风险评估中所采用的剂量-反应关系以及模型参数都是应用国外的文献资料，与上海地区的情况存在差异，为本次风险评估带来了不确定性。”

## 三、分析风险评估模型的因素与患病风险之间的相关性

分析风险评估模型的因素与患病风险之间的相关性，通过改变模型的输入参数大小，看输出结果是否会发生大幅度的变化。风险特征描述则需要将敏感性分析的结果进行阐述，表明患病风险与评估模型参数的相关性，以此确定在实际食品的生产加工、储运销售过程中的关键控制点（CCP），从而严格把控该指标的数值变化。

**[案例]** 2014 年，浙江大学汪雯博士构建了对冷冻虾仁从捕获至消费环节中副溶血弧菌的定量微生物风险评估模型。该案例风险特征描述中的相关性分析结果如图 7-2 所示，与副溶血性弧菌患病风险最为相关的因素是：捕获温度及家庭贮藏温度。其次，初始污染水平、捕获期的未冷藏时间及家庭贮藏时间对风险的影响也不容忽视；烹饪环节、清水清洗环节等因素与副溶血性弧菌患病风险呈现负相关，其中，烹饪环节是减少风险的最重要措施。

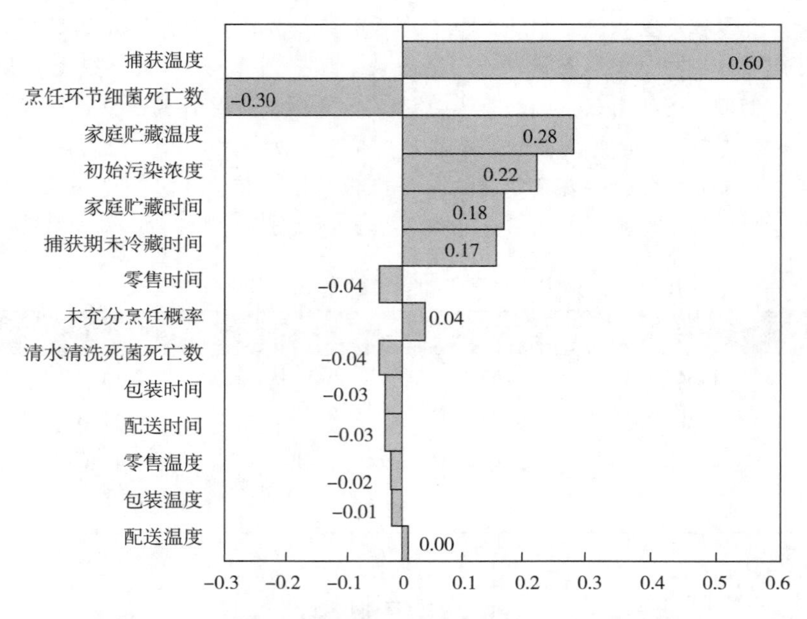


图 7-2 副溶血性弧菌患病风险与模型参数的敏感性分析

## 第三节　风险特征描述的分类

作为食品微生物风险评估的最后一部分，风险特征描述的主要任务是整合前三个步骤的信息，综合评估微生物危害对目标人群健康损害的风险及相关影响因素，旨在为风险管理者、消费者及其他利益相关方提供基于科学的、尽可能全面的信息。因此，在风险特征描述过程中，不仅要根据危害特征描述和暴露评估的结果对各相关人群的健康风险进行定性和（或）定量的估计；同时，还必须对风险评估各步骤中所采用的关键假设以及不确定性的来源、对评估结果的影响等进行详细描述和解释；在此基础上，若需要进一步完善风险评估，还有必要提出下一步工作的数据需求和未来的研究方向等。因此，基于风险特征描述的类型，风险评估可以分为 3 类，即定性、半定量和定量。本章内容将依据风险的不同类型的风险特征描述模式，结合具体的实际案例，全方位多角度地阐释风险特征描述的概念。

### 一、定性风险特征描述

定性风险特征描述指在数据量较少时，采用描述性的风险分级，来表征微生物对人群健康产生不良作用的风险及其程度，同时定性地描述和解释风险评估过程中的不确定性。定性风险特征描述可为食品风险问题提供初步的判断，以非数字术语表示可能性估计，如高、中、低或可忽略不计等，以此确定是否有必要进行更为深入的风险调查及评估。因此，定性风险评估产生的风险特征通常用于风险筛选，以确定它们是否值得进一步调查，但也可为风险管理者提供科学的信息和分析结果，以回答具体的风险管理问题。如果有明显的风险来源可以消除，则无需等待全面的定量风险评估即可实施风险管理行动。但是如果风险问题不能解决，则可能需要进一步开展定量风险评估，以更为精确地认识该风险的发生可能性及严重程度。

定性风险特征描述即对风险进行文本描述，涉及对各步骤的信息或数据进行“组合”，这是一个极其复杂的过程，因为在这一过程中既需遵循概率论的基础原则，但又缺乏充足的数据支撑，得出的结论很可能带有主观倾向。为便于理解，表 7-2 对比了定量风险评估和定性风险评估在得出风险结论方面的差别。

表 7-2　定量和定性风险特征描述计算过程的比较

| 阶段 | 定量风险特征描述 | | 定性风险特征描述 | |
|---|---|---|---|---|
| | 概率 | 计算 | 概率 | 计算 |
| $P1$ | 0.1 | | 低 | |
| $P2$ | 0.001 | $P2=P1\times0.001=0.0001$ | 极低 | $P1$×极低→极低 |
| $P3$ | 0.5 | $P3=P2\times0.5=0.00005$ | 中等 | $P2$×中等→低 |
| $P4$ | 0.9 | $P4=P3\times0.9=0.000045$ | 高 | $P3$×高→低 |
| 风险结论 | 0.000045 | | 低或极低 | |

由表 7-2 可知，定量风险评估中的数据可以直接通过数学运算得出风险估值，而定性风险

评估中的概率可能只是一个文本或描述性的文字。例如，①如果摄入某种食品后暴露的概率“很低”，该食品每年的消费水平也“低”，则可判断每年食用该食品而导致的风险“极低”。②如果动物感染致病菌的概率“高”，被感染动物使人群感染致病菌的概率也“高”，则可判断该动物使人群感染致病菌的总体概率“高”。但是，当一个值“高”而另一个值“低”时，由于难以估算哪一个值的影响更大，则很难得出明确的结论。例如，摄入一份食品的暴露概率“很低”，但每年该食品的消费量“很高”，则难以推测每年该食品的暴露概率。通常情况下，可以通过添加权重的方式来抵消这种不确定性，但权重的确定并不是一个简单的过程，有时可能带有主观倾向，使得定性风险评估的结论带有主观倾向性。因此，定性风险评估一般在评估暴露风险“高”或暴露风险“低”的危害时更为可靠，在评估暴露风险“中等”左右的危害时则不够准确。

目前，定性风险评估的分级至今没有统一标准，有的分级只有“高、中、低”，而有的分级则更为系统地分出“极低、非常低等”，这就使得不同结果难以比较或汇总。因此，为了保证风险评估结果的透明性，要求在定性风险特征描述中将所有细节记录清楚，如概率“高”或“低”的判断依据等。此外，虽然评估者是基于专业知识进行等级划分，但对于不一定有专业知识的读者而言，理解可能因人而异，例如，有的人看到风险是“低”就认为危害是完全可以忽略的，看到风险“中等”就觉得食用某种食品的风险很高。因此，对于定性风险特征描述的理解，还需要咨询专家意见。

基于上述分析，定性风险特征描述并不是特别精确，只是一个大致的概率范围，因此在大多数情况下，定性风险特征描述常常不能为风险管理者提供有用的信息。除非模型所涉及的变量非常少，且各变量的变化都只会使风险朝一个方向变化（升高或降低），否则在计算时就会非常困难。但确定一个大致的风险范围也并非毫无作用，在进行定量风险评估之前先进行定性风险评估，若风险是“低”或“极低”，则可能不需要再进行定量风险评估，也就免去不必要的资源投入。

**1. 定性风险特征描述的主要组成部分**

（1）描述风险路径　风险路径是指微生物危害因子导致食源性疾病发生的潜在路径。系统地阐明这些路径中所涉及的具体环节，有助于更好地收集可用于该风险特征描述的适当数据，并明确可用于该风险特征描述的相关概率模型或参数，这一流程对于定性风险评估至关重要。

（2）数据搜集　定性微生物风险特征描述需要两种类型的数据：①用于描述风险路径的数据，从而构建模型框架；②用于估计模型输入参数的数据。因此，在定性风险评估中，风险特征通常采用文本信息进行风险可能性和严重程度的描述。

（3）分析不确定性和变异性　在定性风险特征描述中，应考虑评估结果的不确定性和变异性。例如，某些参数的不确定性和变异性（如患病率、治疗效果等）会影响风险特征描述的最终结果，则应详细地讨论这些参数可能造成的影响程度。但由于特定数据或模型的缺失，往往很难准确地定义定性风险评估的变异性和不确定性，通常以叙述性的术语进行描述，如“很多”“很少”等。

（4）评估结果的呈现　定性风险特征描述应清楚地呈现最终的风险估计，其结果受到风险评估的复杂性，以及风险评估者偏好的影响。主要呈现形式如表 7-3 所示：通过制作定性风险特征描述表格，将已有数据的搜集结果列于左栏，定性风险特征描述的结论列于右栏。例如，“A” 国人民由于摄入微生物 “L” 污染的食品 “B” 而导致的患病风险？

表 7-3　定性风险特征描述结果呈现形式

| “A” 国人民由于摄入微生物 “L” 污染的食品 “B” 而导致的患病风险 | |
|---|---|
| 已有数据 | 风险特征描述 |
| ①2016 年，J 等研究表明，A 国 C 州的食品 B 中微生物 L 的污染率为 20%<br>②2018 年，H 等研究表明，A 国 D 州的食品 B 中微生物 L 的污染率为 90%<br>③2018 年，P 等研究表明，A 国 W 州的食品 B 中微生物 L 的污染率为 70%<br>④2019 年，O 等研究表明，A 国 N 州的食品 B 中微生物 L 的污染率为 50%<br>⑤2020 年，A 国 FDA 的数据显示：由于 A 国国情原因，C 州、D 州、W 州、N 州的食品安全监管政策完全不同<br>⑥2022 年，M 等研究表明，A 国 C 州人民因摄入食品 B 而导致微生物 L 的感染人数为 0 | 通过定性风险评估表明，A 国不同州之间食品 B 中微生物 L 的污染情况呈现鲜明的地域性特征，不同州的人群因摄入微生物 “L” 污染的食品 “B” 而导致的患病概率呈现从低到高的趋势：D 州>W 州>N 州>C 州。通过相关性分析可知，C 州的食品安全监管政策可能是导致该州患病率较低的原因。但是，该评估报告没有考虑到各州人口年龄组成、检测能力差异、受试样品数量等因素，将对本报告产生一定的不确定性影响。 |

**2. 定性风险评估案例**

2002 年，一个法国研究小组在屠宰的山羊中发现了一例牛海绵状脑病（bovine spongiform encephalopathy，BSE）疑似感染病例（疯牛病）。因此，欧盟委员会（European Commission，EC）要求欧洲食品安全局（European Food Safety Authority，EFSA）开展羊乳及其相关乳制品中传染性海绵状脑病（transmissible spongiform encephalopathies，TSE）的风险评估。基于有限的数据，EFSA 针对此危害开展了定性风险评估，其定性风险特征描述结果如下：

“根据目前的科学知识，无论羊乳及其相关乳制品的地理来源如何，只要食品来源是健康的动物，此类食品中不太可能存在 TSE 污染的风险。不确定性分析显示：只有获得更多关于小型反刍动物 TSE 污染情况的科学研究数据，才能对本研究中羊乳及其相关乳制品的风险进行全面的评估。”

2003 年，欧洲食品安全局对牛海绵状脑病再次进行了地域性风险评估，结果如表 7-4 所示，在此次评估的七个国家中，澳大利亚的评估结果为 “极不可能”，挪威和瑞典的评估结果为 “不太可能但不排除”，加拿大、墨西哥、南非及美国的评估结果为 “可能但不确认”。

表 7-4　七个国家地域性疯牛病风险特征描述

| 风险水平 | 一个地区或国家存在一头或多头牛感染牛海绵状脑病的可能性 | 国家名称 |
|---|---|---|
| 1 | 极不可能 | 澳大利亚 |
| 2 | 不太可能但不排除 | 挪威、瑞典 |
| 3 | 可能但不确认 | 加拿大、墨西哥、南非、美国 |
| 4 | 高度确认 | 无 |

## 二、半定量风险特征描述

半定量风险特征描述指通过对定性风险特征描述中的“文本概率”进行赋值（如大致的概率范围，或是以其他规则记为数值，并赋予权重分数），并通过基础的数学运算来计算大致的概率，从而得到比定性风险特征描述更客观、更科学的结果。半定量风险特征描述通过评分的方式对风险进行评价，为定性风险特征描述的文字评估和定量风险特征描述的数值评估提供了一种折中的情况。

与定性方法相比，半定量风险特征描述提供了一种更加可靠的方法，同时避免了定性风险特征描述可能产生的模糊性，为风险管理者提供的结果偏差更小、更具有参考价值。与定量方法相比，半定量风险特征描述不需要依靠大量的数学运算和复杂的数学模型，所需时间和资源也相对较少，即使对于没有较强数学基础的风险评估者，也具有较强的可操作性。因此，在数据缺乏、时间紧迫、技术欠缺的情况下，半定量风险特征描述可作为定量方法的一种“替代品”，能够获得大致的结论来支撑各类风险决策。表 7-5 展示了一种半定量风险特征描述的赋值方式，便于各位读者理解半定量风险特征描述的开展方法。

表 7-5　半定量风险特征描述赋值示例

| 定性分类等级 | 每年特定疾病患病概率范围 | 暴露人数 | 症状严重程度 |
|---|---|---|---|
| 可忽略 | 无限接近 0 | 0 | 无症状 |
| 极低 | $<10^{-4}$，（$\neq 0$） | 1~2 | 难受但没有呕吐腹泻 |
| 低 | $10^{-4}\sim10^{-3}$ | 3~10 | 呕吐腹泻 |
| 中等 | $10^{-3}\sim10^{-2}$ | 11~20 | 住院 |
| 高 | $10^{-2}\sim10^{-1}$ | 21~50 | 慢性后遗症 |
| 很高 | $>10^{-1}$（$\neq 1$） | >50 | 死亡 |
| 肯定 | 1 | — | — |

**1. 概率范围法**

概率范围法的赋值如表 7-5 所示，根据定性风险特征描述的“文本概率”，推算大致的范围并进行计算。需要注意的是，进行这种范围赋值的时候要明确背景再进行范围赋值。例如，在定性风险特征描述中，某种罐头食品含有肉毒毒素的概率为“极低”，按照上表的赋值方式，判定食用该罐头可能导致的患病概率在 0.0001 左右。值得注意的是，如果评估背景中罐头的总量为 1000 万个，那么大致就有 1000 个罐头含有肉毒毒素，仅用“极低”的词汇容易造成风险描述的偏差，使风险管理者放松警惕，增加肉毒毒素的感染风险。因此，在使用概率范围法赋值的过程中，应当充分考虑研究对象所属的评估背景。如果定性过程的描述出了差错则应当及时更正，如将罐头食品含有肉毒毒素的概率归类为“中等”。如果该罐头被肉毒毒素污染的概率确实“极低”，那么在这一背景下赋值的时候就应当选取比 0.0001 更小的数值。

**2. 代数法**

利用半定量风险评估软件 Risk Ranger 将风险评估过程中的所有参数都赋值并赋予权重，以此为基础用方程计算得出结果。应当注意的是，参数的赋值要在合理范围内，如风险评估中的各种概率要在 0~100%。

[**案例**] 2004 年，联合国粮农组织应用 Risk Ranger 进行半定量风险评估。该工具需要回答 11 个问题，这些问题描述了从收获到消费阶段影响海鲜食品安全风险的因素，可用定性（有预先确定的分类）或定量术语来描述，其中定性描述可依据设定转换为定量的数值。该工具采用 excel 电子表格软件格式，由于该模型应用于特定人群，因此在应用时需提前确定总体人数、地区人数等关键信息，然后依据输入计算评分，对不同食品-病原菌进行组合并排序，该模型提供 0~100 的风险估算范围，其中 0 表示无风险，可理解为每百年每千亿人口中发生一例轻微的腹泻案例，但逻辑上地球人口少于千亿，所以人无论在何时何地均不会发生该风险，100 则表示可能想象的最坏情形，即群体中每个成员每天摄入一个致死剂量。该方法已编码到 Risk Ranger 免费原型决策支持软件工具中。

该方法旨在进行半定量的风险监测，并对风险管理者采取措施的主要类别进行筛选，借助电子表格界面的表现形式，可帮助风险管理者更加清晰的分析问题，有助于帮助风险管理者制定优化的风险管理策略。然而该模型的构架比较简单，所获得的风险评估结果相对比较粗糙，仅能展示风险排名及分级，并且没有包含不确定性和变异性的内容。

作者运用此工具评价了 10 种海产品危害/产品组合，并考虑澳大利亚不同消费亚群发生食源性疾病的风险，结果如表 7-6 所示。作者将已分级的风险与澳大利亚的观察结果进行了比较。在澳大利亚，对于评分<32 的风险尚无记录，评分在 32~48 的所有风险，已在澳大利亚引起了几次食源性疾病的暴发（霍乱弧菌除外），评分>48 的风险在某些特定区域都引起了大规模的疾病暴发。

该风险特征描述报告还特别指出，由于该半定量风险评估几乎没有暴露量的描述和疾病发生率的数据收集，难以进行系统客观的模型性能评价。这也从侧面反映了该方法的局限性。

表 7-6　　基于 Risk Ranger 评估澳大利亚食品中微生物风险特征

| 危害识别 | 目标人群 | 风险等级 |
| --- | --- | --- |
| 珊瑚鱼中雪卡毒素 | 澳大利亚一般人群 | 45 |
| 珊瑚鱼中雪卡毒素 | 昆士兰州休闲渔民 | 60 |
| 鲭鱼科中毒症 | 澳大利亚一般人群 | 40 |
| 贝类中藻类生物毒素——受控水域 | 澳大利亚一般人群 | 31 |
| 藻类生物毒素——在海藻繁茂区 | 休闲采集者 | 72 |
| 捕食性鱼类中的汞 | 澳大利亚一般人群 | 24 |
| 牡蛎中病毒——已污染的水域 | 澳大利亚一般人群 | 67 |
| 牡蛎中病毒——已污染的水域 | 澳大利亚一般人群 | 31 |
| 熟虾中副溶血性弧菌 | 澳大利亚一般人群 | 37 |
| 熟虾中霍乱弧菌 | 澳大利亚一般人群 | 37 |
| 牡蛎中创伤弧菌 | 澳大利亚一般人群 | 41 |
| 冷熏海鲜中单核细胞增生李斯特菌 | 澳大利亚一般人群 | 39 |
| 冷熏海鲜中单核细胞增生李斯特菌 | 敏感人群（老年人、孕妇等） | 45 |
| 冷熏海鲜中单核细胞增生李斯特菌 | 极敏感人群（艾滋病、癌症） | 47 |
| 罐头鱼中肉毒梭状芽孢杆菌 | 澳大利亚一般人群 | 25 |

续表

| 危害识别 | 目标人群 | 风险等级 |
|---|---|---|
| 真空包装熏鱼中肉毒梭状芽孢杆菌 | 澳大利亚一般人群 | 28 |
| 寿司或生鱼片中寄生虫 | 澳大利亚一般人群 | 31 |
| 进口熟虾中肠杆菌科 | 澳大利亚一般人群 | 31 |
| 进口熟虾中肠杆菌科 | 敏感人群（老人、孕妇等） | 48 |

### 3. 风险矩阵法

风险矩阵是使用特定组合规则来推出风险大小的一种手段，如表 7-7 所示。本章通过两个运用风险矩阵法进行半定量风险特征描述的研究，来展示风险矩阵法的具体使用方法。

表 7-7　　风险矩阵示例——患病概率和病情严重程度的结合

| 概率 | 可忽略 | 轻微 | 中等 | 显著 | 严重 |
|---|---|---|---|---|---|
| 概率极大（>70%） | 较低 | 中等 | 较高 | 高 | 高 |
| 概率较大（40%~70%） | 低 | 较低 | 中等 | 较高 | 高 |
| 概率中等（10%~40%） | 低 | 较低 | 中等 | 较高 | 较高 |
| 概率较小（1%~10%） | 低 | 较低 | 较低 | 中等 | 较高 |
| 概率极小（<1%） | 低 | 低 | 较低 | 中等 | 中等 |

［**案例**］2001 年，澳大利亚生物安全局基于风险矩阵法，对进口动物及其相关制品携带外源性疾病的输入风险进行了半定量风险评估。

在该案例中，描述了外源性疾病传入澳大利亚可能性的定性结果（如低、中、高）、半定量结果（如 0→0.0001、0.0001→0.001、0.001→0.01、0.01→1）和定量结果（概率计算），并将地理因素（地方、区域、地区、国家）与风险水平相结合，进而将未限制风险纳入表中（表 7-8）。如果估计未限制风险（未对某一产品采取致病菌控制措施而带来的风险）在可接受范围内，则应不加任何限制允许该产品进口。否则，应对检验、热处理、除去内脏等限制措施进行评价，并采取适当措施，使进口动物及其相关制品符合澳大利亚的适当保护水平（ALOP），并最小程度地限制此类产品的进口贸易。

表 7-8　　可能性和影响结果的风险矩阵

| 传入并暴露的可能性① | 传入并暴露的结果 | | | | | |
|---|---|---|---|---|---|---|
| | 无影响 | 极低影响 | 低影响 | 中等影响 | 高影响 | 极高影响 |
| 高可能性 | 无风险 | 较低风险 | 低风险 | 中等风险 | 高风险 | 极高风险 |
| 中等可能性 | 无风险 | 较低风险 | 低风险 | 中等风险 | 高风险 | 极高风险 |
| 低可能性 | 无风险 | 无风险 | 较低风险 | 低风险 | 中等风险 | 高风险 |
| 较低可能性 | 无风险 | 无风险 | 无风险 | 较低风险 | 低风险 | 中等风险 |
| 极低可能性 | 无风险 | 无风险 | 无风险 | 无风险 | 较低风险 | 低风险 |
| 无可能性 | 无风险 | 无风险 | 无风险 | 无风险 | 无风险 | 较低风险 |

注：①参阅植物或植物产品的进口风险“进入、建立和传播”的分析。

[**案例**] 2021年，国家风险评估中心王晔茹等采用风险分级矩阵法对贝类海产品中副溶血性弧菌开展了半定量风险评估，对我国沿海地区不同人群副溶血性弧菌健康风险进行赋值和等级评价。

在该案例中，作者利用我国贝类海产品消费量以及副溶血性弧菌污染等数据，针对沿海居民中不同的贝类消费人群，计算危害严重性（5分制）和疾病发生可能性（5分制）参数，在考虑零售后贝类中副溶血性弧菌增长的影响下，采用表7-9的食品微生物风险分级模型矩阵进行风险特征描述：我国沿海地区全人群和贝类海产品消费者人群，通过生食贝类海产品每餐平均发生副溶血性弧菌食源性疾病的风险评分均为6分，属于低风险，而生食贝类海产品人群的风险评分为10分，属于中度风险。

表7-9 食品微生物风险分级矩阵

| 可能性等级（分值） | 危害等级（分值） | | | | |
|---|---|---|---|---|---|
| | 极轻（1） | 轻（2） | 中（3） | 高（4） | 严重（5） |
| $\geqslant 1\times10^{-3}$（5） | 低（5） | 中（10） | 较高（15） | 高（20） | 高（25） |
| $1\times10^{-4}\sim<1\times10^{-3}$（4） | 低（4） | 中（8） | 较高（12） | 较高（16） | 高（20） |
| $1\times10^{-5}\sim<10^{-4}$（3） | 极低（3） | 低（6） | 中（9） | 较高（12） | 较高（15） |
| $1\times10^{-6}\sim<1\times10^{-5}$（2） | 极低（2） | 低（4） | 低（6） | 中（8） | 中（10） |
| $<1\times10^{-6}$（1） | 极低（1） | 极低（2） | 极低（3） | 低（4） | 低（5） |

**4. 半定量风险特征描述的局限性**

（1）分级规则不统一　以病情的严重程度为例，某些半定量风险特征描述将病情严重程度分为5级，而有的甚至分成25级，这样不统一的分级规则，将造成不同风险特征描述的结果无法进行有效的比较。

（2）概率数值计算问题　因为半定量的概率数值都是赋值，因此不像定量风险特征描述一样可以直接进行计算，这方面的计算规则需要自行定义，往往带有很强的主观特性。

## 三、定量风险特征描述

在三类风险特征描述中，定量风险特征描述最为复杂、所需数据量最大，但同时也能为风险管理者提供最为可靠的信息。定量风险特征描述基于暴露评估和危害特征描述中所积累的数据，通过模型计算来获得定量的风险值。大多数微生物风险评估文献资料、指南和经典案例均为定量风险特征描述，说明较定性及半定量风险特征描述而言，该方法具有许多明显的优点。与定性或半定量风险特征描述相比，定量方法的优势在于以数值的形式表示更为直观，如患病概率、住院概率、死亡率等衡量风险大小的重要指标，比“高、中、低、多、少”等定性或半定量的数据更容易让消费者理解危害的严重程度。定量风险特征描述通常能够提供更多、更全面、更系统的信息，使风险管理者充分明晰微生物危害因子的风险特征，并有助于以更精确的解决方案来处理微生物风险管理问题。

**1. 定量风险特征描述的分类**

定量风险特征描述可以是确定性的，即用单一数值描述危害因子对特定人群健康产生不良影响；也可以是概率性的，即用概率分布描述危害因子对特定人群健康产生不良影响。基于风险特征描述形式的不同，可将定量风险特征描述分为两类：确定性定量风险特征描述和随机性定量风险特征描述。

（1）确定性定量风险特征描述　确定性（deterministic）定量风险特征描述又称点估计，即在输入变量的定义域内取点代入数学模型，这一评估方式带有假设的性质，假设每个变量都是恒定不变的数值，如取平均值。

风险评估者需要为模型中的每一个变量（如食品中微生物的浓度、烹饪过程中微生物的数量减少、食品的摄入量或消费量等）都选取单一值（平均值、最高值、众数或第95百分位数等），然后导入数学模型来计算风险，并用不同的变量组合来生成结果，如每个变量都取平均值，或是全部选取最佳情况、最坏情况等用以计算结果。

确定性定量风险特征描述存在许多弊端，常有风险评估者为了完全规避风险将各个变量都取保守值（即最坏情况下的数值），然后进行保守估计。这种保守的评估方式实质上是在模拟一个不太可能发生的场景，最终可能高估风险。因此，确定性定量风险特征描述方法的缺点是，所估计的暴露情景实际发生的概率很低，风险估值偏高，可能导致风险管理者无法科学地制定合理的风险防控措施，将大量的资金、精力、物力等资源用于防范概率很低的风险事件。

（2）随机性定量风险特征描述　随机性（stochastic）定量风险特征描述（也称概率风险特征描述）中将每个输入变量的所有可能值用概率分布的形式表现出来，进行评估时每个变量都按照其概率分布从定义域中随机取值代入模型，然后输出风险结果。大多数风险评估者都青睐随机性方法，因为它能得出更多有利于决策的信息。

以消费者的食用频率为例，假设某特定人群中消费者食用目标食品的频率是10~30次/年，若采用点估计法则可能只能选择将10（最佳情况）、20（平均值）、30（最坏情况）代入模型进行计算；而如果根据问卷调查发现食用频率为10次/年的占总人数的5%，11次/年的占6%……30次/年的占2%，则可以绘制概率分布图，并使用随机性模型，从概率分布中取值代入模型进行计算，各个值被取到的概率等于百分比值，则计算结果能够反映出不同消费频率影响下消费者的风险大小。尽管随机性定量风险特征描述的计算复杂度高于确定性暴露评估，但这种复杂的计算现在已经可以由软件处理，如@ RISK、Crystal Ball® 和MODELRISK等。

**2. 定量风险分析示例**

（1）［**案例**］水产品中副溶血性弧菌风险评估基础研究　2013年，上海海洋大学的唐晓阳博士开展了“水产品中副溶血性弧菌风险评估基础研究”。该风险评估报告的风险特征描述部分的内容如下。

副溶血性弧菌是水产品中常见的食源性致病菌，食用被该菌污染的水产品可能导致患病风险。经暴露评估结合危害特征描述结果显示：上海市居民摄入每份被副溶血性弧菌污染的水产品所引起致病概率均值为$2.64\times10^{-7}$，每年因食用被副溶血性弧菌污染的水产品导致患病的人数为1823人。敏感性分析结果显示（图7-3）：副溶血性弧菌感染风险与模型参数间spearman相关系数大小依次排序为：水产品中副溶血性弧菌的污染量>水产品生食比例>贮藏温度>贮藏时间>上海市居民每年食用水产品的份数。基于该结果对上海市食品安全监管工作提出建议：①应继续加强水产品中副溶血性弧菌污染状况监测，控制水产品中副溶血性弧菌的初始污染浓度；②水产品生食比例与副溶血性弧菌感染密切相关，应充分发挥新闻媒体、科普宣传的重要功能，引导消费者对水产品进行完全烹饪，避免生食水产品；③应加强对水产品贮藏温度及时间的监管。

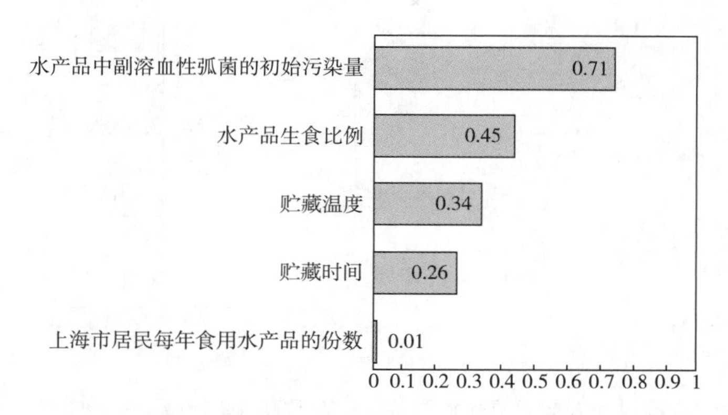


图 7-3　副溶血性弧菌感染风险与模型参数的敏感性分析

（2）**[案例]** 熟肉制品中单核细胞增生李斯特菌的风险评估及风险管理措施的研究　2010 年，中国疾病预防控制中心田静博士开展了“熟肉制品单核细胞增生李斯特菌的风险评估及风险管理措施的研究”。该风险评估报告希望通过建立熟肉制品中单核细胞增生李斯特菌的定量模型，对我国由熟肉制品中单核细胞增生李斯特菌导致的疾病风险进行定量评估，考虑指数生长率、贮藏时间、家庭贮藏温度、熟肉制品消费情况确定熟肉制品在消费时的污染水平（lg CFU/g）和消费时熟肉制品中单核细胞增生李斯特菌的量（lg CFU/餐），将上述暴露评估结果代入剂量反应公式，分别估计 0~4 岁、5~64 岁、以及 65 岁以上人群消费散装熟肉制品和定型包装熟肉制品引起的李斯特菌疾病的概率。评估结果以每份熟肉制品引起的李斯特菌病的概率、每年消费熟肉制品导致的病例数及每年消费熟肉制品引起的每百万人的病例数表示。该风险评估报告的风险特征描述部分内容如下。

单核细胞增生李斯特菌是一种常见的食源性致病菌，极易污染熟肉制品，对公众健康造成极大的风险隐患。根据定量数据获得的结果，预计 0~4 岁、5~64 岁及 65 岁以上人群摄入每份散装熟肉制品导致食源性李斯特菌病概率的中位数分别为：$6.50\times10^{-11}$、$2.13\times10^{-12}$、$9.05\times10^{-11}$；每年消费散装熟肉制品导致的病例数的中位数分别为 0.36、0.19、0.92；每年引起每百万人患病的病例数的中位数分别为 $5.53\times10^{-3}$、$1.72\times10^{-4}$、$7.57\times10^{-3}$。结果可见，0~4 岁和 65 岁以上两组人群对李斯特菌病更为易感，摄入每份散装熟肉制品的患病概率比普通人群的患病概率高一个数量级；相应的，这两个易感人群的患病例数也要高于非易感人群。敏感性分析显示：此次评估中主要涉及的五个因素，与患病风险的关系均为正相关。其中，零售熟肉制品中单核细胞增生李斯特菌的污染情况对风险的影响最大，家庭贮藏温度和贮藏时间与风险的相关程度相似。散装熟肉制品的摄入量越大，个体患李斯特菌病的概率越大。65 岁以上老人摄入每份定型包装熟肉制品的量对风险的影响最大（图 7-4、图 7-5）。

（3）**[案例]** 肉鸡供应链沙门氏菌风险评估　2019 年，浙江大学肖兴宁博士开展了“肉鸡供应链沙门菌风险评估”。基于肉鸡供应链中沙门菌污染率（%）和污染水平（lg CFU/g）的暴露评估，结合剂量-反应模型，以蒙特卡洛分析方法进行随机拟合，对黄羽肉鸡和白羽肉鸡的沙门菌致病风险进行预测。该风险评估报告的风险特征描述部分如下：

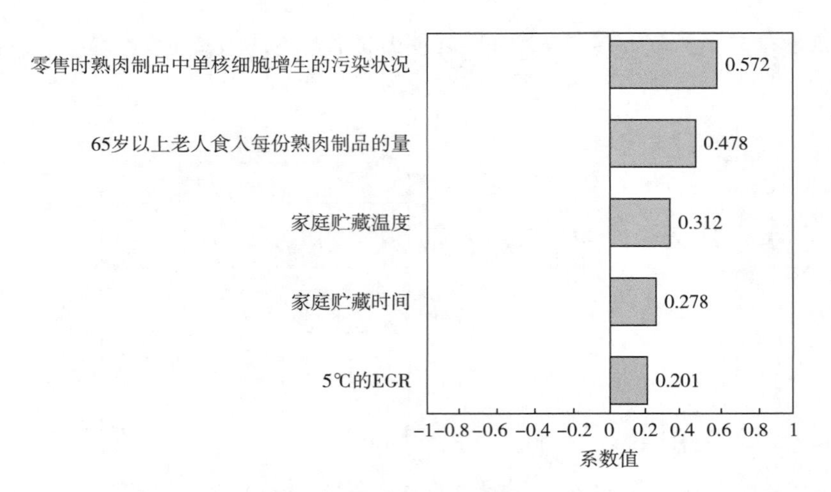


图 7-4 65 岁以上人群消费散装熟肉制品的患病概率与模型变量的敏感性分析

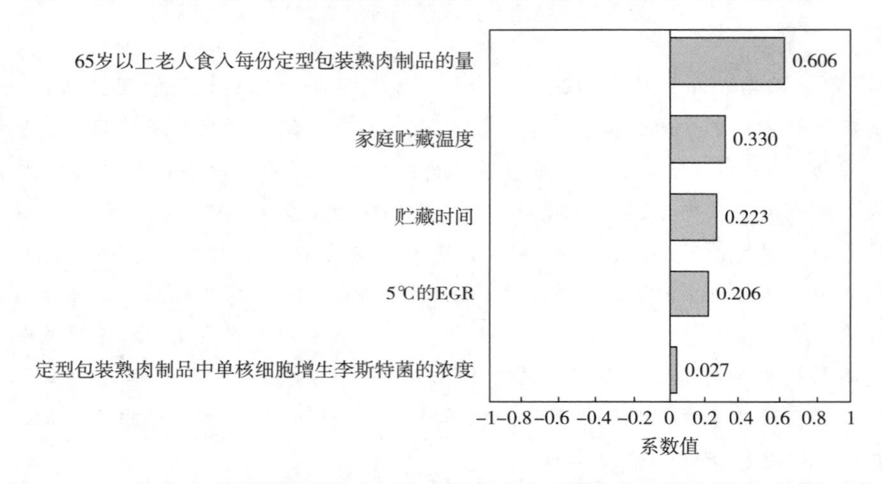


图 7-5 65 岁以上人群消费定型包装熟肉制品的患病概率与模型变量的敏感性分析

沙门菌是一种常见的人畜共患病原菌，感染沙门菌易造成腹泻、发热及肠道炎症反应等疾病。评估结果显示（表 7-10），因食用鸡肉（黄羽、白羽）造成沙门氏菌中毒事件的平均概率为 $1.5\times10^{-8}$ 人/餐和 $1.0\times10^{-8}$ 人/餐，黄羽肉鸡的致病风险值高于白羽肉鸡。敏感性分析结果显示：在黄羽肉鸡屠宰环节中最重要的 2 个风险因子为初始污染水平及消毒清洗中杀菌剂的浓度，黄羽肉鸡从养殖至消费的供应链中最重要的 3 个风险因子为烹饪环节的细菌死亡量、初始污染水平、杀菌剂浓度（图 7-6）；在白羽肉鸡屠宰环节最重要的风险因子为初始污染水平、浸烫环节的细菌死亡量，在白羽肉鸡从养殖至消费的供应链中最重要的 3 个风险因子为烹饪环节的细菌死亡量、初始污染水平、浸烫环节的细菌死亡量（图 7-7）。

表 7-10 食用肉鸡感染沙门菌的风险预测

| 风险估计值 | 黄羽肉鸡/（人/餐） | 白羽肉鸡/（人/餐） |
|---|---|---|
| 平均值 | $1.5\times10^{-8}$ | $1.0\times10^{-8}$ |
| 97.5$^{th}$ | $7.3\times10^{-8}$ | $3.5\times10^{-8}$ |
| 最大值 | $5.5\times10^{-7}$ | $2.8\times10^{-7}$ |

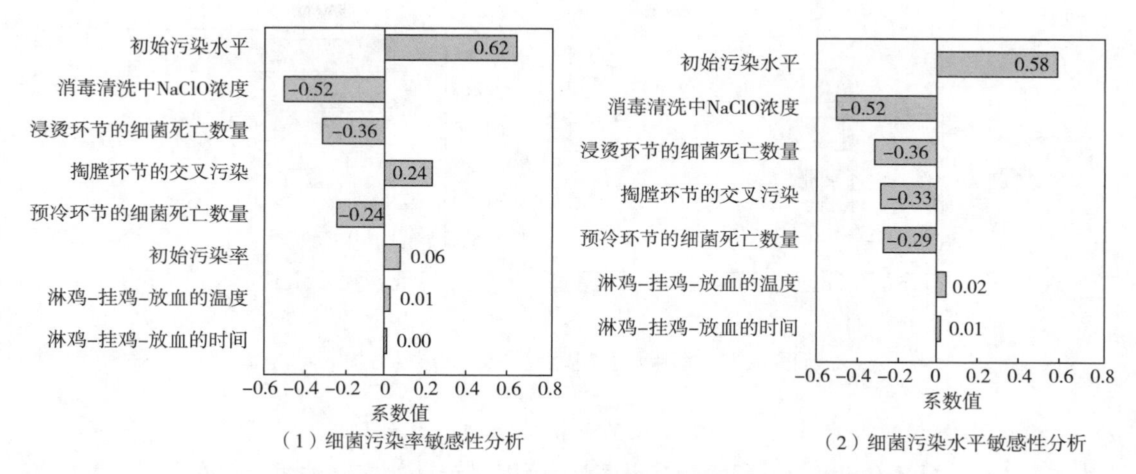


图 7-6　黄羽肉鸡养殖至屠宰的细菌污染率及细菌污染水平敏感性分析

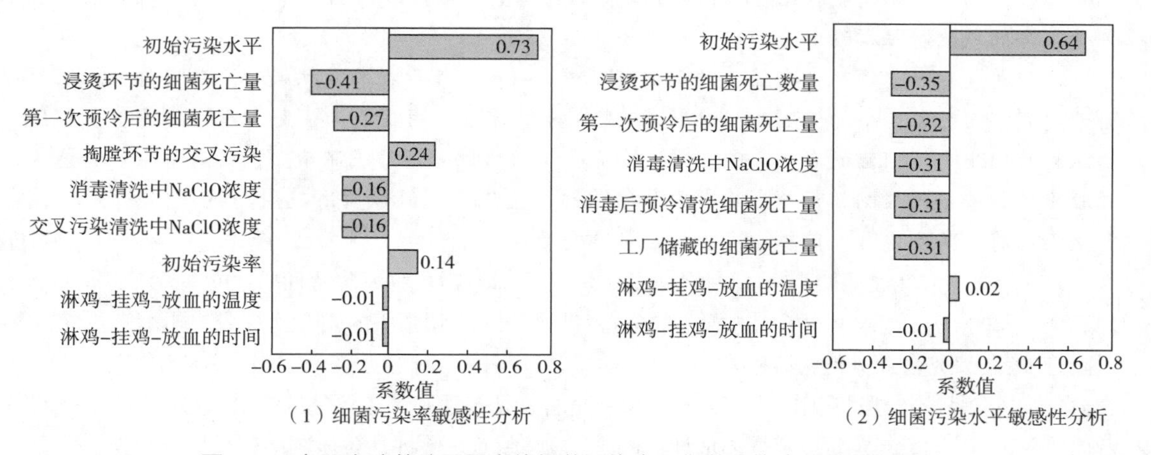


图 7-7　白羽肉鸡养殖至屠宰的细菌污染率及细菌污染水平敏感性分析

（4）［**案例**］韩国天然干酪和加工干酪中金黄色葡萄球菌的微生物定量风险评估　Lee 等 2015 年开展了“韩国天然干酪和加工干酪中金黄色葡萄球菌的微生物定量风险评估”的报告。该风险评估报告的风险特征描述部分的内容如下。

金黄色葡萄球菌是一种革兰阳性菌，在乳制品中大量存在，摄入会导致患病风险。在韩国，因食用金黄色葡萄球菌污染的加工干酪可导致每人每天患病概率的平均值为 $2.24\times10^{-9}$，而食用金黄色葡萄球菌污染的天然干酪可导致每人每天患病概率的平均值为 $7.84\times10^{-10}$，加工干酪可能导致的风险值更高（表 7-11）。结果表明，在韩国，由于食用干酪而导致的金黄色葡萄球菌相关食源性疾病的风险可被认为是低水平。敏感性分析为：影响韩国天然干酪和加工干酪金黄色葡萄球菌风险的主要因素为摄入频率和家庭贮藏温度（图 7-8）。

表 7-11　　食用干酪可导致金黄色葡萄球菌的患病概率

| 干酪类型 | 5% | 25% | 50% | 95% | 99% | 最大值 | 平均数 |
|---|---|---|---|---|---|---|---|
| 天然干酪/(人/天) | 0 | 0 | 0 | 0 | $1.22\times10^{-8}$ | $2.32\times10^{-6}$ | $7.84\times10^{-10}$ |
| 加工干酪/(人/天) | 0 | 0 | 0 | 0 | $9.45\times10^{-9}$ | $7.97\times10^{-6}$ | $2.24\times10^{-9}$ |

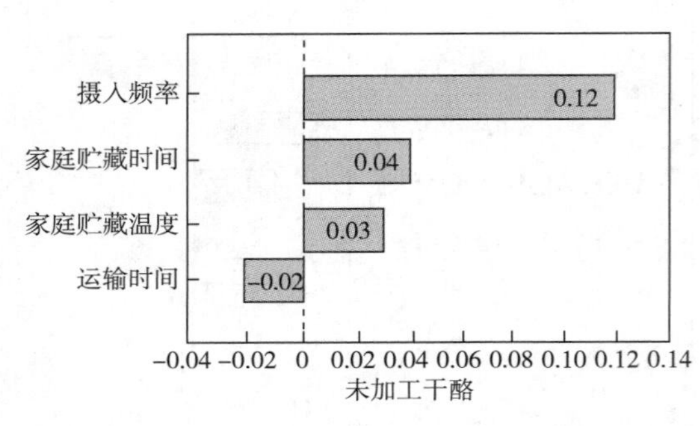


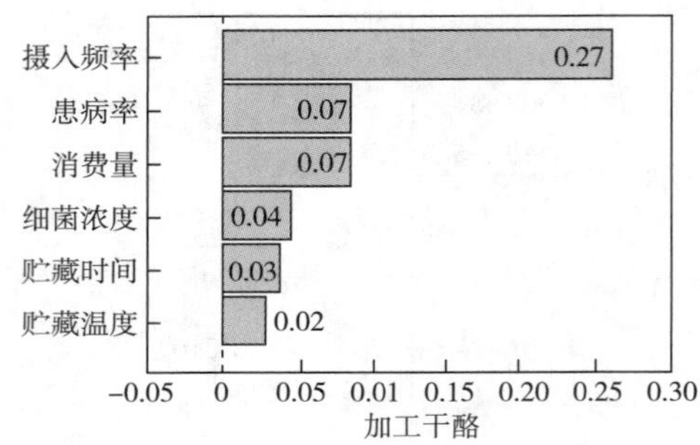


图 7-8 食用乳酪与模型参数的敏感性分析

（5）**［案例］** 鸡肉串沙门菌的定量风险评估 2019 年，韩国建国大学的 Jeong 等开展了“韩国街头小吃贩售鸡肉串中沙门菌的定量风险评估”。通过暴露评估预测了在制备过程中鸡肉串中沙门菌的存活情况，结合沙门菌剂量-反应模型，估计沙门菌疾病发生的概率。该风险评估报告的风险特征描述部分的内容如下。

沙门菌是一种食源性致病菌，对于鸡肉串中沙门菌可能存在的致病风险，温暖月份比寒冷月份更高，而且鸡肉串的保温时间对患病风险的影响在温暖月份更为显著。在寒冷月份，环境温度对鸡肉串中沙门菌的患病风险几乎没有影响。敏感性分析结果显示：在鸡肉串生产和消费过程中，最关键的控制环节是生鸡肉中沙门菌的污染浓度。假设所有鸡肉均被沙门菌污染时，预热温度将成为决定沙门菌感染风险的最重要变量。

综上所述，作为食品微生物风险评估的最后一个部分，微生物风险特征描述的主要任务是整合前三个步骤的信息，综合评估食品中微生物危害对目标人群健康损害的风险及相关影响因素，旨在为风险管理者、消费者及其他利益相关方提供科学、全面、可靠、有指导意义的定性或定量信息。因此，在微生物风险特征描述过程中，不仅要充分整合危害特征描述和暴露评估的结果，对各相关人群的健康风险进行定性、半定量或定量的估计；同时，还必须对风险评估各步骤中所采用的数据、参数、模型、假设等信息进行不确定性和变异性分析，并详细描述和解释这些信息对评估结果的影响；在此基础之上，进一步完善风险评估模型，并提出下一步风险评估工作的数据需求和未来的研究方向等。

## 思考题

1. 风险特征描述的概念？
2. 风险特征描述与危害特征描述的区别？
3. 举例说明风险特征描述能够解决风险管理者的哪些问题？
4. 风险特征描述的主要分类？
5. 定性风险特征描述、半定量风险特征描述、定量风险特征描述的区别？

**第七章拓展阅读 风险特征描述**

# 第八章 预测微生物学模型

CHAPTER 8

[学习目标]

1. 掌握典型的微生物生长与失活预测模型，包括初级模型和二级模型。
2. 理解模型评价和验证方法；了解典型的预测微生物学模型工具。

食品安全关系到广大人民群众的身体健康和生命安全，关系到经济健康发展和社会稳定，关系到政府和国家的形象。食源性致病菌是影响食品质量安全和危害公众身体健康的主要因素之一，对特定的“食品-微生物”组合开展风险评估是保障食品安全和消费者健康，以及促进食品贸易的重要手段。暴露评估是微生物定量风险评估的基础，而预测微生物学模型是暴露评估的重要工具。作为一种更有效率的替代传统平板计数法的快速估测手段，预测微生物学模型可用于描述食品在加工、贮藏、运输、销售、消费等过程中环境因素对微生物数量变化的影响，成为暴露评估必不可少的重要组成。同时，预测微生物学模型还可以用于食品保质期分析，为确定食品加工贮藏各个阶段可能产生腐败的关键点，以及考察环境因素对食品质量的影响提供客观和定量的评估方法。本章将主要介绍食品安全风险评估中常见的预测微生物学模型。

## 一、预测微生物学概述

预测微生物学属于食品微生物学中一个相对较新的应用研究领域，它主要结合计算机语言和数学模型来描述食品中的微生物在经历复杂环境变化时的生长、残存和死亡规律。预测微生物学的发展可追溯至1922年，Esty等应用数学模型构建了肉毒梭状芽孢杆菌在加热作用下的失活模型，但直至20世纪90年代，得益于计算机技术的进步，科研人员通过经验模型来描述食品中微生物的生长，才发展成为成熟的研究领域。一般而言，预测微生物学中的数学模型可分为三个层次，分别为初级模型、二级模型、三级模型。其中，初级模型主要用于描述食品中特定微生物生长或失活的数量随时间的变化，该类模型通常含有定义微生物在恒定环境条件下（如温度、pH、水分活度）生长或失活行为的基本动力学参数（如生长速率、失活速率）；二级模型主要用于描述环境因子对初级模型中动力学参数的影响，通常情况下，温度是影响微生物生长或失活的重要因素；当初级模型与二级模型构建完成后，两者可组合起来用于预测微生物生长或失活，这种集成了初级模型和二级模型的专家系统或计算机程序则称为三级模型。

## 二、微生物生长模型Ⅰ——初级模型

食品体系中微生物的生长是一个复杂的生理生化反应过程，受到微生物自身内在因素和环境体系外在因素的共同影响。当营养条件充分时，微生物的生长主要受物理因素（如温度）和化学因素（如 pH、食品组分、添加剂）的制约。一般而言，当环境温度恒定不变，处于封闭系统（如某食品体系接种或被微生物污染之后不再与外界微生物发生数量上交换）中的微生物繁殖时，通常可以形成包含迟滞期、对数期、稳定期三个阶段的完整生长曲线。在迟滞期这一阶段，接种或经污染附着于食品体系的微生物因为刚暴露于新的环境，需经历自我适应新环境的过程，此阶段内并无数量上的增长；当迟滞期结束后，微生物生长即进入对数期，此时微生物的数量呈现指数增长，直至其种群数量达到动态平衡而进入稳定期。生长模型中的初级模型主要考察微生物的数量随时间的变化，通过初级模型可以获得迟滞期、生长速率、最大生长浓度等信息。目前，已有多种关于生长曲线描述的初级模型，包括三段线性模型、Logistic 模型、Gompertz 模型、Baranyi 模型、Huang 模型、Two-compartment 模型等。

### 1. 三段线性模型

在温度恒定且适合微生物生长的条件下，完整的生长曲线呈现出 S 形，描述此类 S 形曲线最简易的模型是三段线性模型，其方程可表述为式（8-1）：

$$Y(t)=\begin{cases}Y_0,\ t\leqslant\lambda\\ Y_0+k(t-\lambda),\ \lambda<t\leqslant t_{max}\\ Y_{max},\ t>t_{max}\end{cases} \tag{8-1}$$

式中 $Y_0$——微生物初始浓度的对数值（以 10 为底或自然对数）；

$\lambda$——微生物的生长迟滞期；

$k$——微生物比生长速率；

$t$——时间；

$t_{max}$——微生物生长开始进入稳定期所经历的时间；

$Y_{max}$——稳定期微生物浓度的对数值（以 10 为底或自然对数）。

虽然该式能较为准确地描述恒温条件下微生物的生长曲线，但其在预测微生物学研究中的实际应用较为少见，因为从数学的角度而言，函数在 $t=t_0$ 及 $t=t_{max}$ 两点处存在突变转折，而非连续变化。

式（8-1）的一个特殊的形式可用于描述未形成稳定期的生长曲线，其表达式如式（8-2）：

$$Y(t)=\begin{cases}Y_0, & t\leqslant\lambda\\ Y_0+k(t-\lambda), & t>\lambda\end{cases} \tag{8-2}$$

### 2. Logistic 模型

在早期的预测微生物学研究中，Logistic 模型是常见的被报道用于描述 S 形曲线的经验模型，其表达式为式（8-3）：

$$Y(t)=Y_0+\frac{Y_{max}-Y_0}{1+\exp\left[\frac{4\mu_{max}}{Y_{max}-Y_0}(\lambda-t)+2\right]} \tag{8-3}$$

式中 $Y_0$、$Y_{max}$、$Y(t)$——与初始时刻、稳定期和 $t$ 时刻相对应的微生物浓度（自然对数）；

$\mu_{max}$——最大比生长速率；

$t$——时间；

$\lambda$——迟滞期。

与三段线性模型相比，Logistic 模型更能相对准确地描述连续变化的 S 形生长曲线。

**3. 改良的 Gompertz 模型**

改良的 Gompertz 模型是另一种常见的被报道用于描述 S 形曲线的经验模型，其表达式为式（8-4）：

$$Y(t) = Y_0 + (Y_{max} - Y_0)\exp\left\{-\exp\left[\frac{\mu_{max}e}{Y_{max} - Y_0}(\lambda - t) + 1\right]\right\} \tag{8-4}$$

式中　$Y_0$、$Y_{max}$、$Y(t)$——与初始时刻、稳定期和 $t$ 时刻相对应的微生物浓度（自然对数）；

$\mu_{max}$——最大比生长速率；

$t$——时间；

$\lambda$——迟滞期。

与三段线性模型相比，改良的 Gompertz 模型也更能准确地描述连续变化的 S 形生长曲线。

虽然改良的 Gompertz 模型和 Logistic 模型均能较为准确地描述恒定温度条件下的微生物的 S 形生长曲线，且简单直观，但其明显的缺点是两种模型均是单纯地从数学的角度用经验方程对微生物的生长曲线进行拟合，缺乏内在的生物学意义。迄今，改良的 Gompertz 模型和 Logistic 模型已被大量的文献报道用于微生物生长数据拟合，但其逐渐被具有生物学意义的 Baranyi 模型或 Huang 模型所取代。

**4. Baranyi 模型**

1993 年，Baranyi 等首次提出具有生物学意义的微生物生长机制模型，并以其姓氏命名为 Baranyi 模型。该模型假设认为，当微生物暴露于新环境中时，其生长行为受到前期生理状态的影响，同时，其生长速率是细菌浓度（$N$）的函数，一般表达式如式（8-5）：

$$\frac{dN}{dt} = \alpha(t)\mu(N)N,\ N > 0,\ t \geqslant 0 \tag{8-5}$$

式中　$\alpha(t)$——调节函数，其取值介于 0~1，用于表达迟滞期内微生物对新环境条件的适应过程。

在最初提出的模型中，调节函数 $\alpha(t)$ 的表达式为式（8-6）：

$$\alpha(t) = \frac{t^n}{t^n + \lambda^n} \tag{8-6}$$

上述调节函数 $\alpha(t)$ 与微生物生长繁殖所需关键物质的合成紧密相关，若将关键物质的合成量记为 $P(t)$，其取值介于 0 到最大浓度 $P_{max}$ 之间，参考 Michaelis-Menten 酶促反应动力学方程，可列出 $\alpha(t)$ 与 $P(t)$ 的关系式为式（8-7）：

$$\alpha(t) = \frac{P(t)}{P_{max} + P(t)} \tag{8-7}$$

式（8-6）与式（8-7）联立，化简可得 $\frac{P(t)}{P_{max}} = \left(\frac{t}{\lambda}\right)^n$。

此时，可推导出微生物数量随时间变化的解析解，即恒定温度条件下的完整生长曲线的表达式如式（8-8）：

$$Y(t) = Y_0 + \mu_{max}A_n(t) - \ln\left[1 + \frac{e^{\mu_{max}A_n(t)} - 1}{e^{Y_{max} - Y_0}}\right] \tag{8-8}$$

式中 $Y(t)$、$Y_0$、$Y_{max}$——与 $t$ 时刻、初始时刻、稳定期相对应的微生物浓度的对数值（以自然对数为底）；

$\mu_{max}$——最大生长速率；

$A_n(t)$——调节函数，其表达式为式（8-9）：

$$A_n(t) = \int_0^t \frac{s^n}{\lambda^n + s^n} ds = \lambda\left[\frac{t}{\lambda} - \left(\frac{t}{\lambda}\right)\int_0^t \frac{1}{1+s^n} ds\right] \tag{8-9}$$

由式（8-8）和式（8-9）可知，Baranyi 模型中 $n$ 的取值决定了生长曲线的迟滞期和对数期的斜率，进而影响曲线的形状。在 1993 年，Baranyi 等初次提出该模型时，建议 $n$ 的取值为 4。

1994 年，Baranyi 等通过增加对微生物迟滞期内关键物质合成的模拟，进一步改进了前述机制模型，其表达式如式（8-10）：

$$\begin{cases} \dfrac{dN}{dt} = \dfrac{Q}{1+Q}\mu_{max}N\left(1 - \dfrac{N}{N_{max}}\right) \\ \dfrac{dQ}{dt} = \nu Q \end{cases} \tag{8-10}$$

式中 $\frac{dQ}{dt}$——微生物的生理状态，等同于 $\frac{P(t)}{P_{max}}$；

$\nu$——关键物质合成的速率。

此时，式（8-10）中，经积分可得调节函数 $A(t)$ 的表达式为式（8-11）：

$$A(t) = t + \frac{1}{\nu}\ln(e^{-\nu t} + e^{-h_0} - e^{-\nu t - h_0}) \tag{8-11}$$

其中，$h_0 = -\ln\left(\frac{Q_0}{1+Q_0}\right) = -\ln(\alpha_0)$。

式中 $h_0$——微生物接种到新的环境体系之后所处的生理状态。

因此，改进后的 Baranyi 模型，在恒定温度条件下的解析解表达式为式（8-12）：

$$Y(t) = Y_0 + \mu_{max}A(t) - \ln\left[1 + \frac{e^{\mu_{max}A(t)} - 1}{e^{Y_{max} - Y_0}}\right] \tag{8-12}$$

式中 $Y$ 和 $Y_{max}$ 均为以自然对数为计量单位的微生物数量（即 $Y=\ln N$，$Y_{max}=\ln N_{max}$）；

$\nu$ 和 $\mu_{max}$ 分别表示理论上关键物质合成的速率和微生物生长的速率。实际应用中，通常认为 $\nu=\mu_{max}$，以此简化方程，进而通过非线性拟合求解模型参数。另外，微生物的迟滞期表达式如式（8-13）：

$$\lambda = \frac{h_0}{\mu_{max}} \tag{8-13}$$

Baranyi 模型实际应用时，需要确定生长曲线的 $h_0$，然而不同温度条件下，生长曲线 $h_0$ 并不一定相等，通常的处理方法是先分别对每个温度条件下的生长曲线进行拟合得到 $h_0$，然后求其平均值，再将平均的 $h_0$ 回代至模型中估算生长速率 $\mu_{max}$。

式（8-12）的一个特殊的形式可用于描述未形成稳定期的生长曲线，其表达式如式（8-14）：

$$Y(t) = Y_0 + \mu_{max}t + \ln[e^{-\mu_{max}t} + e^{-h_0} - e^{-\mu_{max}t - h_0}] \tag{8-14}$$

**5. Huang 模型**

Baranyi 模型的理论假设认为微生物的迟滞期受初始生理状态的影响，其建模过程引入了表征初始生理状态的参数 $h_0$，并以隐函数的形式定义迟滞期（$\lambda = \frac{h_0}{\mu_{max}}$）。Huang 于 2008 年提出了另一种用于描述生长曲线迟滞期的方法，动态条件下，完整的微生物生长曲线可用常微分方程进行描述，表达式如式（8-15）：

$$\frac{dN}{dt} = \frac{1}{1+e^{-\alpha(t-\lambda)}}\mu_{max}N\left(1-\frac{N}{N_{max}}\right) \tag{8-15}$$

式（8-15）中，$\frac{1}{1+e^{-\alpha(t-\lambda)}}$——关于时间 $t$ 的连续变化函数，其值域为［0，1］；当微生物处于迟滞期时，$\frac{1}{1+e^{-\alpha(t-\lambda)}}=0$，$\frac{dN}{dt}=0$；当迟滞期结束时，$\frac{1}{1+e^{-\alpha(t-\lambda)}}=1$，此时微生物开始成对数增长并直到进入稳定期。式（8-15）其解析解为式（8-16）：

$$Y(t) = Y_0 + Y_{max} - \ln\{e^{Y_0} + [e^{Y_{max}} - e^{Y_0}]e^{-\mu_{max}\left[t+\frac{1}{\alpha}\ln\frac{1+e^{-\alpha(t-\lambda)}}{1+e^{\alpha\lambda}}\right]}\} \tag{8-16}$$

式（8-16）中，$Y$ 和 $Y_{max}$ 均为以自然对数为计量单位的微生物数量（即 $Y=\ln N$，$Y_{max}=\ln N_{max}$）；该式可用于描述恒定温度条件下，具有完整的三个阶段的生长曲线，但曲线的形状受到 $\alpha$ 取值的影响；2008 年，Huang 模型首次被报道时，$\alpha$ 取值固定值 25，此时生长曲线为包含有迟滞期、对数期、稳定期的光滑曲线；2013 年，Huang 对其所构建的模型进行了优化，提出 $\alpha=4$ 时最优。与 Baranyi 模型相比，Huang 模型以显式的方式直接定义了微生物的迟滞期，而无需了解微生物的初始生理状态。Huang 模型中，迟滞期可以通过式（8-17）与生长速率关联起来，式（8-17）中，$A$ 和 $m$ 分别为系数。

$$\lambda = e^{A} \times \mu_{max}^{-m} \tag{8-17}$$

式（8-16）的两个特殊形式可分别用于描述无明显迟滞期（可忽略不计）或未能形成稳定期的生长曲线，其表达式如式（8-18）和式（8-19）所示。

$$Y(t) = Y_0 + Y_{max} - \ln\{e^{Y_0} + [e^{Y_{max}} - e^{Y_0}]e^{-\mu_{max}t}\} \tag{8-18}$$

$$Y(t) = Y_0 + \mu_{max}\left\{t + \frac{1}{\alpha}\ln\frac{1+e^{-\alpha(t-\lambda)}}{1+e^{\alpha\lambda}}\right\} \tag{8-19}$$

**6. Two compartment 模型**

2004 年，Huang 提出了 Two-compartment 模型，该模型可将整个微生物群体分为处于休眠期的细胞和处于分裂期的细胞两部分，其动态变化可用两个微分方程进行描述，表达式如式（8-20）、式（8-21）：

$$\frac{dN_L}{dt} = -\alpha\mu_{max}N_L \tag{8-20}$$

$$\frac{dN_D}{dt} = \alpha\mu_{max}N_L + \mu_{max}N_D\left(1+\frac{N_L+N_D}{N_{max}}\right) \tag{8-21}$$

式（8-20）描述了休眠期的微生物细胞离开休眠期的动态变化，式（8-21）描述了分裂期的微生物细胞的生长变化；式（8-20）和式（8-21）中，$N_L$、$N_D$、$N_{max}$ 分别为处于休眠期、分裂期和稳定期的微生物细胞数量，$\mu_{max}$ 为分裂期细胞的最大比生长速率。Two-compartment 模型的理论假设认为休眠期细胞离开休眠期的速率并不一定等于分裂期细胞分裂繁殖的速率，但两者之间存在线性关系。式（8-20）中，“$-\alpha\mu_{max}$”一项即表达了休眠期细胞离开休眠期的速率，其中，参数 $\alpha$ 介于 0~1；另外，因为 $\alpha$ 定义了休眠期细胞向分裂期细胞的转化速率，也即定义了微生物的迟滞期。在任意时刻内，总的微生物细胞数量（$N$）等于休眠期细胞数量与分裂期细胞数量之和，其表达式为式（8-22）：

$$N = N_L + N_D \tag{8-22}$$

2020 年，Huang 进一步改进了分裂期细胞的生长方程，表达式如式（8-23）所示，其参数的意义同式（8-21）。

$$\frac{dN_D}{dt} = \mu_{max}(\alpha N_L + N_D)\left(1 + \frac{N_L + N_D}{N_{max}}\right) \tag{8-23}$$

**7. 菌间竞争模型**

（1）Jameson 效应模型　实际食品体系中微生物的生长建模一直是预测微生物学领域重点关注的研究方向。早期的预测模型主要集中于单一目标微生物的生长研究，而实际的食品基质中往往是多种微生物共同存在，不同种类的微生物之间可能存在着相互作用，表现出菌间竞争效应。1962 年，Jameson 研究沙门菌的竞争性富集时，发现处于同一液体培养基中当两种肠道微生物共同生长时，当其中一种微生物达到最大浓度水平时，两者均停止生长。20 世纪末，研究人员发现处于同一环境体系下的微生物，若其中一种优势微生物达到最大生长浓度时，另一种微生物的生长会受到抑制，可能停止生长或以减速生长。2000 年，Ross 等正式将这种菌间交互作用现象称作 Jameson 效应。目前，基于 Jameson 效应理论，对传统的初级模型进行扩展，是构建微生物菌间竞争生长模型的主要手段。为了进一步阐述传统初级模型与竞争生长模型之间的关系，现做出如下的具体推导。

一般情况下，微生物生长的微分方程表达式为式（8-24）：

$$\frac{dN}{dt} = \alpha(t) \times \mu_{max} N \times f(t) \tag{8-24}$$

式中　$N$——$t$ 时刻对应的微生物生长浓度，CFU/g；

$\mu_{max}$——最大比生长速率；

$\alpha(t)$ 和 $f(t)$——调节函数和抑制函数。

常见的调节函数有式（8-25）、式（8-26）、式（8-27），其中，$\lambda$——迟滞期；常见的抑制函数有式（8-28）、式（8-29），其中，$t_{max}$——$N$ 达到最大浓度（$N_{max}$）所需的时间。

$$\alpha(t) = \begin{cases} 0, & \text{if} t < \lambda \\ 1, & \text{if} t > \lambda \end{cases} \tag{8-25}$$

$$\begin{cases} \alpha(t) = \dfrac{Q}{1+Q} \\ \dfrac{dQ}{dt} = \mu_{max} Q,\ Q(0) = \dfrac{1}{e^{\lambda\mu_{max}-1}} \end{cases} \tag{8-26}$$

$$\alpha(t) = \frac{1}{1 + e^{-\alpha(t-\lambda)}} \tag{8-27}$$

$$f(t) = \begin{cases} 1\text{if}f < t_{max} \\ 0\text{if}f \geq t_{max} \end{cases},\ N(t_{max}) = N_{max} \tag{8-28}$$

$$f(t) = \left(1 - \frac{N}{N_{max}}\right) \tag{8-29}$$

常见的初级模型中，式（8-24）与式（8-25）、式（8-28）的组合即为三段线性模型［式（8-22）］；式（8-24）与式（8-26）、式（8-29）的组合即为 Baranyi 模型［式（8-10）］；

式（8-24）与式（8-27）、式（8-29）的组合即为Huang模型［式（8-22）］。

Jameson效应假设处于同一环境体系下的两种微生物具有共同的抑制函数。因此，据式（8-24），A、B两种微生物竞争生长时，其相互作用表达式可写为式（8-30）：

$$\begin{cases}\dfrac{dN_A}{dt}=\alpha_A(t)\times\mu_{max_A}N_A\times f(t)\\ \dfrac{dN_B}{dt}=\alpha_B(t)\times\mu_{max_B}N_B\times f(t)\end{cases} \tag{8-30}$$

2001年，Cornu提出了一个改进的抑制函数，如式（8-31）所示。

$$f(t)=\left(1-\frac{N_A+N_B}{N_{max\ tot}}\right) \tag{8-31}$$

Gimenez和Dalgaard（2004）和Mejlholm和Dalgaard（2007）提出了另一种改进的抑制函数，如式（8-32）所示。

$$f(t)=\left(1-\frac{N_A}{N_{max_A}}\right)\left(1-\frac{N_B}{N_{max_B}}\right) \tag{8-32}$$

上述模型假设的基础是两个微生物种群相互抑制的程度与它们抑制自身生长的程度相同。Van Impe等也认为，式（8-29）即是微生物自我限制生长的经验描述，这通常被认为是由于某种必需营养素的耗尽，或抑制生长的代谢废物的积累，以及pH降低所致。式（8-31）的假设基础是两个种群同等受到营养的限制，代谢废物的积累，或pH变化的抑制。

Jameson效应简单来说就是两个种群同时停止增长的假说，它并一定不适用于两个微生物种群之间的所有相互作用。为了避免“同时减速”这一简单假设不适用的情况，研究人员提出了多种Jameson效应模型的改进形式。Le Marc等在发现，牛乳中的金黄色葡萄球菌在LAB达到稳定期之前，就已经停止生长，而此时LAB达到低于自身“最大生长浓度”（MPD或$N_{max}$）的“临界种群密度”（CPD）时。此结果可能意味着金黄色葡萄球菌比乳酸菌对营养限制和/或代谢废物的抑制更敏感，其提出的抑制函数的表达式为式（8-33）：

$$\begin{cases}f_A(t)=\left(1-\dfrac{N_A}{N_{max_A}}\right)\left(1-\dfrac{N_B}{N_{max_B}}\right)\\ f_B(t)=\left(1-\dfrac{N_A}{N_{CPD_A}}\right)\left(1-\dfrac{N_B}{N_{max_B}}\right)\end{cases} \tag{8-33}$$

（2）Lotkae-Volterra模型　Dens等于2003年将生态学中的Lotkae-Volterra模型引入到预测微生物学领域以描述微生物之间的相互作用。该模型建立的理论假设是，同一环境体系下的两种微生物因消耗同一种营养物质而产生竞争，当营养物质耗尽，两种微生物同时停止生长。该模型通过两个参数（$\alpha_{AB}$和$\alpha_{BA}$）来描述潜在的竞争机制，即对共同底物的竞争，其抑制函数分别为式（8-34）：

$$\begin{cases}f_A(t)=\left(1-\dfrac{N_A(t)+\alpha_{AB}N_B(t)}{N_{max_A}}\right)\\ f_B(t)=\left(1-\dfrac{N_B(t)+\alpha_{BA}N_A(t)}{N_{max_B}}\right)\end{cases} \tag{8-34}$$

式中　$\alpha_{AB}$和$\alpha_{BA}$——衡量一个种群对另一个种群的抑制作用系数；

$\alpha_{AB}$——B种群对A种群的抑制；

$\alpha_{BA}$——A 种群对 B 种群的抑制。

## 三、微生物生长模型Ⅱ——二级模型

从初级模型中获得微生物迟滞期、生长速率等信息后，可进一步构建二级模型，以评价环境因素对微生物生长的影响。温度、pH、水分活度是影响食品中微生物生长的重要环境因子，已有大量的关于温度、pH、水分活度等因素对生长速率影响的研究报道。目前，常见的二级模型包括 Ratkowsky 平方根模型、Huang 平方根模型、Cardinal 模型、Arrhenius 模型等。

### 1. Ratkowsky 平方根模型

1982 年，Ratkowsky 等首次提出以其姓氏命名的 Ratkowsky 平方根模型，该模型被广泛用于描述温度对微生物生长速率的影响，被视为预测微生物学发展史上重大突破之一。该模型的主要理论假设认为，次优温度（suboptimal temperature）条件下，微生物生长速率的算术平方根是温度的线性函数，其表达式如式（8-35）：

$$\sqrt{\mu_{max}} = a(T - T_0) \tag{8-35}$$

式中 $a$——回归系数；

$T$——微生物所处的环境温度；

$T_0$——理论最低生长温度，即$\sqrt{\mu_{max}}$在 $T$ 方向的截距。目前，已经发表的有关预测微生物学模型研究的文献中，有不少的报道将 $T_0$ 记为 $T_{min}$（即$\sqrt{\mu_{max}}=a$（$T-T_{min}$））。需要指出的是，实际上，通过回归分析获得参数 $T_0$ 或 $T_{min}$ 无明确的生物学意义，仅是使得$\sqrt{\mu_{max}}$的取值在 $T=T_0$（$T_{min}$）处等于零的曲线拟合参数，并不能与微生物生理最低生长温度相混淆。一般情况下，由该模型拟合计算的 $T_0$ 低于微生物的实际最低生长温。

1983 年，Ratkowsky 等将次优温度下的二级模型［式（8-35）］扩展到能够支持微生物生长的全体温度范围，即式（8-36）。自提出以来，该模型一直被视为预测微生物学中经典的二级模型。与式（8-35）对 $T_{min}$ 的预测偏低相比，一般情况下，由式（8-36）估计得到的 $T_{max}$ 非常接近于微生物的实际最高生长温度。

$$\sqrt{\mu_{max}} = a(T - T_{min})[1 - e^{b(T-T_{max})}] \tag{8-36}$$

Ratkowsky 平方根模型的主要不足是模型对低温条件下微生物生长速率的预测存在偏差，另外，由其估测的 $T_{min}$ 只是理论上的最低生长温度，与实际最低生长温度偏离较大。由式（8-35）推导可知，本质上，Ratkowsky 平方根模型反映了生长速率（$\mu_{max}$）对温度（$T$）的变化率（即 $\frac{d\mu_{max}}{dT}$）是温度 $T$ 的线性函数［式（8-37）］。因此，如果 $\frac{d\mu_{max}}{dT}$ 与 $T$ 呈线性关系，或非常接近线性关系，则 Ratkowsky 平方根模型的确适合用于描述温度对微生物生长速率的影响；如果 $\frac{d\mu_{max}}{dT}$ 与 $T$ 较大程度的偏离线性关系，则 Ratkowsky 平方根模型可以用来估计 $T_{min}$。

$$\frac{d\mu_{max}}{dt} = 2a^2(T - T_{min}) \tag{8-37}$$

1987 年，McMeekin 将 Ratkowsky 平方根模型［式（8-35）］扩展为可以描述温度和水分活度对生长速率共同影响的二级模型，即式（8-38），其中，$A_W$ 是水分活度；$A_{W,min}$ 为支持微生物生长的最低水分活度。

$$\sqrt{\mu_{max}} = a(T - T_{min})\sqrt{A_W - A_{W,min}} \tag{8-38}$$

1991 年，Adams 将 Ratkowsky 平方根模型［式（8-35）］扩展为可以描述温度和 pH 对生长速率共同影响的二级模型，即式（8-39），其中，$pH_{min}$ 为支持微生物生长的最低 pH；Adams 的研究同时表明，参数 $pH_{min}$、$T_{min}$ 的不受酸种类的影响，但系数 $a$ 受酸种类的影响。

$$\sqrt{\mu_{max}} = a(T - T_{min})\sqrt{(pH - pH_{min})} \tag{8-39}$$

1993 年，Wijtzes 在 McMeekin 和 Adams 的基础上，将在 Ratkowsky 平方根模型［式（8-35）］扩展为可以描述温度、pH、水分活度对生长速率共同影响的联合模型，即式（8-40）；需要说明的是，式（8-40）中的温度及 pH 均只使用于次优范围（sub-optimal range）；同时，Wijtzes 类比全体温度范围的 Ratkowsky 平方根模型［式（8-36）］，构建了可描述全体 pH 范围内生长速率变化的二级模型［式（8-41）］；然后，再结合式（8-41），将式（8-38）扩展为可以描述次优温度、全体 pH、次优水分活度范围内三因素对生长速率共同影响的二级模型［式（8-42）］；其中，$pH_{max}$ 为支持微生物生长的最大 pH。

$$\sqrt{\mu_{max}} = a(T - T_{min})\sqrt{(pH - pH_{min})}\sqrt{A_W - A_{W,min}} \tag{8-40}$$

$$\sqrt{\mu_{max}} = a(pH - pH_{min})[1 - e^{b(pH - pH_{max})}] \tag{8-41}$$

$$\sqrt{\mu_{max}} = a(T - T_{min})\sqrt{A_W - A_{W,min}}(pH - pH_{min})[1 - e^{b(pH - pH_{max})}] \tag{8-42}$$

1995 年，Wijtzes 在 Adams 的基础上，将描述次优温度-次优 pH 范围生长速率的二级模型［式（8-38）］扩展至次优温度和全体 pH 范围的二级模型，即式（8-43）。

$$\sqrt{\mu_{max}} = a(T - T_{min})\sqrt{(pH - pH_{min})}\sqrt{(pH - pH_{max})} \tag{8-43}$$

2001 年，在式（8-38）、式（8-43）的基础上，Wijtzes 提出了另一种可以描述次优温度、全体 pH、次优水分活度范围内三因素对生长速率共同影响的二级模型，即式（8-44）。

$$\sqrt{\mu_{max}} = a(T - T_{min})\sqrt{A_W - A_{W,min}}\sqrt{(pH - pH_{min})}\sqrt{(pH - pH_{max})} \tag{8-44}$$

### 2. Huang 平方根模型

2010 年，Huang 提出了另一种基于 Bělehrádek 方程的二级模型，用于描述温度对微生物生长速率的影响，其表达式如式（8-45）所示。与 Ratkowsky 平方根模型不同的是，Huang 平方根模型中的温度项幂指数为 0.75，由该模型估测的 $T_{min}$ 非常接近微生物的实际最低生长温度，并且模型有着较好的精确度。另外，该模型也可以扩展到能够支持微生物生长的全部温度范围，如式（8-46），并以此估计生物学意义上的 $T_{min}$ 和 $T_{max}$。

$$\sqrt{\mu_{max}} = a(T - T_{min})^{0.75} \tag{8-45}$$

$$\sqrt{\mu_{max}} = a(T - T_{min})^{0.75}[1 - e^{b(T - T_{max})}] \tag{8-46}$$

### 3. Cardinal 模型

Ross 等于 1993 年首次提出 Cardinal 模型，以描述全体生长温度范围内微生物的生长速率变化。该模型的优点是通过最适生长速率（$\mu_{opt}$）、最低生长温度（$T_{min}$）、最适生长温度（$T_{opt}$）、最大生长温度（$T_{max}$）4 个具有生物学意义的参数定义了微生物生长速率方程；其中，$T_{min}$ 和 $T_{max}$ 定义了微生物生长的环境温度范围，最适生长温度（$T_{opt}$）即是微生物达到最适生长速率（$\mu_{opt}$）对应的温度，其表达式为式（8-47）、式（8-48）：

$$\mu_{max}(T) = \mu_{opt}\gamma(T) \tag{8-47}$$

$$\gamma(T) = \frac{(T - T_{max})(T - T_{min})^2}{(T_{opt} - T_{min})[(T_{opt} - T_{min})(T - T_{opt}) - (T_{opt} - T_{max})(T_{opt} + T_{min} - 2T)]} \tag{8-48}$$

式（8-47）、式（8-48）中，当温度 $T$ 小于 $T_{min}$，或大于 $T_{max}$ 时，微生物的生长速率等于零；$\gamma(T)$ 可解释为非最适温度条件下，实际生长速率相对于最适生长速率的减小程度。

1995 年，Ross 等提出了类似“Cardinal-温度”模型的“Cardinal-pH”模型，以描述 pH 对微生物生长速率的影响。同样地，该模型以最适生长速率（$\mu_{opt}$）、最低生长 $pH_{min}$、最适生长 $pH_{opt}$、最大生长 $pHT_{max}$ 4 个参数定义了微生物生长速率方程；其中，$pH_{min}$、$pH_{max}$ 定义了支持微生物的生长边界，$pH_{opt}$ 为微生物达到最适生长速率（$\mu_{opt}$）时对应的 pH，其表达式为式（8-49）、式（8-50）：

$$\mu_{max}(pH) = \mu_{opt}\gamma(pH) \tag{8-49}$$

$$\gamma(pH) = \frac{(pH - pH_{min})(pH - pH_{max})}{(pH - pH_{min})(pH - pH_{max}) - (pH - pH_{opt})^2} \tag{8-50}$$

式（8-49）、式（8-50）中，当 pH 小于 $pH_{min}$，或大于 $pH_{max}$ 时，微生物的生长速率均等于零；式（8-50）中，$\gamma$（pH）可解释为非最适 pH 条件下，实际生长速率相对于最适生长速率的减小程度。

### 4. Gamma 模型

1993 年，Zwietering 等首次提出 Gamma 模型，用于描述温度、pH、水分活度等多种环境因子的共同作用对微生物生长速率的影响。该模型认为，微生物的生长速率（$\mu_{max}$）可由其最适生长速率（$\mu_{opt}$）与表示该环境体系生下长速率减小程度的 $\gamma$（e）因子的乘积来表达，其表达式为式（8-51）：

$$\mu_{max}(e) = \mu_{opt}\gamma(e) \tag{8-51}$$

一般而言，如果环境体系中存在多种影响因子共同作用而导致微生物的生长速率降低，那么 $\gamma$（e）可表示为所有因素对应的 $\gamma$ 因子之积，即式（8-52）：

$$\gamma(e) = \prod_{k=1}^{N_e}\gamma(e_k) \tag{8-52}$$

因此，以温度（$T$）、pH、水分活度（$A_W$）3 种影响因子共同作用而导致的微生物生长速率降低为例，其 $\gamma$ 因子之积为式（8-53）：

$$\gamma(e) = \gamma(T) \times \gamma(pH) \times \gamma(A_W) \tag{8-53}$$

式（8-47）中的 $\gamma(T)$、式（8-49）中的 $\gamma(pH)$ 的分别是典型的温度和 pH 的 $\gamma$ 因子；Zwietering 等提出一种水分活度的 $\gamma$ 因子，其表达式为式（8-54）：

$$\gamma(A_W) = \frac{A_W - A_{W,min}}{1 - A_{W,min}} \tag{8-54}$$

### 5. Arrhenius 型模型

在生理生化反应中，温度是影响反应速率最重要的因素之一。Arrhenius 方程早已被广泛用于描述温度对生理生化反应速率的影响。微生物的生长繁殖，其本质是其细胞内生理生化反应进行的宏观表现。因此，Huang 在早期的 Arrhenius 方程的基础之上提出了评价温度对生长速率影响的二级模型，即 Arrhenius 型模型［式（8-55）］；同时，该模型也可扩展到能够支持微生物生长的全部温度范围［式（8-56）］，其表达式为式（8-55）、式（8-56）：

$$\mu_{max} = a(T + 273.15)\exp\left\{-\left[\frac{\Delta G'}{R(T + 273.15)}\right]^n\right\} \tag{8-55}$$

$$\mu_{max} = a(T + 273.15)\exp\left\{-\left[\frac{\Delta G'}{R(T + 273.15)}\right]^n\right\}[1 - e^{b(T-T_{max})}] \tag{8-56}$$

式中　$R$——气体速率常数［8.314J/(mol·K)］；

$T$——生长温度，℃；

$\Delta G'$——跟微生物生长相关的活化能；

$n$、$a$、$b$——系数。

## 四、微生物失活模型

对微生物热失活和非热失活行为的模拟，也一直是预测微生物学研究的主要方向。早期的微生物学热失活研究普遍认为，恒定加热条件，微生物数量的对数值随处理的时间呈线性下降关系，即遵循一级动力学规律；但同时，也有大量的文献报道微生物的失活曲线并非线性，而是表现出“肩效应（shoulder effect）”或“拖尾效应（tail effect）”。失活动力学研究中，“肩效应”主要是指失活处理的前期，微生物数量呈现缓慢变化，产生“肩效应”的可能原因包括：①微生物可能在环境体系中聚集成一簇，“肩效应”阶段是使得这种聚集环境中第1个菌落开始失活的时间；②微生物细胞可能对外界刺激产生抵抗，“肩效应”阶段可能是细胞重新合成关键成分的时期，只有当破坏率超过合成率时才会发生死亡；③“肩效应”可能是因为培养基或体系的成分（脂肪、蛋白质）对微生物细胞的保护作用；“肩效应”也可能是细胞失活前必须发生的一种累积损伤。另一方面，“拖尾效应”主要是指失活处理的后期，微生物数量呈现缓慢变化，产生“拖尾效应”的可能原因是微生物细胞内部存在少部分极具抗性的种群，该部分种群可以抵抗热处理或其他失活处理。同时，有假说指出“拖尾效应”可能表明少部分种群难以被处理或少部分种群对外界刺激表现出适应性；另外，也有假说认为“拖尾效应”是人为的，因为从遗传学的角度可能存在少部分种群更有抵抗力，或者部分微生物细胞并没有受到相同程度的失活处理。目前，预测微生物学研究中，常见的失活模型包括线性失活模型、Weibull 模型、Geeraerd 模型、改进的 Gompertz 模型等。

### 1. 线性模型

长期以来，食品热处理过程中微生物或酶的失活、化学物质（如花青素）的降解规律被认为是遵循一级反应动力学。以微生物热失活为例，其数量变化的微分方程表达式为式（8-57）：

$$\frac{dN}{dt} = -kN \tag{8-57}$$

式中　$N$——与 $t$ 时刻对应的微生物数量；

$k$——热失活速率常数；该式经积分变形，可得到其在恒定温度条件下的解析式为式（8-58）：

$$\ln(N) = \ln(N_0) - kt \tag{8-58}$$

对式（8-58）开展进一步变形，可得式（8-59）：

$$\lg(N) = \lg(N_0) - \frac{t}{D} \tag{8-59}$$

式中　$D$——微生物的对数致死时间，即恒定温度条件下，微生物的数量降低90%所需的时间。

另外，比较式（8-58）与式（8-59），可得 $k = \frac{\ln(10)}{D} = \frac{2.303}{D}$。

式（8-58）中的 $k$ 与式（8-59）中的 $D$ 均受温度的影响而发生变化，其中，$k$ 通常由 Arrhenius 方程表示为绝对温度的函数［式（8-60）］。

$$\ln(k) = \ln(A) - \frac{E_a}{RT} \tag{8-60}$$

式中 $E_a$——活化能，J/mol；

$R$——气体常数，8.314J/(mol·K)；

$T$——绝对温度，K；

$A$——常数。

式（8-59）中，$D$ 与温度的关系可以由式（8-61）所示的对数线性方程表示。

$$\lg(D) = \lg(D_0) - \frac{T}{Z} \tag{8-61}$$

式中 lg（$D_0$）——纵截距；

$Z$——微生物的热抗性参数，其值为使得 $D$ 降低 90%所需升高的温度。

式（8-58）与式（8-59）均为微生物热失活研究中经典的线性模型，但同样也可以用于非热失活场景下的预测模拟。在实际应用中，微生物的耐热性通常结合参考温度（$T_{reference}$，$T_{ref}$）对应的 $k_{ref}$ 或 $D_{ref}$ 来进行表示。Arrhenius 模型［式（8-60）］的 ln($k$) 和 $D/Z$ 模型［式（8-61）］中的 lg($D$) 的可分别表达为式（8-62）、式（8-63）：

$$\ln(k) - \ln(k_{ref}) = -\frac{E_a}{R}\left(\frac{1}{T} - \frac{1}{T_{ref}}\right) \tag{8-62}$$

$$\lg(D) = \lg(D_{ref}) - \frac{T - T_{ref}}{Z} \tag{8-63}$$

**2. Weibull 模型**

Weibull 模型起源于统计学中的 Weibull 分布函数，$t>0$ 时，此分布函数的其概率密度为式（8-64）：

$$f(t) = \frac{\beta}{\alpha}\left(\frac{t}{\alpha}\right)^{\beta-1}\exp\left[-\left(\frac{t}{\alpha}\right)^{\beta}\right] \tag{8-64}$$

因此，其累积分布函数式为式（8-65）：

$$F(t) = \exp\left[-\left(\frac{t}{\alpha}\right)^{\beta}\right] \tag{8-65}$$

式（8-65）可用于描述微生物的失活动力学，其表达式可改写为式（8-66）：

$$\ln\left(\frac{N}{N_0}\right) = -\left(\frac{t}{\alpha}\right)^{\beta} \tag{8-66}$$

式中 $N_0$ 和 $N$——微生物的初始数量和 $t$ 时刻残存的数量；

$\frac{N}{N_0}$——微生物的存活率；

$\alpha$——比例参数；

$\beta$——形状参数，其中，$\beta=1$ 时，失活曲线为直线；$\beta<1$ 时，失活曲线下凹；$\beta>1$ 时，失活曲线上凸。

式（8-66）可以转换成以 10 为底的对数形式，表达式为式（8-67）：

$$\lg(N) = \lg(N_0) - \left(\frac{t}{\delta}\right)^{p} \tag{8-67}$$

式（8-67）是 Weibull 模型的一个典型形式，其中，参数 $\delta$ 与线性热失活模型中的 $D$ 值相似，其物理意义是微生物数量降低第 1 个对数所需的时间；$p$ 为形状参数，与式（8-65）中的

$\beta$ 相同。式（8-67）的微分方程表达式为式（8-68）：

$$\frac{\mathrm{d}N}{\mathrm{d}t}=-\frac{\ln(10)}{\delta^{P}}pt^{p-1}N \tag{8-68}$$

1998 年，Peleg 等提出了 Weibull 模型的另一个典型表达式为式（8-69）：

$$\lg(N)=\lg(N_0)-b(t)^{n} \tag{8-69}$$

式中　$b$——比例参数；

$n$——形状参数。

另外，式（8-68）的微分方程表达式为式（8-70）：

$$\frac{\mathrm{d}N}{\mathrm{d}t}=-\ln(10)nt^{n-1}N \tag{8-70}$$

2005 年，Albert 等通过引入残余种群数量（$N_{res}$），进一步改进了 Weibull 模型，其静态及动态条件下的表达式分别为式（8-71）、式（8-72）：

$$\lg(N)=\lg\left[(N_0-N_{res})10^{\left(-\left(\frac{t}{\delta}\right)^{p}\right)}+N_{res}\right] \tag{8-71}$$

$$\frac{\mathrm{d}N}{\mathrm{d}t}=-\frac{\ln(10)}{\delta p}pt^{p-1}\left(1-\frac{N_{res}}{N}\right)N \tag{8-72}$$

一般情况下，式（8-70）具有 4 个待拟合的参数，包括微生物的初始数量 $N_0$、残余种群数量 $N_{res}$、比例参数 $\delta$、形状参数 $p$。式（8-71）和式（8-72）中，参数 $\delta$ 与线性失活模型中的 $D$ 值的生物学意义相近；另外，需要指出的是，$N_{res}$ 只是为了更好的拟合 S 型失活曲线而引入的变量，并非通过实验手段测量；但 $N_{res}$ 也并非必须待拟合参数，当曲线无拖尾效应时，可以设置 $N_{res}=0$。该模型可用于描述微生物热失活和非热失活中常见的失活曲线，包括下凹形曲线（“拖尾效应”）、上凸形曲线（“肩效应”）、S 形曲线、直线，因此，其应用较为灵活。

**3. Geeraerd 模型**

2000 年，Geeraerd 等首次提出了通过微分方程组描述同时包含有“肩效应”和“拖尾”效应的微生物失活曲线，其表达式为式（8-73）、式（8-74）、式（8-75）：

$$\frac{\mathrm{d}N}{\mathrm{d}t}=-kN \tag{8-73}$$

$$\frac{\mathrm{d}C}{\mathrm{d}t}=-k_{max}C_c \tag{8-74}$$

$$k=k_{max}\left(\frac{1}{1+C_c}\right)\left(1-\frac{N_{res}}{N}\right) \tag{8-75}$$

式中　$N$——微生物的数量；

$C_c$——与微生物生理状态相关的变量；

$k_{max}$——失活速率；

$N_{res}$——剩余种群数量；该模型也可用于描述微生物热失活和非热失活中常见的失活曲线，包括下凹形曲线（“拖尾效应”）、上凸形曲线（“肩效应”）、S 形曲线、直线；若将式（8-74）中的 $C_c$（0）和 $N_{res}$ 的初值设置于非常小的水平，该方程组即可用于描述线性失活曲线。此外，对于恒定温度条件下，式（8-73）~式（8-75）存在解析解，其表达式如式（8-76）：

$$N(t)=(N_0-N_{res})\mathrm{e}^{-k_{max}t}\left[\frac{1+C_c(0)}{1+C_c(0)\mathrm{e}^{-k_{max}t}}\right]+N_{res} \tag{8-76}$$

#### 4. 改良的 Gompertz 模型

改良的 Gompertz 模型可以用于描述同时含有“肩效应”和“拖尾效应”的 S 形失活曲线，其表达式为式（8-77）：

$$Y(t)=Y_0\left\{1-\exp\left[-\exp\left(-\frac{\mu_{max}e}{Y_0}(t-\lambda)+1\right)\right]\right\} \tag{8-77}$$

式中 $Y_0$——微生物的初始浓度（以 10 为底的数）；

$\mu_{max}$——最大比失活速率；

$\lambda$——迟滞期。

改良的 Gompertz 模型的微分方程表达形式为式（8-78）：

$$\frac{dY}{dt}=\mu(Y_0-Y)\ln\left(\frac{Y_0-Y}{Y_0}\right) \tag{8-78}$$

改良的 Gompertz 模型的表达形式相对简洁，但也存在明显的缺点，通过式（8-77）对恒定温度条件下的 S 形失活曲线进行拟合时，$Y$（$t=0$）与 $Y_0$ 不相等；而通过式（8-78）进行动态分析时，曲线拟合结果受 $Y_0$ 影响较大。

#### 5. Biphasic 模型

1977 年，Cerf 首次提出了 Biphasic 模型，该模型将微生物种群划分为两个亚组，且认为两个亚组具有不同的失活速率，其表达式为式（8-79）：

$$Y(t)=Y_0+\lg[fe^{-k_{max,1}t}+(1-f)e^{-k_{max,2}t}] \tag{8-79}$$

式中 $Y_0$——微生物的初始浓度（以 10 为底的数）；

$f$——以 $k_{max,1}$ 为失活速率的亚组在初始种群中的比例；

$1-f$——以 $k_{max,2}$ 为失活速率的第二个亚组在初始种群中的比例，一般而言，此亚组的群体远比第一亚组的群体耐受致死处理。

#### 6. 其他模型

（1）Casolari 模型 1　可用于描述具有“拖尾效应”的热失活曲线；其假说认为，“拖尾效应”是微生物热失活的正常特征；另外，该模型的另一个观点是，微生物的死亡是由携带较大能量（大于 $E_d$）的水分子的撞击造成，其表达式为式（8-80）：

$$N(t)=N(0)^{\frac{1}{1+B(T)t}},\ B(T)=\left(\frac{N_A}{M_{H_2O}}\right)^2\exp\left(\frac{-2E_d}{RT}\right) \tag{8-80}$$

式中 $N$（0）——初始种群；

$R$——通用气体常数，8.314J/mol·K；

$T$——绝对气体常数；温度，K；

$M_{H_2O}$——水的摩尔质量，g/mol；

$N_A$——阿伏伽德罗数，1/mol。

（2）Casolari 模型 2　该模型针对式（8-80）的第一个方程作出改进，改进后的模型可用于描述“肩效应”热失活曲线，其表达式为式（8-81）：

$$N(t)=N(0)^{\frac{1}{1+B(T)t^2}},\ B(T)=\left(\frac{N_A}{M_{H_2O}}\right)^2\exp\left(\frac{-2E_d}{RT}\right) \tag{8-81}$$

（3）Sapru 模型　主要用于描述微生物芽孢在灭菌过程中的激活现象，模型芽孢可分为休眠种群（$N_D$）和激活种群（$N_A$）两部分，其表达式为式（8-82）、式（8-83）：

$$\frac{dN_D}{dt} = -(k_{d1} + k_a)N_D \tag{8-82}$$

$$\frac{dN_A}{dt} = k_a N_D - k_{d2} N_A \tag{8-83}$$

式中　$k_{d1}$——休眠种群的失活速率；

$k_a$——处于休眠状态孢子的被激活的速率；

$k_{d2}$——激活种群的失活速率，1/min。

该模型可以描述具有“拖尾效应”的失活曲线，但在描述具有“肩效应”的失活曲线时存在一定的局限性。

（4）Whiting 模型　可用于描述包含“肩效应”，且具有两段线性失活区域的曲线；其中，第二段区域内的失活速率较小，表达式为式（8-84）：

$$\lg\left[\frac{N}{N(0)}\right] = \lg\left\{\frac{F_1[1+\exp(-b_1 t_1)]}{1+\exp[b_1(t-t_1)]} + \frac{(1-F_1)[1+\exp(-b_2 t_1)]}{1+\exp[b_2(t-t_1)]}\right\} \tag{8-84}$$

式中　$b_1$——主要种群的最大比失活速率；

$b_2$——次要种群的最大比失活速率；

$F_1$——初始状态下主要种群中的比例；

$t_1$——“肩效应”时长。

（5）Xiong 模型　可用于描述包含“肩效应”和非线性失活区域的曲线；总体菌群可分为两个部分（$N_1$ 和 $N_2$），且具有不同的热失活速率（$k_1>k_2$），其表达式为式（8-85）：

$$\begin{cases} N_1(t) = N_{01},\ (N_{01} \geq 0;\ t_0 \leq t \leq t_{lag}) \\ \dfrac{dN_1}{dt} = -k_1 N_1,\ (t \geq t_{lag}) \\ N_2(t) = N_{02},\ (N_{02} \geq 0;\ t_0 \leq t \leq t_{lag}) \\ \dfrac{dN_2}{dt} = -k_2 N_2,\ (t \geq t_{lag}) \\ N(t) = N_1(t) + N_2(t),\ N(0) = N_{01} + N_{02} \end{cases} \tag{8-85}$$

## 五、模型的求解方法

从化学反应动力学的角度，预测微生物学数学模型的构建可以分解为三个过程。以微生物对温度的响应为例，第一，需要设计并开展一系列等温生长或失活实验，以获得不同恒定温度条件下的微生物生长或失活数据。基于对等温实验的生长或失活数据进行分析，构建并筛选出适合用于描述微生物生长或失活行为的初级模型，并求解出不同温度条件下的相关动力学参数（如生长速率、失活速率等）。第二，当获得足够多等温实验条件下的数据后，对初级模型解析出的相关动力学参数进行分析，构建并筛选出适合的二级模型。第三，对已构建的初级模型与二级模型进行组合，并将组合后的模型编辑于 excel 电子表格或通过计算机语言编程为相关程序代码，使得其能够用于微生物生长或失活行为的预测。从数学的角度而言，前两个过程属于反问题，需要通过模型对实验观测数据进行拟合，筛选并求解能够反映温度和时间对微生物生长或失活影响的模型动力学参数；第三个过程则属于正问题，即将反问题中求解的模型和动力学参数应用于预测；另外，上述反问题的求解过程涉及两次非线性回归分析，因此，该建模方法也被称为两步法。

两步法是预测微生物学模型研究中的经典方法，但此方法也存在耗材、耗时、实验强度大等明显缺点；同时，实验数据经历两次非线性回归分析，其累积误差相对较大。与两步法相对应的是一步动态分析法，该方法于近年被发展起来，并逐渐用于预测微生物学建模研究。与两步法中开展等温实验不同的是，一步动态分析法是直接将微生物置于温度波动环境下开展生长或失活实验。随着环境温度的不断变化，微生物的生长或失活行为将随之响应，进而与微生物生长或失活行为相关的动力学参数（如生长速率、失活速率等）也将随之动态改变。在实验数据处理方面，一步动态分析法直接构建包含有初级模型与二级模型的组合模型，并通过一次非线性回归分析求解前述反问题。与两步法相比，一步动态分析法具有实验材料消耗小、劳动强度相对低力、累积误差小的优点。以构建0~30℃范围内某食品基质中单核细胞增生李斯特菌的生长模型为例，传统的两步法建模，需设计并开展7组等温（4、8、12、16、20、25、30℃）生长实验，其中，每个温度至少需开展两次独立重复实验，且每条生长曲线至少包含12~15个取样点；如果采用一步动态分析法建模，理论上仅需设计一条合理的波动的温度曲线（2~30℃），并在此条件下开展生长实验，采集15~20个数据点。

从建模的角度，一步动态分析法涉及波动温度条件下微生物的动态生长或失活，因此，初级模型只能以微分方程的形式进行表达［如式（8-10）、式（8-15）、式（8-19）、式（8-20）、式（8-22）］。然而，由于动态条件下，微生物的生长或失活速率等参数随着温度的波动而变化，上述微分方程并无解析解，只能求得数值解，其中，典型的求解常微分方程的数值方法是龙格-库塔法。在模型求解过程中，一般先通过龙格-库塔法求解微分方程，获得预计的生长或失活曲线，再通过最小二乘法将预计的生长或失活曲线与实测的曲线进行比较，迭代搜索计算出模型参数。另外，需要指出的是，传统的两步法所涉及的一系列等温生长或失活数据，也可以将其合并后，再经过一步法进行求解，以减小累积误差。目前，多种付费的商业软件或免费的开源软件（如MATLAB、Python、R）均具有强大的数值分析功能，可用于微分方程的求解及最小二乘法拟合。

## 六、模型的评价与验证

完成预测微生物建模工作以后，需要对已经建立好的微生物预测模型进行检验和验证，评价所构建模型准确无偏差描述实验观测数据能力，衡量预测模型的适用性和可靠性。预测微生物模型的验证是将实际的实验数据或者文献中的数据代入已经建立的模型中，将得到的预测值和实际数值进行比较，判断所得模型的可靠性和适用性。模型的验证有两种形式，内部验证和外部验证。内部验证或自我验证是指采用建立模型时的实验数据和模型预测值进行比较来验证模型的适用性和可靠性。外部验证是有两种情况，一种是指额外开展一些与构建模型时环境条件相似的实验，采用新的实验数据进行模型验证；另外一种情况是引用参考文献中具有相同或相似实验环境的实验数据，并将其代入所建预测模型中，根据相关评价参数来评估预测模型的适用性和可靠性。一般情况下，预测模型内部验证的结果要好于外部验证的结果，但是外部验证的结果更具有说服力，更能显示出所建预测模型的适用性和可靠性。预测模型适用性和可靠性的评价可以通过图表或者基于数学或统计学的参数完成。常见的数学统计量包括决定系数（$R^2$）、均方根误差（RMSE）、准确因子（$A_f$）、偏差因子（$B_f$）、平均相对误差绝对值（MARE）等。需要指出的是，任何一种单独的评价和验证方法都不能全面地衡量模型的预测效果，因此验证模型时要综合几种方法来给出合理的评价。

**1. 图形比较分析**

图形比较分析是模型验证中常用的方法之一，它通过作出预测值与实测值的对比图，可以直观地反映预测值是否在合理的范围之内；其次，通过对模型预测值与实测值之间的误差进行进一步拟合分析，可以获得误差分布等信息。

**2. 数学统计学分析**

除了常用的图形比较分析法以外，通常还采用基于数学或统计学参数的方法进行模型评价，评价时通常采用以下参数。

（1）相关系数（$R$）　相关系数 $R$［式（8-86）］衡量两个变量线性相关密切程度的量。用于模型验证时，可以衡量模型预测值和实验观测值之间线性密切程度。

$$R = \frac{n\sum xy - \left(\sum x\right)\left(\sum y\right)}{\sqrt{n\left(\sum x^2\right) - \left(\sum x\right)^2}\sqrt{n\left(\sum y^2\right) - \left(\sum y\right)^2}} \tag{8-86}$$

相关系数 $R$ 的值在-1~+1（负号代表两个变量呈负相关），当 $0.8 \leqslant R \leqslant 1$ 或 $-1 \leqslant R \leqslant -0.8$ 时，说明实际值和预测值具有很强的相关性；当 $R$ 值介于 0.5~0.8 或-0.8~-0.5 时，说明实际值和预测值具有一般的相关性；当 $-0.5 \leqslant R \leqslant 0.5$ 时，说明实际值和预测值之间相关性较差。

（2）决定系数（$R^2$）　决定系数 $R^2$［式（8-87）］表示的在因变量 $Y$ 的总平方和中，由自变量 $X$ 引起的平方和所占的比例。决定系数一般用来对预测模型拟合程度做一个总的评价。决定系数的大小决定了自变量与因变量相关的密切程度，即决定了模型预测值和实验数据的相关程度。$R^2$ 的值在 0~1，当 $R^2$ 越接近 1 时，表示相关的预测模型参考价值越高；相反，越接近 0 时，表示该模型参考价值越低。$R^2$ 通常作为线性预测模型的评价标准，对于非线性预测模型而言，仅采用 $R^2$ 作为预测模型拟合程度的评价标准往往是不合适的。

$$R^2 = 1 - \frac{\mathrm{SSE}}{\mathrm{SST}} \tag{8-87}$$

式中　SSE——误差平方和；

SST——总离差平方和。

（3）修正决定系数（$R^2_{\mathrm{Adj}}$）　修正决定系数 $R^2_{\mathrm{Adj}}$［式（8-88）］是在决定系数 $R^2$ 的基础上考虑了样本大小和变量参数数目对模型的影响，避免了因变量参数数目增加引起的 $R^2$ 值增大，而模型拟合度并没有得到提高的情况所带来的负面影响。$R^2_{\mathrm{Adj}}$ 可以用来评价预测模型的拟合程度，$R^2_{\mathrm{Adj}}$ 的取值范围小于或等于 1，$R^2_{\mathrm{Adj}}$ 越接近 1，预测模型对实验数据的拟合度越高、当模型包含的变量参数对模型预测没有帮助的时候，有可能出现负值。

$$R^2_{\mathrm{Adj}} = 1 - \frac{(1 - R^2)(n - 1)}{n - N - 1} \tag{8-88}$$

式中　$n$——观测值的个数；

$N$——预测模型中变量参数的个数。

（4）均方误差（mean square error，MSE）　对于同一组实验数据，可以建立多个预测模型，得到不同的模型预测值，而平均误差的大小通常用来评价预测模型的优劣。MSE［式（8-89）］是衡量“平均误差”的一种较方便的方法，MSE 可以评价数据的变化程度，MSE 的值越小，说明预测模型描述实验数据具有更好的精确度。

$$\mathrm{MSE}=\frac{\sum_{i=1}^{n}(\hat{y}_l-y_i)^2}{n-q} \tag{8-89}$$

式中 $y_i$——实验观测值；

$\hat{y}_l$——模型预测值；

$n$——观测值个数；

$q$——参数数量；

$i$——第 $i$ 个采样点。

（5）均方根误差（root mean square error，RMSE） 均方根误差［式（8-90）］可作为衡量预测准确度的一种数值指标，可以说明模型预测值的离散程度。

$$\mathrm{RMSE}=\sqrt{\frac{\sum_{i=1}^{n}(\hat{y}_l-y_i)^2}{n-q}} \tag{8-90}$$

式中 $y_i$——实验观测值；

$\hat{y}_l$——预测值；

$n$——观测值个数；

$q$——参数数量；

$i$——第 $i$ 个采样点。

（6）准确因子和偏差因子（accuracy factor，$A_f$）和偏差因子（bias factor，$B_f$） 准确因子 $A_f$［式（8-91）］一般用来验证预测模型的准确度。$A_f$ 代表了每一个预测值的点与等值线之间的平均距离，可以衡量预测值和观测值之间的接近程度。如果是一个完美的预测模型，则$A_f=1$ 表明所有的预测值和观测值均相等；$A_f$ 值越大，表明该模型预测的平均精确度越低。

$$A_f=10\left(\frac{\sum|\lg(\hat{y}_l/y_i)|}{n}\right) \tag{8-91}$$

偏差因子$B_f$［式（8-92）］一般作为判断预测模型偏差度的参数。$B_f$ 用来判断预测值在等值线的上方还是下方以及评价预测值偏离等值线的程度。它表明了所建预测模型的结构性偏差。

$$B_f=10\left(\frac{\sum\lg(\hat{y}_l/y_i)}{n}\right) \tag{8-92}$$

（7）中位数相对误差（median relative error，MRE） *MRE* 是指各个预测值和实验观测值相对误差的中位数，相对误差（relative error，RE）的计算公式如式（8-93）所示：

$$\mathrm{MRE}=10\frac{\hat{y}_l-y_i}{y_i} \tag{8-93}$$

相对误差则是绝对预测误差与实验观测值的比值，一般来说，相对误差更能反映预测值的可信程度，而 MRE 在一定程度上可以反映预测模型的准确度。MRE 越接近于 0，说明预测模型的可信程度越高，但其不足之处是对没有典型性的异类预测值或极端预测值不敏感。

（8）平均相对误差绝对值（mean absolute relative error，MARE） 平均相对误差绝对值 MARE［式（8-94）］一般用来验证预测模型的偏差度，MARE 值越小，说明预测模型的预测偏差越小，同时 MARE 避免了类似 MRE 对极端预测值不敏感的不足。

$$\mathrm{MARE}=\frac{1}{n}\sum_{i=1}^{n}|\mathrm{RE}| \tag{8-94}$$

（9）预测标准误差（standard error of prediction，SEP） 预测标准误差 SEP［式（8-95）］

是指预测模型预测值和实验观测值差异的标准偏差，它可以衡量和验证预测模型的准确度，SEP 越小，说明预测模型能够更好地描述实验数据。

$$\mathrm{SEP}/\% = \frac{100}{y_i}\sqrt{\frac{\sum (y_i - \hat{y}_i)^2}{n}} \tag{8-95}$$

（10）赤池信息量准则（akaike information criterion，AIC） AIC 是衡量统计模型拟合优良性的一种标准，由日本统计学家赤池弘次创立和发展。AIC 数值越小，预测模型越精确，AIC 按式（8-96）计算：

$$\mathrm{AIC} = n\ln\left(\frac{\mathrm{RSS}}{n}\right) + 2(p+1) + \frac{2(p+1)(p+2)}{n-p-2} \tag{8-96}$$

式中 $n$——观测值个数；

$p$——参数的数量；

RSS——残差平方和。

## 七、常见模型工具简介与比较

三级模型是集成了初级模型与二级模型的计算机软件或程序，也被称为专家系统。目前，国内外各科研院所和专家学者已开发十多种预测微生物学专用软件或平台，包括 ComBase、PMP、DMBaseline、SymPrevius、Dairy Products Safety Predictor、FDA-iRISK、FILTREX、FISH-MAP、Food Spoilage and Safety Predictor（FSSP）、GinaFiT、IPMP（2013/GlobalFit/Dynamic Predictor）、Listeria Meat Model、MicroHibro、Microrisk Lab、Microbial Response Viewer（MRV）、NIZO Premia、PMM-Lab、Prediction of Microbial Safety in Meat Products、Food Spoilage Predictor（FSP）、MKES 等，其基本信息如表 8-1 所示。

表 8-1 常见的预测微生物学软件及平台

| 软件名称 | 开发人员和单位 | 访问方式 | 建模方法 |
|---|---|---|---|
| Baseline | Antonio Valero Díaz（University of Cordoba，Spain） | 免费，网页访问 | 确定性 |
| ComBase | Jozsef Baranyi，Daniel Marin（IFR，UK） | 免费，网页访问 | 确定性 |
| Dairy Products Safety Predictor | Frédérique Perrin（ACTALIA，France），Tenenhaus-Aziza，（CNIEL，France） | 付费，网页访问 | 概率性 |
| DMfit Program | UK Institute for Food Research | 免费，可下载 | 确定性 |
| FDA-iRISK | Yuhuan Chen（FDA，US） | 免费，网页访问 | 概率性 |
| FILTREX | Jean-Pierre Gauchi（INRA，France） | 免费，可下载 | 概率性 |
| FISHMAP | Begoña Alfaro（AZTI，Spain） | 免费，可下载 | 确定性 |
| Food Spoilage and Safety Predictor（FSSP） | Paw Dalgaard（DTU Food，Denmark） | 免费，可下载 | 确定性 |
| Food Spoilage Predictor（FSP） | Neumeyer et al. 1997，University of Tasmania，Australia | 免费，可下载 | 确定性 |

续表

| 软件名称 | 开发人员和单位 | 访问方式 | 建模方法 |
|---|---|---|---|
| FSLP | 中国水产科学研究院东海水产研究所 | 免费 | 确定性 |
| GInaFiT | Annemie Geeraerd，Letícia Haberbeck（KU Leuven，Belgium | 免费，可下载 | 确定性 |
| GroPIN | Panagiotis N. Skandamis（Agricultural University of Athens，Greece） | 免费，可下载 | 确定性和概率性 |
| IPMP 2013 | Lihan Huang（USDA） | 免费，可下载 | 确定性 |
| IPMP Global Fit | Lihan Huang（USDA） | 免费，可下载 | 确定性 |
| Listeria Meat Mode | Jan van Impe（KU Leuven，Belgium） | 付费，可下载 | 确定性 |
| 冷却猪肉微生物预测软件 | 南京农业大学 | 可下载 | 确定性 |
| MicroHibro | Fernando Perez Rodriguez（University of Cordoba，Spain | 免费，网页访问 | 概率性 |
| Microbial Responses Viewer（MRV） | Shige Koseki（National Food Research Institute，Japan | 免费，网页访问 | 确定性 |
| Microrisk Lab | 刘阳泰，上海理工大学 | 免费，网页访问 | 确定性和概率性 |
| MKES | Agriculture Canada | 免费 | 确定性 |
| NIZO Premia | Maykel Verschueren（NIZO food）research，The Netherlands） | 付费 | 确定性 |
| PMM-Lab | Matthias Filter（Federal Institute for Risk Assessment，Germany） | 免费，网页访问 | 确定性 |
| Prediction of Microbial Safety in Meat Products | Annemarie Gunvig（Danish Meat Research Institute，Denmark） | 免费，网页访问 | 确定性 |
| PMP | USDA-ARS Agricultural Research Service | 免费，网页访问 | 确定性和概率性 |
| Seafood Spoilage Predictor（SSP） | Dalgaard，1995；Gram and | 免费，可下载 | 确定性 |
| Sym'Previus | Noémie Descriac（ADRIA Développement，France） | 付费，网页访问 | 确定性和概率性 |

目前，国内外已开发应用的预测微生物学软件或平台的功能模块（表 8-2）主要包括数据库、生长/非生长预测、生长/失活拟合模块、生长预测、失活预测以及风险评估模块。由表 8-2 可知，大约 40%的微生物预测软件都包含数据库模块，数据库中的微生物数据来源于文献和内部试验数据，用于描述基于不同基质的各种微生物的生长失活行为等。部分些微生物预测软件或平台中，用户可以快速地从数据库中获得一种或多种特定的微生物在某一类基质中的生长或失活行为信息，也可直接提取数据库中的数据来进行微生物生长的模拟试验。以当前

应用最广泛的 ComBase 为例，该数据提供了 15 种微生物且高达 50000 多条记录，这些记录描述了微生物在不同培养基和食品介质中的生长失活情况，同时该数据库也在不断增加经过验证的试验数据。拟合模块是预测微生物学软件的重要组成部分，现有的生长和失活拟合模块均具备对等温条件下的数据进行拟合的功能，提供的结果包括估计值、标准误差、参数的置信区间、均方根误差、AIC 等。拟合工具可以将包含定性、定量数据的数学函数拟合成微生物的行为过程，以此来描述微生物在不同环境条件下的生长失活行为，拟合过程包括线性和非线性的回归方法。ComBase、Microrisk Lab、FILTREX、IPMP、Microrisk Lab、MKES、PMM - Lab、NIZO Premia、SymPrevius 等均同时含有生长和失活拟合模块，其中，ComBase、IPMP、Microrisk Lab、PMM-Lab、NIZO Premia、SymPrevius 还同时具备生长和与失活预测模块。部分软件专注于生长或失活拟合及其预测等功能，如 FSSP 提出的模型高达 12 种不同参数（温度、水分活度、pH)，同时还考虑到微生物间的相互作用以及有机酸和烟雾浓度等特殊环境因素对微生物生长的影响。GinaFit 集成了多种典型的失活模型（对数线性模型、Weibull 模型、Biphasic 模型等)，可以根据用户提供的试验数据来进行失活拟合，此功能广泛应用于生物化学研究领域。此外，部分微生物预测软件可用于特定环境条件下食源性致病菌的生长可能性评估，其预测通过微生物生长和失活的比率，或者是生长/非生长界面来表示，这类软件包括 FSSP、GroPin、MRV、MicroHibro、PMM-Lab、Prediction of Microbial Safety in Meat Products 和 SymPrevius。

表 8-2　　常见的预测微生物学软件及平台所具有的功能

| 软件名称 | 数据库 | 生长/非生长预测 | 生长拟合 | 失活拟合 | 生长预测 | 失活预测 | 风险评估 |
|---|---|---|---|---|---|---|---|
| Baseline | — | — | — | — | √ | √ | — |
| ComBase | √ | — | √ | √ | √ | √ | — |
| Dairy Products Safety Predictor | — | — | — | — | — | — | √ |
| DMfit Program | √ | √ | √ | — | √ | — | — |
| FDA-iRISK | √ | — | — | — | — | — | √ |
| FILTREX | — | — | √ | √ | — | — | — |
| FISHMAP | — | — | — | — | √ | — | — |
| Food Spoilage and Safety Predictor | — | √ | — | — | √ | — | — |
| Food Spoilage Predictor（FSP) | √ | √ | √ | — | √ | — | — |
| FSLP | √ | √ | √ | — | √ | — | — |
| GInaFiT | — | — | — | √ | — | — | — |
| GroPIN | — | √ | — | — | √ | √ | — |
| IPMP（2013/Global Fit/ Dynamic Prddictor | — | — | √ | √ | √ | — | — |
| Listeria Meat Mode | — | — | — | — | √ | — | — |

续表

| 软件名称 | 数据库 | 生长/非生长预测 | 生长拟合 | 失活拟合 | 生长预测 | 失活预测 | 风险评估 |
|---|---|---|---|---|---|---|---|
| MicroHibro | √ | √ | — | — | √ | √ | √ |
| Microbial Responses Viewer，MRV | √ | √[a] | — | — | √[a] | — | — |
| Microrisk Lab | √ | √ | √ | √ | √ | √ | √ |
| MKES | — | — | √ | √ | √ | √ | — |
| NIZO Premia | — | — | √ | √ | √ | √ | — |
| PMP | √ | √ | √ | √ | √ | √ | — |
| PMM-Lab | √ | √ | √ | √ | √ | √ | — |
| Prediction of Microbial Safety in Meat Products | — | √ | — | — | √ | √ | — |
| Sym'Previus | √ | √ | √ | √ | √ | √ | — |
| Seafood Spoilage Predictor（SSP） | √ | √ | √ | — | √ | — | — |

注：√：软件工具中具备的功能。—：软件中不具备此项功能。a 需结合 ComBase 数据库使用。

食品中的微生物种类繁多，除去少部分有益的微生物外，大部分食品原材料或加工食品中所发现的微生物均可导致人类食源性疾病的暴发或食品品质的劣变，明确食品原材料或加工食品中致病菌和腐败菌的数量对开展微生物风险评估以及控制食品的质量具有重要意义。本章仅介绍了食品微生物风险评估中常见的生长和失活预测模型，然而，食品加工流通中普遍存在因交叉污染而导致的食源性致病菌传播现象，此部分内容将在后续章节予以介绍。

## 思考题

1. 简述微生物生长预测模型的分类及其概念。
2. 试列举几种常见的微生物失活预测模型。
3. 评价预测微生物学模型拟合优良程度的主要统计量有哪些?

第八章拓展阅读　预测微生物学模型

# 第九章 交叉污染

[学习目标]

1. 掌握微生物交叉污染的定义、分类及影响因素。
2. 理解交叉污染带来的食品安全风险。
3. 理解交叉污染应用于风险评估的具体案例。

随着中国经济的快速发展和人民生活水平的提高，食品安全问题已经成为社会关注的焦点。微生物交叉污染是一种常见的食品安全问题，可导致食品中的病原微生物传播，从而对人体健康造成威胁。在中国这样一个人口众多、地域广阔、食品生产和消费规模庞大的国家，微生物交叉污染的风险评估显得尤为重要。因此，对微生物交叉污染的风险进行评估，不仅是保障人类健康的需要，也是实现食品安全保障的必要措施。

本章基于前述风险评估框架，从交叉污染的定义出发，说明交叉污染的分类、影响因素、测定方法以及对食品安全的危害，结合案例理解交叉污染风险评估过程。

## 第一节 交叉污染概述

### 一、定义

微生物在食品及食品接触表面间的转移，是微生物在食品链中进行扩散传播的重要途径，是食品污染的重要原因。当食品操作者操作不当时，就可能导致细菌的转移。细菌转移可以在多种生态位间发生，如食物、操作者、工厂设备、家庭厨房用具等，也包括空气沉降或气溶胶扩散。因此，在食品处理过程中，原辅料、中间产品、待包装产品、成品等中的微生物污染物通过产品、操作者、工具等转移到后序或其他产品的过程，被称为微生物的交叉污染（cross-contamination）。

在适宜条件下，新“入侵”的微生物可能定殖黏附于新的生态位，并进一步生长繁殖，导致食品或接触表面发生外源性污染，对食品品质或安全造成影响。由于细菌在食品链中的转移难以完全杜绝，因此需要将该影响纳入风险评估中，并采取一定措施对食品、食品接触面或食物操作者进行管控。

## 二、交叉污染的分类

加拿大风险评估中提出的“滴水液模式”对交叉污染发生的过程进行了描述。此方法考虑了包含在畜禽产品中的水分，当畜禽产品与容器、案板、刀具等厨房器具接触时，含有松散附着致病菌的畜禽液体（滴水液）可能经由交叉污染被人体摄入。常见的交叉污染途径有以下 3 种。

物体表面-流质食品（surface-to-food in fluids，SFF）。在食品加工流通储存过程中，细菌会在管道、容器壁表面黏附并形成生物被膜，当流质食品（如牛乳、啤酒、果汁等）接触这些表面时，黏附在表面上的细菌会转移到食品中，从而发生交叉污染。这种转移是食品工业中常见的重要污染源，例如，一起导致西班牙 2138 例沙门菌病的暴发事件，其原因是鸡肉在管道转弯处受到工厂运输的肉汁污染。

空气-食品（air-to-food，AF）。食品加工过程中，通过空气中的粉尘或者气溶胶将微生物转移至未污染的食品过程即为 AF。一般认为 AF 多发生在食品制备和包装过程中，由于空气中致病菌的存活率较低，该交叉污染途径引发食源性疾病暴发的概率较小。

物体表面-食品接触面（surface-to-food by contact，SFC）。SFC 指的是食物通过接触物体表面而被污染。SFC 在食品加工、零售、家庭制作等环节均会发生。据报道，SFC 转移是家庭交叉污染导致食源性疾病的一个非常重要的因素，由于家庭习惯的限制，消费者通常不能以卫生的方式处理和准备食物，进一步了解这种类型的转移有助于减少食源性疾病的发生。因 SFC 产生的交叉污染原因较多，如在食物准备过程中最常出现的是生熟食物、生熟器具不分等。所谓“生”是指未经加工处理、洁净度低并极可能带有致病菌的不可直接进食的食物，“熟”是指经加工或熟制后可供人食用的食物。将原料与成品尤其是无需进一步烹调的即食食品存放在一起或者接触过原材料的器具不经清洗直接用于盛放熟制品是交叉污染发生的主要途径。此外，厨房潮湿的环境有助于食源性致病菌的滋生和繁殖，从而导致病原菌不仅存在于食物表面，还可能广泛分布于砧板、抹布、刀具及其他厨房设备表面。有学者对英国 200 多个家庭厨房中不同物体表面细菌的种类和数量进行了监测，案板、沥水板、洗涤池、抹布、洗碗机等表面均分布有大量细菌，其中 90%以上的物体上均检测出假单胞菌的存在，作为人畜共患的条件致病菌的一种，它的广泛分布对人们的健康造成一定的威胁。

## 三、交叉污染的影响因素

影响交叉污染的因素主要是环境因素和微生物自身因素，如图 9-1 所示。

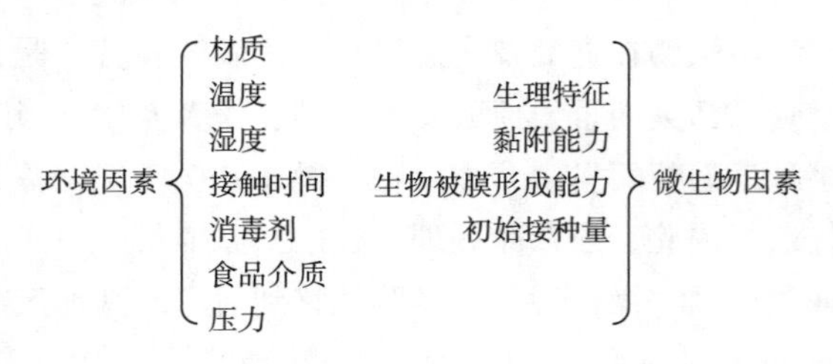


图 9-1　影响交叉污染的因素

环境因素包括接触面的材质、温度、湿度、接触时间、消毒剂的使用、食品介质、压力等。从接触材质来看，具有疏水性的细菌倾向于黏附到疏水材料表面（如橡胶、聚氯乙烯、脂肪组织等），从而减少了细菌被转移的可能性；具有亲水性的细菌倾向于黏附到亲水表面（如不锈钢、瘦肉组织等），表现出较低的转移率。有研究表明金黄色葡萄球菌非常容易转移到亲水表面且附着能力强，转移到其他材料上的效果较差。接触面的粗糙程度也会影响细菌的转移，如光滑表面（如不锈钢）和粗糙表面（如橡胶和聚氯乙烯）的转移效果是不同的，表面粗糙度越高，转移越难进行，这是由于细菌定居在粗糙表面的凹陷区域，它们不再与转移表面接触，因此它们不能被转移。粗糙的受体表面有利于细菌的转移，但受体表面粗糙度对转移率的影响要小于供体表面粗糙度的影响。两接触表面之间的压力与转移率明显正相关，接触面之间压力越大，转移越容易进行。目前关于两介质接触时间对转移率的影响的研究较少，两介质表面接触时间的增加能在一定程度上提高转移率，转移速率随接触时间的增加而增加，接触时间越长，受体表面可能发生的结合和相互作用的微生物数量就越多。从湿度（水分）来看，高瘦肉含量的食物比高脂肪含量的食物更有利于微生物在的接触表面的转移，瘦肉组织中水分含量高，高水平的水分含量会导致微生物松散的附着，从而有利于细菌的转移；此外，当不锈钢器具、手等介质表面水分含量较高时也会促进致病菌的转移。

微生物自身因素主要涉及微生物从一个表面转移到另一个表面的能力。包括微生物生理特征、黏附能力、生物被膜形成能力、初始接种量等。在研究初始接种量对转移率的影响时，通常将肉块作为污染的来源，研究者常采用接种的方式给予肉块一定的初始污染水平。Montville 等对不同初始接种浓度的肉块到各介质（案板、手、生菜）转移率的测定结果表明，初始接种量与转移率有显著负相关关系。不同种类的致病菌因其表面特性不同，对转移率也有一定影响。Costerton 等在对细菌黏附机制的论述中指出，细菌的表面会生出一种类似网状结构的胞外多糖，可促使细菌黏附到其他介质表面。然而，在 Vermeltfoort 等的研究中指出，致病菌种类对转移率的影响只有两介质接触时间较长时才能逐渐被显现。此外，微生物在适宜温度、pH、水分活度等条件下会快速生长和繁殖，当其处于不利环境，如高温、缺水、营养物质匮乏等，会出现失活现象，细菌在介质表面的存活行为可能对交叉污染水平产生影响，但目前国内外对此现象的研究尚有不足。

## 第二节　交叉污染的风险

随着经济全球化的快速发展，食品安全成为世界性的公共卫生问题，它不仅直接关系公众的身体健康和生命安全，同时也严重影响着经济和社会发展。近年来我国建立了食源性疾病监测信息数据库，系统分析监测网地区 1997—2011 年 8000 余起食物中毒案例，明确了我国食物中毒高危食品、高危病原、高危场所和不安全加工方式。通过食源性疾病检测表明：微生物性病原仍然是我国食源性疾病的主要病因（占 30%~40%）。人们通过被污染的食品暴露于食源性致病菌有两种最常见的途径：一是食品未彻底加热，二是食品交叉污染。在致病菌污染食品的过程中，交叉污染起着重要作用。由交叉污染引起的食源性疾病，一是因为食品加工或储存设备被污染，二是因为不规范的卫生操作。近年来因消费者在自家厨房或某些公共服务机构制备食物过程中操作不当或卫生条件不合格等引起的食品安全事故频发。

根据欧洲食品安全局统计数据，肉制品加工过程中交叉污染导致的食物中毒发病率达到18.6%（2647/14228）。其中单核细胞增生李斯特菌（*Listeria monocytogenes*）、沙门菌（*Salmonella* spp.）、金黄色葡萄球菌（*Staphylococcus aureus*）、大肠埃希菌（*Escherichia coli*）等为重点检测对象。表 9-1 归纳了部分肉制品中食源性致病菌的检出情况。世界卫生组织调查还表明，在 1999—2000 年，全球 32%的食品安全事故与交叉污染有关。据美国疾病预防控制中心相关报道，1993—1999 年在美国本土爆发的食源性疾病里，18%的事故起因于被污染的食物加工或储存设备，此外，由于不良的卫生操作导致的食品安全事故占暴发总数的 19%。

表 9-1　　肉制品加工中常见致病菌和涉及的食品介质

| 致病菌 | 食品介质 | 取样数 | 检出率/% |
| --- | --- | --- | --- |
| 单核细胞增生李斯特菌 | 鸡肉香肠 | 32 | 34.4 |
| | 午餐肉 | 501 | 11.1 |
| | 即食肉制品 | 240 | 38.3 |
| | 培根 | 480 | 18.3 |
| | 鸡肉香肠 | 865 | 1.4 |
| | 波洛尼亚香肠 | 170 | 14.1 |
| | 火腿 | 180 | 10 |
| 沙门菌 | 发酵香肠 | 142 | 16.9 |
| | 培根 | 639 | 1.1 |
| | 即食肉制品 | 569 | 15.8 |
| | 波洛尼亚香肠 | 170 | 2.9 |
| | 即食肉制品 | 209 | 5.3 |
| 金黄色葡萄球菌 | 发酵香肠 | 142 | 6.3 |
| | 鸡肉香肠 | 170 | 27.1 |
| | 即食肉制品 | 209 | 18.2 |
| | 火腿 | 180 | 15 |
| 大肠杆菌 | 波洛尼亚香肠 | 170 | 2.9 |
| 空肠弯曲杆菌 | 鸡肉香肠 | 865 | 0.4 |
| 耶尔森杆菌 | 香肠 | 195 | 28 |

除了以上官方的统计数据外，世界各地还有很多散发性的食品安全事件是由于交叉污染引起的。1996 年美国俄克拉荷马州爆发弯曲杆菌引起的食源性疾病，主要是因为被污染了弯曲杆菌的生鸡肉通过交叉污染感染了生菜，致使人们食用生菜后导致腹泻等症状。类似的事件在 2007 年的丹麦也有发生。除了弯曲杆菌，大肠杆菌 O157：H7 也常引发食品安全事故，资料显示，大肠杆菌通过牛肉与生菜的交叉污染致使食用生菜的人们出现恶心、呕吐等症状。1993 年北太平洋地区由于原料肉和沙拉之间大肠杆菌的交叉污染引发了食源性疾病的暴发。国内王仁明等分析了一起生熟食品使用同一刀具和案板，带菌操作引发副溶血性弧菌食物中毒事件。有研究报道了因晚餐加工制作过程中生熟交叉污染所致的沙门菌食物中毒事件。食源性致病菌交叉污染导致的食品安全事件逐年增多，引起消费者的广泛关注。

在之前的研究中，更多的关注加工工厂微生物交叉污染，但是近年来，厨房内微生物交叉污染引起的食品安全事故频发。Anderson 等用摄像机记录了 99 名消费者（92 名女性、7 名男性）制备食物的全过程，结果表明，所有受试者均未能严格按照美国食品药品监督管理局的食品安全处理建议进行厨房内操作。其中，手作为最重要的污染途径之一，其平均清洗时间显著低于 FDA 的建议时间（20s），且仅三分之一消费者尝试使用肥皂清洗双手。此外，在食物制备过程中，几乎所有消费者曾多次将猪肉、鸡肉、海产品、鸡蛋及未被清洗的蔬菜等与即食食品相接触从而造成交叉污染。2009 年 8—9 月，英国朴次茅斯共 75 人被确认为沙门菌感染，事件调查结果表明，当地餐馆是沙门菌最可能的污染来源，曾在餐馆就餐的消费者感染沙门菌的风险是平常人的 25 倍，进一步调研显示，餐馆未能严格遵守患有腹泻的厨师在 48h 内禁止参与食物制备过程的规定，并使用未经清洗的蔬菜制作沙拉，最终，专家将餐馆内部环境污染和沙门菌交叉污染认定为此次事故的起因。2012 年 6 月，甘肃省皋兰县发生一起沙门菌引起的食物中毒事件，在参加酒席的 226 人中有 50 人出现食源性疾病的症状，经调查表明，肉类食品加工不当、操作过程严重交叉污染是引起本次食源性疾病的直接原因。美国每年大概出现 1600 起单核细胞增生李斯特菌引起的中毒病例，其中 1455 例需住院治疗，255 例因此丧命，使得单核细胞增生李斯特菌成为美国食源性疾病的头号杀手，通过对单核细胞增生李斯特菌引起的散发病例流行病学、涉及食物及疫情状况等进行调查后证实，即食食品因最终被食用无需进一步加热成为此次食物中毒事件的主要起因，其制备过程中产生的交叉污染不容忽视。

由此可见，为减少食源性疾病的暴发水平，加强对交叉污染的研究的工作刻不容缓。目前，国内针对交叉污染开展的研究工作与国外存在一定差距，成为国内微生物风险评估领域一大研究空缺和难点。

## 第三节 交叉污染的控制措施

### 一、家庭厨房环节

选择引发交叉污染风险较小的厨房用具。家庭厨房中常见的案板材质有木质、塑料和不锈钢，案板是危害人们健康的潜在威胁，且微生物在不同的材质案板表面的污染情况不一。木质案板引起的发病率高于其他两种材质，塑料和不锈钢材质案板引起的发病率相近，此外，木制案板表面的裂缝可以给微生物提供合适的生存环境，是食品病原菌的潜在来源，建议使用木质案板的消费者要定期清洗或者更换案板。

定期清洗厨房用具。用适量的水清洗厨房用具能较大程度减少交叉污染，但不能完全消除细菌被转移的可能性。若清洗时加入一定的洗洁精或并用铁丝球擦拭，会降低发生交叉污染的可能性。清洗后的厨具以及清洁用品尽量保持干燥。

准备食物时做到生熟分离。食用交叉污染的熟肉制品和生鲜蔬菜存在一定的风险，在国内，随着现代生活节奏加快，熟肉制品因其味道鲜美独特、食用方便，越来越受到消费者的喜爱，尤其在夏季，熟肉制品和凉拌菜是常见的菜肴，所以，在准备生熟食物时要做到生熟食物分开和生熟器具分开。

### 二、食品工厂环节

加强原料污染的监测。原料供应商提供的原料对食品的质量有直接的影响。采购原料前要了解原料所处的环境，空气质量下降，水污染，土壤污染，环境中的有毒物质致癌物质会影响原料的品质。很多情况下，原材料在采购后可能会存放一段时间，细菌可能会增长繁殖，经过一定的存放原料会发生一定程度的变质，所以，要采取措施对原料进行合理的储存，可采取以下方法。

（1）控制食品的含水量　降低食品的水分含量可使微生物的生长受到抑制，该法适宜于水分含量低的食品如粮食、饼干等，如粮食中的水分含量在13%以下时，可阻止微生物的生长，采购这类原料后应储存于通风且干燥的场地。

（2）提高原料食品的渗透压　提高食品的渗透压可使细菌脱水而受到抑制，提高渗透压可通过盐腌与糖渍的方法。食品中食盐含量达到8%~10%可以抑制大部分微生物繁殖，盐腌食品常见的有咸肉、咸蛋、咸菜等。糖渍食品是利用高浓度（60%~65%以上）糖液，作为高渗溶液来抑制微生物繁殖，但此类食品还应该密封和在防湿条件下保存，否则容易吸水，降低防腐作用。

（3）降低食品的储存温度　低温环境中大多数微生物的生长受到抑制，而且食品中的酶活性也受到抑制，从而延缓食品的腐败变质。根据储存的温度可以分为冷藏和冷冻两种方式，冷藏是指在高于食品的冰点温度下储存的方法，主要用于新鲜水果蔬菜的保藏，对食品的风味及营养成分破坏不大，可最大限度地保持食品的新鲜度。冷冻是将食物中所含大部分水分冻结成冰，即将食品温度降低到低于食品汁液的冻结点，由于缺水和低温，大大限制了食物中微生物的生存，同时杀死部分微生物。

（4）使用抑制微生物的化学物质　某些化学物质能抑制微生物的生长繁殖，在食品中添加这类物质能控制微生物的生长繁殖，主要有添加防腐剂、熏制和酸防腐几种方式。防腐剂是指能抑制食品中微生物的繁殖、防止食品腐败变质的物质。常用的防腐剂有苯甲酸及其钠盐、山梨酸及其盐类、丙酸及其盐类、对羟基苯甲酸酯类及乳酸链球菌素等。

注意职工个人卫生。在食品加工企业，职工必须遵守良好的卫生规定来防范微生物造成的交叉污染，部分措施如以下列出。

（1）着装合理　食品从业人员在工作期间的着装有相当具体的要求：进车间前，必须穿戴整洁统一的工作服，工作服应盖住外衣，头发不得露于帽外；要每天更换工作服，保持工作服的整洁，不得将与生产无关的个人用品、饰物带入加工车间；直接与原料、半成品接触的人员不得佩戴饰物、手表、不准浓妆艳抹、染指甲、喷洒香水进入车间；衣服袖口、领口要扣严，发网要将头发完全罩住，防止头发等异物落入食品中；操作人员不得穿戴工作服到加工区外的地方。

（2）注意手的卫生　操作人员的双手必须保持良好的卫生状态，在下列情况出现时，必须彻底洗手和消毒：开始工作前；上厕所之后；处理操作任何生食品之后；处理被污染的原料、废料、垃圾之后；清洗设备、器具，接触不洁用具之后；用手抠耳鼻，用手捂嘴咳嗽之后；用手接触其他有污染可能的器具或物品之后；从事其他与生产无关的活动之后；工作之中应勤洗手，至少每2~3h应洗手一次。

（3）注意操作卫生　员工的操作卫生要求：在车间所有的入口处均设有完善的洗手消毒设施；严禁一切人员在加工车间内吃食物、吸烟、随地吐痰和乱扔废弃物；生产车间的进口在必要时应设有消毒池；上班前不许酗酒，工作时不准吸烟、饮酒、吃食物及做其他有碍食品卫生的活动；操作人员手部受到外伤应及时处理，不得接触食品或原料，经过包扎治疗戴上防护手套后，方可参加不直接接触食品的工作；生产车间不得带入或存放个人生活用品。

加强对职工的专业素养的培训。职工具备微生物交叉污染的专业知识和技能是控制交叉污染的重要前提，企业要根据职工的岗位、工作性质安排职工接受响应的培训，其中包括引发微生物交叉污染的原因、措施等，引导职工明确自己的职责和应承担的责任。

## 第四节　定量风险评估与交叉污染

近年来，食品微生物定量风险评估（quantitative microbiological risk assessment，QMRA）的研究工作发展迅速，包含鸡蛋中的沙门菌、生牛乳中金黄色葡萄球菌、散装熟肉及三文鱼制品中的单核细胞增生李斯特菌以及真菌毒素等的 QMRA 研究。但仍有需要改进的方面：还未开展覆盖食品产业链的某食品-病原组合的定量风险评估，而此类评估用途更广；食品中寄生虫、食源性病毒等的定量风险评估尚未或刚刚开展，重要病原菌在不同食品组合的定量风险评估需扩展；此外，我国幅员辽阔、各地差异大，应该鼓励开展区域或者地方的特色食品和特殊食品进行烹饪加工行为食品微生物风险评估；食品微生物风险评估能力需要强化，包括扩大队伍规模、提高专业水平，建设区域、地方评估机构或定量监测体系等。

食品微生物风险评估的框架大同小异，然而细微之处可能对评估结果产生较大影响。构建合理有效的风险评估体系需从计划的有效性、模型的选择、问题针对性、评估范围的选定等方面着手。当前食品微生物风险评估的主要难题包括以下几个方面：明确评估范围和计划问题，需要综合考虑风险的特点和重要性、风险的等级和严重性、面临情况的紧急程度、人群适用性和资源的可用性；危害识别问题，通常被视作食品微生物风险评估的形成阶段，评估对象、不良反应、暴露途径、流行病学等相关知识在此阶段均要被识别和确认，从而形成评估的基本框架；成本效益的问题，基于减少食源性致病菌对公共卫生产生危害的目的来进行成本效益分析，为食品微生物风险评估面临的另一个技术难题；定性或定量方法的选择，在开展风险评估前，应根据数据可利用性、评估目的以及风险评估结合到风险管理或决策中的深度和广度等，遵循避繁就简的原则选择合适的方法；风险建模研究问题，微生物预测模型和剂量-反应模型通常被应用于微生物风险特征描述阶段，评估特定危害对特定人群产生的影响。微生物预测模型被用于描述在食物链不同环节如加工、销售、运输等过程中环境因素对微生物数量变化的影响，成为暴露评估中必不可少的重要组成。

在 QMRA 研究中的交叉污染，国内外研究者主要针对沙门菌、空肠弯曲杆菌以及单核细胞增生李斯特菌等微生物进行交叉污染的研究。Khalid 等开展了家禽肉类从农场到餐桌的 QMRA 研究，表示与交叉污染和烹饪（烹饪时间不充分）事件相关的消费者行为是人类健康风险的主要问题。Ravishankar 等评估了在不同的处理场景下沙门菌从鸡肉到生菜的转移情况，分别设置了 3 种场景研究塑料案板和刀具在切过污染沙门菌的鸡肉后不同的处理方式，对最终生菜中沙门菌检出量的影响。研究结果表明对案板和刀具进行彻底的清洗有利于降低交叉污染的风险。Soares 等以肠炎沙门菌（*Salmonella enteritidis*）为对象，研究了在清洗步骤之后，不同材质表面对交叉污染的影响，目的在于评估清洁方式对不同材质接触表面的作用，结果表明，木质表面最难清洗，不锈钢表面最易清洁，此外，使用含氯的清洁剂能够有效地降低交叉污染的风险，为消费者的行为习惯提供了良好的建议。Moore 等考虑到沙门菌的恢复率，不仅对转移率进行了测定与计算，还对一段时间后的沙门菌恢复情况进行测定。Goh 等研究了污染单核细胞增生李斯特菌的生鸡肉通过塑料案板和木质案板到热的、凉的鸡肉的转移率，最终建议原料肉与熟制肉使用不同的案板切块处理，且应使用洗涤剂和热水清洗案板来防止交叉污染。Gkana 等研究发现通过厨房设备，西红柿受到来自生肉的微生物污染，使用洗涤剂和自来水清洁木质砧板可以有效避免交叉污染的发生。Zhang 等研究了单核细胞增生李斯特菌经不同材质砧板的交叉污染转移到火腿中的数量，得出木质砧板表面最难清洗的相似结论。此外，该研究发现单核细胞增生李斯特菌的初始污染浓度也是影响结果的因素之一，并根据实验结果提出建议：切肉后，切菜板应用 70℃以上的热水清洗，以避免病原体传播到 RTE 食品。交叉污染常发生在厨房用具的使用过程中，在食品贮藏期间也易发生。Shen 等研究了苹果打蜡期间的交叉污染，结果显示有较高水平的单核细胞增生李斯特菌转移到了苹果中，并在随后长期的冷藏存储期间存活。而关键的发现是蜡涂层中包含的杀真菌剂减少了酵母菌和霉菌，并没减少单核细胞增生李斯特菌的数量。Liao 等研究了冷链中常被用作食品保鲜冷却剂的冰，建立了食品在冰保存过程中病原微生物转移的交叉污染模型。结果发现与食品接触的冰容易被病原微生物污染，冰中的微生物种群主要受采样环境的影响。此外，操作人员的手部（手套）是接触介质之间的“桥梁”，也是引起交叉污染的主要因素。Qi 等开发了数学模型来模拟切割哈密瓜过程中单核细胞增生李斯特菌通过手套发生的转移情况，建议及时更换一次性手套以避免交叉污染的发生。抹布同样也是引起交叉污染的载体之一，Møretrø 等研究发现 16%的消费者在厨房操作中并没有正确清洁抹布，即使抹布已被细菌污染且保持生长，甚至能存活到下一次使用。王海梅等通过试验模拟了消费者在厨房内准备食物过程中常见的 6 种场景，并运用蒙特卡洛（Monte Carlo）方法进行交叉污染的仿真模拟，证实食用产生交叉污染的猪肉和蔬菜将存在一定的风险。Kusumaningrum 等结合蒙特卡洛方法，研究了食品中沙门菌和空肠弯曲杆菌致使消费者食用后患病的概率，同时运用概率密度函数考虑不确定性和变异性。Habib 等提出了一个与西澳大利亚州（WA）处理生鸡肉时发生交叉污染相关的人类弯曲杆菌病的 QMRA 模型，用于估计干预情景对预测的疾病（弯曲杆菌病）概率的可能影响。Munther 等构建数学模型，量化大肠杆菌在菠菜和莴苣中的交叉污染，评估结果用于清洗次数的建议。Perez 等将食品安全目标（food safety objective，FSO）与单核细胞增生李斯特菌在不同的交叉污染场景相结合，用 FSO 值对不同场景进行定性评估，从而给风险管理者提供恰当的建议。Rosenquist 等通过 QMRA 模型将未清洗的砧板确定为微生物主要的转移路线。Maria 等提出一种厨房交叉污染传播途径（KCC）的定量微生物风险评估模型，该模型量化了细菌从受污染的鸡肉传播到手、厨具及其他介质表面，最后到污染沙拉的微生物数量，评估结果确定了不同传播途径的重要性。Daniele 等开发了 QMRA 模型来估计即食（RTE）绿叶蔬菜中沙门氏菌引起的疾病风险。结果表明，较高的氯浓度会降低患病风险，在洗涤过程中正确控制消毒剂对于减少初始污染以及避免交叉污染至关重要。Zhou 等研究了单核细胞增生李斯特菌在三文鱼刺身制备过程中发生的交叉污染情况，并建立了基于 BP 神经网络的交叉污染预测模型。得出其他研究者相似的结论，即木质砧板发生交叉污染的概率最高且最难清洗，热水与洗涤剂结合仔细清洗可以有效避免交叉污染的发生。Perez 等将食品安全目标（food safety objective，FSO）与单核细胞增生李斯特菌在不同的交叉污染场景相结合，用 FSO 值对不同场景进行定性评估，从而给风险管理者提供恰当的建议。

交叉污染路径（转移路径）描述了微生物的传播路径，由单个步骤组成（例如，从肉到手，从肉到切菜板，从切菜板到 RTE 食品等）。在评估与交叉污染相关的食源性疾病风险时，估计通过不同交叉污染途径传播的微生物数量是相关的。观察研究和对厨房环境的微生物分析两种方法相结合，能够识别可疑的交叉污染路径：清洁方式不科学（即未使用肥皂、洗涤剂），通过手、刀和砧板发生转移，通过清洗生肉发生转移，通过洗碗布和使用擦手布发生转移。就 QMRA 而言，交叉污染模型具有相关性，是适用的，但可用的模型数量有限。因此，将交叉污染与微生物定量风险评估相结合，考虑行为频率调查数据、剂量-效应反应模型等构建完整的交叉污染模型的相关研究，有利于有关政府机构制定有关标准时参考借鉴。

# 第五节　交叉污染测定步骤

## 一、场景设计

交叉污染主要是对介质与食品、介质与介质、食品与介质之间的细菌转移情况的研究。在实际生产和生活过程中有复杂多样的接触关系，包括直接接触和间接接触。场景设计的第一步就是针对真实的转移过程在实验室可控的条件下模拟实验，测出转移率并成功构建具有预测或者描述功能的模型。

场景设计作为交叉污染研究的第一步，场景设计的严谨性保障了后续模型的实际应用性。在实验室条件下进行模拟时要尽量保证与真实场景的一致性，有一些研究是直接在真实生活生产过程中进行观测。场景设计示例如表 9-2 所示。

表 9-2　典型不同场景下案板、刀具、手的接种和处理方式的设计

| 场景 | 接种介质 | 接种方式 | 接种后处理方式 |
|---|---|---|---|
| 1 | 案板 | 5cm×5cm 内接种 0.5mL 菌悬液 | 不做任何处理，直接用来切割青菜 |
|  | 刀具 | 2cm×10cm 内接种 0.2mL 菌悬液 |  |
|  | 手 | $5cm^2$ 内接种 0.1mL 菌悬液 |  |
| 2 | 案板 | 同场景 1 | 分别用 500mL 无菌水冲洗各介质后切割青菜 |
|  | 刀具 | 同场景 1 |  |
|  | 手 | 同场景 1 |  |
| 3 | 刀具和手指 | 分别将 0.1mL、0.2mL 菌悬液接种在手指（$5cm^2$）和刀具表面（2cm×10cm） | 不做任何处理直接用来切割青菜 |
| 4 | 案板和手指 | 分别将 0.1mL、0.5mL 菌悬液接种在手指和案板表面（5cm×5cm） | 不做任何处理直接用来切割青菜 |
| 5 | 案板和刀具 | 分别将 0.2mL、0.5mL 菌悬液接种在刀具和案板表面 | 不做任何处理直接用来切割青菜 |
| 6 | 案板 | 同场景 1 | 用洗洁精、500mL 无菌水冲洗，并用无菌铁丝球擦拭 |
|  | 刀具 | 同场景 1 |  |
|  | 手 | 同场景 1 |  |

## 二、微生物取样

（1）食品接触表面取样　食品包装、容器、加工器具等食品接触材料，作为食品的直接或间接接触者，在与食品接触的过程中，其成分及表面附着的微生物不可避免地会迁移到食品中，进而影响食品安全和消费者健康，在研究交叉污染时，食品接触表面的微生物取样是不可缺少的一步。食品接触表面材质多种多样，包括玻璃材料、塑料、不锈钢、纸质材料等，依据不同的材料会采取不同的采样方法。常用的方法包括擦拭法、贴纸法和琼脂接触法等。

擦拭法通常用无菌拭子蘸取无菌生理盐水擦拭食品接触表面，之后将拭子放入盛有生理盐水的试管中，这样微生物就被转移到生理盐水中，之后对微生物进行培养和计数，该方法出现的误差主要是由于实验者擦拭方式不同造成。贴纸法是将无菌纸用无菌生理盐水打湿后，贴于需采样的部位，之后将纸片放入盛有无菌生理盐水的试管中进行培养或计数。接触性琼脂法是将接琼脂培养基直接压在待采样表面上进行采样的方法，该方法便于微生物的计数，这种方法在计数较低时比擦拭法更灵敏，该方法缺点是只能用于比较平坦的表面。

（2）手部以及手套的取样　手部具有符合微生物生长繁殖的条件，是微生物转移的重要媒介，微生物交叉污染中人为因素也是很重要的影响因素。美国食品和药物监督管理局早在 1978 年建议在测试洗手程序有效性的研究中使用手套汁液法对手进行取样。将手套装满 20mL 肉汤，然后戴在手上，按摩 1min。手套汁液法通过从手的所有表面收集微生物，有助于准确表征受试者手上的瞬时和常驻菌群。由欧洲标准化委员会在 1996 年开发的指尖蘸取法也是评估洗手产品功效的另一种方法，该方法可用于对手进行采样，结果类似于手套汁液法。在指尖蘸取法中，受试者将其指尖浸入含有 10mL TSB 的培养皿中，并在培养皿底部摩擦 1min。然而，食品领域的研究人员更熟悉擦拭法和琼脂接触法。琼脂接触法适用于手掌（包括手指）等平坦表面的采样，并可检测手上的少量样本。擦拭方法可以有效地应用于手的不同表面，包括手指间区域，缺点是它在低计数量时不敏感，费力并且需要操作者的预先培训。

（3）食品材料取样方法　食品表面微生物取样同上述擦拭法。也可以采用破坏性的方法，如切除，这种方法只适用于软材料。

## 三、数据指标

转移率（transfer rates，TR）：其定义为从供体表面转移到受体表面的细菌的百分比，公式如式（9-1）：

$$T\% = \frac{N_r}{N_0} \times 100\% \tag{9-1}$$

式中　$T\%$——转移率；

$N_0$——细菌供体表面带菌量，CFU/g 或 CFU/cm$^2$；

$N_r$——细菌受体表面的带菌量，CFU/g 或 CFU/cm$^2$。

恢复率（recovery ratio，RR），即采用某种细菌采集方法时，介质表面所带细菌的恢复能力。

恢复率的计算式为式（9-2）：

$$D_{RR} = \frac{N'_0}{N_0} \tag{9-2}$$

式中 $D_{RR}$——恢复率；

$N_0$——介质表面细菌的接种量，CFU/g 或 CFU/cm$^2$；

$N'_0$——通过擦拭取样法测得的细菌的数量，CFU/g 或 CFU/cm$^2$。

# 第六节 交叉污染模型

## 一、交叉污染模型在风险评估中的应用

在微生物风险评估中，交叉污染被认为是一个可能会增加受污染食品的流行率的过程，从而增加消费者接触受污染食品的风险。然而，在食品的预测模型中，交叉污染通常比生长和失活受到的关注少，其原因一方面可能是交叉污染的影响通常是高度可变的，交叉污染可以在养殖、食品加工、零售、家庭等途径发生；另一方面，依据现实来源的可重复实验难以设计，并且不容易构建可信的机械模型。但是，建立描述交叉污染过程的模型对于微生物风险评估至关重要。模拟细菌转移的主要目的是开发可靠的数学模型，该模型能够预测转移是否发生，其次预测与某些因素（压力、湿度、水分等）相关的细菌转移率。交叉污染过程建模旨在过程参数和微生物之间建立可量化的联系。交叉污染研究中的一个重要问题是，环境和微生物本身的因素会细菌转移，严格控制下的实验模拟使我们能够研究影响细菌转移的因素，然而，这不能解释较为复杂的真实场景。因此，将实验室模拟产生的结果和真实场景研究中的信息结合起来将有助于更好地理解细菌交叉污染事件。

随着微生物交叉污染在食源性疾病暴发中的重要作用被逐渐认知，交叉污染模型的研究也引起更广泛的重视。其中，以转移率为基础对厨房内致病菌的交叉污染进行定量描述成为最常见的一种方式，可成功将致病菌污染来源、中间介质、最终污染介质等相联系。一个完整的交叉污染模型应包括两部分：致病菌从一种介质向另一介质的转移率；食物制备过程中与消费者卫生习惯有关行为频率调查数据。

生物的转移过程通常涉及三类基质：交叉污染来源（生鲜肉块等）；中间介质（案板、刀具、手、水龙头等）；最终食物（即食蔬菜等）。为了描述致病菌从被污染的产品到手或厨房设备以及从手或厨房设备再到即食食品等的转移率，许多学者对厨房内可能出现的交叉污染场景进行假设并对特定致病菌的转移率进行定量。为简化实验操作并更加准确地测定致病菌在各介质之间的转移率，实验过程中通常采取接种的方式给予细菌供体一定的初始污染水平，中间介质和最终食物则在实验开始之前采用一定的方式进行灭菌处理。与微生物的生长或死亡规律不同，致病菌在介质间的转移率并不会呈现指数增长或减少的规律。由于采集介质表面微生物时所采取的方法存在的固有缺陷以及上文提及的转移率的各种影响因素，导致同一组实验在不同重复时得到的转移率并非特定值，而是在一定范围内变化。例如研究表明，沙门菌从受污染的肉块到刀具的转移率在 0.01~1 变化，而沙门菌从受污染的刀具到肉块的转移率的变化范围是 0.15~0.54。Beta 分布因其形状的多变性常被用来描述转移率的变异性和不确定性也可以通

过软件（可参考第十二章）确定转移率的最优分布。一些研究也表明，转移率本身可能毫无规律，经对数转换后的转移率可能接近或服从正态分布。

食物制备过程中与消费者卫生习惯有关行为频率信息是构建交叉污染模型的另一个重要参数，因此，将其并入微生物风险评估定量交叉污染的危害时，烹饪习惯的调查、评估对象被消费的频率调查等成为不可或缺的内容。有研究在对美国2000个家庭处理新鲜农产品的行为调查报告中指出：6%的消费者对生鲜农产品从不做任何清洗；23%的消费者会在冰箱中存放生鲜猪肉、鸡蛋、鱼肉等时将其置于其他物品上面；将近一半的消费者在接触生鲜农产品之前不会清洗双手；在分割生鲜肉之后（切割鲜农产品之前），仅有5%的消费者会用干抹布擦抹砧板，24%的消费者用清水洗净砧板。Karl 等对消费者烹饪习惯的调研中称，仅24%的消费者对切过生肉的案板进行清洗，而 Redmond 等的调查表明，约有81%的消费者会用同一块案板切割生肉和生鲜蔬菜。这些都说明消费者的行为习惯存在差异，针对某一或某类行为习惯构建的交叉污染模型不能随意套用。

为使更多消费者对家庭食物制备阶段在微生物风险评估中的重要作用有更加深刻的认识，有研究利用交叉污染过程中的转移率和与消费者卫生习惯有关的行为频率对单核细胞增生李斯特菌在食物中浓度变化及对患病率的影响进行了描述，结果表明，0.3%的熟肉制品中单核细胞增生李斯特菌的含量>$10^4$CFU/g，若1011份熟肉制品被食用则可能导致7人死亡，家庭制备过程使得单核细胞增生李斯特菌的致死率增加了$10^6$倍。对厨房内食物制备阶段弯曲杆菌的交叉污染进行了研究，并采用蒙特卡洛对其过程进行仿真模拟，每次仿真模拟的实现包括5个步骤：计算鸡肉中弯曲杆菌的初始污染水平；计算消费者卫生习惯行为频率；计算交叉污染路线；计算沙拉的污染水平；计算弯曲杆菌因为交叉污染导致食物中毒的人数。结果表明，当准备$10^4$份“模型餐”时，鸡肉、手、沙拉中至少含有一个弯曲杆菌的概率分别是0.958、0.375、0.07。尽管沙拉中弯曲杆菌的最终污染水平明显低于鸡肉和手表面的污染水平，但高于$10^3$CFU/g的情况仍时有发生，导致消费者感染弯曲杆菌的概率高达0.00052。由此可见，将交叉污染模型并入微生物风险评估有助于更加准确地评估致病菌对公众健康产生的危害。

然而，交叉污染模型也存在一定的局限性。假设致病菌在食物中均匀分布，二项式$\beta(n, p)$可用于表示致病菌在不同介质间的转移过程（$p$为每个致病菌被转移的概率，$n$为介质表面的带菌量），从此式可看出，当$n$或$p$非常小时，可能发生致病菌零转移事件。在实际情况下，食物的初始污染水平通常较低，但在实验过程中，为确保得到较可观的转移率，通常给予细菌供体较高初始污染水平，因此，在实验条件下得到的转移率可能并不具有代表性。实验重复次数的局限性及实验方法本身存在的缺陷等因素也使得交叉污染模型的精确性较低。此外，污染路径的多样性、消费者个体处理食品的实际差异等导致食物制备过程中与消费者卫生习惯有关行为的频率数据十分缺乏，因此，将描述食源性致病菌在食物接触表面的交叉污染模型并入微生物定量风险评估中的研究并不常见，且研究者在构建交叉污染模型时，通常将重点侧重于交叉污染对细菌受体表面带菌量的影响，而忽略了交叉污染对细菌供体带菌量的影响。

交叉污染建模研究，要理解交叉污染是一个非线性的过程。细菌的繁殖方式是二分裂，菌落数的增加是以指数倍增的，将菌落数取对数值后会使得生长或者失活过程以线性相加或相减的线性形式表示出来，所以生长或者失活建模以细菌对数值为衡量尺度，可以用式（9-3）进行表示：

$$\lg N_t = \mathrm{Lg}\ N_0 + f \tag{9-3}$$

式中　$N_t$——生长或者失活后的浓度，CFU/g 或 CFU/$cm^2$；

$N_0$——生长或者失活的初始浓度，CFU/g 或 CFU/$cm^2$；

$f$——描述细菌增加或减少的函数。

以上这种线性模式是无法描述交叉污染过程的，这使得交叉污染的风险评估更加复杂，可以通过考虑每个事件的可能性和事件的影响来构建相关转移事件的模型。

## 二、模型的评价

食品中交叉污染的定量数据可以为理解现象和实施干预措施提供有价值的支持。然而，使用不同的取样和量化方法使得研究结果之间的比较变得困难。在这种情况下，在转移事件中更精确、准确和标准化的细菌定量方法可能有助于开发更高性能的交叉污染模型，以用于 QMRA，从而产生更可靠的风险估计。模型性能的评估通常用于评估交叉污染模型预测的效果。

可用的方法是使用可接受的模拟区（acceptable simulation zone，ASZ），参数拟合评估、QMRA 和总转移潜力（total transfer potential，TTP）。

ASZ 的使用基于相对误差（pRE，即观察值和预测值之间的平均差异）的比例，这是模型性能的相对度量，因为可接受的预测区域的宽度会影响其值。根据 ASZ，当 70%的计数在模拟转移曲线周围的可接受区域内时，模型性能是较好的。该方法的优点还在于不同的偏差极限可以被测试以及计算令人满意的样本百分比。ASZ 模型是作为偏差和准确性因素的综合效应而产生的，证明了使用模型前可以提供对模型性能的准确评估。

通过拟合参数的评估可以使用标准化残差来实现。误差项的正态性假设可以通过检验基于正态分布图的相关残差的正态性来确定。如果假设成立，残差应该在零附近随机变化，残差的分布在整个图中应该大致相同。最小二乘回归方法的一个显著弱点是对异常值的敏感性，这也可以通过查看残差来检测。

使用 QMRA 的评估可以使用微生物流行率和浓度的分布以及可用的交叉污染模型来完成，以便估计每份的平均风险。相对风险也是通过将交叉污染模型与数据进行拟合并与基线情景进行比较来计算。

TTP 的评估由转移到整批样品中的单个样品中细菌的比例来定义。实际上，TTP（%）是一个累积百分比，它假设从受污染的成分到加工食品始终存在系统性交叉污染。虽然这一假设会导致交叉污染高估，但 TTP 可能是模型评估的有效方法。

# 第七节　交叉污染风险评估应用过程举例

## 一、气单胞菌在厨房内的交叉污染

### 1. 冷却猪肉中气单胞菌到青菜的转移

气单胞菌（*Aeromonas* spp.）是冷却猪肉中常见的优势腐败菌之一，同时被证实是一种可导致胃肠炎和败血症的人畜共患致病菌。近年关于气单胞菌引起食源性疾病的报道日益增多。在已有对冷却猪肉中气单胞菌的暴露评估研究中，以其一级和二级生长模型为基础，并以销售、运输以及贮藏阶段的时间和温度为主要影响因素，评估猪肉中气单胞菌的最终污染水平和食用的风险，并未涉及厨房内交叉污染环节。据调研表明，40%～60%的食源性疾病与消费者在厨房内食物准备过程中不恰当的操作行为有关。气单胞菌作为冷却猪肉中优势腐败菌之一，在猪肉腐败过程中起到关键性作用，对气单胞菌在厨房内的交叉污染进行研究十分必要。

本部分模拟消费者在厨房内准备食物过程中常见的 6 种场景（表 9-3），测定气单胞菌在猪肉、案板、刀具、手和青菜之间的转移，根据公式计算各组转移率，并选用 Origin 软件对经对数转换的转移率进行频数分布拟合。

表 9-3　不同场景下案板、刀具、手的接种和处理方式

| 场景 | 接种介质 | 接种方式 | 接种后处理方式 |
|---|---|---|---|
| 1 | 案板 | 5cm×5cm 内接种 0.5mL 菌悬液 | 不做任何处理，直接用来切割青菜 |
| | 刀具 | 2cm×10cm 内接种 0.2mL 菌悬液 | |
| | 手 | $5cm^2$ 内接种 0.1mL 菌悬液 | |
| 2 | 案板 | 同场景 1 | 分别用 500mL 无菌水冲洗各介质后切割青菜 |
| | 刀具 | 同场景 1 | |
| | 手 | 同场景 1 | |
| 3 | 刀具和手指 | 分别将 0.1mL、0.2mL 菌悬液接种在手指（$5cm^2$）和刀具表面（2cm×10cm） | 不做任何处理直接用来切割青菜 |
| 4 | 案板和手指 | 分别将 0.1mL、0.5mL 菌悬液接种在手指和案板表面（5cm×5cm） | 不做任何处理直接用来切割青菜 |
| 5 | 案板和刀具 | 分别将 0.2mL、0.5mL 菌悬液接种在刀具和案板表面 | 不做任何处理直接用来切割青菜 |
| 6 | 案板 | 同场景 1 | 用洗洁精、500mL 无菌水冲洗，并用无菌铁丝球擦拭 |
| | 刀具 | 同场景 1 | |
| | 手 | 同场景 1 | |

应用 Microsoft Excel 软件对试验数据进行统计，根据公式计算每组转移率，并采用 SPSS 软件对不同组转移率进行显著性检验。转移率经对数转换以 0.25 为间隔对其进行归类，并以特定数值出现频数为纵坐标，采用 Origin 软件进行频数分布拟合。

冷却猪肉中气单胞菌在进行厨房操作前的初始污染水平，根据前人研究对冷却猪肉中气单胞菌从销售至家庭储存阶段的定量暴露评估进行确定，并将场景 1 试验所得各组转移率采用@ RISK 软件进行最佳分布拟合，并采用蒙特卡罗抽样方法对各个参数进行模拟，用概率分布的形式描述青菜最终污染水平。

猪肉中气单胞菌到案板、刀具和手的转移率经对数转换的频数分布拟合结果由图 9-2 可知，猪肉中气单胞菌到案板和手表面的转移率的对数值相对分散且右移，表明这两组转移率较高且变化范围大，近乎重叠的图形再次证明两组转移率无显著性差异。

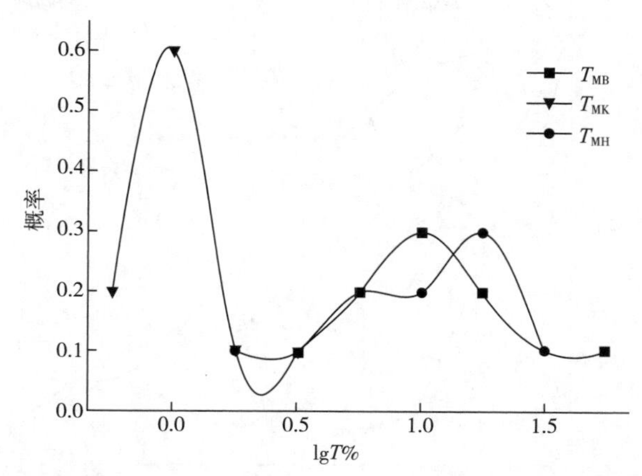


$T_X$—转移率　$X$—任意下标　下标 M—冷却猪肉　下标 B—案板　下标 K—刀具　下标 H—手

例如，$T_{MB}$ 表示猪肉中气单胞菌到案板的转移率。

图 9-2　猪肉中气单胞菌到案板、刀具、手的转移率的百分数对数值的频数分布

**2. 考虑存活的交叉污染**

不同种类的细菌在不同介质表面的存活行为已在较多研究中被探讨，如何量化其对交叉污染的影响仍需进一步努力。本小节拟对采用擦拭取样法对气单胞菌从案板、刀具表面的恢复率进行测定，并对气单胞菌在不同介质表面、不同时间下的存活状况进行评定。最后，以案板为交叉污染途径，探究气单胞菌在介质表面的存活行为对交叉污染的影响。

应用 Origin 软件中线性模型对气单胞菌在介质表面的存活曲线进行拟合。计算式为式（9-4）：

$$\lg S_t = \lg\left(\frac{N_t}{N_0}\right) = kt \tag{9-4}$$

式中　$t$——时间，h；

$\lg N_t$——$t$ 时案板或刀具表面气单胞菌带菌量的对数值；

$\lg N_0$——随时间无限减小时渐进对数值（相当于初始接菌量）；

$\lg S_t$——不同时间介质表面气单胞菌带菌量与初始接种量的对数差值，即存活率；

$k$——失活速率。

均方根误差（RMSE）是判断模型拟合效果的最简单有效的评价参数之一，其表达式为式（9-5）：

$$\text{RMSE} = \sqrt{\frac{\sum (V_P - V_0)^2}{n - p}} \tag{9-5}$$

式中　$V_P$——模型预测值；

$V_0$——试验观测值；

$n$——观测值个数；

$p$——参数个数。

不同时间介质表面气单胞菌的存活率如图 9-3 所示。上述结果表明，气单胞菌在洁净介质表面的减少速率快于其在被污染的介质表面的减少速率，介质的表面环境对气单胞菌的存活能力存在一定影响。

应用线性模型对气单胞菌在介质表面存活特征曲线进行拟合，得到的动力学参数及模型评价结果如表 9-4 所示。决定系数（$R^2$）是评价模型拟合优度的重要指标之一，其数值越接近

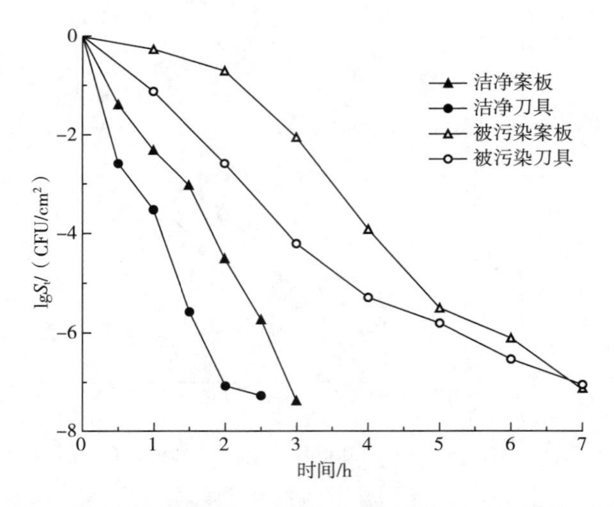


图 9-3　不同时刻介质表面气单胞菌的数量与初始接种量的对数差值

1，拟合效果越好，从表 9-4 可知，在本研究中 4 种情况下，$R^2$ 分别是 0.99、0.98、0.88、0.96。均方根误差（RMSE）是衡量预测准确度的一种数值指标，可以说明模型预测值的离散程度，其数值越小，模型拟合优度越高，在本研究中，RMSE 数值均小于 1。精确因子（$A_f$）和偏差因子（$B_f$）数值越接近 1，预测模型的准确性越高、结构性偏差越低，从表 9-4 可知，$A_f$ 和 $B_f$ 的数值均在可接受范围之内。赤池信息（AIC）可用于权衡所估计模型的复杂度和模型拟合数据的优良性，线性模型对气单胞菌在介质表面存活曲线拟合得到的 AIC 数值分别是 -12.27、3.48、-5.14、-4.84。以上均说明线性模型能够较好地对气单胞菌在介质表面的存活曲线进行描述。

表 9-4　介质表面气单胞菌失活模型的参数及评价

| 不同场景 | $k$ | lg（$N_0$） | $R^2$ | RMSE | $A_f$ | $B_f$ | AIC |
|---|---|---|---|---|---|---|---|
| 洁净案板 | -2.37±0.07 | 7.44±0.08 | 0.99 | 0.27 | 1.55 | 1.45 | -12.27 |
| 洁净刀具 | -3.51±0.07 | 7.54±0.07 | 0.98 | 0.79 | 1.08 | 1.07 | 3.48 |
| 被污染的案板 | -1.11±0.02 | 7.98±0.05 | 0.88 | 0.53 | 1.13 | 1.05 | -5.14 |
| 被污染的刀具 | -1.04±0.02 | 7.27±0.09 | 0.96 | 0.54 | 1.15 | 1.12 | -4.84 |

**3. 交叉污染模拟**

表 9-5 所示为交叉污染模拟过程中的参数设置情况。

表 9-5　交叉污染模拟过程中的参数设置

| 参数 | 取值 |
|---|---|
| 猪肉初始污染水平 $N_0$ | [-0.82，7.66] |
| 猪肉到案板的转移率 $T_{MB}$ | Beta（0.25，0.38） |
| 案板到青菜的转移率 $T_{BL}$ | Beta（0.29，0.32） |
| 气单胞菌在被污染案板表面的存活时间/h | Uniform（0，7） |

续表

| 参数 | 取值 |
| --- | --- |
| 被污染案板表面气单胞菌衰亡模型 M | $\lg N_t = 7.98 - 1.11t$ |
| 整合存活模型前青菜污染水平 $N_{L1}$ | $N_{L1} = N_0 T_{MB} T_{BL}$ |
| 整合存活模型后青菜污染水平 $N_{L2}$ | $N_{L2} = N_0 T_{MB}$（7.98-1.11t）/7.12$T_{BL}$ |

将表 9-5 中相关参数作为输入变量，分别以是否整合气单胞菌在被污染案板表面的存活模型时青菜中气单胞菌最终污染水平作为输出变量，采用@ RISK 软件进行 10000 次蒙特卡罗取样，所得结果分别如图 9-4 和图 9-5 所示。

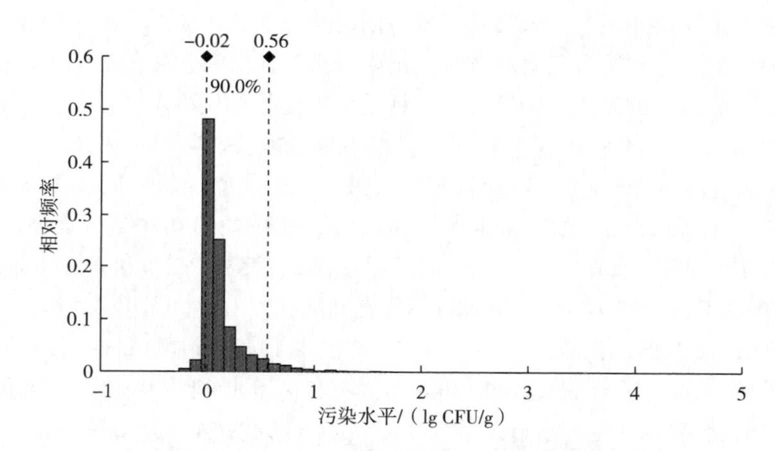


图 9-4　整合气单胞菌存活模型前青菜中气单胞菌的污染水平

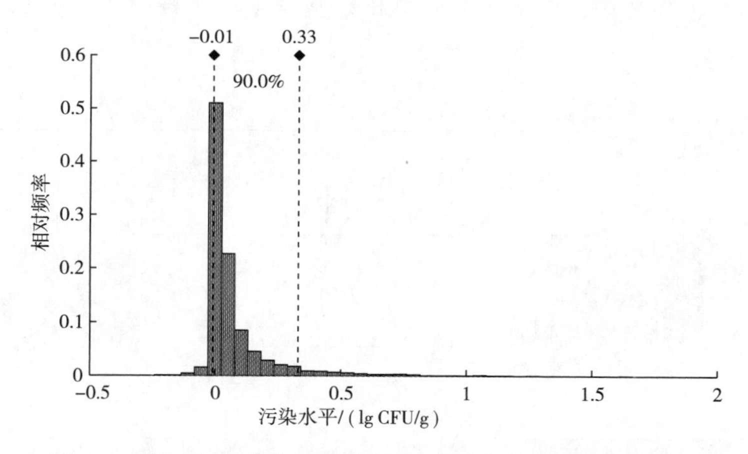


图 9-5　整合气单胞菌存活模型后青菜中气单胞菌的污染水平

从图 9-4 可知，当不考虑气单胞菌在案板表面的存活时，通过案板途径的交叉污染导致青菜中气单胞菌的污染水平从-0. 02lg CFU/g（5%置信水平）升至 0. 56lg CFU/g（95%置信水平），均值为 0. 13lg CFU/g。图 9-5 的模拟结果表明，当将气单胞菌在案板表面的存活模型整合到交叉污染模型中时，青菜中气单胞菌的污染水平从-0. 01lg CFU/g（5%置信水平）升至0.33lg CFU/g（95%置信水平），均值为0.071lg CFU/g。上述结果表明，将气单胞菌存活模型整合到交叉污染模型后，青菜中气单胞菌的平均污染水平及可能出现的污染范围均有所降低，因此，忽略气单胞菌在介质表面的衰亡行为可能会高估青菜中气单胞菌的污染水平。

## 二、低温乳化香肠加工过程的交叉污染

**1. 构建猪肉斩拌过程的交叉污染模型**

斩拌机主要由水平旋转的斩锅和垂直翻转的斩刀组成，用于肉样斩拌或原辅料混合，是肉制品加工过程的重要设备之一。复杂的斩拌机结构容易导致微生物残留，而且，不当的斩拌机清洁方式可能会导致肉样与斩拌机之间的单核细胞增生李斯特菌交叉污染。本节旨在构建斩拌过程中单核细胞增生李斯特菌的交叉污染模型；同时研究交叉污染模型的一般化形式用于其他加工过程；进而探究不同清洗方式对单核细胞增生李斯特菌交叉污染的影响，减少单核细胞增生李斯特菌污染食品事件的发生，为后续风险评估研究工作提供参考。

斩拌过程的交叉污染流程如图9-6所示，14块（350g肉样/25g每份）上述肉样和辅料放入无菌斩拌机中斩拌。设置了4种斩拌方法（$M_i$），$M_1$：原辅料一同放入斩拌机内，斩拌6min，$M_2$：猪肉（瘦肉250g+肥肉100g）、碎冰68g、亚硝酸钠0.03g和复合磷酸盐1.5g放入斩拌机内，斩拌3min；接着加入大豆分离蛋白9.5g、淀粉2.5g和碎冰68g，斩拌3min，$M_3$：猪肉（瘦肉250g+肥肉100g）、碎冰45g、亚硝酸钠0.03g和复合磷酸盐1.5g放入斩拌机内，斩拌2min；接着加入大豆分离蛋白9.5g和碎冰45g，斩拌3min；最后加入淀粉2.5g和碎冰45g，斩拌1min，$M_4$：肥肉100g和碎冰34g放入斩拌机内，斩拌成乳化脂（2min）；接着加入瘦肉250g、碎冰34g、亚硝酸钠0.03g和混合磷酸盐1.5g，斩拌2min；进而加入乳化脂，大豆分离蛋白9.5g和碎冰34g，斩拌1min；最后加入淀粉2.5g和碎冰34g，斩拌1min。基于相同的斩拌方法，接着用污染单核细胞增生李斯特菌的斩拌机斩拌未接种的肉样。

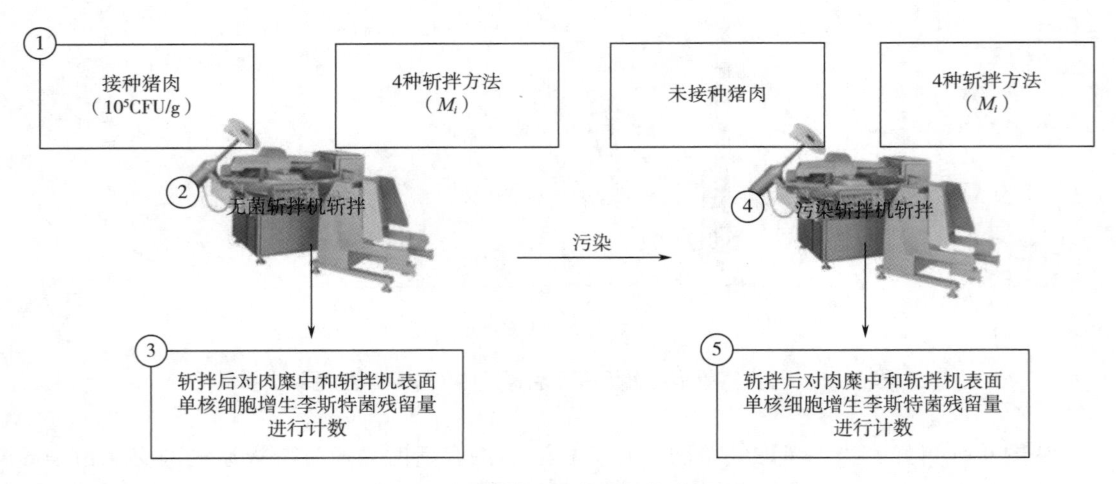


图9-6　斩拌过程交叉污染流程图

斩拌后肉糜的带菌量根据GB 4789.2—2022《食品安全国家标准　食品微生物学检验　菌落总数

测定》进行定量，斩拌机的斩刀和斩锅表面单核细胞增生李斯特菌使用擦拭取样法进行测定。

基于肉制品加工工厂日常操作习惯，模拟了16种斩拌场景（图9-7）（$S_x$）［4种斩拌方法（$M_i$）×4种清洗方式］，4种斩拌方法如前所述，4种清洗方式分别为：未清洗、无菌布擦拭（DR）、无菌水冲洗（WW）、浸过70%酒精的无菌布擦拭后空气干燥15~20min，接着用温水（50~55℃）喷洗（EW）。单核细胞增生李斯特菌的转移过程考虑3个介质因素：肉样、斩刀和斩锅。斩刀和斩锅不接触，因此两者之间的转移率可忽略。

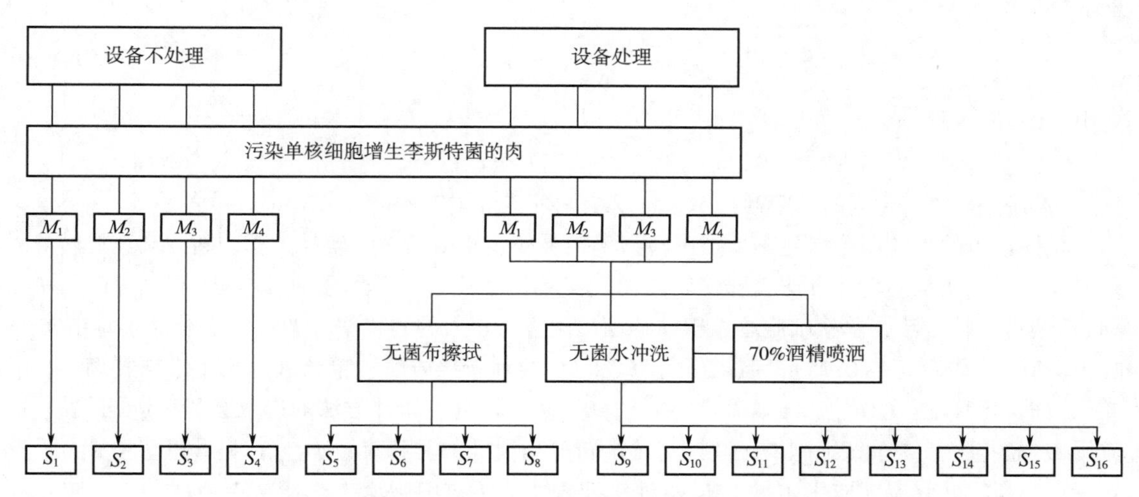


图9-7　16种交叉污染场景的原理图（$M_i$:斩拌方法；　$S_j$:场景）

构建修正的交叉污染模型，假定4个参数，同时整合单核细胞增生李斯特菌的失活效应（斩拌过程中温度升高导致单核细胞增生李斯特菌失活）。修正的交叉污染模型如式（9-6）所示：

$$\begin{cases} N_{b1} \sim \text{binomial}(N_{a1},\ 1-TR_{1,2}-TR_{1,3}) + \text{binomial}(N_{a2},\ TR_{2,1}) + \text{binomial}(N_{a3},\ TR_{3,1}) \\ N_{b2} \sim \text{binomial}(N_{a2},\ 1-TR_{2,1}) + \text{binomial}(N_{a1},\ TR_{1,2}) \\ N_{b3} = N_{a1} + N_{a2} + N_{a3} - N_{b1} - N_{b2} \\ N_{b4} = N_{b2} \times TR_{2,4} \times (1-C_2) + N_{b3} \times TR_{3,4} \times (1-C_3) \end{cases} \tag{9-6}$$

式中　$N_{ai}$——介质 $i$（$i$=1，2，3，4）的初始污染水平，CFU/g；

$N_{bi}$——介质 $i$ 斩拌后的污染水平，CFU/g；

$TR_{i,j}$——介质 $i$ 至介质 $j$（$j$=1，2，3，4）的转移率；

$C_i$——介质 $i$ 的失活率；介质1为接种的肉样；介质2为斩刀；介质3为斩锅；介质4为未接种的肉样。

基于拓宽模型适用性的理念，模型的一般化描述如式（9-7）所示：

$$\begin{cases} N_{bi} \sim \text{binomial}(N_{ai},\ 1-\sum_{k\neq i}^{j} TR_{i,k}) + \sum_{k\neq i}^{j}[\text{binomial}(N_{ak},\ TR_{k,i})] \\ N_{bj} = \sum_{k=1}^{j} N_{ak} - \sum_{m=1}^{j-1} N_{bm} \\ \text{设 } n = j+1 \\ N_{bn} = \sum_{s=1}^{s=i}[N_{bs} \times TR_{s,n} \times (1-C_s)] + N_{bj} \times TR_{j,n} \times (1-C_j) \end{cases} \tag{9-7}$$

式（9-7）中：$N_{ai}$ 和 $N_{ak}$ 分别为介质 $i$ 和 $k$ 的初始污染水平，CFU/g；$N_{bi}$、$N_{bj}$、$N_{bm}$ 和 $N_{bn}$ 分别为介质 $i$、$j$、$m$ 和 $n$ 的最终污染水平，CFU/g；$TR_{i,k}$、$TR_{k,i}$、$TR_{s,n}$ 和 $TR_{j,n}$ 分别为各介质间的转移率；$C_s$ 和 $C_j$ 分别为介质 $j$ 和 $s$ 的失活率。

应用 Microsoft Excel 对实验数据进行统计，根据公式计算转移率，依据公式计算失活率，并采用 SPSS 软件对不同场景的转移率进行显著性检验。应用@ RISK 软件拟合转移率和失活率的分布，同时应用卡方检验选定最优分布。应用 Origin 软件绘制肉样中单核细胞增生李斯特菌的最终污染水平。

$$C = \frac{N_0 - N_t}{N_0} \times 100\% \tag{9-8}$$

式中 $C$——失活率；

$N_0$——细菌初始污染水平，lg CFU/g 或 lg CFU/cm²；

$N_t$——斩拌 $t$ 时刻的细菌污染水平，lg CFU/g 或 lg CFU/cm²。

斩拌过程的单核细胞增生李斯特菌转移率结果如表 9-6 所示。斩拌过程中斩刀高速旋转导致温度升高，而不同斩拌方法会降低斩刀温度至不同程度。由单因素方差分析可知：应用 $M_1$ 和 $M_4$ 两种斩拌方法，单核细胞增生李斯特菌由肉样至斩刀的转移率（$TR_{mk}$）显著高于应用 $M_2$ 和 $M_3$ 所得转移率（$P<0.05$）；但是应用 $M_2$ 和 $M_3$ 两种斩拌方法，单核细胞增生李斯特菌由肉样至斩锅的转移率（$TR_{mp}$）无显著差异（$P \geq 0.05$），因此，斩拌方法的选取会显著影响 $TR_{mk}$。应用 $M_3$ 斩拌方法，单核细胞增生李斯特菌由斩刀至肉糜的转移率（$TR_{km'}$）显著低于应用 $M_1$、$M_2$ 和 $M_4$ 所得转移率。应用 $M_2$ 和 $M_3$ 两种斩拌方法，单核细胞增生李斯特菌由斩刀至肉糜的转移率（$TR_{pm'}$）无显著差异（$P>0.05$）。因此，基于单核细胞增生李斯特菌由肉样至斩拌机和由斩拌机至肉样双向转移率结果，选定 $M_3$ 为最优的斩拌方法。

表 9-6 猪肉中单核细胞增生李斯特菌在不同斩拌场景下的转移率

| 场景 | $TR_{mk}$ % | $TR_{mp}$ % | $TR_{km'}$ % | $TR_{pm'}$ % |
|---|---|---|---|---|
| $S_1$ | $50.12±0.15^{a}_{w}$ | $40.17±0.29^{c}_{wx}$ | $93.23±1.34^{b}_{w}$ | $86.78±1.19^{b}_{w}$ |
| $S_2$ | $39.99±0.78^{b}_{x}$ | $50.08±0.20^{a}_{w}$ | $93.67±0.91^{b}_{w}$ | $87.65±0.74^{a}_{w}$ |
| $S_3$ | $38.18±0.67^{c}_{x}$ | $48.06±0.38^{b}_{x}$ | $86.36±0.90^{c}_{w}$ | $88.61±1.37^{ab}_{w}$ |
| $S_4$ | $50.00±0.45^{a}_{w}$ | $40.45±0.52^{c}_{w}$ | $95.57±1.19^{a}_{w}$ | $86.88±0.76^{ab}_{w}$ |
| $S_5$ | $48.47±0.65^{a}_{x}$ | $40.64±0.42^{b}_{w}$ | $81.85±2.78^{a}_{x}$ | $76.67±2.19^{a}_{x}$ |
| $S_6$ | $39.97±0.36^{b}_{x}$ | $49.94±0.23^{a}_{w}$ | $83.64±2.03^{a}_{x}$ | $75.58±1.18^{b}_{x}$ |
| $S_7$ | $39.17±0.43^{c}_{w}$ | $49.68±0.23^{a}_{w}$ | $76.55±0.91^{b}_{x}$ | $78.26±1.06^{a}_{x}$ |
| $S_8$ | $48.80±0.62^{a}_{x}$ | $38.98±0.67^{c}_{x}$ | $83.96±1.47^{a}_{x}$ | $77.28±1.57^{ab}_{x}$ |
| $S_9$ | $48.68±0.45^{a}_{x}$ | $37.66±0.26^{b}_{y}$ | $76.83±0.79^{a}_{y}$ | $79.25±0.73^{a}_{y}$ |
| $S_{10}$ | $40.99±0.91^{c}_{w}$ | $47.82±0.29^{a}_{y}$ | $80.79±1.26^{a}_{y}$ | $75.69±0.96^{c}_{x}$ |
| $S_{11}$ | $38.86±0.45^{d}_{w}$ | $48.18±0.22^{a}_{x}$ | $76.13±2.01^{b}_{x}$ | $77.85±0.93^{ab}_{x}$ |
| $S_{12}$ | $46.76±0.25^{b}_{y}$ | $37.27±0.33^{c}_{y}$ | $78.35±0.64^{a}_{y}$ | $76.55±1.72^{bc}_{x}$ |

续表

| 场景 | $TR_{mk}$ % | $TR_{mp}$ % | $TR_{km'}$ % | $TR_{pm'}$ % |
| --- | --- | --- | --- | --- |
| $S_{13}$ | $49.90±0.27^{a}_{w}$ | $39.66±0.75^{b}_{x}$ | $65.63±0.78^{ab}_{z}$ | $65.63±1.31^{b}_{z}$ |
| $S_{14}$ | $39.54±0.28^{b}_{x}$ | $48.40±0.21^{a}_{x}$ | $66.17±1.53^{a}_{z}$ | $68.64±0.78^{a}_{y}$ |
| $S_{15}$ | $39.04±0.23^{c}_{w}$ | $48.12±0.18^{a}_{x}$ | $64.38±1.44^{b}_{y}$ | $67.20±1.40^{ab}_{y}$ |
| $S_{16}$ | $49.83±0.29^{a}_{w}$ | $37.03±1.16^{c}_{y}$ | $66.55±1.16^{a}_{z}$ | $67.11±1.71^{ab}_{y}$ |

注：转移率数据表现形式为平均值±标准差。

$S_1$ ~ $S_{16}$—交叉污染场景　$TR_{ij}$—介质 $i$ 至介质 $j$ 的转移率　m—猪肉、k：斩刀、p：斩锅、m'：肉糜；同列中不同上标字母（a~d）表示不同斩拌方法下转移率差异显著　同列中不同下标字母（w~z）表示不同清洗方式下转移率显著。

肉样中单核细胞增生李斯特菌最终污染水平的累积概率分布如图 9-8 所示。$S_1$ 为 16 个场景中污染较严重的场景，因此 $S_1$ 的最终肉样单核细胞增生李斯特菌污染水平较高，而 $S_{15}$ 为 16 个场景中污染较低的场景，因此，$S_1$［图 9-8（1）］和 $S_{15}$［图 9-8（2）］选定用于观测交叉污染模型的拟合效果。由图 9-8（1）可知，$S_1$ 场景下肉样中单核细胞增生李斯特菌污染水平的预测值（点划线）高于观测值（实线）。图 9-8（2）中，$S_{15}$ 中也可得到类似结果。

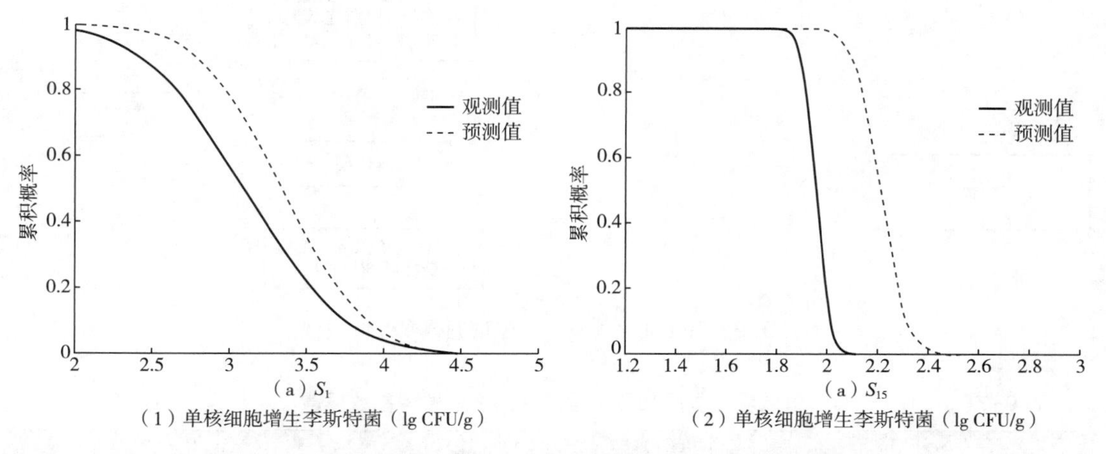


图 9-8　肉样中单核细胞增生李斯特菌最终污染水平的累积概率分布

## 2. 定量风险评估

上一节完成了斩拌过程单核细胞增生李斯特菌交叉污染模型的构建，为控制加工过程中致病菌的交叉污染提供借鉴。本节进一步模拟香肠灌装过程中的常见场景，测定单核细胞增生李斯特菌在肉样和灌肠机之间的转移率，进而基于斩拌和灌装过程的交叉污染结果构建香肠加工过程中单核细胞增生李斯特菌的暴露评估模型。暴露评估模型如图 9-9 所示，模型相关参数见表 9-7。随后，从方法论的角度，应用指数模型、Beta-Poisson 模型、Weibull-Gamma 模型和 Log-Logistic 模型等常见剂量效应模型拟合和比较健康人群和易感人群食用污染香肠后的发病率大小，选择最优的剂量效应模型对香肠加工过程单核细胞增生李斯特菌完整的风险评估研究提供参考。

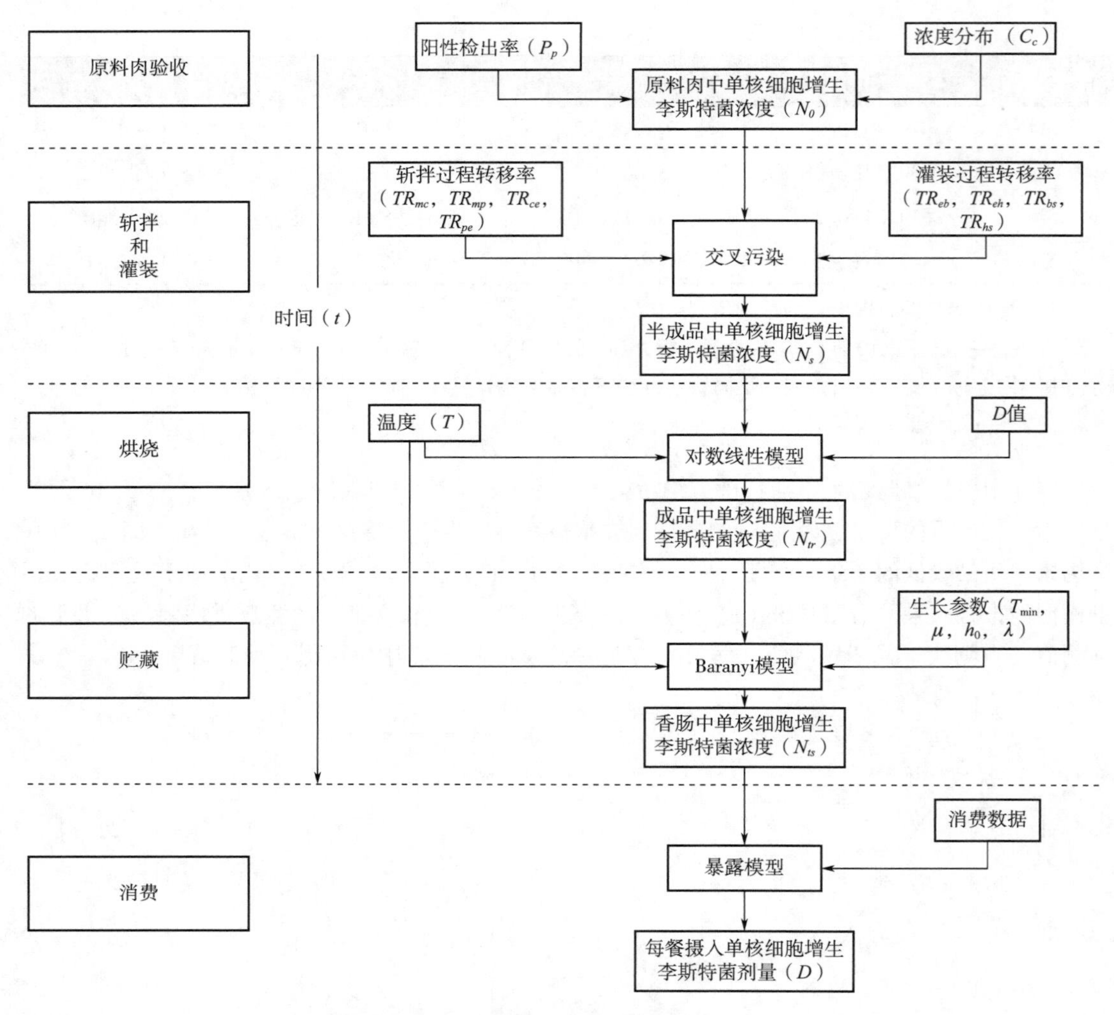


图 9-9 低温乳化香肠加工过程的暴露评估模型

表 9-7 低温乳化香肠加工过程的暴露评估模型参数设置

| 变量描述 | 符号 | 单位 | 表达式 |
|---|---|---|---|
| **生鲜猪肉中单核细胞增生李斯特菌浓度** | | | |
| 阳性检出率 | $P_p$ | | Beta（$s$+1，$n$-$s$+1） |
| 阴性检出率 | $P_n$ | | $P_n=1-P_p$ |
| 污染概率（1a） | $P_c$ | | Discrete（1，0，0.47，0.53） |
| 浓度分布（1b） | $C_c$ | | Lognormal（3.2，1.4） |
| 生鲜肉中浓度 | $N_0$ | lg CFU/g | $N_0$ |
| **斩拌过程** | | | |
| 斩刀表面浓度 | $N_c$ | lg CFU/g | Uniform（1.98，2.96） |
| 斩锅表面浓度 | $N_p$ | lg CFU/g | BetaGeneral（0.75，0.67，1.92，2.91） |

续表

| 变量描述 | 符号 | 单位 | 表达式 |
| --- | --- | --- | --- |
| 转移率： | | | |
| 猪肉至斩刀 | $TR_{mc}$ | | BetaGeneral（0.34，0.31，0.47，0.50） |
| 猪肉至斩锅 | $TR_{mp}$ | | BetaGeneral（0.34，0.36，0.37，0.41） |
| 斩刀至乳化肉 | $TR_{ce}$ | | BetaGeneral（0.41，0.42，0.65，0.95） |
| 斩锅至乳化肉 | $TR_{pe}$ | | BetaGeneral（0.44，0.46，0.64，0.89） |
| 乳化肉中浓度 | $N_e$ | lg CFU/g | $N_e$=binomial（$N_0$，$1-TR_{mc}-TR_{mp}$）+binomial（$N_c$，$TR_{ce}$）+binomial（$N_p$，$TR_{pe}$） |
| **灌装过程** | | | |
| 料桶表面浓度 | $N_b$ | lg CFU/g | Normal（3.14，0.15） |
| 料斗表面浓度 | $N_h$ | lg CFU/g | Normal（4.33，0.32） |
| 转移率： | | | |
| 乳化肉至料桶 | $TR_{eb}$ | | BetaGeneral（0.20，0.21，0.32，0.37） |
| 乳化肉至料斗 | $TR_{eh}$ | | Normal（0.50，0.02） |
| 料桶至半成品 | $TR_{bs}$ | | BetaGeneral（0.21，0.19，0.82，0.87） |
| 料斗至半成品 | $TR_{hs}$ | | Normal（0.65，0.03） |
| 半成品中浓度 | $N_s$ | lg CFU/g | $N_s=N_e\times(1-TR_{eb}-TR_{eh})+N_b\times RT_{bs}+N_p\times TR_{hs}$ |
| **烘烤过程** | | | |
| 烘烤温度 | $T_r$ | | Normal（62.50，5.40） |
| 烘烤时间 | $t_r$ | | Normal（31，20.70） |
| 成品中浓度 | $N_{tr}$ | lg CFU/g | $D_T=10^{(-0.17\times T_r+11.47)}$<br>$N_{tr}=N_s-t_r/D_T$ |
| **贮藏过程** | | | |
| 贮藏温度 | $T_s$ | | Uniform（4，8） |
| 贮藏时间 | $t_s$ | | Uniform（0，864） |
| 香肠中浓度 | $N_{ts}$ | lg CFU/g | $\gamma(T)=\left(\frac{T-T_{min}}{T-T}\right)^2$<br>$\mu_{max}=\mu_{max,opt}\times\gamma(T)$<br>$\lambda=\frac{\lambda_{min}}{\gamma(T)}$<br>$A(t)=t+\frac{\ln(e^{-\mu_{max}t}+e^{-h_0}-e^{-\mu_{max}t-h_0})}{u}$<br>$N_{ts}=N_{tr}+\mu_{max}t-\ln\left(1+\frac{e^{\mu_{max}\times A(t)-1}}{u}\right)$ |
| **消费过程** | | | |
| 香肠每餐消费量 | $M_s$ | g | |

续表

| 变量描述 | 符号 | 单位 | 表达式 |
| --- | --- | --- | --- |
| 成年人（5~65 岁） | | | Pert（40，68.43，92.8） |
| 婴幼儿（0~5 岁） | | | Pert（30，35，47.1） |
| 老年人（>65 岁） | | | Pert（40，45，58.3） |
| 孕妇 | | | Pert（20，35，50） |
| 剂量 | $D$ | CFU | $D=N_{ts}\times M_s$ |
| 发病率 | $P$ | | |
| 指数模型 | | | |
| 指数模型参数 | $r$ | | $P=1-\exp(-r\times D)$ |
| 健康人群 | | | 5.34×10−14 |
| 易感人群 | | | 8.39×10−12 |
| Beta-Poisson 模型 | | | $P=1-\left(1+\frac{\lg D}{\lg\beta}\right)^{-a}$ |
| Beta-Poisson 模型参数 | $\alpha$，$\beta$ | | |
| 健康人群 | | | $\alpha=0.253$，$\beta=3.86\times1010$ |
| 易感人群 | | | $\alpha=0.253$，$\beta=9.9\times107$ |
| Weibull-Gamma 模型 | | | $P=1-\{1+[(\lg D)^b]/(\lg\beta)\}^{-a}$ |
| Weibull-Gamma 模型参数 | $\alpha$，$\beta$，$b$ | | |
| 健康人群 | | | $\alpha=0.25$，$b=2.14$，$\beta=1015.26$ |
| 易感人群 | | | $\alpha=0.25$，$b=2.14$，$\beta=1010.98$ |
| Log-Logistic 模型 | | | $P=[1+e^{-(a+b\lg D)}]^{-1}$ |
| Log-Logistic 模型参数 | $a$，$b$ | | |
| 健康人群 | | | $a=-14.7$，$b=1.34$ |
| 易感人群 | | | $a=-5$，$b=0.65$ |

消费过程中，发病风险区分 2 类人群，分别为健康人群和易感人群，健康人群包括成年人，易感人群包括婴幼儿、老年人和孕妇。基于蒙特卡洛抽样方法，发病风险采用指数、Beta-Poisson、Weibull-Gamma 和 Log-Logistic 4 种剂量效应模型对健康人群和易感人群的发病率进行描述，进而用@ RISK 软件对发病率进行最佳分布拟合，并根据卡方检验结果选择最适分布。

图 9-10 展现了健康人群因食用污染单核细胞增生李斯特菌的香肠而导致发病的概率。健康人群对病原微生物的入侵具有一定抵抗力，因此相对于易感人群，低剂量下（0~3lg CFU）健康人群的发病率较低。由图 9-10 可知，以 Weibull-Gamma 模型为例，当不考虑斩拌和灌装过程的交叉污染情况时，健康人群的摄入剂量为 1.37lg CFU，对应的发病率为 3%；但考虑斩拌和灌装过程的交叉污染时，健康人群的摄入剂量为 7.46lg CFU，对应的发病率为 36%，说明考虑交叉污染对健康人群食用污染香肠的风险描述有显著影响。以健康人群每餐摄入剂量为 6lg CFU 时为例，Weibull-Gamma 模型预测的发病率结果（30%）显著高于指数模型（0）、Beta-Poisson 模型（10%）和 Log-Logistic 模型（0）的预测结果。基于风险评估研究一般从高估

风险的角度，对比其他 3 类模型，采用 Weibull-Gamma 模型预测健康人群食用污染香肠的发病率结果最大，风险最高，拟合效果最好，因此建议选择 Weibull-Gamma 模型进行健康人群发病率预测。

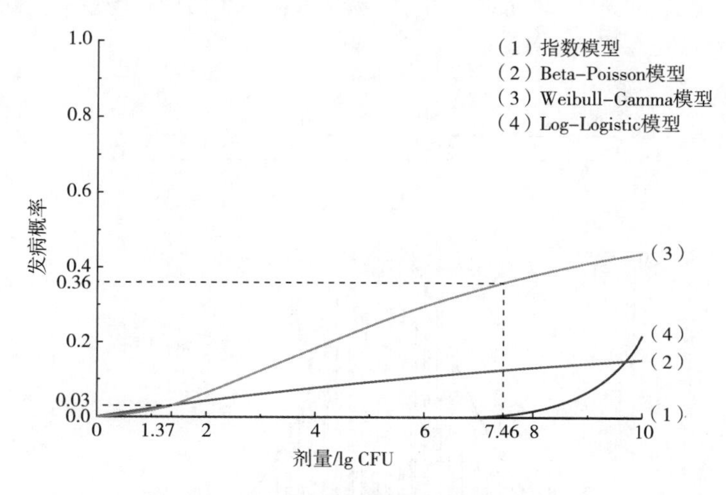


图 9-10　健康人群食用污染香肠的发病率

图 9-11 反映了易感人群因食用污染单核细胞增生李斯特菌的香肠而导致发病的概率。对比图 9-11 中健康人群发病率结果，4 类模型预测易感人群发病率结果均有显著提高。由图 9-11 可知，以 Weibull-Gamma 模型为例，当不考虑斩拌和灌装过程的交叉污染情况时，易感人群的摄入剂量为 1. 20lg CFU，对应的发病率为 3%；但考虑斩拌和灌装过程的交叉污染时，易感人群的摄入剂量为 7. 30lg CFU，对应的发病率为 39%，说明考虑交叉污染对易感人群食用污染香肠的风险描述有显著影响。以易感人群每餐摄入剂量为 6lg CFU 时为例，对比其他 3 类模型，Weibull-Gamma 模型预测发病率的结果（35%）显著高于指数模型（0）、Beta-Poisson 模型（14%）和 Log-Logistic 模型（4%）的预测结果，因此建议选择 Weibull-Gamma 模型进行易感人群发病率预测。

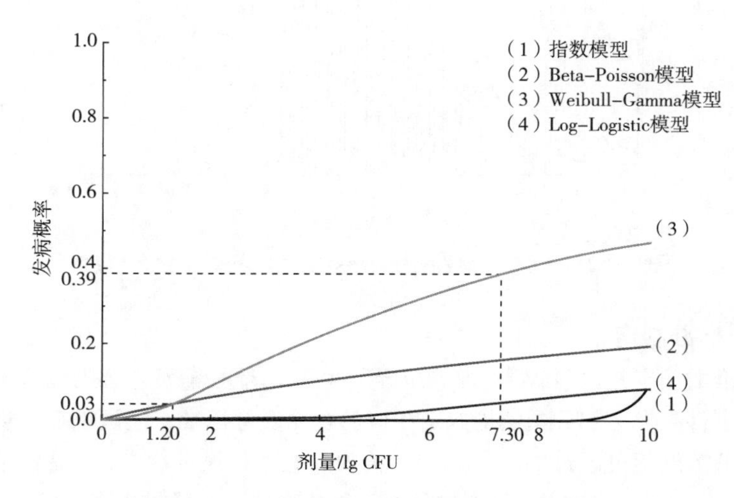


图 9-11　易感人群食用污染香肠的发病率

应用 Weibull-Gamma 模型预测健康人群和易感人群食用污染香肠后发病率的概率分布拟合如图 9-12 和图 9-13 所示，经最佳分布拟合，Logistic（0.42，0.08）和 Logistic（0.46，0.08）可分别对健康人群和易感人群的发病率进行较好描述。健康人群食用污染香肠后的发病率从 8%（5%置信水平）至 59%（95%置信水平），易感人群食用污染香肠后的发病率从 10%（5%置信水平）至 62%（95%置信水平）。

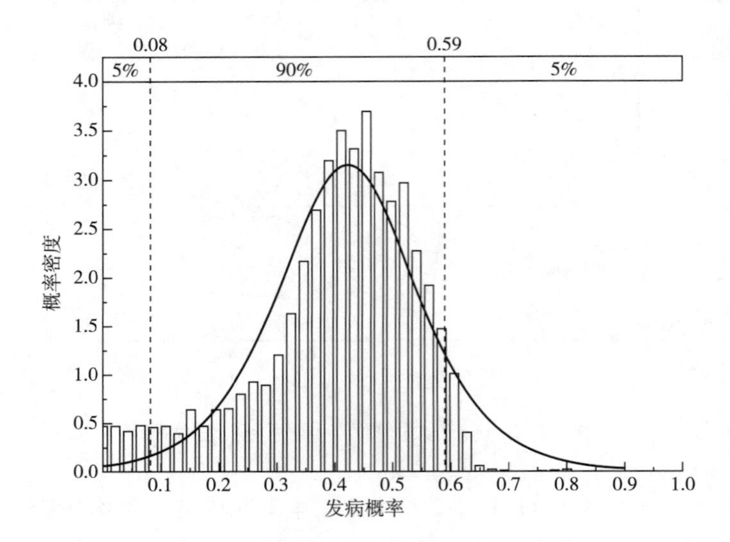


图 9-12 健康人群食用污染香肠发病率的概率分布拟合

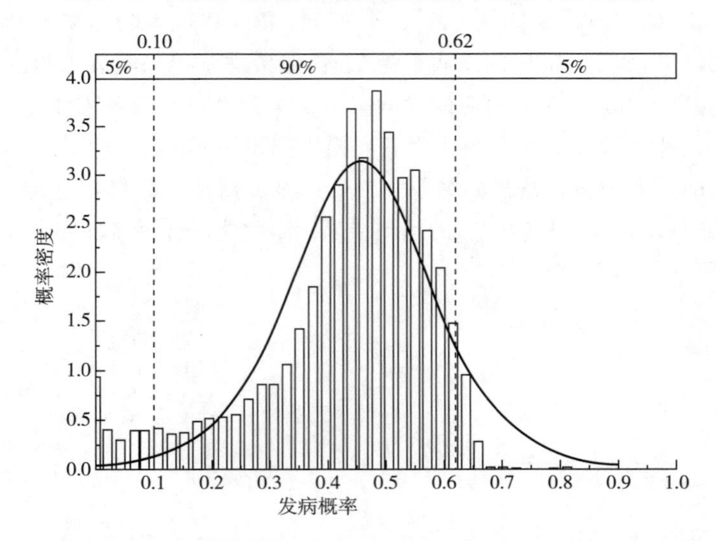


图 9-13 易感人群食用污染香肠发病率的概率分布拟合

**3. 食品安全标准制定**

食品安全标准的制定是风险管理的首要内容，可用于监控消费者感染致病菌的风险。近年来李斯特菌感染事件频发，部分国家均制定相应的食品安全标准，法国规定“即食食品中单核细胞增生李斯特菌浓度不可超过 2lg CFU/g”，美国和意大利规定“25g 样品中不得检出单核细胞增生李斯特菌”，我国规定“25g 熟肉样品中不得检出单核细胞增生李斯特菌”，具体的熟肉类别有待进一步探究。

近年来食品安全事件频发，基于制定科学合理的食品安全标准的理念，国际食品微生物标准委员会（International Commission on Microbiological Specifications for Foods，ICMSF）提出适当保护水平（appropriate level of protection，ALOP）的概念，定义为：成员国制定并认为适当的卫生或植物检疫措施以保护本国人、动物或植物的生命或健康的保护水平。ALOP 可以用于衡量食品卫生标准的科学合理性，但在食品工厂或政府监管机构设定食品安全目标方面，ALOP 并不是一个有效方式。因此，ICMSF 提出食品安全目标（food safety objective，FSO）的概念，用于连接 ALOP 和食品供应链的目标点。

FSO 定义为在能够提供适当保护水平的基础上，消费时食品中微生物危害的最大频率和/或最高浓度，可结合检出率-剂量（PD）曲线进行设定。

PD 曲线用于描述消费时引起相似风险的不同致病菌检出率和消费剂量的组合，区分可容许和不可容许两个区域，可测试检出率和剂量的组合风险是否可容许。应用@ RISK 软件建立消费时单核细胞增生李斯特菌检出率 $P_f$ 和每餐消费剂量 $D$ 之间的非线性关系，选用的概率方法按式（9-9）计算。

$$R = P_f \times D \times r \times S_{\mathrm{all}} \tag{9-9}$$

式中　$R$——每年李斯特菌病总事件数；

$r$——单位致病菌导致的发病率；

$S_{\mathrm{all}}$——高风险人群每年消费总餐次。

①FSO 的制定：单核细胞增生李斯特菌从验收至消费整个加工阶段的风险管理如图 9-14 所示，参考相关文献得知消费时香肠样品的单核细胞增生李斯特菌检出率，同时根据先前研究确定消费剂量。通过 PD 曲线测试该检出率和消费剂量组合是否可容许。应用@ RISK 软件拟合消费时单核细胞增生李斯特菌的浓度分布，同时整合可容许的检出率制定 FSO。

基于已完成的低温乳化香肠加工过程中定量风险评估结果，整合消费时样品中单核细胞增生李斯特菌分布和样品中单核细胞增生李斯特菌的检出率可评估出样品中单核细胞增生李斯特菌的限量值 $m$，如图 9-16 所示。将图 9-16 两组限量值转化为剂量 $D$（$D=m \times M$，$M$ 为每餐香肠消费量，g），并将剂量值（$D$）和检出率（$P$）组合带入图 9-15 中进行验证，由图 9-15 可知，两组 $P-D$ 组合（分别为 $P=1.35\%$，$D=-2.92$lg CFU 和 $P=1.35\%$，$D=2.02$lg CFU）均在可容许区域内。因此，图 9-16 中限量值可设置为低温乳化香肠的 FSO。

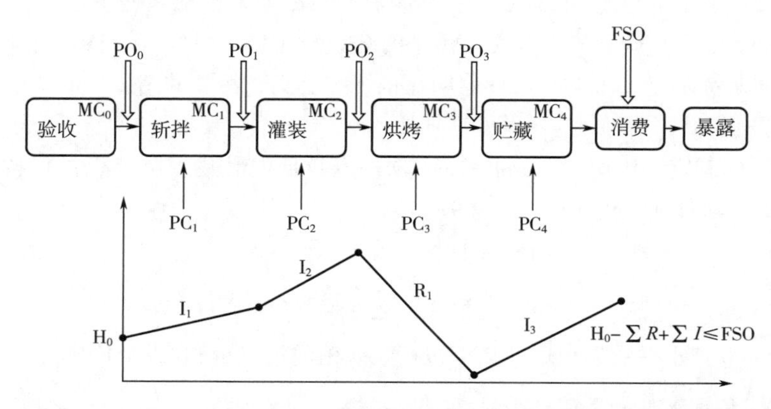


图 9-14　低温乳化香肠加工过程单核细胞增生李斯特菌的风险管理模式

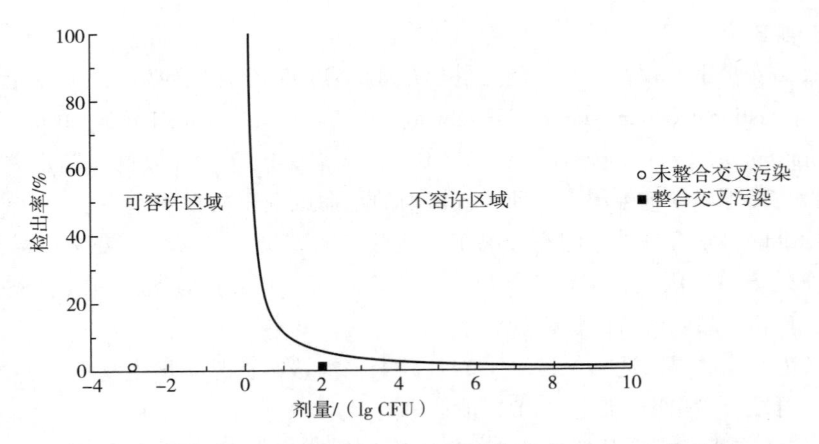


图9-15　低温乳化香肠消费时的检出率-剂量（$P-D$）等值线

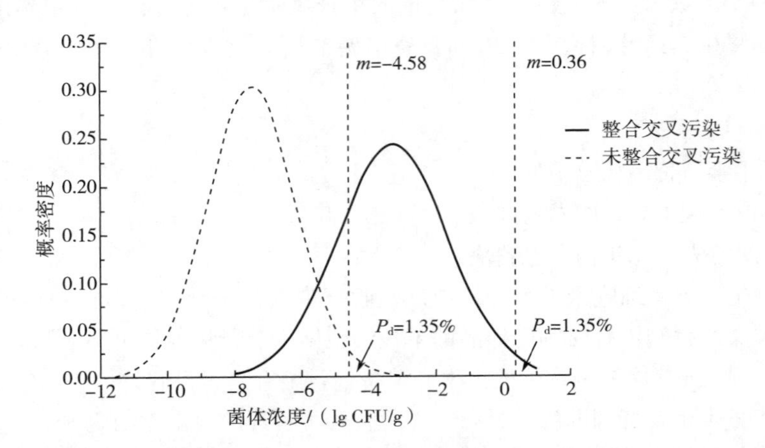


图9-16　消费时低温乳化香肠中单核细胞增生李斯特菌的浓度分布

基于斩拌和灌装过程中单核细胞增生李斯特菌的交叉污染，低温乳化香肠的FSO可设定为：消费时低温乳化香肠中单核细胞增生李斯特菌污染水平不可超过0.36lg CFU/g或消费时污染单核细胞增生李斯特菌的低温乳化香肠需低于1.35%。未整合斩拌和灌装过程中单核细胞增生李斯特菌的交叉污染时，低温乳化香肠的FSO可设定为：消费时低温乳化香肠中单核细胞增生李斯特菌污染水平不可超过-4.58lg CFU/g或消费时污染单核细胞增生李斯特菌的低温乳化香肠需低于1.35%。由整合和未整合交叉污染的FSO设定结果可知，未整合斩拌和灌装过程中单核细胞增生李斯特菌交叉污染的FSO值明显低于整合交叉污染的结果，低估了低温乳化香肠的食用风险。

②PO和PC的制定：应用Microsoft Excel软件进行低温乳化香肠加工过程各环节PO的推算，选用的计算方法如式（9-10）、式（9-11）。

$$\mathrm{PO} = \mathrm{FSO} - \sum I - Z \times \mathrm{SD} \tag{9-10}$$

或

$$\mathrm{PO} = \mathrm{FSO} + \sum R - Z \times \mathrm{SD} \tag{9-11}$$

式中　$\sum I$——危害水平的累积增加量，包括致病菌的污染量和/或生长量；

$\sum R$——危害水平的累积减少量；

$Z$——标准分数，计算方法如式（9-12）；

SD——默认的标准差值（SD=0.2，样品中致病菌均匀分布，如液体食品；SD=0.4，样品中致病菌中度均匀分布，如碎牛肉；SD=0.8，样品中致病菌不均匀分布，如固体食品。

$$Z = (\text{FSO} - \mu)/\sigma \tag{9-12}$$

式中 $\mu$ 和 $\sigma$——致病菌浓度分布的均值、标准差。

PC 的制定。PC——危害水平的减少量或最大可增加量，应用 Microsoft Excel 软件对低温乳化香肠加工过程各环节 PC 进行推算，计算方法如式（9-13）。

$$\sum I - \sum R \leqslant \text{PO} - H_0 \tag{9-13}$$

式中 $H_0$——危害的初始水平，$\sum I$ 和 $\sum R$ 如前所述。

具体推算过程如等式（9-14）所示，贮藏过程是香肠加工过程的最终过程，因此贮藏过程的 PO 值可等于消费时的 FSO 值。任一过程的 PO 值是下一过程的 $H_0$ 值，如斩拌过程的 PO 值等于灌装过程的 $H_0$ 值（$\text{PO}_1 = H_{0-2}$）。

$$\left.\begin{array}{ll} H_{0-1} - \sum R_1 + \sum I_1 \leqslant \text{PO}_1 (= H_{0-2}) & [\text{斩拌}] \\ H_{0-2} - \sum R_2 + \sum I_2 \leqslant \text{PO}_2 (= H_{0-3}) & [\text{灌装}] \\ H_{0-3} - \sum R_3 + \sum I_3 \leqslant \text{PO}_3 (= H_{0-4}) & [\text{烘烤}] \\ H_{0-4} - \sum R_4 + \sum I_4 \leqslant \text{FSO} & [\text{贮藏}] \end{array}\right\} \tag{9-14}$$

低温乳化香肠加工过程中各环节 PO 和 PC 的设定结果如表 9-8 所示，以烘烤过程为例，基于斩拌和灌装过程中单核细胞增生李斯特菌的交叉污染，香肠烘烤时的 PO 可设定为：烘烤时低温乳化香肠中单核细胞增生李斯特菌污染水平不可超过-2.32lg CFU/g 或烘烤时污染单核细胞增生李斯特菌的低温乳化香肠需低于 23.3%；未整合斩拌和灌装过程中单核细胞增生李斯特菌的交叉污染时，香肠烘烤时的 PO 可设定为：烘烤时低温乳化香肠中单核细胞增生李斯特菌污染水平不可超过-7.26lg CFU/g 或烘烤时污染单核细胞增生李斯特菌的低温乳化香肠需低于 23.3%。

表 9-8 低温乳化香肠加工过程中各环节 PO 及 PC 的设定

| 环节 | FSO/PO | | PC | |
|---|---|---|---|---|
| | 整合交叉污染 | 未整合交叉污染 | 整合交叉污染 | 未整合交叉污染 |
| 验收 | 2.55lgCFU/g，9.5% | -0.24lgCFU/g，9.5% | ND | ND |
| 斩拌 | 3.61lg CFU/g，27.4% | ND | $\sum I \leqslant 1.53$lgCFU | ND |
| 灌装 | 5.06lgCFU/g，1.3% | ND | $\sum I \leqslant 1.82$lgCFU | ND |
| 烘烤 | -2.32lgCFU/g，23.3% | -7.26lgCFU/g，23.3% | $\sum R \leqslant -6.56$lgCFU | $\sum R \leqslant -5.33$lgCFU |
| 贮藏 | 0.36lg CFU/g，1.35% | -4.58lg CFU/g，1.35% | $\sum I \leqslant 5.68$lgCFU | $\sum I \leqslant 4.54$lgCFU |

注：ND 表示未检测。

基于制定的 PO 值，相应的香肠烘烤时的 PC 设定结果为：整合交叉污染时，烘烤过程中需确保 6.56lg CFU 的单核细胞增生李斯特菌减少量；未整合交叉污染时，烘烤过程中需确保 5.33lg CFU 的单核细胞增生李斯特菌减少量。另以贮藏过程为例，香肠贮藏时的 PC 设定结果为：整合交叉污染时，贮藏过程中单核细胞增生李斯特菌的增加量不可超过 5.68lg CFU；未整合交叉污染时，贮藏过程中单核细胞增生李斯特菌的增加量不可超过 4.54lg CFU。由整合和未整合交叉污染的 PO 及 PC 设定结果可知，整合斩拌和灌装过程中单核细胞增生李斯特菌交叉污染的 PO 及 PC 更为严格。

③MC 的制定：根据已建立的 FSO/PO 值，建立相应的符合致病菌 FSO/PO 值的 MC 需做出以下假设：

其一，定义采集样品批次内致病菌的分布，一般假定为对数正态（lognormal）分布，分布的标准差采用缺省值：SD=0.2，样品中致病菌均匀分布，如液体食品；SD=0.4，样品中致病菌中度均匀分布，如碎牛肉；SD=0.8，样品中致病菌不均匀分布，如固体食品。

其二，定义满足 FSO/PO 的危害最大频率或浓度。

其三，定义不合格样品不可接受的置信水平（$P_d$）。

其四，定义样品的分析单元大小。

基于以上假定，样品单元数（$n$）计算方法如等式（9-15）所示：

$$n = \frac{\lg(1 - P_d)}{\lg P_a} \tag{9-15}$$

式中 $P_a$——一个样品可接受的概率值，计算方法如等式（9-16）所示。

$$P_a = \text{Normdist}(x,\ \mu,\ \sigma,\ \text{cumulative}) \tag{9-16}$$

式中 $x$——微生物限量，lg CFU/g；

$\mu$——微生物浓度分布的均值，lg CFU/g；

$\sigma$——微生物浓度分布的标准差；

cumulative——一个逻辑值，当 Normdist 返回累积分布时，设置为 1；当 Normdist 返回为频率分布时，设置为 0。

操作特征（OC）曲线可用于描述 MC 的性能，应用 Minitab 软件（美国 Minitab 公司）可建立基于样本数（$n$）和可允许的阳性样品数（$c$）的 OC 曲线；另一类基于生产者和消费者可接受安全水平的 OC 曲线可用等式（9-17）进行计算：

$$P_a = [\text{Normdist}(x,\ \mu,\ \sigma,\ 1)]^n \tag{9-17}$$

式中 $P_a$——一个批次样品可接受的概率值；$x$，$\mu$ 和 $\sigma$ 如前所述。

应用@ RISK 软件拟合贮藏后样品中致病菌浓度（$\mu$，$\sigma$），将 $\mu$ 的拟合值代入等式（9-17）中计算出相应的 $P_a$ 值，应用 Microsoft Excel 软件对 $\mu$-$P_a$ 的相关性进行描述。

低温乳化香肠加工过程各环节的采样方案如表 9-9 所示，以贮藏过程为例，香肠贮藏时的 MC 制定结果为：整合交叉污染时，样品中单核细胞增生李斯特菌的浓度分布为 $\mu=-3.27$lg CFU/g，$\sigma=1.64$，分析单元大小为 25g，独立采样所得样品单元为 222，允许的阳性样品单元为 0，单核细胞增生李斯特菌限量值为 0.36lg CFU/g；未整合交叉污染时，样品中单核细胞增生李斯特菌的浓度分布为 $\mu=-7.48$lg CFU/g，$\sigma=1.31$，分析单元大小为 25g，独立采样所得样品单元为 222，允许的阳性样品单元为 0，单核细胞增生李斯特菌限量值为 -4.58lg CFU/g。由表 9-9 可知，验收、烘烤和贮藏过程中，未整合交叉污染的采样数高于整合交叉污染的结果，因此，考虑生产成本和经济性，整合交叉污染的过程耗费的人力和物力更少。

表 9-9　　低温乳化香肠加工过程中各环节的采样方案

| 环节 | m/g | FSO/PO（lg CFU/g） | | mean（lg CFU/g）±s. d. | | n（c=0） | |
|---|---|---|---|---|---|---|---|
| | | 整合交叉污染 | 未整合交叉污染 | 整合交叉污染 | 未整合交叉污染 | 整合交叉污染 | 未整合交叉污染 |
| 验收 | 25 | 2. 55 | −0. 24 | 2. 08±0. 36 | −1. 93±1. 69 | 30 | 18 |
| 斩拌 | 25 | 3. 61 | ND | 3. 24±0. 62 | ND | 10 | ND |
| 灌装 | 25 | 5. 06 | ND | 4. 24±0. 37 | ND | 224 | ND |
| 烘烤 | 25 | −2. 32 | −7. 26 | −5. 32±4. 12 | −9. 12±1. 13 | 12 | 59 |
| 贮藏 | 25 | 0. 36 | −4. 58 | −3. 27±1. 64 | −7. 48±1. 31 | 222 | 222 |

注：ND 表示未检测。

基于表 9-9 采样方案的 n 和 c 制定 OC 曲线如图 9-17 示，图 9-17（1）和图 9-17（2）分别为整合交叉污染和未整合交叉污染 2 种场景。以验收过程为例，图 9-17（1）中，假设样品中 10%缺陷率的限量，则 $P_a$ = 0. 04，表明检测缺陷率为 10%的样品时，100 次检测中有 4 次可能得到 30 份检样中有 0 份检样为阳性的情况，因而接受；但若 100 次检测中有 96 次得到 30 份检样中有大于等于 0 份检样为阳性的情况，则拒绝（$P_d$ = 0. 96）。未整合交叉污染的场景如图 9-17（2）所示，假设样品中 10%缺陷率的限量时，$P_a$ = 0. 18>0. 04，$P_d$ = 0. 82<0. 96，因此，相同样品单元缺陷率的批次在整合交叉污染的场景下被视为“可接受”的概率较低，因此整合交叉污染的采样方案更为严格。

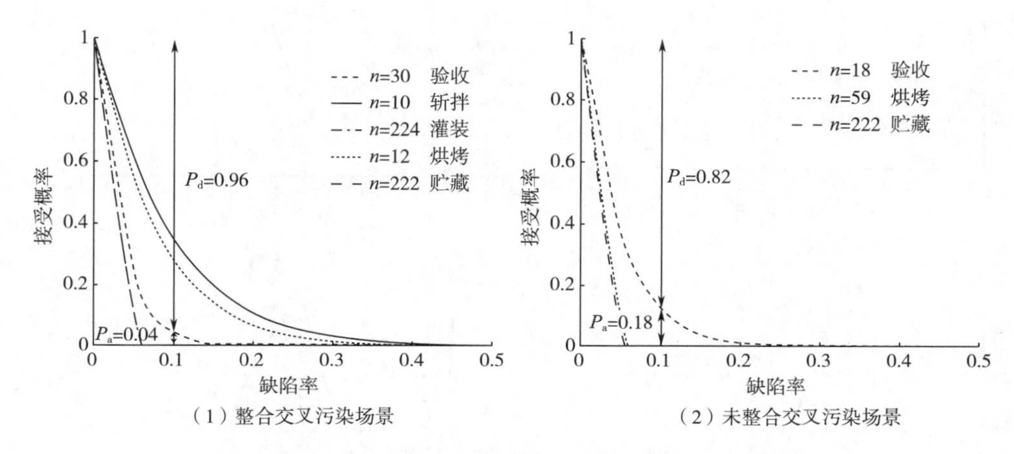

（1）整合交叉污染场景　（2）未整合交叉污染场景

图 9-17　基于样本数和可接受水平限量值的 OC 曲线

图 9-17 反映了在特定可接受限量下，不同加工过程的可接受概率从 100%降至 0 时对某批产品可接受/不可接受的判别力。批次的样品单元（n）越大，OC 曲线越陡峭，采样方案越接近理想状态。因此，如图 9-17（1）所示，整合交叉污染的场景下，不同加工过程采样方案的严格性排序为：灌装>贮藏>验收>烘烤>斩拌；如图 9-17（2）所示，未整合交叉污染的场景下，不同加工过程采样方案的严格性排序为：贮藏>烘烤>验收。

以贮藏过程为例，整合交叉污染的贮藏过程 OC 曲线和相应的消费者及生产者可接受安全水平的浓度分布情况如图 9-18（1）~（3）所示，图 9-18（1）展示了 95%拒绝水平（消费者可接受安全水平）和 95%可接受水平（生产者可接受安全水平）下单核细胞增生李斯特菌的平均污染水平，图 9-18（2）反映了消费者的可接受安全水平，平均污染水平为-0.53lg CFU/g 的批次有 95%的概率被拒绝，同时 99%点对应的浓度水平 0.36lg CFU/g 可设定为 FSO 值，确保 99%的样品单元不超过 FSO 值，图 9-18（3）展示了生产者的可接受安全水平，平均污染水平为-1.04lg CFU/g 的批次有 95%的概率被接受。

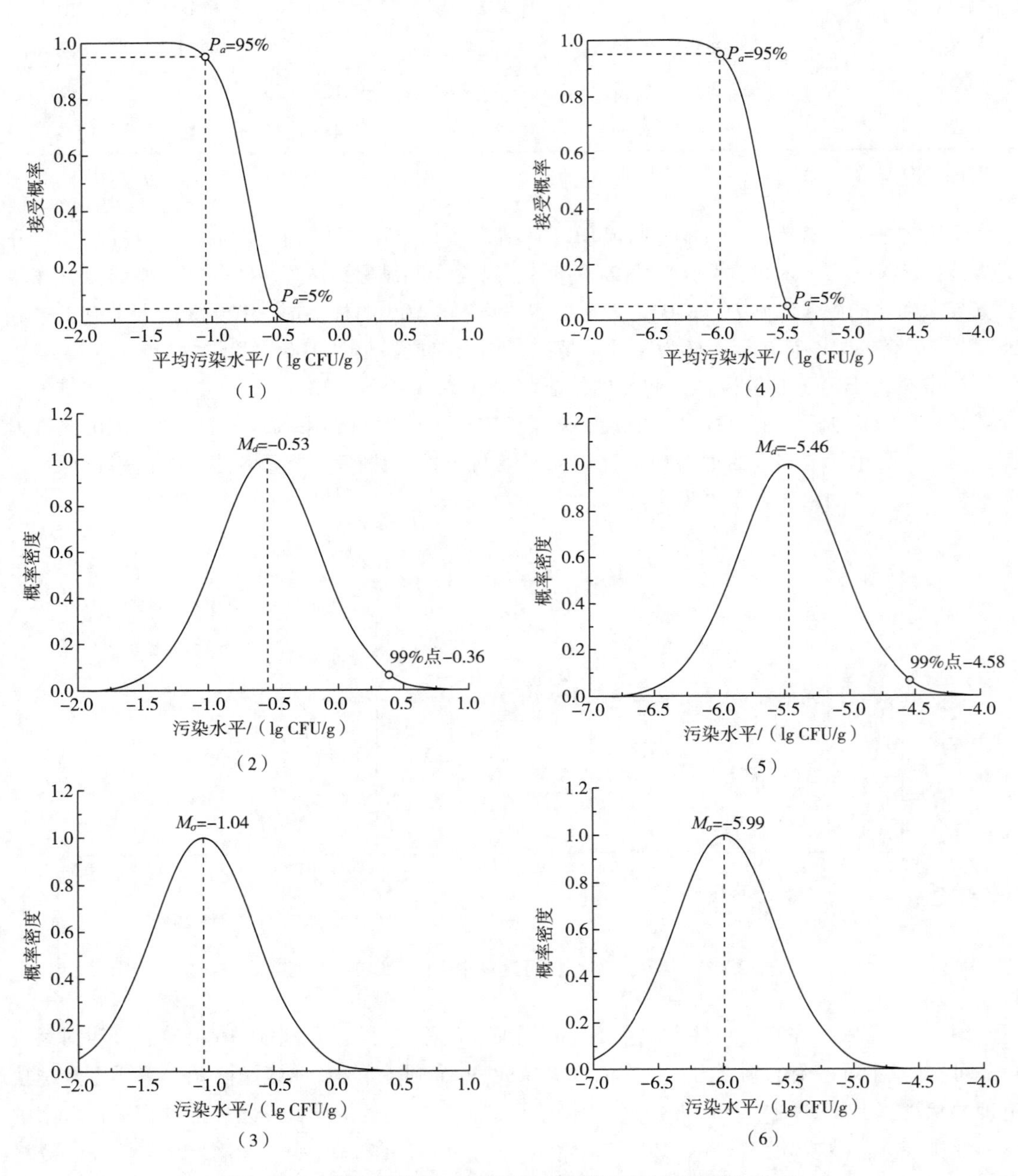


图 9-18　基于生产者和消费者可接受安全水平的 OC 曲线

未整合交叉污染的贮藏过程OC曲线和相应的消费者和生产者的可接受安全水平的浓度分布情况如图9-18（4）~9-18（6）所示，图9-18（4）为95%拒绝水平和95%可接受水平下单核细胞增生李斯特菌的平均污染水平分布，图9-18（5）为消费者的可接受安全水平分布，平均污染水平为-5.46lg CFU/g的批次有95%的概率被拒绝，同时99%点对应的浓度水平-4.58lg CFU/g设定为FSO值，图9-18（3）为生产者的可接受安全水平分布，平均污染水平为-5.99lg CFU/g的批次有95%的概率被接受。由整合和未整合交叉污染的贮藏过程OC曲线对比结果可知，未整合交叉污染的场景高估了消费者风险（-5.46<-0.53，食品批次应该被拒绝时却被接受），同时低估了生产者风险（-5.99<-1.04，食品批次应该被接受时却被拒绝）。

## 思考题

1. 简述交叉污染途径的分类。
2. 请简述交叉污染的影响因素。
3. 简述交叉污染微生物取样方法。

第九章拓展阅读 交叉污染

第十章

CHAPTER 10

# 变异性、不确定性和敏感性分析

[学习目标]

1. 掌握变异性和不确定性的定义。
2. 了解变异性和不确定性的区别。
3. 了解敏感性分析的作用。
4. 掌握敏感性分析的常用方法。

在环境科学、工程学、经济学和风险评估等许多领域，人们经常需要评估复杂系统的可靠性和稳定性。同样地，在微生物风险评估中也需要评估和量化微生物相关风险的可能性和影响程度，变异性、不确定性和敏感性分析则是其中的关键步骤。党的十九大提出深入实施健康中国战略，织牢国家公共卫生防护网，强化监测预警、风险评估、流行病学调查、检验检测、应急处置等职能，完善突发公共卫生事件监测预警机制等，对食品安全与营养健康能力建设提出更高要求。

从广义来看，变异性指的是系统中不同因素之间的变化程度，包括内部和外部因素的变化。这些变化可能导致系统的性能出现不同程度的波动。不确定性指的是在评估系统性能时，由于数据不足或模型的简化，我们无法完全确定系统的行为。因此，我们必须使用不确定性分析来评估系统可能的不确定性，并确定这些不确定性对结果的影响。敏感性分析是评估系统响应如何随着输入参数的变化而变化的方法。这对于确定哪些参数对系统行为最为敏感至关重要，并帮助我们在不同的输入参数下确定系统的最优配置。

前面的章节（如本书第五章暴露评估部分）多次提到过微生物风险评估过程中存在着大量的变异性和不确定性，以及敏感性分析在微生物风险评估中所发挥的作用，在本章中，我们将详细系统地介绍三者在微生物领域的基本定义、区别和它们在微生物风险评估中的作用。

## 第一节　变异性与不确定性

在进行暴露评估时，必须辨别变异性和不确定性。变异性是指建模对象的异质性，包括随机变异性（随机性）和个体间变异性。不确定性是我们缺乏知识的（定量）表达。不确定性可以通过额外的测量或信息来减少，而变异性则不能。不确定性和变异性容易混淆的原因之一是两者都可以表示为概率分布。当以随机方式制定模型时，使用软件很容易将模型实现为蒙特卡罗模拟。然而，它们有不同的含义，风险管理者和风险评估者对这些概念的共同理解可以极大地帮助风险评估过程。但是，当不区分不确定性和变异性时，建模结果可能会无效。有研究已经表明，在某些情况下，不区分变异性和不确定性会导致错误的判断，从而得出错误的结论。

## 一、变异性

变异性，有时也称为个体间变异性，是指“种群”的某些属性值随时间或空间变化所产生的个体差异，无论种群是指人、食物还是一种食源性致病微生物。与微生物风险评估相关的可变因素的例子包括食品的储存温度、不同食品制备方法（如烧烤）的季节性、烹饪实践、跨亚群感染的易感性、跨区域的消费模式、菌株之间的毒力差异，以及不同生产商的产品处理流程等。在某些情况下，群体中的某些变异性可以通过观察个体的属性来解释，例如：三种不同的食品储存温度和湿度会导致同种微生物生长具有不同的潜力。

变异性在被研究的种群中是固有的，并通过种群中各单位之间的某个特定属性的差异来描述，因此，变异性通常不能通过更精确地测量来减少，但可通过收集更多的观察实现更全面准确地描述。然而有些差异的来源可以通过掌握更多的信息来解释，例如，食品是否被冷冻保存。当由已知因素导致的风险存在可辨别的差异时，某种类型的“分类”可能是通过在风险评估中将这些群体识别为离散的群体来解决群体变异性的实用方法。每个亚群的特性仍然可以描述为一个变量，但具有不同的平均值和值的分布。此外，可以根据人口统计、文化、年龄和其他变量多种方法对人口进行分类，但食源性致病微生物风险分类通常以两种方式之一进行，一种是基于暴露的差异，另一种是由于敏感性的差异。如果发现的任何差异可能对风险或潜在保障措施产生重大影响，则应考虑根据这些差异对风险特征进行分类。

一般来说变异性可以通过列出属性可接受的不同值来进行描述，但其通常会有很多符合的值，因此使用概率分布来描述这种变化会更加方便。例如，如果动物排出肠道致病细菌，那么只有两种可能的值，即动物正在排出或没有排出。相比之下，10g 粪便样本中的细菌细胞数有可能取 0、1、2、3 等。因此通常更倾向于描述数学分布的可能结果，如泊松分布或负二项式分布，而不是列举所有可能的值以及这些值出现的概率。在某些情况下，某些数学分布的使用已经非常成熟。例如，二项分布通常用于描述从大群中采样受感染动物的数量，而超几何分布可用于小群描述。对于食品样品中微生物细胞的浓度，通常假设其浓度遵循对数正态分布，但其他分布可能更合适。在可能的情况下，应根据经验数据检查用于模拟特定情况下数学分布的拟合情况。这方面的工具包括：①拟合分布重叠的密度直方图；②拟合分布叠加的累积分布图；③分位数-分位数图；④偏度-峰度检验图。

对于定性和半定量风险评估，考虑纳入变异性的一种选择是考虑不同情景下的变异性，如接近最佳条件、正常情况和一种或多种不利条件。然后分别对每个情景进行风险评估，并比较结果。变异性（以及不确定性）的整体评估将以叙述性术语进行评估，如“非常小”“小”等。这种方法将使变异性对风险估计的影响更加透明。但是，如果情景的风险结果差异很大，则在没有对每种情景的相对可能性进行任何描述的情况下，这种分析可能无法为决策者提供足够的支持。应该指出的是，风险可能会受到更极端情景的影响，甚至可能被更极端情景所支配，例如，导致相对较高风险的条件，尽管它们的概率较低。因此，风险评估者必须确定此类情况可能发生的概率。

食品微生物风险评估中的各个方面总是存在变异性，例如每份食品中的致病微生物数量、不同致病微生物菌株的致病能力、食品储运过程的温度、各个工厂加工参数、不同人群的免疫力情况等一系列因素都不是固定不变的，要么是个体之间存在差异，要么是随着时间变化。除了已知恒定的参数外，几乎所有观察、检测到的数据都存在变异性，在记录时应当将其记录下来，最好记录为概率分布的形式。以食品的储存温度为例，假设某食品储存在4℃冷库，目标致病微生物在5℃以上就会开始生长，同时简单假设，冷库的温度恒定为4℃，则储存过程中该食物的污染程度不会变化。但是冷库中的实际温度也会有一定的波动，假设已知波动范围为3~6℃，则实际最终的污染程度可能发生变化。经过多次检测统计得到一天内温度为3.0℃的概率为2%，为3.1℃的概率为4%，……，为5.9℃的概率为3%，为6.0℃的概率为2%，则可以绘制概率分布图。在实际的建模过程中，可以用软件在每一时刻都从这个概率分布取温度值，结合微生物在各个温度下的生长速率值，代入模型预测储存结束阶段的污染程度。应当注意的是，不管如何增加观察、检测的次数，变异性是指标本身固有的特性，是无法消除的。

## 二、不确定性

不确定性（uncertainty）是由于缺乏知识而产生的，对于已有的知识或是信息可能存在一些无法确定的内容，而不确定性正是衡量这一不确定程度高低的指标，有时被称为认知不确定性、知识缺乏不确定性或主观不确定性。通常，变异性是所研究系统的属性，而不确定性是所用方法和数据的属性。使用不同方法和数据的评估在其产出方面会有不同程度的不确定性。在欧洲食品安全局（EFSA）科学评估不确定性分析指南的原则和方法意见中，不确定性被用作一般术语，指的是可用知识中的所有类型的限制，这些限制会影响某个评估问题答案的范围和概率。可用知识是指评估人员在进行评估时以及在为评估商定的时间和资源内可获得的知识（证据、数据等）。当不确定性足够大，以至于对于首选哪种风险管理决策存在歧义时，收集额外数据或进行额外研究以减少不确定性可能是有价值的。其中，有针对性地收集数据或信息通常有助于减少不确定性。例如，当来自同一总体的更多数据可以纳入模型拟合时，可以降低线性回归模型参数估计的不确定性。同样，通过访问不同的制造设施（不同规模）以更好地了解实际发生的情况，可以减少用于制造食品加工实践中的不确定性。风险管理人员的职责是对风险评估结果进行综合分析，并判断是否存在决策所需的充分信息。这些方面同样适用于所有类型的风险评估。风险评估中还存在着多种不确定性，包括过程不确定性、模型不确定性、参数不确定性、统计不确定性，以及变异性的不确定性等。

### 1. 过程不确定性

过程不确定性是指暴露评估中所阐述的食品供应链与实际过程之间关系的不确定性。例如，食品加工阶段或是消费者摄入阶段可能有些事件未被记录（当然这种情况较少发生）。因此风险评估者通常不确定所建立的模型是否真实地反映了食品供应链，只有通过收集更多的信息，如通过实地考察确定是否有遗漏未记录的内容，才能确定模型的准确性。当然有时即便风险评估者已经明确了确实有事件未被记录，也可能无法确定模型中不考虑这一事件会对结果造成多大影响。

**2. 模型不确定性**

这一不确定性是风险评估中的建模步骤共有的。风险评估者在模型构建时通常会采取一些简化假设，但有时无法判定这些假设是否合理以及采用假设后对最终推算出来的风险值影响大不大，换言之就是不确定模型是否合理。一般认为未经简化的模型是较为准确的，但通常复杂程度较高、在实践中难以计算结果，故采取一些简化措施，但简化前后的模型的预测结果可能不同，因此简化模型适用与否还存在不确定性。部分风险评估者可能简单地认为只要简化前后预测的风险值近似相等则简化假设成立，同时表明预测模型正确，但风险值近似可能是巧合，也许将该模型用于其他情景下就会产生巨大偏差，有时甚至简化所做的假设根本就不符合微生物学原理，所以构建模型后应当经过专家审查。

**3. 参数不确定性**

参数不确定性指各参数检测方法所引入误差的不确定性，其中包括测量误差、采样误差和系统误差，风险评估过程中无法判定是否存在误差或量化误差的大小。统计不确定性也是参数不确定性的一部分，其定义是应用统计学方法（如经典统计或贝叶斯分析）来表示参数时产生的不确定性，即不确定这一统计概率是否正确，在模型已知的情况下它反映了数据的不确定性。

**4. 变异性的不确定性**

参数的变异性有时也存在不确定性，有时候因为缺乏相应知识或是没有收集到相关数据，根本无法确定某个变量的变异性范围。还是以4℃冷库储存为例，虽然知道温度会波动，但是波动的范围是不确定的。假设初次测得一段时间内温度波动在2~5℃，第二次温度波动为3~6℃，第三次温度波动为4~7℃……可能经过多次测试总结得出温度可能的变异性范围就是2~7℃，但实际上并不一定每次储存都会在2~7℃变化的，因此最好用概率分布来表示，如经过若干次统计，其中20%的概率在2~3℃波动，30%概率为3~4℃，30%概率为4~5℃……为保证数据透明性，应当在评估报告中将所有不确定都记录下来。

## 三、不确定性和变异性的区分

在进行风险评估时，风险评估者通常难以将不确定性和变异性区分开来。例如，从文献中找到的数据是一个带有标准偏差的平均值，风险评估者可能难以确定这个标准偏差表示的是变异性（该参数本身是会波动的）还是不确定性（测量误差带来的参数不确定性），或是将二者都包含在内。例如，某一环境中微生物的生长速率是否固定是未知的，如果生长速率并非定值（具有变异性），那么用微生物生长实验可能无法精确地测定其数值；或者说虽然生长速率是定值，但多次实验测出的数值结果是不同的（测量误差等因素造成的参数不确定性）。因此当风险评估者自行进行实验或通过文献检索得到微生物生长速率时，难以确定生长速率的标准差表示不确定性还是变异性。当然在这一例子中，标准偏差将二者都包含在内了，即生长速率本身并不是固定不变的，测量方法也存在一定误差。

区分变异性和不确定性有以下几种情况。

（1）有时候风险评估者可以确定某个参数仅包含变异性或不确定性其中之一，此时不必区分这二者，但应指明究竟是不确定性还是变异性。大部分实际数据不太可能只包含其一，但变异性与不确定性二者的比重不同。风险评估者可以探讨将其区分会对最终结果造成的影响，同时也能从中获知在特定研究中是否有必要将不确定性和变异性区分开来。

（2）在区分概率分布表示的是变异性还是不确定性时，风险评估者可以首先假设实验中不存在不确定性，即假设一切都是已知的，那么所有的概率分布就仅表示变异性。一旦确定了变异性，就可以再次引入不确定性，这样二者就区分开来了。

（3）另一种获取不确定性潜在影响的方法是先确定实验中所有含变异性的参数，将其输入值都取期望值并运行模型，再运行一个“混合”模型，将不确定分量和可变分量同时纳入考虑并进行模拟；比较两个模型的结果来评估不确定性的潜在影响以及是否有必要通过建立二阶模型将两者区分开来。

（4）有文献指出，可以通过检验以带有置信区间的累积分布函数（cumulative distribution function，CDF）绘制的二维模拟的结果来评估变异性和不确定性的相对重要性。平均累积分布函数是估计变异性的最佳方法，置信区间则是对不确定性的最佳估计。如果置信区间宽于累积分布函数的最佳估计值的变化范围，则不确定性更为重要；反之则变异性更为重要。

（5）二阶建模　采用二阶（或二维）蒙特卡罗模拟（Monte Calo simulation）能够区分变异性和不确定性。根据所研究对象的复杂程度，二阶蒙特卡罗有时需要大量迭代。需要注意的是，如果某一分布是根据专家咨询的结果制作而得的，由于该分布一般并不精确，故没有必要对其进行精确模拟，从这种不精确的分布中取值进行数千次迭代得出的结果也可能毫无意义。随着采样数量的增加，模拟结果的精确度会有所提高，但如果要达到特定的精确度，则需要选择与研究对象相关的精确度较高的模型函数，而不是提升蒙特卡罗法本身精确度。蒙特卡罗模拟的一大优点是可以一次性输入很多带有不确定性的参数，而这类参数的数量是由所研究的对象和知识掌握情况决定的。如果模型所模拟的过程中有许多变化的环境指标，或是因为对相关知识掌握不足导致很多数值大小未知，则带有不确定性的参数的数量就会很多。模型模拟的总时间并不取决于带有不确定性参数的输入数量，而取决于迭代次数。二阶蒙特卡罗通常需要大量的迭代，当模型的复杂性增加时模拟可能会变得非常耗时，因此在实际的风险评估中，二阶建模可能并不实用。要防止模拟时间过长，可以通过降低建模过程中的不确定性数量来防止模型复杂性过高，或者限制从每个不确定性分布中的采样数量；此外，不具体量化不确定性也可以防止模拟时间过长。满足以下任意条件时就可以使用该方法：①某些参数的不确定性分析结果对于预测风险不那么重要；②不确定性仅存在于模型的一部分，不会影响到其他阶段；③某些方面的不确定性无法量化，如模型的不确定性，这类不确定性只反映模型的正确与否，若参数的不确定性不是数值的形式，则无法输入模型，一般就不会对结果产生影响，因此也就不必模拟。

## 第二节　敏感性分析

在风险评估的过程中会构建许多模型，敏感性分析即通过改变模型的输入参数大小，看输出结果是否会发生大幅度的变化。若略微改变某个输入参数的大小，输出值就会发生巨大变化，则说明模型对这一参数非常敏感。如果此时模型的输出结果就是风险预测值，则说明该参数对风险的影响非常大，其指标就可以被视为是关键控制点（critical control point，CCP），在实际食品的生产加工、储运销售过程中就要严格把控该指标的数值变化，在选取风险干预措施时也可以针对该指标进行研究。因此，敏感性分析有助于确定关键控制点。此外，在确定了对风险结果影响较大的参数以后，就能更有针对性地收集数据，如主要收集这些参数的相关信息。

最基础的敏感性分析是先选择一个变量，将模型中的其他输入变量都取固定值，再令选中的变量在其定义域内变化，观察输出结果的变化情况。当然进行敏感性分析也需要依赖软件，因为有时模型当中的变量数量很多，要逐一进行验证非常耗时。如果注重效率的话，最好先确定有哪些指标是疑似的关键控制点。同时，应当事先确定输入参数的变化范围（变异性），若取到变化范围之外的值则敏感性分析显然是没有意义的。如整个暴露途径中温度的变化范围为20~30℃，通过模型发现温度在20~30℃变化时输出结果没有显著变化，而当温度达到37℃时输出结果（如风险）会突增，但是实际上暴露途径中根本不会达到这一温度，因此这一结果毫无意义。

复杂的风险评估可能有许多输入和输出变量，这些变量由方程组或其他模型结构连接起来。敏感性分析是一套广泛的工具，可以为风险评估人员和风险管理人员提供关于风险评估组成部分对风险管理问题的相对重要性的见解，重要组成部分的合理性对风险评估的整体质量至关重要。敏感性分析的一个关键标准是它必须与决策相关。通过评估模型输入值和假设的变化对模型输出的影响，从而对基于模型输出的决策产生影响。它可以在模型开发过程中用于评估和改进模型性能，并且可以在模型验证中发挥重要作用。敏感性分析还可用于在做出决策时深入了解模型结果的稳健性。此外，敏感性分析还可以帮助确定风险缓解策略或监控点，并将研究活动集中在优先处理额外数据收集或研究的目的。

为了有效应用敏感性分析方法，模型输入和输出之间的关系应该是一对一的。在理想情况下，敏感性分析方法不仅应提供关键输入的排序，还应提供一些区分性的敏感性定量的度量，以便可以清楚地区分不同输入的相对重要性（如相关性）。统计测试可以生成不同输入的相对重要性的定量指标，如使用归一化或标准化的回归系数。但需要注意的是，统计测试可能会检测到非常小的影响，尤其是在迭代次数很大的情况下，因此应该评估任何显著影响的实际重要性，即影响是否大到足以影响风险管理决策？在进行敏感性分析时，还需要注意精心构建的假设情景的效用，例如涵盖不同的暴露途径或剂量反应模型。这有助于确保评估结果的可靠性和实用性，从而支持风险管理决策的制定。

## 一、定性风险评估中的敏感性分析

在检查某药物与其不利于健康之间的关联假设时，已经建立了广泛接受的标准（如Hill标准）来确定证据是否能够令人信服。叙述标准本身可能是主观的，因此难以复制。然而，就标准可以客观评估的程度而言，使用相同信息的不同评估者应该能够独立地重新确定是否满足标准。如果针对某个问题进行的定性评估无论如何都得出同样的结论，无论是对于支持该结论的证据还是反对该结论的证据，那么这个定性评估的结果就不会受到因果关系标准的影响。换句话说，无论因果关系标准的设定如何，对于某些问题，定性评估的结论都是相同的，因此因果关系标准对评估结果的影响不大。

在定性危害表征中，仅基于急性健康结果标准的评估可能忽略了与已知慢性后遗症相关的信息，因此评估的结果可能对因果关系的既定标准不敏感。相反地，定性危害表征可能会与很少引起急性疾病的机会性致病微生物相关的慢性后遗症的弱证据高度敏感。例如，如果基于致病微生物在某些环境条件下不生长的假设，定性评估结果发现致病微生物造成的风险可以忽略不计。但是，如果有信息表明致病微生物能够在这些条件下生长，则该调查结果的敏感性对该信息的风险评估可能取决于预先指定的标准，如结果是否被独立复制？这些方法是否经过同行评审等？因此定性风险评估表征的科学基础和标准需要足够透明，以允许评估信息或假设对结果的影响。

## 二、定量风险评估中的敏感性分析

在定量风险评估中，敏感分析主要有 4 种方法，总结如下。

**1. 统计学方法**

统计敏感性分析方法（也称为基于方差的方法）的示例包括秩序相关、回归分析、ANO-VA、响应面方法、傅里叶幅度敏感性检验（fourier amplitude sensitivity test，FAST）、互信息指数（mutual information index，MII）以及分类和回归树。这些方法与蒙特卡罗模拟结合使用，或在蒙特卡罗模拟之后使用。回归分析、方差分析、FAST 和 MII 为每个输入提供灵敏度的定量测量。回归分析需要假设模型形式。

**2. 图示法**

图示法通常以图表的形式表示灵敏度，例如散点图和蜘蛛图。其他敏感性分析方法的结果也可以用图形方式总结，如用于显示等级顺序相关性的龙卷风图。这些方法可用作进一步分析模型之前的筛选方法，或表示输入和输出之间的复杂依赖关系。例如，这种复杂的相关性包括其他技术可能无法适当捕获的阈值或非线性。

**3. 探索法**

敏感性分析的探索性方法通常以临时方式应用，但对于评估分析中不确定性的关键来源可能具有核心重要性。评估中不确定性的一些关键来源包括定性特征，如所研究系统的概念表示、模型的结构、模型的详细程度、验证、外推、分辨率、边界和场景。例如，并不少见的是，对于给定统计模型，真实模型形式的不确定性比任何模型输入相关的不确定性重要得多。除非考虑到分析所依据的情景是否明确规定，否则分析对假设变化的敏感性的评估将是不完整的。处理有关分析定性特征的不确定性的方法通常涉及不同结构假设下的结果比较。例如，评估不同暴露途径重要性的方法是估计与每个途径相关的暴露，并确定总暴露是否仅由少数几个关键途径支配。同样，如果模型结构存在不确定性，常见的方法是比较基于不同模型的预测，每个模型可能具有不同的理论和数学公式。

**4. 敏感性分析方法的评估**

每种敏感性分析方法都提供有关输入敏感性的不同信息，如输入的联合效应与个体效应、输入的小扰动与一系列变化的影响。其中非参数方法，如皮尔逊相关系数，适用于单调、非线性模型，另外，蜘蛛图用于说明单个输入变量对模型输出不确定性的影响。由于多种方法之间的一致性意味着可靠的结果，因此应在可行的情况下应用两种或多种不同类型的敏感性方法。这允许比较每种方法的结果，并得出关于关键输入排序的稳健性的结论。

## 三、敏感性分析与不确定性分析的区别

敏感性分析（有时称为重要性分析）和不确定性分析是两种可用的工具，可用于通知风险管理人员有关暴露评估结果的信息。更具体地说，此类评估分析可用于收集更多数据的关键

领域来促进选择缓解策略、确定控制点和聚焦未来研究。此外，研究领域的确定可能是一个迭代过程，结果中的不确定性太大，管理者无法做出决定，因此可能会启动分析以调查不确定性的主要来源。

了解敏感性分析和不确定性分析之间的差异很重要。敏感性分析可用于确定风险缓解策略或监控点，并集中研究对象，而不确定性分析也关注研究对象，但只关注不确定性的大小。因此，在敏感性分析中可能会识别出非常确定但对于需要额外信息的输出而言足够重要的点。在不确定性分析中可能会识别出具有重要影响的不确定点，因此需要额外的信息，以下是关于两者之间区别的详细论述。

**1. 不确定性分析**

不确定性分析旨在确定与输入参数相关的不确定性对暴露估计的确定性程度的贡献，其目的是提供对与暴露评估相关的不确定性的洞察。不确定性分析旨在集中研究或数据收集活动，以最有效地降低模型输出不确定性。需要注意的是，不确定性分析涉及测试参数的不确定性对输出的影响。模型输出中的不确定性受模型输入中的不确定性影响的程度可以对这些影响进行排序。这种不确定性分析通常用于暴露评估，因为它在流行的风险分析软件（如@ RISK®和Analytica®）中实施。不确定性分析的主要考虑因素是考虑不确定性的大小。过程中可能有一些点非常确定，但它们仍然非常重要，并且可能会被非常不确定的参数的大小所淹没。如某个液体反应罐的加热设备对液体进行50℃加热10min，罐内没有温度计则无从得知罐内的温度如何，且罐内各个位置的温度也可能不同，假设目标微生物在37~40℃生长，则可能根本无法获得其生长速率信息。如果进行敏感性分析，将确定这种情况。因此，有必要同时进行这两种分析。

**2. 敏感性分析**

敏感性分析是确定输入对输出值的影响程度。敏感性分析有助于确定流程中哪些额外的数据收集最有用，哪些点对流程中的关键点进行监控最有价值，以及哪些缓解策略可能最有效。但有几点需要注意，在最基本的层面上，为了执行敏感性分析，模型的输入被分配了固定值。以顺序方式，这些输入值中的每一个都在预定范围内变化，并测量对输出产生的影响。测量输出灵敏度的参数的变化程度是一个重要的考虑因素，应考虑相关参数的变化范围。显然，在不可能发生的范围内测试灵敏度不会提供信息。然而，还应该记住这个范围可能会随着技术、配方或潜在管理干预的变化而改变。敏感性分析可用于评估替代方案对模型输出的影响。这些情景可能包括风险缓解策略或风险管理者可能无法直接控制的假设变化，如移民导致的消费模式变化。在进行敏感性分析时，时间也是一个重要的考虑因素。当效率至关重要时，可能只需要调查模型中被视为风险缓解选项的那些过程的敏感性。

## 第三节　变异性、不确定性和敏感性分析的作用和意义

在食品安全风险评估中，变异性指的是评估结果在不同条件下的变化情况。评估结果的变异性与不确定性密切相关，评估结果的变异性越大，评估结果的不确定性就越大。而不确定性指的是评估结果的精确程度或可信度。不确定性与评估结果的可靠性密切相关，评估结果的不

确定性越大，评估结果的可靠性就越低。

变异性的作用主要有以下几个方面：①帮助评估人员更好地理解评估结果的不确定性来源。评估结果的变异性越大，表明评估结果受到的影响因素越多，不确定性也就越大。评估人员可以通过分析变异性的来源，识别出评估结果的不确定性所在，从而进一步提高评估结果的可靠性。②指导评估人员在评估过程中确定评估方案和评估方法。评估人员需要考虑评估对象的特性、评估方法的适用性、评估数据的可靠性等因素，从而选择最优的评估方案和评估方法。评估结果的变异性可以帮助评估人员更好地理解不同方案和方法之间的差异，从而指导评估人员在评估过程中选择最优的方案和方法。③促进食品安全风险管理和决策制定。评估结果的变异性可以帮助食品安全管理者和决策制定者更好地理解食品安全风险的复杂性和不确定性，从而制定更加科学和有效的食品安全管理措施和决策。

不确定性在食品安全风险评估中的作用和变异性在食品安全风险评估中的作用基本一致。①它可以帮助评估人员更好地理解评估结果的可靠性。②指导评估方案和评估方法的选择。③促进食品安全风险管理和决策制定。

在食品安全风险评估中，敏感性分析的主要作用是评估输入参数的变化对评估结果的影响程度，从而识别出哪些参数对风险评估的结果具有最大的影响力。通过敏感性分析，可以识别出哪些参数是最敏感的，确定流程中哪些额外的数据收集最有用，哪些点对流程中的关键点进行监控最有价值，以及哪些缓解策略可能最有效。这些敏感参数的识别可以帮助评估人员更好地理解评估结果的不确定性来源，从而提高评估结果的可靠性。此外，敏感性分析还可以帮助评估人员识别出哪些参数需要更准确的数据或更完善的评估方法，从而指导后续评估工作的改进，从而更好地保护公众的健康和安全。

## 思考题

1. 变异性和不确定性哪一个能降低或减少？为什么？
2. 试举例说明食品微生物风险评估中存在的变异性。
3. 试着列举风险评估存在的不确定性的种类。
4. 简述敏感性分析的定义和作用。

第十章拓展阅读　变异性、不确定性和敏感性分析

# 第十一章 疾病负担

CHAPTER 11

[学习目标]

1. 掌握疾病负担及伤残调整寿命年等相关术语的概念和意义。
2. 熟悉疾病负担评估的基本流程、步骤。
3. 了解伤残导致健康寿命年损失和早逝导致寿命损失的区别以及各自的计算方法，明确疾病负担评估结果的释义。

近几十年来，尽管各国对食品安全的关注日益增加，但食源性疾病仍是全球范围内的公共卫生问题，造成了巨大的经济损失和社会负担，特别是在低收入和中等收入国家（low-and middle-income country，LMIC）。食品安全决策者在资源有限的情况下，要围绕食品安全，确定优先管理事项和有效的干预措施，以减少疾病发生风险。这意味着需要评估食品危害暴露和疾病风险，并根据其对公共卫生的影响进行排序。食源性疾病负担评估，是对食源性疾病风险进行排序和确定食品安全重点工作的核心组成部分，其结果将为有效分配资源和预防措施提供强有力的定量证据支持。其次，疾病负担评估还可以支持国家基于风险的食品安全体系的发展，有助于确定食品安全体系的需求和弥补数据的差距，从而确定国家基础设施和能力发展的优先事项。同时，疾病负担评估在参与制定协调一致的国际食品安全标准和食品贸易中起着积极的促进作用。党的二十大提出必须坚持系统观念，这是新时代推动各领域工作和现代化建设的战略性思想和基础工作方法，要善于从大局、整体、前瞻的角度进行深入思考。同时实现国民健康长寿，是国家富强、民族振兴的重要标志，也是全国各族人民的共同愿望。因此，基于疾病负担评估的食源性疾病管控策略的实施，有赖于各系统和机构的统一协调，多方信息和资源的整合，多个利益相关方的深入参与合作，助力推动健康中国战略目标的实现。

## 第一节　食源性疾病负担的定义与意义

食源性疾病导致的疾病负担是全球重要的公共卫生问题，其可由多种危害因素引起。一种危害因素可有包含食源性传播在内的多种传播途径，在食源性传播中一种危害因素的食物载体也多种多样。在现行的基于风险的食品安全管理体系之下，以疾病负担为指标量化各类食源性危害因素导致的健康风险，识别需要优先管控的传播途径和食物来源，对于食源性致病菌的精准预防和科学管控至关重要。

## 一、食源性疾病负担评估的目的与意义

食源性疾病负担研究的目标是根据食源性疾病对人群总体公共卫生的影响，对食源性疾病进行排序。总体目标包括：

- 对选定的食源性危害进行疾病负担评估；
- 制定一个可定期更新结果并分析变化趋势的评估框架；
- 提供一个基线水平，可基于该水平评估食品安全的干预措施。

食源性致病微生物对公共健康的影响可用各种指标来表述，例如发病率或死亡率等。然而，这些指标并不能全面反映食源性疾病对人类健康的影响。因为这些指标虽然量化了发病率或死亡率的影响，但没有考虑高发病率但并不致命的疾病，如轻度腹泻，和低发病率但高病死率的疾病。而伤残调整寿命年（disability adjusted life year，DALY）这个指标则是综合考虑了疾病的发病率、严重程度和持续时间等因素，其可以作为量化食源性危害对人类健康影响的衡量标准，来全维度地评价食源性危害对人类健康的影响。

## 二、疾病负担评估的概念

疾病负担的概念最早由哈佛公共卫生学院、世界银行和世界卫生组织（World Health Organization，WHO）在1993年全球疾病负担项目（global burden of disease，GBD）中提出，用于描述某个地区因疾病、伤害和风险因素导致的死亡和健康损失，包括流行病学疾病负担和社会经济负担两个方面。该项目提出的采用DALY作为关键评价指标是疾病负担研究中使用最广泛的公共卫生指标。在一系列公共健康综合评价指标（summary measures of population health，SMPHs）中，DALY属于健康差距指标（即用于估计人口的实际与理想或参考状态相关的健康状态），其是由WHO建立国际通用的定量计算因各种疾病造成的早死与残疾对健康寿命年损失的综合指标，包括因早逝而导致的寿命损失（year of life lost，YLL）和因伤残导致的健康寿命损失（year of life with disability，YLD）两部分，常用于评估食源性疾病对公共卫生所造成的影响。DALY以时间为单位，1个DALY意味着失去健康生活的1年。该指标是对生命数量和生命质量的综合度量，它将发生率和严重性整合在1个单一指标中，可以客观地反映疾病对社会及人群的危害程度，并允许对疾病和人群进行客观比较。YLL由年龄死亡数乘以该年龄所对应的标准期望寿命获得，用于衡量致死性疾病或伤害结局对人群健康的影响。YLD由患病人数、病程和疾病严重程度的乘积获得，用于评估非致死性伤害或疾病结局对人群健康的影响程度。

## 三、食源性疾病负担流行病学专家组

为了更好地了解食源性疾病的全球和区域负担，WHO食品安全、人畜共患病和食源性疾病部门共同发出倡议，致力于在食品安全领域为政策制定者和利益相关者提供合适的、基于事实的依据，并于2006年成立了食源性疾病负担流行病学专家组（foodborne disease burden epidemiology reference group，FERG），并于2021年新组建了FERG2。基于FERG支持的工作，WHO于2015年首次发布了对全球食源性疾病负担的评估，涵盖由31种危害引起的疾病，其中包括

11种腹泻性疾病病原体、7种侵入性感染性疾病病原体、10种寄生虫以及3种化学物。FERG的主要任务包括：①收集、评估和报告当前的食源性疾病负担；②开展流行病学系统综述，估计主要的食源性疾病的发病率、死亡率和致残率；③建立来源和病因的疾病归因模型，以估计食源性疾病的比例。据估计，不安全食品导致全球6亿例食源性疾病、42万人死亡和3300万年DALY的损失。在评估过程中，由于数据的可及性有限，FERG目前仅能以区域水平为单位估算食源性疾病负担，该结果不能反映同一区域内各个国家之间以及国家内部各地区之间的疾病负担之间的差异。

### 四、食源性疾病负担评估面对的挑战

（1）有超过250种食源性危害，包括微生物危害，如细菌、病毒和寄生虫，以及自然本底或因环境污染、食品加工、包装、运输或储存而产生的化学污染物；

（2）许多国家没有分析所需的健全的监测系统和数据，并且仅有一小部分人因食用受污染食物生病去寻求治疗并向公共卫生当局报告；

（3）食源性危害对健康的影响非常复杂，远远超出急性胃肠炎，一些危害会导致后遗症，如肾衰竭、肝病、神经系统疾病或癌症；

（4）通常归类为食源性的病原体也可能通过其他途径引起疾病，例如受污染的水、与动物接触或环境途径。

## 第二节 疾病负担评估方法与步骤

食源性疾病负担研究有6个主要要素：制定明确的计划；准备数据；DALY计算；疾病负担归因；结果解释；交流和传播。这些元素是动态的，可根据需要或拥有的数据持续更新和循环反馈。本章主要介绍制定计划、数据准备以及DALY的计算。

### 一、制定计划

#### 1. 定义目标人群

首先对食源性疾病负担研究的背景，即研究区域和研究时间进行定义。研究时间可以为某一个特定年份，或者为某几年，评估内容则为这段时期的平均疾病负担。基于研究区域和研究时间对目标人群进行定义，包括是否涉及亚人群、特殊人群（如低年龄人群、孕妇、乳母）、研究时段等。这些选择将确定数据要求和数据来源，以及整个研究过程中具体评估方法的选择。

#### 2. 选择待评估的危害

选择待评估的食源性危害因素，主要基于预先确定的人群公共卫生优先事项、食品污染证据、数据可用性和可获得的资源。各种食源性危害的选择因国家而异，各个国家可依据评价清单编制建立待评估食源性危害物清单，最终获得对国家食源性疾病负担的全面估计。表11-1所示为FERG1制定的疾病负担待评估清单。

在制定食源性疾病负担评估清单时可考虑以下内容：①国家公共卫生健康相关性数据，是否有证据表明人群中发生了疾病病例？是否有来自国家公共卫生监测、区域研究或专项研究的

数据？②食源性疾病暴发数据，是否在人群中发现了由病原体引起的疾病暴发？是否对这些暴发进行了调查，明确与特定食物有关？③食品污染证据，包括食品安全事件，是否有证据表明该国的食品受到相关危害的污染？是否可以从国家或区域监测计划中获得数据？是否存在任何贸易问题或担忧？④饮食习惯，特定的食品消费模式是否与常见危害有关？⑤其他研究数据，包括其他国家，尤其是邻近国家的与危害因素相关的研究数据或报告。

表 11-1　　FERG1 制定的疾病负担待评估清单

| 危害分类 | 具体危害 |
| --- | --- |
| 寄生虫 | 蛔虫、华支睾吸虫、隐孢子虫、细粒棘球绦虫、多房棘球绦虫、溶组织内阿米巴、片吸虫、贾第虫、肠吸虫、后睾吸虫、肺吸虫、弓形虫、旋毛虫、猪带绦虫 |
| 肠道致病菌 | 布鲁氏菌、空肠弯曲杆菌、肠致病性大肠杆菌、肠产毒性大肠杆菌、产志贺毒素大肠杆菌、甲型肝炎病毒、单核细胞增生李斯特菌、牛分枝杆菌、诺如病毒、非伤寒沙门菌、副伤寒沙门菌、伤寒沙门菌、志贺菌、霍乱弧菌 |
| 化学物和毒素 | 黄曲霉毒素、木薯氰化物、二噁英 |

## 二、疾病负担评估的类型和方法

### 1. 基于不同的评估路径

对于食源性疾病负担评估的总路径而言，可以分为基于经典风险评估的“自下而上”归因路径和基于比较风险评估理论的“自上而下”归因路径。

“自下而上”的风险评估归因方法是以人群疾病的发病率或死亡率为出发点（数据来源于国家健康登记系统），将人群中观察到的食品危害因素暴露分布所造成的疾病与假设分布或一系列分布所造成的疾病进行比较，获得人群总疾病负担中危险因素的归因比例。

“自上而下”的人群流行病学证据归因方法是以给定的食品危险因素暴露为出发点，选择适宜的剂量反应关系，采用斜率系数外推或整合概率风险评估模型进行，整合危害特征和人群外暴露，定量分析人群基于现有食品危害暴露水平导致的疾病结局的概率。

### 2. 基于不同的评估起点和时间窗口

从评估起点角度可以把疾病负担分为 3 类：基于风险因素，该方法估计归因于风险因素的疾病负担，以某个或某类食品为评估起点，如不安全的饮用水；基于危险因素，是某种危害因素的暴露为评估起点；基于疾病结局，是以可量化的不良健康结局为评估起点，如评价腹泻的疾病负担（图 11-1）。

从时间窗口角度可以把疾病负担分为两类，一类基于患病率计算，一类基于发病率计算。前者是针对特定时间点的健康状况，疾病被归因于过去所发生的事件，反映的是由先前的事件造成的目前的疾病负担；后者的所有健康结果，包括未来年份的健康结果，都被分配给初始事件（例如，暴露于某种危害），反映了当前事件造成的未来疾病负担，这被认为是评估食源性疾病负担的最合适的方法。相比患病率角度，以发病率为出发点具有很多优点：

①对当前的流行病学趋势更敏感；

②更符合基于危害的方法，因为它以暴露作为计算的起点；

③也更符合 YLL 的估计，因为死亡率可以视为死亡的发生率。

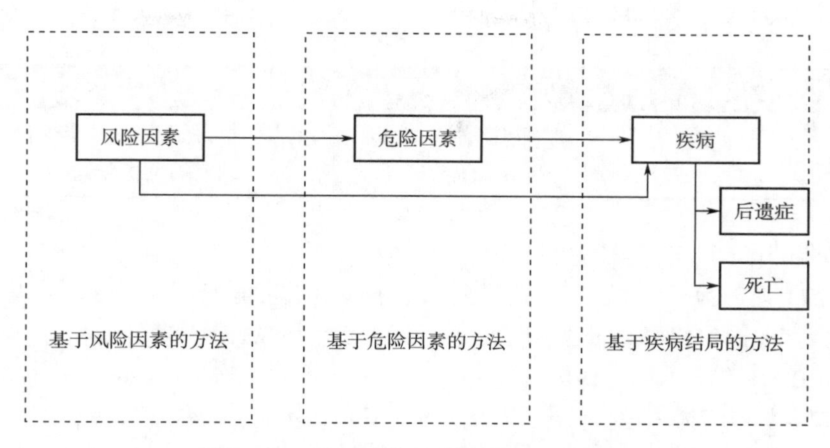


图 11-1 不同评估起点的疾病负担方法

理论上如果伤残的流行病学和人口年龄结构不随时间变化，那么基于患病率和基于发病率的方法就会产生类似的结果。但其实它们对疾病负担评估是不同的，因为基于患病率的方法将负担分配给经历负担的年龄，而基于发病率的方法将负担分配给发病年龄。只有患病率数据可用时，可以根据患病率和疾病的平均持续时间来估计发病率。

以危害因素为起点，基于发病率的方法是食源性疾病负担评估的金标准，因为食物中大多数危害因素的暴露并非仅导致一种健康结局。特定食源性危害的疾病负担是指由与危害有因果关系的所有健康状况引起的，无论时间跨度或严重程度。这些健康状况可能包括急性症状、慢性后遗症和死亡。例如，感染沙门菌，大多数情况下会导致急性胃肠道疾病，有时还会导致慢性后遗症，如反应性关节炎和肠易激综合征。此外，急性疾病还可分为轻度、中度或重度，也可能导致死亡。所以上述与沙门氏菌病相关的不良健康影响都可以使用 DALY 进行量化。

## 三、数据准备

**1. 流行病学数据收集**

收集数据是计算 DALY 过程中最为关键的一步，收集数据的质量直接决定 DALY 估计的质量。理想情况下，应从包含同行评审文献和各种来源灰色文献（包括政府机构、非政府组织和学术界）的系统综述中收集必要的数据。

人口统计数据与需要评估的危害物质相关，一般情况下包括国家人口和亚人口规模、年龄和性别分布、预期寿命（寿命表），还可能包括孕妇、待产妇、活产、死产和流产的数量。表 11-2 所示为所需的人口统计数据类型。

表 11-2　　所需的人口统计数据类型

| 资料要求 | 重要性 | 数据源 |
| --- | --- | --- |
| 总人口按年龄和性别分层 | 所有风险因素均需要 | 人口普查、人口与健康调查、国民家庭预算调查、全国健康调查 |
| 怀孕总数孕产妇比例 | 特有风险因素需要 | |
| 活产、死产和流产的总数或比例 | 特有风险因素需要 | |
| 按性别分层的当地预期寿命表 | 所有风险因素均需要 | |

续表

| 资料要求 | 重要性 | 数据源 |
| --- | --- | --- |
| 标准寿命表 | 所有风险因素均需要 | 世界卫生组织全球健康估计、全球疾病负担研究 |

**2. 寿命表的选择**

在估计 YLL 时，为了反映基于当前暴露水平下的最低可能死亡率，更好的表现对理想寿命的预期，并使各国家间的数据更具可比性，首选使用由 WHO 全球健康估计（global health estimates，GHE）和健康指标与评估研究所（Institute for Health Metrics and Evaluation，IHME）联合制定的国家标准寿命表进行估计，如表 11-3 所示。然而，在标准寿命表中的潜在死亡率在国家实际情况下无法实现和（或）不适宜对政策制定提供依据时，有的国家更偏爱使用本国的寿命表来进行 YLL 的估计。在此情形下，需要有充分的理由和良好的证据支持这一决策且在将所得估计数与其他国家的估计数进行比较时需额外标注。

表 11-3　　国家标准寿命表

| 年龄 | SEYLL① | 年龄 | SEYLL | 年龄 | SEYLL | 年龄 | SEYLL | 年龄 | SEYLL |
| --- | --- | --- | --- | --- | --- | --- | --- | --- | --- |
| 0 | 91.94 | 22 | 70.07 | 44 | 48.25 | 66 | 26.91 | 88 | 8.76 |
| 1 | 91.00 | 23 | 69.07 | 45 | 47.27 | 67 | 25.96 | 89 | 8.16 |
| 2 | 90.01 | 24 | 68.08 | 46 | 46.28 | 68 | 25.02 | 90 | 7.60 |
| 3 | 89.01 | 25 | 67.08 | 47 | 45.30 | 69 | 24.08 | 91 | 7.06 |
| 4 | 88.02 | 26 | 66.09 | 48 | 44.32 | 70 | 23.15 | 92 | 6.55 |
| 5 | 87.02 | 27 | 65.09 | 49 | 43.34 | 71 | 22.23 | 93 | 6.07 |
| 6 | 86.02 | 28 | 64.10 | 50 | 42.36 | 72 | 21.31 | 94 | 5.60 |
| 7 | 85.02 | 29 | 63.11 | 51 | 41.38 | 73 | 20.40 | 95 | 5.13 |
| 8 | 84.02 | 30 | 62.11 | 52 | 40.41 | 74 | 19.51 | 96 | 4.65 |
| 9 | 83.03 | 31 | 61.12 | 53 | 39.43 | 75 | 18.62 | 97 | 4.18 |
| 10 | 82.03 | 32 | 60.13 | 54 | 38.46 | 76 | 17.75 | 98 | 3.70 |
| 11 | 81.03 | 33 | 59.13 | 55 | 37.49 | 77 | 16.89 | 99 | 3.21 |
| 12 | 80.03 | 34 | 58.14 | 56 | 36.52 | 78 | 16.05 | 100 | 2.79 |
| 13 | 79.00 | 35 | 57.15 | 57 | 35.55 | 79 | 15.22 | 101 | 2.36 |
| 14 | 78.04 | 36 | 56.16 | 58 | 34.58 | 80 | 14.41 | 102 | 1.94 |
| 15 | 77.04 | 37 | 55.17 | 59 | 33.62 | 81 | 13.63 | 103 | 1.59 |
| 16 | 76.04 | 38 | 54.18 | 60 | 32.65 | 82 | 12.86 | 104 | 1.28 |
| 17 | 75.04 | 39 | 53.19 | 61 | 31.69 | 83 | 12.11 | 105 | 1.02 |
| 18 | 74.05 | 40 | 52.20 | 62 | 30.73 | 84 | 11.39 | | |
| 19 | 73.05 | 41 | 51.21 | 63 | 29.77 | 85 | 10.70 | | |
| 20 | 72.06 | 42 | 50.22 | 64 | 28.82 | 86 | 10.03 | | |
| 21 | 71.06 | 43 | 49.24 | 65 | 27.86 | 87 | 9.38 | | |

注：①SEYLL 表示标准预期生命损失年数。

**3. 发病率和死亡率数据**

由食源性危害引起的发病例数和死亡人数，可以直接从现有数据中收集。如某种食源性致病菌的症状是感染性的或总是很严重的，则可以假设该疾病的所有病例都可以被公共卫生监测系统获得，因此可以从公共卫生监测系统、食源性疾病监测报告系统或食源性疾病暴发监测或专项项目中获得该致病菌的发病例数。但一般情形下，食源性病原体的疾病发生率存在着诊断不足和报告不足的情形，监测系统不可避免地低估了真实的患病人数，因此通过报告获得的发病率并非真实发病率。这可能是因为识别和报告病例的多个步骤中的其中任何一个步骤失败所导致：病人可能不寻求医疗护理；医生不要求提供粪便标本或未将其提交临床实验室进行检测；病原体不能在实验室分离和鉴定；并且结果可能不会报告给公共卫生监测系统。诊断不足是指卫生保健系统未能捕捉到未就医的社区病例。食源性疾病导致的健康结果从轻微到非常严重不等，登记的疾病通常只占特定地区所有疾病的一小部分。诊断可能偏向于更严重的病例或更可能去看医生的特定人群（如儿童）。报告不足是指未能对已就医的病例进行诊断、分类或通知；少报是指寻求医疗建议但未正确诊断、分类或通知监测机构的病例。这种疾病也可能不是由病原体引起的，因为没有进行适当的实验室检测，或者因为暴露与疾病之间的关联不明确，如当暴露与健康影响之间存在时间滞后时。漏诊和漏报的程度因病原体和国家而异，这反映了公共卫生监测、疾病严重程度和健康状况等方面的差异。

对于未被食源性疾病监测系统捕获的疾病，除了上述两种原因，还可能是国家卫生统计系统中缺乏某种食源性危害相关的后遗症等健康结局数据，或报告的死因数据与病原体感染无关等。无论是哪种情形导致的数据缺失，均可考虑采用下列三种方法计算疾病的真实发病率。

（1）重建食源性疾病监测金字塔　这种方法从报告的病原体病例数开始（如沙门菌感染）并通过应用乘数来纠正漏诊和漏报疾病的发生和报告。图 11-2 所示为食源性疾病监测金字塔。

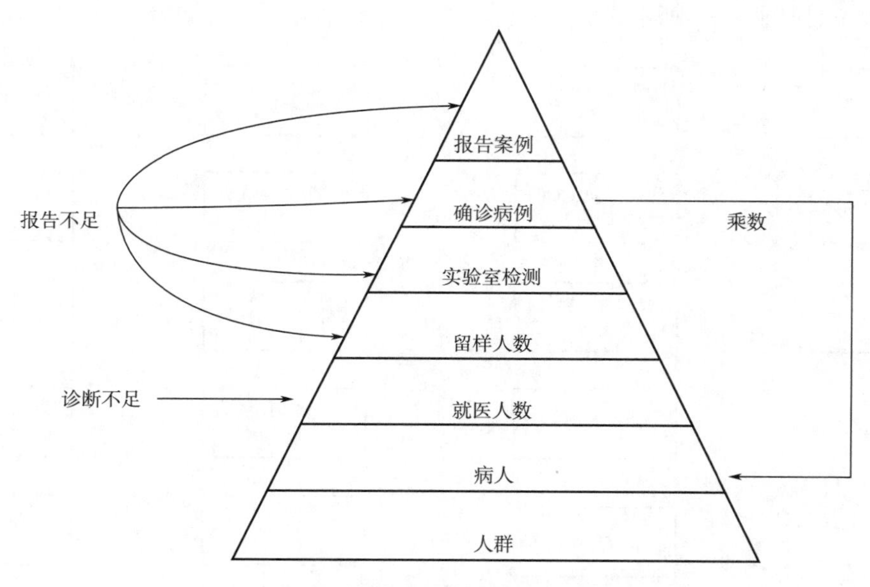


图 11-2　食源性疾病监测金字塔

金字塔各层级之间的乘数，常通过国际标准化问卷调查的方式获得。此类调查是针对明确的目标人群，在既定时期内采用进行。此类问卷包括标准问题，例如过去 2~4 周内的食源性疾病经历、疾病持续时间、是否有服药就医行为，是否有提交生物样本以及基础人口统计学资料。问卷可以通过电话访谈、面对面访谈或网络调查进行。收集分析调查数据，估计就医的患病个体的比例、提供生物样本以及实验室检测结果。乘积因子与实验室灵敏度数据相结合，生成国家、性别和年龄的相关病例数据，完成对漏报数据的填补。

（2）归因方法　疾病状态的发生率是由给定健康状态的总发生率（即不考虑病因）和某病因的归因概率（不适用于基于结果的疾病模型）相乘获得的，即某疾病状态的总体发病率×归因于某危险或风险因素的比例。例如，弯曲杆菌引起的 GBS 发病率可以通过将人群中 GBS 的总发病率乘以弯曲杆菌引起的 GBS 的比例来获得。在基于风险因素的疾病模型中，归因于风险因素的病例比例通常被称为人群归因分数。

当特定危害的数据无法从公共卫生监测或其他数据库中获得时（可能是因为某个病原体在一个国家不需通报，或者因为实验室监测不够完善且通常缺乏病因学数据）常采用归因方法来估计发病率。这种方法对于估计与食源性病原体相关的死亡率也特别有用，因为食源性感染很少被登记为死因。收集关于腹泻的总发病率和死亡率以及性别和年龄别的特异性发病率的数据，将这些数字乘以与特定病因相关的比例获得腹泻相应健康状态的发生率，这个比例通常根据对同行评审的住院、门诊和社区研究的系统评价进行估计。

（3）风险评估方法　估计人群暴露于致病微生物的所有潜在途径，监测污染水平，并将其与剂量反应模型相结合，以预测疾病的后续发病率。

方法的选择取决于待评估的危害因素和可利用的数据。当特定病因的发病率数据可从公共卫生登记处或其他来源获得，并且已对人群中的就医行为、检测和诊断实践进行了调查时，重建监测金字塔的方法是首选。

根据初始采用数据的不同，估计发病率的不同计算方法如图 11-3 所示，各数据及计算方式的进一步说明如表 11-4 所示。

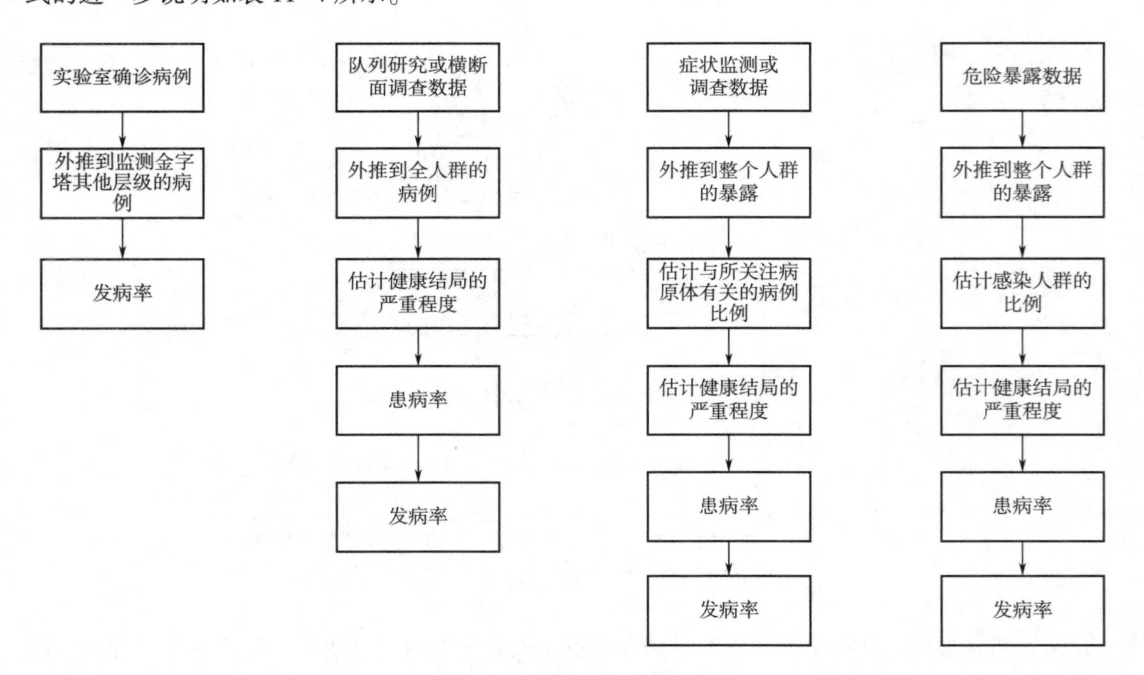


图 11-3　发病率计算方法

表 11-4　　数据及计算方式

| 数据 | 来源 | 数据质量 | 备注 |
| --- | --- | --- | --- |
| 实验室确诊病例 | 食源性疾病监测系统 | 检验灵敏度、报告的病例数、监测系统覆盖范围及乘数等 | 乘数来源于文献、专家意见和调研等 |
| 队列研究或横断面调查数据 | 队列研究/横断面调查 | 症状的检验灵敏度、监测或调查中的样本数及代表性、病原体与症状相关性数据的可及性和质量 | 病原体与症状相关性数据判断基于文献、专家意见等 |
| 症状监测或调查数据 | 医院/专项调查 | 症状的检验灵敏度、调查中的样本数及代表性、依赖于大量的假设 | 最为重要的一步是需要确定该症状的病例归因到各个危害的比例 |
| 危害暴露数据 | 食品污染物监测系统、食物消费量调查 | 代表性、适用性及可及性 | 各地区的检验方法和质量可能有所差别 |

DALY 计算中，需要根据疾病模型计算致病性危害因素相关的所有疾病结局的发病率和死亡率，其中某些疾病可能并不能从食源性疾病监测系统中获得相关数据，常常需要采用转归法估计，即疾病模型上各种健康状态的发病率可以从模型中各种健康状态过去已知的发生率获得，总发病率的估计值与这些健康结果中的每一个发生的概率相结合，使用的概率通常取自科学文献或疾病负担相关的研究。具体的估计方法可能有以下两种情况：第一种，例如根据人群中弯曲杆菌的总体感染率和弯曲杆菌感染后发展为 GBS 的概率来估计弯曲杆菌相关的 GBS 的发病率；第二种，例如通过将急性腹泻发病率乘以从急性腹泻发展为慢性腹泻的概率来估计慢性腹泻发病率。

## 四、 DALY 的估计

### 1. DALY 的基本公式

DALY 的基本公式可表达为：

$$\mathrm{DALY} = \mathrm{YLD} + \mathrm{YLL} \tag{11-1}$$

$$\mathrm{YLL} = \sum_{l} n_l \times \mathrm{e}_l \tag{11-2}$$

$$\mathrm{YLD} = \sum_{l} n_l \times t_l \times w_l \tag{11-3}$$

式中　$n$——定义的某种疾病的发病/死亡例数；

$l$——疾病不同的健康结局；

e——个人期望寿命，岁；

$t$——疾病持续时间，年；

$w$——疾病的伤残调整系数，反映疾病的严重程度，范围 0~1，1 为死亡。

### 2. DALY 计算示例

考虑一位女性患者，她一直生活在完美的健康状态，直到她在 40 岁时患上轻度类风湿性关节炎。这种情况的伤残调整系数（disability weight，DW）为 0.58，因此假设会导致健康状况下降了 58%，这对应于损失大约 58%的潜在健康寿命年。她在这种情况下又活了 20 年。此时，该患者的 YLD 计算如下：

$$\text{YLD}=N\times D\times \text{DW} \tag{11-4}$$

式中 $N$——发病数；

$D$——轻度类风湿性关节炎的病程；

DW——轻度类风湿性关节炎的伤残调整系数。

$$\text{YLD}=1\times(60-40)\times 0.58=12$$

患者60岁时死亡，与该人群的预期寿命相比，属于过早死亡。此时，该患者的YLL计算如下：

$$\text{YLL}=M\times \text{RLE} \tag{11-5}$$

式中 $M$——死亡数；

RLE——患者死亡时剩余的预期寿命。

60岁女性的剩余预期寿命为32.65岁。

$$\text{YLL}=1\times 33=33$$

因此，在60岁时去世会导致失去33年可能处于最佳健康状态的寿命年。对于患者而言，这意味着12（YLD）+33（YLL）= 45（DALY），这可以解释为45个健康寿命年的损失。

在基于人群的负担研究中，平均DALY是针对特定年龄和性别层计算的，基于每一层的病例和死亡总数，以及每一层的病程平均持续时间、发病年龄和死亡年龄。然后通过对这些特定层的DALY求和来获得人口总数。

**3. 疾病模型**

为了估计与食源性危害相关的疾病负担，需要确定食源性微生物感染的各种潜在健康结果，疾病结局及其概率可以在疾病模型中进行描述。总的来说，疾病模型也称为结局树，以危害因素暴露为出发点，采用图解的形式，展示随着时间推移与食源性危害因素相关的各种疾病进展路径，包括急性、慢性后遗症和死亡，以及这些状态之间可能的转换概率。流行病学数据可以通过疾病监测数据以及系统综述等方式获得。

在整个疾病负担评估框架中，疾病模型被定义为计算性疾病模型，而不仅是生物学疾病模型。生物疾病模型仅反映疾病的自然史过程，计算疾病模型还反映计算每个有关健康状态的发病率和死亡率所需的输入参数，反映感染后出现特定症状的概率，或相关危险导致的疾病比例。因此，计算性疾病模型是疾病生物学转归过程、流行病学数据可用性和参数估计的结合。疾病模型主要是用于计算YLD，可以进行水平和竖直分解。图11-4所示为疾病模型示意图，表11-5所示为疾病模型所需参数，图11-5所示为沙门菌感染疾病模型示意图，图11-6所示为疾病模型在DALY计算中的应用。

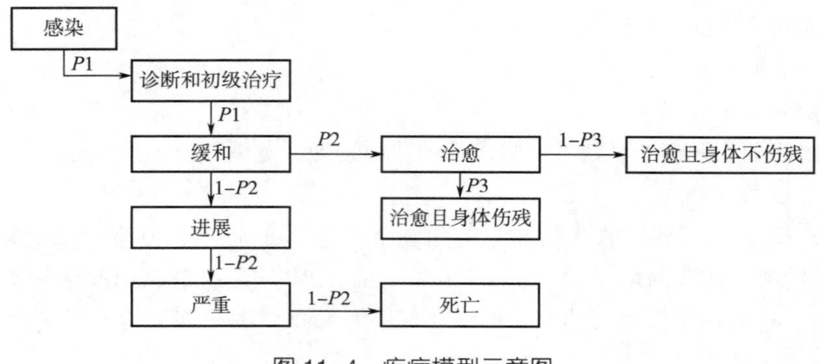


图11-4 疾病模型示意图

表 11-5　疾病模型所需参数

| 疾病阶段 | 疾病阶段的概率 |
| --- | --- |
| 诊断和初级治疗 | $P1$ |
| 缓和（治愈） | $P1P2$ |
| 进展 | $1-P2$ |
| 治愈且身体伤残 | $P1P2P3$ |
| 治愈且身体不伤残 | $P1P2$（$1-P$） |
| 严重 | $P4$ |
| 死亡 | $P5$ |

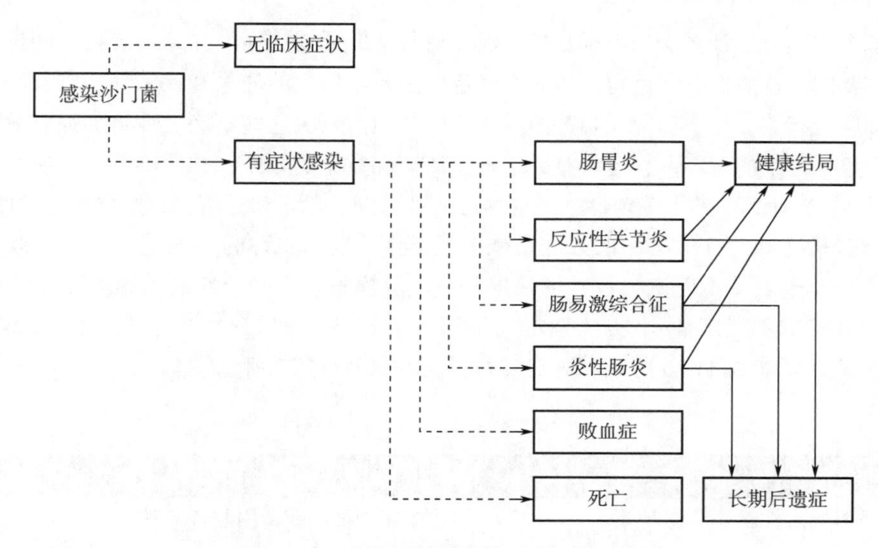


图 11-5　沙门氏菌感染疾病模型示意图

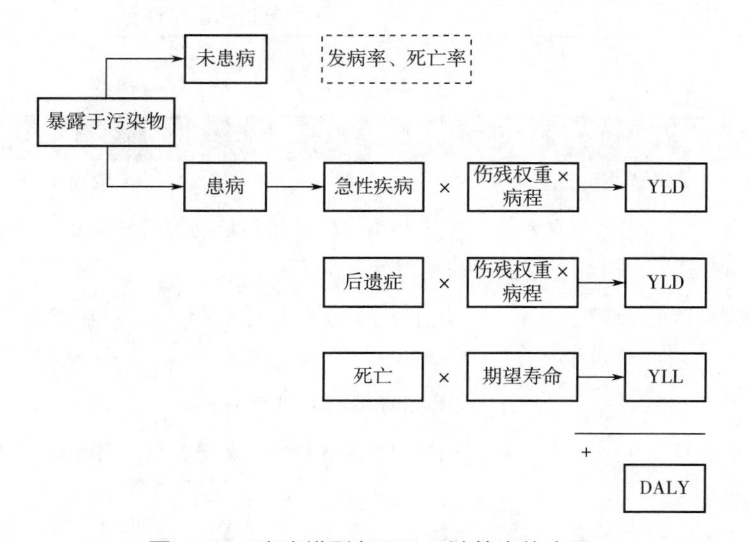


图 11-6　疾病模型在 DALY 计算中的应用

**4. 伤残调整系数**

每个健康结果的严重程度被转化为伤残调整权重，反映健康状况对生活质量的影响，其值在0~1，其中0代表完全健康，1代表死亡。如由诺如病毒导致的轻度腹泻的DW为0.074，伤寒沙门菌导致腹泻的DW为0.21，产志贺毒素大肠杆菌导致的晚期肾脏疾病的DW为0.573。同种疾病不同严重程度的DW也可不一致。WHO FERG使用的DW是GBD最新的DW数据。某些健康状况未纳入GBD调查，无法获得特定健康结果的伤残权重，可以使用与类似健康影响相关的伤残权重，或是从备选组中选择一个伤残权重进行折算。

**5. 病程**

病程定义为关注的健康结果到缓解或死亡的平均持续时间，可以从几天到终生不等。有关健康结果持续时间的数据可以在科学文献或监测系统获得。

**6. 不确定性**

识别和解决DALY计算中的不确定性，已证明所生成证据的强度并允许研究之间进行有效比较是非常重要的。食源性疾病负担评估的不确定性主要与数据的质量和代表性，以及所用疾病模型的设计和假设有关。与不确定性相关的透明度以及如何解决这些不确定性将加强有效性估计并促进对疾病负担结果的解释。它还将有助于确定认知和数据的差距，并明确下一步研究和数据收集的方向。DALY计算中的不确定性来源应尽可能被识别、量化和分析，并按重要性顺序报告。

量化和分析不确定性最有用的方法是概率敏感性分析，也称为不确定性分析。概率分析通过不确定性分布来表示不确定参数，可使用蒙特卡罗模拟。不确定性的来源主要有三处，分别是参数选定（参数不确定性）、方法选定（模型不确定性）和数据本身（结构不确定性）。不确定的来源及处理如表11-6所示，确定参数的方法如表11-7所示。

表11-6 不确定来源及处理

| 类型 | 处理 |
|---|---|
| 参数不确定性 | 引入概率密度函数，用蒙特卡罗方法 |
| 模型不确定性 | 使用多个方法计算并比较结果 |
| 结构不确定性 | 情景分析和敏感性分析 |

表11-7 参数确定的方法

| 计算对象 | 方法 | 简介 | 备注 |
|---|---|---|---|
| | 发病率计算、患病率计算 | | 取决于研究目的 |
| | 年龄权重体现人群的独立性和生产能力 | 老人和小孩阶段的年龄权重低于青壮年及中年阶段 | 带来不良的社会影响，如歧视等 |
| | 贴现率体现经济观念 | 当前阶段寿命优于未来寿命 | 使得疾病预防系统的重要性大大降低 |
| YLL | 寿命表 | 国际和各国不同的寿命表 | 不同选用带来不确定性 |
| | 伤残权重 | 国际和各国不同的权重 | 不同选用带来不确定性 |
| YLD | 后遗症 | 确定后遗症发生概率 | 带来不确定性 |
| | 共患病调整 | 缩减期望寿命或调整残疾权重 | 不同选用带来不确定性 |

**7. 常用软件**

现在，有许多软件包可用于计算和建模，包括疾病负担模型的构建。这些可能是通用软件工具，如 Microsoft Excel、@ RISK、R 语言，或专为疾病负担计算而设计的标准化软件，如 DisMod、DisModII 和 DALY 计算器。DisMod 和 DisModII 是为 WHO GBD 研究开发的，以帮助对 YLD 计算所需的参数进行建模，结合专家知识，并确保使用的估计在内部是一致的。此外，目前已开发了许多标准化的 DALY 计算工具，如 WHO 为确定性 DALY 计算提供了一个 Excel 模板；另外，DALY 计算器是在 R 语言中开发的，可用于随机 DALY 的计算。

## 第三节　归因估计

一些食源性微生物仅能通过食用受污染的食物进行传播，如单核细胞增生李斯特菌；许多微生物并不仅通过食物传播，而是有几种潜在的接触途径，如环境传播、与活体动物的直接接触或人际传播；此外，病原体可以在食物链的多个环节暴露，导致不同食物的污染。因此，对于这些危险，要将总疾病负担，进行食源性暴露的量化归因。

危害暴露-疾病结局-归因是疾病负担评估的重点和难点，如在归因过程的第一步，估计疾病负担归因于食源性传播和其他途径的比例，但对于大多数食源性危害，仅采用基于食源性疾病监测的数据是不足够评价所有潜在来源和途径的疾病负担。目前已建立了多种方法用于估计不同来源和传播途径对人群食源性感染的相对贡献，可根据不同的食源性危害因素的特征，选择微生物学、流行病学数据分析方法、专家启发法或者是干预研究的方法来进行归因，在数据极度缺乏的情形下，可根据 FERG 专家组的意见对归因比例进行建模。可采用的数据包括来自暴发监测、分子分型和对病例对照研究的系统综述数据（图 11-7）。

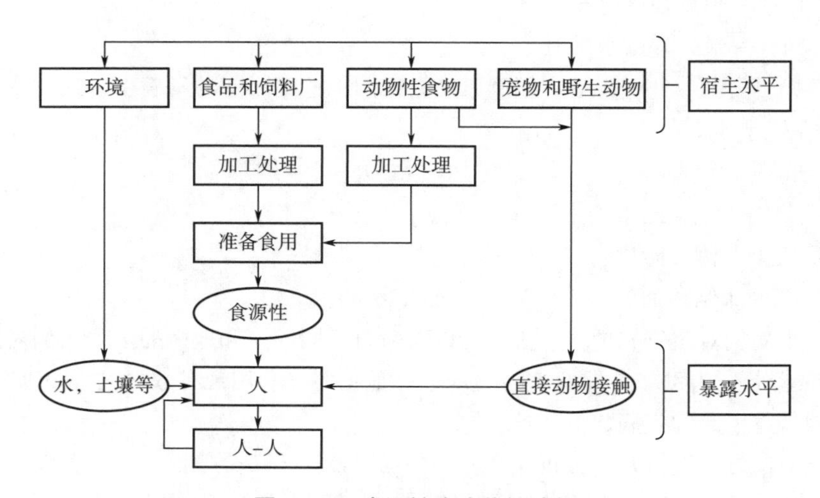


图 11-7　食源性疾病传播途径

疾病的归因是指某种特定来源由一种或多种食源性疾病导致的负担，上图所示的宿主是指致病微生物赖以生存的动物源或者是产生化学物的非动物性来源，许多食源性危害有不止一个宿主。载体是指携带危害物从原始宿主到最终暴露点的物体，整条暴露途径可涉及多个载体，食源性危害的传统载体是指食品，但也可能是其他物质，如动物、受污染的水等。就归因来言，主要考虑4种主要的传播途径：食源性、环境、与动物接触和人际传播。鉴于归因分析的目的是分析对危害因素（致病性微生物）而言相对重要的来源，并针对其实施控制策略，因此人与人之间传播的可能不作为主要分析的重点。

**1. 流行病学方法**

（1）病例对照研究　有助于确定疾病的来源和识别各种风险因素，包括可能的感染途径、易感因素等，并可采用人群归因分值（population attributable fractions，PAF）估计人群疾病的归因比例，即危险因素暴露水平减至理论最小值，相关疾病或死亡减少的百分比。

根据暴露水平，暴露人群可能被划分为几类，即多分类；每一类有自己的相对危险性。

若暴露水平为多分类（$n$），PAF 的计算式为式（11-6）：

$$\mathrm{PAF}=\frac{\sum_{k=1}^{n}P_k(RR_K-1)}{\sum_{k=1}^{n}P_k(RR_K-1)+1} \tag{11-6}$$

式中　$RR_K$——在暴露水平 $i$ 的相对危险度；

$P_k$——人群暴露分布；

$n$——暴露类别。

若暴露水平为连续型变量，PAF 的计算式为式（11-7）：

$$\mathrm{PAF}=\frac{\int_{x=0}^{n}P(x)RR(x)\mathrm{d}x-\int_{x=0}^{n}P'(x)RR(x)\mathrm{d}x}{\int_{x=0}^{n}P(x)RR(x)\mathrm{d}x} \tag{11-7}$$

式中　$RR(x)$——在暴露水平 $x$ 的相对危险度；

$P(x)$——人群暴露分布；

$P'(x)$——理论暴露分布；

$n$——最大暴露水平。

获得人群归因分值（PAF）后，某健康结局归因于危险因素的发病率、死亡率或疾病负担可用式（11-8）进行计算：

$$AB=\mathrm{PAF}\times B \tag{11-8}$$

式中　$AB$——归因于危险因素的发病率、死亡率或疾病负担；

PAF——人群归因危险度；

$B$——某健康结局的发病率、死亡率或疾病负担。

除了对单个病例对照研究进行分析，可以对来自不同国家和地区的多项病例对照研究进行系统综述 Meta 分析，有助于在缺乏本国（地区）数据时，利用现有数据进行归因分值的外推，获得对每次因暴露引起的疾病数量估计。

采用病例对照方法进行归因分析存在一定的局限性：①错分偏倚，由于免疫力的差异可能会导致不同个体对风险的感知和反应不同，对 PAF 可能会低估；②混杂偏倚，病例可能反应的是多种暴露来源综合作用的结果，而非单一目标暴露来源作用的结果。

（2）食源性疾病暴发数据分析　对食源性疾病暴发的溯源，有助于明确致病微生物、食品载体和传播途径，可以捕捉从食品生产到消费链中潜在的多个污染点，可以涵盖相对广泛的食品类别，尤其对一些并非日常的食品也有较好的代表性。对于一些国家和地区，食源性疾病暴发数据也是最容易获得的可用于归因的数据。在世界范围内，许多暴发调查成功溯源了特定病原体和食品，对此类数据的分析可以提示不同食品对疾病的相对贡献，为风险分级提供强有力的证据。

采用暴发数据进行归因分析存在一定的局限性：①大规模的暴发或者是潜伏期较短的事件可能更容易追溯病因食品，而小规模的暴发和潜伏期较长的事件在追溯过程中可能存在数据链的缺失；②由某些病原体和食品导致的食源性疾病可能更容易被识别和报告，可能会导致对此类食品归因的过高估计；③并非所有的食源性疾病暴发事件都能被报告。

（3）专家启发法　当数据缺口较大时，专家启发法可能是唯一可能进行归因的方法，可以把食源性疾病归因到最主要的几条传播路径和最可能的几种原因食品。但若结论主要基于个别专家的判断，可能会被误导或存在专家偏见。FERG 进行了一次大规模的专家启发法，将 19 种食源性疾病归因于全球、区域和次区域一级的主要传播来源。主要基于经典的 Cook's 模型采用结构化专家启发法来估算不同传播途径对各类食源性疾病的相对贡献。专家的选择是根据他们的背景和工作经验进行。

WHO FERG 对全球食源性疾病负担（FBD）的评估数据，包括按死亡率划分的每个地域的“由病原体 $k$ 导致的疾病总负担”“病原体 $k$ 以食物为传播途径导致的疾病负担与非食物途径的比例 $P1$”“病原体 $k$ 以动物源性食物 $i$ 为传播途径导致的疾病负担与其他食物的比例 $P2$”。这个比例是由专家评审得到。

简单的比例模型，在划分的板块上，用初始总值×$P1$×$P2$ 即可得到，如图 11-8 所示。

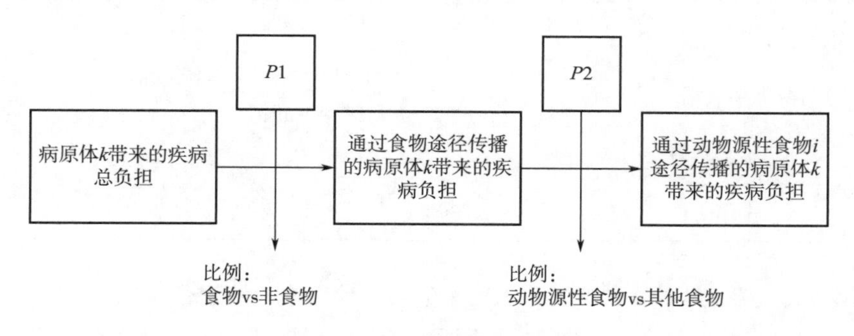


图 11-8　评估数据划分及比例

（4）干预性研究　此法趋近于单一估计，可以直接测量暴露来源对感染病例数的影响，规避了外部多种混杂因素的影响。干预最好作为以人口为基础的小规模研究进行，但这种研究可能昂贵且难以实施。在实际工作中，多种干预措施可能同时存在，因此对于大规模干预措施的结果分析和解释是相对困难的。

**2. 微生物学方法**

（1）比较暴露评估方法　主要涉及动物、食品和环境中各种食源性危害暴露和疾病结局发生的数据，可用于比较不同暴露途径的相对重要性，能分析来自同一宿主的多条途径和多种食物载体。此法的缺点是常受限于数据缺失且存在较大的不确定性。

（2）微生物分型方法　可以把人群的食源性疾病归因于宿主水平，明确最主要的食源性微生物分型，并有助于确定某个危害因素干预措施（原因食品）的优先次序。

微生物分型方法的局限性：①受限于宿主个体内食源性危险因素分布的异质性；②缺乏病原体从宿主到人体的传播途径相关的信息；③对数据需求相对较高，需要从多个宿主或食品载体获得的分离株的详细信息。

Hald 模型是较为经典的利用微生物分型数据进行归因的方法，下面以沙门菌的归因模型为例介绍 Hald 模型：假设在第 $t$ 年可获取三部分数据（$t=1, 2, \cdots, T$）：第一部分为食物消费量数据，其中共有 $I$ 种食物，第 $i$ 种食物的消费量记为$L_{it}$，$i=1, 2, \cdots, I$；第二部分为食物中沙门菌检出率数据，其中第 $i$ 种食物抽检了样本$N_{it}$ 个，检出阳性样本 $n_{it}$ 个，检出第 $s$ 种沙门菌阳性 $x_{ist}$ 个，$s=1, 2, \cdots, S$；第三部分为沙门菌分型对应的病例数，其中第 $s$ 种沙门菌致病的病例数为 $C_{st}$。食物消费量和沙门菌检出数据共同构成了沙门氏菌在食物中的暴露数据（剂量），病例数据提供了沙门菌暴露在人群中导致的结果（反应），而 Hald 模型刻画了其中的“剂量反应关系”。

Hald 模型的基本思想是：由食物 $i$ 中沙门菌亚型 $s$ 承担的平均病例数等于食物 $i$ 中沙门菌亚型 $s$ 的暴露水平、食物 $i$ 的特异性因子和亚型 $s$ 的特异性因子的乘积。其中亚型 $s$ 的特异性因子代表的是沙门菌亚型的引起疾病的能力，食物 $i$ 的特异性因子可理解为“环境因子”，即同一种沙门菌亚型的致病能力会受到食物环境的影响。

在 Hald 模型的思想下，这三部分数据的关系可用以下概率模型（如表 11-8 所示）描述：

表 11-8 相关数据的概率模型

| 数据 | 概率模型 |
| --- | --- |
| 食物消费量数据 | $L_{it} \sim \text{Gamma}\ (\alpha_{it}, \beta_{it})$ |
| 食物中沙门菌检出率数据 | $n_{it} \sim \text{Binomial}\ (\pi_{it}; N_{it})$,<br>$[x_{ist},\ s=1, 2, \cdots, S] \sim \text{Multi}([r_{ist},\ s=1, 2, \cdots, S]; n_{it})$, |
| 病例数据 | $C_{st} \sim \text{Possi}\left(\sum_{i=1}^{I} \lambda_{ist}\right)$, $\lambda_{ist} = L_{it}\pi_{it}r_{ist}a_i q_s$, |

其中参数 $\pi_{it}$ 为第 $t$ 年第 $i$ 种食物中沙门菌的阳性检出率，参数$r_{ist}$ 为第 $t$ 年第 $i$ 种食物沙门菌 $s$ 的相对占比，参数$a_i$ 是食物 $i$ 的特异性因子，参数 $q_s$ 是 NTS 分型 $s$ 的特异性因子，$\alpha_{it}$ 和$\beta_{it}$ 为给定的参数，“Possi” 表示泊松分布，“Multi” 表示多项分布，“Binomial” 表示二项分布，“Gamma” 表示伽马分布。可以看到，$\lambda_{ist}$ 代表的是由食物 $i$ 中沙门菌亚型 $s$ 承担的平均病例数，当得到其估计$\hat{\lambda}_{ist}$ 后，$\sum_{s=1}^{S} \hat{\lambda}_{ist}$ 即是通过食物 $i$ 致病的病例估计，完成了病例到食物的归因。

Hald 模型求解：第一种求解方法是最大似然方法，即最大化以上概率模型的联合似然函数。但该方法中参数不易求解，一种计算更简便的方法是先用消费量数据计算出$L_{it}$ 的极大似然估计、用食物中沙门菌检出率数据计算出 $r_{ist}$ 和 $\pi_{it}$ 的极大似然估计，代入到泊松分布的参数中，再用病例数据求解 $a_i$ 和 $q_s$ 的极大似然估计。最后通过 bootstrap 重抽样的方法计算估计的置信区间。第二种求解方法是贝叶斯方法，需要赋予先验：

$$\pi_{it} \sim \text{Beta}(n_{it}+1,\ N_{it}-n_{it}-1) \tag{11-9}$$

$$[r_{ist},\ s=1, 2, \cdots, S] \sim \text{Dirichlet}([\varpi_{ist},\ s=1, 2, \cdots, S]) \tag{11-10}$$

$$\varpi_{ist} = \frac{\sum_{k \neq t} x_{isk} + 1}{\sum_{l=1}^{S} \sum_{k \neq t} x_{ilk} + S} \tag{11-11}$$

$$a_i \sim \exp(0.001) \tag{11-12}$$

$$q_s \sim \exp(0.001) \tag{11-13}$$

其中“Beta”表示贝塔分布，“Dirichlet”表示迪利克雷分布，“exp”表示指数分布。$\pi_{it}$ 和 $[r_{ist}, s=1, 2, \cdots, S]$ 选取的是共轭先验，$a_i$ 和 $q_s$ 选取的是无信息先验来控制 $a_i$ 和 $q_s$ 的值不要过大。通过 MCMC 方法可求解参数的后验估计。同样地，由于参数较多，并且出现在不同的概率模型中，马尔科夫链的收敛可能会变差。Antti Mikkela 等采用模块化贝叶斯的方法来克服这一问题。他们在每次 MCMC 抽样时，只有 $a_i$ 和 $q_s$ 从后验分布中抽取，其余参数均从先验分布中抽取。

Hald 模型体现了“剂量”（$M_i p_{is}$）、“反应环境”（$a_i$）和“反应”（$q_s$）三个方面。在这里，亚型特异性因子 $q_s$ 结合了病原体的生存能力、毒力和致病性，以估计该类型引起疾病的能力。另一方面，来源特异性因子 $a_i$ 总结了作为食源性感染载体的能力，包括通过储存和制备为细菌提供的环境。

## 第四节　疾病负担结果解释

表 11-9 显示了 2017 年丹麦四种病原体的疾病负担估计值。这些结果说明了在解释食源性疾病负担估计值时需要考虑的要点。在本例中，导致 DALY 数量最多的病原体是空肠弯曲杆菌。在高发病率和相对高死亡率的推动下，它导致 DALY、YLL 和 YLD 的数量最多。在人群中产生最多病例的病原体是诺如病毒。然而，由于大多数病例是轻微的且持续时间较短，因此该病原体的 YLD 估计值很低。其他两种疾病（单核细胞增生李斯特菌病和先天性弓形虫病）的总体负担低于空肠弯曲杆菌和诺如病毒，并且由极少数病例承担。这可能意味着健康结果非常严重、终生或从很小的时候就开始，或者这种疾病通常是致命的。

表 11-9　　2017 年丹麦四种病原体的疾病负担估计值

| 病原体 | 空肠弯曲杆菌 | 诺如病毒 | 单核细胞增生李斯特菌 | 先天性弓形虫病 |
|---|---|---|---|---|
| 报告病例 | 4231 | — | 58 | — |
| 估计病例 | 58141（49617~71781） | 185060（156506~212627） | 58 | 10（8~12） |
| 估计死亡数 | 56 | 25.9（20.4~31.7） | 12 | 1（1~2） |
| YLD | 1013（969~1060） | 128.6（106.3~153.4） | 14.2（11.4~16.9） | 53（32~77） |
| YLL | 696 | 356.3（280.4~435.8） | 186.4 | 112（81~153） |
| DALY | 1709（1665~1755） | 485（398~573.1） | 196（193.5~198.5） | 165（126~222） |
| DALY/1000000 | 29.7（29.0~30.5） | 8.6（7.0~10.1） | 3.4（3.4~3.5） | — |
| 食源性比例/% | 76 | 18 | 100 | 61 |
| 食源性 DALY | 1299 | 86 | 196 | 100 |

注：括号内为 95% CI 范围。

当将总体疾病负担（即总 DALY）的估计值与可归因于食物的疾病负担（即食源性 DALY）进行比较时，很明显排名可能有所不同。虽然空肠弯曲杆菌依然保持在食源性 DALY 排名的首位，但诺如病毒移至最后一位。这是因为只有 18%的诺如病毒疾病负担归因于食源性传播。相比之下，由于单核细胞增生李斯特菌几乎完全通过食物传播给人类，因此实际上疾病负担保持不变。

疾病负担方法可以用统一的度量衡单位评估不同类型的危害对不同健康危害和疾病终点的实际影响，因此可以把所有食源性危害因素放在一起进行比较和排序，厘清基于目前污染水平和居民膳食消费模式下不同食源性危险因素对人群健康的实际风险，在众多复杂食品安全问题中量化风险级别、识别风险优先次序。基于 DALY 的风险矩阵图（图 11-9）对不同食源性疾病的健康危害进行可视化分级描述，在矩阵图中横坐标一般以每 10 万人的发病率表示疾病发生的可能性，纵坐标以每个个体该疾病的 DALY（DALY/例）来表示疾病的严重程度。其中，以每 10 万人中的发病率大于 10 人，以及每个病例的 DALY 大于 1 把矩阵分为四个象限，既人群负担低但个人负担高（发病率<10/10 万，DALY/例>1）；人群负担高且个人负担高（发病率>10/10 万，DALY/例>1）；人群负担高但个人负担低（发病率>10/10 万，DALY/例<1）；人群负担低且个人负担低（发病率<10/10 万，DALY/例<1）。通过 DALY 风险矩阵图，可以明晰不同食源性疾病的健康危害类型，如单核细胞增生李斯特菌感染导致的健康风险主要表现为个体疾病负担高而人群疾病负担低，非伤寒沙门菌感染导致的健康风险则是人群疾病负担高但个人疾病负担低。

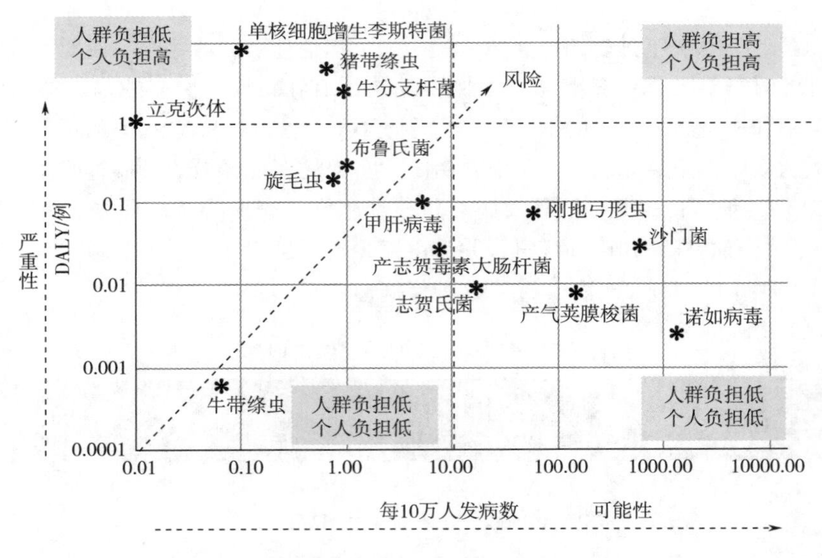


图 11-9　基于 DALY 的风险矩阵图（来源于 FAO Rank）

## 第五节　微生物风险评估与食源性疾病负担之间的关系

如前所述，食源性疾病是由于食品污染导致的健康问题。在全球范围内，食源性疾病一直是公共卫生问题的主要来源。据统计，每年因食源性疾病导致的死亡人数高达200万人，其中大多数是儿童和老年人。微生物性危害是导致食源性疾病的主要原因之一，基于疾病负担评估方法，可以获得定量的微生物风险表征。因此，微生物风险评估与食源性疾病负担之间有着紧密的关系。

我们知道，微生物风险评估是一种定量和半定量评估微生物危害性和风险的方法。它可以帮助决策者和食品生产商评估微生物污染的风险，并制定相应的食品安全措施。微生物风险评估基于数学和统计学方法，分析微生物在食品加工、运输、储存和消费等环节中的变化和传播规律，评估微生物对人类健康的危害性和潜在风险，以便确定采取哪些食品安全措施来保护公众健康。

食源性疾病负担与微生物风险评估之间的关系非常密切。食源性疾病负担的评估是一种用于评估食品污染对公共卫生和社会经济的影响的方法。食源性疾病负担涵盖了由于膳食暴露导致不良健康结局的发病、死亡、病程和疾病严重程度等方面的内容。食源性疾病负担的评估可以帮助政府和食品安全管理决策者了解食品安全问题对公众健康的综合影响，进而制定相应的预防和控制措施。

微生物风险评估和食源性疾病负担之间的关系表现在以下几个方面。

食源性疾病负担评估是微生物风险评估的重要组成部分。食源性疾病负担评估常采用的伤残调整寿命年的指标，属于健康差距指标，其结果可服务于微生物风险评估中的风险表征，用于定量表征居民通过膳食途径暴露于某种微生物性危害因素导致的健康风险。因此食源性疾病负担是微生物风险评估的重要组成部分，其结果是定量表征的重要证据之一。

微生物风险评估和食源性疾病负担是相辅相成的。在基于风险的食品安全管控策略中，可通过疾病负担评估方法首先识别在公共卫生中应该优先管控的食品安全问题，如应该关注的危害因素、食源性疾病类型和食品来源，而后借助微生物风险评估明确在从农场到餐桌的全链条中的重点风险环节，在实施管控策略后还可以采用疾病负担评估方法了解干预措施的实施效果。

微生物风险评估和食源性疾病负担的关系还体现在食品安全管理政策和措施的制定上。基于食源性疾病负担的微生物风险评估，可以为制定食品安全管理政策和措施提供更精准的科学依据。例如，可以明确优先管控的食物-微生物的组合，制定针对性的监管政策和标准，加强食品质量和安全的监管。

总之，微生物风险评估和食源性疾病负担之间是相互关联和相互影响的。微生物风险评估可以为降低食源性疾病负担提供科学依据和技术支持，同时食源性疾病负担也可以更精准的定量表征微生物暴露风险，促进食品安全管理政策和措施的制定。在未来的食品安全管理工作中，我们需要进一步加强微生物风险评估和食源性疾病负担的研究，提高评估的准确性和可靠性，减少食源性疾病对公众健康和社会经济的影响。

## 思考题

1. 食源性疾病负担评估常采用评价指标的概念及意义？
2. 伤残调整寿命年基本计算公式及每部分的概念？
3. 食源性疾病负担评估中常用的归因方法有哪些？
4. 如何解读图11-10中食源性疾病负担评估结果？

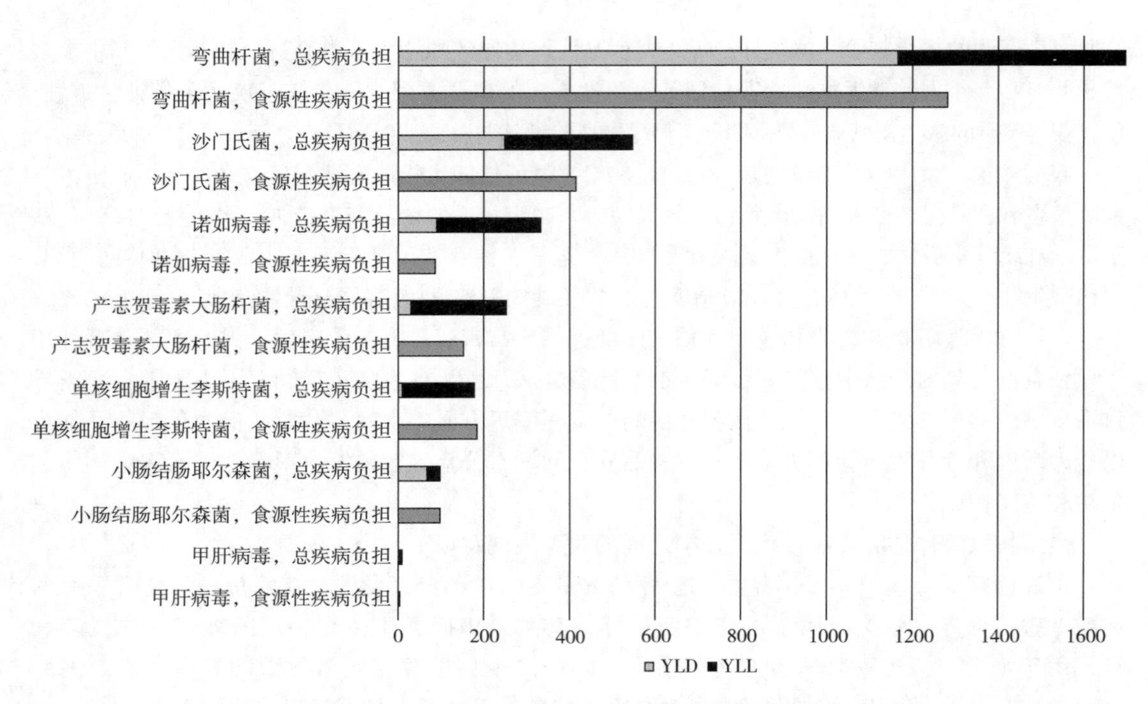


图 11-10　丹麦 2019 年 7 种病原体导致的疾病负担

第十一章拓展阅读　疾病负担

第十二章

CHAPTER 12

# 微生物定量风险评估模型和软件应用

[学习目标]

1. 掌握建立微生物定量风险评估模型的步骤。
2. 理解随机分布的概念和掌握利用数学软件直观展示随机分布的技巧。
3. 了解构建微生物定量风险评估模型的方法。

定量风险评估的精确性在很大程度上依赖于概率分布的合理应用，特别是在微生物风险评估中，涉及微生物的微观性（需要增菌培养或者借助于分子生物学手段才能对微生物进行准确定量，微生物污染浓度的估计往往需要对随机过程和随机分布有比较好的理解）、微生物的生长增殖和加工失活（需要借助预测微生物学模型的概念来评估其终浓度）、微生物感染和致病的复杂性（需要借助剂量-反应关系模型来评估各种剂量下微生物致病原的致病性），这些模型的运用均需要对概率理论、概率分布和概率运算技巧有较好的掌握。此外还需要借助计算机，对主流的定量风险分析软件有熟练地掌握和运用。本章聚焦于目前定量风险评估领域常用的风险分析软件@ RISK® 和 iRISK，介绍此两款软件在微生物定量风险评估领域的应用。

## 第一节　蒙特卡罗抽样模拟软件@ RISK

本节将介绍微生物风险评估中常用的风险分析软件@ RISK 涉及的基本原理以及利用此软件开展微生物风险评估的案例。

### 一、软件介绍

@ RISK 是加载到微软公司 Office 套装软件中电子表格软件 Excel 上的专业软件，是由美国 Palisade 公司开发的专门用于风险评估的专业软件。@ RISK 为 Excel 增添了高级建模和定量风险评估功能，同时允许使用者在建立定量风险评估模型时可便捷使用各种概率分布函数。

安装@ RISK 软件或者 Palisade 公司的 DTS 软件包后，先运行 Excel，再运行@ RISK 或者直接运行@ RISK，使用者在 Excel 窗口中就可以看到增加了@ RISK 的功能导航工具栏（图 12-1）。

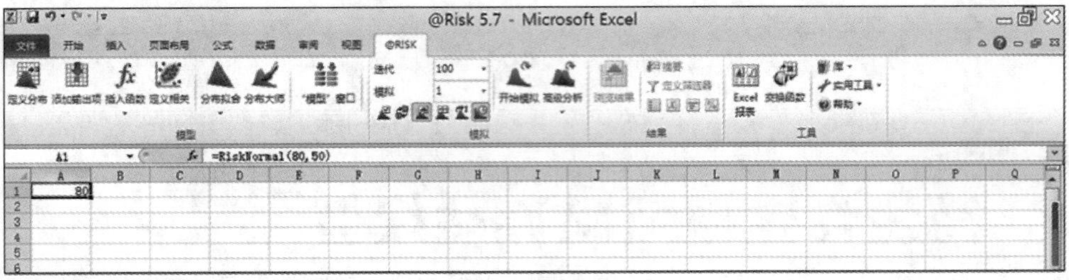

图 12-1 @RISK 软件功能导航工具栏和输入正态分布显示界面

练习 1：定义分布，练习目的是介绍如何用@ RISK 来定义输入分布。

在@ RISK 软件单元格中输入正态分布 Normal（80，50），并假设该分布为膳食调查数据显示的某食堂就餐人群的米饭摄入量（单位为克），尝试使用截尾工具命令显示该分布的实际图形。解答如下：

（1）在 Excel 工作表 A1 单元格中键入下列公式“=RiskNormal（80，50）”，该单元格中会显示“80”，而且保持不变，即没有信息表明它来自一个概率分布。这是因为@ RISK 软件中分布缺省（默认）显示值为期望值，此正态分布的期望值即为平均值 80。在另一个空格中键入 80 或=80，该单元格中同样显示“80”，从形式上与前述输入正态分布公式显示的结果一致，只是把鼠标放到单元格位置时，在编辑窗口会有不同的显示内容，表示单元格中数字内核是不同的（图 12-1）。

（2）单击工具栏模拟设置图标将出现一个小对话框（图 12-2），点击常规按钮，将标准计算值（standard recalc）从静态值（expected value）改为随机值（蒙特卡罗法），此操作告诉@ RISK 软件显示从定义的概率分布中随机抽取一个值，而不是显示平均值（或期望值）。选择迭代次数下拉列表中 1000 后，单击确定返回 Excel 和@ RISK 的操作界面，此时单元格 A1 中显示内容为定义正态分布曲线上的一个随机值。

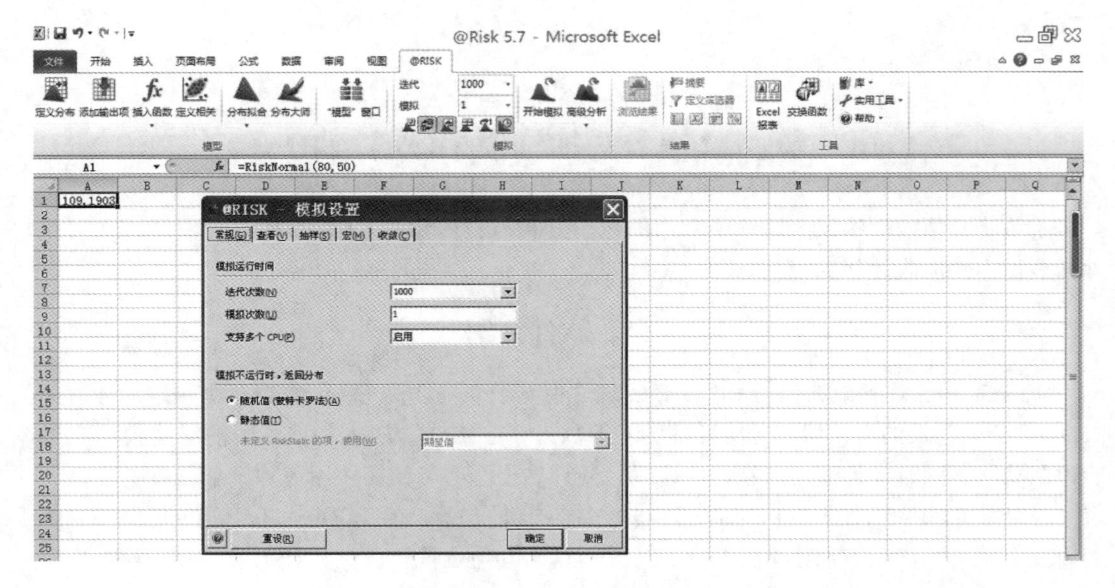


图 12-2 @RISK 软件中模拟设置对话框

（3）A1单元格已显示为定义正态分布随机值后，单击F9，将看到该格中数字随单击发生变化，即每次单击均从定义的概率分布函数中随机抽取相应的点值。此时如果单击模拟设置工具栏中的随机/静态重算命令，则A1单元格内显示内容将在分布随机值和静态值（期望值）之间反复切换。

（4）单击模拟设置健，将跳出模拟设置浮动窗口，在常规选项选择迭代次数为1000，在抽样选项的抽样类型处选择拉丁超立方抽样（@RISK软件的蒙特卡罗模拟提供两种抽样方式：蒙特卡罗抽样和拉丁超立方体抽样，其概念在下文介绍），在模拟设置窗口单击确定后，单击开始模拟工具，可得到图12-3。

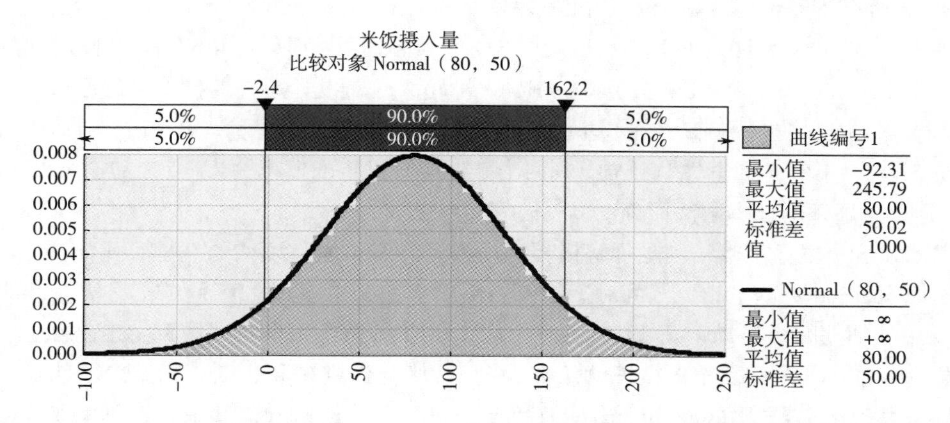


图12-3 @RISK软件中定义正态分布“=RiskNormal（80，50）”获得的图形

（5）选定Excel工作表A2单元格，并单击“定义分布工具”，将跳出定义窗口，在选定正态分布后，在定义窗口的均值处输入80，在标准差处输入50，可以得到与图12-4同样的正态分布，此分布表示某食堂就餐人群的米饭摄入量。注意消费者可以不吃，但不可能出现小于0的值，因此需使用工具栏中截断工具，最小处截断为0值，最大处截断为250或不截断，此时可获得图12-4中的截断正态分布［表达式=RiskNormal（80，50，RiskTruncate（0，250）］，表示以80为均值，以50为标准差，最小截断值为0值，最大截断值为250，单位为g的正态分布。

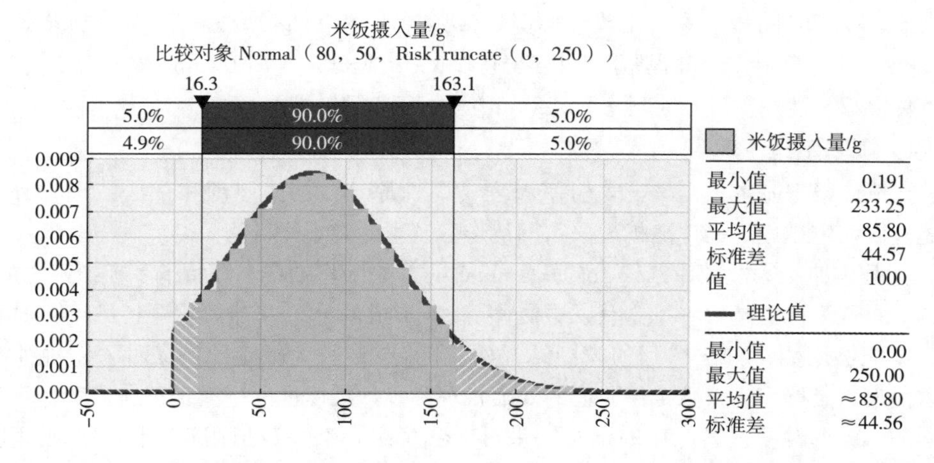


图12-4 @RISK软件中定义正态分布“=RiskNormal（80，50）”并进行截断后获得的图形

## 二、概率法则和定理

**1. 概率基本法则**

一般地，对于一个随机事件 E，我们把刻画其发生可能性大小的数值，称为随机事件 E 发生的概率，记为 $P$（E）。随机事件 E 的概率公式：$P$（E）= $m/n$，$n$ 表示该试验中所有可能出现的基本结果的总数目，$m$ 表示事件 E 包含的试验基本结果数目。概率基本法则包括如下五个：

法则 1. 任何事件 E 发生概率 $P$（E）都在 0~1：0≤$P$（E）≤1。

法则 2. 所有事件可能结果概率之和为 1：$P$（S）= 1。

法则 3. 如果事件 E 和事件 F 不可能同时发生，则称事件互斥。其中任一事件出现的概率为两事件概率之和，即：$P$（E 或 F）= $P$（E）+$P$（F），这是互斥事件的概率加法原理。

法则 4. 对于任何事件 E，事件 E 不发生的概率为 E 的补集，记为：$P$（$E^c$）= 1-$P$（E）。

法则 5. 如果事件 E 和事件 F 独立，则两个事件同时发生的概率为：$P$（E 和 F）= $P$（E）×$P$（F），这是独立事件的概率乘法原理。

掌握前述五个概率基本法则是理解概率理论和开展定量风险评估的基础，比如法则 1（也称为凸性原理，convexity rule）认为对于任何一件以事件 K 为基础的事件 E，均认为事件 E 在事件 K 发生基础上的概率，$p$（E | K）是一个位于 0~1 的数。如果在事件 K 发生基础上，事件 E 也会发生，那么事件 E 发生的概率就是 1。将该法则与法则 2 和法则 4 相结合，就是理解微生物致病模型中单击模型（one-hit model）：$P=1-(1-p)^D$ 的基础，其中 $p$ 为单个致病菌导致机体感染或发病的概率，（$1-p$）为一个致病菌进入机体后不导致机体感染或发病概率，$D$ 为摄入致病菌剂量，假设致病菌对机体作用相互独立，$(1-p)^D$ 则为 $D$ 个致病菌不导致机体感染或发病的概率，而 $1-(1-p)^D$ 则是机体摄入 $D$ 个致病菌导致机体感染或发病的概率。

法则 3，互斥事件的概率相加定理稍加扩展，就是概率理论中的加法原理（addition rule）。对于任意两件事情，E 和 F，基于事件知识基础 K，其发生的概率：$P$(E 或 F | K) = $P$(E | K) + $P$(F | K) − $P$(EF | K)；对于任意三件事情，E、F 和 G，如果其互斥，则 $P$(E 或 F 或 G) = $P$(E) + $P$(F) + $P$(G)；如果其不是互斥，参考维恩图可方便的推导出：$P$(E 或 F 或 G) = $P$(E) + $P$(F) + $P$(G) − $P$(EF) − $P$(FG) − $P$(GE) + $P$(EFG)。

法则 5，独立事件的概率乘法定理稍加扩展，就是概率理论中的乘法原理（multiplication rule）：对于任意两件事情，E 和 F，如果基于事件知识基础 K，$P$(EF | K) = $P$(E | K)×$P$(F | EK)，此原理是理解条件概率和运用贝叶斯定理（Bayes rule）的基础。

**2. 四大概率定理**

除前述五个概率基本法则和三大概率原理（凸性原理，加法原理和乘法原理）外，概率理论中还有四大定理用于描述随机现象长期运作后产生的有规律行为。

（1）大数定律　大数定律（law of large numbers）是随机抽样和蒙特卡罗模拟建立的基础。简单来讲，它认为样本越大（即迭代次数越多），所形成的分布（即风险分析结果）越接近理论分布（即能够用数学方法得到的模型结果的实际分布），大数定律的条件：①独立重复事件；②重复次数足够多。大数定律研究的是随机现象统计规律性的一类定理，当我们大量重复某一相同的试验的时候，其最后的试验结果可能会稳定在某一数值附近。除了抛硬币，掷骰子，最著名的试验就是“浦丰投针试验”，这些试验均向我们传达了一个共同的信息，那就是大量重复试验最终的结果都会比较稳定。那稳定性到底是什么？怎样用数学语言把它表达出来？这其中会不会有某种规律性？是必然的还是偶然的？

这一系列问题其实就是大数定律要研究的内容。很早时人们就发现了这一规律性现象，也有不少数学家对这一现象进行了研究，其中就包括伯努利。伯努利在1713年提出了一个极限定理，当时此定理还没有名称，后来人们称这个定理为伯努利大数定律。当大量重复某一试验时，最后的频率无限接近事件概率。伯努利成功地通过数学语言将现实生活中这种现象表达出来，赋予其确切的数学含义。概率论历史上第一个有关大数定律的极限定理是属于伯努利的，它是概率论和数理统计学的基本定律；伯努利让人们对于这一类问题有了更深刻的理解，为后来研究大数定律指明了方向，起了引领作用。

除了伯努利外，还有许多科学家为大数定律的发展作出了重要贡献，有的甚至花了毕生的心血，像德莫佛-拉普拉斯、李雅普诺夫、林德伯格、费勒、切比雪夫、辛钦等。如1733年，德莫佛-拉普拉斯经过推理证明，得出了二项分布的极限分布是正态分布的结论，后来他又证明不止二项分布满足这个条件，其他任何分布都是可以的，为中心极限定理的发展作出了伟大的贡献。经过几百年的发展，大数定律体系已经很完善了，也出现了更多的大数定律，如切比雪夫大数定律、辛钦大数定律、泊松大数定律、马尔科夫大数定律等。

（2）中心极限定理　中心极限定理（central limit theorem，CLT）是风险分析建模中最重要的定理之一。$n$个变量（$n$充分大）服从相同的分布$f$（$x$）时，它们的平均数$'x$服从正态分布：Normal（$\mu$，$\sigma/\sqrt{'x}$），$\mu$和$\sigma$分别是$f$（$x$）服从正态分布的$n$个样本的平均数和标准差。中心极限定理和大数定律，是概率论中极其重要的两个极限定理，也是概率学的核心定律。

练习2：猪群暴发疫病损失预测，练习目的是介绍如何用@ RISK来建立预测模型和规避中心极限定理使用不当的陷阱。

由于与野猪接触，过去20年内某山区县农村猪群每年平均发生4次Z疫病的暴发，如果一次暴发通常感染的猪群数量服从正态分布（100，30），每只猪的价值损失服从正态分布（2000，200），请建立随机模型并估算未来5年内疫病暴发可能造成的损失。

①未考虑中心极限定理的解答如下：

a. 假设每次暴发都是独立的，这样暴发就符合一个泊松（Poisson）过程。在每年平均暴发4次的前提下，假设在过去20年中暴发率是恒定不变的，可以考虑将未来5年内暴发的数量用随机模型表示为Poisson(4×5)= Poisson(20)。

b. 暴发次数是一个变量，所以需要增加一个变化的服从正态分布Normal（100，30）数值总和，以得到受感染的猪的数量。

c. 前面得到了受感染的猪的数量，然后再考虑增加一个变化的服从正态分布Normal（2000，200）的数值总和，这取决于受感染的猪的数量，以得到在未来5年内暴发所可能造成的损失。那么可以得到：

总损失=Poisson(20)×Normal(100，30)×Normal(2000，200)

这三个分布相乘的解答给人的第一感觉很合理，但仔细观察会发现错误。假设在蒙特卡罗模拟中泊松分布产生一个值25，Normal（100，30）产生了一个值160。就是说，25次暴发每次均是有160只猪感染。160距离均值有两个标准差，25次暴发均取得如此高的感染头数的概率极其微小，注意：此处忽略了25次暴发事件中每次事件猪感染头数的分布是相互独立的事实。当然如果用中心极限定理就很容易解答和理解了。

②考虑中心极限定理的解答如表 12-1 所示。

③考虑中心极限定理构建的模型获得的猪群暴发疫病损失预测值见图 12-5 中的红线，可以看出红线代表的分布更窄，也就是说错误的方法忽略了每次暴发中受感染猪的数目之间的独立性，以及忽略了每只受感染猪的损失价值之间的独立性，结果就会夸大总损失的分布范围，两个预测的损失分布的均值（$\mu$）基本相等，而标准差（$\sigma$）却相差甚大。

表 12-1　　猪群暴发疫病损失预测练习的模型表

| | A | B | C | D | E | F |
|---|---|---|---|---|---|---|
| 1 | | | | | | |
| 2 | | | 未来 5 年内暴发次数 | | 15 | |
| 3 | | | 受感染猪的数目 | | 1578 | |
| 4 | | | 损失 | | 3157573 | |
| 5 | | E2 | | =RiskPoisson（4×5） | | |
| 6 | | E3 | | =Round（RiskNormal（100×E2，30 * SQRT（E2），0）） | | |
| 7 | | E4 | | =RiskNormal（2000×E3，200 * SQRT（E3）） | | |

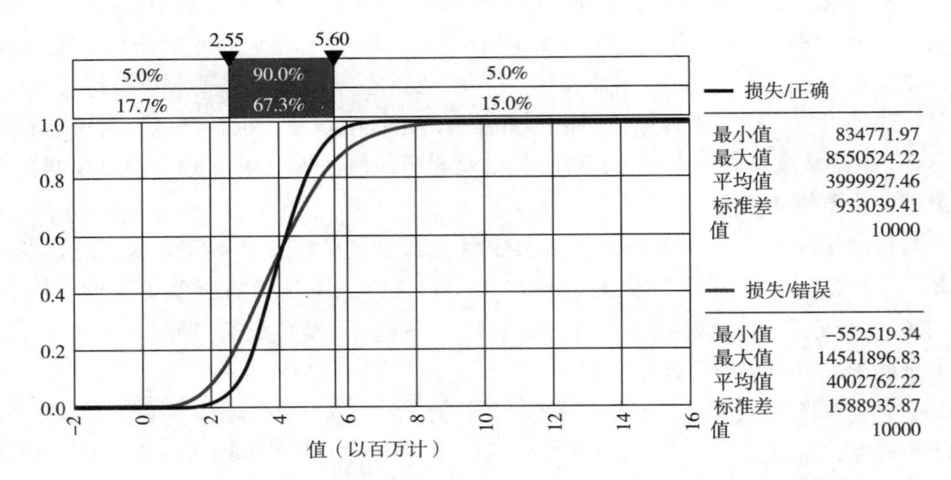


图 12-5　猪群暴发疫病损失预测练习正确公式与错误公式之间的分布比较

（3）二项式定理　二项式定理（binomial theorem）中，对于 $a$，$b$ 值和正整数 $n$ 有：

$$(a+b)^n = \sum_{k=0}^{n} \binom{n}{k} a^k b^{n-k} \tag{12-1}$$

二项式系数 $\binom{n}{k}$ 有时也写成 ${}_nC_k$，读作“在 $n$ 中选择 $k$”，计算公式为：$n!/k!(n-k)!$，其中“!”表示阶乘，例如 $4!=4*3*2*1$。Excel 的“Combin”函数可以计算二项式系数，阶乘函数用“Fact”表示，需要注意的是组合函数“Combin”和排列函数“Permut”在此处有不同的运用。

如果用概率 $p$ 代替 $a$，用概率 $1-p$ 代替 $b$，公式变成：

$$[p+(1-p)]^n = \sum_{k=0}^{n} \binom{n}{k} p^k a(1-p)^{n-k} \tag{12-2}$$

式中求和部分 $\sum_{k=0}^{n}\binom{n}{k}$ ，是在 $n$ 次试验（每次试验中事件发生的概率都是 $p$）中 $k$ 次事件发生的二项式的概率质量函数。在二项式试验中，每次试验成功的次数都是相同的、可交换的，失败次数的概率也是如此。

二项式系数的性质：

性质 1：$\binom{n}{k}=\binom{n}{n-x}$

性质 2：$\binom{n}{0}=\binom{n}{n}=1$

性质 3：$\binom{n+1}{x}=\binom{n}{x}+\binom{n}{x-1}$

性质 4：$\binom{a+b}{n}=\sum_{i=0}^{n}\binom{a}{i}\binom{b}{n-i}$

二项式定理稍加引申，即可扩展成二项式过程，二项式过程是一个随机计数系统，进行 $n$ 次独立重复试验，每次试验成功概率都为 $p$，并且 $n$ 次试验中成功 $s$ 次（其中 $0 \leqslant s \leqslant n$，并且 $n>0$）。因此，其中的三个量 $\{n, p, s\}$ 完全描述了二项式过程。与这三个量相联系的分别是描述这些量不确定性或变异度的三个分布，三个分布中只要知道其中任意两个量均可用其模拟第三个量（表 12-2）。

表 12-2　　二项式过程中用来描述第三个量的分布

| 量 | 公式 | 注意事项 | @RISK 中表述方式 |
|---|---|---|---|
| 成功次数 | $s$=Binomial（$n$，$p$） | | =RiskBinomial（$n$，$p$） |
| 成功概率 | $p$=Beta（$s$+1，$n$-$s$+1） | 假设一个均匀先验 | =RiskBeta（$s$+1，$n$-$s$+1） |
| | =Beta（$a$+$s$，$b$+$n$-$s$） | 假设 Beta（$a$，$b$）先验 | =RiskBeta（$s$+$a$，$n$-$s$+$b$） |
| 试验次数 | $n$=$s$+Negbin（$s$，$p$） | 已知最后一次试验成功 | =$s$+RiskNegbin（$s$，$p$） |
| | =$s$+Negbin（$s$+1，$p$） | 未知最后一次试验成功 | =$s$+RiskNegbin（$s$+1，$p$） |

练习 3：患病个体数估计，练习目的是掌握二项式过程中表示成功概率的贝塔分布和表示成功次数的二项式分布的应用。

从某国家随机抽取 120 头公牛，检测结果表明疫病 Y 在公牛中的患病率为 25%，同样在该国随机抽取 200 头母牛，检测结果表明疫病 Y 在母牛中的患病率是 58%。众多试验数据表明，小牛犊从与患病的父母接触感染该病的概率为 36%，如果从该国进口 100 只小牛犊，假设每头小牛犊的父母均不相同，试描述从该国进口的小牛犊中患病个体的分布情况？解答如下：

①公牛患病率的不确定性（变异性）$p_B$ 可用 Beta（$s$+1，$n$-$s$+1）即 RiskBeta（31，91）表示；母牛患病率的不确定性（变异性）$p_c$ 可用 RiskBeta（117，85）表示；

②关于小牛犊父母的四种情况（父母均不患病、仅公牛患病、仅母牛患病、父母均患病）中任何一种成立的概率为：

均不患病：（1-$p_B$）（1-$p_c$）；

仅公牛患病：$p_B$（1-$p_c$）；

仅母牛患病：$(1-p_B)\ p_c$；

父母均患病：$p_B \times p_c$。

③设 $p$ 为假设父母一方感染情况下小牛犊感染的概率（$p=36\%$），那么：

父母均未感染下小牛犊感染概率为：0

父母一方感染下小牛犊感染概率为：$p$

父母均未感染情况下小牛犊感染概率为：$1-(1-p)^2$

④小牛犊为感染者的概率可表示为：

$$p(\text{inf}) = [p_B(1-p_c) + (1-p_B)\ p_c] \times p + p_B p_c [1-(1-p)^2]$$

⑤受感染小牛犊数可以用二项式分布表述为：=RiskBinomial［100，$p$（inf）］，图 12-6 显示了用@ RISK 软件预测和描述的小牛犊可能感染头数。

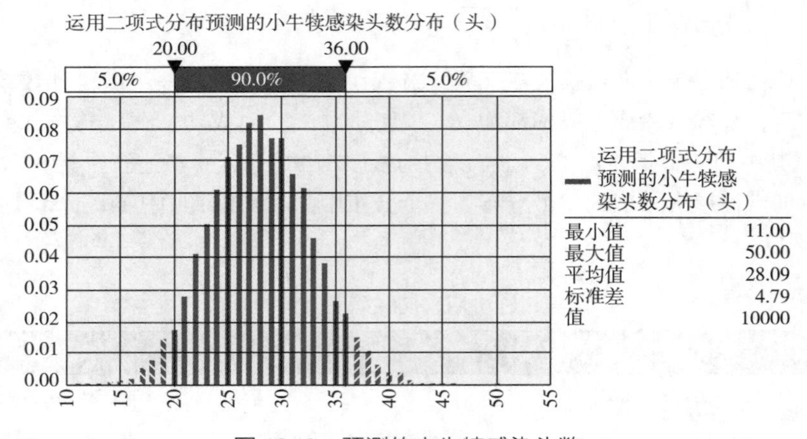


图 12-6　预测的小牛犊感染头数

假设二项式分布的试验次数趋于无穷大，同时成功的概率趋近于零，即二项式分布的 $n$ 很大，$p$ 很小，而二项式分布的均数 $=np$ 仍然是有限大。二项式分布的概率质量函数可以近似简化表达为：$p(X=x) \approx [e^{-\lambda t}(\lambda t)^x]/x!$，就是泊松分布 Poisson（$\lambda t$）的概率质量函数，即：$t$ 时间内事件 $\alpha$ 数目 = Poisson（$\lambda t$），此时，在暴露的一个时间单位内发生某事件的平均数目为 $\lambda$。在二项式过程中，对一个事件有 $n$ 个离散的机会发生；而在泊松过程中，事件发生的机会是连续和恒定的，也就是事件发生的可能是连续的。

二项式定理是理解二项式过程和泊松过程的基础，描述二项式过程和泊松过程时，其分布之间有很强的联系。在二项式过程中，关键描述参数是 $p$，$p$ 是事件发生的概率，它对所有试验都相等，因此试验彼此之间是独立的。泊松过程的关键描述参数是 $\lambda$，它是每一暴露单位（可以是时间，也可以是空间）内事件发生数量的均数，也被认为在暴露总量 $t$ 恒定时，其值是不变的。例如事件每秒发生的概率是常数，而不管事件是否刚刚发生，事实是它在经历了很长一段时间后出乎意料地发生了，这一过程常被称为“无记忆性”。

泊松过程只有一个参数，$\lambda$ 是可能发生的事件的平均数量，被称作泊松强度。在泊松过程中，泊松分布描述了在一段暴露时间 $t$ 内可能发生的事件的数量 $\alpha$，泊松分布假设每个时间增量上事件发生的概率是恒定的，事件发生的平均时间参数为 $1/\lambda$，用符号 $\beta$ 表示。可以在此基础上用分布来表示泊松过程中各种参数分布的不确定性（表 12-3）。

表 12-3　　泊松过程中用来描述各个量的分布

| 量 | 公式 | 注意事项 | @RISK 中表述方式 |
|---|---|---|---|
| 事件数 | $\alpha$=Poisson（$\lambda t$） | | =RiskPoisson（$\lambda t$） |
| 每一暴露单位事件发生的平均次数 | $\lambda$=Gamma（$\alpha$，$1/t$）<br>=Gamma（$a+\alpha$，$b/(1+bt)$） | 先验分布假设为均匀分布<br>先验分布假设为 Gamma（$a$，$b$）分布 | =RiskGamma（$\alpha$，$1/t$）<br>=RiskGamma（$a+\alpha$，$b/(1+bt)$） |
| 观察到第一次事件的时刻 | $t_1$=Expon（$1/\lambda$）<br>=Gamma（1，$1/\lambda$） | 假设 Beta（$a$，$b$）先验 | =RiskExpon（$1/\lambda$）<br>=RiskGamma（1，$1/\lambda$） |
| 观察到第 $\alpha$ 次事件的时刻 | $t_\alpha$=Gamma（$\alpha$，$1/\lambda$） | | =RiskGamma（1，$1/\lambda$） |
| 发生 $\alpha$ 次事件所消耗的时间 | $t_\alpha$=Gamma（$\alpha$，$1/\lambda$）<br>=Gamma（$a+\alpha$，$b/(1+b\lambda)$） | 先验分布假设为均匀分布<br>先验分布假设为 Gamma（$a$，$b$）分布 | =RiskGamma（1，$1/\lambda$）<br>=RiskGamma（$a+\alpha$，$b/(1+b\lambda)$） |

练习 4：病毒污染浓度估计，练习目的是掌握泊松过程中如何求取事件数。

一个大桶内盛有一千万升牛乳，已知该牛乳被某种病毒污染，但污染水平未知。使用严格可靠的方法检测从该桶内抽取的 50 个容量为 1L 的样本，如果样本内有一个或多个病毒颗粒则检测报告显示阳性，此检测结果是定性而不是定量数据。假设 50 个样品经检测有 7 份阳性，请估计原桶中的病毒浓度。

解答如下：

①假设 50 个样本都是相互独立的二分类试验，如果将成功定义为被感染的样本，那么 50 次试验中有 7 次成功，这样就可以使用 Beta 分布来估计成功的概率 $p$=RiskBeta（7+1，50-7+1）= RiskBeta（8，44）；

②泊松分布中取某一点值的概率的表达式为 $p=[e^{-\lambda t}(\lambda t)^x]/x!$，该分布中取“非零值”也就是取“≥1”的累积概率为 $1-p(0)=1-\exp(-\lambda)$，所以 $\lambda=-\ln(1-p)=-\ln[1-\text{RiskBeta}(8,44)]$，图 12-7 显示了用@ RISK 软件迭代 10000 次获得的原桶中病毒颗粒污染浓度（/L）。

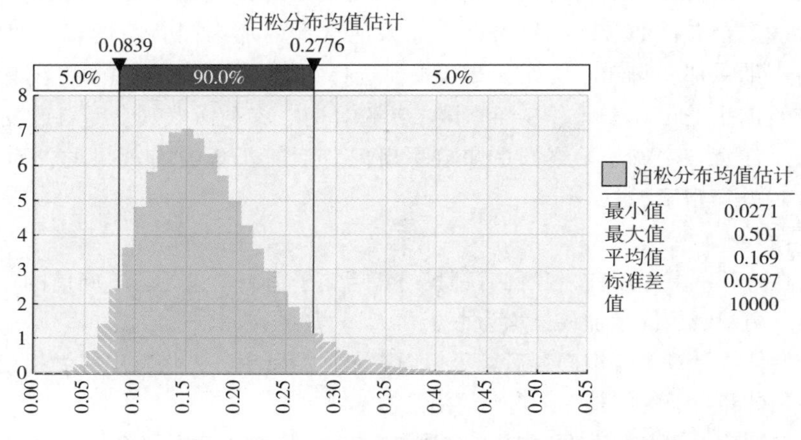


图 12-7　运用泊松分布理论估计的病毒颗粒污染均值

（4）贝叶斯定理　贝叶斯定理（Bayes theorem）是维恩图描述的条件概率（conditional probability）参数的逻辑扩展。可以看到：$P(A|B)=P(A\cap B)/P(B)$ 和 $P(B|A)=P(B\cap A)/P(A)$，由于 $P(A\cap B)=P(B\cap A)$，所以：$P(A\cap B)=P(B)\times P(A|B)=P(B\cap A)$，因此：$P(A|B)=P(A)\times P(B\cap A)/P(B)$。

一般情况下，贝叶斯定理有：

如果A、B是发生概率在0~1的事件，那么：$P(A|B)=P(B|A)\times P(A)/[P(B|A)\times P(A)+P(B|A^{C})\times P(A^{C})]$，此定理适用于任何情况下的任何事件A和B。在风险评估中经常要用到贝叶斯定理，比如计算一头已感染动物其诊断试验为阴性（假阴性）的概率是多少？

$P(I)$=被感染的概率，$P(N)=1-P(I)$=未被感染的概率；假设一头动物已被感染，然后进行诊断试验：

试验阳性的概率：$P(T+|I)=Se$

试验阴性的概率：$P(T-|I)=1-Se$

假设一头动物尚未被感染，然后进行诊断试验：

试验阳性的概率：$P(T+|N)=Sp$

试验阴性的概率：$P(T-|N)=1-Sp$

（Se为诊断试验的灵敏度，Sp为诊断试验的特异度）

将这些因子带入贝叶斯定理后可以得到：

$$P(I|T-)=P(I)\times P(T-|I)/[P(I)\times P(T-|I)+P(N)\times P(T-|N)$$
$$=P\times(1-Se)/[P\times(1-Se)+(1-P)\times Sp]$$

练习5：三扇门游戏，练习目的是掌握贝叶斯定理的基本应用思路和深入理解概率概念所隐含的事件发生可能性的含义。

舞台上正对观众的地方有三扇相同的透明玻璃门，每扇门背后均悬挂有一个不透明的箱子。主持人告诉观众，在其中一扇门背后的箱子里有一个苹果，当然观众是不能从外观上判定那扇门背后的箱子里含有苹果的。然后主持人邀请一名有意愿参与游戏观众上台，让他拿出100美元纸币付给主持人助手，并选定其中一扇他认为门后箱子里含有苹果的门。然后主持人打开另一扇门背后的箱子，是空的。此时，主持人会让该名观众选择是否改变决定，选择第三只没被选定也没被打开箱子的门。并且无论该名观众是否改变选定，主持人都会在其作出决定后，一一打开三扇门背后的箱子让现场观众观察到究竟那扇门背后的箱子里有苹果。参与游戏观众获得的最终结果有：①如果他选择的那扇门背后的箱子里有苹果，那么他将从主持人助手那获得300美元；②如果他选择的那扇门背后的箱子里没有苹果，他将损失他开始交给助手的100美元。在面临第二次选择时，参与游戏观众需要改变选择吗？你的答案是什么？注意：主持人始终都是知道哪扇门背后箱子里含有苹果的，而且不会把它打开，否则游戏就穿帮了。

解答如下：

①主持人在打开一只箱子前，我们对哪只门背后箱子里有苹果是均等确信的，所以我们的先验置信度对三扇门赋予同量加权，均为1/3。

②现在开始依次计算出每扇门背后箱子里面有苹果的概率，先将三扇门做标记，你选择的门是A，主持人打开箱子的门是B，剩下的门是C。

③从最简单的门B开始，如果主持人知道B后面有苹果的话，那么他打开B的概率是多

少呢？答案是0，因为这样游戏就穿帮了。

④下面开始研究未选择的门C。如果主持人知道C后面有苹果的话，那么他打开B的概率是多少呢？答案是1，因为他没有选择，A已经被你选择了，C后面有苹果。

⑤下面轮到门A，如果主持人知道A后面有苹果，那么他打开B的概率是多少呢？答案是1/2，因为他可以选择打开B或者C。

⑥因此，由贝叶斯定理可以得到：

$P(A|X)=P(A)\times P(X|A)/[P(A)\times P(X|A)+P(B)\times P(X|B)+P(C)\times P(X|C)]$，其中先验置信度：$P(A)=P(B)=P(C)=1/3$，是在观察到数据X（主持人打开B门后箱子）之前对三扇门的置信度，$P(X|A)=0.5$，$P(X|B)=0$，$P(X|C)=1$。

⑦总之$P(A|X)=1/3$，$P(B|X)=0$，$P(C|X)=2/3$。所以，当已经选好门，并且看到主持人打开另外两扇门中任一只门后箱子后，我们需要改变主意选择第三扇门，因为现在确定第三扇门后箱子里面有苹果的置信度是最初选的那扇门的两倍。

此结果可能会让很多人难以置信：固执会让人坚持最初的选择，而且选的那扇门后箱子里有苹果的概率似乎也不会真正改变。实际上，在主持人打开另一扇门后箱子前后概率没有改变：仍然是0或者1，这取决于现场参与游戏观众是否选择了正确的门，唯一有改变的是对概率是不是1的置信度（认知度）。最初，有1/3的置信度苹果在所选门后箱子里，这没有改变；还可以换种思路来考虑这个问题：对最初选择的门有1/3置信度，对其他的选择有2/3置信度，而且也知道其他门后箱子里有一个里面没有苹果，所以2/3的置信度就转移到剩下的那个没被打开的门后箱子里。

对此问题的深入思索可以加深对概率概念和概率置信度的理解，无论我们中间是否改变选择，我们初始选择的那扇门背后箱子里有苹果的概率要么是0，要么是1，并且在整个游戏中都不会改变；有改变的是我们对哪扇门背后箱子里有苹果概率的置信度（从初始的1/3到打开一扇门背后箱子后的2/3）；假设很偶然的机会你知道其中一扇门背后箱子里没有苹果，你将如何参与这个游戏？或者主持人助手提前给你一次作弊的机会，可以让你打开其中一只箱子看一眼，但需要你给他100美元现金，你将如何选择？

**3. 概率运算加减乘除**

对随机事件E，我们把刻画其发生可能性大小的数值，称为随机事件E发生的概率（probability）。一般来说，概率具有四种性质，分别为客观性，主观性，一致性和随机性。下面我们通过概率分布的加减乘除来体验概率世界与我们通常熟悉的算术运算的不同。

（1）概率运算的加法。两个均匀分布Uniform（0，1）相加可以得到什么分布？

解答：两个相同的均匀分布相加，可以得到以低值的和为最小值，以高值的和为最大值，以中间值的和为最可能值的三角分布（图12-8），蓝色部分的Uniform（0，1）和绿色部分的Uniform（0，1）基本重合，而两个均匀分布相加，在迭代次数为10000次时，近似得到一个红色部分的Triangular（Triang）（0，1，2）。

两个独立均匀分布相加，给人第一感觉“两个均匀分布之和”应继续是一个均匀分布，而用蒙特卡罗模拟法迭代10000次抽样模拟获得的结果却为三角分布。如果此时用分布拟合功能，红色部分拟合出的最佳分布也是三角分布（考虑均匀分布沿中点的对称性，可能有助于对此运算结果的理解）。如考虑6个独立相同的三角分布相加，或者说是12个独立相同均匀分布相加，可以得到什么分布呢？答案是一个正态分布，此时必须注意中心极限定理的运用，“两个相同分布相加≠单个分布×2”。随机分布世界的加法规则与我们惯常的单个确定数据相加规则“1+1=2”，不是一个意思。

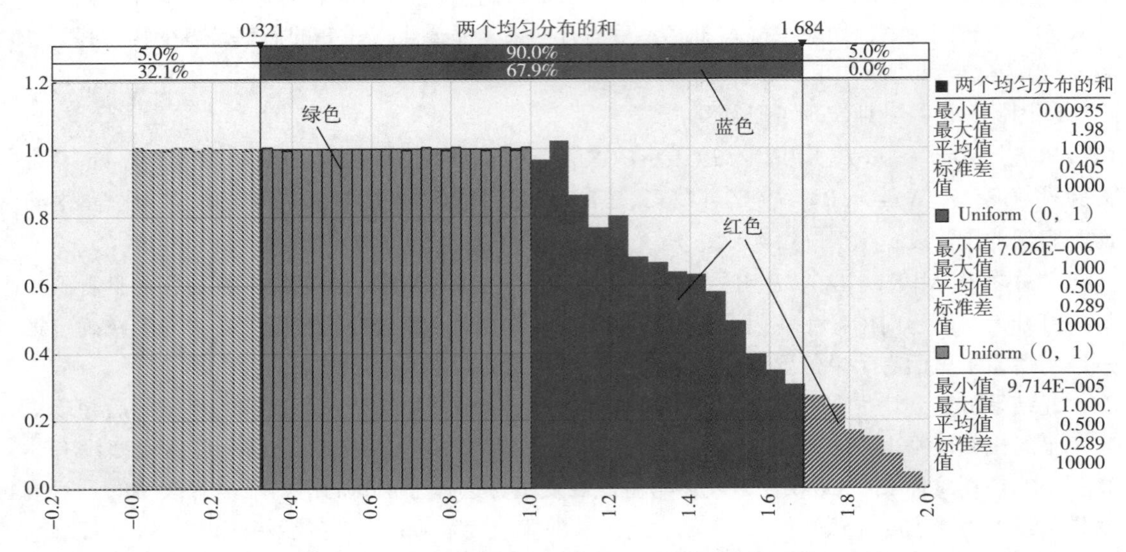


图 12-8　两个均匀分布求和得到一个三角分布的图形展示

（2）概率运算的减法　用前一题目中两个均匀分布的和即三角分布 RiskTriang（0，1，2）为被减数，以其中一个均匀分布 RiskUniform（0，1）为减数，得到的差是什么？是另一个均匀分布吗？

解答：如图 12-9 所示，绿色部分为三角分布 RiskTriang（0，1，2），减去红色部分 RiskUniform（0，1），得到的差为紫色曲线部分，肯定不是一个均匀分布，这与我们通常的算术思维截然不同。原因是只有在两个均匀分布都取 0，或者都取 1 的情况下，才能得到三角分布的最小值和最大值，也就是说作为被减数的三角分布与作为减数的均匀分布是高度相关的，当两个分布需要相减时，必须充分考虑其可能的相关性，并拟合进模型中，才可以相减，这与两个分布相加只需考虑其独立性显然不同。构建模型时可以利用@ RISK 软件中的“定义相关命令”对各个分布之间的相关性进行探索，也可以使用该命令来模拟分布之间的相关关系，并在建立模型时充分考虑各变量之间可能的相关性。

（3）概率运算的乘法　在算术计算中，如果有 $n$ 个 $X$ 加在一起，我们可以简便的表示为 $n \times X$。那么如果我们知道抛掷硬币头面向上的概率是符合伯努力（Bernoulli）分布的，即 $P(\mathrm{H})=\mathrm{RiskBernoulli}(p)$，那么抛掷硬币 100 次，我们是不是得到 $100 \times \mathrm{RiskBernoulli}(p)$ 呢？在前面的练习 2 中，某山区县农村猪群每年平均发生 4 次 Z 疫病的暴发，那未来 5 年内疫病暴发次数是不是 $5 \times \mathrm{RiskPoisson}(4)$ 呢？

虽然说乘法是加法的简便运算形式，但是在概率分布的世界里，计算概率和概率分布的乘法时，必须考虑中心极限定理的影响。如果 $X$ 为独立随机变量（即每个被求和的 $X$ 可以有不同的取值），且 $n$ 是固定的，基于已知恒等式采用简单的方法就可以确定合计分布（aggregate distribution），最常见的概率分布恒等式如表 12-4 所示。

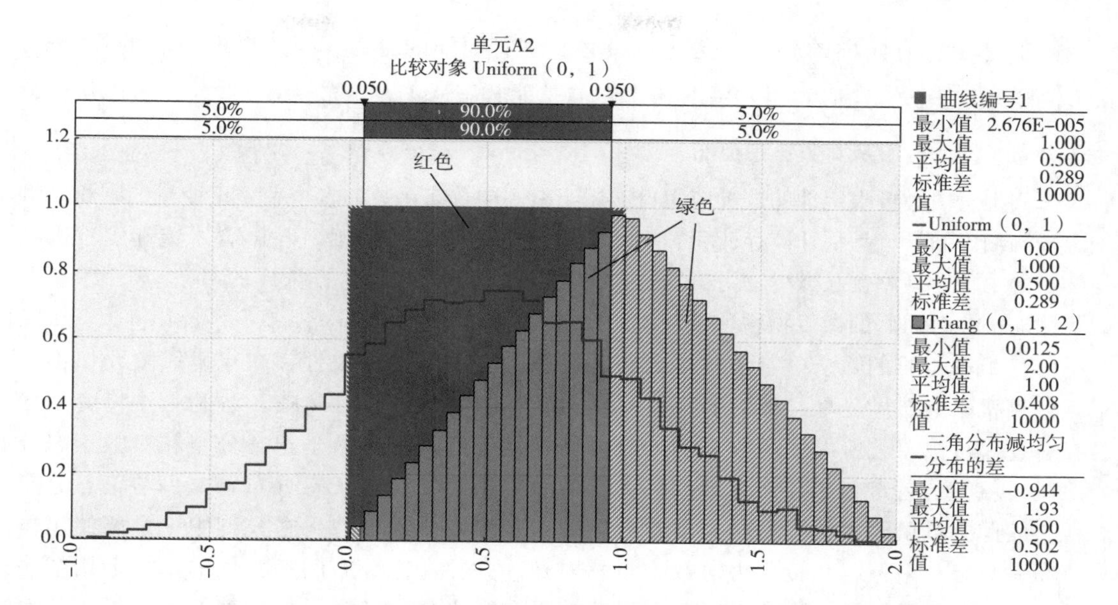


图 12-9　三角分布减去均匀分布求差得到一个非均匀分布的图形展示

表 12-4　　合计分布的常用概率分布恒等式

| $X$ | 合计分布（$n \times X$） |
|---|---|
| Bernoulli（$p$） | Binomial（$n$，$p$） |
| Binomial（$m$，$p$） | Binomial（$n \times m$，$p$） |
| Beta Binomial（$m$，$\alpha$，$\beta$） | Beta Binomial（$n \times m$，$\alpha$，$\beta$） |
| ChiSq（$v$） | ChiSq（$n \times v$） |
| Exponential（$\beta$） | Gamma（$n$，$\beta$） |
| Gamma（$\alpha$，$\beta$） | Gamma（$n \times \alpha$，$\beta$） |
| Geometric（$p$） | Negbin（$n$，$p$） |
| Negbin（$s$，$p$） | Negbin（$n \times s$，$p$） |
| Normal（$\mu$，$\sigma$） | Normal（$n \times \mu$，SQRT（$n$）$\times \sigma$） |
| Poisson（$\lambda$） | Poisson（$n \times \lambda$） |
| Student（$v$） | Student（$n \times v$） |

前述中心极限定理也可以适用于多个具有不同概率分布类型的独立变量的和（或平均数），此时如果没有变量在它们和的不确定性中占主导地位，那么它们的和将近似服从正态分布。此定理也适用于多个正变量相乘，假设一组变量 $X_i$，$i=1，2，\cdots，n$，是从同一分布中抽取的独立变量，那么它们的乘积为：

$$\prod = X_1 \times X_2 \times \cdots \times X_n;$$

两边取自然对数得到：$\ln\prod = \ln X_1 + \ln X_2 + \cdots + \ln X_n$；

由于变量 $X_i$ 有同样的分布，变量 $\ln X_i$ 必然也有同样的分布，因此根据中心极限定理，$\ln\prod$ 服从正态分布。所以，如果一个变量的自然对数服从正态分布，那么这个变量服从对数正态分布，即 $\prod$ 服从对数正态分布。

事实上，中心极限定理的这种应用也适用于有不同分布函数的多个独立正变量的乘积。例如，预测油田储量就是估计储存面积、平均厚度、空隙率、气/油比、（1-含水饱和度）等独立变量的乘积；预测食品微生物污染增殖后终浓度就是利用初始污染浓度的对数+利用生长曲线预测的一段时间后的微生物增殖量（也是对数）。

（4）概率运算的除法　鉴于概率分布间往往具有一定的相关性，在定量风险评估中一般不使用概率分布做分母。事实上，大多数风险评估模型通过加（减）法和乘法将变量结合在一起就可以了，所以大多数定量风险评估结果看起来都是介于正态分布和对数正态分布之间也就不足为奇。并且当均数远远大于其标准差时，对数正态分布看上去与正态分布相似，因此定量风险评估模型结果常常看上去近似正态分布。如果在模型中一定要使用概率分布做分母，最好将其转化为对数或自然对数，并在考虑分布间相关性的基础上用减法代替除法，比如预测微生物学中对消毒灭菌效果和微生物加工失活的计算就是尽量用减法代替除法。

## 三、随机分布概念和蒙特卡罗模拟技术

**1. 随机变量和概率论**

自然科学一致认为，假如知识和计算能力足够先进的话，许多事情都可以预测，如天体学家可以预测星体经过某一时间间隔运动后的位置。但有些事情是不可预测的，如抛硬币的结果，某城市中下一个新生儿的性别等；但这些不可预测的现象也有一定规律，拿新生儿性别问题来说，虽然不能预测单一结果，但我们可以描述长期运作后的方式。此类事件通常称为随机变量（random variable），随机并不意味着完全偶然，而是指长期运作后才出现的某种顺序，研究这类长期运作行为的数学学科我们称为概率论（probability theory）。概率（probability）是一些随机过程结果可能性的数值度量，是衡量某件事情真实性的指标。

在试验中概率论将回答：大量多次重复某试验后将出现什么结果？抛掷硬币是一个典型例子。西方世界将硬币分为头面（Head，H）和尾面（Tail，T），在少数几次抛掷中出现头面的相对频率非常不稳定，但抛掷几千次后出现头面的次数将保持稳定。我们可以将随机事件的各种可能结果罗列出来，如抛掷 100 次硬币，就可以记录 100 次抛掷结果中出现的各种头面和尾面组合的结果，此清单就是该试验的样本空间（sample space），某次试验结果如出现 49 次头面和 51 次尾面，就称为事件（event，E）。

**2. 随机试验和概率分布**

随机试验包括两个概念，术语“试验（trial）”用于定义形成数据和信息的事件和过程；术语“随机（random）”用于表示试验包含随机变量，或一个变量具有长期运作后可预测的行为，但无法预测单个结果；随机是可能性的效果，即便不能重复测量它，随机性仍然是系统的基本性质。在食品微生物风险评估方面随机试验的例子包括：估计食品被某种致病菌污染的概率，以及一旦被污染一定量食品中致病菌的污染量；估计养殖畜禽动物中某种疾病的流行率等。

如果在相同的条件下大量重复一个随机试验，任意特定结果的相对频率将趋于一个常数，此常数称为该事件发生的概率。如无数次抛掷硬币，我们将观察到50%的头面（H）向上，头面出现的概率为50%。如果抛掷10次硬币，在样本空间中出现每种结果的概率就定义了该随机变量的概率分布（probability distribution），概率分布可以描述总概率是如何在样本空间内各种所有可能结果中分布的。

**3. 离散随机变量和连续随机变量**

离散随机变量只能从已定义的可能结果清单中取值。在10次硬币抛掷中出现头面的次数是一个离散随机变量的例子。在每次试验中随机变量代表试验结果，所有可能的试验结果的集合称为样本空间，用$S$表示。样本空间中每个子集定义为事件，每个事件都具有相应的概率。如果我们抛掷骰子（有6种可能结果）一次，样本空间为$S=\{1, 2, 3, 4, 5, 6\}$，事件$E=\{2, 4, 6\}$表示样本空间的子集，即抛掷结果为偶数。为完成表示随机现象的数学模型，必须定义样本空间$S$，并且估计每个结果出现的概率。

连续随机变量的可能结果可以是定义域内的任何值。随机抽取的肉牛和羊的体重就是连续随机变量的例子，样本空间为无穷大。当样本空间无穷大时，某一确定数值结果出现的概率为零，似乎显得有点奇怪，但实际应用中常需要使用一组数据，如估计随机选取的绵羊体重在45~50kg的概率，但其体重为45kg整和50kg整的概率都是趋近于零的。连续随机变量的例子可参考图12-2、图12-6、图12-7；而图12-1则是一个离散随机变量的例子，此离散随机变量表明专家B葡萄酒品鉴水平优于专家A也就是分布中取1的概率为83.6%，反之专家A葡萄酒品鉴水平优于专家B也就是分布中取0的概率为16.4%。

**4. 蒙特卡罗模拟技术**

@RISK软件中给出了两种随机抽样技术，蒙特卡罗法和拉丁超立方体法，此方法的切换在模拟设置窗口中的抽样选项卡下（图12-10）。

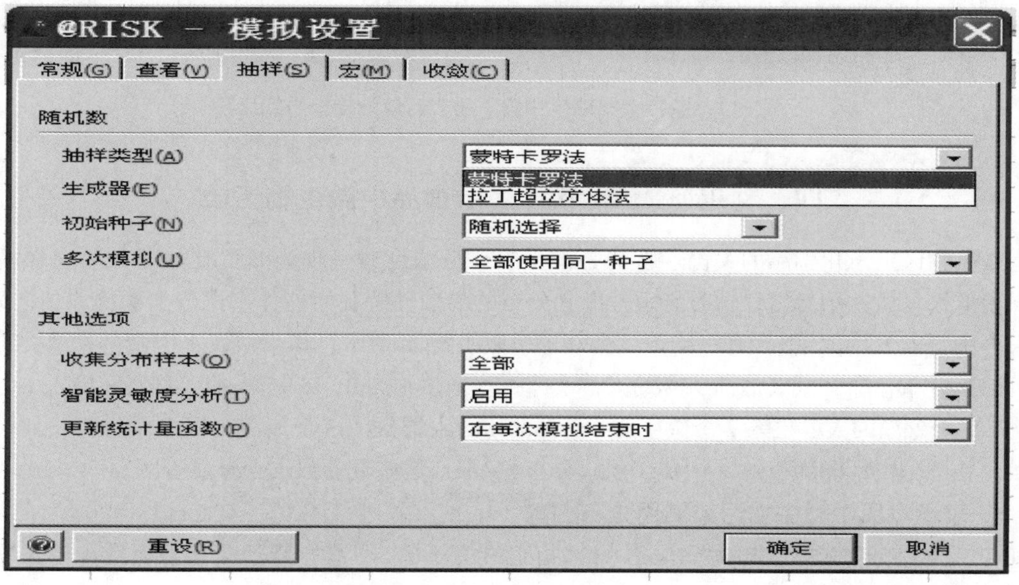

图12-10　@RISK软件中抽样类型的切换选择窗口

蒙特卡罗抽样是用随机或伪随机数字从一个概率分布中抽样的技术，蒙特卡罗一词是第二次世界大战期间与原子弹开发有关问题的模拟代码。蒙特卡罗抽样技术完全随机，由它得出的样本可能位于分布值域的任何地方，当然样本最可能从概率分布中出现概率较高的区域抽取。累积分布中，每个蒙特卡罗样本使用一个 0~1 的新的随机数。根据大数定理，如果迭代次数足够大，蒙特卡罗抽样技术可以重现抽样的概率分布，但当执行的迭代次数少时，会产生聚集的问题。

拉丁超立方体抽样是后来开发的抽样技术，它可以用少量迭代次数准确地重现抽样概率分布。拉丁超立方体抽样技术的核心是将被抽样的概率分布进行分层，即将累计概率分布曲线以相同间隔分层（图 12-11）。样本从各间隔或各层随机抽取。样本被强制代表每个间隔的值，即强制重现抽样概率分布。拉丁超立方体抽样是@ RISK 中的默认抽样方法，它能够快速产出输出值，尤其是能够在迭代次数较少情况下较好的拟合定义的概率分布，其使用中应注意的问题是模拟中不能停止，否则会得到一个与定义分布差别较大分布（图 12-12）。

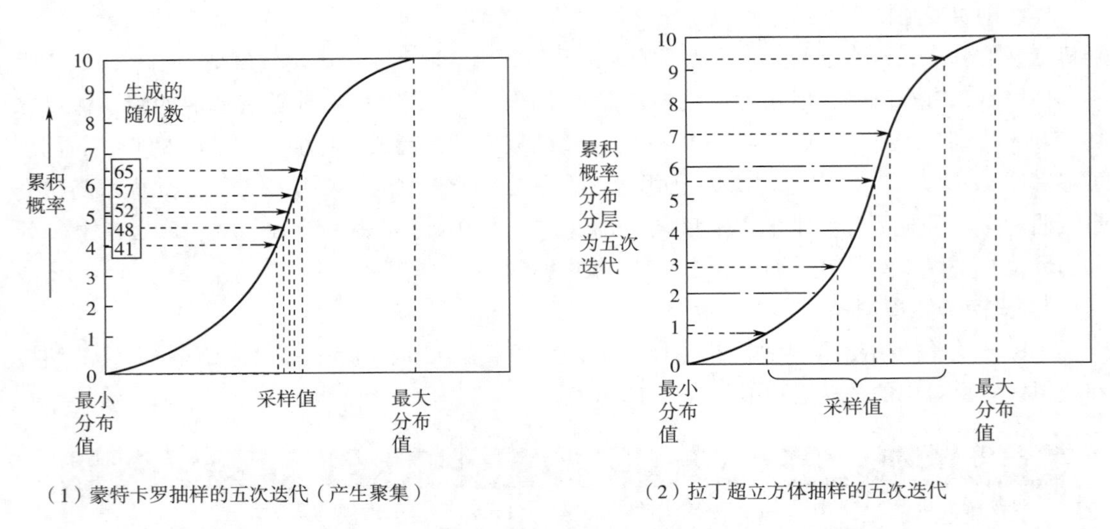


图 12-11　蒙特卡罗抽样和拉丁超立方体抽样技术的比较

## 四、利用@RISK 软件表示食品中微生物污染

微生物区别于化学品的关键性特征是微生物在低浓度时呈现为非负整数的分散“颗粒”，在开展低剂量微生物暴露评估时必须考虑其分布的离散性特征才能作出比较准确的评估，如 1 组人群中每人饮用 1L 整含有平均浓度为 0.1 个微生物/L 的水，如果假设水中微生物浓度符合随机泊松分布，那么可以估计 90%的人群实际摄入微生物为 0，9.048%的人群实际摄入 1 个微生物，0.4524%的人群摄入 2 个微生物，0.0155%的人群摄入 3 个或 3 个以上微生物；如果水中微生物的分布是非随机的（如负二项式分布），那么这些百分数也会有显著区别。

**1. 表示食品中微生物污染常用分布函数**

（1）泊松分布函数　RiskPoisson（λ）指定泊松分布，具有指定的 λ 值。引数 λ 与泊松分布的均值相同。泊松分布是只返回大于或等于 0 的整数值的离散分布。泊松分布用于描述在给定时间周期内，过程强度保持不变的条件下“事件发生次数”的模型（也可应用于其他领域

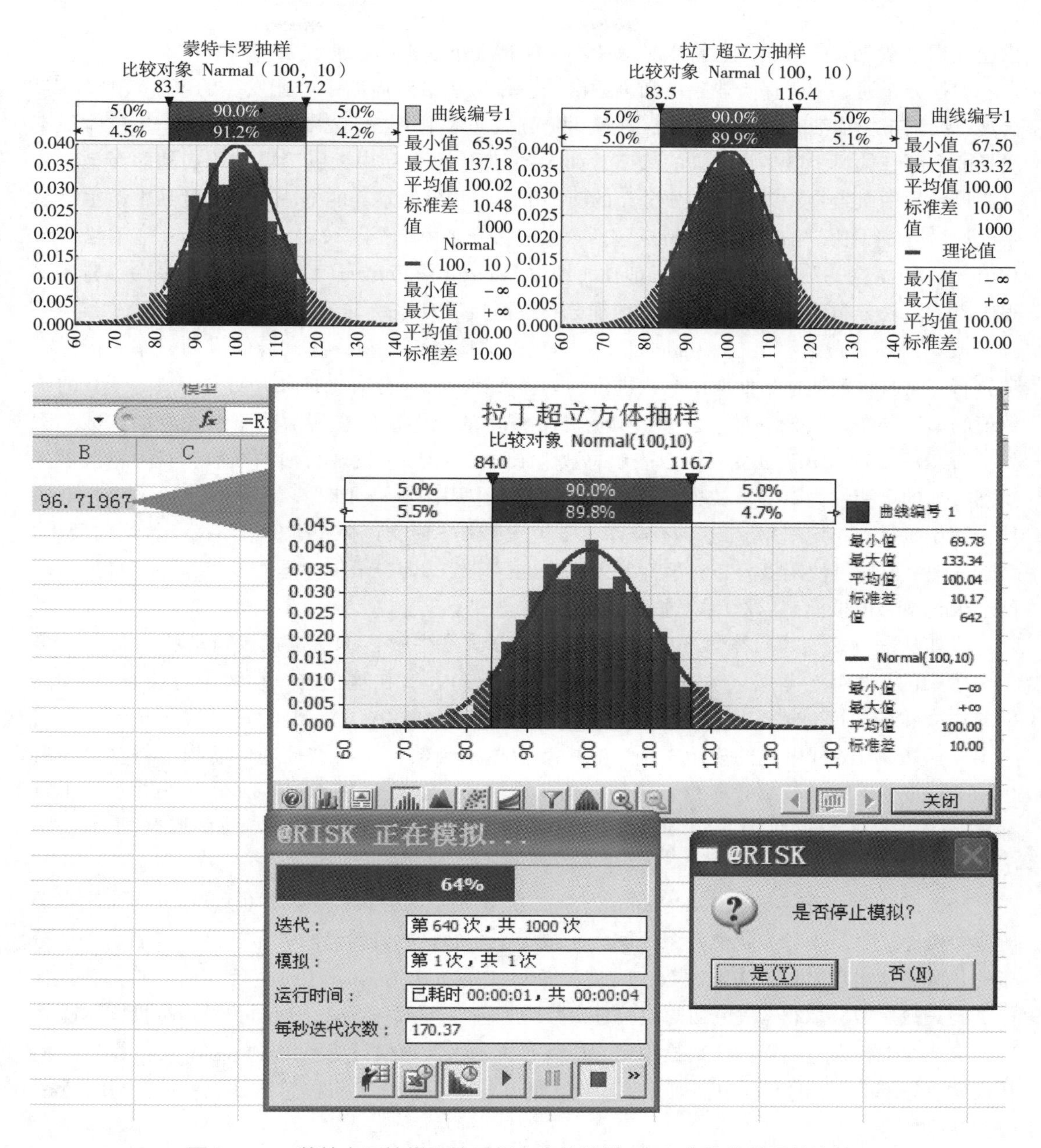


图 12-12　蒙特卡罗抽样和拉丁超立方体抽样 1000 次迭代效果的比较

如空间的过程）。可认为泊松分布是二项分布（有一个离散区域）的扩充。有时候泊松分布也用 Poisson（$\lambda t$）表示，此时描述的是当成功事件之间的时间遵循泊松过程时，在时间 $t$ 里事件发生的次数［见练习 3 中的 Poisson（4×5）］。如果 $\beta$ 是事件之间的平均时间，像指数分布使用一样，$\lambda=1/\beta$，例如，如果记录显示一台电脑平均每运行 250h 出现故障一次，Poisson（1000/250）= Poisson（4）分布模拟的就是未来 1000h 运行中可能出现的故障次数；如果记录显示某城市每隔 5 年左右会出现一次性质特别恶劣食品中毒事件，Poisson（10/5）= Poisson（2）分布模拟的就是未来 10 年中可能发生的性质特别恶劣的食品中毒事件次数，当然这是在默认食品供应过程、从业人员素质和监管水平保持不变的情况下模拟的可能次数。

泊松分布通常用于保险业建模和金融市场，作为在给定周期中可能发生的事件（如地震、火灾、股票市场崩溃）次数的分布；在微生物领域，常用于在低浓度污染条件下，单位体积或质量的食品、饮料中微生物污染的浓度，如MPN法检测食品中大肠菌群和致病菌的污染，就是假设食品中微生物污染符合泊松分布的前提下，采用发酵培养的方法来获得食品中微生物污染的泊松分布 $\lambda$ 值。泊松分布的特点包括：①泊松分布由单个参数定义，$\lambda=\beta/t$；②泊松分布均值=方差=$\lambda$；③泊松分布具有可加性，即 $Poisson(X)+Poisson(Y)=Poisson(X+Y)$；④当 $\lambda$ 很小时，泊松分布严重偏斜，随着 $\lambda$ 增加分布逐渐接近对称。

（2）二项分布函数　RiskBinomial（$n$，$p$）以试验次数 $n$ 和每次试验的成功概率 $p$ 指定二项分布。试验次数通常指抽取次数或进行的抽样次数。二项分布也是只返回大于或等于0的整数值的离散分布。该分布对应于一组具有相等概率的独立事件在一次试验中发生的次数。例如，RiskBinomial（10，20%）可以表示总数为10次的勘探中发现石油的次数，其中每次勘探找到石油的可能性为20%。二项分布最重要的建模应用是当 $n=1$ 时，有两种可能的结果（0或1），其中1具有指定概率 $p$，0具有概率 $1-p$。当 $p=0.5$ 时，该分布等价于抛掷一枚均匀硬币。对于其他 $p$ 值，可使用该分布对事件发生风险进行建模，即表示事件是否发生，并可将风险事件记录转换为模拟模型以对风险进行合并。

假如从一种疾病流行率为30%的某国进口50头小牛犊，①在这批进口动物中将会有多少头感染的小牛犊？解答：=RiskBinomial（50，0.3）；②在这批进口动物中将会有20头感染的小牛犊的概率是多少？解答=Binomdist（20，50，0.30，0）=0.037，Binomdist（$X$，$n$，$p$，0）函数为Excel内置的表示二项分布中点值概率函数；③在这批进口动物中将会至少有1头感染的小牛犊的概率是多少？任何一头小牛犊不被感染的概率 $=1-p=0.7$，50头小牛犊都不被感染的概率 $=(1-p)^{50}=0.7^{50}=0.000000018$，至少有一头小牛犊被感染的概率 $=1-0.7^{50}=0.999999982$。

（3）负二项分布函数　RiskNegbin（$s$，$p$）指定负二项分布，$s$ 为成功次数，$p$ 为每次试验的成功概率。负二项分布仍然是只返回大于或等于0的整数值的离散分布。该分布表示二项分布的几次成功出现之前的失败次数，因此NegBin（1，$p$）= Geomet（$p$）。负二项分布函数仅模拟试验失败次数，取得 $s$ 次成功的试验总次数为：$s$+Negbin（$s$，$p$）。例如，平均每投掷飞镖12次就有1次中靶心，要得到3次投中靶心应该投掷的次数可估计为：RiskNegbin（3，1/12）+3；从疾病流行率为5%的畜群中抽取几头动物才能在样本中包含1头被感染动物？$n$=1+RiskNegbin（1，0.05）。

鉴于前述三项分布：泊松分布、二项分布、负二项分布均是只返回大于或等于0的整数值的离散分布，所以在评估食品中微生物低浓度污染时，此三个分布常作为首选的三个分布：

①当分布的均值=方差时，常将食品中微生物分布拟合为泊松分布；

②当分布的均值>方差时，常将食品中微生物分布拟合为二项分布；

③当分布的均值<方差时，常将食品中微生物分布拟合为负二项分布。

（4）正态分布和对数正态分布　RiskNormal（$\mu$，$\sigma$）指定正态分布，具有输入的 $\mu$（均值）和 $\sigma$（标准差）。这就是传统的“钟形”曲线，适用于许多数据集结果的分布。正态分布是一种对称连续分布，两侧均无界，通过两个参数即分布的均值和标准差进行描述。常通过“中心极限定理”来证明有充分的理由使用正态分布。如果将许多独立分布添加在一起，则得到的分布仍近似于正态分布。鉴于更错综复杂的（未观测到的）随机过程的复合效应，在现实世界中常会出现此分布，此结果常可独立应用于所添加的初始分布的形状。

只要认为输入分布本身是许多相似的随机过程以一种累积的方式共同起作用，即可使用该分布来表示模型输入的不确定性。例如，一个足球赛季的总进球数，世界上的石油储量（假设有许多差不多相同大小的油田，但每个油田的石油储量不确定）。如果正态分布均值比标准差大很多（4 倍或更大的倍数），则正态分布很少会出现负抽样值（在大多数实际情况中，不会抽样得到负的进球数）。更常见情况是许多模型皆有一个通过添加许多其他不确定过程而产生的输出，因此许多模型的输出近似于正态分布，比如预测的污染食品中微生物终浓度。

RiskLognorm（mean，standard deviation）指定对数正态分布，具有输入的 mean（均值）和 standard deviation（标准差）。像正态分布一样，对数正态分布有两个与均值和标准差相对应的参数（$\mu$，$\sigma$）。就像正态分布是源自添加了许多随机过程而产生的一样，对数正态分布也是通过增加了许多随机过程而产生的。由于随机数“乘积的对数”与“对数的总和”相等，所以对数正态分布常用于表示以随机和独立的方式按百分比变化的资产的将来值。对数正态分布具有许多现实世界过程所需的特性，包括：①该分布不对称（偏斜），具有正无界范围，即其范围从 0 到无穷；②当 $\sigma$ 比 $\mu$ 小时，偏斜较小，分布接近于正态分布；鉴于此，对数正态分布常通过使用相同的标准差，但增大均值（使比值 $\sigma/\mu$ 变小），然后再通过添加使均值一致的常量对分布进行移位（shift），可近似于任何正态分布。

食品中微生物污染初始浓度常常假设为符合正态分布或对数正态分布。①如果假设为正态分布，需注意正态分布两侧是无限延伸的，需要在左侧和右侧同时进行截断，一般小于零的值直接舍去（null），大于食品中微生物最大浓度（比如 $10^8$CFU/mL 或 CFU/g）的值则用 IF 函数取最大值代表；②如果假设为对数正态分布，则不存在左侧无限延伸的问题，因为 10 或 e 做底数的任意幂函数都是大于 0 的；而右侧需要参考正态分布右侧最大值的处理，否则会出现按抽样数据拟合出微生物污染浓度达到>$10^{10}$（CFU/g 或 mL）及以上的现实中不存在的情形。

（5）贝塔分布函数　RiskBeta（$a_1$，$a_2$）使用形状参数 $a_1$ 和 $a_2$ 指定贝塔分布。这两个引数使用最小值 0 和最大值 1 生成贝塔分布。常使用贝塔分布作为导出其他分布的起点（如 Beta General、PERT 和 BetaSubjective）。贝塔分布与二项分布有着密切的关系。贝塔分布用于模拟 $n$ 次试验中 $x$ 次成功的概率，根据概率理论，除非进行无限次试验否则准确的概率不可能知道；然而我们可以通过做一些试验观察成功的次数来增加对成功概率真实数值的确信度。例如，如果 10 头感染结核病的牛测试出 9 头为阳性，我们可以估计出试验灵敏度为 90%。贝塔分布 RiskBeta（$s+1$，$n-s+1$）可应用到如下方面：①试验灵敏度；②试验特异度；③流行率；④当测试的动物没有一个是阳性时估计流行率。在开展微生物定量风险评估时，常使用贝塔分布表示食品污染某种致病菌的可能性及其不确定性。

RiskBetageneral（$\alpha$，$\beta$，minimum，maximum）使用形状参数 $\alpha$ 和 $\beta$，通过定义的最小值和最大值指定 $\beta$ 分布。通过使用最小值和最大值定义范围，来对贝塔分布的［0，1］范围进行换算，直接从贝塔分布导出 BetaGeneral。泊特分布即 RiskPert（min，most likely，max）分布可作为 BetaGeneral 分布特例导出。

（6）指数分布函数　RiskExpon（$\beta$）指定具有输入的 $\beta$ 值的指数分布，该分布的均值等于 $\beta$，它是泊松分布的连续时间等价分布。它表示一个时间上连续、强度恒定的过程（某个特定事件）第一次发生所需的等待时间。考虑泊松过程中一件事情的发生是纯粹随机的，其在单位时间出现的概率是恒定的，成功事件出现之前的等待时间就是由指数分布描述的。指数分布可用于泊松分布类似的应用中（如排队、维修和故障建模），尽管强度恒定的假设有时会对一些实际应用造成不便。$\beta=1/\lambda$，是至下一个事件出现的平均时间，例子包括：至下一次地震出现的时间、一堆放射性物质中粒子衰变、电话通话时间长度等。与负二项分布相对应，指数分布有时候也叫负指数分布。指数分布是威布尔分布的特殊情况：Weibull（1，$\beta$）= Expon（$\beta$）。泊松过程在可靠性模拟中应用很广，是 Gamma 和 Poisson 分布的基础。

（7）伽马分布函数　RiskGamma（$\alpha$，$\beta$）使用形状参数 $\alpha$ 和尺度参数 $\beta$ 指定伽马分布，该分布模拟了 $\alpha$ 个事件发生所需要的时间，前提是假设事件在一个泊松过程中随机发生，事件之间的平均时间为 $\beta$，即它表示泊松过程中几个事件出现的时间之间的分布。例如，如果我们知道一个海边城市平均每 6 年发生一次大的洪水，伽马分布 RiskGamma（4，6）则模拟再发生 4 次洪水需要几年时间。Gamma 分布在气象学、库存理论、保险理赔、经济学和排队论中有广泛应用，当然在公开发表的微生物定量风险评估文献中，也经常能看到伽马分布的身影。

（8）韦布尔分布函数　RiskWeibull（$\alpha$，$\beta$）使用形状参数 $\alpha$ 和尺度参数 $\beta$ 生成韦布尔分布，该分布是连续分布，其形状和位置随着输入引数值的不同而有很大变化。韦布尔分布常用于连续的时间过程作为第一次发生的时间的分布使用（需要非恒定的发生强度）。该分布足够灵活，允许隐含常量假设、递增或递减强度，按参数 $\alpha$ 的选择（$\alpha<1$、$\alpha=1$ 或 $\alpha>1$）分别表示强度递增、保持恒定和递减的过程；强度恒定即 $\alpha=1$ 时，RiskWeibull（1，$\beta$）= RiskExpon（$\beta$），此过程与指数分布相同。在机器维修或使用寿命建模时，往往选择使用 $\alpha<1$ 来表示某件机器或工程使用的时间越久，越可能出现故障或发生意外事故。

**2. 拟合函数曲线**

微生物风险评估或暴露评估模型中通常有两类信息可用于代表一个变量：

①直接检测数据或其他数据，如他人检测数据及文献出版物中数据；

②专家意见。

有三种方法可以将上述两种数据拟合为函数分布曲线：

①用参数和非参数方法拟合一组数据的分布；

②纯主观的专家意见方法；

③在贝叶斯定理的框架中将数据和专家意见有机结合起来。

（1）分布拟合　@RISK 软件可对手头掌握的数据进行概率分布拟合。当有一组收集的数据准备用作电子表格中输入分布基准时，即可进行拟合。例如，您已经收集产品价格的历史数据，可能想要以这些数据为基础创建一个未来时段内可能价格的分布。要使用@RISK 软件对数据进行分布拟合，需遵循 5 个步骤：

①定义输入数据：对数据进行清洗，在统一格式的基础上选定数据；

②指定要拟合分布：假设有一个参数分布可非常好的拟合清洗后数据；

③拟合数据：将选定的数据与软件库中的分布进行拟合；

④结果的解释：通过图形和已有知识对拟合结果进行检验和解释；

⑤使用拟合结果：将拟合好的经过显著性检验的分布写入一个新的单元格并准备进一步使用该分布。风险评估工作中常计划在@RISK 模型中继续使用拟合结果，单击写入单元格，即可将拟合结果作为新分布函数存放在模型中。

（2）拟合参数分布曲线　此方法是将观察或检测数据定义为一个理论分布。①如果认为数据是呈正态分布，可以直接用正态分布表示，先估计样本均值和方差，然后根据正态分布理论来模拟总体的分布。②如果不清楚数据呈何种分布，可以使用@ RISK 软件中“分布拟合（fit distributions to data）”对话框来识别能够较好地拟合观察或检测数据的分布函数。

拟合分布时最重要的是考虑产生数据的现象或过程以便选择合理的分布，确保它能够反映变量的生物学特性。仅因为一个分布适合手头上的数据而选择它有时不一定是最好的拟合分布曲线方法，此外拟合后还需要采用适当的方法来检验函数曲线的拟合优度。检验候选分布与数据的拟合优度的方法包括：卡方检验、K-S 检验（kolmogorov-smirnov test）、A-D 检验（anderson-darling test）、赤池信息准则（Akaike information criterion，AIC）和贝叶斯信息准则（Bayesian information criterion，BIC）等其他检验。

在对一组观测数据进行分布拟合之前，首先需要考虑的问题是变量的性质，分布的性质或用于拟合数据的分布应与那些被模拟的变量相匹配。在认真分析观测数据性质的基础上，拟合之前需着重考虑以下几点。

①被模拟的变量是离散型还是连续型？离散型变量可能只取某些特定值，例如每头母猪下崽的小猪头数，高速公路上每隔 100km 的桥梁数量。离散型变量本质上通常最适合离散分布，但并不总是如此。一个十分常见的例子是与离散型变量的取值范围相比，其在连续性允许值范围内的增量是没有意义的，比如，拟模拟某天北京或上海地铁使用人数构成的分布，虽然仅有使用地铁的总人数，但将它视为连续变量进行拟合更简便易行，因为每天使用者的数量将以百万计，在此处识别数据的离散性并不重要，也没有什么难度。在某些情况，因为有大数值的 $x$，离散分布可近似于连续分布。在实际应用中，如果用连续分布对离散变量进行模拟，通过应用 Excel 中的取整函数 ROUND（）函数即可轻易地把变量的离散性质放回到风险分析模型中去分析。

与前述恰好相反的情况却从未发生，即连续变量的数据总是只能用连续型分布来拟合，而不能用离散型分布。

②是否确实需要用数学（参数）分布拟合数据？有时无需尝试拟合任何理论概率分布类型，而直接应用数据点定义一个经验分布也是很实用的［详见第 225 页（3）拟合非参数分布曲线］拟合非参数分布曲线。

③变量的理论取值范围是否与拟合分布的变量取值范围相匹配？拟合分布的取值范围最好恰好覆盖被模拟的变量的取值范围。若拟合分布的变量取值范围超过了被模拟变量可能的取值范围，那么风险分析模型就会产生实际生活中不可能发生的情况。若分布的变量取值范围没有覆盖被模拟变量的全部取值范围，风险分析模型就不能反映问题真实的不确定性。

④分布参数的值是否已知？这常用于离散变量。例如，二项分布、贝塔-二项分布、负二项分布、贝塔-负二项分布、超几何分布和逆超几何分布等离散型分布会给出样本量 $n$，或需要成功抽取出个体数 $s$ 作为参数，而且这些参数常常是已知的。

⑤研究变量是否独立于模型中的其他变量？研究变量可能与模型中的另一个变量相关或者共同构成函数。该变量也可能与模型之外的某一变量有关，继而又影响风险分析模型中其他变量。

⑥是否已有一种众所周知的、适用于拟合该类型变量的理论分布存在？研究发现，很多类型的变量密切服从某种特定的分布类型，且无法用数学原理解释这种密切的匹配。与正态分布有关的例子很多，如婴儿的体重服从正态分布，工程测量误差及表示其他变量综合的变量等均服从正态分布。如果已知某种分布非常适用于某种变量类型，该分布通常被发表在学术著作

中，可以直接应用其对某种类型的变量建立模型，此时需要做的仅是找到最佳的分布参数。

使用@ RISK 软件对现有数据拟合合适分布要遵循如下步骤。

①@ RISK 工具栏上“分布拟合”图标用于对数据进行分布拟合并管理现有拟合，在进行拟合前，先使用 Excel 对已有数据进行清洗和统一格式，在选定单列或多列数据的基础上，单击“分布拟合”图标即可。

②通过“对数据进行分布拟合”对话框，可对 Excel 中选定区域的数据进行拟合，并指定拟合过程中使用的选项，此步操作需注意：选择要拟合数据类型（如连续、离散或累积）、过滤数据、指定要拟合的分布类型，以及指定要使用的卡方分组。

③拟合结果图包括比较图、差异图、P-P 图和 Q-Q 图。通过单击“拟合排列”列表框，即可显示每个拟合分布的结果。

④选定最佳拟合分布或有理论支持的最适分布，单击写入单元格即可将模型中的拟合结果作为新的分布函数。选择每次模拟开始时进行更新和重新拟合，当数据发生变化并在模型中插入由此而新生成的分布函数时，@ RISK 会在每次模拟开始时自动对数据进行重新拟合。

练习 6：拟合参数分布，练习目的是掌握@ RISK 中分布拟合概念和步骤。

Chang 等报告了柯萨奇病毒 $B_1$ 型的组织感染性分析结果，该分析是将动物细胞（猴肾脏细胞）的等分试样暴露于已知体积的病毒悬浮液。根据表 12-5 中的数据，计算或拟合给出原悬浮液中病毒的 MPN 值及其拟合优度。

解答 1：计算法（规划求解优化分析法）：

①参考前文练习 5 中的方法，计算出每行病毒污染的 MPN 值，见 D2：D8，计算公式如下：$\mu_{ML,i}=-(1/V_i)\ln[(n_i-p_i)/n_i]$；

②计算 D2：D8 单元格的均值，并将其假设为 $\mu_{ML}$ 的初始值，对其取自然对数 = ln(7.618) = 2.031，见 E10；

③借助似然比公式：$-\ln(\Lambda)=\sum\{V_i(\mu_{ML}-\mu_{ML,i})(n_i-p_i)-p_i\times\ln[(1-\exp(-\mu_{ML}\times V_i))/(1-\exp(-\mu_{ML,i}\times V_i))]\}$，计算得到每行的似然比，在 E9 单元格对计算获得的 7 个似然比进行求和；

④利用 Excel 中规划求解（Solver）程序，将单元格 E9 设定为最小优化值，运行规划求解程序后，目标单元格 E9 和 E10 将自动变换为 1.939 和 6.949。

⑤计算得到 $-2\ln(\Lambda)$ 为 2.046，与自由度为 6（=7-1）的卡方分布比较，低于临界值（5%的卡方对应值为 12.59），因此不能拒绝这个实验的拟合优度。也就是可以接受优化计算得到的病毒总体污染 MPN 值为 6.949 个/mL 的结果。

表 12-5　　练习 6 中试验数据的规划求解法和公式

| 序号 | A | B | C | D | E |
|---|---|---|---|---|---|
| 1 | 试样培养体积/mL | 总培养数/个 | 阳性数/个 | $\mu_{ML,i}$ | $-\ln(\Lambda)$ |
| 2 | 0.032 | 29 | 7 | 8.633 | 0.153 |
| 3 | 0.026 | 30 | 4 | 5.504 | 0.117 |
| 4 | 0.021 | 28 | 3 | 5.397 | 0.104 |
| 5 | 0.018 | 30 | 4 | 7.950 | 0.035 |
| 6 | 0.016 | 29 | 2 | 4.466 | 0.228 |

续表

| 序号 | A | B | C | D | E |
|---|---|---|---|---|---|
| 7 | 0.011 | 25 | 2 | 7.580 | 0.007 |
| 8 | 0.005 | 30 | 2 | 13.799 | 0.379 |
| 9 | | | 公式 | Sum（E2：E8） | 1.023 |
| 10 | | | | Assumed ln（$\mu_{ML}$） | =ln（7.618）= 2.031 |
| 11 | | | | $\mu_{ML}$ | =exp（E10）= 7.618 |

解答 2：拟合法（用 Bootstrap 又称拔靴法模拟分析，计算过程如表 12-6 所示）：

①计算出每行病毒污染的 MPN 值，见 D2：D8；

②假设悬浮液中病毒污染值的总体分布也符合泊松分布，根据泊松分布的相加性原理，可以计算得到各样品 MPN 值的总体平均值为 7.618，见 D9，标准差为 3.127，方差为 9.780；

③选定单元格 D2：D8 的数据，点击分布拟合-对数据进行分布拟合，将跳出分布拟合窗口，连续点击默认选项后，可得到图 12-13 和图 12-14，与原先预想的可能拟合为泊松分布的结果有较大出入。

④上一步骤中不能出现泊松分布的原因是泊松分布需要默认数据是离散的，而本例题的数据都带有小数点后三位，会自动被软件识别为连续数据。为模拟出离散数据，建议采用拔靴法（Bootstrap）来模拟可能的泊松数值分布，具体命令如表 12-6 所示。先将 E2：E8 单元格用离散均匀分布（Duniform）表示随机从 D2：D8 单元格中数值进行抽样，F2：F8 则采用绝对引用给出依据左边一行泊松均值给出的泊松分布值，此时点击 F9 键会发现迭代出的泊松分布取值全是非负整数。

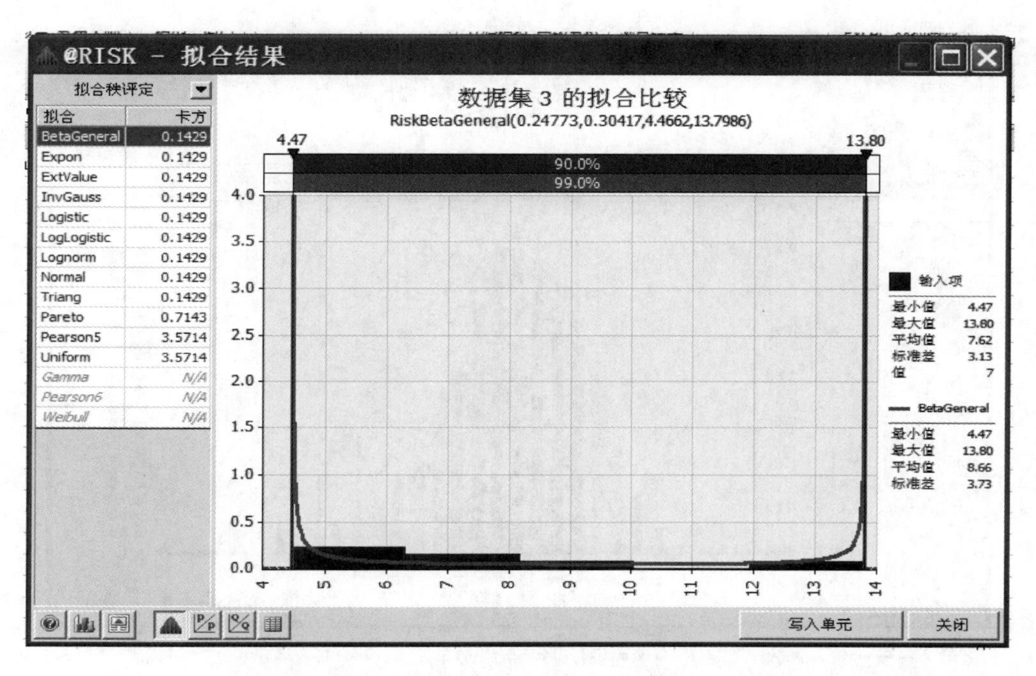


图 12-13 将数据视为连续样本数据得到的拟合分布列表中的 BetaGeneral 分布

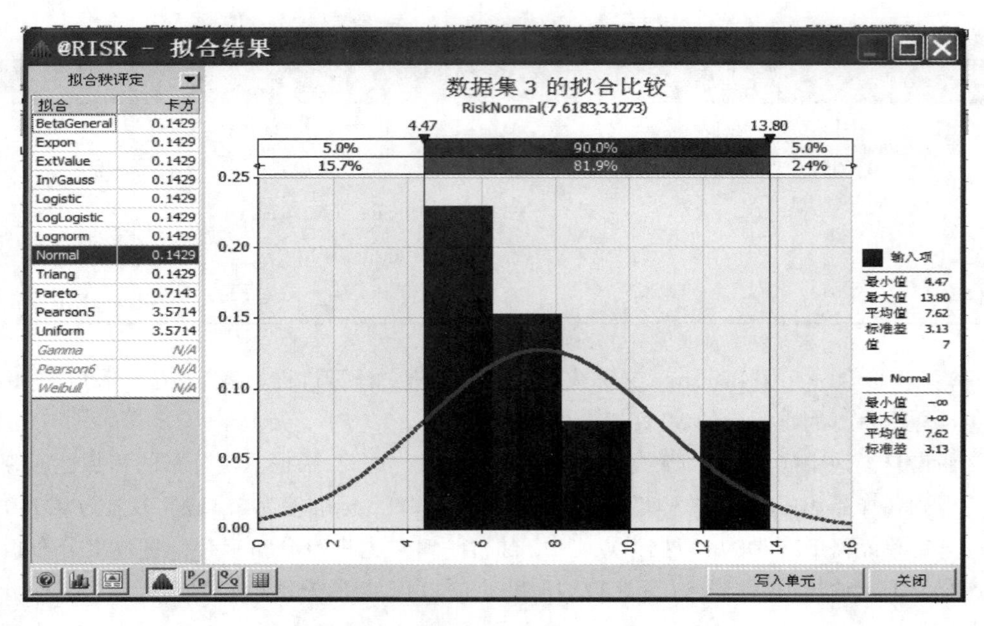


图 12-14　将数据视为连续样本数据得到的拟合分布列表中的正态分布

⑤将 F2：F8 复制 15 次，由于输入 F2：F8 单元格内数值时使用的是单元格绝对引用，将共获得 16 组来自 7 个泊松分布的 112 个整数值，选定 F2：F8，此时点击“分布拟合-对数据进行分布拟合”，将跳出分布拟合窗口，连续点击默认选项后（注意此时的拟合数据集将自动拓展为 F2：F113，要拟合的分布将变为二项式分布、几何分布、整数均匀分布、负二项式分布和泊松分布等离散分布），最后可得到图 12-15。

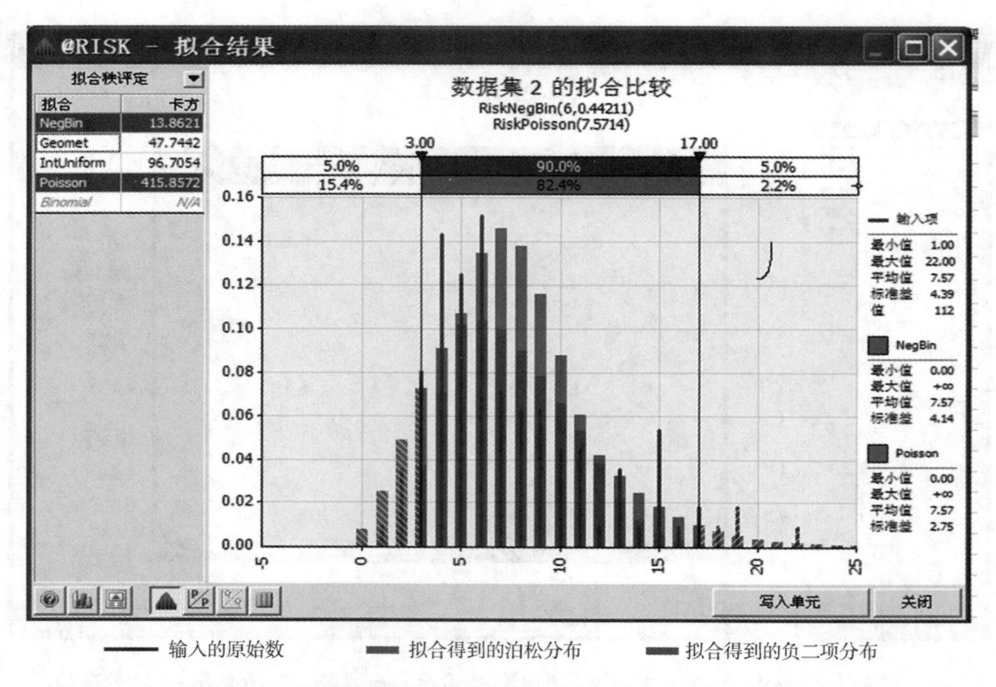


图 12-15　将数据拟合为离散整数时得到的拟合分布列表中的泊松分布和负二项分布

表 12-6　　练习 6 中试验数据的拟合求解法和公式

| 序号 | A | B | C | D | E | F |
|---|---|---|---|---|---|---|
| 1 | 试样培养体积/mL | 总培养数/个 | 阳性数/个 | $\mu_{ML,i}$ | 拔靴法样本 | 泊松分布样本 |
| 2 | 0.032 | 29 | 7 | 8.633 | 13.799 | 12 |
| 3 | 0.026 | 30 | 4 | 5.504 | 8.633 | 0 |
| 4 | 0.021 | 28 | 3 | 5.397 | 7.580 | 10 |
| 5 | 0.018 | 30 | 4 | 7.950 | 5.397 | 7 |
| 6 | 0.016 | 29 | 2 | 4.466 | 7.950 | 6 |
| 7 | 0.011 | 25 | 2 | 7.580 | 5.504 | 3 |
| 8 | 0.005 | 30 | 2 | 13.799 | 4.466 | 5 |
| 9 | | | 均值 | 7.618 | | |
| 10 | | | 标准差 | 3.127 | | |
| 11 | | | | 公式表 | | |
| 9 | | | D2：D8 | 计算所得数据值 | | |
| 10 | | | D9 | =Average（D2：D8） | | |
| 11 | | | D10 | =Stdev（D2：D8） | | |
| 12 | | | E2：E8 | =RiskDuniform（$D$2：$D$8） | | |
| | | | F2：F8 | =RiskPoisson（$E$2：$E$8） | | |

⑥观察图 12-15 中数据，可以看出：泊松分布的值明显右偏，虽然泊松分布的均值 7.57 很接近初始的计算均值 7.61，但由于分布的方差>均值（9.780>7.618），提示我们负二项式分布可能可以更好地描述该分布，拟合分布的卡方检测值也可以说明这一点，在自由度为 111 时，拟合负二项式分布的卡方值为 13.86，远远小于拟合泊松分布的卡方值 415.86。

⑦单击图 12-15 中的写入单元，可将拟合得到或拟合选定的概率分布写入指定的单元格。可将此两个分布与解答 1 计算得到的最优泊松分布叠加在一起，进而可以比较三个分布的优劣。

（3）拟合非参数分布曲线　此方法是简单地将观测数据定义为一个经验分布，它既可以用于连续随机变量又可以用于离散随机变量，相对来说比较简单，不需要任何将数据拟合为理论分布的假设。下面通过举例来阐述如何模拟连续随机变量的问题。

练习 7：模拟连续变量，练习目的是掌握@ RISK 中拟合非参数分布曲线步骤。

为对人类从食用鸡肉中感染疫病进行风险分析，想模拟出每顿饭中鸡肉的摄入量，随机调查了 15 个人，让他们记录每顿饭鸡肉的摄入量（如表 12-7 所示）。在先前的调查研究中已经发现，最少的摄取量为 50g，最大的摄取量为 250g，请用一个概率分布来描述在这一人群中鸡肉的摄入量分布情况。

表 12-7 15 名消费者的鸡肉摄入量数据

| 个体序号 | 摄取量/g | 个体序号 | 摄取量/g |
| --- | --- | --- | --- |
| 1 | 98 | 9 | 100 |
| 2 | 120 | 10 | 105 |
| 3 | 65 | 11 | 99 |
| 4 | 99 | 12 | 150 |
| 5 | 100 | 13 | 89 |
| 6 | 130 | 14 | 102 |
| 7 | 200 | 15 | 115 |
| 8 | 110 | | |

解答：①升序排列摄入量资料，并在升序后运用这一数据计算对于每个数据点的累积概率。累积概率计算公式：$F(x_i)=i/(n+1)$，这里 $i=1$，2，…，15，排列的数据点 $n=15$，这些数据点（65，89，…，200）在单元格 C2：C16 中排列。相应的累积概率值（0.062，0.125，…，0.937）在单元格 D2：D16 排列；

②利用@ RISK 软件中 RiskCumul 函数建立一个概率分布，其参数为最小值，最大值，观测数据值和累积概率，=RiskCumul(50，250，C2：C16，D2：D16)；

③发现出现误差，校对资料点中相同的量：在 99g 和 100g 上有完全相同的量，改变个体 11 的摄取量为 99.1g，个体 9 的摄取量为 100.1g。

④迭代 10000 次，得到如图 12-16 所示的以 50g 为最低摄入量，以 250g 为最高摄入量，以 15 个摄入量调查数据为基础的概率分布。

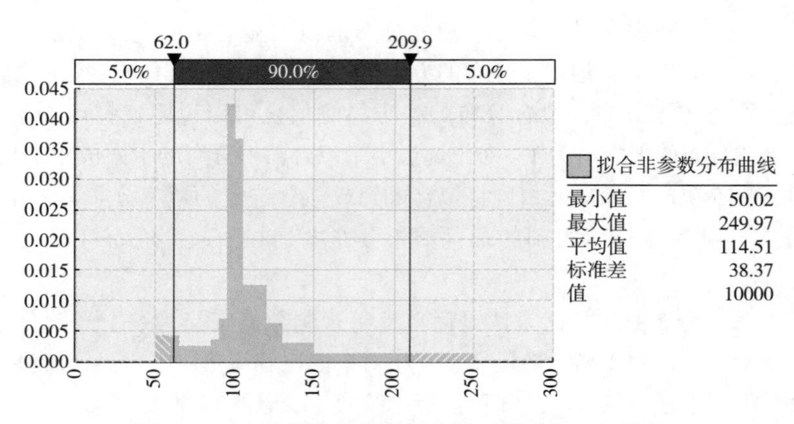


图 12-16 鸡肉摄入量非参数拟合得到的分布曲线

（4）采用专家意见建立分布　在数据非常稀缺或没有数据时，通常采用利用专家意见的办法拟合函数曲线。考虑专家意见时，信息会受到各种人为偏差的影响，有许多资料讲述关于专家意见的有用性和缺陷方面的问题，以及如何降低其偏差。常用于描述专家意见的概率分布包括：累计分布（=RiskCumul）、离散分布（=RiskDiscrete）、一般分布（=RiskGeneral）、均匀分布（=RiskUniform）、三角分布（=RiskTriang）和泊特分布（=RiskPert）。

泊特分布即项目评审法（Program Evaluation and Review Technique，PERT），最早在项目管理中用来利用概率技术决定关键路径，后来被广泛使用在利用专家意见法评估关键变量的概率分布，PERT 法认为要评估的变量是一个随机变量，且可以通过对变量分布的乐观估计、悲观估计和最大可能估计来确定。通常三点估计值是十分充分的，这三个值可以用来定义三角分布或者某种形式的 PERT 分布。

@RISK 软件菜单中的“分布大师命令”可用于绘制创建@RISK 分布的任意曲线、直方图或离散概率图形，可将其拿给专家观看，并利用专家的意见直接对各种估计值和分布的形状进行修改，这对于通过图表对概率进行评估，然后由图表创建概率分布很有用。在分布大师窗口拖动鼠标即可轻松地绘制曲线。单击写入单元格即可将模型中所绘制的曲线作为新的分布函数（图 12-17）。

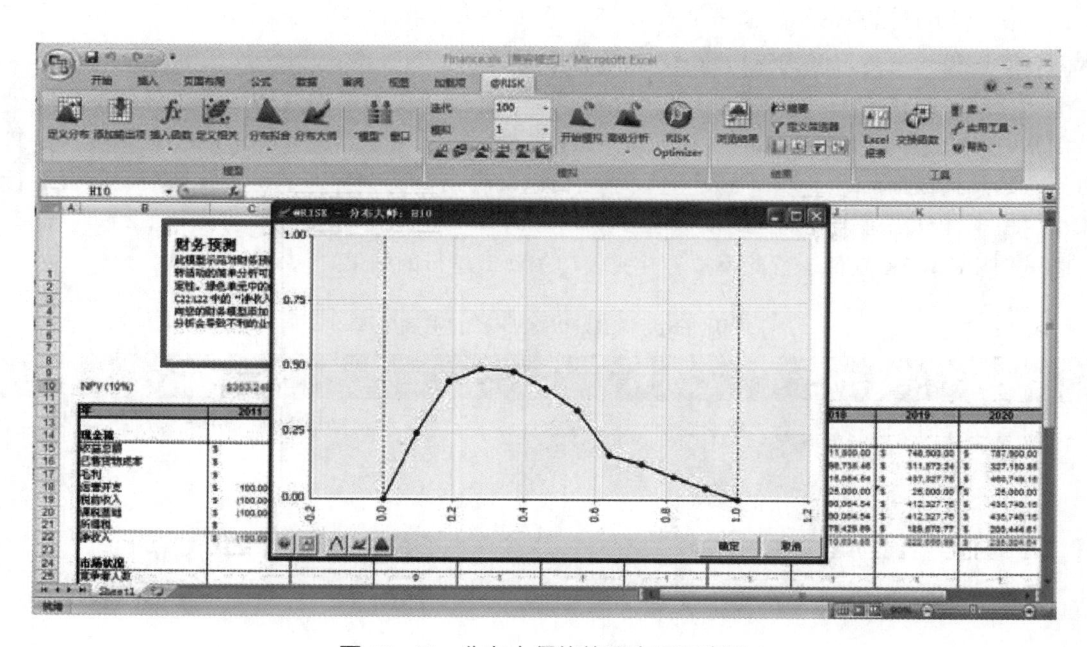


图 12-17　分布大师的使用窗口示意图

## 五、利用@RISK 表示微生物剂量-反应关系

练习 8：液体鸡蛋中沙门菌污染的定量风险评估，练习目的是掌握如何在@RISK 软件中实现对微生物致病剂量-反应关系的描述。

有 1000 枚鸡蛋，每枚 60mL，去壳后混合在一起。据估计其中有 10%比例的鸡蛋污染了沙门菌。混合后，有 60mL 的蛋液被拿走消费。如果每枚污染鸡蛋中有 100CFU 的沙门菌，在被消费的 60mL 中会有多少沙门菌？最少消费 1CFU 沙门菌的概率是多少？要获得最少感染剂量 12CFU，需消费多少液体蛋？

如果用下述剂量反应关系模型替代最小感染剂量：$P_{\mathrm{ill}}(x)=1-\exp(-x/5)$，其中 $x$ 是细菌摄入量。那么消费 60mL 蛋液引起感染的概率是多少？如果有 200 份蛋液（每份 60mL）在一次冷餐会上被消费者食用（每人食用一份），可能有多少个消费者被感染？

解答：①每 10 枚鸡蛋中就有 1 枚受到感染，那么沙门菌的平均浓度就是 100/10 = 10CFU/60mL。

②从 1000 枚鸡蛋中去掉 1 枚鸡蛋的量相对是很小的，如果蛋液混合很均匀，可以假设样品中沙门菌污染符合前述以 10CFU 为平均浓度的泊松分布。

③在一个 60mL 的样品中，沙门菌的数目呈现 Poisson（10）分布，在这样的总量中至少有 1CFU 的概率 = $1-p(0)=1-\exp(-10)=99.996\%$。要消费到 12CFU 剂量需要消费的鸡蛋的总的数量是 Gamma（12，1/10）。

④使用剂量-反应关系模型，受到感染的概率 $P$ 是消费 $x$ 个 CFU 的泊松概率乘以 $P_{ill}$（$x$），将 $x$ 的所有可能的感染值累加在一起，即：

$$p=\sum_{x=1}^{n}\frac{\exp(-10)\times 10^{x}}{x!}\times(1-\exp(-x/5)) \tag{12-3}$$

⑤使用 Excel 计算的感染概率见表 12-8 中单元格 E38；将 200 人食用蛋液可能的感染人数视为一个二项式分布，可以得到感染人数的分布如图 12-18 所示。

⑥使用@ RISK 软件可以直接计算感染的概率，在一个单元格中直接定义 1 份蛋液中污染沙门菌 CFU 的数目 = RiskPoisson（100/10），在另一个单元格中直接计算由前一单元格污染数目导致的感染概率 = $1-\exp(-x/5)$，对该单元格添加输出定义，并选定迭代次数后，即可运行模型，模拟计算出感染概率，此模拟值与表 12-9 中单元格 E38 计算的确切概率值相近。读者可尝试使用@ RISK 软件运行此模拟，并比较两个模型运行的结果。

表 12-8 利用 Excel 和@RISK 计算的患病概率

| 序号 | B | C | D | E |
|---|---|---|---|---|
| 1 | 污染值 | 污染概率 | 感染概率 | 患病概率 = 污染概率×感染概率 |
| 2 | 0 | $4.53999\times10^{-5}$ | 0 | 0 |
| 3 | 1 | 0.000453999 | 0.181269 | $8.23\times10^{-5}$ |
| 4 | 2 | 0.002269996 | 0.32968 | 0.000748 |
| 5 | 3 | 0.007566655 | 0.451188 | 0.003414 |
| 6 | 4 | 0.018916637 | 0.550671 | 0.010417 |
| 7 | 5 | 0.037833275 | 0.632121 | 0.023915 |
| 8 | 6 | 0.063055458 | 0.698806 | 0.044064 |
| 9 | 7 | 0.090079226 | 0.753403 | 0.067866 |
| 10 | 8 | 0.112599032 | 0.798103 | 0.089866 |
| 11 | 9 | 0.125110036 | 0.834701 | 0.104429 |
| 12 | 10 | 0.125110036 | 0.864665 | 0.108178 |
| … | … | … | … | … |
| 33 | 31 | $5.5212\times10^{-8}$ | 0.997971 | $5.51\times10^{-8}$ |
| 34 | 32 | $1.72537\times10^{-8}$ | 0.998338 | $1.72\times10^{-8}$ |

续表

| 序号 | B | C | D | E |
|---|---|---|---|---|
| 35 | 33 | $5.22841\times10^{-9}$ | 0.99864 | $5.22\times10^{-9}$ |
| 36 | 34 | $1.53777\times10^{-9}$ | 0.998886 | $1.54\times10^{-9}$ |
| 37 | 35 | $4.39362\times10^{-10}$ | 0.999088 | $4.39\times10^{-10}$ |
| 38 | | C2：C37 | =Poisson. Dist（B2，10，0） | =83.679% |
| | | D1：D37 | =1-exp（-B2/5） | |
| | | E2：E37 | =C2×D2 | |
| | | E38 | =SUM（E2：E37） | |
| | | E39 | =RiskBinomial（200，E38） | |

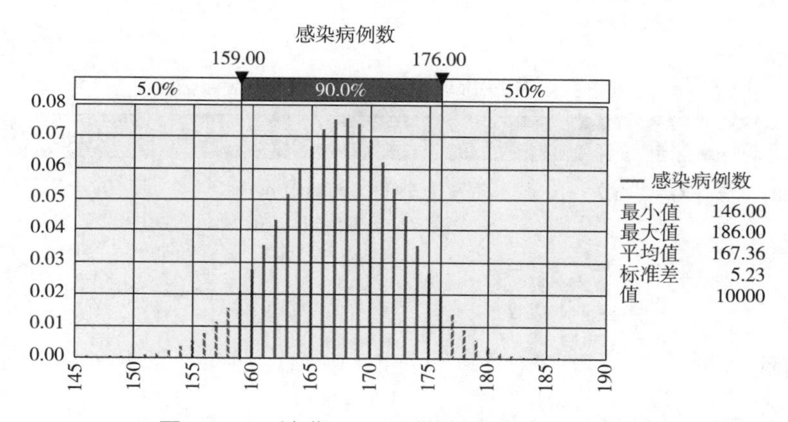


图 12-18 消费 60mL 蛋液引起感染的病例数

## 六、利用@RISK 表示食品中微生物的增殖衰减

微生物污染在低浓度时除具有离散性特征外，微生物在适宜的机体或环境条件下还可以增殖更是增加了暴露评估的复杂性。无论是利用蒙特卡罗模拟法还是利用其他的理论计算方法，开展定量风险评估最重要的是估计风险所在区间，如除鸡蛋容易污染沙门菌外，生鸡肉也很容易污染沙门菌，并且如果鸡肉不能正确的冷藏储存时，污染的沙门菌还会增殖；而食用前合适的烹饪加工是可以杀死污染的沙门菌的；并且在食用鸡肉的量上，不同的个体也会有差异。所以，对于食品微生物污染后的风险特征描述也分两种方式：点估计和区间估计。

练习 9-1：鸡肉样本中鸭沙门菌污染的风险评估，掌握点估计计算过程。

一份生鸡肉样本中每克含有 10 个鸭沙门菌。剂量反应关系为贝塔-泊松模型，参数为 $\beta$= 0.291 和 $N_{50}$=44400。人们每餐食用 200g 鸡肉。在烹饪过程中，沙门菌降低了 99.5%；不过，烹饪后存储期间内沙门菌会增长 50%。计算食用该食物的风险（每人）。（提示：该练习中的数字仅用于举例，不反映具体烹饪或存储过程的真实情况。）

解答：（点估计：确定性模型）

①烹饪后的微生物浓度为：10×(1-0.995)= 0.05 个/g；

②由于再生长，食用时的微生物浓度为：0.05×(1+0.5)= 0.075 个/g；

③每餐摄入微生物个数：0.075×200=15个。将其作为贝塔-泊松模型中的剂量值，得到的感染风险为：$P=1-[1+15/44400\times(2^{1/0.291}-1)]^{-0.291}=9.7\times10^{-4}$。

④注意该风险计算中有5个输入：a. 生鸡肉中的微生物浓度；b. 2个贝塔-泊松剂量参数（$\beta$和$N_{50}$）；c. 烹饪过程的减少率；d. 烹饪之后的增长率；e. 鸡肉食用量。

练习9-2：鸡肉样本中鸭沙门菌污染的风险评估，掌握概率评估（区间估计）计算过程并学会如何开展敏感性分析。

生鸡肉中污染有沙门菌，后者在不恰当的冷藏储存中可能增殖，并可以在烹饪过程中衰减。消费者每次鸡肉的食用数量还有一定的变化。这些变量都可以用概率分布表示（表12-9）。表12-9中用来表示变量的分布均是通过试验数据或专家意见得到的，例如，沙门菌的初始污染浓度可通过对屠宰后鸡胴体的随机抽样检测获得，每份鸡肉的食用量可通过消费者调查获得，烹饪过程中的衰减和储存时的增殖可通过调查烹饪和储存的时间和温度参数并借助预测微生物学模型获得。

表12-9　考虑变异性的生鸡肉污染沙门氏菌风险评估

| 输入变量 | 分布 | 均值 | 95%上限值 |
| --- | --- | --- | --- |
| 鸡肉中沙门氏菌浓度，$x_1$/(#/g) | 对数正态分布（Lognormal）<br>平均值=10，标准差=30<br>$\zeta=1.151$<br>$\delta=1.517$ | 10 | 38.69 |
| 摄入量，$x_2$/g | 三角分布（Triang）<br>最小值=50<br>众数=200<br>最大值=400 | 216.67 | 340.73 |
| 烹饪时减少量，$x_3$（比例） | 贝塔分布（Beta）<br>$\alpha=10$<br>$\beta=0.05$ | 0.995 | 0.9725* |
| 存储时增加量，$x_4$ | 威布尔分布（Weibull）<br>$\alpha=0.05$<br>$c=2$ | 0.4431 | 0.8654 |

*置信下限

解答：（区间估计：随机模型）

①表12-9中各变量分布的均值皆是利用分布参数和表达式计算获得。95%上限值则是分布表达式的累积概率分布的95百分位数值，而烹饪衰减的95%下限值（即$x_3$是超过分布的95百分位数值）则是计算获得，因为$x_3$越小，越会增加暴露值（这一点与其他变量不同，其他变量均是越大越增加暴露值）。

②沙门菌摄入量的均值（$y$）可通过表12-9中各变量组合成如下公式获得：$y=x_1x_2(1-x_3)(1+x_4)$。可首先利用各参数的平均值和95%上限值计算$y$的均值：$y_{mean}=10$（216.67）

(1−0.995)(1+0.4431)= 15.63，与点估计值基本相等；而 $y$ 的 95%上限值也可计算出：$y_{0.95}$ = 38.69 (340.73)(1−0.9725)(1+0.8654)= 676.26。

③利用@ RISK 软件定义清楚 $y=x_1x_2(1-x_3)(1+x_4)$ 中的四个变量，迭代次数定义为 10000 次，运行模拟后可获得图 12-19 所示的每次平均暴露量的累积概率分布图。

④在模拟结果窗口，可对选定变量进行敏感性分析，识别出影响终变量的各相关变量的影响大小，用秩相关系数表示，如图 12-20 所示。

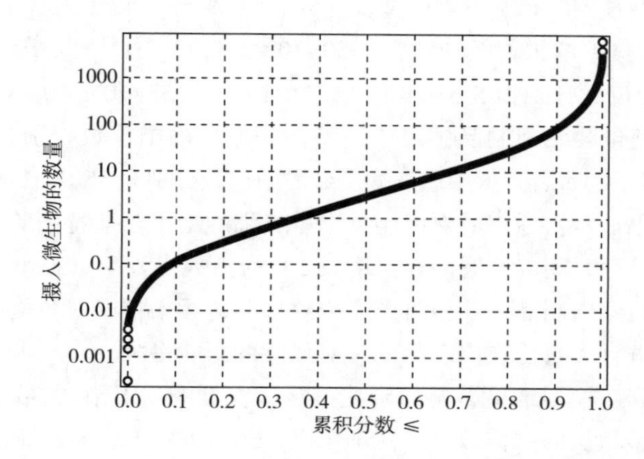


图 12-19　每次消费鸡肉摄入沙门菌平均暴露量的累积概率图

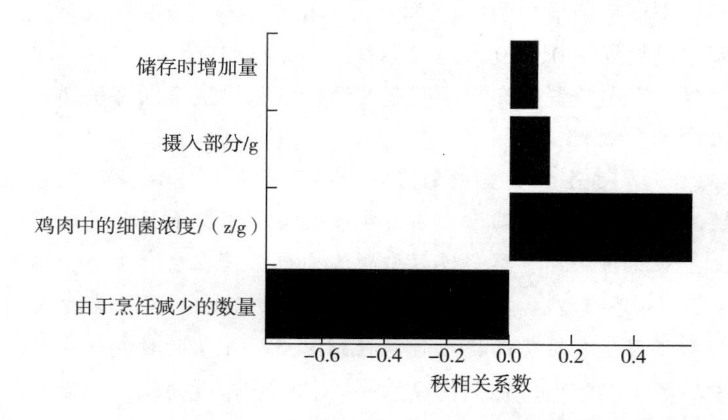


图 12-20　影响每次消费鸡肉摄入沙门菌暴露量的秩相关敏感性分析图

## 七、利用@RISK 开展微生物定量风险评估案例

**[案例 1]** 田静开展了熟肉制品中单核细胞增生李斯特菌的定量风险评估。在该报告中，作者结合已有资料（熟肉制品中单核细胞增生李斯特菌污染监测资料、居民熟肉制品摄入资料、人口普查资料、单核细胞增生李斯特菌预测微生物学模型资料、单核细胞增生李斯特菌剂量反应关系资料），建立了熟肉制品中单核细胞增生李斯特菌污染对我国居民健康影响的定量暴露评估模型。

①作者采用@ RISK4.5 软件，按照危害识别、危害特征描述、暴露评估、风险特征描述四个步骤评估我国居民中 0~4 岁、5~64 岁以及 65 岁以上人群消费散装熟肉制品和定型包装熟肉

制品罹患李斯特菌病的风险，同时进行了敏感性分析。

②作者利用2009年国家食源性疾病监测网资料中841份散装熟肉制品和2008年国家食源性疾病监测网资料中100份定型包装熟肉制品中单核细胞增生李斯特菌检测资料评估了两类肉制品中单核细胞增生李斯特菌的污染情况；摄入量资料利用了2002年全国营养调查数据中的肉制品摄入量数据；预测微生物学模型采用的是单核细胞增生李斯特菌指数生长率模型；剂量反应关系模型使用的是指数模型。

③定量评估的模型预测结果显示：0~4岁、5~64岁及65岁以上人群摄入一份散装熟肉制品感染食源性李斯特菌病概率的中位数分别为$6.50\times10^{-11}$、$2.13\times10^{-12}$、$9.05\times10^{-11}$；每年引起每百万人中患病病例数的中位数分别为$5.53\times10^{-3}$、$1.72\times10^{-4}$、$7.57\times10^{-3}$。0~4岁、5~64岁及65岁以上人群摄入每份定型包装熟肉制品感染李斯特菌病概率的中位数分别为：$6.51\times10^{-7}$、$1.96\times10^{-8}$、$8.63\times10^{-7}$；每年引起每百万人中患病病例数的中位数分别为55.9、1.69、71.2。

④敏感性分析结果显示：零售时熟肉制品中单核细胞增生李斯特菌的污染状况、每份熟肉制品的摄入量、家庭储存时间、家庭储存温度及5℃的指数生长率（EGR）与患病风险的关系均是正相关。对于散装熟肉制品，零售时产品中致病菌的污染情况对风险的影响最大；对于定型包装熟肉制品，人群食入每份熟肉制品的量对风险的影响最大。

⑤储存温度和时间对模型结果影响的研究显示：在夏季室温放置3d后，散装熟肉制品中单核细胞增生李斯特菌增长的中位数为5.75lg CFU/g（0.62~17.53lg CFU/g），摄入每份肉制品患病概率中位数为$1.97\times10^{-5}$（$1.02\times10^{-10}$~$1.24\times10^{-2}$）；在春秋季室温放置3d后，散装熟肉制品中单核细胞增生李斯特菌增长的中位数为3.44lg CFU/g（0.36~10.87lg CFU/g），摄入每份肉制品患病概率中位数为$1.01\times10^{-7}$（$4.20\times10^{-11}$~$6.43\times10^{-3}$）。比较不同季节室温放置熟肉制品的结果发现，夏季室温放置熟肉制品引起的单核细胞增生李斯特菌增长及其患病概率要高于春秋季（高出2个数量级）。

**[案例2]** 韩海红开展了生食贝类中副溶血性弧菌污染水平调查和定量风险评估。在该报告中，作者利用监测资料分析了中国六个省份生食贝类中副溶血性弧菌的定量污染数据；并基于定量数据，建立了从养殖场到餐桌全过程中副溶血性弧菌在生食贝类中增长消亡规律的数学模型，结合剂量-反应关系模型，建立了生食贝类中副溶血性弧菌污染对我国居民的定量暴露评估模型，预测评估了因生食贝类而摄入致病性副溶血性弧菌的致病概率及发病人数。

①六省份生食贝类中副溶血性弧菌污染水平：总副溶血性弧菌的阳性率和污染水平分别是70.6%和44.6MPN/g，污染水平从北向南有明显的地区趋势，辽宁最低，从低到高依次为山东、福建、浙江、四川，最高的为广西。总副溶血性弧菌的污染水平呈现明显季节趋势，以夏秋季最高；致病性副溶血性弧菌的阳性率和污染水平分别是26.7%和0.5MPN/g，阳性样品的污染水平也呈现明显的地区和季节趋势。

②生食贝类中副溶血性弧菌风险评估以养殖阶段副溶血性弧菌的实际污染数据为起点，生长动力学模型采用的是基于肉汤的二级平方根模型，剂量反应关系模型采用的是Beta-Poisson剂量反应关系模型，作者利用@ RISK软件分别建立了冷链评估模型和常温评估模型。冷链评估模型评估了贝类经冷链流通后的副溶血性弧菌生食风险，显示家庭食用时副溶血性弧菌的污染水平高于养殖阶段；每餐食用风险广西最低，为$2.36\times10^{-5}$，其他三地均为10.4；结合四地的人口学数据，食用风险广西最低，每年平均有323人发病，山东最高，每年平均有4942人发病。常温评估模型评估结果显示：常温流通后，家庭食用时副溶血性弧菌污染水平高于冷链

评估；每餐食用风险高于冷链评估；每年食用风险高于冷链评估。

③敏感性分析：冷链评估模型中对广西的每餐食用风险进行敏感性分析，发现了8个风险因素，按照相关性从大到小依次排列为：气温>牡蛎消费克数>冷却时间>运输时间>初始污染水平（Cp）>生食概率>致病性副溶血性弧菌阳性率>总副溶血性弧菌阳性率，初始污染水平位列风险因素的第5位，相关系数为0.21，而致病性副溶血性弧菌阳性率和总副溶血性弧菌阳性率与每餐食用风险的相关性仅为0.02和0.01。

④标准保护评估：《食品安全国家标准　预包装食品中致病菌限量》（GB 29921—2021）中副溶血性弧菌限量在冷链评估中对每餐食用风险和每年食用水平的保护水平都能达到87%以上；在常温评估中对每餐食用风险和每年食用水平的保护水平均在98%以上。

## 第二节　食品安全定量风险评估软件 FDA-iRISK

### 一、软件介绍

iRISK是美国食品和药物管理局（Food and Drug Administration，FDA）发布的食品危害风险评估系统，是一种基于网络的综合风险评估工具，可定量评估和比较微生物以及处理措施对公共卫生的影响。通过相关数学函数、标准数据录入模板以及蒙特卡洛仿真技术，iRISK整合了以下7个方面的数据和假设：食品、危害、消费者群体、危害物全程模型、消费结构、剂量反应曲线、健康效果，从而完成对整个食品供应体系（从初级生产、制造、加工、零售分销、最终到消费者的整个阶段）中的多个食品-危害配对引发的风险进行评估、比较和排序。除了风险排序之外，iRISK还帮助用户估计和比较干预措施和控制措施对公共卫生风险的影响。iRISK以多种方式对拟实施的干预措施的影响进行评估包括考虑疾病平均风险的变化和疾病负担指标的变化。FDA-iRISK于2012年10月向公众开放，利用基于web的接口连接到内置的数学函数和模板库，使世界各地的风险评估人员能够共享数据和结果，目前已更新至4.2版本。

### 二、 FDA-iRISK软件使用

本节提供了关于如何导航FDA-iRISK用户界面、输入数据和创建风险场景以及与其他用户共享数据和风险场景的分步说明。FDA-iRISK技术文档都可以在FDA-iRISK帮助页面上找到。本节提供了两个计算微生物危害风险情景的例子。场景1：一个人群中的单一食物危害；场景2：三个人群中的单一食物危害。

**1. 软件访问**

访问FDA-iRISK的主页。FDA-iRISK页面的主页面包括打开以下页面的选项卡（图12-21）：Home描述FDA-iRISK标准的“首页”，并提供登录和注册链接。定义创建风险场景所需的元素。Risk Models定义创建风险场景所需的元素。Reports可以定制和生成模型摘要和场景排名报告。Repositories可以在其中管理存储库，包括创建新的存储库、向其他人发出共享元素的邀请以及监控当前的共享权限。Help可以了解更多关于在哪里获取帮助和其他资源的信息。

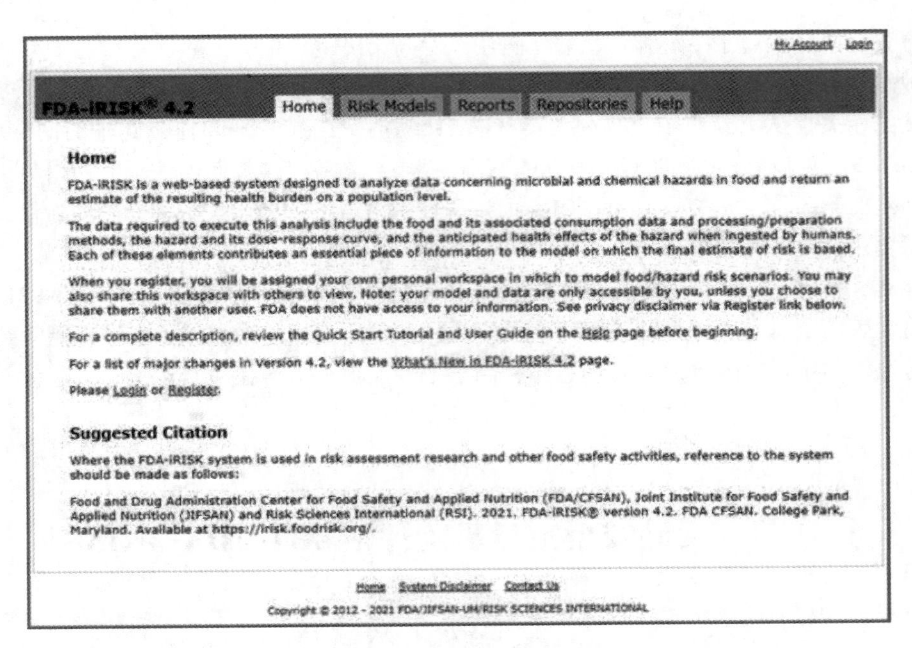


图 12-21　FDA-iRISK 主页面示意图

**2. 风险场景示例**

FDA-iRISK 风险计算方案包括 7 个要素：

①食品；②风险；③消费人群；④过程模型（即食品生产、加工和处理实践）；⑤人口消费模式；⑥剂量-反应关系；⑦与健康影响相关的疾病负担衡量标准（例如，残疾调整生命年或残疾调整生命年的损失）。

本节提供了两个计算微生物危害风险情景的例子。

**场景 1：一个人群中的单一食物危害**

描述了如何为花生酱中的沙门菌（非伤寒沙门菌）创建一个 FDA-iRISK 计算场景，以估计单个食品危害对的人群健康负担。

步骤 1：定义危害

在美国食品和药物监督管理局窗口中，单击风险模型选项卡，然后单击危害选项卡。在“风险模型”页面上，验证在“显示模型”下拉列表中选择了“我的主存储库”（图 12-22）。请注意，当您第一次使用 FDA-iRISK 时，危险和所有其他元素的计数将为零，因为没有定义模型元素。注意：指南中各图中的数字突出显示了重要领域或指明了需要采取行动的领域。

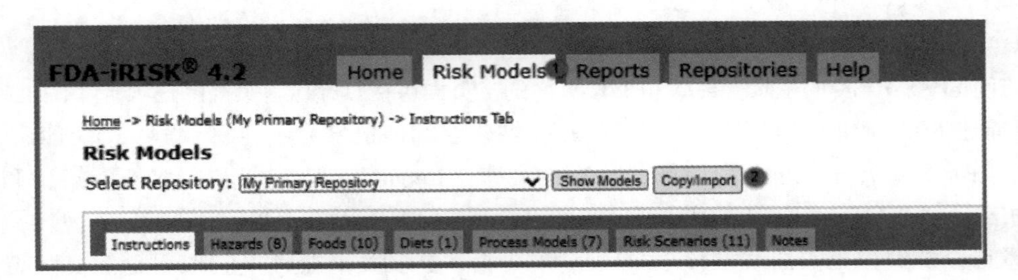


图 12-22　FDA-iRISK 存储库构建

在“添加危害”页面上，输入“沙门菌1”作为危害名称，并将类型保留为“微生物病原体”。单击添加。（1—请注意，当前FDA-iRISK工具本身不支持斜体字体。因此，微生物的名称，如沙门菌或单核细胞增生李斯特菌，在屏幕上和在FDA-iRISK字段中作为文本输入时，都以非斜体字体显示。）将打开“危害编辑”页面。将危害的默认单位保留为“CFU”（图12-23）。

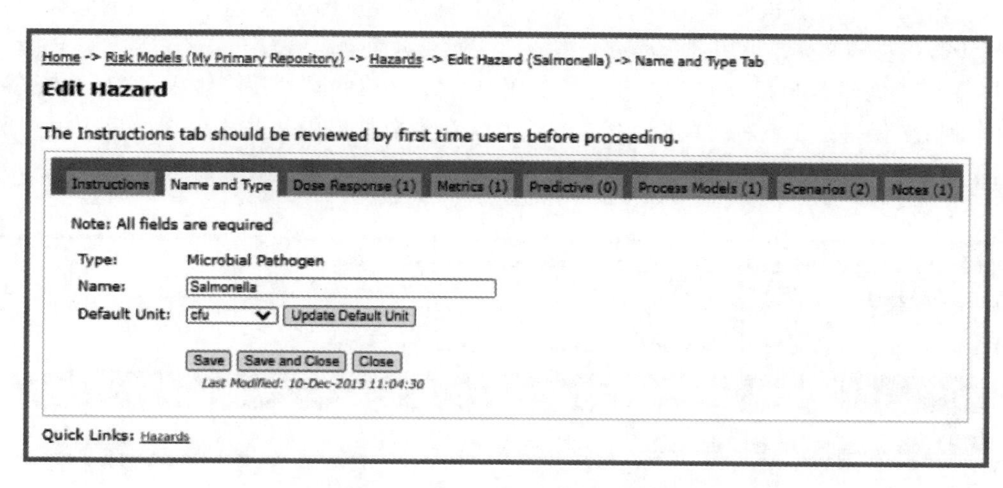


图12-23　FDA-iRISK危害添加界面

步骤2：为危害添加注释

在FDA-iRISK的大多数元素中添加一个或多个注释。单击注释选项卡，然后单击添加注释链接（图12-24）。

Home -> Risk Models (My Primary Repository) -> Hazards -> Edit Hazard (Salmonella) -> Notes Tab

Edit Hazard

The Instructions tab should be reviewed by first time users before proceeding.

Instructions　Name and Type　Dose Response (1)　Metrics (1)　Predictive (0)　Process Models (1)　Scenarios (2)　Notes ①

Add Note ②

Type　Heading　Text　Actions

Home -> Risk Models (My Primary Repository) -> Hazards -> Hazard (Salmonella) -> Add Note

Add Note for Salmonella

Enter a heading for the note and click "Add". The heading will precede the note text in reports.

Private notes will not be shared and will be excluded from reports.

Note: All fields are required

Heading: Description ①

Private: ☐

② Add　Cancel

图12-24　危害注释

在“添加沙门菌注释”页面上，输入“描述”作为标题。或者可选择“个人”复选框，以防止报告中共享或包含注释。

步骤3：添加剂量反应模型

单击剂量响应选项卡，然后单击添加剂量响应链接（图12-25）。在“添加剂量反应模型”页面上，输入“沙门菌 Beta-Poisson 分布”作为剂量反应模型的名称。注意，只有急性暴露类型可用于微生物病原体，可用剂量反应类型的列表列在页面上。单击下一步。

将打开“编辑剂量反应模型”页面。alpha 输入“0.1324”，beta 输入“51.45”。将不利影响的概率保持在100%。单击保存。参数值保存到数据库中，并显示剂量反应模型的图表（图12-26）。

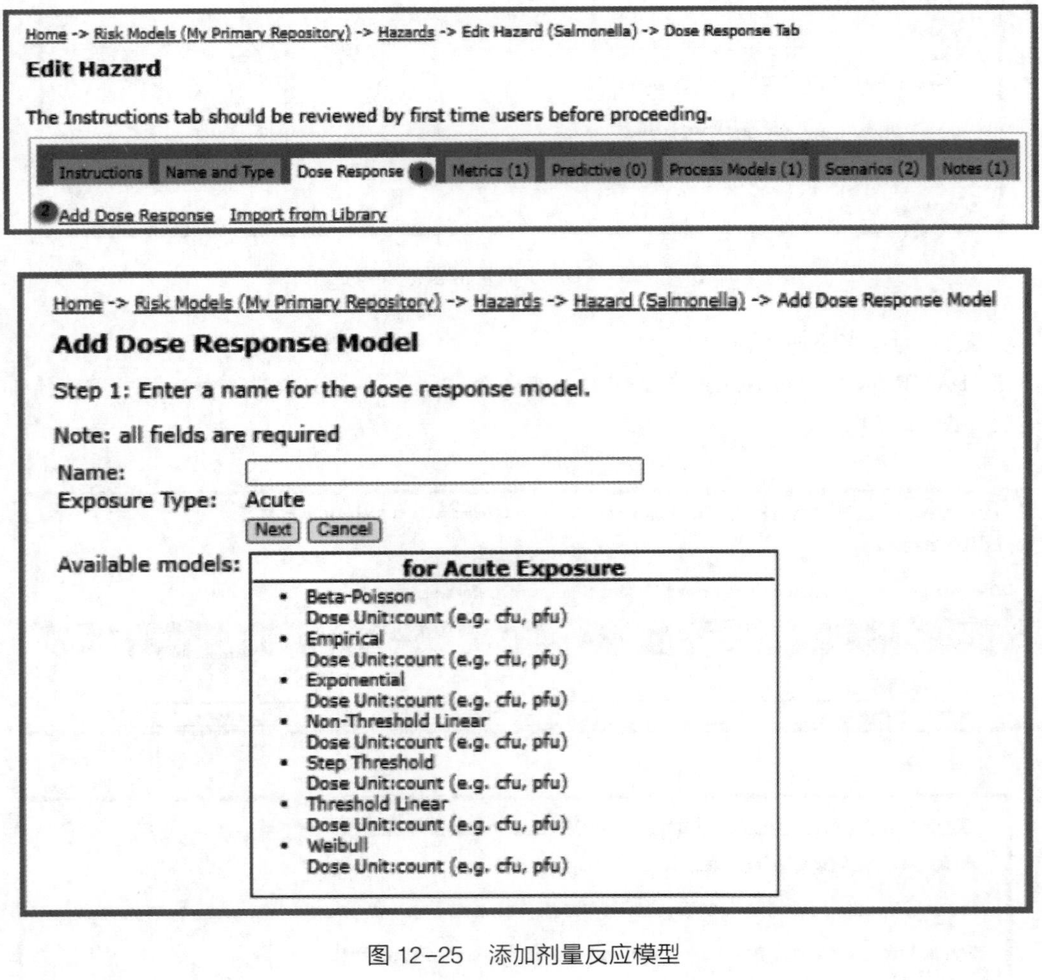

Home -> Risk Models (My Primary Repository) -> Hazards -> Edit Hazard (Salmonella) -> Dose Response Tab
Edit Hazard
The Instructions tab should be reviewed by first time users before proceeding.
Instructions | Name and Type | Dose Response (1) | Metrics (1) | Predictive (0) | Process Models (1) | Scenarios (2) | Notes (1)
(2) Add Dose Response   Import from Library

Home -> Risk Models (My Primary Repository) -> Hazards -> Hazard (Salmonella) -> Add Dose Response Model
Add Dose Response Model
Step 1: Enter a name for the dose response model.
Note: all fields are required
Name:
Exposure Type: Acute
Next  Cancel
Available models: for Acute Exposure
- Beta-Poisson
  Dose Unit:count (e.g. cfu, pfu)
- Empirical
  Dose Unit:count (e.g. cfu, pfu)
- Exponential
  Dose Unit:count (e.g. cfu, pfu)
- Non-Threshold Linear
  Dose Unit:count (e.g. cfu, pfu)
- Step Threshold
  Dose Unit:count (e.g. cfu, pfu)
- Threshold Linear
  Dose Unit:count (e.g. cfu, pfu)
- Weibull
  Dose Unit:count (e.g. cfu, pfu)

图12-25 添加剂量反应模型

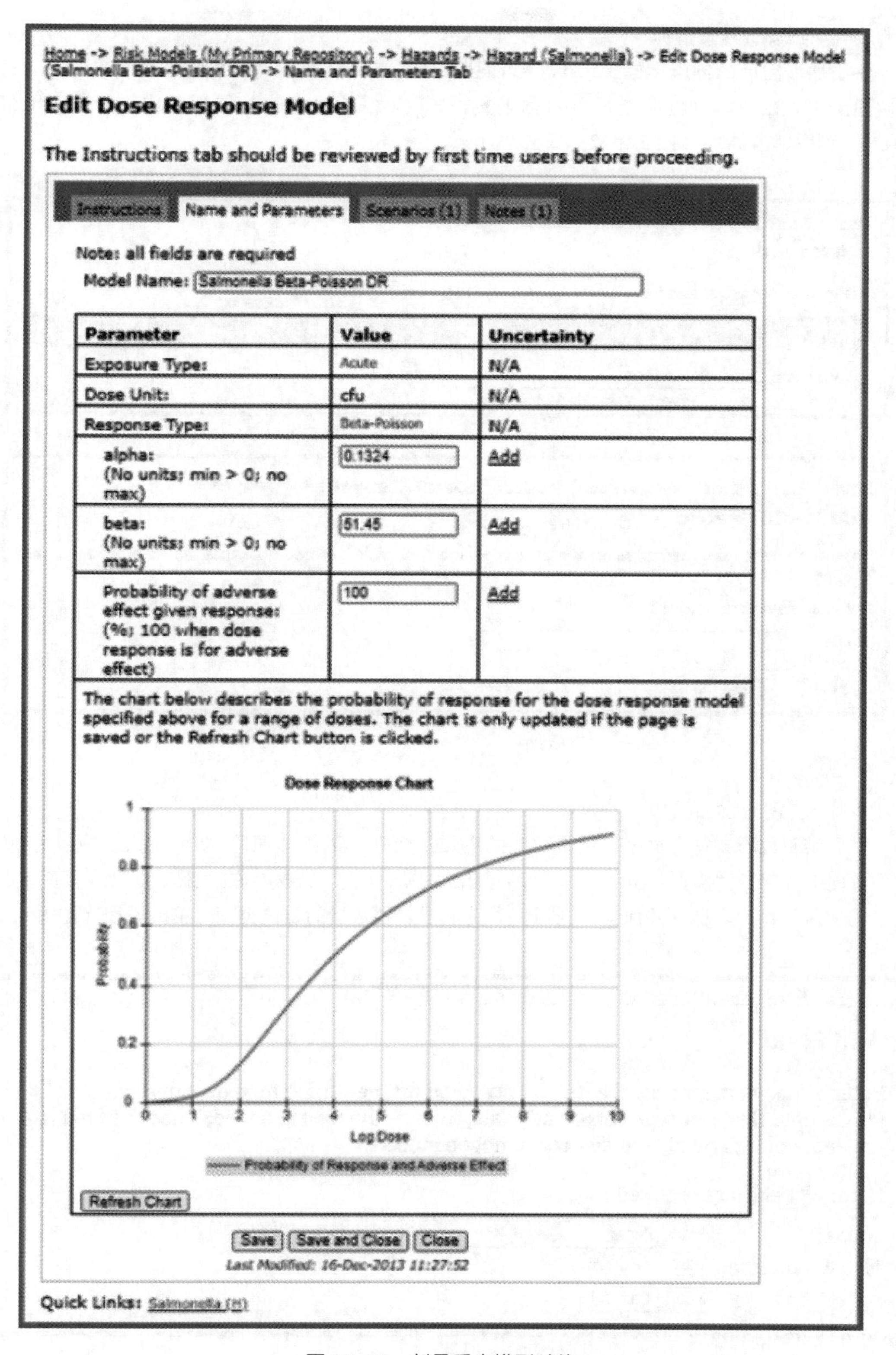


图 12-26 剂量反应模型赋值

步骤 4：添加健康指标

要添加沙门菌的健康指标，请单击沙门菌快速链接。然后，单击指标选项卡和添加运行状况指标链接。在“添加健康指标”页面上，输入“DALY 沙门菌”作为名称。将类型保留为 DALY，然后单击添加（图 12-27）。

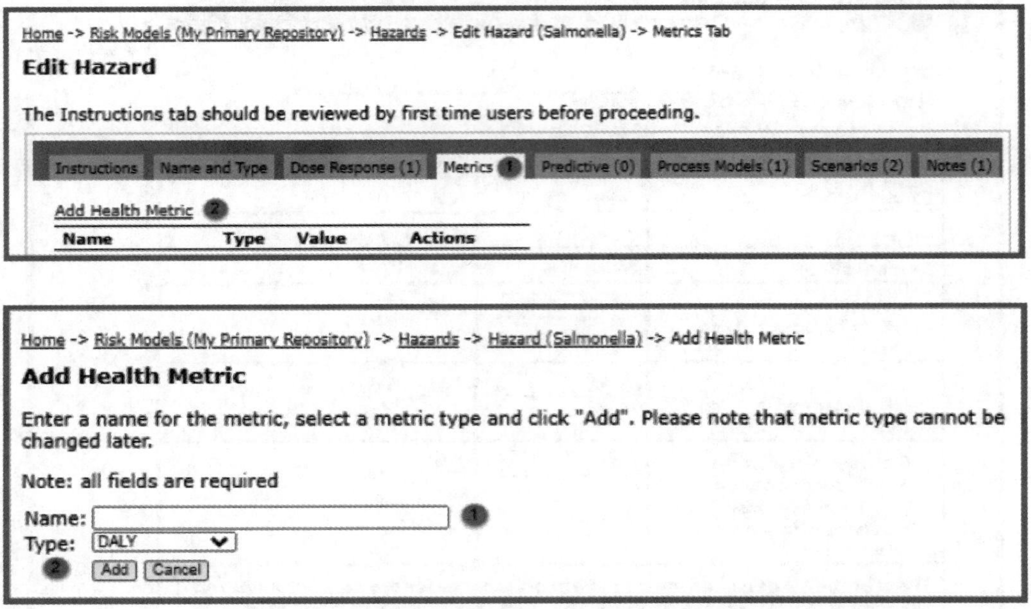

Home -> Risk Models (My Primary Repository) -> Hazards -> Edit Hazard (Salmonella) -> Metrics Tab

Edit Hazard

The Instructions tab should be reviewed by first time users before proceeding.

Instructions | Name and Type | Dose Response (1) | Metrics ① | Predictive (0) | Process Models (1) | Scenarios (2) | Notes (1)

Add Health Metric ②

| Name | Type | Value | Actions |
|---|---|---|---|

Home -> Risk Models (My Primary Repository) -> Hazards -> Hazard (Salmonella) -> Add Health Metric

Add Health Metric

Enter a name for the metric, select a metric type and click "Add". Please note that metric type cannot be changed later.

Note: all fields are required

Name: ①

Type: DALY

② Add Cancel

图 12-27　添加健康指标

步骤 5：创建食品类型

在“编辑危害物”页面上，单击“我的主要存储库”返回“风险模型”页面。在“风险模型”页面上，单击“食品”选项卡，然后单击“添加食品”链接。在“添加食物”页面上，输入“花生酱”作为名称，并保留“质量”作为测量食物数量的单位类型。单击添加（图 12-28）。

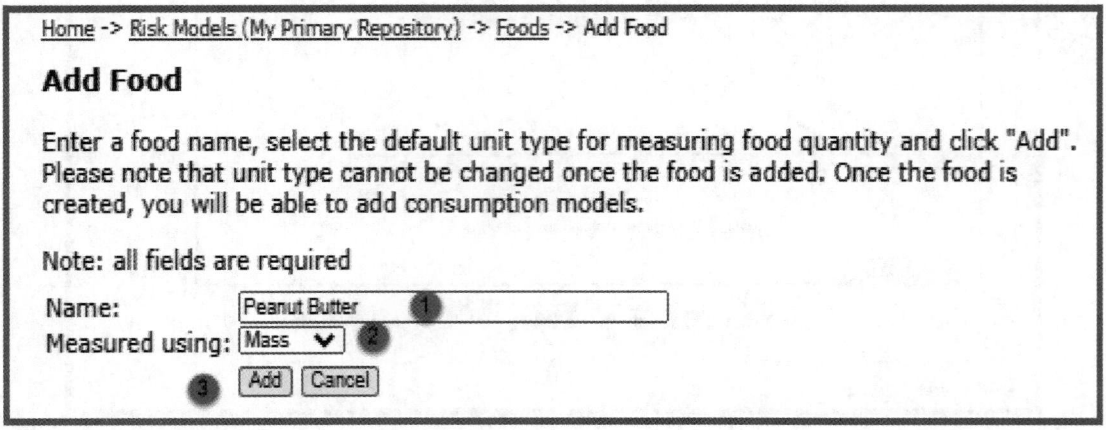

Home -> Risk Models (My Primary Repository) -> Foods -> Add Food

Add Food

Enter a food name, select the default unit type for measuring food quantity and click "Add". Please note that unit type cannot be changed once the food is added. Once the food is created, you will be able to add consumption models.

Note: all fields are required

Name: Peanut Butter ①

Measured using: Mass ②

③ Add Cancel

图 12-28　添加食品名称

步骤 6：添加消费模型

单击“消费模型”选项卡，然后单击“添加消费模型”链接。在“添加消费模型”页面，输入“花生酱年消耗量”作为名称，并将暴露类型保留为急性。单击添加（图 12-29）。

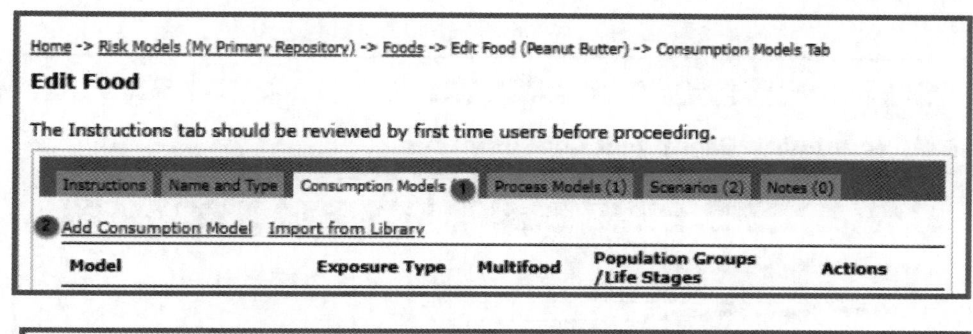

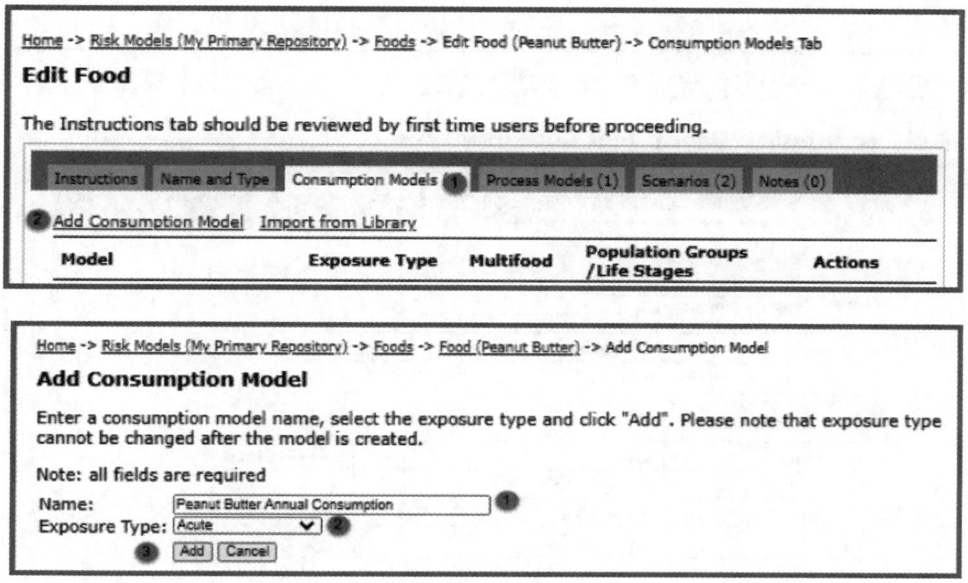

图 12-29　添加消费量模型

消费模式需要一个或多个人群。在“编辑急性消费模型”页面上，单击“人口组”选项卡，然后单击“添加人口组”链接。在“添加人口组”页面上，输入“一般人口”作为人口组名称。单击添加（图 12-30）。

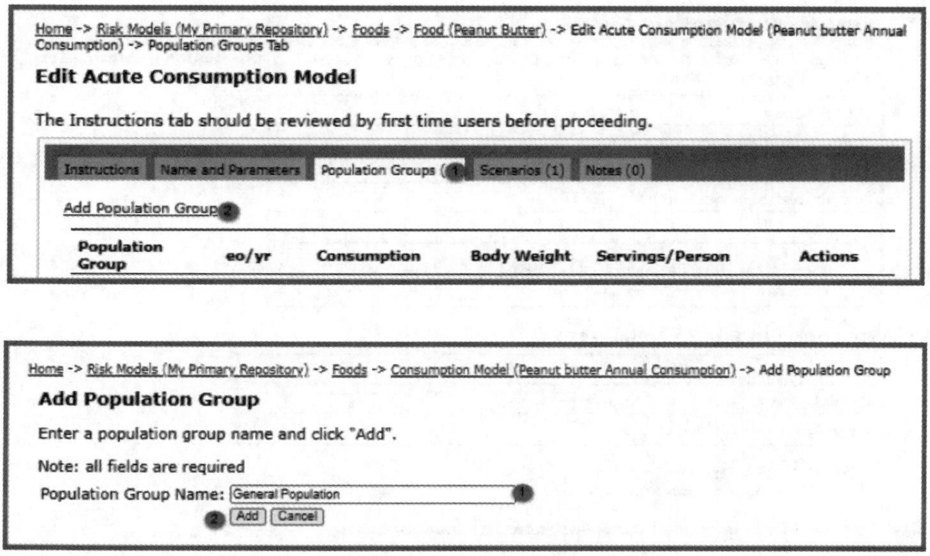

图 12-30　添加人群分类

对于急性消费，您需要指定每年的进食次数，以及每次进食的量。在这种情况下，体重可以保持在“0”，因为在微生物危害的风险情况下，不考虑体重。在“编辑人口组和消费”页面上，输入“1.7E10”（即170亿）作为每年的就餐次数。将单位保留为“g”，可变性分布选项保留为“固定值”。为每次进食量设置一个值“30”。单击保存并关闭（图12-31）。

Home -> Risk Models (My Primary Repository) -> Foods -> Food (Peanut Butter) -> Consumption Model (Peanut butter Annual Consumption) -> Edit Population Group and Consumption (General Population) -> Name and Parameters Tab

**Edit Population Group and Consumption**

**The Instructions tab should be reviewed by first time users before proceeding.**

Instructions | Name and Parameters | Scenarios (1) | Notes (0)

Note: All fields are required

Name: General Population

| Parameter | Value | Uncertainty |
|---|---|---|
| Eating occasions per year: | 1.7E10 ❶ | Add |

**Amount per eating occasion:**

| Parameter | Value | Uncertainty |
|---|---|---|
| Unit: | g ❷ | N/A |
| Variability Distribution: | Fixed Value ❸ | N/A |
| Value: | 30 ❹ | Add |
| Chart is not displayed when the distribution is set to Fixed Value | | |

**Body Weight (kg):**

| Parameter | Value | Uncertainty |
|---|---|---|
| Variability Distribution: | Fixed Value | N/A |
| Value: | 0 | Add |
| Chart is not displayed when the distribution is set to Fixed Value | | |

**Number of servings per person:**
Note: Assumptions necessary, e.g., mean risk per serving for the population applicable to the individual. Refer to the Technical Documentation section 4.2.2 for additional information before using this feature.

| Parameter | Value |
|---|---|
| Include in Results: | ☐ |
| Serving Units: | Per day |
| Variability Distribution: | Fixed Value |
| Value: | 0 |
| Chart is not displayed when the distribution is set to Fixed Value | |

**Spearman (Rank) Correlation:**

| Parameter | Value |
|---|---|
| Correlation Option: | No Correlation |
| Correlation Coefficient: | 0 |

Save | Save and Close ❺ | Close

*Last Modified: 16-Dec-2013 11:43:14*

Quick Links: Peanut Butter (F) | Peanut butter Annual Consumption (CM)

图12-31 编辑人群消费信息

步骤7：添加过程模型

定义了食品类型和危害信息后，可以构建一个过程模型。单击“我的主存储库”主选项卡栏上的“风险模型”选项卡，返回“风险模型”页面。在“风险模型”页面上，单击“流程模型”选项卡，然后单击“添加流程模型”链接。输入“花生酱中的沙门菌”作为名称，将选定的危害和食物分别保留为“沙门菌”和“花生酱”。单击添加（图12-32）。

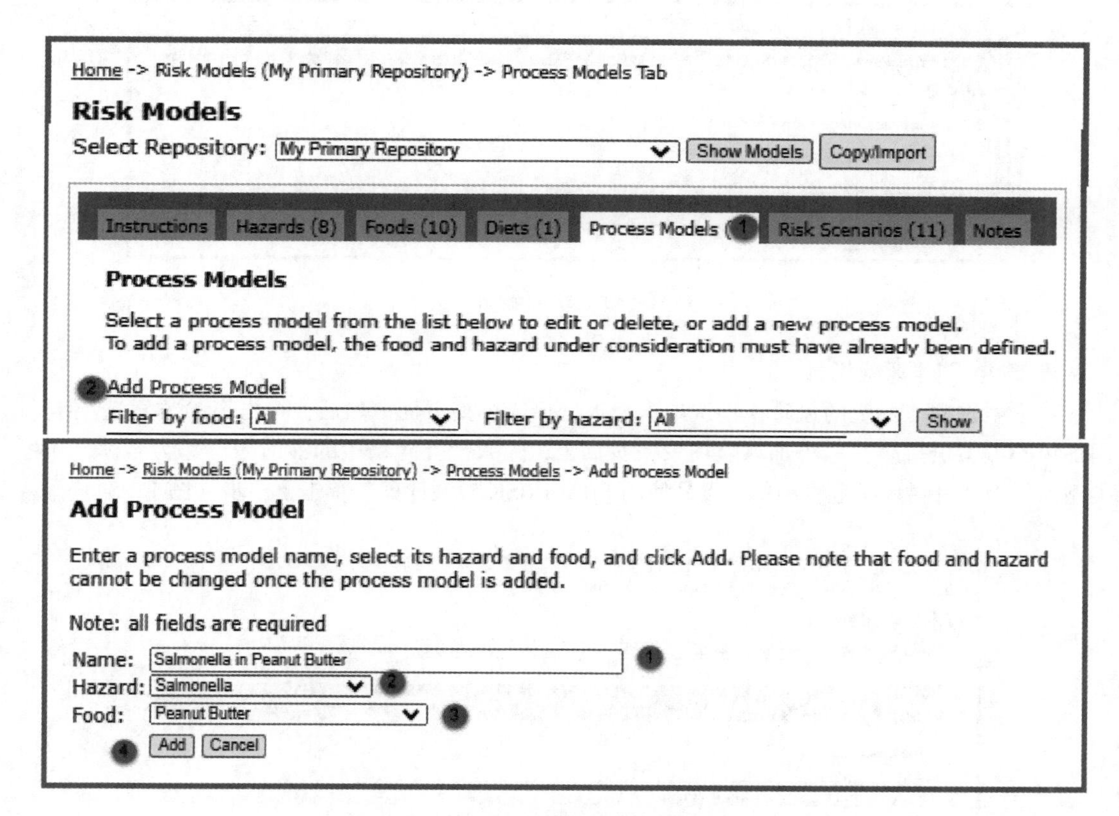


图12-32 导入过程模型

在“编辑过程模型”页面上，指定过程模型的初始污染、单位大小和污染率、初始质量和初始浓度值。在“编辑过程模型”页面上，指定过程模型的初始污染、单位大小和污染率、初始质量和初始浓度值。

保留指示某些初始单元被污染的复选框。将初始流行率设置为“5.5E-6”，质量单位设置为“kg”。将初始单位质量的可变性分布选项更改为“固定值”，并输入6.85E3。将初始浓度的可变性分布选项更改为“均匀”分布。页面重新加载后，输入最小值“-1.52”和最大值“2.55”。请注意，这是对数刻度。将初始浓度单位保留为“lg CFU/g”。最大种群密度为“9lg CFU/g”。

步骤8：添加流程阶段

在“编辑流程模型”页面上，单击“流程阶段”选项卡，然后单击“添加流程阶段”链接。在“添加流程阶段”页面上，输入“打包”作为阶段名称，并选择“分区”作为流程类型（图12-33）（过程类型词汇表链接提供了过程类型的描述）。

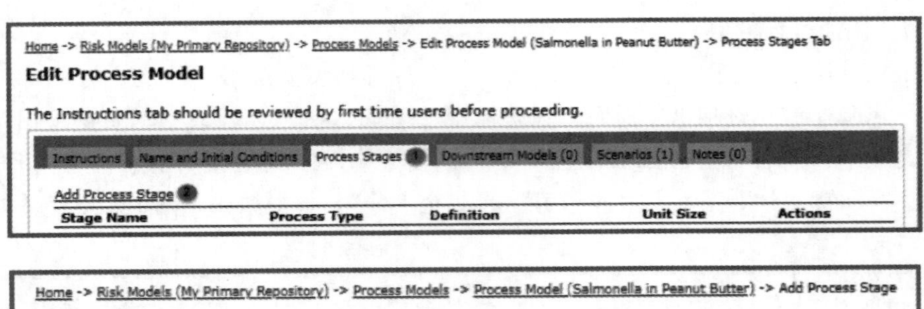


图 12-33 导入流程阶段

步骤 9：创建风险场景

单击主选项卡栏上的风险模型选项卡，返回风险模型页面。然后，单击风险方案选项卡和添加风险方案链接。在“添加风险场景”页面上，输入“花生酱中的沙门菌”作为名称，并将类型保留为“针对单一危害和单一食品使用 FDA-iRISK 模型计算”单击下一步（图 12-34）。

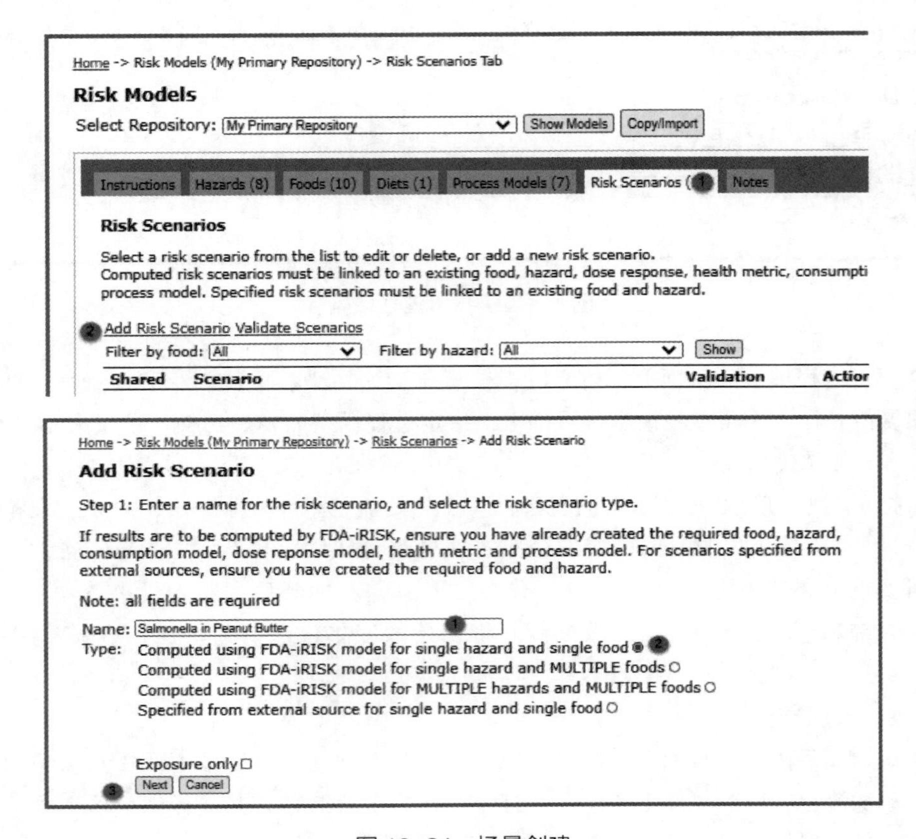


图 12-34 场景创建

步骤 10：生成风险评估和情景排名报告

单击“编辑风险方案”页面上的“报告”选项卡，然后单击“为风险方案生成报告”。报告被提交到队列中进行蒙特卡洛模拟。重新加载的页面包含一个指向“报告历史记录”页面的链接，您可以在该页面中监视报告在队列中移动的过程。单击链接可查看“报告历史记录”页面，该页面显示报告在队列中的位置（图 12-35）。“已完成报告”列表包括以下选项（图 12-35）。

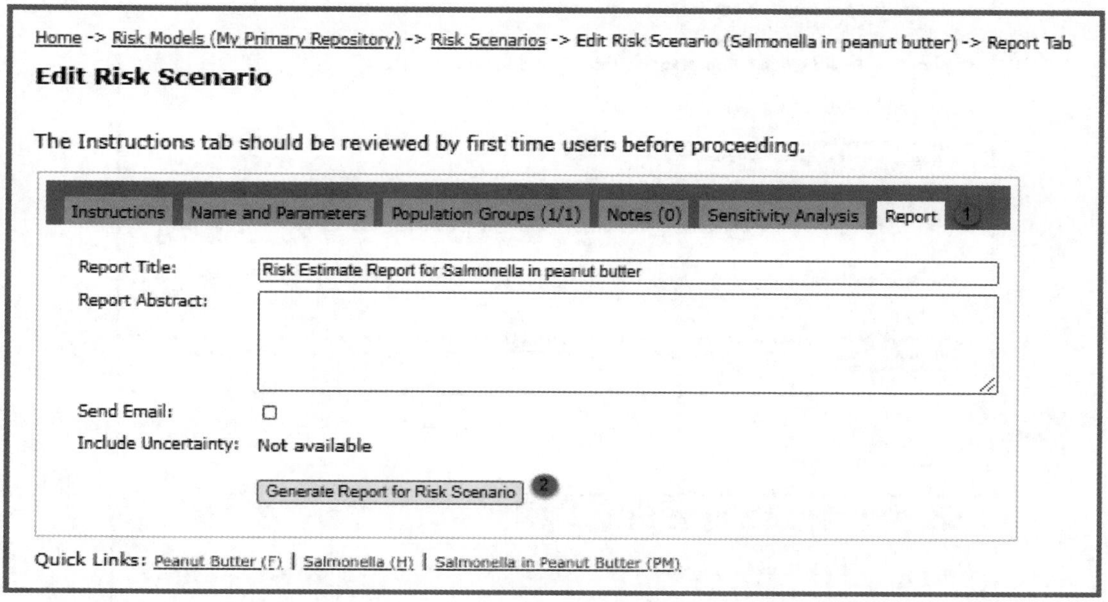

图 12-35　创建报告

步骤 11：解读报告

报告的封面包括报告标题、摘要（如果提供）和免责声明。排名总结从第二页开始。在这种情况下，只有一种情况，这是由健康指标（总生命年数）排名。报告摘要按运行状况指标划分（图 12-36）。例如，如果报告包含 DALY 和疾病成本两种情况，它们将被分别排名。如果您在提交报告时提供了组标识，它将出现在“方案”或“方案组”列中，并将列出组中所有方案的名称。报告摘要后面是带有附加详细信息的未分组排名摘要。也就是说，它以降序显示各个场景的排名。

如果在“报告历史记录”页面上选中了“详细信息”复选框，下一组页面将提供逐场景摘要。第一部分总结了场景，它重新陈述了场景中包含的元素，并指示蒙特卡罗模拟是否收敛（图 12-37）。如果模型收敛，它会报告使用的迭代次数。随着食物和危害在过程模型中的模拟，危害物污染水平和污染率随之变化。

**Report Title: Risk Estimate Report for Salmonella in peanut butter**

**Ranking Summary**

*All reported summary values are per year. For chronic scenarios, results for the total lifecourse have been divided by the lifecourse duration (e.g. 70 years) specified for the life stages included in the scenario.*

| Scenario or Scenario Group | Total DALYs per Year | Uncertainty Results |
| --- | --- | --- |
| Salmonella in peanut butter | 62.4 | N/A |

Note: All chronic results have been computed by dividing the total for the lifecourse by the duration of the lifecourse in years to provide a yearly value for ranking. See the detailed results sections for the complete lifecourse results, or multiply the values shown in this summary by the duration of the lifecourse.

**Report Title: Risk Estimate Report for Salmonella in peanut butter**

**Ranking Summary for Risk Scenarios (Ungrouped)**

*All reported summary values are per year. For chronic scenarios, results for the total lifecourse have been divided by the lifecourse duration (e.g. 70 years) specified for the population groups included in the scenario.*

| Scenario | Lifecourse Duration | Eating Occasions or Consumers | Total Illnesses | Mean Risk of Illness | Total DALYs per Year | DALYs Per EO or Consumer | Total DALYs per Year (Weighted) |
| --- | --- | --- | --- | --- | --- | --- | --- |
| Salmonella in peanut butter | N/A | 1.70E+10 | 3280 | 1.93E-7 | 62.4 | 3.67E-9 | 62.4 |

Note: All chronic results have been computed by dividing the total for the lifecourse by the duration of the lifecourse in years to provide a yearly value for ranking. See the detailed results sections for the complete lifecourse results, or multiply the values shown in this summary by the duration of the lifecourse.

图 12-36 风险因子排序

**Scenario Details for: Salmonella in peanut butter**

| | | | |
| --- | --- | --- | --- |
| Type: | Results Computed | Scenario Weight: | N/A |
| Hazard: | Salmonella (Microbial Pathogen) | Metric Type: | DALY |
| Food: | Peanut Butter | Exposure Type: | Acute |
| Process Model: | Salmonella in Peanut Butter | Converged: | Yes (by 18000 variability samples) |
| Consumption Model: | Peanut butter Annual Consumption | Include Uncertainty: | No |

**Process Model: Salmonella in Peanut Butter**

| | Initial Conditions | Model Outputs* |
| --- | --- | --- |
| Prevalence: | 5.5E-6 | **4.19E-6** |
| Concentration: | Uniform (Units: log10 cfu/g)<br>Minimum: -1.52<br>Maximum: 2.55<br>Computed Mean (Arithmetic): 1.58 log10 cfu/g | **0.352 log10 cfu/g** |
| Unit Mass: | Fixed Value (kg)<br>Value: 6850 | **250 g** |

* Final prevalence and Prevalence-Weighted mean concentration

Maximum Population Density (MPD): Not applied

**Process Stages for Salmonella in Peanut Butter:**

| Process Stage | Process Type | Definition | Concentration (log10 cfu/g) | Prevalence |
| --- | --- | --- | --- | --- |
| Packaging | Partitioning | Fixed Value (g)<br>Value: 250 | 1.58 | 5.50E-6 |
| Storage | Decrease | Uniform<br>Minimum: 0.49<br>Maximum: 3.47 | 0.352 | 4.19E-6 |

图 12-37 情景分析

**场景 2：三个人群中的单一食物危害**

该场景描述了如何为软熟干酪中的单核细胞增生李斯特菌创建 FDA-iRISK 计算场景。大多数步骤与场景 1 相似；然而，这个方案使用了 3 个人群，每个人群都有自己的剂量反应模型、DALY 度量和消费数据。

步骤 1：创建危害

创建一个名为“单核细胞增生李斯特菌”的新危害。保留类型为“微生物病原体”，默认单位为“CFU”。

步骤 2：添加剂量反应模型（图 12-38）

将以下剂量反应模型添加到危险中：

| Name | Response Type | r-Value | Probability of Adverse Effect |
| --- | --- | --- | --- |
| Adults 60+ DR | Exponential | 8.39E-12 | 100 |
| Intermediate Aged (5-59) DR | Exponential | 5.34E-14 | 100 |
| Perinatal DR | Exponential | 4.51E-11 | 100 |

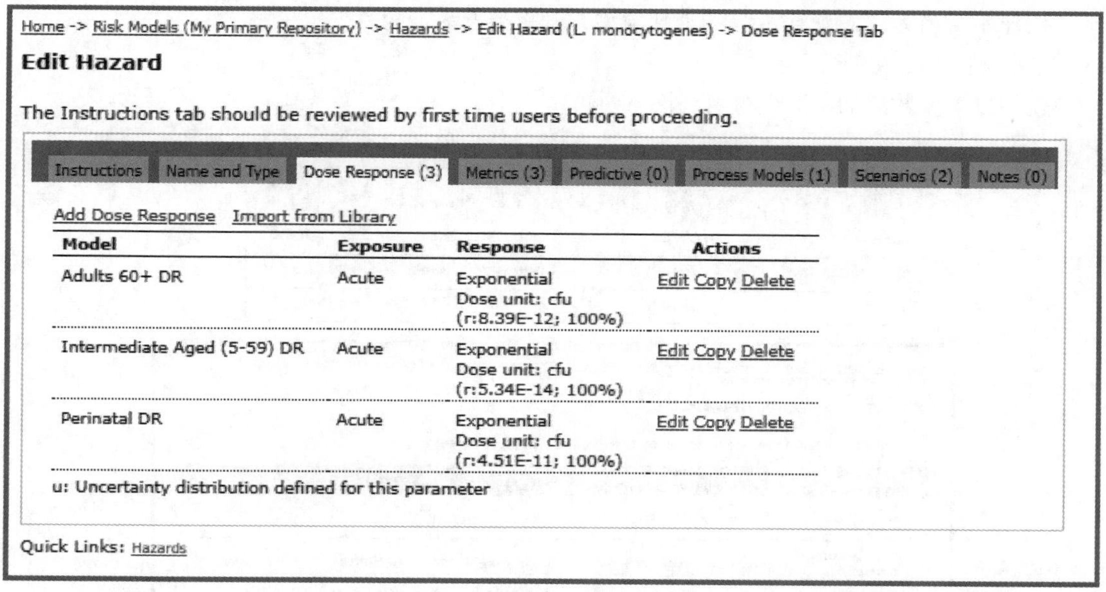

Home -> Risk Models (My Primary Repository) -> Hazards -> Edit Hazard (L. monocytogenes) -> Dose Response Tab

**Edit Hazard**

The Instructions tab should be reviewed by first time users before proceeding.

Instructions | Name and Type | Dose Response (3) | Metrics (3) | Predictive (0) | Process Models (1) | Scenarios (2) | Notes (0)

Add Dose Response　Import from Library

| Model | Exposure | Response | Actions |
| --- | --- | --- | --- |
| Adults 60+ DR | Acute | Exponential<br>Dose unit: cfu<br>(r:8.39E-12; 100%) | Edit Copy Delete |
| Intermediate Aged (5-59) DR | Acute | Exponential<br>Dose unit: cfu<br>(r:5.34E-14; 100%) | Edit Copy Delete |
| Perinatal DR | Acute | Exponential<br>Dose unit: cfu<br>(r:4.51E-11; 100%) | Edit Copy Delete |

u: Uncertainty distribution defined for this parameter

Quick Links: Hazards

图 12-38　剂量反应模型

步骤 3：添加健康指标

将以下健康指标添加到危害识别（图 12-39）：

步骤 4：创建食品类型

添加一种用“质量”衡量的名称为“软成熟奶酪”的食物。单击添加（提示：保存更改，但不要关闭页面，以便您可以按照下一节中的步骤添加消费模型）。

| Name | Type | Value |
| --- | --- | --- |
| Adults 60+ DALY | DALY | 2.6 |
| Intermediate Aged (5-59) DALY | DALY | 5.0 |
| Perinatal DALY | DALY | 14 |

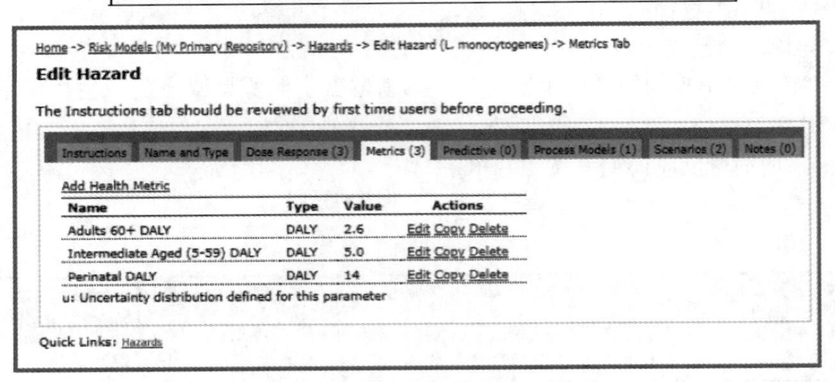


图 12-39 导入健康指标

步骤 5：添加消费模型

创建一个名为“总消耗量”的消耗模型，暴露类型为“急性”。

步骤 6：添加人口组

使用以下参数添加以下人口组（图 12-40）：

| Name | Eating occasions per year | Amount per eating occasion (in grams) | Body Weight |
| --- | --- | --- | --- |
| Adults 60+ | 1.8E+08 | Triangular(10,28,85) | Fixed Value: 0 |
| Intermediate Aged (5-59) | 1.7E+09 | Triangular(10,28,168) | Fixed Value: 0 |
| Perinatal | 1.2E+07 | Triangular(10,28,85) | Fixed Value: 0 |

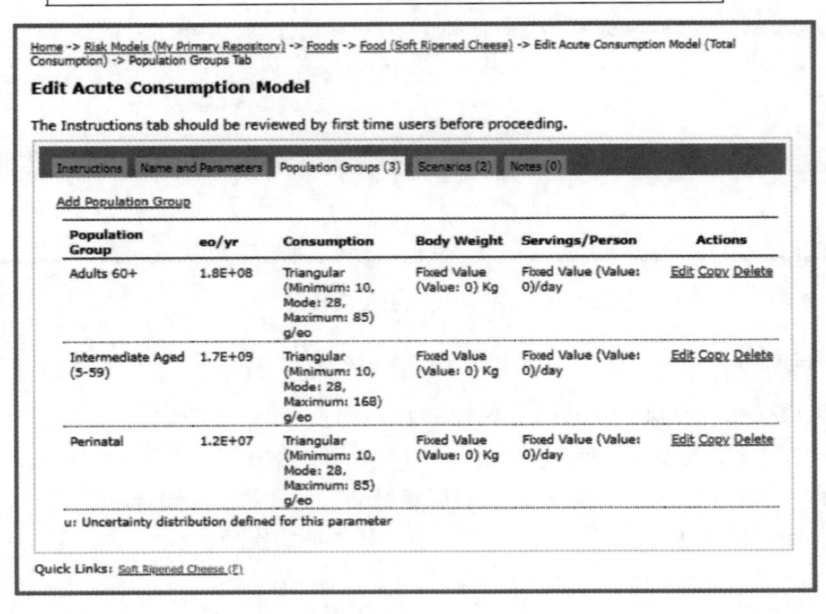


图 12-40 导入消费量

步骤 7：添加过程模型

添加一个名为“软熟奶酪中的单核细胞增生李斯特菌”的工艺模型，选择“单核细胞增生李斯特菌”作为危害，选择“软熟奶酪”作为食物。将初始患病率设置为“0.0104”。将初始单位质量设置为“227g”。将初始浓度设置为“三角分布（-1.39，-1.15，0.699）lg CFU/g”。将最大种群密度设置为“9lg CFU/g”。

步骤 8：添加流程阶段

添加一个名为“消费者存储”的流程阶段，流程类型为“按增长增加”。单击添加（图 12-41）。将其可变性分布设置为“三角形（0，0.03，5.79）”并保存。选择了“名称和参数”选项卡的“编辑流程阶段”页面应如下所示：

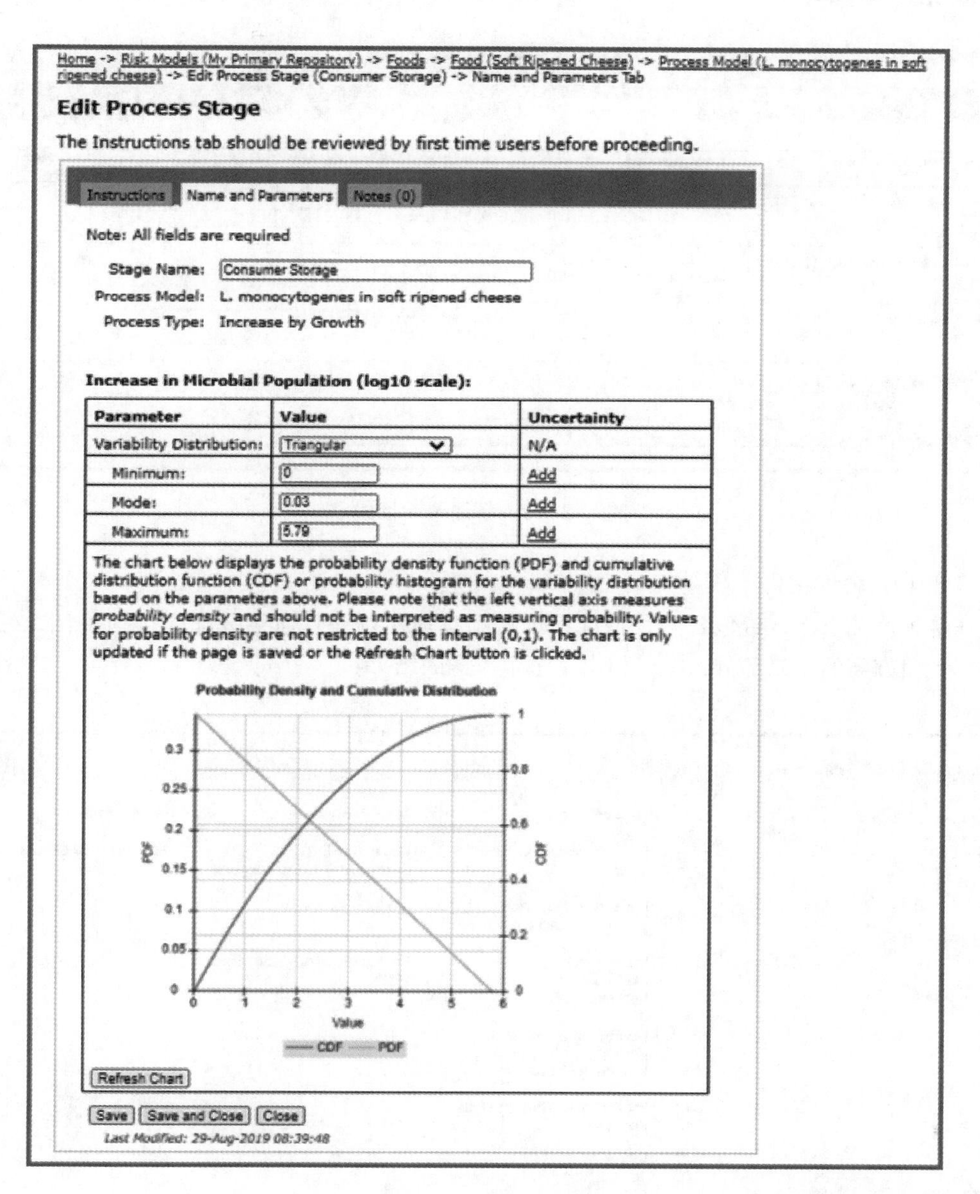


图 12-41　添加流程

步骤 9：创建风险场景

创建一个风险场景，名称为“软熟奶酪中的单核细胞增生李斯特菌”，类型为“针对单一危害和单一食品，使用 FDA-iRISK 模型计算”（图 12-42）。单击下一步。选择“软熟奶酪中的单核细胞增生李斯特菌”作为工艺模型，选择“DALY”作为度量类型。单击下一步。选择“总消费”作为消费模式。单击添加。在“编辑风险场景”页面上，单击“人群”选项卡，并按如下方式设置值，将人群与适当的剂量反应模型和健康指标相匹配。

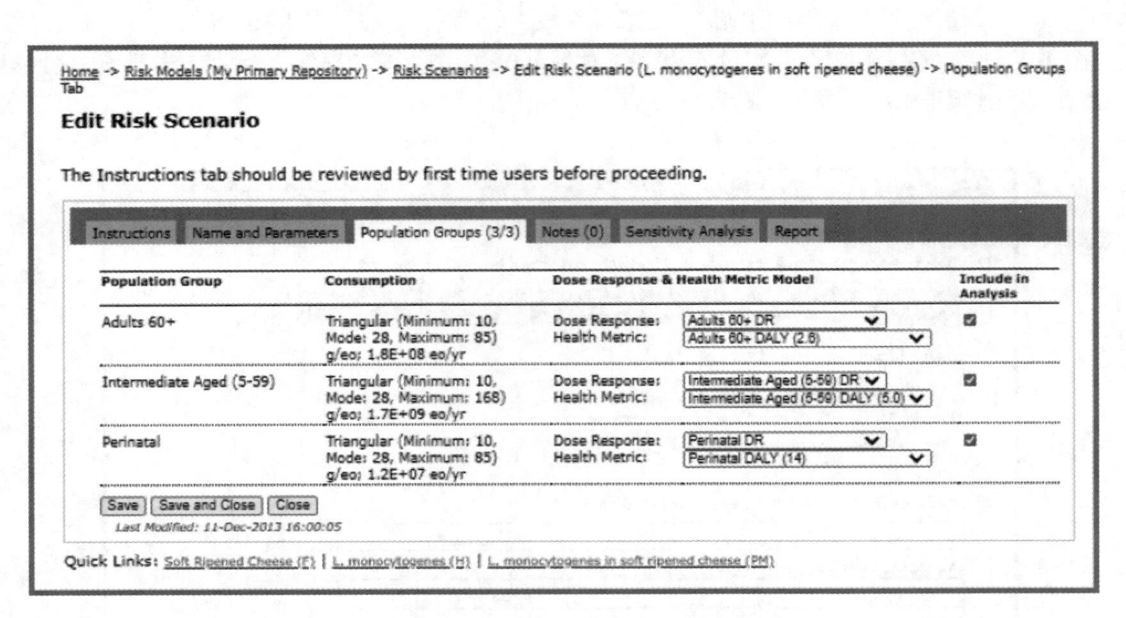


图 12-42 创建风险场景

步骤 10：解读报告

在这种情况下，报告包含两种情况，按每年总残疾调整寿命年数降序排列（图 12-43）。在软熟干酪方案的结果部分，报告列出了每个人群的结果：

**Population Group Definitions:**

| Population Group | Consumption | Dose Response | Health Metric |
|---|---|---|---|
| Adults 60+ | Eating Occasions: 1.8E+08 eo/yr<br>Per Eating Occasion: Triangular (Units: g/eo)<br>Minimum: 10<br>Mode: 28<br>Maximum: 85<br>Number of Servings per Person: Include in Results: No<br>Fixed Value (Serving Units: per day)<br>Value: 0 | Adults 60+ DR<br>Exponential (Dose unit: cfu)<br>r: 8.39E-12<br>Probability of adverse effect: 100% | Adults 60+ DALY (2.6 DALYs) |

Correlation Option: No Correlation

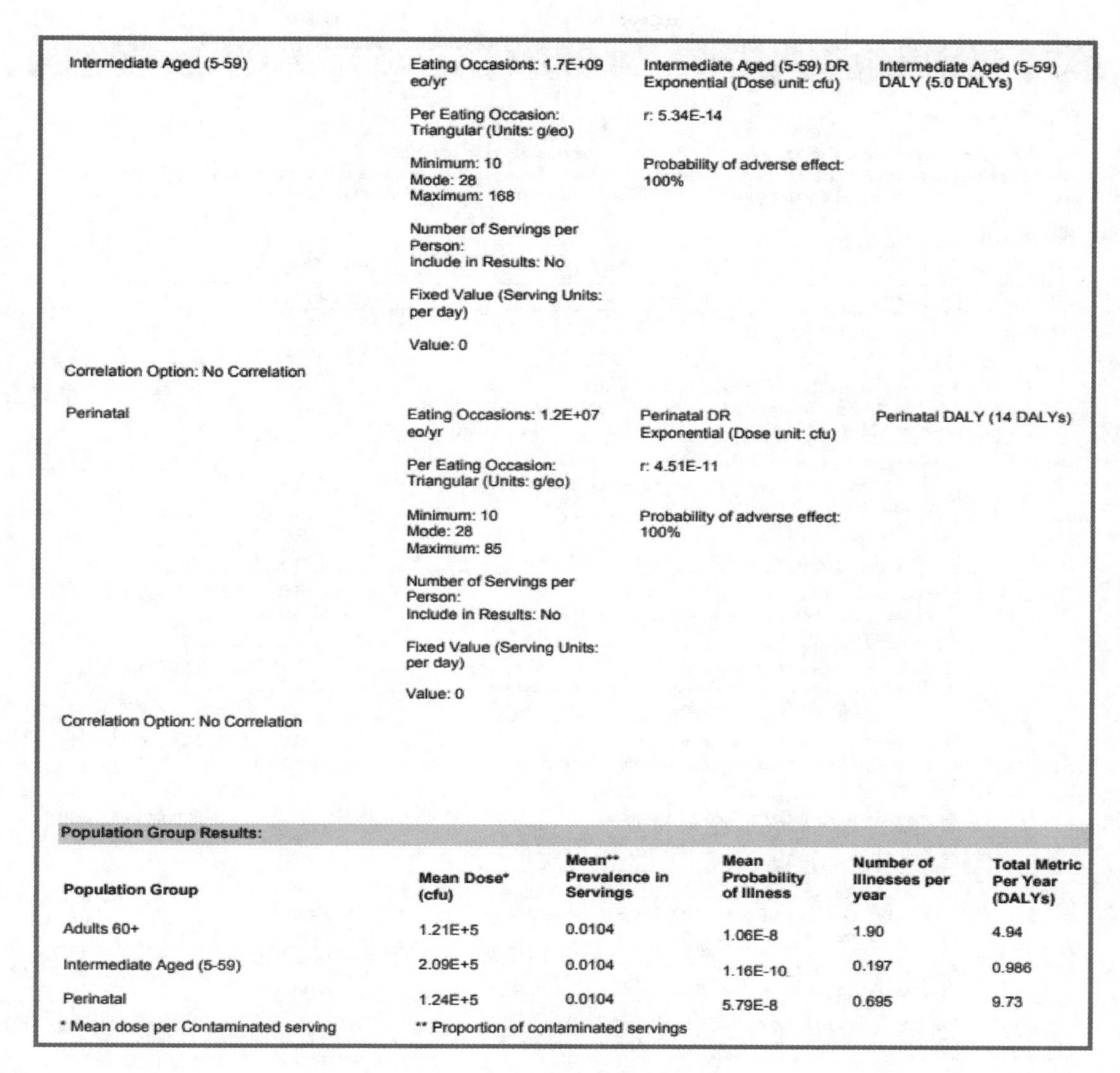

| | | | |
|---|---|---|---|
| Intermediate Aged (5-59) | Eating Occasions: 1.7E+09 eo/yr<br>Per Eating Occasion: Triangular (Units: g/eo)<br>Minimum: 10<br>Mode: 28<br>Maximum: 168<br>Number of Servings per Person:<br>Include in Results: No<br>Fixed Value (Serving Units: per day)<br>Value: 0 | Intermediate Aged (5-59) DR Exponential (Dose unit: cfu)<br>r: 5.34E-14<br>Probability of adverse effect: 100% | Intermediate Aged (5-59) DALY (5.0 DALYs) |
| Correlation Option: No Correlation | | | |
| Perinatal | Eating Occasions: 1.2E+07 eo/yr<br>Per Eating Occasion: Triangular (Units: g/eo)<br>Minimum: 10<br>Mode: 28<br>Maximum: 85<br>Number of Servings per Person:<br>Include in Results: No<br>Fixed Value (Serving Units: per day)<br>Value: 0 | Perinatal DR Exponential (Dose unit: cfu)<br>r: 4.51E-11<br>Probability of adverse effect: 100% | Perinatal DALY (14 DALYs) |
| Correlation Option: No Correlation | | | |

**Population Group Results:**

| Population Group | Mean Dose* (cfu) | Mean** Prevalence in Servings | Mean Probability of Illness | Number of Illnesses per year | Total Metric Per Year (DALYs) |
|---|---|---|---|---|---|
| Adults 60+ | 1.21E+5 | 0.0104 | 1.06E-8 | 1.90 | 4.94 |
| Intermediate Aged (5-59) | 2.09E+5 | 0.0104 | 1.16E-10 | 0.197 | 0.986 |
| Perinatal | 1.24E+5 | 0.0104 | 5.79E-8 | 0.695 | 9.73 |

* Mean dose per Contaminated serving　　** Proportion of contaminated servings

图 12-43　报告解读

**3. 敏感性分析**

FDA-iRISK 提供了一个敏感性分析功能，以探索不同假设的影响。此外，可以使用敏感性分析来评估在流程模型的任何步骤中应用的建议控制措施和干预措施对风险估计的影响，或者消费模式的变化对风险估计的影响，也可以使用此功能逐步探索不确定性（如剂量反应模型）（图 12-44）。例如，食物中的危害程度在烹饪过程中可能会降低，但降低的程度是未知的。基于专家意见的值可用于表征过程模型中的烹饪步骤，然后灵敏度分析可用于使用该“烹饪期间减少”参数的替代值来获得结果。可以选择一个或多个敏感度分析集来与基线风险方案进行比较。美国食品和药物监督管理局-爱尔兰独立计算每个替代值的结果。可以在评估中的风险场景的四个模型元素中的任何一个中更改参数集：过程模型、消耗模型、剂量反应模型和健康变量。导航至“风险方案”页面。风险场景右侧的编辑链接，可以在其中运行敏感性分析（如花生酱中的沙门菌）。

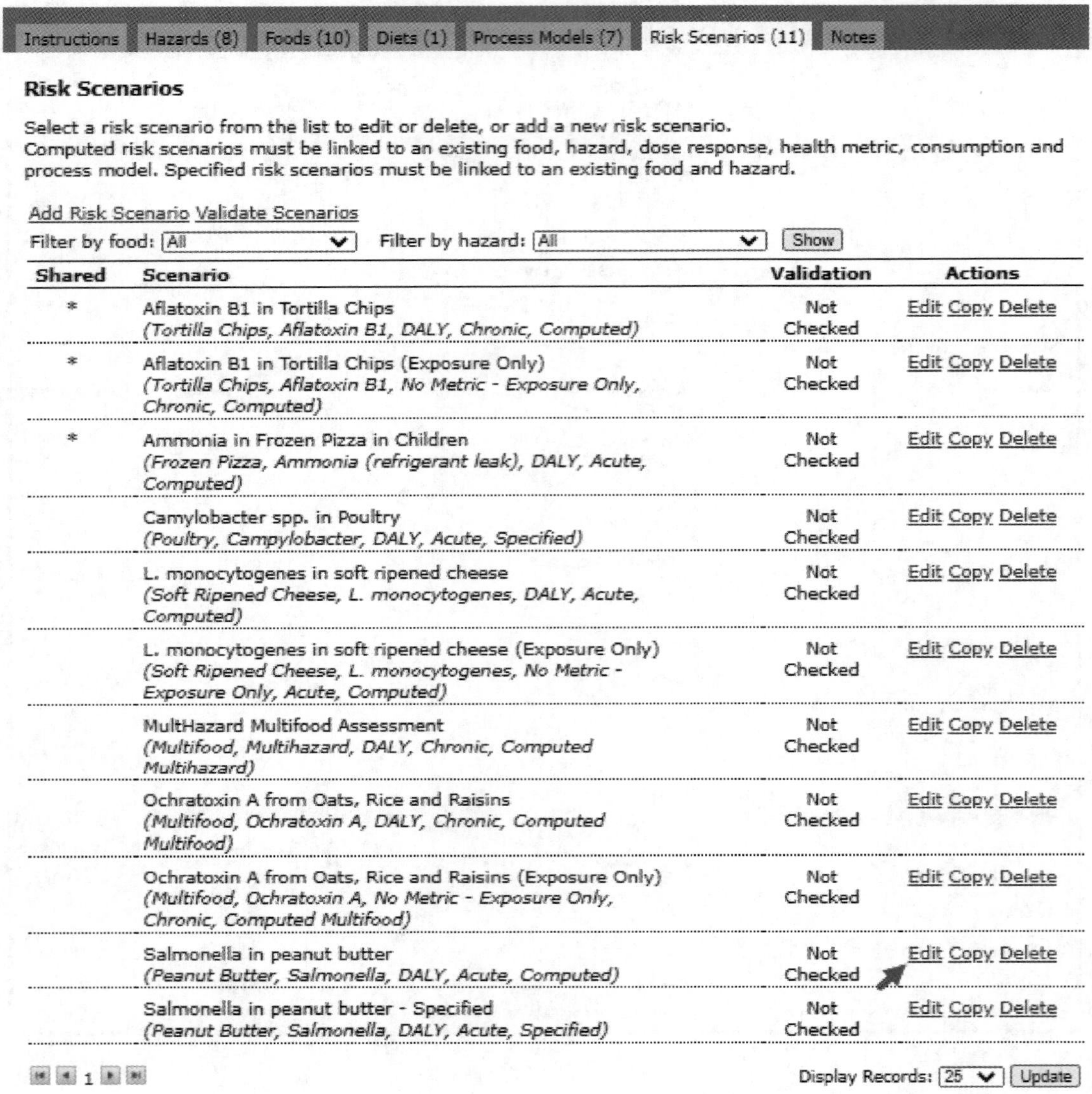

Instructions | Hazards (8) | Foods (10) | Diets (1) | Process Models (7) | Risk Scenarios (11) | Notes

**Risk Scenarios**

Select a risk scenario from the list to edit or delete, or add a new risk scenario.
Computed risk scenarios must be linked to an existing food, hazard, dose response, health metric, consumption and process model. Specified risk scenarios must be linked to an existing food and hazard.

Add Risk Scenario Validate Scenarios

Filter by food: All　Filter by hazard: All　Show

| Shared | Scenario | Validation | Actions |
|---|---|---|---|
| * | Aflatoxin B1 in Tortilla Chips<br>*(Tortilla Chips, Aflatoxin B1, DALY, Chronic, Computed)* | Not Checked | Edit Copy Delete |
| * | Aflatoxin B1 in Tortilla Chips (Exposure Only)<br>*(Tortilla Chips, Aflatoxin B1, No Metric - Exposure Only, Chronic, Computed)* | Not Checked | Edit Copy Delete |
| * | Ammonia in Frozen Pizza in Children<br>*(Frozen Pizza, Ammonia (refrigerant leak), DALY, Acute, Computed)* | Not Checked | Edit Copy Delete |
| | Camylobacter spp. in Poultry<br>*(Poultry, Campylobacter, DALY, Acute, Specified)* | Not Checked | Edit Copy Delete |
| | L. monocytogenes in soft ripened cheese<br>*(Soft Ripened Cheese, L. monocytogenes, DALY, Acute, Computed)* | Not Checked | Edit Copy Delete |
| | L. monocytogenes in soft ripened cheese (Exposure Only)<br>*(Soft Ripened Cheese, L. monocytogenes, No Metric - Exposure Only, Acute, Computed)* | Not Checked | Edit Copy Delete |
| | MultHazard Multifood Assessment<br>*(Multifood, Multihazard, DALY, Chronic, Computed Multihazard)* | Not Checked | Edit Copy Delete |
| | Ochratoxin A from Oats, Rice and Raisins<br>*(Multifood, Ochratoxin A, DALY, Chronic, Computed Multifood)* | Not Checked | Edit Copy Delete |
| | Ochratoxin A from Oats, Rice and Raisins (Exposure Only)<br>*(Multifood, Ochratoxin A, No Metric - Exposure Only, Chronic, Computed Multifood)* | Not Checked | Edit Copy Delete |
| | Salmonella in peanut butter<br>*(Peanut Butter, Salmonella, DALY, Acute, Computed)* | Not Checked | Edit Copy Delete |
| | Salmonella in peanut butter - Specified<br>*(Peanut Butter, Salmonella, DALY, Acute, Specified)* | Not Checked | Edit Copy Delete |

1　Display Records: 25　Update

图 12-44　灵敏度分析界面

**4. 资源库**

“资料库” 页面用于通过创建和删除资料库，以及与其他用户共享对模型资料库的只读访问权限来管理模型资料库（图 12-45）。导航到存储库页面，单击主选项卡栏上的存储库选项卡。“资料库” 页面包括以下选项卡：我的存储库，用于创建、重命名和删除模型存储库。必须管理谁可以查看存储库。共享自管理其他用户与您共享的存储库。

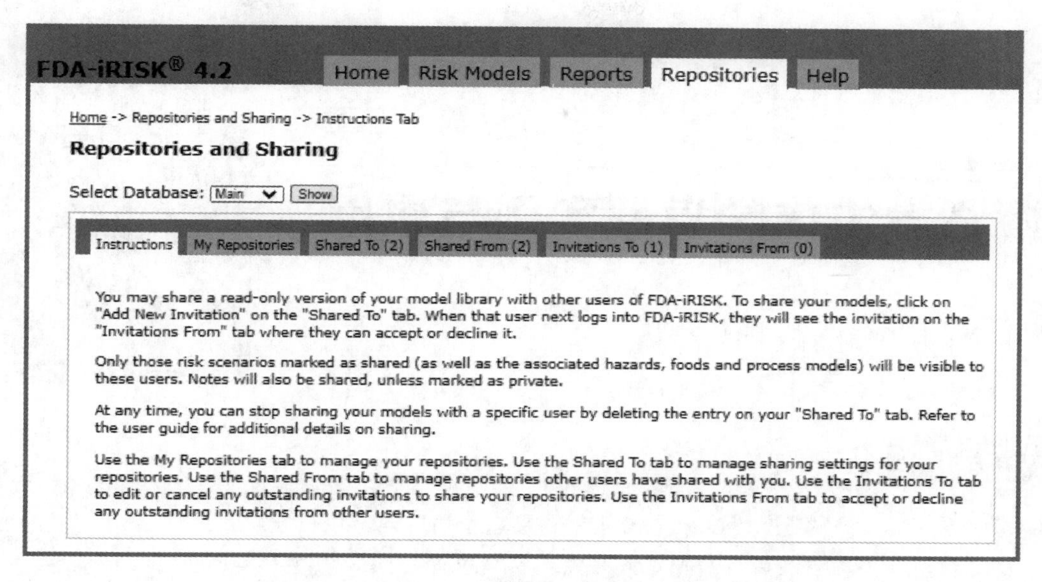


图 12-45　存储库选项卡

## 思考题

1. 试列举表示食品中微生物污染的常用分布函数。
2. 微生物风险评估或暴露评估模型中，如果基于变量的直接检测数据进行拟合分析而获得其分布规律，通常需要考虑的因素有哪些？

第十二章拓展阅读　微生物定量风险评估模型和软件应用

# 第十三章 预测微生物学模型实例与应用

CHAPTER 13

[学习目标]

1. 掌握恒定温度条件下微生物生长与失活预测模型的构建及验证方法。
2. 熟练使用典型的预测微生物模型软件及平台或数值分析工具对微生物生长或失活数据进行处理分析。
3. 了解动态温度条件下微生物生长与失活预测模型的构建及验证方法。

定量评估食品中食源性致病菌所致的安全风险，守护舌尖上的安全，需要以预测微生物学模型为基础工具，风险评估过程所使用的预测模型的精准度直接影响风险评估结果的可靠性。本章将以实例的形式介绍预测微生物学及风险评估研究中常见数学模型的构建及验证方法，涉及的“食品-微生物”组合包括即食或加工海产品中的单核细胞增生李斯特菌和沙门菌、乳制品（婴幼儿配方乳粉）中的阪崎克罗诺杆菌、鸡肉以及低水分活度食品（花生酱）中的沙门菌等。

## 一、盐对三文鱼鱼子中单核细胞增生李斯特菌生长及热失活影响的预测模型

三文鱼等海鱼的鱼子制成的鱼子酱属于典型的即食海产品，为保证其营养与感官品质，大部分鱼子酱产品经过腌制（含盐3.0%~4.0%）后直接冷藏销售或冷冻贮藏。然而，鱼子在从性成熟的鱼体内取出时，以及在后续的清理、筛分、腌制、贮藏过程中，容易遭受来自加工设备、器具、操作人员等环境因素导致的交叉污染而携带单核细胞增生李斯特菌等食源性致病菌或腐败菌。因此，食用未经消杀措施处理的三文鱼鱼子酱具有潜在的感染食源性致病微生物的风险。另一方面，实际的生产加工中，为了兼顾三文鱼鱼子的口感、色泽等感官品质与微生物安全性，少部分产品通常经过巴氏杀菌处理后再结合冷藏销售以延长其保质期。对于未经消杀处理的鱼子产品，贮藏温度和含盐量是影响产品食用安全和品质的两个重要因素；同样地，对于巴氏杀菌处理的鱼子产品，加热温度和含盐量是影响微生物耐热性的重要因子。一般情况下，腌制后的鱼子酱产品含盐量为3.0%~4.0%，但腌制过程中，鱼子自身对盐的吸收受其品种和成熟度的影响。综上所述，该研究主要考察温度和盐添加量对三文鱼鱼子中单核细胞增生李斯特菌生长及热失活行为的影响，并通过两步法构建三文鱼鱼子中单核细胞增生李斯特菌的生长及热失活预测模型，以期为开展三文鱼鱼子等即食海产品中单核细胞增生李斯特菌的风险评估提供基础，并为制定针对三文鱼鱼子产品中单核细胞增生李斯特菌的热杀菌规程提供依据。

**1. 实验方法**

（1）生长实验　无菌条件下，称取若干份［（1.00±0.02）g/份］未经腌制的三文鱼鱼子，置于带有滤膜的无菌均质袋中，并平均分为两组。为考察三文鱼鱼子中盐的添加对单核细胞增生李斯特菌生长的影响，向其中一组样品中添加 120μL 质量分数为 25%的无菌盐水（NaCl），经计算可知样品中盐添加量约为 3%（以鱼子为基准），此组样品为腌制组；另一组样品为对照组。将已制备的单核细胞增生李斯特菌混合菌液（F2365、H7858、ATCC 19115、F4260、V7）分别接种至上述两组三文鱼鱼子样品中，使其接种浓度约为 $10^{3.0}$ ~ $10^{3.5}$CFU/g。需要说明的是，此研究使用的单核细胞增生李斯特菌均为经过利福平（rifampicin，Rif）诱导的抗性菌株，其耐受浓度达到 100mg/L；使用抗性菌株的目的是方便后续的涂板计数，鱼子样品中的背景菌群在 TSA/Rif 平板上的生长受到抑制，但携带抗性的单核细胞增生李斯特菌仍能正常生长，并且其生长行为与原始菌株无差异。将已接种的样品分别放置于 5、10、15、20、25、30℃的恒温生化培养箱中培养，并按照一定的时间间隔取样，测定单核细胞增生李斯特菌菌数。取样时，向样品袋中加入 9mL 质量分数为 0.1%的无菌蛋白胨水，再将样品袋置于均质器上以最大速度正反两面各拍打 2min，经梯度稀释后涂布于平板（TSA/Rif）上；所有平板置于 37℃恒温培养箱中培养 24~48h 后计数，单位为 lg CFU/g。上述生长实验均至少独立重复两次。

该研究选用 Huang 模型、Baranyi 模型作为描述三文鱼鱼子中单核细胞增生李斯特菌生长的初级模型，并通过 IPMP 2013 分别对各等温条件下（5、10、15、20、25、30℃）单核细胞增生李斯特菌的生长数据进行拟合，获得生长速率等参数；然后，分别选用 Ratkowsky Square-root（RSR）模型、Huang Square-root（HSR）模型、Arrhenius 模型对生长速率进行拟合，构建二级模型，所选模型的表达式见表 13-1。

表 13-1　　三文鱼鱼子中单核细胞增生李斯特菌生长模型

| 模型 | 表达式 |
| --- | --- |
| Huang 模型 | $Y(t)=Y_0+Y_{max}-\ln\{e^{Y_0}+[e^{Y_{max}}-e^{Y_0}]e^{-\mu_{max}B(t)}\}$<br>$B(t)=t+\frac{1}{4}\ln\frac{1+e^{-4(t-\lambda)}}{1+e^{4\lambda}}$ |
| Baranyi 模型 | $Y(t)=Y_0+\mu_{max}A(t)-\ln\left[1+\frac{e^{\mu_{max}A(t)}-1}{e^{Y_{max}-Y_0}}\right]$<br>$A(t)=t+\frac{1}{\mu_{max}}\ln(e^{-\mu_{max}t}+e^{-h_0}-e^{-\mu_{max}t-h_0})$ |
| Ratkowsky Square-root（RSR）模型 | $\sqrt{\mu_{max}}=a(T-T_0)$ |
| Huang Square-root（HSR）模型 | $\sqrt{\mu_{max}}=a(T-T_{min})^{0.75}$ |
| Arrhenius 模型 | $\mu_{max}=a(T+273.15)\exp\left\{-\left[\frac{\Delta G'}{R(T+273.15)}\right]^n\right\}$ |

（2）热失活实验　无菌条件下，称取若干份［（1.00±0.02）g/份］未经腌制的三文鱼鱼子，置于带有滤膜的无菌均质袋中，并平均分为 4 组。为考察三文鱼鱼子中盐的添加对单核细

胞增生李斯特菌热失活的影响，向其中3组样品中分别添加60、120、180μL质量分数为25%的无菌盐水（NaCl），经计算可知样品中盐添加量约为1.5%、3.0%、4.5%（以鱼子为基准）；第4组样品为对照组，盐添加量即为0.0%。与生长试验中菌株选择和样品接种方式不同的是，热失活研究为了考察不同菌株之间的耐热性差异，仅选取单核细胞增生李斯特菌F2365、F4260、V7制备菌悬液，并将3种菌悬液（0.1mL）分别单独接种至4组不同盐含量的三文鱼鱼子样品中，最终接种浓度约为$10^{7.0\sim8.5}$CFU/g。将接种后的样品袋用圆柱状的玻璃瓶碾压平整，使其尽可能薄（<0.2mm），再真空封口（真空度为2.0kPa）。热处理时，将样品分别置于温度为57.5、60.0、62.5、65.0℃的恒温循环水浴器中，按照一定的时间间隔取出的样品袋，并立即浸入冰水浴中冷却。测定样品中单核细胞增生李斯特菌的残存数量时，先将冷却后的样品袋于无菌条件下剪开，然后采取与生长试验中相同的方法进行平板涂布与计数。上述生长实验均至少独立重复两次。另外，称取5g三文鱼鱼子至无菌均质袋中，均质拍打使其充分破碎，再转移至离心管内，测定pH；均质后的鱼子样品采用Dew Point 4水分活度计测定水分活度。

该研究选取线性失活模型来描述三文鱼鱼子中单核细胞增生李斯特菌的热失活行为，测定单核细胞增生李斯特菌在不同处理条件下的$D$值；基于SAS 9.3，通过方差分析考察菌株、温度和盐添加量之间的交互作用，结合线性回归分析探讨温度和盐对单核细胞增生李斯特菌耐热性的影响。

**2. 实验结果**

（1）三文鱼鱼子样品基本信息　三文鱼鱼子样品信息见表13-2，背景菌群的浓度约为200CFU/g（2.3lg CFU/g），腌制前，三文鱼鱼子的pH和水分活度分别为6.15和0.9867，添加1.5%、3.0%、4.5%盐之后，其水分活度分别降低至0.9822、0.9582、0.9527；未经接种的三文鱼鱼子直接取样涂布于PALCAM平板，37℃培养24~48h后未发现典型的单核细胞增生李斯特菌菌落，表明原料中未携带单核细胞增生李斯特菌。腌制和未腌制样品的pH和水分活度均支持单核细胞增生李斯特菌生长。

表13-2　三文鱼鱼子中背景菌群的基本信息

| 指标 | 值（平均值±标准差，$n=3$） |
| --- | --- |
| 菌落总数 | （2.3±0.3）lg CFU/g |
| pH | 6.15±0.03 |
| 水分活度（$A_w$） | 0.987±0.001（0.0%NaCl） |
| | 0.982±0.003（1.5%NaCl） |
| | 0.985±0.002（3.0%NaCl） |
| | 0.953±0.002（4.5%NaCl） |

（2）三文鱼鱼子中单核细胞增生李斯特菌生长建模分析

①腌制与未腌制三文鱼鱼子中单核细胞增生李斯特菌的生长情况：本实验所有温度（5~30℃）条件下，单核细胞增生李斯特菌均能在接种样品中良好的生长，所有的生长曲线均呈现出迟滞期、对数期、稳定期三个阶段。单核细胞增生李斯特菌迟滞期的长短和生长速率与培养温度相关，其中迟滞期随着温度的升高而降低，而生长速率随着温度的升高而增大。图13-1

所示为未腌制和腌制的三文鱼鱼子样品中单核细胞增生李斯特菌的生长曲线。对于未经腌制的三文鱼鱼子，单核细胞增生李斯特菌的生长达到稳定期时其最大浓度为（8.63±0.44）lg CFU/g（$n$=12）；经盐腌制的样品中，其达到的最大浓度为（8.44±0.42）lg CFU/g（平均值±标准差，$n$=12）。腌制和未腌制的三文鱼鱼子样品中，单核细胞增生李斯特菌的生长曲线均能较好的通过 Huang 模型或 Baranyi 模型进行拟合。两种模型除了在对细菌迟滞期定义上有差别，在分析单核细胞增生李斯特菌生长曲线时均表现出同等的优良程度；Huang 模型对细菌生长曲线迟滞期的定义以显式的格式体现在方程中，Baranyi 模型对迟滞期的定义是隐式格式，未在方程中体现。因此，如图 13-1 所示，由 Huang 模型拟合得出的生长曲线具有明显的迟滞期。

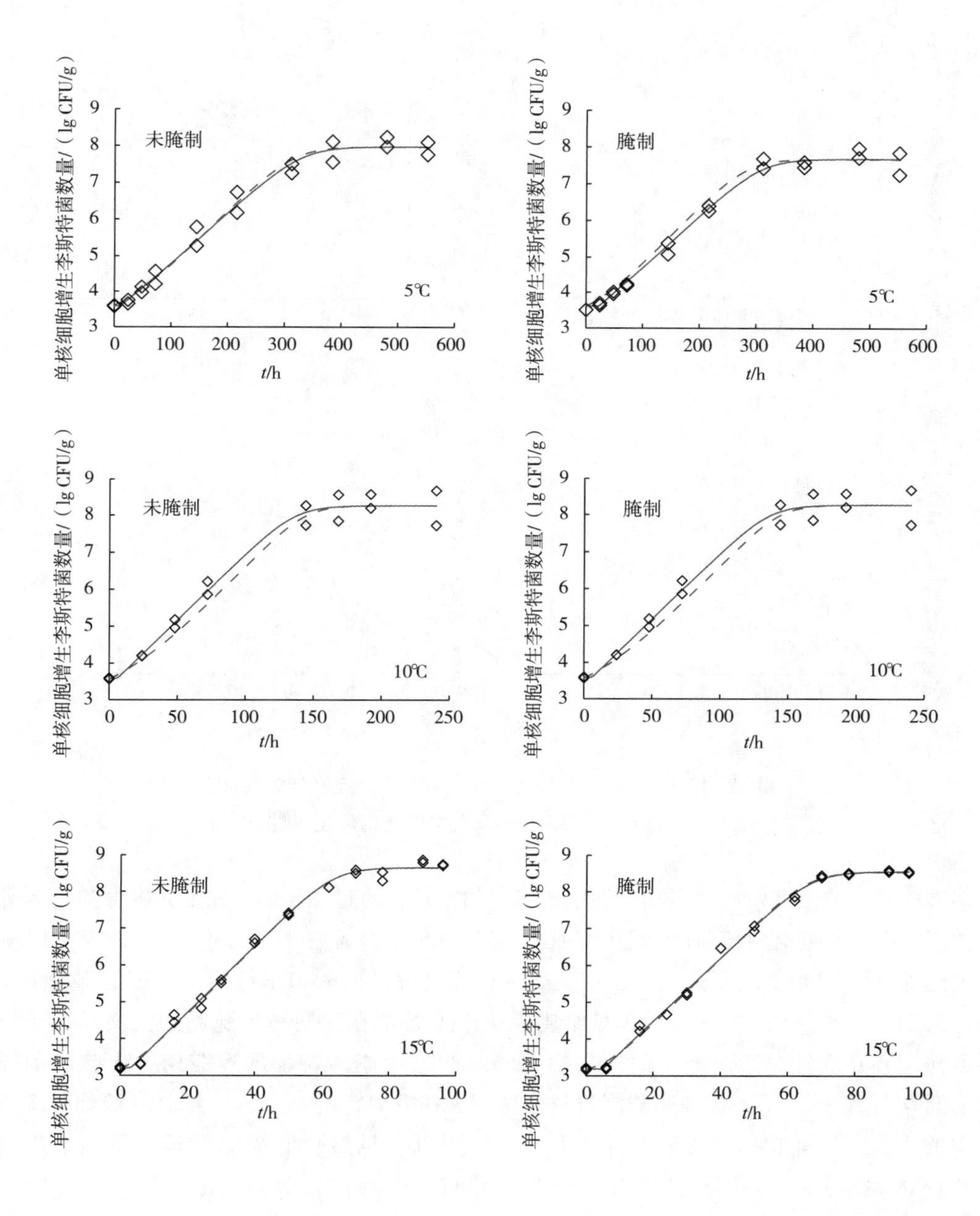

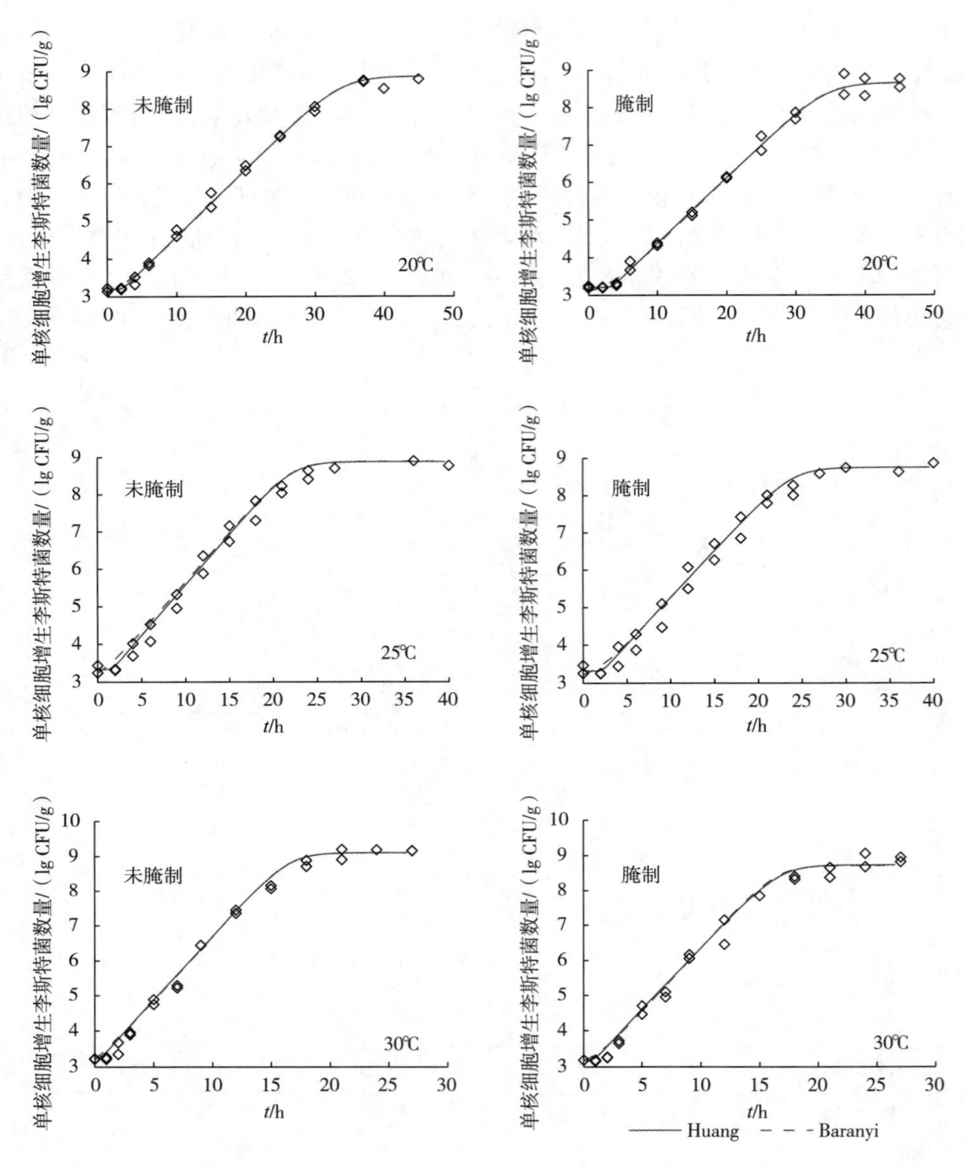


图 13-1　5、10、15、20、25、30℃时，腌制与未腌制三文鱼鱼子样品中单核细胞增生李斯特菌生长曲线

②单核细胞增生李斯特菌迟滞期和生长速率的比较：通过图 13-1 对比分析可知，同等温度条件下，单核细胞增生李斯特菌在腌制的三文鱼鱼子样品中的迟滞期长于在未经腌制的样品中迟滞期。因此，该研究比较了由 Huang 模型计算的两种鱼子样品中单核细胞增生李斯特菌迟滞期的差异。图 13-2 显示单核细胞增生李斯特菌在腌制与未腌制的三文鱼鱼子样品中的迟滞期存在线性关系。腌制的样品中单核细胞增生李斯特菌的迟滞期比未腌制的样品中的迟滞期长约 38.9%，这表明腌制过程中盐（3% NaCl）的添加不能抑制单核细胞增生李斯特菌的生长，但能在一定程度上延缓其生长。另外，虽然盐的添加能延长单核细胞增生李斯特菌的迟滞期，但不影响其生长速率。图 13-3（1）表明，无论选用 Huang 模型或

Baranyi 模型，由其计算的腌制和非经腌制三文鱼鱼子样品中单核细胞增生李斯特菌的生长速率均无显著差异（$P<0.05$）；图 13-3（2）则表明，由 Huang 模型和 Baranyi 模型计算的生长速率无显著差异（$P<0.05$）。

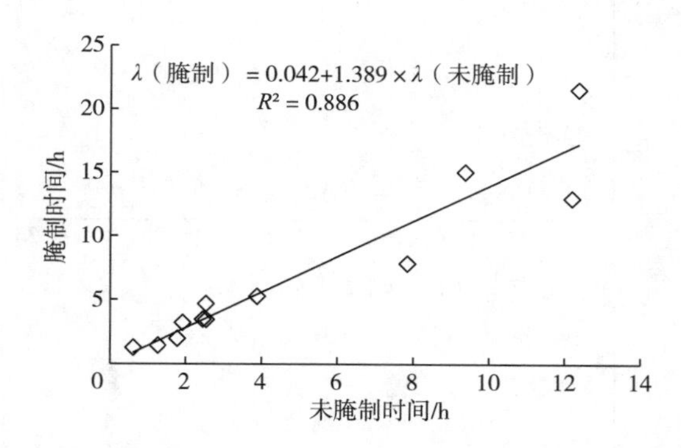


图 13-2　腌制与未腌制三文鱼鱼子样品中单核细胞增生李斯特菌生长速率的比较

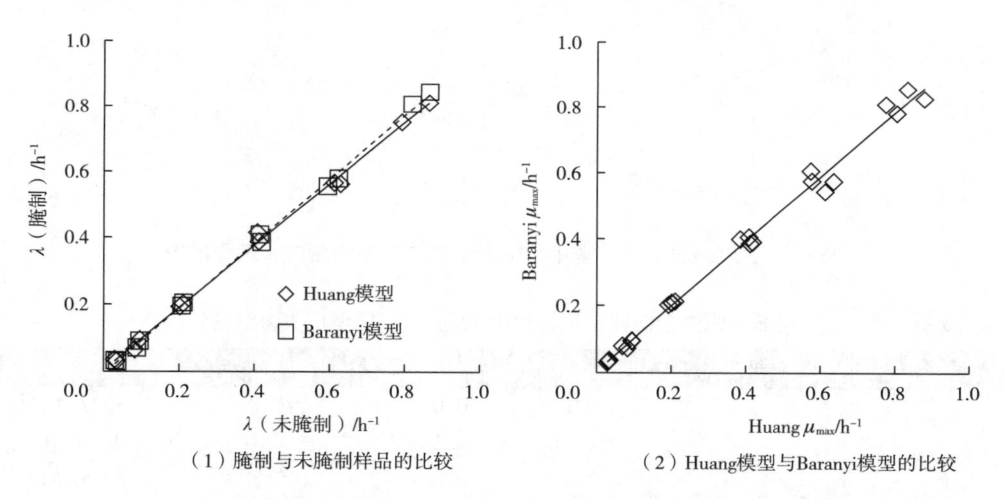


（1）腌制与未腌制样品的比较　　（2）Huang模型与Baranyi模型的比较

图 13-3　三文鱼鱼子样品中单核细胞增生李斯特菌生长速率的比较

③关于生长速率的分析：因为腌制与未腌制三文鱼鱼子中单核细胞增生李斯特菌的生长速率无显著差异，故将两者的生长速率数据合并后再进行分析。图 13-4 显示三种二级模型［RSR 模型、HSR 模型，图 13-4（1）；Arrhenius 模型，图 13-4（2）］描述的单核细胞增生李斯特菌生长速率随温度的变化。表 13-3 列出了三种模型的估计参数，其中，RSR 模型参数 $T_0$ 估计值为-0.5℃，这与 FDA 报道的水产品中单核细胞增生李斯特菌的最低生长温度（-0.4℃）相近，表明通过 RSR 模型合适用于描述温度对其生长速率的影响。然而，RSR 模型中，$T_0$ 为理论最低生长温度，HSR 模型中的 $T_{min}$（=2.58℃）为实际最低生长温度。因此，HSR 模型更适合用于描述温度对腌制的三文鱼鱼子中单核细胞增生李斯特菌生长速率的影响。由图 13-4（2）可知，Arrhenius 模型同样能较为准确地描述温度对单核细胞增生李斯特菌生长速率的影响，但与 RSR 模型和 HSR 模型不同的是，该模型不能预测最低生长温度，且当温度趋近于冰点时，由其预测的生长速率显著下降。如当温度为 0℃时，Arrhenius 模型预测的生长速率仅为每天 0.25lg CFU/g。因此，Arrhenius 模型适合用于描述最低生长温度不确定或难以测定的微生物生长速率。

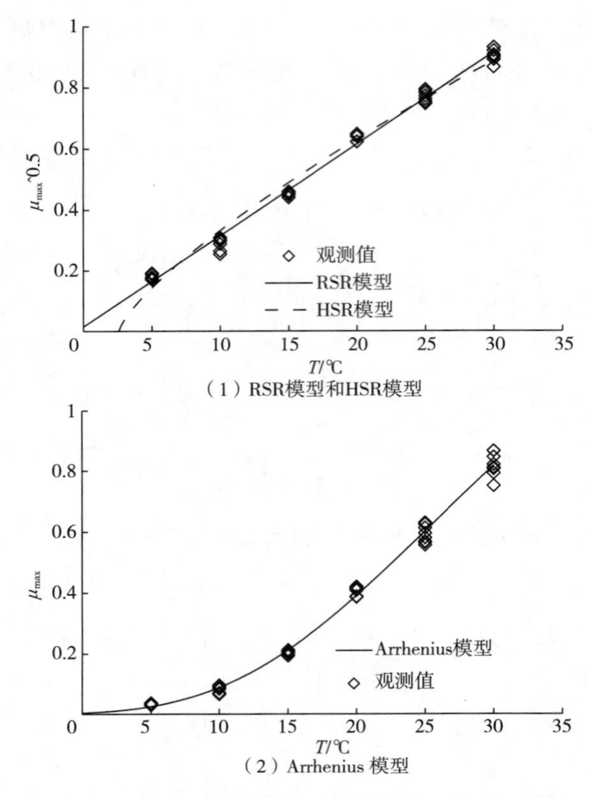


图 13-4　温度对三文鱼鱼子中单核细胞增生李斯特菌生长速率的影响

表 13-3　　单核细胞增生李斯特菌生长速率-温度二级模型相关参数估计

| 模型 | 参数 | 估计 | 标准差 | $t$ 值 | $p$ 值 |
|---|---|---|---|---|---|
| RSR | $a$ | 0.021 | 0.000 | 83.4 | $5.87\times10^{-12}$ |
| | $T_0$ | −0.500 | 0.238 | −2.10 | $4.10\times10^{-2}$ |
| HSR | $a$ | 0.074 | 0.001 | 75.7 | $6.35\times10^{-50}$ |
| | $T_{min}$ | 2.575 | 0.250 | 10.3 | $1.65\times10^{-13}$ |
| Arrhenius | $a$ | 0.006 | 0.001 | 10.61 | $7.92\times10^{-14}$ |
| | $\Delta G$ | 2486.3 | 12.41 | 200.3 | $4.83\times10^{-68}$ |
| | $n$ | 19.62 | 1.454 | 13.5 | $2.01\times10^{-17}$ |

④关于迟滞期的分析：三文鱼鱼子样品中，单核细胞增生李斯特菌的迟滞期受温度影响较大。图 13-5（1）表明，Huang 模型中，迟滞期的对数与生长速率的对数呈线性关系；因为腌制的三文鱼鱼子样品中单核细胞增生李斯特菌的迟滞期比未腌制的样品中的迟滞期长 38.9%（约 40%），所以用于描述腌制样品中单核细胞增生李斯特菌迟滞期和生长速率的关系的对数-线性方程的截距约为未腌制样品中截距的 1.4（或 $e^{0.418-0.0785}$）倍，而两个方程所在直线的斜率几乎一样。因此，从图像上看，两条直线几乎平行。另外，Baranyi 模型中，$h_0$ 的大小几乎跟温度无关［图 13-5（2）］。在腌制与未腌制的三文鱼鱼子样品中，$h_0$ 的平均值分别为 1.193±0.346（平均值±标准差，$n=12$）和 0.742±0.178（$n=12$），且 $t$ 检验表明，腌制样品中的 $h_0$ 显著高于未腌制样品中的 $h_0$（$P=0.02$）。

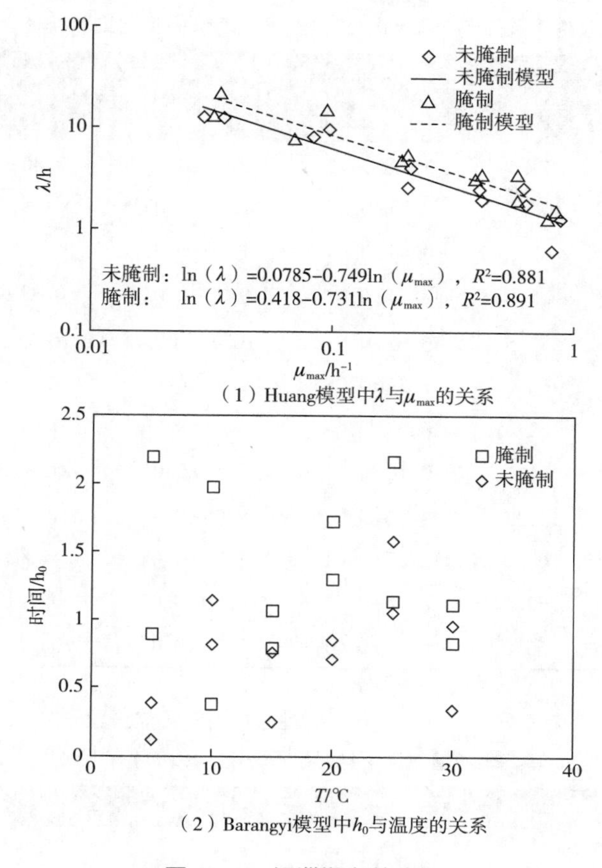

（1）Huang模型中λ与$\mu_{max}$的关系

（2）Barangyi模型中$h_0$与温度的关系

图 13-5　迟滞期参数分析

（3）三文鱼鱼子中单核细胞增生李斯特菌热失活建模分析　热失活试验中，当三文鱼鱼子样品分别于57.5、60.0、62.5、65.0℃加热处理时，典型的单核细胞增生李斯特菌失活曲线如图13-6所示，其菌数的对数值随着加热时间的延长而呈线性降低，表明三文鱼中单核细胞增生李斯特菌的热失活遵循一级动力学。不同温度条件下，单核细胞增生李斯特菌F2365、F4260、V7在腌制与未腌制三文鱼鱼子中的$D$值如表13-4所示。

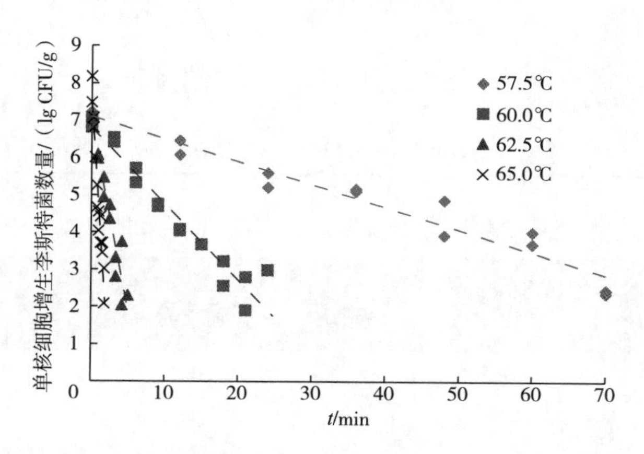


图 13-6　三文鱼鱼子中单核细胞增生李斯特菌热失活的典型曲线（盐添加量3%，菌株F4260）

表 13-4　不同温度条件下腌制与未腌制三文鱼鱼子中单核细胞增生李斯特菌的 *D* 值

| 菌株 | 温度/℃ | 盐添加量/% | | | |
|---|---|---|---|---|---|
| | | 0 | 1.5 | 3.0 | 4.5 |
| 单核细胞增生李斯特菌 F2365 | 57. 5 | 3. 42±0. 11 | 5. 55±0. 49 | 9. 48±1. 63 | 12. 09±1. 66 |
| | 60. 0 | 1. 34±0. 24 | 2. 43±0. 05 | 4. 15±0. 36 | 5. 55±0. 16 |
| | 62. 5 | 0. 48±0. 04 | 1. 00±0. 09 | 1. 53±0. 37 | 2. 40±0. 03 |
| | 65. 0 | 0. 14±0. 01 | 0. 35±0. 02 | 0. 82±0. 01 | 0. 79±0. 12 |
| 单核细胞增生李斯特菌 F4260 | 57. 5 | 6. 67±0. 53 | 10. 74±1. 04 | 16. 78±1. 84 | 19. 67±1. 58 |
| | 60. 0 | 1. 39±0. 08 | 2. 79±0. 44 | 4. 45±0. 38 | 6. 77±0. 64 |
| | 62. 5 | 0. 38±0. 02 | 0. 65±0. 06 | 0. 98±0. 23 | 1. 42±0. 04 |
| | 65. 0 | 0. 10±0. 01 | 0. 17±0. 01 | 0. 36±0. 06 | 0. 50±0. 03 |
| 单核细胞增生李斯特菌 V7 | 57. 5 | 3. 96±0. 04 | 8. 95±0. 32 | 10. 73±1. 19 | 17. 13±1. 73 |
| | 60. 0 | 1. 37±0. 01 | 2. 30±0. 04 | 4. 14±0. 07 | 5. 03±0. 19 |
| | 62. 5 | 0. 30±0. 03 | 0. 50±0. 02 | 0. 72±0. 02 | 1. 21±0. 23 |
| | 65. 0 | 0. 11±0. 01 | 0. 20±0. 01 | 0. 21±0. 04 | 0. 56±0. 12 |

表 13-5　方差分析：菌株、温度和盐添加量对三文鱼鱼子中单核细胞增生李斯特菌的耐热性（lg *D*）的影响

| 来源 | DF | 平方和 | 均方根 | *F* 值 | *Pr*>*F* |
|---|---|---|---|---|---|
| 模型 | 29 | 38. 09 | 1. 31 | 348. 5 | <0. 0001 |
| 误差 | 66 | 0. 25 | 0. 0038 | | |
| 总计 | 95 | 38. 34 | | | |
| | $R^2$ | 变异系数 | 均方根误差 | lgD 均值 | |
| | 0. 994 | 31. 28 | 0. 061 | 0. 196 | |
| 来源 | DF | 平方和 | 均方根 | *F* 值 | *Pr*>*F* |
| 菌株 | 2 | 0. 219 | 0. 110 | 29. 1 | <0. 0001 |
| 温度 | 3 | 31. 57 | 10. 52 | 2791. 5 | <0. 0001 |
| 盐含量 | 3 | 5. 39 | 1. 80 | 477. 0 | <0. 0001 |
| 温度×盐含量 | 9 | 0. 071 | 0. 0079 | 2. 10 | 0. 0420 |
| 菌株×温度 | 6 | 0. 777 | 0. 130 | 34. 37 | <0. 0001 |
| 菌株×盐含量 | 6 | 0. 062 | 0. 010 | 2. 76 | 0. 0186 |

表 13-6　LSD 检验：菌株、温度、盐添加量对单核细胞增生李斯特菌 *D* 值的影响

| 菌株的影响 | | | |
|---|---|---|---|
| 分组 | 均值 | *N* | 菌株 |
| A* | 0. 245 | 32 | F2365 |
| B | 0. 213 | 32 | F4260 |
| C | 0. 131 | 32 | V7 |

续表

| 温度的影响 | | | |
| --- | --- | --- | --- |
| 分组 | 均值 | $N$ | 温度 |
| A | 0.959 | 24 | 57.5℃ |
| B | 0.478 | 24 | 60.0℃ |
| C | -0.094 | 24 | 62.5℃ |
| D | -0.558 | 24 | 65.0℃ |
| 盐的影响 | | | |
| 分组 | 均值 | $N$ | 盐添加量 |
| A | 0.485 | 24 | 4.5% |
| B | 0.325 | 24 | 3.0% |
| C | 0.124 | 24 | 1.5% |
| D | -0.149 | 24 | 0.0% |

注：*不同的字母表示均值具有显著差异（$P<0.05$）；$N$：各个处理观测值数量。

方差分析结果（表13-5）表明，三文鱼鱼子中单核细胞增生李斯特菌的热抗性受菌株、温度、盐添加量及其交互作用的显著影响（$R^2=0.994$，$P<0.0001$），菌株、温度、盐添加量及菌株与温度交互作用的$P$值均小于0.0001，温度与盐添加量、菌株与盐添加量交互作用的$P$值分别为0.0420和0.0186，均小于0.05。采用LSD法进一步比较不同处理对单核细胞增生李斯特菌$D$值的影响。从表13-6中可知，3株单核细胞增生李斯特菌中，菌株F2365的耐热性最强，菌株V7的耐热性最弱；同时，LSD检验还表明，三文鱼鱼子中盐的添加显著提高了单核细胞增生李斯特菌的耐热性。另外，菌株F4260与菌株F2365相比，57.5℃时，前者的$D$值大于后者的$D$值；但当温度升高至62.5℃和65.0℃时，前者的$D$值均比后者的$D$值小（表13-4），表明高温下菌株F4260比菌株F2365对热敏感。由于3株单核细胞增生李斯特菌中，菌株F2365的耐热性最强，因此通过线性回归进一步分析其耐热性，考察温度与盐的交互作用对加热过程中$D$值的影响。前述方差分析对3株单核细胞增生李斯特菌的耐热性进行综合评价时，得出盐为显著影响因素；然而，回归分析进一步表明，盐作为单一因子时，对菌株F2365的耐热性并无显著影响（$P>0.05$）。实际上，盐对菌株F2365耐热性的影响表现为加热温度（$T$）与盐含量（$W_{salt}$）的交互作用，并可以由式（13-6）表示，其回归系数如表13-7所示。

$$\lg(D) = a + b \times T + c \times T \times W_{salt} \tag{13-1}$$

$$\frac{\partial[\lg(D)]}{\partial(T)} = -\frac{1}{5.99} + 0.00244 \times W_{salt} \tag{13-2}$$

根据式（13-1）和表13-7中的参数值，温度对单核细胞增生李斯特菌F2365耐热性的影响可以通过式（13-2）表达。基于式（13-2）可知，当盐添加量为零时，单核细胞增生李斯特菌F2365的$Z$值为5.99℃，此即为温度对菌株耐热性影响的纯效应；由式（13-2）还可知，三文鱼鱼子中盐的添加，可导致菌株对加热处理的敏感度降低，即表现更强的耐热性。

表 13-7 温度和盐浓度对单核细胞增生李斯特菌（F2365） *D* 值影响的线性回归分析结果

| 方差分析 | | | | | |
|---|---|---|---|---|---|
| 来源 | DF | 平方和 | 均方根 | *F* 值 | Pr>F |
| 模型 | 2 | 8.55 | 4.28 | 632 | <0.0001 |
| 误差 | 29 | 0.20 | 0.01 | | |
| 总计 | 31 | 8.75 | | | |
| 均方根误差 | | 0.082 | $R^2$ | 0.978 | |
| 因变量均值 | | 0.245 | 校正 $R^2$ | 0.976 | |
| 变异系数 | | 33.6 | | | |
| **参数估计** | | | | | |
| 变量 | DF | 估计值 | 标准差 | *t* 值 | Pr>\|t\| |
| 截距（*a*） | 1 | 10.15 | 0.319 | 31.84 | <0.0001 |
| *T*（*b*） | 1 | −0.167 | 0.005 | −32.10 | <0.0001 |
| *T*×盐含量（*c*） | 1 | $2.44\times10^{-3}$ | $1.41\times10^{-4}$ | 17.22 | <0.0001 |

**3. 实验结论**

首先，该研究考察和比较不同温度（5~30℃）条件下，腌制（盐添加量3%）和未腌制的三文鱼鱼子中单核细胞增生李斯特菌的生长状况，并构建相关生长预测模型；Huang 模型和 Baranyi 模型描述均能准确的描述三文鱼鱼子中单核细胞增生李斯特菌的生长行为；三文鱼鱼子中添加3%的盐可以使得单核细胞增生李斯特菌的迟滞期延长约40%，但对生长速率无显著影响；RSR 模型、HSR 模型和 Arrhenius 模型均适用于描述三文鱼鱼子中单核细胞增生李斯特菌的生长速率。其次，该研究考察和比较不同加热温度（57.5~65℃）与腌制（盐添加量0~4.5%）条件下，3株单核细胞增生李斯特菌（F2365、F4260、V7）在三文鱼鱼子中的热失活规律。结果表明，三文鱼鱼子中单核细胞增生李斯特菌的热失活行为符合一级反应动力学特征；菌株种类、温度和盐添加量及其交互作用对单核细胞增生李斯特菌的耐热性有显著影响；单核细胞增生李斯特菌 F2365 耐热性最强，三文鱼鱼子中添加盐可提高单核细胞增生李斯特菌的耐热性。本研究构建的生长模型可用于预测腌制或未腌制三文鱼鱼子中单核细胞增生李斯特菌的生长，热失活模型可为制定针对三文鱼鱼子产品中单核细胞增生李斯特菌的杀菌规程提供基依据。

实例说明：①该实例以不同含盐量的三文鱼鱼子和单核细胞增生李斯特菌为研究对象，开展恒定温度条件下的生长实验，分别选用 Baranyi 模型、Huang 模型对生长数据进行拟合（基于 IPMP2013），构建初级模型；再以 RSR 模型、HSR 模型和 Arrhenius 模型评价温度对生长速率的影响，构建二级模型（基于 IPMP2013）；②开展恒定温度条件下的热失活实验，通过 Excel 对不同含盐量三文鱼鱼子中单核细胞增生李斯特菌的失活数据进行线性拟合，求解 *D* 值和 *Z* 值，构建热失活模型。

## 二、 ε-聚赖氨酸盐酸盐对鱼丸中单核细胞增生李斯特菌生长及热失活影响的预测模型

鱼丸是我国传统的鱼糜制品之一，深受广大消费者喜爱。规模化生产的鱼丸产品一般在冷

冻条件下贮藏，但产品在熟制成型之后的冷却、包装等工序中极易遭受交叉污染，并且冷冻或解冻过程中均可能导致产品质构劣变和营养流失。向鱼丸中添加天然保鲜剂，并采用巴氏杀菌联合冷藏等栅栏技术是一种可行的兼顾食用品质、安全性和保质期的手段。另一方面，ε-聚赖氨酸（ε-polylysine，ε-PL）是一种安全性好、抑菌谱较广的天然防腐剂，日本于2000年已批准其投入市场使用，美国FDA于2004年将其列入GRAS清单。在中国，ε-聚赖氨酸（ε-PL）及其盐酸盐（ε-PLH）也于2014年被批准使用于肉类、果蔬、米面、食用菌等制品。该研究主要考察温度和ε-聚赖氨酸盐酸盐（ε-PLH）添加量对鱼丸中单核细胞增生李斯特菌生长及热失活的影响，并通过两步法构建鱼丸中单核细胞增生李斯特菌的生长及热失活预测模型，以期为进一步评估新型防腐剂对相关产品中单核细胞增生李斯特菌的抑制效果提供科学依据，同时为制定针对鱼丸产品热杀菌规程提供基础。

**1. 实验方法**

（1）生长实验　在无菌条件下，称取切碎的鱼丸样品若干份［（1.00±0.01）g/份］，置于带有滤膜的无菌均质袋中，并平均分为三组。为考察鱼丸中ε-PLH的添加量对单核细胞增生李斯特菌生长的影响，向其中两组样品中分别添加ε-PLH溶液，使得样品中ε-PLH的浓度分别为150、300mg/kg（以鱼丸为基准），剩下的一组样品作为对照组，不添加ε-PLH。将已制备的含有3株单核细胞增生李斯特菌（CICC21632、CICC21633、CICC21635）的混合菌液分别接种至上述三组鱼丸样品中，使其初始接种浓度约为$10^{2.0\sim3.0}$CFU/g。与13.1.1类似，该研究使用的单核细胞增生李斯特菌均为经过利福平（rifampicin，Rif）诱导的抗性菌株，鱼丸样品中的背景菌群在TSA/Rif平板中的生长受到抑制，但对利福平耐受的单核细胞增生李斯特菌仍能正常生长。将已接种的样品分别放置于3.4、8、12、16℃的恒温生化培养箱中培养，并按照预设的时间间隔取样，测定单核细胞增生李斯特菌数量。取样时，向样品袋中加入9mL质量分数为0.1%的无菌蛋白胨水，再将样品袋置于均质器上以最大速度正反两面各拍打2min，经梯度稀释后涂布于TSA/Rif平板；所有平板置于37℃恒温培养箱中培养24~48h后计数，单位为lg CFU/g。每组实验均独立重复两次。

该研究选用Huang模型作为描述鱼丸中单核细胞增生李斯特菌生长的初级模型，并通过IPMP 2013分别对不同温度（3.4、8、12、16℃）、不同ε-PLH添加浓度下的单核细胞增生李斯特菌生长数据进行拟合，获得生长速率等参数；然后，分别选用RSR模型、HSR模型，并再次通过IPMP 2013对生长速率进行拟合，构建二级模型，见表13-8。

表13-8　鱼丸中单核细胞增生李斯特菌生长的初级模型与二级模型

| 模型 | 表达式 |
| --- | --- |
| Huang模型 | $Y(t)=Y_0+Y_{max}-\ln\{e^{Y_0}+[e^{Y_{max}}-e^{Y_0}]e^{-\mu_{max}B(t)}\}$<br>$B(t)=t+\frac{1}{4}\ln\frac{1+e^{-4(t-\lambda)}}{1+e^{4\lambda}}$ |
| RSR模型 | $\sqrt{\mu_{max}}=a(T-T_0)$ |
| HSR模型 | $\sqrt{\mu_{max}}=a(T-T_{min})^{0.75}$ |

（2）热失活实验　按照与生长试验中同样的方法，准备 3 组 ε-PLH 添加浓度分别为 0、150、300mg/kg 的鱼丸样品，并向各组样品中分别接种将已制备的单核细胞增生李斯特菌混合菌液，使得其初始接种浓度为 $10^{8.0\sim9.0}$CFU/g。用圆柱状的玻璃瓶将接种后的样品袋碾压平整，并使其尽可能薄（<1mm），然后抽真空封口（真空度为 2.0kPa）。将 3 组样品分别置于温度为 60.0、62.5、65.0、67.5℃的恒温循环水浴器中加热，按照一定的时间间隔取出样品袋，并立即浸入冰水中冷却，然后采用与生长实验中相同的方法进行平板涂布与计数。所有条件下的热失活实验均重复至少两次。

该研究选取线性失活模型来描述鱼丸中单核细胞增生李斯特菌的热失活行为，测定单核细胞增生李斯特菌在不同处理条件下的 $D$ 值；通过方差分析考察温度和 ε-PLH 添加量之间的交互作用，结合线性回归分析探讨温度和 ε-PLH 对单核细胞增生李斯特菌耐热性的影响。

**2. 实验结果**

（1）鱼丸中单核细胞增生李斯特菌生长建模分析　图 13-7 显示了添加不同浓度 ε-PLH（0、150、300mg/kg）的鱼丸中，单核细胞增生李斯特菌在 3.4、8、12、16℃条件下的生长数据，以及通过 Huang 模型拟合的生长曲线。由图 13-7 可知，单核细胞增生李斯特菌在鱼丸中的生长均表现出明显的滞后期、对数期以及稳定期，且迟滞期随温度升高而减小，生长速率随温度升高而增大。当温度为 3.4℃时，在 ε-PLH 添加量为 0、150、300mg/kg 的鱼丸样品中，单核细胞增生李斯特菌的最大生长浓度分别为 7.8、7.1、6.7lg CFU/g；然而，当温度不小于 8℃时，3 种 ε-PLH 添加量的鱼丸样品中，单核细胞增生李斯特菌的最大生长浓度均增加至约 9.0lg CFU/g。此外，图 13-7 表明，在每个测试温度条件下，随着 ε-PLH 添加量的增加，单核细胞增生李斯特菌的迟滞期延长，而生长速率几乎不变，单因素方差分析的结果也进一步表明，$\mu_{max}$ 不受 ε-PLH 添加量的影响（$P=0.976$）。

由于鱼丸样品中单核细胞增生李斯特菌的生长速率不受 ε-PLH 添加量的影响，故将所有条件下的生长速率数据合并，再分别通过 RSR 模型和 HSR 模型对其进行拟合分析。图 13-8（1）显示了温度对鱼丸样品中单核细胞增生李斯特菌生长速率的影响，表 13-9 列出了二级模型参数估计的结果。一般而言，单核细胞增生李斯特菌的最低生长温度约为 0℃，FDA 提出的单核细胞增生李斯特菌的最低生长温度为-0.4℃。由表 13-9 可知，RSR 模型估计的单核细胞增生李斯特菌理论最低生长温度（$T_0$）为-2.04℃，而 HSR 模型估计的最低生长温度（$T_{min}$）为 0.29℃，两种模型预估的最低生长温度均非常接近于 0℃。另外，RSR 模型的参数值（$a$ 和 $T_{min}$）均具有统计学意义上的显著性（$P<0.05$）；HSR 模型中，$T_{min}$ 不显著（$P<0.457$），这表明 $T_{min}$ 与 0℃不具显著差异，因此，其值可以用 0℃代替而不影响模型的准确性。鱼丸中单核细胞增生李斯特菌的迟滞期受到温度和 ε-PLH 添加量的共同影响，又因为生长速率也受温度的影响，那么迟滞期也可以通过最大比生长速率和 ε-PLH 添加量来共同表征［图 13-8（2）］。由图 13-8（2）可知，lg（λ）是 $\mu_{max}$ 和 ε-PLH 添加量的线性组合函数［式（13-3）］。既然生长速率不受 ε-PLH 的影响，而只受温度的影响，则由式（13-3）推导可知，ε-PLH 添加量每增加 565mg/kg，同一温度条件下的迟滞期增加至 10 倍。

$$\lg(\lambda) = 1.64 + \frac{1}{565} \times \mathrm{PLH} - 8.72d \times \mu_{max} \tag{13-3}$$

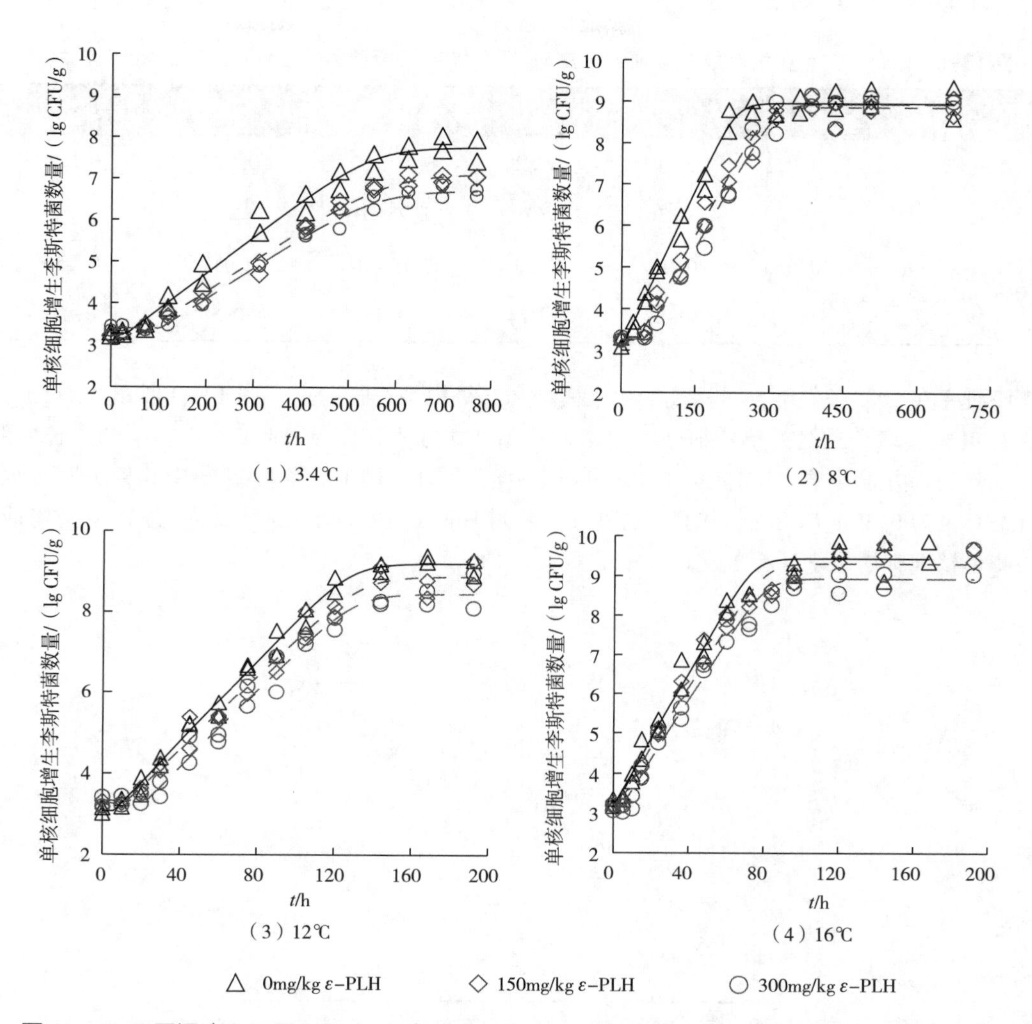


图 13-7　不同温度和不同 ε-PLH 添加浓度下，鱼丸中单核细胞增生李斯特菌的生长曲线拟合

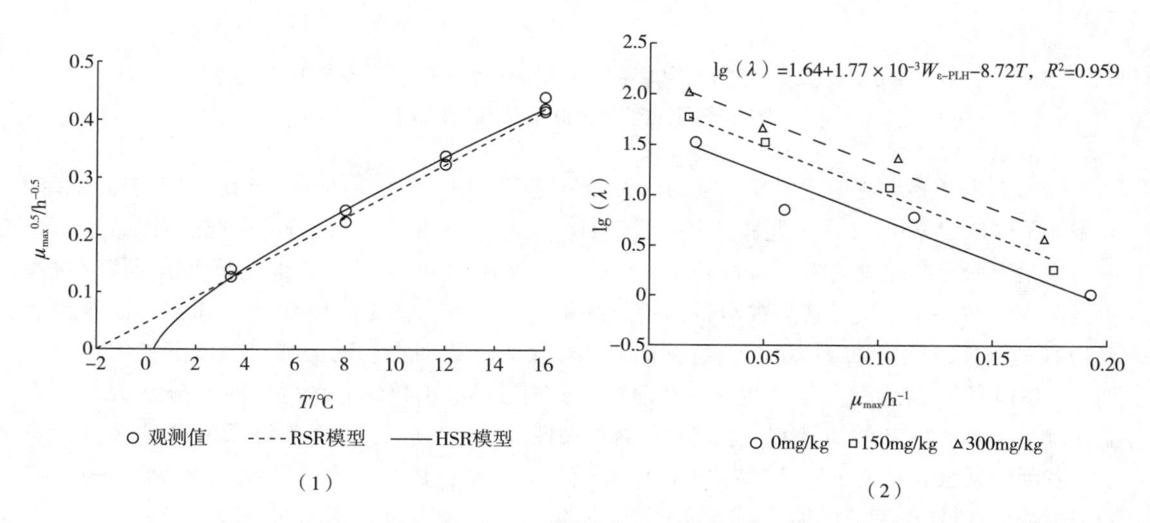


图 13-8　温度和 ε-PLH 添加浓度对单核细胞增生李斯特菌生长速率（1）及迟滞期（2）的影响

表 13-9　　　　单核细胞增生李斯特菌生长速率-温度二级模型参数估计

| 模型 | 参数 | 估计 | 标准差 | $t$ 值 | $p$ 值 | L95CI | U95CI |
|---|---|---|---|---|---|---|---|
| RSR | $a$ | 0.023 | 0.001 | 35.2 | $8.19\times10^{-12}$ | 0.022 | 0.025 |
| | $T_0$ | -2.04 | 0.36 | -5.61 | $2.25\times10^{-4}$ | -2.85 | -1.23 |
| HRS | $a$ | 0.053 | 0.002 | 33.9 | $1.19\times10^{-11}$ | 0.049 | 0.056 |
| | $T_{min}$ | 0.29 | 0.37 | 0.774 | 0.457 | -0.59 | 1.11 |

该研究在 10℃条件下，对构建的初级模型和二级模型进行验证，图 13-9 所示为 Huang 模型与 HSR 模型联合预测的单核细胞增生李斯特菌在添加不同量 $\varepsilon$-PLH 的鱼丸中的生长曲线，验证试验的均方根误差（RMSE）为 0.30lg CFU/g；另外，由 Huang 模型与 RSR 模型联合预测的 RMSE 也为 0.30lg CFU/g（未显示图像），表明 Huang-HSR 模型或 Huang-RSR 模型均适用于预测单核细胞增生李斯特菌在鱼丸中的生长。

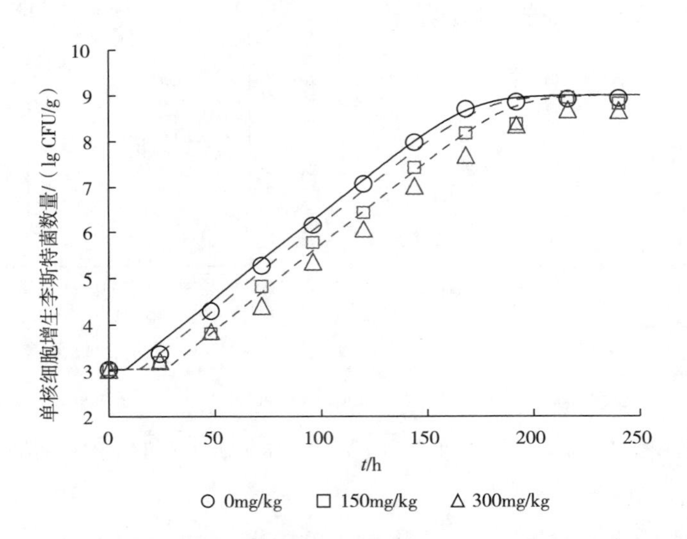


图 13-9　10℃时，单核细胞增生李斯特菌在添加不同量 $\varepsilon$-PLH 鱼丸中的生长预测线性（Huang-HSR 模型）

（2）鱼丸单核细胞增生李斯特菌的热失活　该研究中，将已接种单核细胞增生李斯特菌，并添加不同浓度 $\varepsilon$-PLH 的鱼丸样品分别置于 60、62.5、65 和 67.5℃条件下加热，样品中单核细胞增生李斯特菌的失活曲线如图 13-10 所示。由图 13-10 可知，单核细胞增生李斯特菌的数量呈对数线性下降，表明其热失活行为遵循一级动力学。从图 13-10 对比可知，随着样品中 $\varepsilon$-PLH 的添加，单核细胞增生李斯特菌的耐热性降低，表明在相同的加热温度下，鱼丸中添加 $\varepsilon$-PLH 可以导致单核细胞增生李斯特菌对热更加敏感。单核细胞增生李斯特菌 $D$ 值与加热温度（$T$）和 $\varepsilon$-PLH 添加量 $W_{\varepsilon\text{-PLH}}$ 具有显著相关性（图 13-11），其关系可以用式（13-4）表示。各回归系数及相关统计量见表 13-10。温度（$T$）和 $\varepsilon$-PLH 两项的系数均为负数，表明随着温度或 $\varepsilon$-PLH 浓度的增加，细菌的耐热性降低。

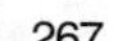

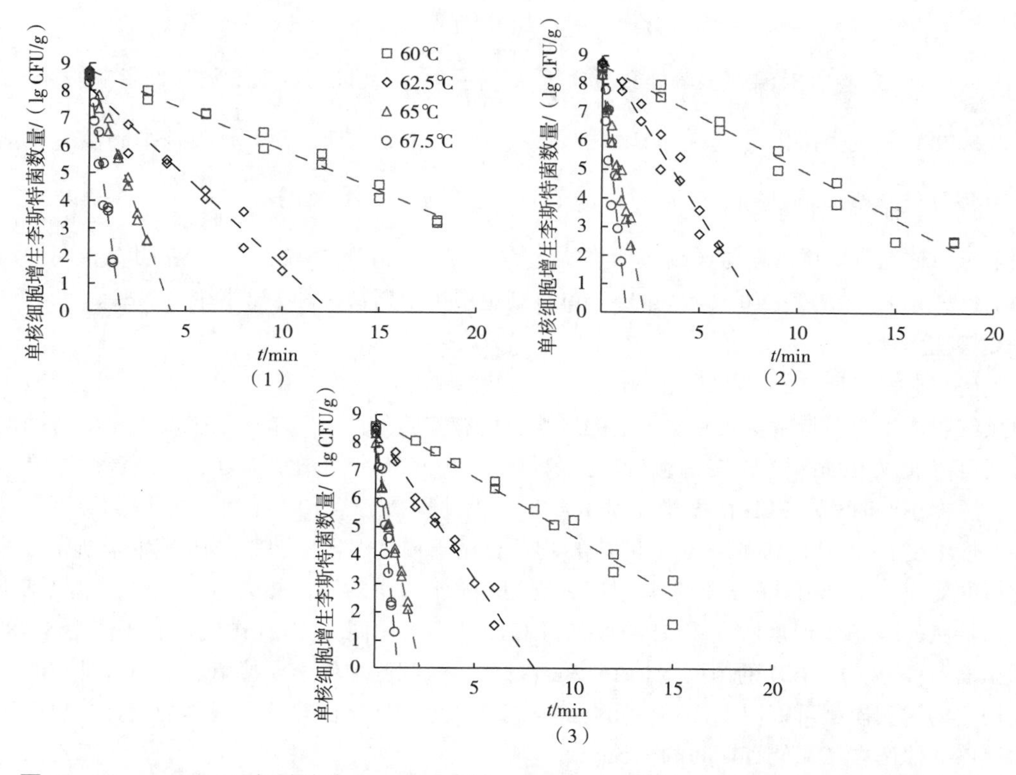


图 13-10 ε-PLH 添加浓度为 0mg/kg（1）、150mg/kg（2）、300mg/kg（3）的鱼丸中，单核细胞增生李斯特菌在 60~67.5℃条件下的存活曲线

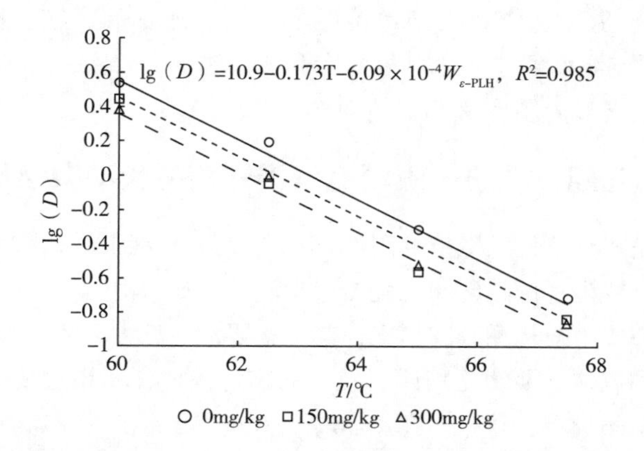


图 13-11 温度和 ε-PLH 对单核细胞增生李斯特菌 lg（D）的影响

表 13-10 温度（T）/ε-PLH 浓度对单核细胞增生李斯特菌 lg（D）影响的线性回归分析结果

| 参数 | 估计 | 标准差 | t 值 | p 值 | L95CI | U95CI |
|---|---|---|---|---|---|---|
| $a$ | 10.9 | 0.5 | 23.6 | $2.09\times10^{-9}$ | 9.8 | 11.9 |
| $b$ | −0.173 | 0.001 | −23.9 | $1.88\times10^{-9}$ | −0.189 | −0.156 |
| $c$ | $-6.09\times10^{-4}$ | $1.65\times10^{-4}$ | −3.7 | $4.95\times10^{-3}$ | $-9.82\times10^{-4}$ | $-2.36\times10^{-4}$ |

$$\lg(D) = a - bT - cW_{\varepsilon\text{-PLH}} \tag{13-4}$$

根据式（13-4），对温度求偏导数，计算 $\frac{\partial[\lg(D)]}{\partial(T)}$，此即为温度对耐热性影响的纯效应，$Z$ 值为 5.78℃，表明在相同的 ε-PLH 添加量条件下，温度增加 5.78℃，单核细胞增生李斯特菌的 $D$ 值降低 90%；同理，类比温度对 lg（$D$）的影响，可通过计算 $\frac{\partial[\lg(D)]}{\partial W_{\varepsilon\text{-PLH}}}$ 而获得 ε-PLH 添加量对单核细胞增生李斯特菌耐热性影响的纯效应，$Z$ 值为 1642mg/kg，表明在相同的温度条件下，ε-PLH 的浓度增加 1642mg/kg，单核细胞增生李斯特菌的 $D$ 值降低 90%。

**3. 实验结论**

该研究考察温度（3.4~16℃和 60~67.5℃）和 ε-PLH 浓度（0、150、300mg/kg）对鱼丸中单核细胞增生李斯特菌生长和热失活的影响，所有实验条件下，单核细胞增生李斯特菌的生长曲线可以通过 Huang 模型来描述，其迟滞期随 ε-PLH 浓度的增加而延长，随温度的升高而减小；温度不变时，ε-PLH 浓度增加 565mg/kg，迟滞期增加至 10 倍；生长速率随温度升高而增大，但不受 ε-PLH 的影响，RSR 和 HSR 均适合用于描述温度对单核细胞增生李斯特菌的生长速率的变化，由其估计的最低生长温度分别为-2.04 和 0.29℃。热失活研究中，单核细胞增生李斯特菌的 $D$ 值随温度和 ε-PLH 浓度的升高而减小；相同 ε-PLH 浓度下，$Z$ 值为 5.78℃；相同温度条件下，ε-PLH 的浓度增加 1642mg/kg，单核细胞增生李斯特菌的 $D$ 值降低 90%。该研究构建的预测模型可以用于针对鱼丸中单核细胞增生李斯特菌热杀菌规程的设计，也可以用于估计该病原菌在产品储存期间的生长。

实例说明：①该实例以不同 ε-PLH 添加浓度的鱼丸和单核细胞增生李斯特菌为研究对象，开展恒定温度条件下的生长实验，选用 Huang 模型对生长数据进行拟合（基于 IPMP2013），构建初级模型；再以 RSR 模型、HSR 模型评价温度对生长速率的影响，构建二级模型（基于 IPMP2013）；②开展恒定温度条件下的热失活实验，通过 Excel 对单核细胞增生李斯特菌的失活数据进行线性拟合，求解 $D$ 值和 $Z$ 值，构建热失活模型。

## 三、婴幼儿配方乳粉中阪崎克罗诺杆菌生长动力学比较分析

阪崎克罗诺杆菌是一种兼性厌氧革兰阴性、不产芽孢杆状细菌。作为一种致病剂量较低的食源性致病菌，阪崎克罗诺杆菌在婴幼儿乳粉、牛乳、家禽、肉类、果蔬、芽菜等多类食品和食品加工设备及家庭环境中被检测分离出来，其中，婴幼儿配方乳粉已被确定为阪崎克罗诺杆菌最常见的传播来源和载体。婴幼儿是该菌感染的高危人群，感染主要引起菌血症、脑膜炎、败血症和坏死性小肠结肠炎等，致死率高达 40%~80%。因此，阪崎克罗诺杆菌一直是婴幼儿配方乳粉中被严格防控的对象。一般情况下，婴幼儿配方乳粉在家庭中使用温水进行冲调，阪崎克罗诺杆菌在冲调温度下仍可能遭受热损伤而未能完全失活，当条件合适时又能恢复正常的生理状态。该研究主要考察和比较温度对婴幼儿配方乳粉中阪崎克罗诺杆菌的正常菌株和热损伤菌株生长的影响，并通过两步法构建婴幼儿配方乳粉中阪崎克罗诺杆菌的生长预测模型，以期为婴幼儿配方乳粉及相关食品中阪崎克罗诺杆菌的风险评估提供基础。

**1. 实验方法**

在无菌条件下称取 64g 婴幼儿配方乳粉，置于无菌烧杯中，加入 440mL 无菌水搅拌溶解，然后分装于无菌试管（10mL 乳液/管）中，并平均分为三组，待用。取 1mL 由 6 株阪崎克罗

诺杆菌（ATCC 12868，ATCC 29004，ATCC 29544，HBP #2871，HBP #3439 和 HBP #3437）制备的混合菌液，加入装有 200mL 无菌蛋白胨水且已提前预热至 60℃ 的烧杯中，烧杯底部通过磁力搅拌器保持加热和充分搅拌，持续 2.5min 后立即将烧杯置于入冷水浴中冷却，以制备热损伤处理的阪崎克罗诺杆菌混合菌液（经 TSA 平板测浓度约为 $10^{4.0\sim5.0}$CFU/g）。接种时，向第一组乳液中各加入 0.1mL 正常的阪崎克罗诺杆菌混合菌液（普通组），向第二组乳液中各加入 0.1mL 经过热损伤处理的阪崎克罗诺杆菌混合菌液（热损伤组），第一组和第二组中接种浓度均为 $10^{2.0\sim3.0}$CFU/g，第三组乳液作为对照以测定背景菌群的数量。将接种后的乳粉溶液样品分别放置于 6、10、15、20、25、30、35、40、45、48℃ 的生化培养箱中培养，并按照一定的时间间隔取样。取样时，样品经梯度稀释，再涂布于 VRBGA 平板和 TSA 平板，两者分别用于测定阪崎克罗诺杆菌和背景菌群的数量，所有平板在 37℃ 培养，24h 后计数。

表 13-11 所示为婴幼儿配方乳粉中阪崎克罗诺杆菌生长的初级模型与二级模型的表达式，该研究选用 Huang 模型、Baranyi 模型、NoLag 模型作为描述阪崎克罗诺杆菌生长的初级模型，并通过 R（版本 2.13.2）分别对各等温条件下（6、10、15、20、25、30、35、40、45 和 48℃）阪崎克罗诺杆菌的生长数据进行拟合，获得生长速率等参数；再分别选用 RSR 模型、HSR 模型、Cardinal 模型对生长速率进行拟合，构建二级模型。为了比较各初级模型的准确度，使用方差分析（ANOVA）对每个初级模型的标准误差（RSR）和 AIC 值进行分析。

表 13-11　婴幼儿配方乳粉中阪崎克罗诺杆菌生长的初级模型与二级模型

| 模型 | 表达式 |
|---|---|
| Huang 模型 | $Y(t)=Y_0+Y_{max}-\ln\{e^{Y_0}+[e^{Y_{max}}-e^{Y_0}]e^{-\mu_{max}B(t)}\}$<br>$B(t)=t+\frac{1}{4}\ln\frac{1+e^{-4(t-\lambda)}}{1+e^{4\lambda}}$ |
| Baranyi 模型 | $Y(t)=Y_0+\mu_{max}A(t)-\ln\left[1+\frac{e^{\mu_{max}A(t)}-1}{e^{Y_{max}-Y_0}}\right]$<br>$A(t)=t+\frac{1}{\mu_{max}}\ln(e^{-\mu_{max}t}+e^{-h_0}-e^{-\mu_{max}t-h_0})$ |
| NoLag 模型 | $Y(t)=Y_0+Y_{max}-\ln\{e^{Y_0}+[e^{Y_{max}}-e^{Y_0}]e^{-\mu_{max}t}\}$ |
| Ratkowsky Square-root（RSR）模型 | $\sqrt{\mu_{max}}=\alpha(T-T_0)\{1-\exp[b(T-T_{max})]\}$ |
| Huang Square-root（HSR）模型 | $\sqrt{\mu_{max}}=\alpha(T-T_{min})^{0.75}\{1-\exp[b(T-T_{max})]\}$ |
| Cardinal 模型 | $\mu_{max}=\frac{\mu_{opt}(T-T_{max})(T-T_{min})^2}{(T_{opt}-T_{min})[(T_{opt}-T_{min})(T-T_{opt})-(T_{opt}-T_{max})(T_{opt}+T_{min}-2T)]}$ |

**2. 实验结果**

（1）婴幼儿配方乳粉中阪崎克罗诺杆菌的生长　乳粉原料（未接种对照组）并非完全无菌，样品自身携带较低水平的背景菌群（图 13-12）。在所有测试温度条件下，由于初始的背景菌群数量低于平板计数法的检测限，采样初期（零时刻）未见有背景菌群生长；随着培养时间的延长，样品中背景菌群的数量缓慢增加，一般情况下，背景菌群的数量比阪崎克罗诺杆菌的数量低2~4个数量级（图13-12）；因此，可以认为阪崎克罗诺杆菌的生长不受背景菌群的影响。当温度低于6℃时，两组接种样品中的阪崎克罗诺杆菌均未见有生长，其种群数量甚至呈下降趋势（图13-13），表明研究中选取的6株阪崎克罗诺杆菌的最低生长温度均高于6℃。当温度高于6℃时，普通组和热损伤组样品中的阪崎克罗诺杆菌均呈现出指数增长；普通组中，由TSA平板和VRBGA平板计数而测的阪崎克罗诺杆菌在婴幼儿配方乳粉中的生长曲线无差异，且菌株几乎均在接种后的短时间内进入对数数生长阶段，直到进入稳定期；热损伤组中，由于阪崎克罗诺杆菌细胞遭受热处理，接种后的细菌需经历自我修复阶段，因此，热损伤菌株的生长曲线具有显著的迟滞期，但由VRBGA平板测得的生长曲线迟滞期略低于由TSA平板测得的生长曲线迟滞期（图13-14）；同时，需要指出的是，刚接种的阪崎克罗诺杆热损伤菌株可能处于亚致死状态，其在选择性培养VRBGA平板上复活的数量低于TSA平板上复活的数量，但随着培养时间延长，恢复正常生理状态后，VRBGA平板上的数量与TSA平板的数量无差异（图13-14）。因此，基于上述实验结果，普通组和热损伤组的菌株生长曲线，均使用TSA平板获得的数据进行建模分析。

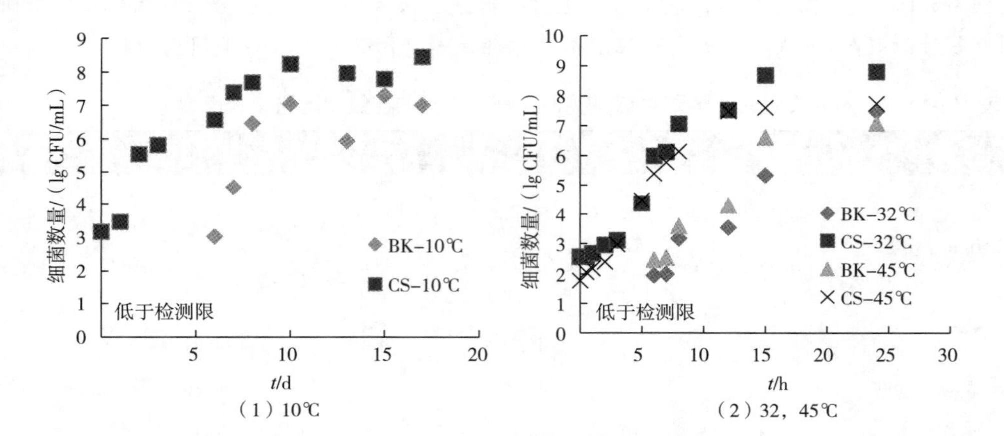


图13-12 婴幼儿配方乳粉中背景菌群（BK）与阪崎克罗诺杆菌（CS）生长情况比较

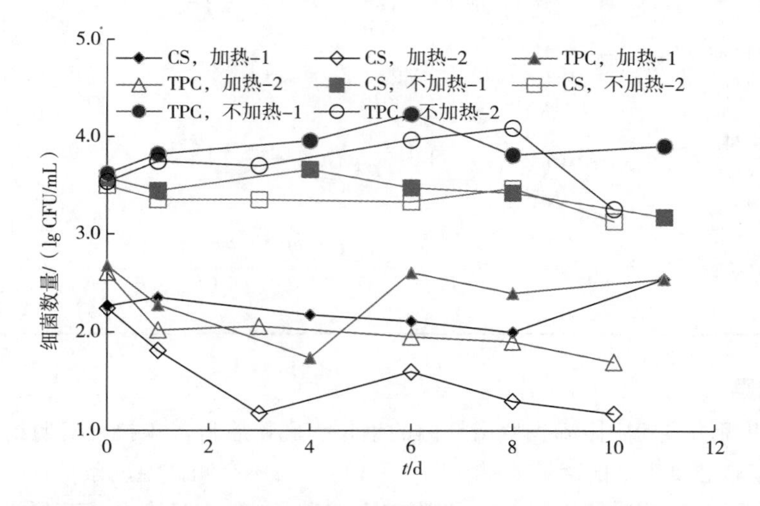


图13-13 6℃条件下婴幼儿配方乳粉中阪崎克罗诺杆菌（CS）和菌落总数（TPC）的变化情况

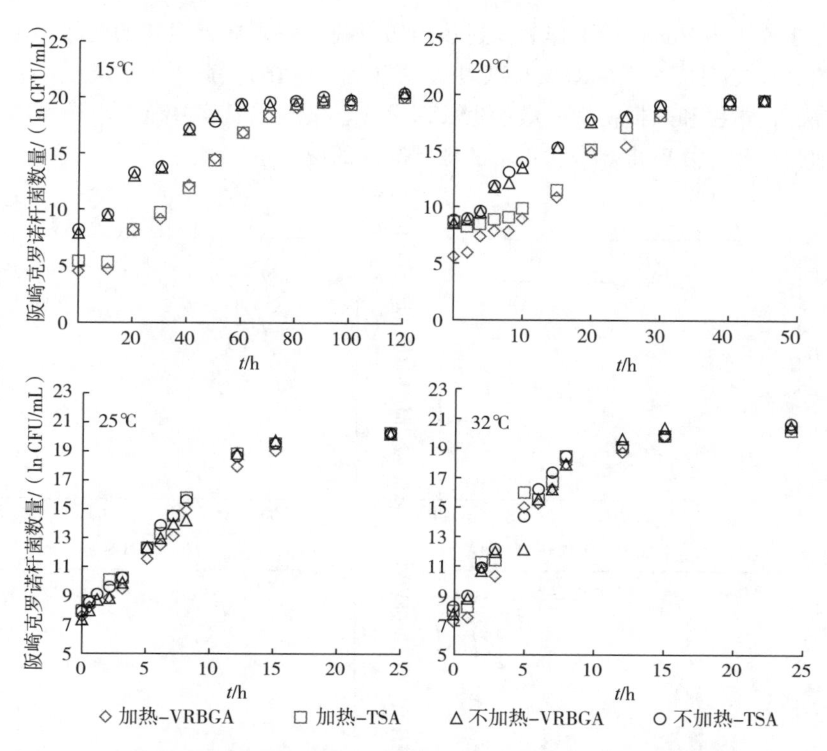


图 13-14　婴幼儿配方乳粉中阪崎克罗诺杆菌正常菌株与热损伤菌株生长情况比较

（2）阪崎克罗诺杆菌普通株生长的初级模型　普通组中，除 6℃外，其他温度条件下的生长数据均分别通过 NoLag 模型、Baranyi 模型和 Huang 进行拟合，其结果如图 13-15 所示。方差分析结果表明，由 3 种模型计算的最大生长速率（$\mu_{max}$）无显著差异（$P$>0.7），模型的 RSE 值和 AIC 值之间也无显著差异（$P$>0.9），表明 3 种模型均适用于描述婴幼儿乳粉中阪崎克罗诺杆菌（普通株）的生长情况。由 Baranyi 模型拟合得到的 $h_0$ 的平均值为（0.66±0.78）h（$n$=6），但其中有 3 个 $h_0$ 的值为负数，使得该模型可能估计出负的迟滞期。由 Huang 模型计算的 10℃下迟滞期为 8.2h，远小于 400h 的实贮藏期时间；另外，15℃和 20℃条件下迟滞期的平均值为（1.62±1.16）h（$n$=4），25、32、35、45℃和 48℃条件下迟滞期的平均值为（0.38±0.4）h（$n$=10）。鉴于婴幼儿配方乳粉中阪崎克罗诺杆菌（普通株）的生长曲线的迟滞期很极短或可以忽略不计，该研究建议选择参数少、表达式相对简单的 NoLag 模型来描述阪崎克罗诺杆菌正常菌株的生长。

（3）阪崎克罗诺杆菌热损伤株生长的初级模型　对于阪崎克罗诺杆菌的热损伤菌株，同样地，除 6℃外，其他温度条件下的生长数据均分别通过 NoLag 模型、Baranyi 模型和 Huang 进行拟合，其结果如图 13-15 所示。分析结果表明，由 3 种模型计算的最大生长速率（$\mu_{max}$）无显著差异（$P$=0.243）。由于阪崎克罗诺杆菌热损伤株的生长曲线存在显著的迟滞期，因此，Baranyi 模型和 Huang 模型更适合用于描述其生长，而采用 NoLag 模型可能会导致早期生长阶段的过高地估计。进一步通过方差分析可知，由 Baranyi 模型和 Huang 模型的计算的 $\mu_{max}$，以及统计量 RSE、AIC 值均无显著差异（$P$>0.91），表明两种模型对婴幼儿配方乳粉中阪崎克罗诺杆菌热损伤株的生长数据具有同等的拟合效果。从迟滞期的角度，Baranyi 模型的 $h_0$ 为 2.75±1.39（$n$=15，除去 1 个负值）；Huang 模型中，迟滞期一般随温度的降低而减小，且无负值产生。

因此，该研究建议使用 Huang 模型作为描述热损伤阪崎克罗诺杆菌生长的初级模型，Huang 模型中迟滞期的对数与生长速率的对数呈线性关系（图 13-16）。此外，方差分析结果还显示，阪崎克罗诺杆菌正常株和热损伤株的最大生长速率 $\mu_{max}$ 之间无显著差异（$P=0.87$），这表明热损伤的细菌细胞自我修复后将会以和正常的细胞等同的速率生长。

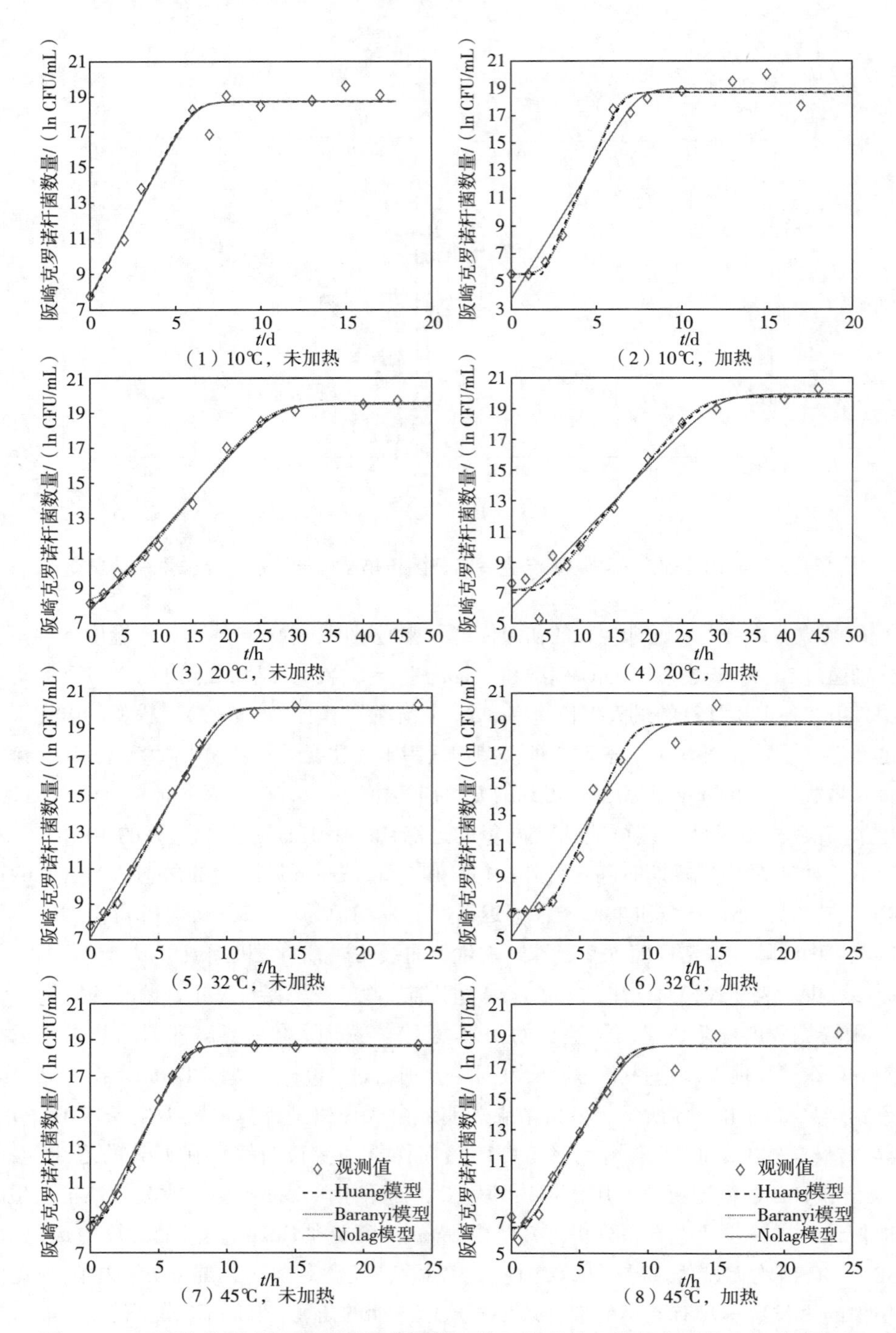


图 13-15　婴幼儿配方乳粉中阪崎克罗诺杆菌正常菌株和热损伤菌株生长曲线拟合

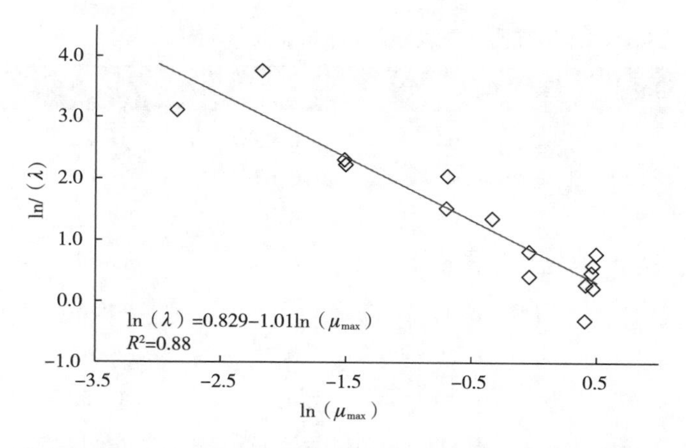


图 13-16　婴幼儿配方乳粉中阪崎克罗诺杆菌热损伤菌株的迟滞期与生长速率的关系

（4）温度对生长速率和迟滞期的影响　分别采用 RSR 模型、HSR 模型和 Cardinal 模型来描述温度对婴幼儿配方乳粉中阪崎克罗诺杆菌正常株和热损伤株生长速率的影响，图 13-17 表明 3 种二级模型均具有较好的拟合效果，表 13-12 和表 13-13 分别列出了 3 种二级模型参数及其统计量。该研究中，当温度为 6℃时，样品中阪崎克罗诺杆菌并未生长，因此 RSR 模型中的参数 $T_0$（正常株 3.07℃，热损伤株 3.92℃）不是实际最低生长温度；Cardinal 模型估计的阪崎克罗诺杆菌正常株和热损株的最低生长温度分别为 3.22℃和 4.70℃，同样低于 6℃；HSR 模型估计的阪崎克罗诺杆菌正常株和热损伤株的最低生长温度分别为 6.49℃和 6.86℃，更符合实际。RSR 模型、HSR 模型和 Cardinal 模型估计的阪崎克罗诺杆菌正常株的最大生长温度分别为 52.1、51.4 和 49.9℃，估计的热损伤株的最大生长温度分别为 50.6、50.1、49.0℃。从图像上看，3 种二级模型用于拟合生长速率-温度关系时，具有相近的准确度，但 HSR 根模型的估计的最低生长温度和最大生长温度更接近于实际情况。因此，建议使用 HSR 模型作为描述温度对婴幼儿配方乳粉中阪崎克罗诺杆菌正常菌株和热损伤菌株生长速率影响的二级模型。

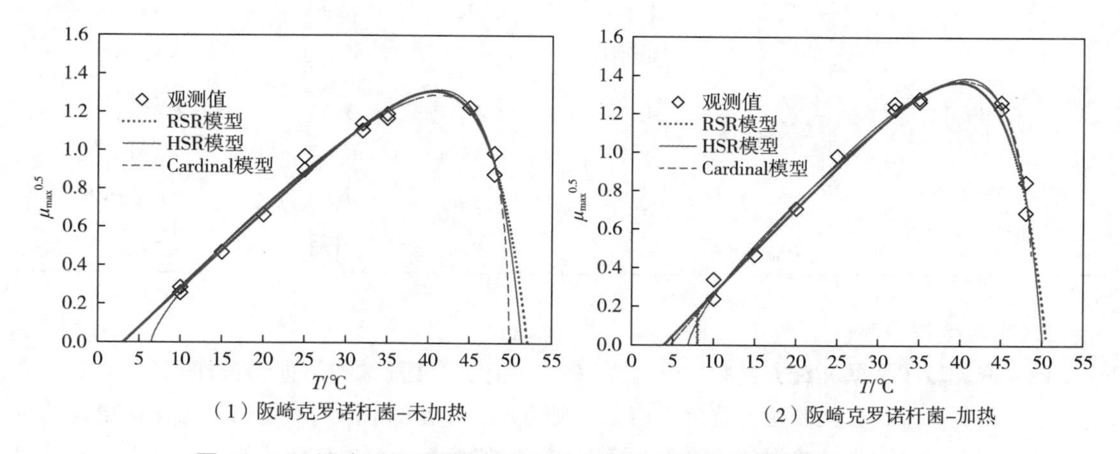


图 13-17　温度对婴幼儿配方乳粉中阪崎克罗诺杆菌正常菌株（1）和热损伤菌株（2）迟滞期的影响

表 13-12　　婴幼儿配方乳粉中阪崎克罗诺杆菌正常菌株二模型参数

| 模型 | 参数 | 估计值 | 标准差 | $t$值 | $Pr(>\|t\|)$ |
|---|---|---|---|---|---|
| RSR | $a$ | 0.04 | 0.00 | 18.80 | $2.91\times10^{-10}$ |
| | $b$ | 0.18 | 0.03 | 5.14 | $2.47\times10^{-4}$ |
| | $T_0$ | 3.07 | 0.91 | 3.37 | $5.60\times10^{-3}$ |
| | $T_{max}$ | 52.07 | 0.74 | 69.70 | $<2\times10^{-16}$ |
| HSR | $a$ | 0.10 | 0.00 | 33.20 | $3.54\times10^{-13}$ |
| | $b$ | 0.25 | 0.04 | 5.76 | $9.05\times10^{-5}$ |
| | $T_{min}$ | 6.49 | 0.57 | 11.50 | $8.11\times10^{-8}$ |
| | $T_{max}$ | 51.39 | 0.60 | 84.40 | $<2\times10^{-16}$ |
| Cardinal | $T_{min}$ | 3.22 | 1.55 | 2.09 | $6.00\times10^{-2}$ |
| | $T_{max}$ | 49.85 | 0.38 | 131.60 | $<2\times10^{-16}$ |
| | $T_{opt}$ | 41.19 | 0.44 | 93.50 | $<2\times10^{-16}$ |
| | $\mu_{opt}$ | 1.67 | 0.04 | 37.70 | $7.68\times10^{-14}$ |

表 13-13　　婴幼儿配方乳粉中阪崎克罗诺杆菌热损伤菌株二级模型参数

| 模型 | 参数 | 估计值 | 标准差 | $t$值 | $Pr(>\|t\|)$ |
|---|---|---|---|---|---|
| RSR | $a$ | 0.044 | 0.002 | 20.2 | $1.23\times10^{-10}$ |
| | $b$ | 0.186 | 0.027 | 6.84 | $1.78\times10^{-5}$ |
| | $T_0$ | 3.92 | 0.83 | 4.72 | $5.00\times10^{-4}$ |
| | $T_{max}$ | 50.61 | 0.39 | 129.8 | $<2\times10^{-16}$ |
| HSR | $a$ | 0.107 | 0.004 | 20.10 | $1.69\times10^{-12}$ |
| | $b$ | 0.276 | 0.042 | 6.48 | $3.01\times10^{-5}$ |
| | $T_{min}$ | 6.86 | 0.646 | 10.63 | $1.85\times10^{-7}$ |
| | $T_{max}$ | 50.10 | 0.365 | 137.4 | $<2\times10^{-16}$ |
| Cardinal | $T_{min}$ | 4.70 | 1.32 | 3.57 | $3.85\times10^{-2}$ |
| | $T_{max}$ | 49.04 | 0.19 | 351.6 | $<2\times10^{-16}$ |
| | $T_{opt}$ | 40.26 | 0.38 | 107.1 | $2.68\times10^{-14}$ |
| | $\mu_{opt}$ | 1.90 | 0.05 | 41.2 | $<2\times10^{-16}$ |

**3. 实验结论**

该研究比较了婴幼儿配方乳粉中阪崎克罗诺杆菌的正常菌株和热损伤菌株在 6~48℃ 条件下的生长行为，并通过两步法构建生长模型；婴幼儿配方乳粉中阪崎克罗诺杆菌正常菌株的生长未见有明显的迟滞期，建议使用 NoLag 模型作为初级模型；热损伤菌株的生长具有明显的迟滞期，且 Baranyi 模型和 Huang 模型均能够较好地描述热损伤菌株的生长，但 Huang 模型的迟滞期非负，建议选择 Huang 模型作为初级模型；阪崎克罗诺杆菌正常菌株与热损伤菌株的生长速率无显著差异，RSR 模型、HSR 模型和 Cardinal 模型均适合用于描述温度对阪崎克罗诺杆菌正常菌株和热损伤菌株生长速率的影响，HSR 模型估计的最低生长温度（正常株 6.49℃，热损伤株 6.86℃）和最大生长温度（正常株 51.39℃，热损伤株 50.10℃）更符合实际。该研究揭示，婴幼儿配方乳粉中的阪崎克罗诺杆菌若没有被完全加热破坏，其热损伤菌可继续繁殖生长，进而对婴儿造次感染风险。该研究结果可用于婴幼儿配方乳粉中阪崎克罗诺杆菌正常菌株和热损伤菌株的生长预测和风险评估。

实例说明：该实例以婴幼儿配方乳粉中的阪崎克罗诺杆为研究对象，分别开展正常菌株和热损伤菌株在恒定温度条件下的生长实验，选用 Huang 模型、Baranyi 模型、NoLag 模型对其生长数据进行拟合（基于 R），构建并比较两种菌株的初级模型；再以 RSR 模型、HSR 模型和 Cardinal 模型评价温度对生长速率的影响，构建二级模型（基于 R）。

## 四、四种市售花生酱产品中沙门菌热失活动力学比较分析

低水分活度食品在生产加工、贮运销售等过程中可能会因为交叉污染而携带致病微生物。虽然大多数微生物在低水分活度食品中无法生长繁殖，但包括沙门菌在内的部分细菌仍能存活数日甚至数月。此外，经过干燥胁迫等影响之后，沙门菌等还表现出极强的耐高温能力以及对其他不良环境刺激的耐受性。近十年来，由沙门菌引起的低水分活度食品安全事件频发，产品涉及花生酱及含花生酱的制品、杏仁、开心果、巧克力等，已引起国内外食品监管部门和相关行业的广泛关注。该研究主要考察和比较沙门菌在 4 种市售的花生酱及其制品中的热失活动力学，并构建相关数学模型，以期为制定针对花生酱及其制品中沙门菌的热杀菌规程提供依据。

### 1. 实验方法

选取 4 种不同组成的市售花生酱产品（分别记为 A、B、C、D）作为研究对象，具体组成信息如表 13-14 所示。由表 13-14 可知，产品 A、B、C 的脂肪含量均为 50%左右，产品 D 的脂肪含量仅为 33%；产品 A、B、C、D 的标签分别标注 Omega-3、Regular、Reduced sugar、Reduced fat，表明其分别为额外添加 Omega-3 脂肪酸的花生酱、普通花生酱、减糖的花生酱、减脂的花生酱。试验初期，为考察菌液制备方式对沙门菌热失活的影响，分别以无菌蛋白胨水和玉米油为载体，制备含有 6 株沙门菌（*S. Thompson*120、*S. Newport*H1073、*S. Typhimurium* D104、*S. Copenhagen* 8457、*S. Montevideo*、*S. Heidelberg*）的蛋白胨水-菌悬液和油-水菌悬液；称取若干份［（1.00±0.05）g/份］花生酱产品 B 于无菌均质袋中，并向其中一半的样品中接种 30μL 油-菌悬浮液，向另一半样品中接种 10μL 蛋白胨水-菌悬浮液；后续研究中，仅选用沙门菌的油-菌悬浮液，并将其分别接种至 4 种花生酱样品（每种样品若干份），最终，样品中沙门菌的接种浓度 $10^{7.0\sim7.7}$CFU/g。接种的样品袋揉捏至少 3min，并擀压成薄层（<0.5mm），然后抽真空（2kPa）封口。在初步的关于接种方式影响的研究中，将以蛋白胨水-菌悬液和油-菌悬液方式接种的样品（产品 B）均置于 70℃的恒温循环水浴中加热；后续研究中，将所有以油-菌悬液方式接种的样品分别置于 70、75、80、85、90℃的恒温循环水浴中加热，并按照预设的时间间隔取样。取样时，将 9mL 无菌蛋白胨水添加至样品袋，置于均质拍打器中正反两面各拍打 3min，均质液经梯度稀释后涂布于平板，并于 37℃条件下培养计数，最终生鱼片样品中沙门菌的浓度以 lg CFU/g 或单位计数。

表 13-14 四种花生酱产品组成信息

| 花生酱产品 | 成分含量/% | | | | |
|---|---|---|---|---|---|
| | 总脂肪 | 总碳水化合物 | 蛋白质 | 钠 | 其他 |
| Omega-3（A） | 48.5% | 24.2%（9.1%） | 21.2% | 0.5% | 5.6% |
| 普通（B） | 50.0% | 21.9%（9.4%） | 25.0% | 0.5% | 2.7% |
| 低糖（C） | 53.1% | 18.8%（6.3%） | 25.0% | 0.2% | 2.9% |
| 低脂（D） | 33.3% | 41.7%（11.1%） | 19.4% | 0.6% | 5.0% |

该研究选用 Weibull 模型作为描述沙门菌热失活的初级模型，并通过 NCSS（版本 2007）分别对各等温条件下（70、75、80、85 及 90℃）沙门菌的热失活数据进行拟合，获得失活参数（$b$ 和 $n$）；基于 R 语言编程，通过方差分析（ANOVA）和 Tukey 多重比较考察温度和产品组成对失活参数的影响。

表 13-15 花生酱中沙门菌热失活模型

| 模型 | 表达式 |
|---|---|
| Weibull 模型 | $\lg\left(\frac{N}{N_0}\right) = -b(t)^n$ |
| 二级模型 | $b = b_0 + kT$ |

**2. 实验结果**

（1）接种菌液制备方式对普通花生酱加热过程中沙门菌残存的影响　花生酱 A、B、C、D 的水分活度分别为 0.463、0.405、0.361 和 0.474，用于制备油-菌悬液的玉米油的水分活度为 0.405。普通花生酱（样品 B）接种蛋白胨水-菌悬液后的水分活度为 0.437，跟原样相比，水分活度增加 7.9%；当接种油-菌悬液时，样品 B 的水分活度仅为 0.409，表明油-菌悬液没有改变样品的水分活度。图 13-18 比较了接种菌液的制备方式对普通花生酱（产品 B）中沙门菌热失活的影响。由图 13-18 可知，样品在 70℃ 条件下加热处理时，两种菌液制备方式下的沙门菌数量在前 10min 均急剧下降，后续处理中再以较低的速率继续下降。接种蛋白胨水-菌悬液的样品经 2.5、5、7.5、10min 加热处理后，沙门菌的数量分别减少 2.14、2.53、2.95 和 3.19lg CFU/g；而同样的热处理时间，接种油-菌悬液的样品中，沙门菌数量分别减少 1.03、1.25、1.80 和 2.01lg CFU/g。此外，当对接种蛋白胨水-菌悬液的样品加热至 50min 时，沙门菌减少 5.86lg CFU/g；然而，接种油-菌悬浮液的样品加热超过 100min 时，才能达到相同的沙门菌减少量。这一结果表明，分别以油-菌悬液和蛋白胨水-菌悬液的形式向花生酱样品中接种沙门菌时，前者的耐热性比后者的耐热性更高。接种蛋白胨-水菌悬液的样品中，沙门菌耐热性降低的可能原因是样品水分活度增加，继而引起细菌周围环境中的含水量也相应增加；另一种可能的原因是细菌细胞未能与花生酱完全均匀混合，并且主要集中在局部高水分区域。与接种蛋白胨-水菌悬液的样品不同的是，接种油-菌悬液的样品中，水分活度几乎不变，沙门菌的细胞可能与花生酱基质混合得相对均匀，其耐热性相对更高，这也说明花生酱中高脂肪和低水分活度环境对沙门菌具有保护作用。因此，为了获得相对准确的热失活数据，应尽可能保持样品原有的水分活度以及菌与基质混合的均匀性，后续的热失活研究均以“油-菌悬液”的形式进行样品沙门菌接种。

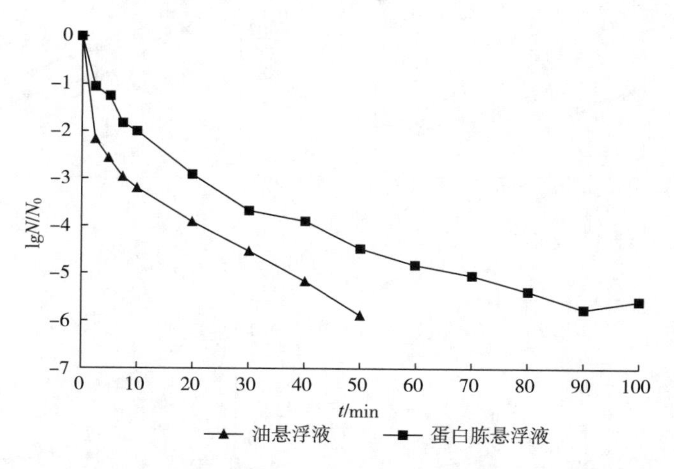


图 13-18 70℃条件下，接种菌液制备方式对普通花生酱中沙门菌热失活的影响

（2）花生酱中沙门菌的热失活 该部分研究中，沙门菌（油-菌悬液）的初始接种浓度为 7.2~7.7lg CFU/g。与前述研究观察到的残存曲线相似，所有花生酱样品中沙门菌的残存曲线均呈现上凹型［图 13-19（1）~（5）］，沙门菌的浓度在加热初期开始迅速下降，并随着热处理的进行以较低的速率继续下降。从残存曲线可以直观地判断低脂花生酱（产品 D）中的沙门菌残存率最高，添加 Omega-3 脂肪酸的花生酱（产品 A）中的沙门菌残存率最低。因此，沙门菌在产品 D 中的耐热性最高，在样品 A 中的耐热性最低。此外，普通花生酱（产品 B）和低糖花生酱（产品 C）中，沙门菌的耐热性相近，均比其在产品 D 中的耐热性低，但比在样品 A 中的耐热性高。该研究中，产品 D 比产品 B 和 C 的水分活度高，理论上，沙门菌在产品 D 中的耐热性应该更低。需要指出的是，虽然低脂花生酱（产品 D）的脂肪含量（33.3%）显著低于其他 3 种产品的脂肪含量（约 50%），但该产品中总碳水化合物含量（41.7%）显著高于其他 3 种产品的含量（24%），另外，产品 D 中还含有玉米糖浆。总碳水化合物含量的增加可能对沙门菌提供额外的保护作用，因为添加到产品中的单糖可能会使细菌细胞部分脱水，从而增加其耐热性。

（3）数学建模分析 由于 4 种花生酱样品中的沙门菌残存曲线均为上凹型，故采用 Weibull 模型对其进行分析，结果如表 13-16 所示。Weibull 模型中，形状参数 $n$ 决定曲线的形状，该研究曲线拟合得到的 $n$ 值均小于 1。方差分析结果表明，温度对参数 $n$ 的影响不显著（$P=0.796$），但花生酱的样品种类（$P<2.0\times10^{-16}$）以及加热温度与样品种类之间的交互作用对 $n$ 具有显著的影响（$P=0.047$）。总体而言，低脂花生酱（产品 D）中，形状参数 $n$ 的均值最大；普通花生酱和低糖花生酱（产品 B 和产品 C）中，形状参数 $n$ 的均值次之，且无显著差异；添加 Omega-3 脂肪酸的花生酱（产品 A）中，形状参数 $n$ 的均值最小。另外，由表 13-16 还可知，4 种花生酱产品中，尺度参数 $b$ 均随温度的升高而增加；在每个温度条件下，产品 A 中的 $b$ 最大，产品 B 和 C 的 $b$ 次之，产品 D 的 $b$ 最小，这与 4 种产品中沙门菌耐热性的高低顺序相反（产品 D 最高，其次是产品 B 和 D，产品 A 最小）。

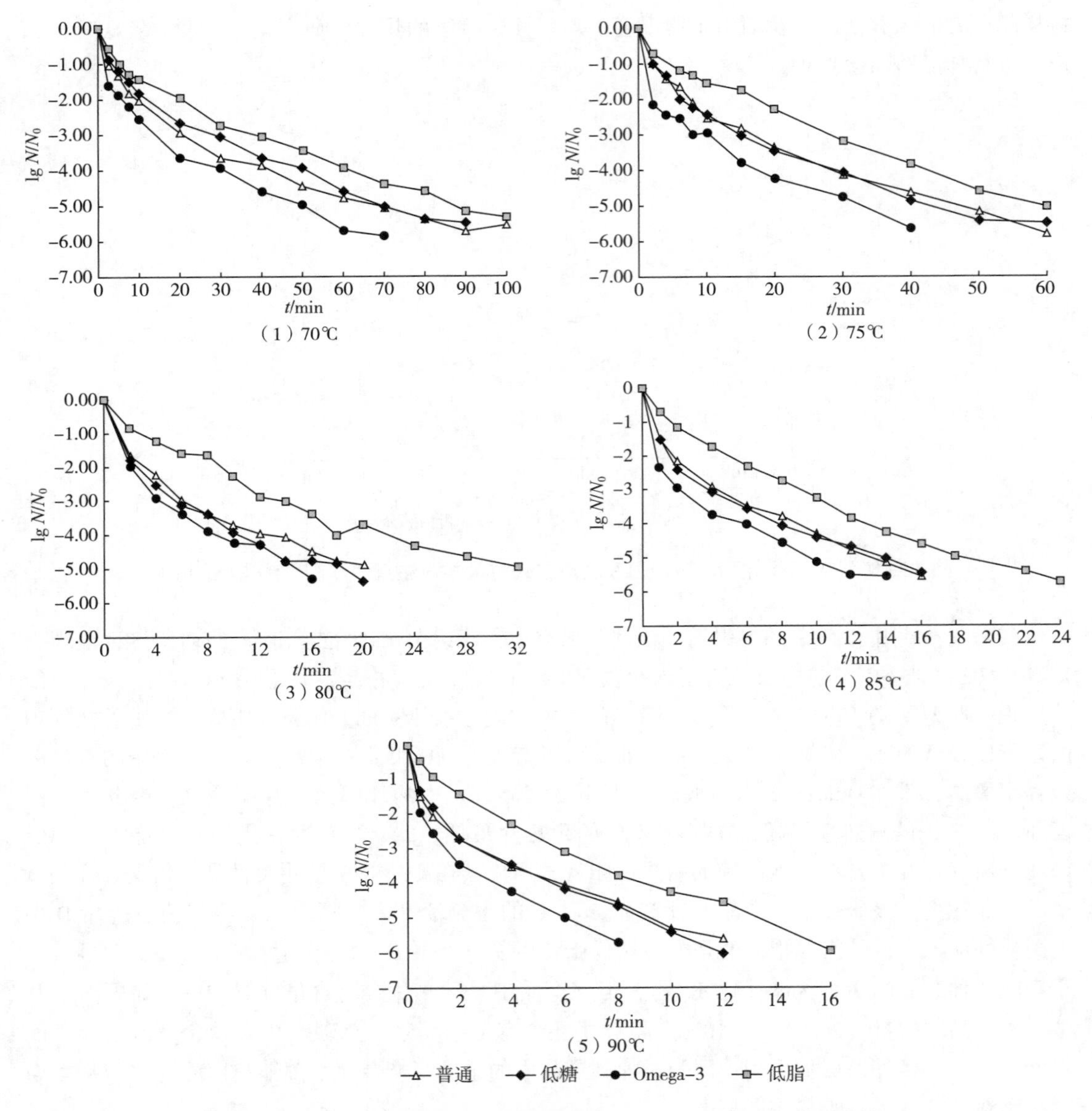


图 13-19 70~90℃条件下不同花生酱产品中沙门菌的热失活曲线

表 13-16 四种花生酱中沙门菌热失活曲线 Weibull 模型参数估计（平均值和标准偏差）

| 温度/℃ | b | | | |
|---|---|---|---|---|
| | A | B | C | D |
| 70 | 1.018（0.190） | 0.728（0.115） | 0.523（0.093） | 0.338（0.142） |
| 75 | 1.487（0.065） | 0.746（0.109） | 0.798（0.145） | 0.355（0.074） |
| 80 | 1.582（0.101） | 1.289（0.123） | 1.423（0.247） | 0.496（0.134） |
| 85 | 2.278（0.193） | 1.452（0.125） | 1.657（0.191） | 0.677（0.154） |
| 90 | 2.591（0.293） | 1.925（0.231） | 1.851（0.131） | 0.917（0.167） |

续表

| 温度/℃ | n | | | |
|---|---|---|---|---|
| | A | B | C | D |
| 70 | 0.414（0.041） | 0.460（0.034） | 0.534（0.052） | 0.621（0.081） |
| 75 | 0.354（0.015） | 0.504（0.033） | 0.492（0.049） | 0.649（0.032） |
| 80 | 0.421（0.030） | 0.454（0.004） | 0.443（0.042） | 0.683（0.065） |
| 85 | 0.349（0.046） | 0.482（0.015） | 0.428（0.034） | 0.688（0.075） |
| 90 | 0.368（0.024） | 0.432（0.044） | 0.466（0.030） | 0.673（0.058） |
| 平均值*（$n$=15） | 0.380[c] | 0.467[b] | 0.472[b] | 0.662[a] |

注：* 相同的上标表示无统计学差异（$\alpha$=0.05）。

a、b、c 表示有显著性差异。

为了考察加热温度对每种样品中沙门菌热失活速率的影响，该研究进一步对残存曲线的尺度参数（$b$）进行分析。图 13-20 表明，尺度参数（$b$）随加热温度（$T$）呈线性增加，其相关联系可以用方程 $b=b_0+kT$［式（13-2）］予以表达，4 种花生酱产品中，$b$~$T$ 线性方程回归系数 $R^2$ 范围为 0.894~0.963。结合 $b$~$T$ 线性模型和 Weibull 模型可以计算花生酱中沙门菌数量减少 5 个对数所需的时间（图 13-21），同样地，由图 13-21 可知，沙门菌在产品 A（Omega-3）中的耐热性最低，在低脂花生酱（产品 D）中的耐热性最高；沙门菌在普通花生酱和低糖花生酱（产品 B 和产品 C）中的耐热性相当，比产品 A 中的耐热性高，但比产品 D 中的耐热性低。当 $b$=0 时，根据线性模型以及图 13-20 所示的回归方程，沙门菌在产品 A、B、C、D 中的最低致死温度分别为 54.8、59.8、59.5、63.9℃。

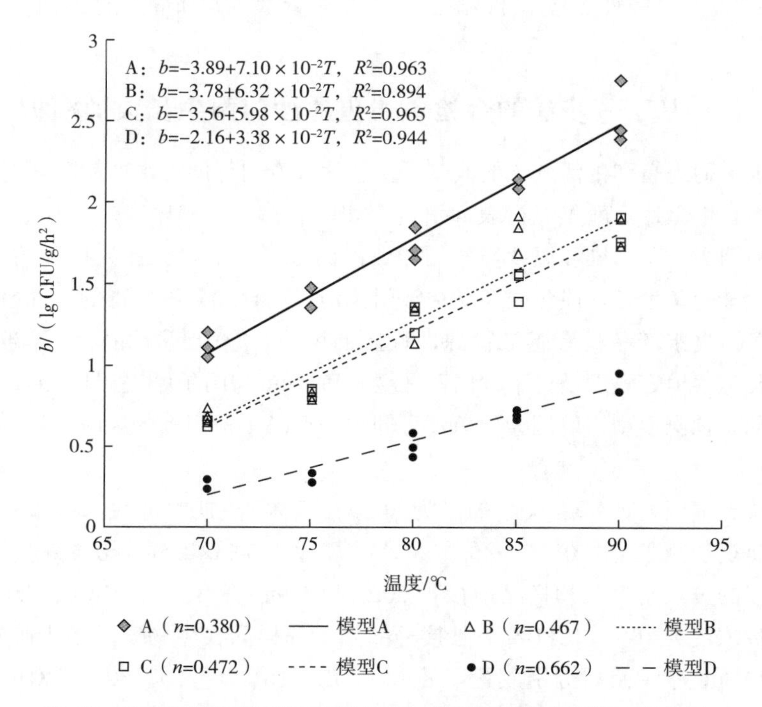


图 13-20　加热温度对各产品 Weibull 模型的尺度参数 $b$ 的影响

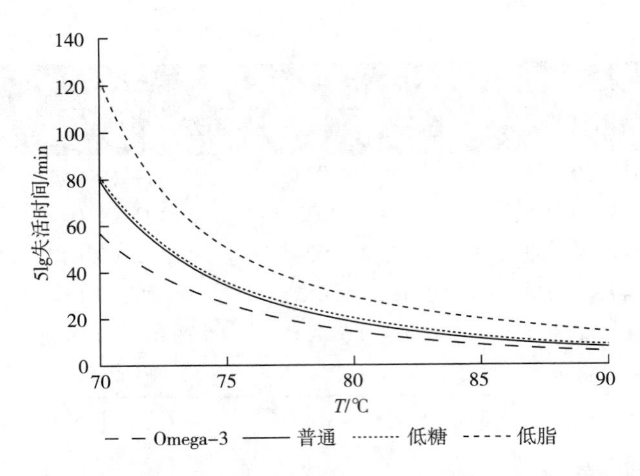


图 13-21 不同加热温度时，4 种花生酱中沙门菌达到 5 个对数降低所需的时间

**3. 实验结论**

该研究考察和比较 70~90℃加热处理条件下，沙门菌在 4 种市售的花生酱产品（添加 Omega-3 脂肪酸、普通型、低糖型、低脂型）中的热失活特征，并通过 Weibull 模型来描述其残存变化；低脂花生酱中的沙门菌的耐热性最高，添加 Omega-3 脂肪酸的花生酱对沙门菌的保护作用最低，表明适当的调整花生酱的组成可能有助于促进沙门菌的热失活；研究构建的数学模型和相关动力学参数可以用于针对花生酱及其制品中沙门菌热杀菌规程的设计。

实例说明：①该实例以 4 种市售的花生酱产品和沙门菌为研究对象，分别开展恒定温度条件下的热失活实验，选用 Weibull 模型对沙门菌的失活数据进行拟合（基于 NCSS2007），构建初级模型；②再以线性模型评价温度对热失活参数（$b$ 和 $n$）的影响，构建二级模型（基于 R）。

## 五、基于一步法的金枪鱼生鱼片沙门菌生长数值模拟

随着经济水平的提高和生活方式的改变，生鱼片或寿司等即食水产品越来越受到我国消费者的青睐。然而，生鱼片一般仅经过表面清洗、切割、整形等程序，未经其他杀菌措施处理，食用生鱼片极易因为交叉污染和温度滥放而导致沙门菌等其他食源性致病菌的感染。近年来，美国曾多次爆发金枪鱼生鱼片或鱼糜产品被沙门菌污染而导致食物中毒的恶性事件，进一步表明食用生鱼片等即食水产品具有感染食源性疾病的风险，应引起食品安全管部门和消费者重视。该研究主要考察恒定温度条件下沙门菌在金枪鱼生鱼片中的生长特性，通过一步法构建金枪鱼生鱼片中动态预测模型，以期为生鱼片等即食海产品中沙门菌的风险评估提供基础。

**1. 实验方法**

金枪鱼鱼块经辐照处理（钴 60，剂量为 8kGy）后置于-20℃冻藏。试验时，在无菌条件下，将金枪鱼鱼块切割成（5±0.2）g/份的鱼片（尺寸约 3cm×2.5cm×0.5cm），并置于无菌托盘上，再以点接的方式向生鱼片样品中接种 50μL 已制备的沙门菌（CICC22956、CICC21482）混合菌液，接种浓度为 $10^{2.2\sim2.6}$CFU/g。已接种的生鱼片样品在生物安全柜中晾置约 15min 后，将其转入无菌均质袋中，然后分别放置于 8、10、12、16、20、25、30、35℃的恒温培养箱中培养，并按照预设的时间间隔取样计数，每个温度条件下的生长试验均独立重复两次，其中一

组数据用于模型构建，另一组数据用于模型验证。另外，按同样的方式准备3组接种样品，并分别置于已预先设置“温度-时间”程序的变温培养箱（波动范围分别为3~35℃、4~30℃、10~30℃）中开展动态生长试验，此3组生长数据用于模型动态验证。取样时，将15mL质量分数为0.1%的无菌蛋白胨水添加至样品袋，置于均质拍打器中正反两面各拍打2min，均质液经梯度稀释后涂布于TSA/Rif平板；所有平板于37℃条件下培养24h，最终生鱼片样品中沙门菌的浓度以lg CFU/g或ln CFU/g为单位计数。

该研究选用Huang模型和Baranyi模型（微分方程形式）作为描述金枪鱼生鱼片样品中沙门菌生长的初级模型，选取HSR模型作为描述温度对沙门菌生长速率影响的二级模型，并通过一步法构建组合生长模型，分别记为Huang-HSR模型和Baranyi-HSR模型（表13-17）。若将模型中的待求参数及系数（最低生长温度及最大生长浓度等）记为集合$\{P\}$，则Huang-HSR模型的参数集合为$\{P\}=\{a, T_{min}, Y_{max}, A, m\}$，Banranyi-HSR模型的参数集合为$\{P\}=\{a, T_{min}, Y_{max}, Q_0\}$。数据处理时，首先，从每个恒定温度条件下的两次独立重复试验中随机抽取一组生长数据，并组合成新的数据集$\{Y\}$；然后，将一组待求参数的初值代入模型，并通过四阶龙格-库塔方法求解沙门菌生长曲线的预测值$\{\hat{Y}\}$；再通过最小二乘法优化求解$\{Y\}$与$\{\hat{Y}\}$的最小残差平方和（$RSS=\sum(Y-\hat{Y})^2$），此时，对应的$\{P\}$即为所求。建模完成后，选取未用于建模分析的恒定温度生长试验数据及3组波动温度生长试验数据对模型进行验证，分别计算其均方根误差（RMSE），并考察其误差（$\varepsilon=\hat{Y}-Y$）分布。该研究数据分析均通过MATLAB（2018a）编程实现。

表13-17 金枪鱼生鱼片中沙门菌生长的组合模型

| 组合模型 | 表达式 |
|---|---|
| Huang-HSR模型 | $\begin{cases}\frac{dY}{dt}=\frac{1}{1+\exp[-4(t-\lambda)]}\mu_{max}[1-\exp(Y-Y_{max})]\\ \lambda=A\times\mu_{max}^{-m}\\ \text{初始条件}\ t=0,\ Y=Y_0\\ \sqrt{u_{max}}=a(T-T_{min})^{0.75}\end{cases}$ |
| Baranyi-HSR模型 | $\begin{cases}\frac{dY}{dt}=\frac{1}{1+\exp(-Q)}\mu_{max}[1-\exp(Y_0-Y_{max})]\\ \frac{dQ}{dt}=\mu_{max}\\ \text{初始条件}\ t=0,\ Q=Q_0,\ Y=Y_0\\ \sqrt{u_{max}}=a(T-T_{min})^{0.75}\end{cases}$ |

**2. 实验结果**

（1）一步法数据分析及模型构建　沙门菌属于嗜温菌，处于低温环境时其生长受到抑制，所以8℃储存初期，生鱼片样品中沙门菌的数量未有显著的增长，仅在储存后期有所上升，但未能形成完整的生长曲线。当储存温度为10~35℃时，生鱼片中沙门菌的生长状况良好，其生长曲线均包含迟滞期、对数期和稳定期 3 个阶段（图 13-22）。因此，该研究仅选取 10~35℃的生长数据用于模型构建。通过一步法对 10~35℃条件下生鱼片中沙门菌的生长数据（共 97 个数据点）进行分析时，计算程序迅速收敛，统计结果及参数估计值分别如表 13-18 和表 13-19 所示。

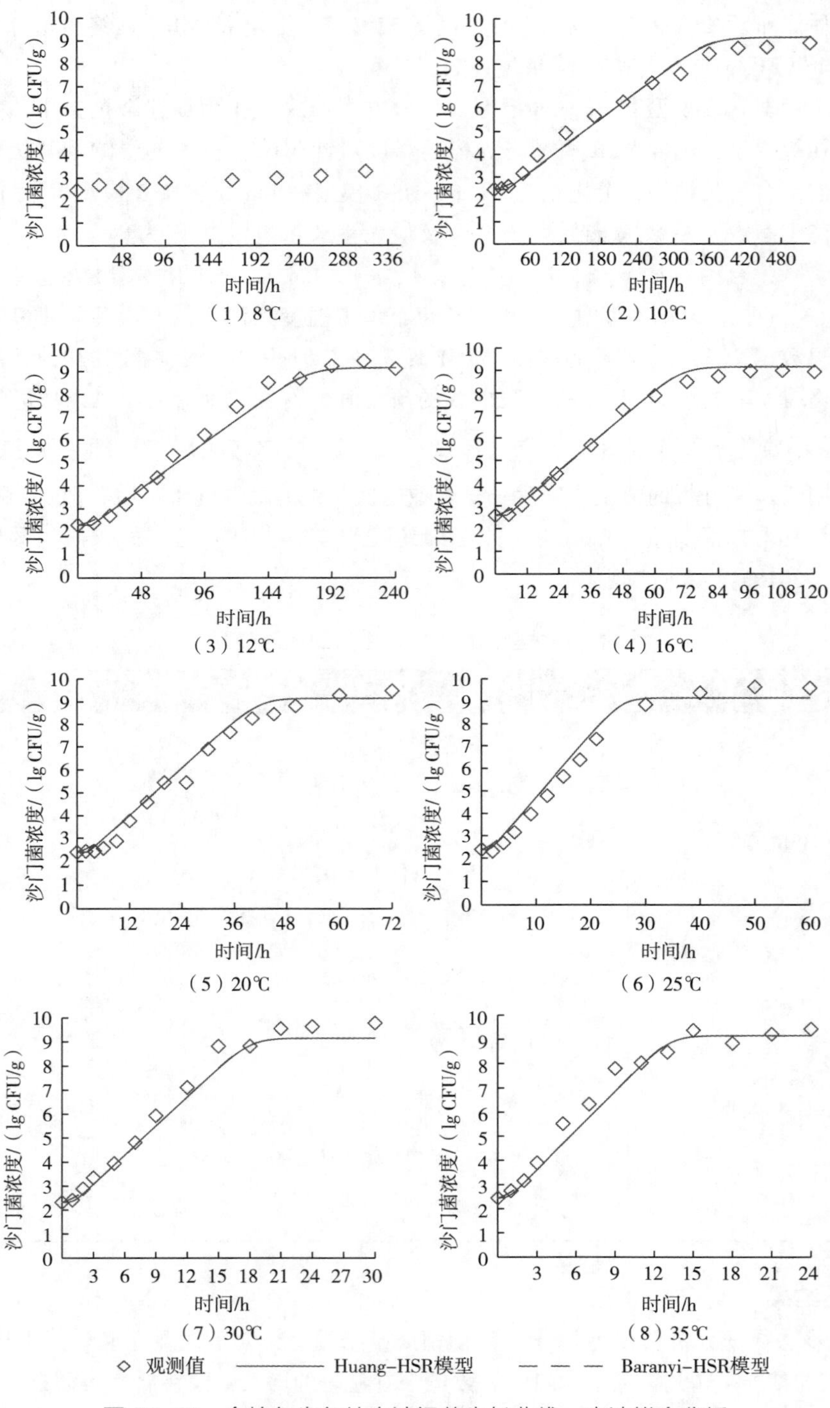


图 13-22　金枪鱼生鱼片中沙门菌生长曲线一步法拟合分析

表 13-18　一步法分析结果

| 模型 | RMSE | $F$值 | $P$值 | 显著性 |
|---|---|---|---|---|
| Huang-HSR | 0.371 | $6.02\times10^{3}$ | $4.53\times10^{-114}$ | *** |
| Baranyi-HSR | 0.373 | $7.46\times10^{3}$ | $1.2\times10^{-115}$ | *** |

注：*** 表示 $P<0.05$ 水平下的显著性。

表 13-19　Huang-HSR 和 Baranyi-HSR 模型的参数估计

| 模型 | 参数 | 估计值 | 标准差 | $t$值 | $P$值 | L95CI | U95CI |
|---|---|---|---|---|---|---|---|
| Huang-HSR | $a$ | 0.092 | 0.002 | 48.893 | $1.248\times10^{-67}$ | 0.088 | 0.095 |
| | $T_{min}$ | 6.912 | 0.158 | 43.720 | $2.406\times10^{-63}$ | 6.598 | 7.225 |
| | $A$ | 1.050 | 0.326 | 3.223 | $1.756\times10^{-3}$ | 0.403 | 1.697 |
| | $m$ | 0.975 | 0.175 | 5.564 | $2.576\times10^{-7}$ | 0.627 | 1.323 |
| Baranyi-HSR | $a$ | 0.092 | 0.002 | 56.594 | $7.437\times10^{-74}$ | 0.089 | 0.095 |
| | $T_{min}$ | 6.893 | 0.093 | 73.927 | $2.065\times10^{-84}$ | 6.708 | 7.078 |
| | $Q_0$ | 21.067 | 0.174 | 121 | $4.220\times10^{-104}$ | 20.722 | 21.413 |
| | $Y_{max}$ | −0.801 | 0.400 | −2.002 | $4.817\times10^{-2}$ | −1.595 | −0.007 |

由表 13-18 可知，使用 Huang-HSR 和 Baranyi-HSR 模型对生长数据进行拟合时，整体的均方根误差（RMSE）分别为 0.371lg CFU/g 和 0.373lg CFU/g，且 $F$ 检验的 $P$ 值均远小于 0.05，表明两种组合模型用于分析生鱼片中沙门菌的生长曲线时均表现良好。表 13-19 列出了 Huang-HSR 和 Baranyi-HSR 模型的参数值，两者估计的沙门菌的最低生长温度分别为 6.91℃ 和 6.83℃，均与文献报道的沙门菌的最低生长温度接近。另外，由 Huang-HSR 和 Baranyi-HSR 模型的估计出的最大生长浓度几乎相等，分别为 21.08ln CFU/g（9.15lg CFU/g）和 21.07ln CFU/g（9.15lg CFU/g），其标准差均为 0.17ln CFU/g（0.07lg CFU/g）。虽然两种模型估计出的沙门菌的最低生长温度和最大生长浓度等参数相近，但是同作为初级模型的 Huang 模型和 Baranyi 模型对迟滞期的定义有着显著的差别。Huang 模型以显示的方式定义细菌的迟滞期，并通过表达式 $\lambda=A\times\mu_{max}^{-m}$ 描述迟滞期（$\lambda$）与最大比生长速率（$\mu_{max}$）之间的关系，如表 13-19 所示，$A=1.05$，$m=0.975$；Baranyi 模型本身未直接定义细菌的迟滞期，其表达式中以隐式的方式引入了与迟滞期相关的参数 $Q_0$（$=-0.801$）。因此，从 Huang 模型对迟滞期这一参数的其定义更为清晰的角度出发，建议选择 Huan-HSR 模型作为描述金枪鱼生鱼片中沙门菌生长的组合模型。根据估算出的参数（$a$ 和 $T_{min}$），可计算测试温度范围内的沙门菌的生长速率-温度曲线（图 13-23）。

（2）恒定温度条件下的模型验证　该研究中，每个恒定温度条件下，金枪鱼生鱼片中沙门菌的生长试验均独立重复两次，其中一组生长数据用于前述的一步法建模分析，另一组长数据用于验证所求解的参数 $\{P\}$ 的准确性。图 13-24 比较了 10~35℃ 条件下验证试验的实测值与预测生长曲线之间的差异，共计 79 个生长数据点纳入验证分析，总均方根误差（RMSE）为 0.37lg CFU/g，表明恒温验证试验的生长数据均与模型估算的生长曲线相接近。图 13-25 表明，恒温验证试验数据的残差（$\varepsilon$）服从均值为 0.0lg CFU/g，标准差为 0.36lg CFU/g 的正态分布。总体上，大约 74.8% 的实测数据的残差处于 ±0.5lg CFU/g 范围内，进一步表明模型的预测值与实测值较为接近。

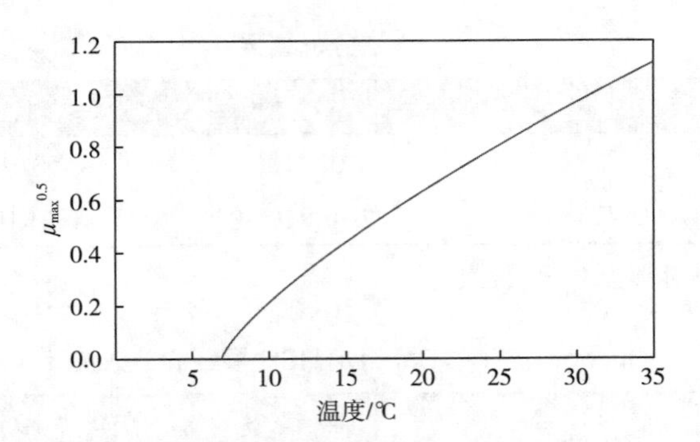


图 13-23 一步法分析：温度对金枪鱼生鱼片中沙门菌生长速率的影响

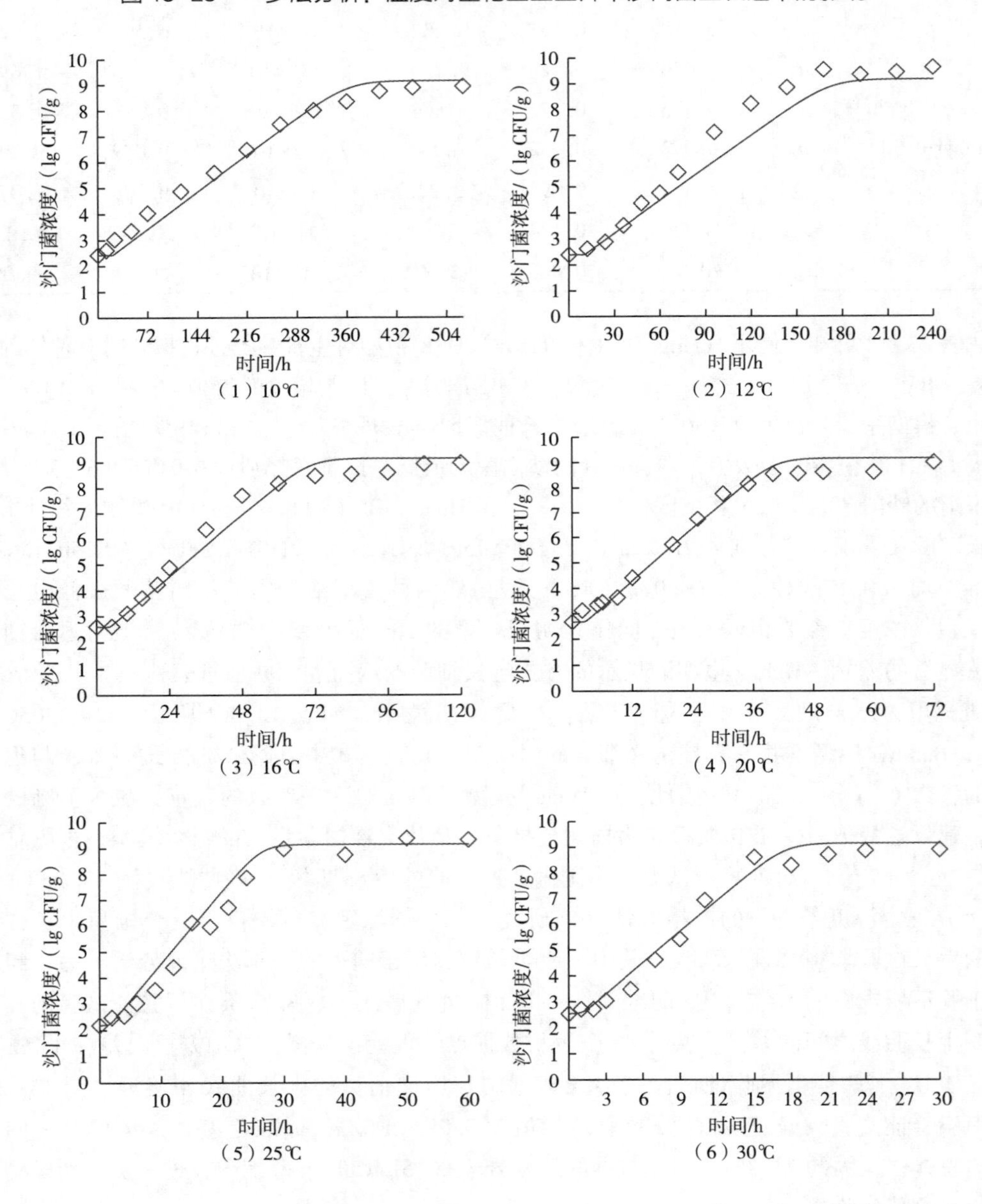

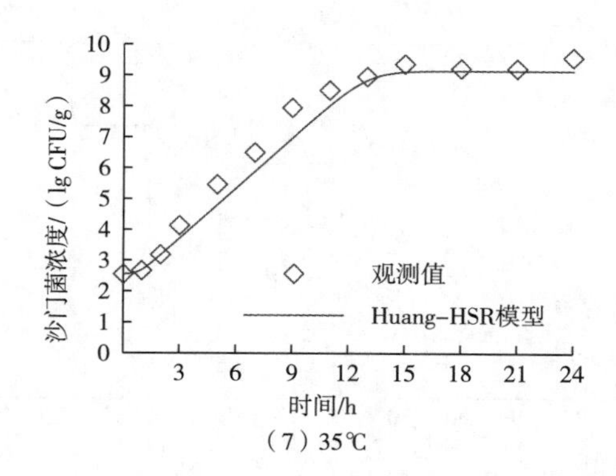

（7）35℃

图 13-24　模型验证：恒定温度条件下金枪鱼生鱼片中沙门菌的生长曲线

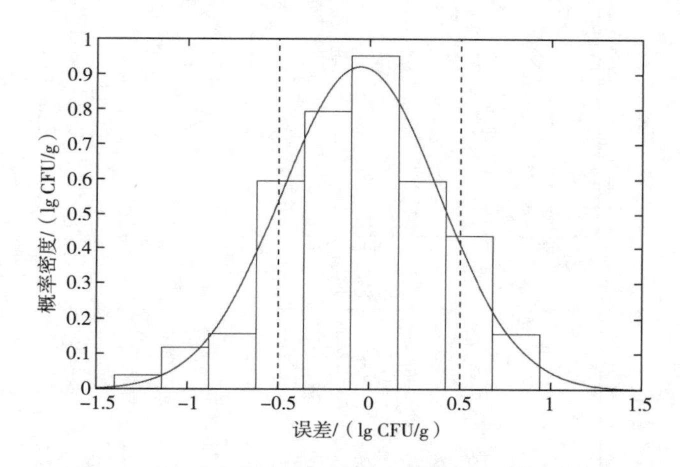


图 13-25　恒定温度验证试验预测曲线误差拟合分布

（3）波动温度条件下的模型验证　图 13-26 分别比较了 3 组波动温度条件下验证试验的实测值与预测生长曲线之间的差异，共计 71 个生长数据点纳入验证分析，整体均方根误差（RMSE）为 0. 44lg CFU/g，表明波动温度验证试验的生长数据均与模型预测的生长曲线相接近。图 13-27 表明波动温度验证试验数据的残差（$\varepsilon$）服从拉普拉斯分布。总体上，大约 79. 0%的实测数据的残差处于±0. 5lg CFU/g 范围内，进一步表明构建的预测模型的在波动温度条件下同样具有较为准确的预测能力。

**3. 实验结论**

该研究考察不同恒定温度（8~35℃）条件下沙门菌在金枪鱼生鱼片中的生长特性，除 8℃外，10~35℃条件下沙门菌的生长曲线均呈现出迟滞期、对数期及稳定期三个阶段；一步法适用于金枪鱼生鱼片中沙门菌的生长曲线分析，Huang-HSR 模型与 Barsnyi-HSR 模型对生鱼片中沙门菌的生长具有同等的拟合效果，由于 Huang 模型对迟滞期的定义更为明确，建议选用 Huang-HSR 模型；一步法分析估计的沙门菌的最低生长温度为 6. 91℃，最大生长浓度为 21. 08ln CFU/g（或 9. 15lg CFU/g）；恒定温度和波动温度验证试验的实测值与预测值相接近，其总均方根误差（RMSE）分别为 0. 37lg CFU/g 和 0. 44lg CFU/g。综上所述，一步法是同步构建初级模型和二级模型的有效分析方法，研究的结果可以用于金枪鱼生鱼片中沙门菌的生长预测和风险评估。

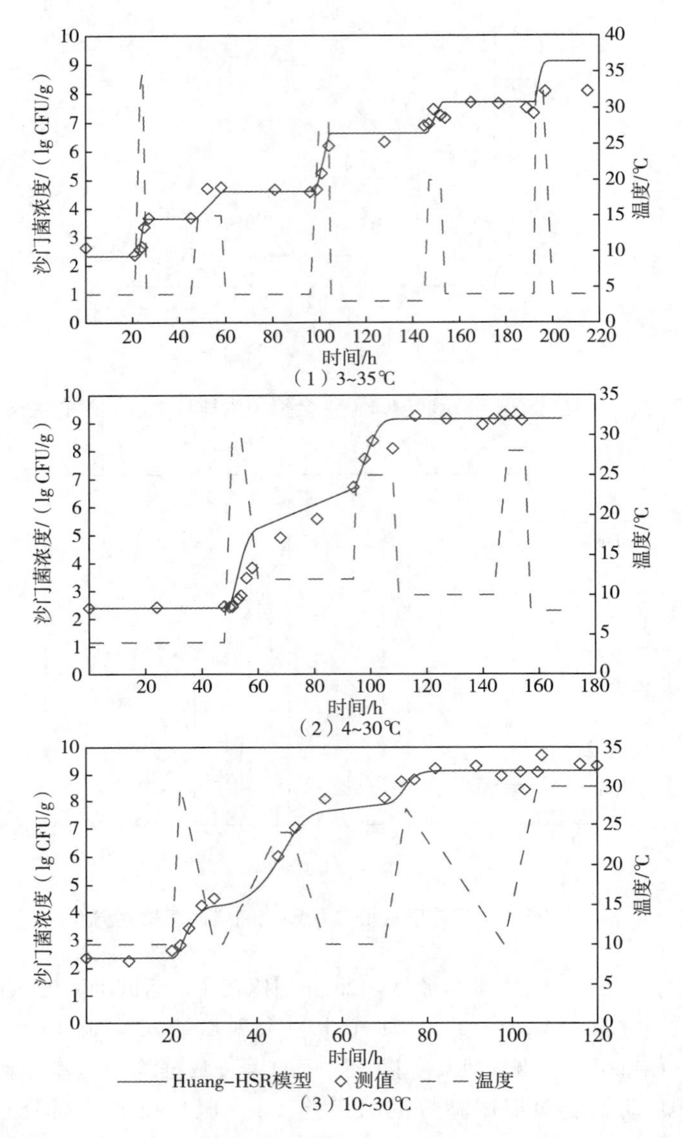


图 13-26　模型验证：波动温度条件下金枪鱼生鱼片中沙门菌的生长曲线

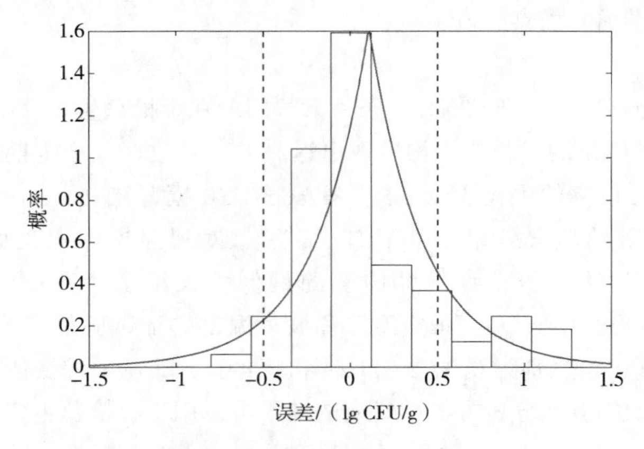


图 13-27　波动温度验证试验预测曲线误差拟合分布

实例说明：该实例以金枪鱼生鱼片和沙门菌为研究对象，首先开展恒定温度条件下的生长实验，分别选用 Huang 模型和 Baranyi 模型（微分方程形式）作为描沙门菌生长的初级模型，选用 HSR 模型作为描述温度对沙门菌生长速率影响的二级模型，并通过一步法对生长数据进行拟合分析（基于 MATLAB），构建组合模型（Huang-HSR 模型和 Baranyi-HSR 模型）；其次，分别通过恒定温度和波动温度条件下的生长数据对 Huang-HSR 模型及其参数进行验证，并通过@ RISK 对模型误差进行拟合分析。

## 六、基于动态一步法的巴氏杀菌牛乳中单核细胞增生李斯特菌生长预测模拟

巴氏杀菌的乳制品因其杀菌温度低，营养品质得以保留，越来越受到消费者的青睐。同时，由于巴氏杀菌处理未能完全杀灭牛乳中的微生物，产品一般需配合冷链，进行运输、贮藏和销售，以保证其品质和安全。然而，实际的贮运销售过程中温度波动难以避免，尤其当冷链系统不完善时，温度失控的现象也较为常见。如果产品本身杀菌强度不足，或再次接触消杀不彻底的加工设备或环境而造成交叉污染，则产品仍具有传播食源性致病微生物的风险。单核细胞增生李斯特菌因为在低温冷藏温度下仍能缓慢生长，对包括巴氏杀菌乳制品在内的即食食品的安全性造成严重威胁。全球范围内，巴氏杀菌乳中由单核细胞增生李斯特菌引起的食源性疾病时有发生。2007 年，美国马萨诸塞州曾发生当地牛乳厂的巴氏乳被单核细胞增生李斯特菌污染，导致 3 人死亡的恶性食源性事件。因此，建立符合实际需要的巴氏杀菌乳中单核细胞增生李斯特菌的生长模型具有重要意义。该研究基于一步法开展波动温度条件下巴氏杀菌牛乳中单核细胞增生李斯特菌的生长动力学分析，构建相关动态预测模型，并将构建的模型运用于波动（方波、正弦波）温度条件下单核细胞增生李斯特菌的生长预测模拟，以展示其潜在的应用价值。

### 1. 实验方法

无菌条件下，将从本地超市采购的巴氏杀菌牛乳分装于无菌试管中（10mL/管），并分别接种 0.1mL 含有四株单核细胞增生李斯特菌的混合菌液（CICC21632、CICC21633、CICC21635、CICC21639），接种浓度约为 $10^2$CFU/mL。该研究使用的单核细胞增生李斯特菌均为经过利福平（rifampicin，Rif）诱导的抗性菌株，其目的是方便后续的涂板计数，牛乳样品中的背景菌群在 TSA/Rif 平板中的生长受到抑制，但携带抗性的单核细胞增生李斯特菌仍能正常生长，并且其生长行为与原始菌株无差异。将已接种的牛乳样品置于可变温的生化培养箱中，并设置 6 组波动温度曲线（DT_A、DT_B、DT_C、DT_D、DT_E、DT_F）以模拟牛乳在储存分销期间的随机温度变化（温度波动的范围为 4~30℃，时长为 120~314h）。在上述 6 组波动温度条件下，分别开展独立的动态生长试验，其中，选取 DT_A、DT_B、DT_C 3 组波动温度下的生长数据用于模型构建；DT_D、DT_E、DT_F 3 组波动温度下的生长数据用于模型验证。另外，按同样的方式准备接种样品，并分别放置于 2、4、8、12、16、20、25、30℃ 下进行恒温生长试验，其生长数据也用于模型验证。取样时，按预设的时间间隔，从培养箱中取出样品，经梯度稀释后涂布于 TSA/Rif 平板；所有平板置于 37℃ 恒温培养箱中培养 24~48h 后计数，单位为 lg CFU/g 或 ln CFU/g［$Y=\ln(N)$］。

该研究选用 Two-compartment 模型作为描述巴氏杀菌牛乳样品中单核细胞增生李斯特菌生长的初级模型，选取 Huang Squar-root（HSR）模型作为描述温度对单核细胞增生李斯特菌生长速率影响的二级模型，并通过一步动态法构建组合生长模型（Two-compartment-HSR 模型）

(表 13-20)。若将组合生长模型中的待求参数及系数(最低生长温度及最高生长浓度等)记为集合 $\{P\}$,则 $\{P\}=\{\gamma, a, T_{min}, Y_{max}\}$。数据处理时,将 DT_A、DT_B、DT_C 3 组波动温度下的生长数据合并,组合成新的数据集 $\{Y\}$;然后,通过四阶龙格-库塔方法求解单核细胞增生李斯特菌生长曲线的预测值 $\{\hat{Y}\}$;再通过最小二乘法优化求解 $\{\hat{Y}\}$ 与 $\{Y\}$ 的最小残差平方和[$RSS=\sum(Y-\hat{Y})^2$],此时,对应的 $\{P\}$ 即为所求。建模完成后,选取 DT_D、DT_E、DT_F 3 组温度下的动态生长数据和 2、4、8、12、16、20、25、30℃下的静态生长数据对模型进行内部验证,分别计算其均方根误差(RMSE),并考察其误差($\varepsilon=\hat{Y}-Y$)分布;另外,从 ComBase 库中,选取 4、7、10℃下牛乳中单核细胞增生李斯特菌的生长数据(J270_Lm;L168_4;L168_1)对模型进行外部验证;最后,通过模型预测不同波形(方波、正弦波)和周期(4、12、24h)波动温度下(2~4℃、2~10℃)的巴氏杀菌牛乳中单核细胞增生李斯特菌的生长变化。该研究数据分析均通过 MATLAB(2018a)编程实现。

表 13-20　　巴氏杀菌牛乳中单核细胞增生李斯特菌动态生长组合模型

| 模型 | 表达式 |
|---|---|
| Two-compartment-HSR 模型 | $\begin{cases} \dfrac{dN_L}{dt} = -\gamma\mu_{max}N_L \\ \dfrac{dN_D}{dt} = \gamma\mu_{max}N_L + \mu_{max}N_D\left(1+\dfrac{N_L+N_D}{N_{max}}\right) \\ \sqrt{\mu_{max}} = a(T-T_{min})^{0.75} \end{cases}$ |

## 2. 实验结果

(1)一步动态法分析及模型构建　图 13-28 显示了在 3 组波动温度下(DT_A、DT_B、DT_C)观察到的单核细胞增生李斯特菌的生长曲线。3 组温度曲线均覆盖了巴氏杀菌牛乳在冷链物流中可能经历的温度范围(4~30℃),通过一步动态法对 3 组生长数据(共计 92 个数据点)进行分,估计的动力学参数如表 13-15 所示。由表 13-21 可知,$\gamma$、$a$、$T_{min}$ 和 $Y_{max}$ 的估计值分别为 0.97、0.06、0.6℃和 18.0ln CFU/mL(7.8lg CFU/mL),各个参数的 $P$ 值均远小于 0.05;另外,整体均方根误差(RMSE)仅为 0.3lg CFU/mL,表明构建的模型具有较好的准确度。图 13-29 将该研究中获得的单核细胞增生李斯特菌的最大比生长速率($\mu_{max}$)与其他文献报道的乳制品中单核细胞增生李斯特菌的 $\mu_{max}$ 进行了比较相比,由图 13-29 可知,当温度大于 4℃时,模型估计最大生长速率与文献报道相一致;但当温度小于 4℃时,差异变得明显,这种差异是由二级模型结构的不同所致。早期的预测微生物学研究中,RSR 模型被广泛地使用,但其表达式中的 $T_0$ 为理论最低生长温度,一般低于实际最低生长温度($T_{min}$)。因此,从这一角度,当温度低于 $T_{min}$ 时,使用 RSR 模型及理论最低生长温度($T_0$)可能高估细菌的生长。

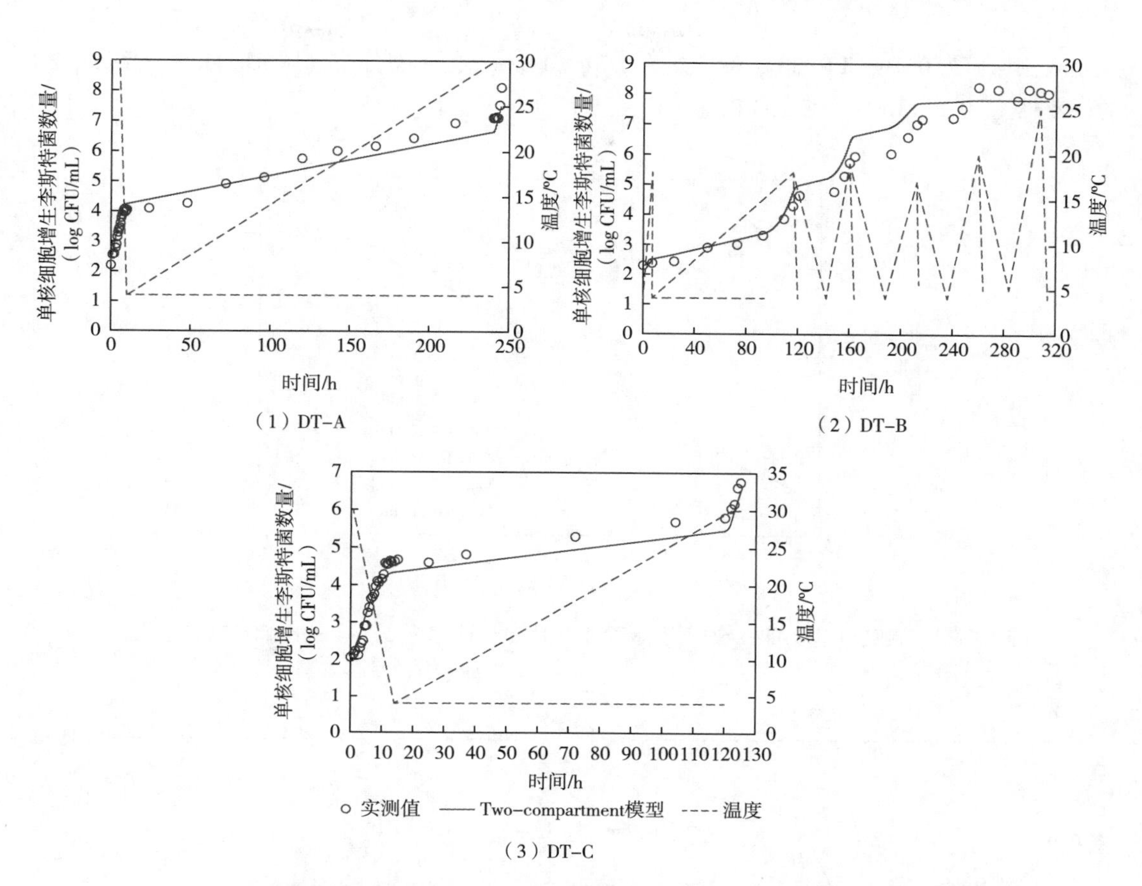


图 13-28 波动温度条件下巴氏杀菌乳中单核细胞增生李斯特菌的生长及其拟合曲线

表 13-21 巴氏杀菌牛乳中单核细胞增生李斯特菌生长动力学参数估计

| 参数 | 估计值 | 标准差 | $t$ 值 | $P$ 值 | L95CI | U95CI |
|---|---|---|---|---|---|---|
| $\gamma$ | 0.97 | 0.11 | 8.67 | $1.98\times10^{-13}$ | 0.75 | 1.20 |
| $\alpha$ | 0.06 | 0.002 | 35.60 | $4.94\times10^{-54}$ | 0.06 | 0.07 |
| $T_{min}$/℃ | 0.6 | 0.2 | 2.9 | $0.4\times10^{-2}$ | 0.2 | 1.1 |
| $Y_{max}$/(ln CFU/mL) | 18.0 | 0.3 | 65.5 | $1.8\times10^{-76}$ | 17.5 | 18.6 |
| RMSE/(lg CFU/mL) | 0.3 | | | | | |
| 观测值数量 | 92 | | | | | |
| 自由度 | 88 | | | | | |

（2）波动温度条件下的模型验证　动态生长试验中，DT_D、DT_E、DT_F 3 组波动温度下的生长数据未用于模型参数估计，但可以用于验证模型及其参数的准确性。图 13-30 比较了由模型预测的单核细胞增生李斯特菌的生长曲线与 3 组动态条件下的实验观测值，由图 13-30 可知，预测值与实测值相接近，表明构建的模型可以用于预测单核细胞增生李斯特菌在动态条件下的生长。DT_D、DT_E、DT_F 3 组波动温度验证试验的 RMSE 分别为 0.3、0.3、0.4lg CFU/mL，

残差服从均值为 0. 1lg CFU/mL，标准差为 0. 3lg CFU/mL 的正态分布（图 13-31），大约 92. 2%的误差处于±0. 5lg CFU/g 的范围内。

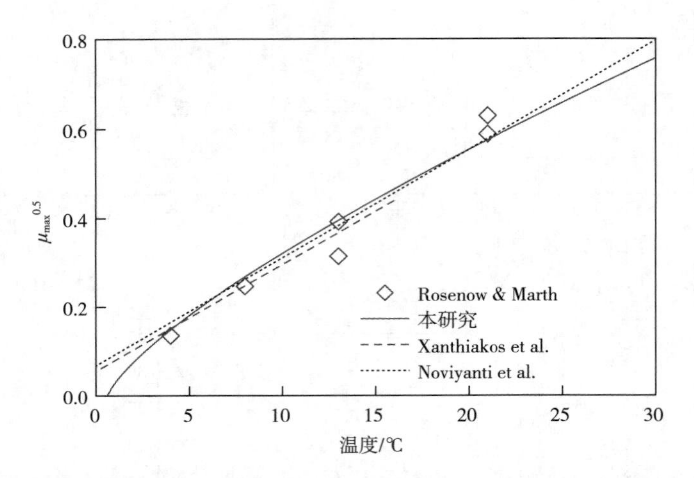


图 13-29 温度对单核细胞增生李斯特菌最大比生长速率（$\mu_{max}$）的影响及其文献比较

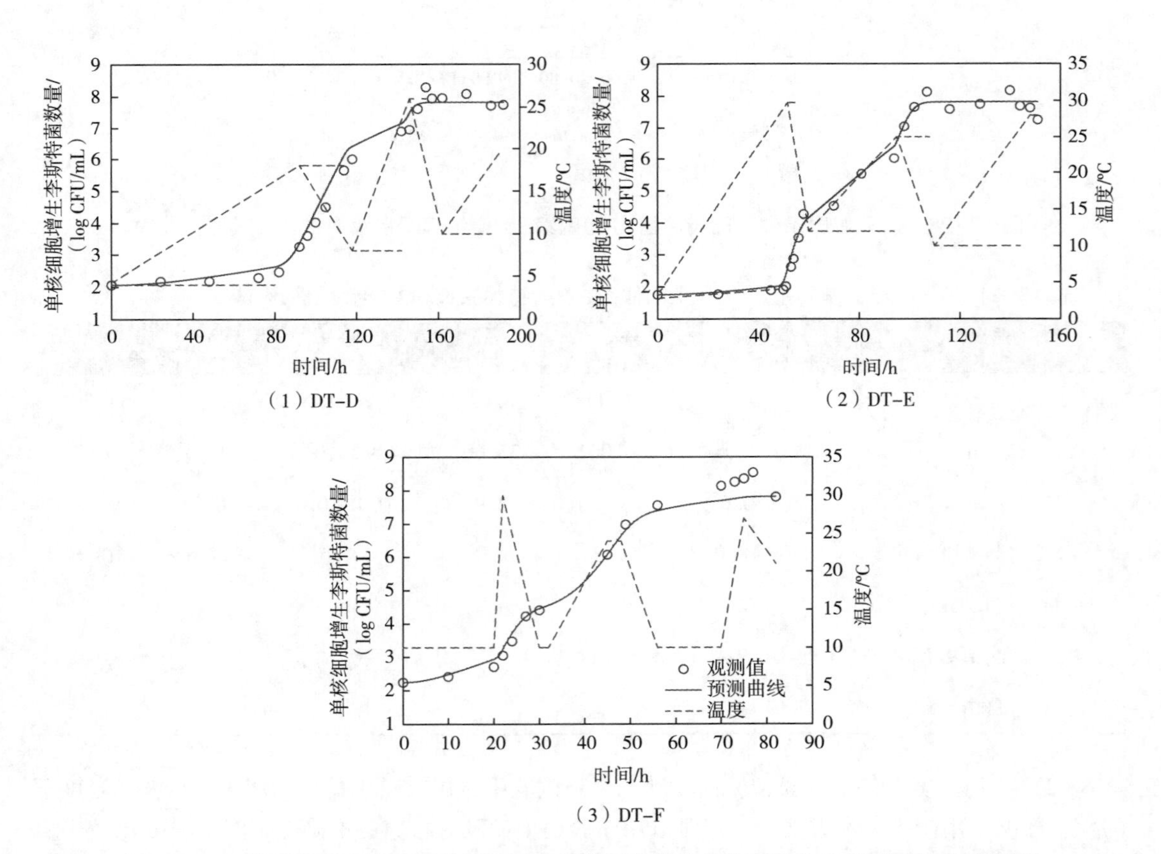


图 13-30 模型验证：波动温度条件下的单核细胞增生李斯特菌生长预测曲线与实测值

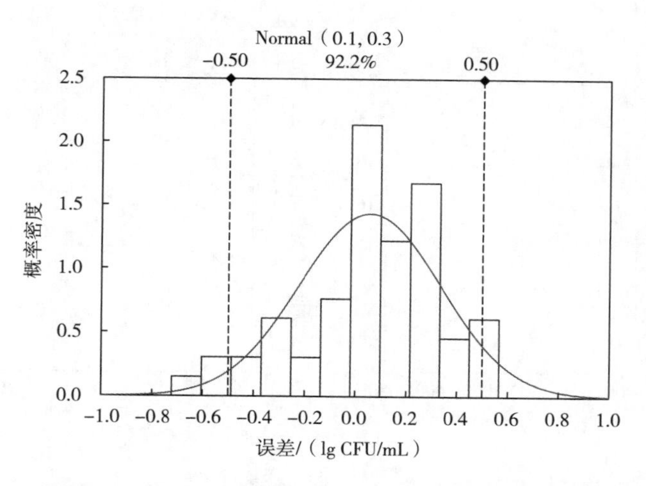


图 13-31　动态温度生长验证试验预测曲线误差分布

（3）恒定温度条件下的模型验证　图 13-32 比较了巴氏杀菌牛乳中的单核细胞增生李斯特菌在 2、4、8、12、16、20、25、30℃下的实测生长数据与模型的预测曲线。整体而言，除了 4 和 12℃外，预测曲线与实测值相接近。4℃条件下，当培养时间小于 300h 时，模型仍能准确地预测单核细胞增生李斯特菌的生长，但 300h 之后，模型高估其生长；与其他温度下的生长曲线相比，4 和 12℃的误差可能是因为实验误差造成。4 和 12℃条件下，验证试验的 RMSE 约为 1.1~1.2lg CFU/mL；其他恒定温度（2、8、16、20、25、30℃）条件下，RMSE 分别为 0.3、0.9、0.5、0.3、0.2、0.3lg CFU/mL，所有温度（包括 4、12℃）下的 RMSE 为 0.6lg CFU/mL。因此，该模型同样适用于预测巴氏杀菌牛乳中的单核细胞增生李斯特菌在恒定温度条件下的生长。误差分析表明，残差服从拉普拉斯分布，大约有 71.1%的残差处于±0.5lg CFU/g 之间（图 13-33）。另外，该研究还通过选取 3 组来自 ComBase 的巴氏乳中单核细胞增生李斯特菌的生长数据对模型进行外部验证（图 13-34）。由图 13-38 可知，4、7、10℃下模型的预测值与数据库中的数据相近，其 RMSE 分别为 0.8、0.4、0.5lg CFU/mL，进一步表明构建的模型适用于预测牛乳中单核细胞增生李斯特菌的生长。

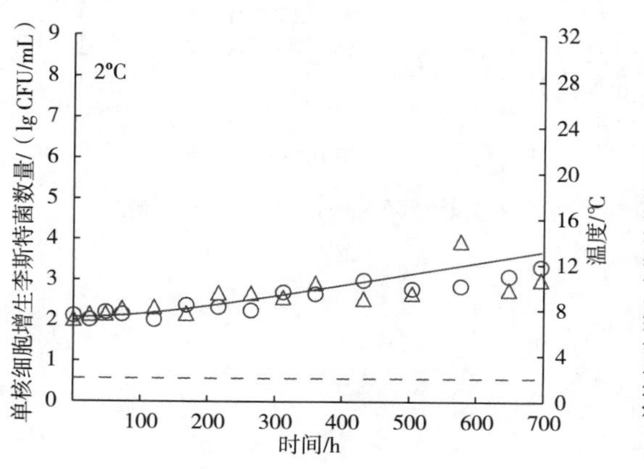


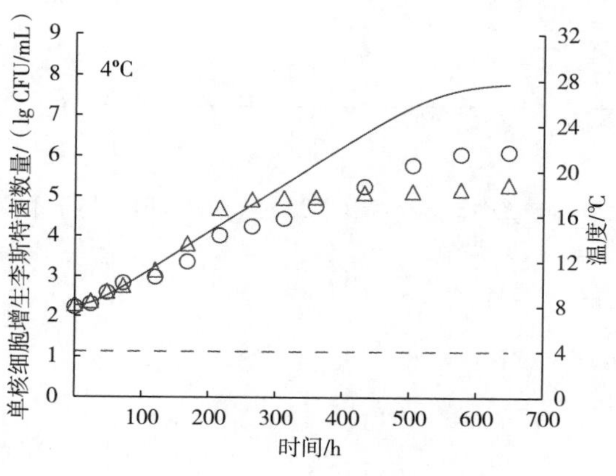

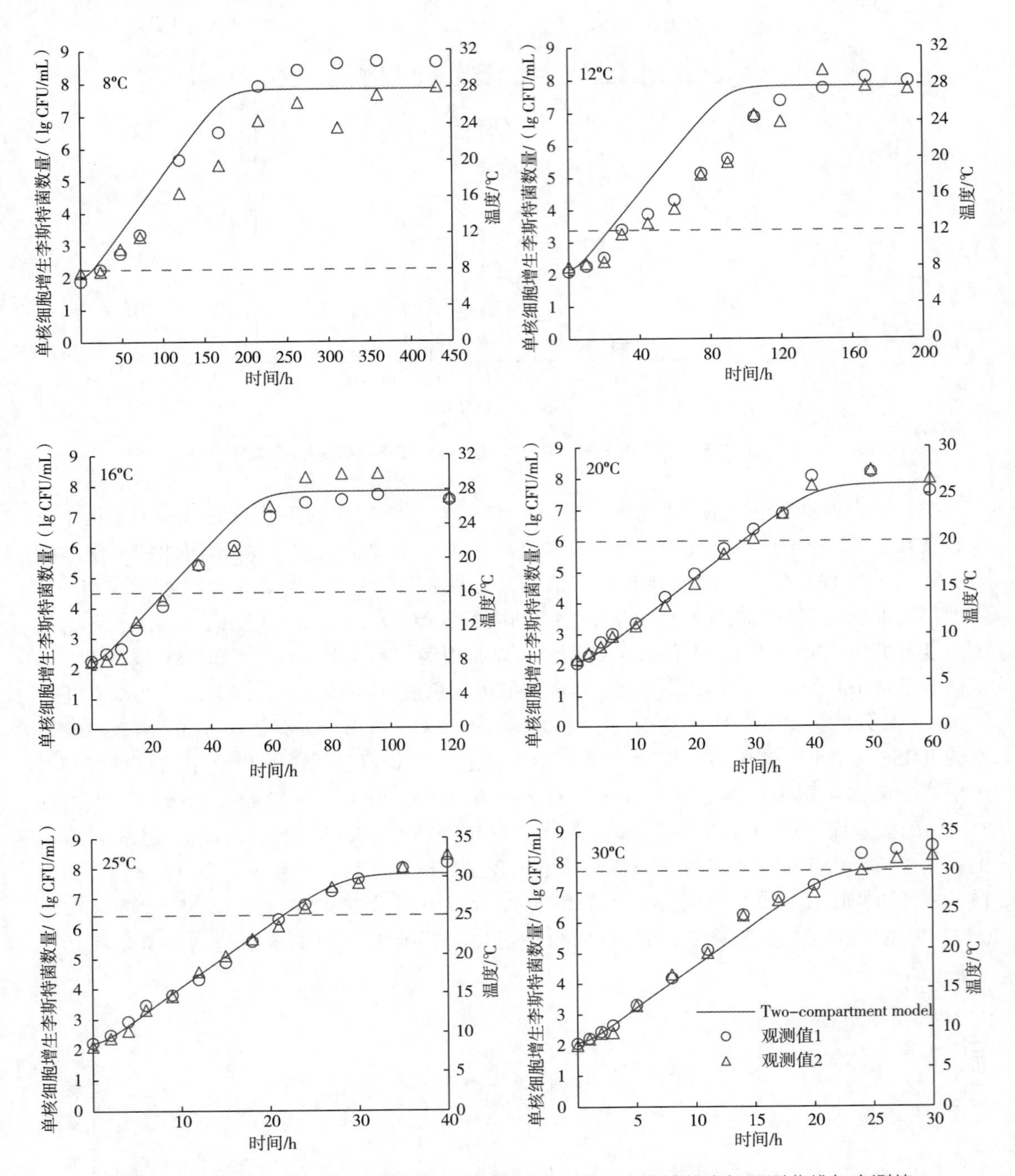


图 13-32 模型验证：恒定温度条件下的单核细胞增生李斯特菌生长预测曲线与实测值

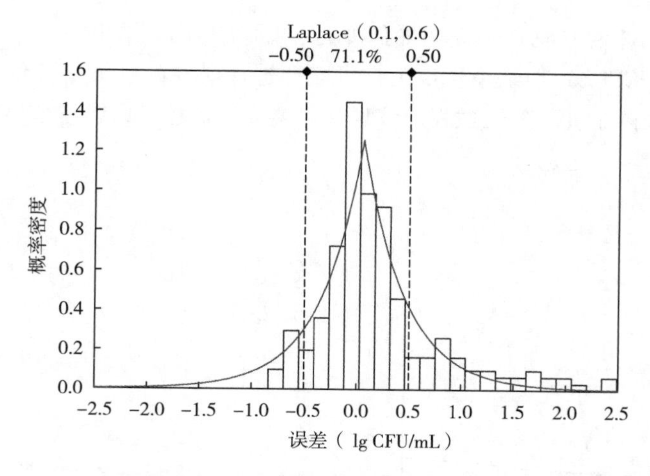


图 13-33 恒温生长验证试验生长曲线误差（预测-实测）分布

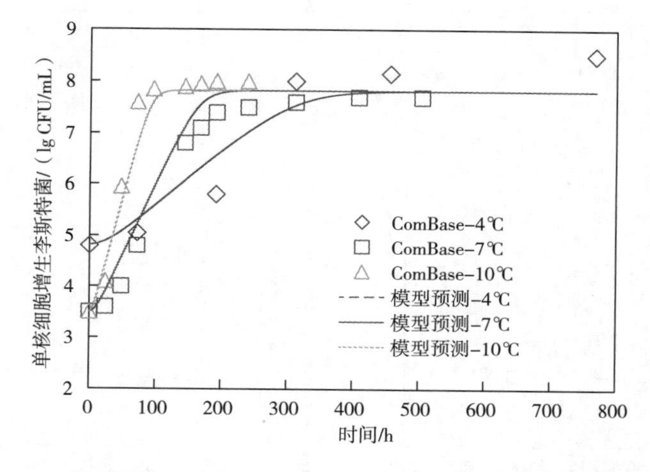


图 13-34 模型验证：4、7、10℃条件下，单核细胞增生李斯特菌的生长预测曲线与 ComBase 数据比较

（4）模型应用及波动温度条件下的生长模拟 冷链物流和家庭贮藏过程中，温度波动难以避免，另外，部分家庭冰箱的实际运行温度往往高于厂家推荐的工作温度，温度失控现象也时有发生。根据构建的模型，该研究分别模拟了巴氏杀菌牛乳在正常条件（2~4℃）和温度失控状态（2~10℃）贮藏时的单核细胞增生李斯特菌生长变化。当温度在 2~4℃ 范围呈正弦波波动时，其周期分别为 24、12、4h 时，单核细胞增生李斯特菌在 150h 内的生长预测曲线分别如图 13-35 的（1）、（3）、（5）所示；当温度在 2~4℃ 范围呈方波波动时，其周期分别为 24h、12h 和 4h 时，单核细胞增生李斯特菌在 150h 内的生长预测曲线分别如图 13-35 的（2）、（4）、（6）所示。图 13-35 表明，无论温度波动的形状（正弦波或方波）和周期如何变化，2~4℃ 下贮藏 150h，单核细胞增生李斯特菌均会缓慢生长，并增加约 0.7lg CFU/mL。如果将温度波动的幅度调整为 2~10℃，周期和贮藏时间不变，正弦波动条件下，3 个周期对应的单核细胞增生李斯特菌生长模拟曲线分别如图 13-36（1）、（3）、（5）所示；方波条件下，3 个周期对应的单核细胞增生李斯特菌生长模拟曲线分别如图 13-36（2）、（4）、（6）所示。图 13-36 显

示，无论形状（正弦波或方波）和周期如何变化，150h 贮藏其结束后，单核细胞增生李斯特菌增加约 3.3~3.5lg CFU/mL，表明温度失控可能会造成潜在的感染单核细胞增生李斯特菌的风险。因此，巴氏杀菌牛乳的贮运过程应该加强对温度的监控，以防止单核细胞增生李斯特菌的生长。

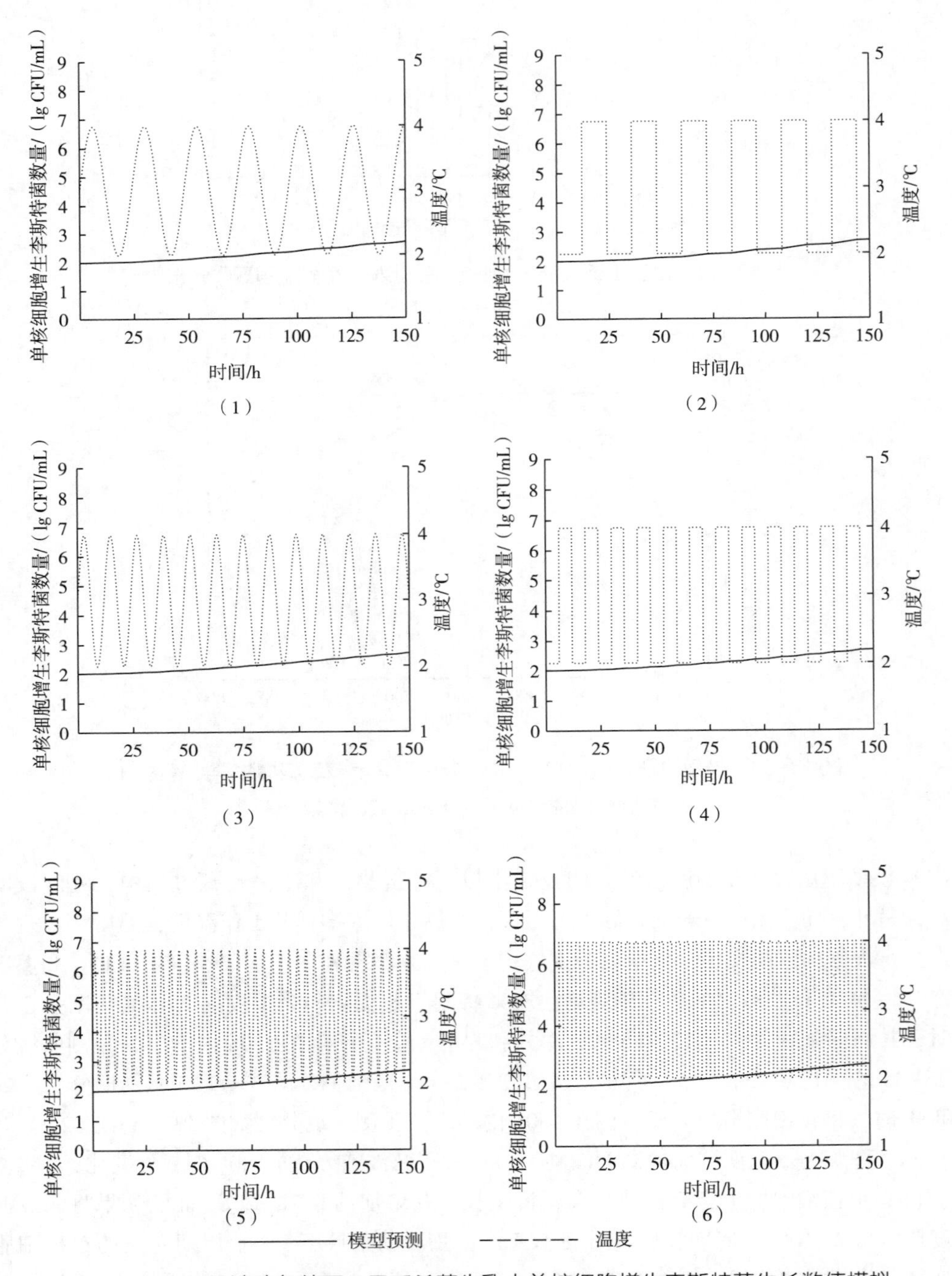


图 13-35 2~4℃波动条件下，巴氏杀菌牛乳中单核细胞增生李斯特菌生长数值模拟：（1）、（3）、（5）为正弦波，周期分别为 24、12、4h；（2）、（4）、（6）为方波，周期分别为 24、12、4h

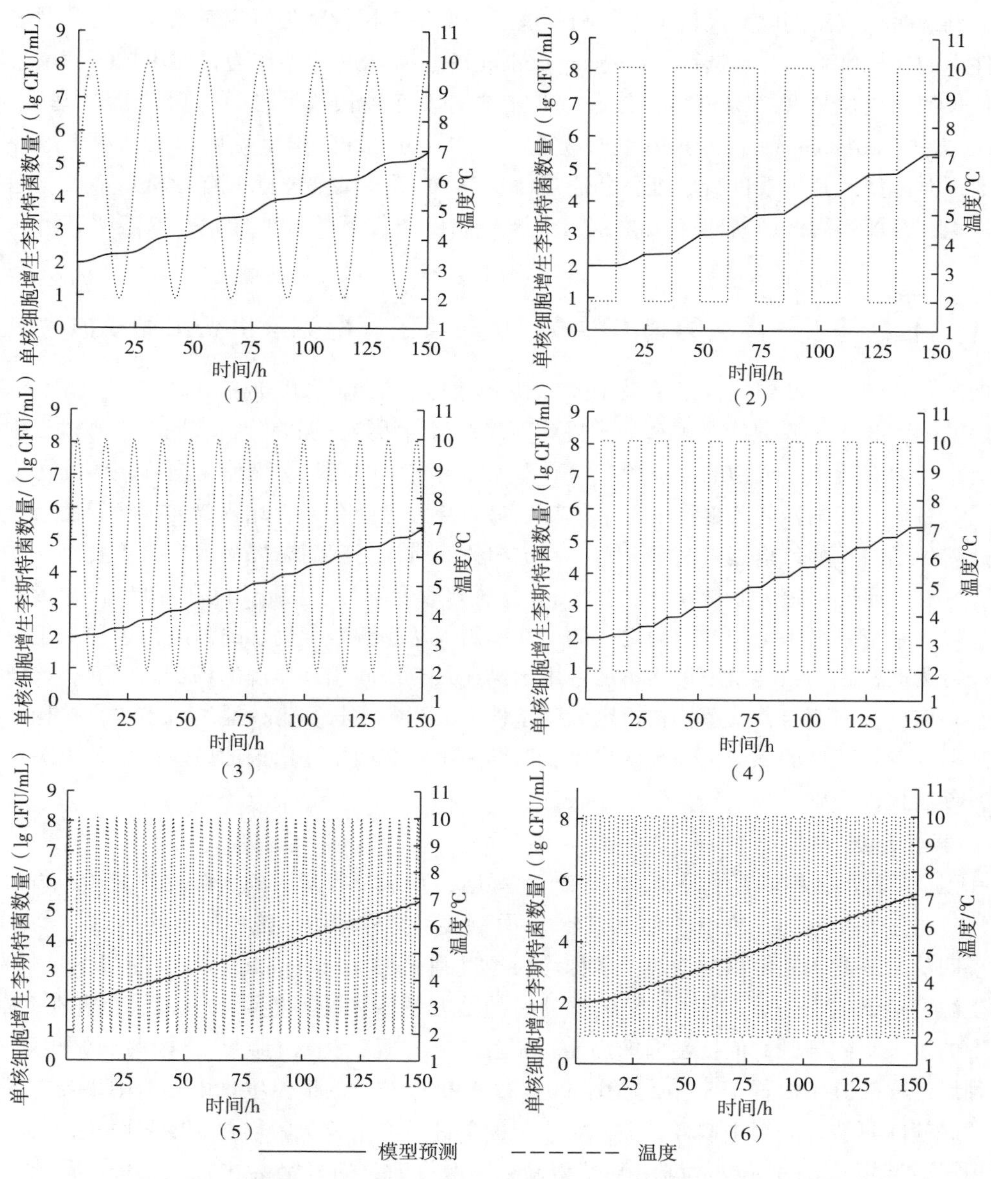


图 13-36　2~10℃波动条件下，巴氏杀菌牛乳中单核细胞增生李斯特菌生长数值模拟：（1）、（3）、（5）为正弦波，周期分别为 24、12、4h；（2）、（4）、（6）为方波，周期分别为 24、12、4h

### 3. 实验结论

该研究基于 3 组波动温度条件下的生长实验数据，通过一步法构建巴氏杀菌牛乳中单核细胞增生李斯特菌的动态生长预测模型（Two-compartment-HSR 模型）；由一步法估计的巴氏杀菌牛乳中单核细胞增生李斯特菌的最低生长温度为 0.6℃，最大生长浓度为 18.0ln CFU/mL（7.8lg CFU/mL）；通过波动温度及恒定温度生长试验对模型进行验证，结果表明，构建的模型可用于预测巴氏杀菌牛乳中单核细胞增生李斯特菌的生长；数值模拟结果显示，温度失控的状态下，牛乳中的单核细胞增生李斯特菌可能生长到比较高的水平，进而对消费者造成危险，因此，应该加强对巴氏杀菌牛乳冷链流通及贮藏过程中温度的监管。

实例说明：该实例以巴氏杀菌牛乳和单核细胞增生李斯特菌为研究对象，首先开展波动温度条件下的生长实验，分别选用 Two-compartment 模型和 HSR 模型作为描述单核细胞增生李斯特菌生长的初级模型和二级模型，并通过一步法对动态生长数据进行拟合分析（基于 MATLAB），构建 Two-compartment-HSR 组合模型；其次，分别通过恒定温度和波动温度条件下的生长数据对模型及其参数进行验证，并通过@ RISK 对模型误差进行拟合分析；最后，基于构建的模型，开展不同波动周期（正弦波或方波）温度条件下的数值模拟，以表明其潜在的应用性。

## 七、基于一步法的鸡肉中沙门菌与背景菌群竞争生长预测模拟

肉鸡及其产品是沙门菌传播的最主要来源和载体。根据《2010—2012 年中国国家食品安全风险监测》显示，我国约有 41%的零售鸡肉被沙门菌污染，溯源分析表明，养殖过程中被沙门菌污染的肉鸡活体是最初的污染源，而屠宰加工过程中的交叉污染使得肉鸡胴体的污染进一步扩大。目前，我国沙门菌食物中毒半数与生鸡肉交叉污染有关，开展鸡肉—沙门菌组合的全过程风险评估对掌握风险因素及其分布，制定相关针对沙门菌的防控措施具有重要意义。另一方面，现有的研究报道大多侧重于温度、pH、水分活度等环境因子对沙门菌生长的影响，而忽略生鸡肉中背景微生物与沙门菌之间的交互作用。从预测微生物学的角度，这种基于单一菌群生长行为而构建的数学模型可能不适合用于描述具有菌间相互作用的场合。因此，该研究旨在考察鸡肉中沙门菌与背景菌群在恒定温度条件下的竞争生长行为，通过一步法直接构建鸡肉中沙门菌与背景菌群的三级生长预测模型，以期为生鲜鸡肉中沙门菌的风险评估及相关产品的保质期预测提供基础。

### 1. 实验方法

在无菌条件下，称取若干份（5.0±0.2）g 鸡肉，置于带有滤膜的无菌均质袋中，将已制备的沙门菌混合菌液（CICC22956、CICC21482）分别接种至样品中，接种浓度约为 $10^{2.5\sim3.0}$CFU/g。需要说明的是，此研究使用的沙门菌菌株均为经过利福平（rifampicin，Rif）诱导的抗性菌株，其耐受浓度达到 100mg/L；使用抗性菌株的目的是方便后续的涂板计数，背景菌群在 TSA/Rif 平板中的生长受到抑制，但抗性菌株仍能正常生长，并且其生长行为与原始菌株无显著差异。将接种后的样品分别放置于 8、12、16、20、25、30 和 33℃的恒温生化培养箱中培养，并按照预设的时间间隔从培养箱中取样计数。每个温度条件下的生长试验均独立重复两次，其中一组数据用于模型构建，另一组数据用于模型验证。取样时，向样品袋中加入 20mL 质量分数为 0.1%无菌蛋白胨水，再将样品袋置于均质拍打器中以最大速度正反两面各拍打 2min，均质液经梯度稀释后，分别涂布于 TSA/Rif 平板和 TSA 平板，两种平板分别用于沙门菌和背景菌群的计数。所有平板于 37℃条件下培养 24h，最终样品中沙门菌和背景菌群的浓度以 lg CFU/g 或 ln CFU/g 为单位计数。

由于鸡肉样品自身携带的背景菌群浓度为 $10^{4.4\sim5.5}$CFU/g，远大于沙门菌的初始接种浓度 $10^{2.5\sim3.0}$CFU/g，当两者共同存在时，可以假设背景菌群的生长不受沙门菌的影响，但沙门菌的生长受到背景菌群的抑制作用。该研究中，鸡肉中沙门菌与背景菌群竞争生长模型见表 13-22，选用 Huang 模型描述背景菌群的生长；关于沙门菌的生长建模，则在 Huang 模型的基础上，通过 Jameson effect 模型或 Lotka-Volterra 方程结合描述其受到背景菌群的抑制作用；将背景菌群与沙门菌的生长模型结合，分别构建两种不同的菌间竞争生长模型，即 Huang-Jameson effect 模型（HJE 模型）和 Huang-Lotka-Volterra 模型（HLV 模型），模型表达式中的下标 S 和 B 分别代表沙门菌和背景菌群。另外，选择 Huang Square-root 模型（HSR 模型）作为描述温度对沙门菌和背景菌群生长速率影响的二级模型。通过一步法构建集成初级竞争模型与二级模型的三级模型，分别记为 HJE-HSR 模型和 HLV-HSR 模型。若将模型中的待求最低生长温度 $T_{min}$、最大生长浓度 $Y_{max}$（$N_{max}$ 的自然对数）等参数记为集合｛$P$｝，则 HJE-HSR 模型的参数集合为｛$P$｝=｛$a_S$，$a_B$，$T_{min,S}$，$T_{min,B}$，$A_S$，$A_B$，$m_S$，$m_B$，$Y_{max,S}$，$Y_{max,B}$，$\alpha$｝，HLV-HSR 模型的参数集合为｛$P$｝=｛$a_S$，$a_B$，$T_{min,S}$，$T_{min,B}$，$A_S$，$A_B$，$m_S$，$m_B$，$Y_{max}$，$\beta$｝。数据处理时，从每个恒定温度条件下的两次独立重复试验中随机抽取一组生长数据，并组合成新的数据集｛$Y_s$，$Y_B$｝，再通过四阶龙格-库塔方法求解沙门菌与背景菌群生长曲线的预测值｛$\hat{Y}$｝，最后，通过最小二乘法优化求解｛$Y$｝与｛$\hat{Y}$｝的最小残差平方和［$RSS=\sum(Y-\hat{Y})^2$］，此时，对应的｛$P$｝即为所求。建模完成后，选取未用于建模分析的恒定温度生长试验数据及一组波动温度生长试验数据对模型进行验证，分别计算其均方根误差（RMSE），并考察其误差（$\varepsilon=\hat{Y}-Y$）分布。该研究数据分析均通过 MATLAB（2016）编程实现。

表 13-22　　鸡肉中沙门菌与背景菌群竞争生长模型

| 模型 | 表达式 |
| --- | --- |
| Huang 模型 | $\frac{1}{N_B}\frac{dN_B}{dt}=\frac{1}{1+\exp[-4(t-\lambda_B)]}\mu_{max,S}\left(1-\frac{N_S}{N_{max,B}}\right)$ |
| Huang-Jamson effect（HJE）模型 | $\frac{1}{N_S}\frac{dN_S}{dt}=\frac{1}{1+\exp[-4(t-\lambda_S)]}\mu_{max,S}\left(1-\frac{N_S}{N_{max,S}}\right)\left(1-\frac{\alpha N_B}{N_{max,B}}\right)$ |
| Huang-Lotka-Volterra（HLV）模型 | $\frac{1}{N_S}\frac{dN_S}{dt}=\frac{1}{1+\exp[-4(t-\lambda_S)]}\mu_{max,S}\left(1-\frac{N_S+\beta N_B}{N_{max}}\right)$ |
| Huang Square-root（HSR）模型 | $\sqrt{\mu_{max}}=\alpha(T-T_{min})^{0.75}$ |
| 迟滞期-生长速率关系 | $\lambda=e^A\times\mu_{max}^{-m}$ |

## 2. 实验结果

（1）一步分析法和竞争模型的构建　鸡肉样品自身携带的背景菌群可能包含嗜温菌和嗜冷菌等不同种类细菌。因此，8℃条件下，背景菌群的生长状况良好，其生长曲线表现出滞后期、对数期和稳定期三个阶段；沙门菌属于嗜温菌，其数量在 360h 的贮藏期内未见有显著的增长（图 13-37）。12、16、20、25、30、33℃条件下，沙门菌和背景菌群的生长均能达到稳定期，并表现出完整的生长曲线，但沙门菌的生长受到背景菌群的影响，且这种影响与温度存在一定的关联性（图 13-38）。当温度为 12、16、20℃时，样品中背景菌群的存在对沙门菌的生长造成抑制，且当背景菌群达到最大生长浓度后，沙门菌的增长显著减缓；另外，整个贮藏期内，沙门菌的数量远低于背景菌群的数量。当温度为 25、30、33℃时，沙门菌比背景菌群生长得快，且沙门菌的生长浓度最终几乎达到与背景菌群生长浓度相同的水平（图 13-38）。

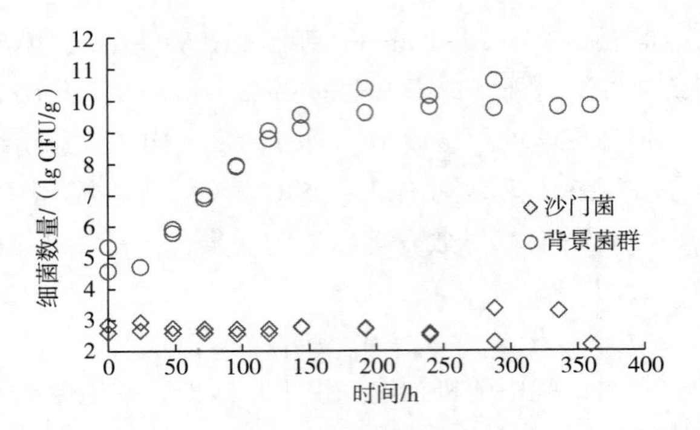


图 13-37　8℃条件下，鸡肉中沙门菌和背景菌群的生长曲线

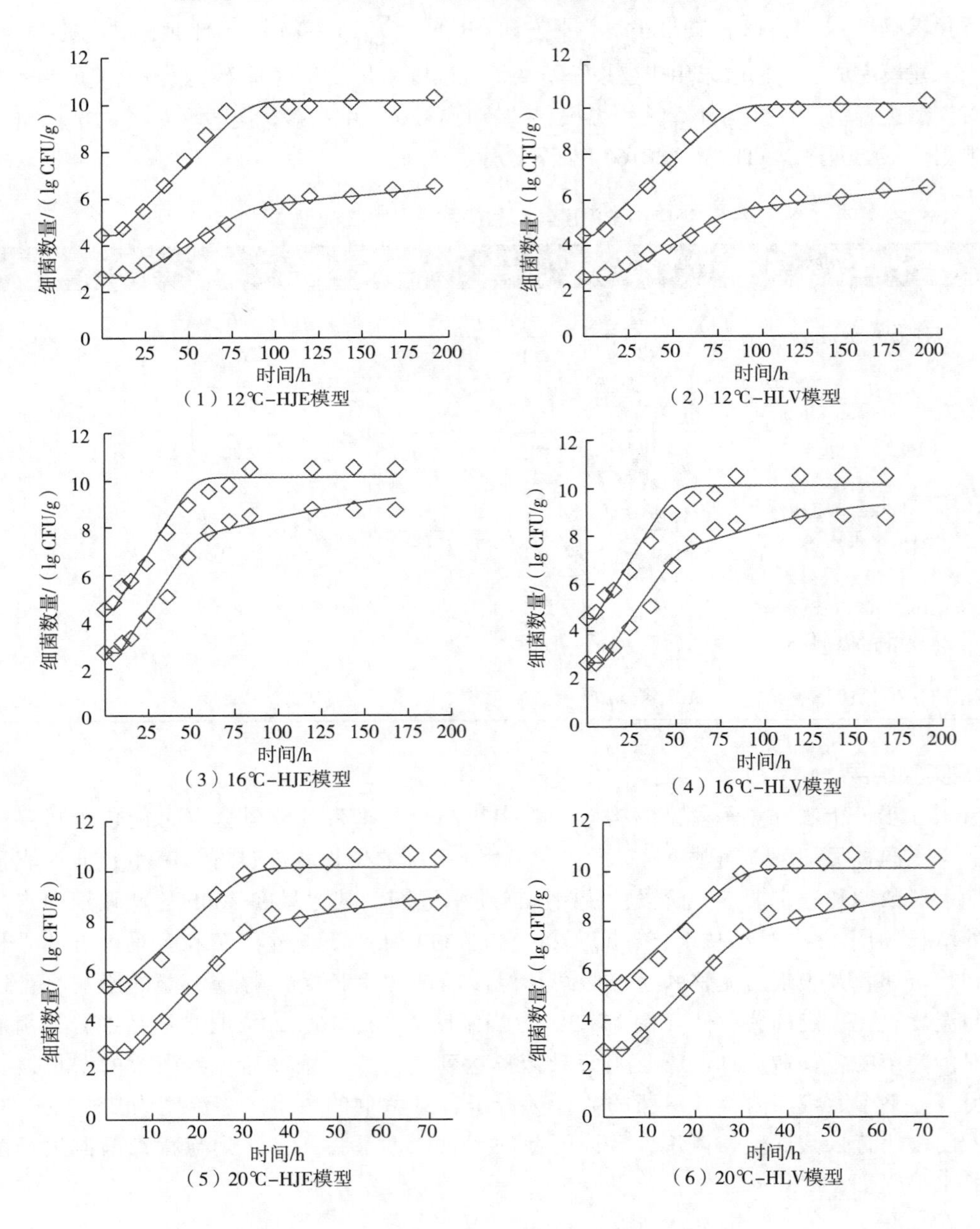

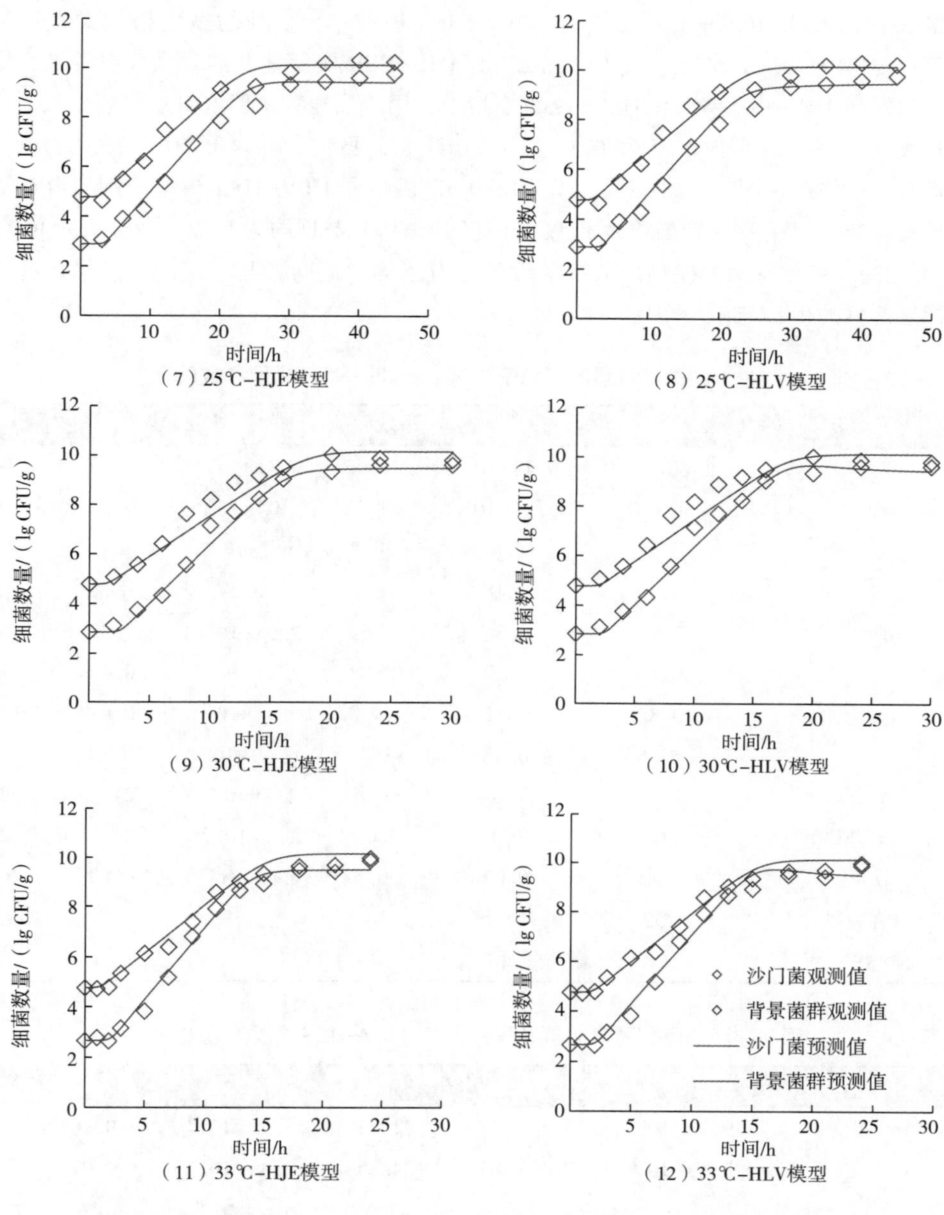


图 13-38　12、16、20、25、30、33℃条件下，鸡肉中沙门菌和背景菌群竞争生长拟合曲线

注：Huang-Jameson effect（HJE）模型，Huang-Lotka-Volterra（HLV）模型。

由于沙门菌在 8℃时的生长不显著，仅选取 12~33℃条件下的沙门菌与背景菌群生长数据用于模型构建。通过一步法，分别使用 HJE-HSR 模型和 HLV-HSR 模型对生长数据进行拟合分析，参数估计的结果分别如表 13-23 和表 13-24 所示。根据表 13-23 和表 13-24 可知，由 HJE-HSR 模型和 HLV-HSR 模型估计的沙门菌的最低生长温度均为 7.2℃；两种模型估计的背景菌群的最低生长温度分别为 1.3℃和 1.8℃，且均接近于 0℃，这主要归因于嗜冷菌可以在低温下生存。在 HJE-HSR 模型中，沙门菌和背景菌群最大生长浓度的估计值分别为 21.9 和

23.4ln CFU/g（9.5 和 10.2lg CFU/g）；在 HLV-HSR 模型中，估计的微生物最大生长浓度为 23.3ln CFU/g（10.1lg CFU/g），该估计值几乎与 HJE-HSR 模型估计的背景菌群的最大生长浓度相等。此外，HJE-HSR 模型和 HLV-HSR 模型中，用于描述背景菌群对沙门菌生长影响的相互作用系数（$\alpha$，$\beta$）分别为 0.85 和 0.81，均与 0 具有显著差异（$P<0.001$），表明背景菌群对沙门菌具有拮抗作用。图 13-38 表明，由 HJE-HSR 模型和 HLV-HSR 模型分别拟合计算的生长曲线与实测的沙门菌及背景菌群生长数据相接近，其 RMSE 均为 0.3lg CFU/g，AIC 分别为 -349.1 和 -339.4；尽管两种模型的 AIC 的数值略有不同，但两者几乎能同等的描述鸡肉中沙门菌和背景菌群的生长与相互作用。

表 13-23　　鸡肉中沙门菌和背景菌群竞争生长：HJE-HSR 模型参数估计

| 参数 | 估计值 | 标准差 | $t$ 值 | $P$ 值 | L95CI | U95CI |
|---|---|---|---|---|---|---|
| $\alpha_S$ | $1.00\times10^{-2}$ | $0.24\times10^{-2}$ | 42.42 | $3.71\times10^{-82}$ | 0.10 | 0.11 |
| $\alpha_B$ | $6.97\times10^{-2}$ | $0.29\times10^{-2}$ | 24.38 | $2.04\times10^{-52}$ | 0.06 | 0.08 |
| $T_{min,S}$/℃ | 7.2 | 0.4 | 20.7 | $1.2\times10^{-44}$ | 6.5 | 7.9 |
| $T_{min,B}$/℃ | 1.3 | 1.0 | 1.3 | 0.2 | -0.6 | 3.1 |
| $A_S$ | 2.74 | 0.36 | 7.64 | $2.96\times10^{-12}$ | 2.03 | 3.44 |
| $A_B$ | 1.10 | 0.39 | 2.83 | 0.01 | 0.33 | 1.87 |
| $m_S$ | 0.85 | 0.12 | 7.08 | $6.44\times10^{-11}$ | 0.61 | 1.09 |
| $m_B$ | 1.16 | 0.33 | 3.48 | $6.60\times10^{-4}$ | 0.50 | 1.81 |
| $Y_{max,S}$（ln CFU/g） | 21.9 | 0.2 | 89.7 | $2.8\times10^{-126}$ | 21.4 | 22.4 |
| $Y_{max,B}$（ln CFU/g） | 23.4 | 0.1 | 180.5 | $1.1\times10^{-168}$ | 23.1 | 23.6 |
| $\alpha$ | 0.85 | 0.03 | 30.57 | $4.43\times10^{-64}$ | 0.80 | 0.91 |
| 观测值数量 | 152 | 自由度 | 141 | | | |
| RMSE | 0.3 | AIC | -349.1 | | | |

表 13-24　　鸡肉中沙门菌和背景菌群竞争生长：HLV-HSR 模型参数估计

| 参数 | 估计值 | 标准差 | $t$ 值 | $P$ 值 | L95CI | U95CI |
|---|---|---|---|---|---|---|
| $\alpha_S$ | $9.92\times10^{-2}$ | $0.23\times10^{-2}$ | 42.83 | $4.42\times10^{-83}$ | 0.10 | 0.10 |
| $\alpha_B$ | $7.19\times10^{-2}$ | $0.30\times10^{-2}$ | 24.25 | $2.49\times10^{-52}$ | 0.07 | 0.08 |
| $T_{min,S}$/℃ | 7.2 | 0.3 | 21.3 | $6.1\times10^{-46}$ | 6.6 | 7.9 |
| $T_{min,B}$/℃ | 1.8 | 0.9 | 2.0 | 0.05 | -0.02 | 3.7 |
| $A_S$ | 2.61 | 0.36 | 7.20 | $3.22\times10^{-11}$ | 1.89 | 3.33 |
| $A_B$ | 1.73 | 0.38 | 4.61 | $9.07\times10^{-6}$ | 0.99 | 2.48 |
| $m_S$ | 0.84 | 0.13 | 6.50 | $1.29\times10^{-9}$ | 0.58 | 1.09 |
| $m_B$ | 0.65 | 0.20 | 3.26 | $1.39\times10^{-3}$ | 0.26 | 1.05 |
| $Y_{max}$（ln CFU/g） | 23.3 | 0.1 | 192.3 | $1.6\times10^{-173}$ | 23.1 | 23.6 |
| $\beta$ | 0.81 | 0.03 | 28.56 | $1.02\times10^{-60}$ | 0.75 | 0.86 |
| 观测值数量 | 152 | | 自由度 | | 142 | |
| RMSE | 0.3 | | AIC | | -339.4 | |

根据 HJE-HSR 模型的估计参数（$a$ 和 $T_{min}$），可计算获得沙门菌与背景菌群的生长速率-温度关系曲线（图 13-39）。图 13-39 中，沙门菌和背景菌群的生长速率分别在 0.1～1.3ln CFU/(g/h) 和 0.2～0.9ln CFU/(g/h) 变化，两者的大小与温度相关。当温度低于 16.8℃时，沙门菌的生长速率小于背菌群的生长速率；当温度高于 16.8℃时，沙门菌的生长速率大于背景菌群的生长速率，且随着温度的升高，两者之间的差异变得更加明显。这主要是因为菌群对温度的敏感性不同，低温条件下，鸡肉中的优势背景菌群为嗜冷菌，其生长快于沙门菌；而沙门菌是嗜温细菌，其在低温条件下（$T$<12℃）生长较慢，在高温下生长较快。

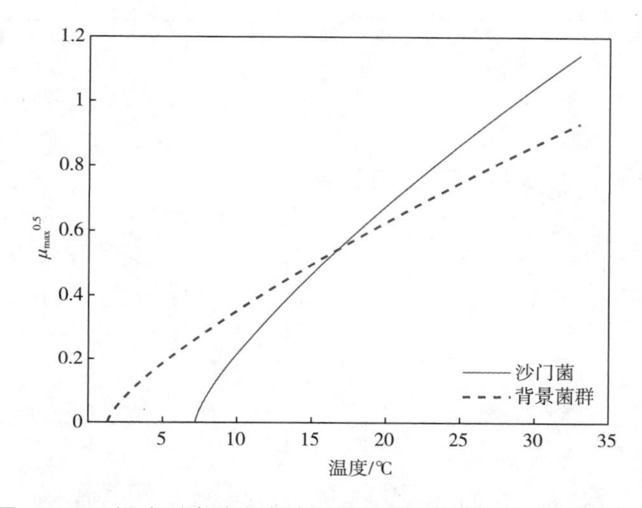


图 13-39 温度对生鸡肉中沙门菌和背景菌群生长速率的影响

（2）模型验证 两种竞争生长模型中，HJE-HSR 模型的 AIC 值更小，因此，该研究仅对 HJE-HSR 模型及其参数进行验证，模型验证所使用的数据包括另一组未用于模型构建的恒温生长数据及动态生长数据。图 13-40（1）～（7）分别比较了 12、16、20、25、30、33℃，以及温度随机波动（10～30℃）条件下的沙门菌-背景菌群竞争生长实测数据和 HJE-HSR 模型预测的生长曲线。数据分析表明，总体的 RMSE 为 0.3lg CFU/g，其残差服从平均值为 0.0lg CFU/g，标准偏差为 0.3lg CFU/g 的正态分布，约 86.3%的残差处于±0.5lg CFU/g 之间，表明通过模型的预测的生长曲线与实测的沙门菌及背景菌群的生长数据相近。

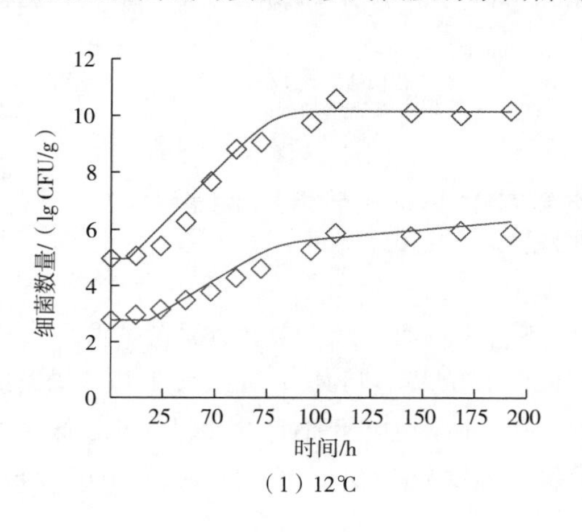


（1）12℃

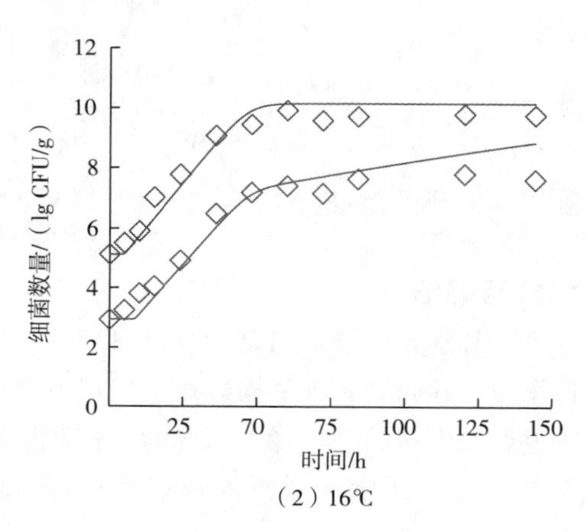


（2）16℃

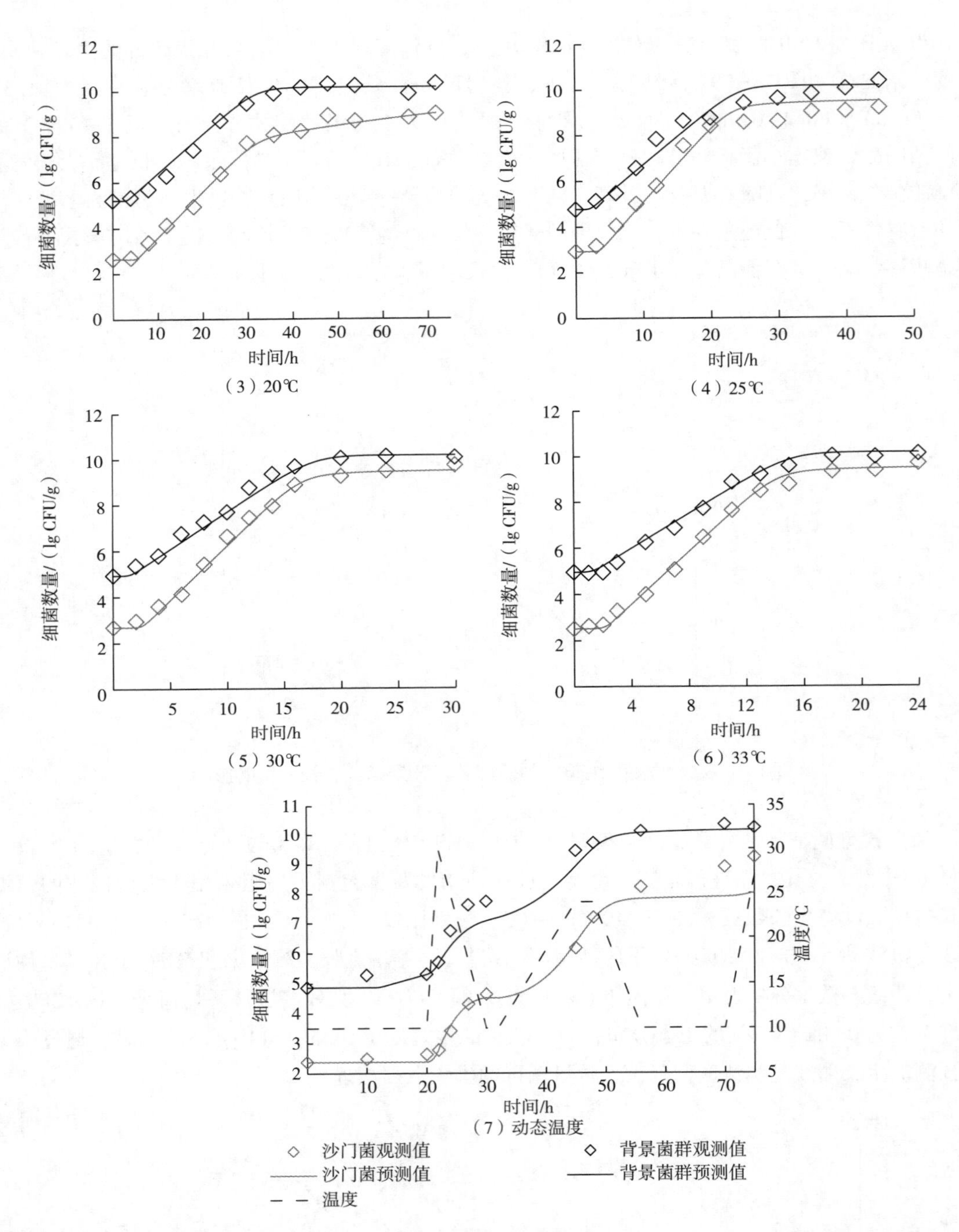


图 13-40　模型验证：恒定温度条件下以及动态温度条件下鸡肉中沙门菌和背景菌群生长曲线

**3. 实验结论**

该研究考察和比较不同温度（8~33℃）条件下，生鸡肉中沙门菌和背景菌群共同生长时的相互作用，并通过一步法构建竞争生长模型；HJE-HSR 模型和 HLV-HSR 模型描述均能准确的描述生鸡肉中沙门菌与背景菌群的生长及相互作用，由两种模型估计的沙门菌的最低生长温度均为 7.2℃，两种模型估计的背景菌群的最低生长温度分别为 1.3℃ 和 1.8℃；HJE-HSR 模型估计的沙门菌和背景菌群的最大生长浓度的分别为 21.9 和 23.4ln CFU/g（9.5 和 10.2lg CFU/g），HLV-HSR 模型估计的最大种群浓度为 23.3ln CFU/g（10.1lg CFU/g）；验证试验的总体均方根误差（RMSE）为 0.3lg CFU/g，其残差服从平均值为 0.0lg CFU/g，标准偏差为 0.3lg CFU/g 的正态分布，大约 86.3%的残差处于±0.5lg CFU/g 之间；该研究构建的模型可用于预测恒定温度和波动温度条件下鸡肉中沙门菌与背景菌群的竞争生长，也可用于鸡肉中沙门菌的风险评估；此外，背景菌群的预测模型还可用于生鸡肉的保质期的预测。

实例说明：该实例以生鲜鸡肉和沙门菌及鸡肉中背景菌群为研究对象，首先开展恒定温度条件下的生长实验，分别选用 Huang-Jamson effect（HJE）模型和 Huang-Lotka-Volterra（HLV）模型作为描沙门菌与背景菌群竞争生长的初级模型，选用 HSR 模型作为描述温度对沙门菌和背景菌群生长速率影响的二级模型，并通过一步法对生长数据进行拟合分析（基于 MATLAB），构建组合模型（HJE-HSR 模型和 HLV-HSR 模型）；其次，分别通过恒定温度和波动温度条件下的生长数据对 HJE-HSR 模型及其参数进行验证，并通过@RISK 对模型误差进行拟合分析。

## 八、静态法与动态法测定金枪鱼中沙门菌热失活参数的比较

食品加工中，热杀菌技术是有效杀灭病原微生物、延长产品保质期的重要手段，准确测定食品中目标微生物的热致死动力学参数是制定有效杀菌规程的基础。尽管微生物的非线性失活行为已被大量报道，遵循一级动力学反应规律的失活模型（*D/Z* 值）仍常被用于评估微生物的耐热性。传统的微生物热失活研究中，一般基于 4~5 组的等温失活数据，通过两步线性回归分析分别获得 *D* 值和 *Z* 值。由于该方法需在恒定温度条件下开展失活试验，也被称为静态法。静态法是测定耐热性参数的经典方法，但存在实验操作强度高，累积误差相对大的缺点，一步动态法是可以克服上述不足的有效方法。该研究以金枪鱼中的沙门菌为对象，分别通过静态法和一步动态法测定沙门菌的耐热性参数（*D/Z* 值），以期为制定针对沙门菌的热杀菌规程提供科学依据，并为金枪鱼中沙门菌的风险评估提供基础。

### 1. 实验方法

在无菌条件下，称取若干份［（1.00±0.02）g/份］已绞碎的金枪鱼样品，置于带滤膜的无菌均质袋中。向每袋样品中接种 0.1mL 含有 2 株沙门菌（CICC22956、CICC21482）的混合菌液，使其接种浓度约为 $10^{8.0}$~$10^{8.5}$CFU/g。对已接种的样品袋手动揉捏至少 2min，然后抽真空（2.0kPa）封口，并用圆柱状的玻璃瓶将样品袋碾压平整，使其尽可能薄（<0.2mm）。静态法测定热失活参数时，将接种后的样品分别置于温度为 52.5、55、57.5、60、62.5℃的恒温循环水浴器中加热，按照一定的时间间隔取出样品袋，并立即浸入冰水中冷却。动态法测定热失活参数时，将接种的样品分别置于 4 组线性升温状态下的水浴锅中加热，按预设时间取出样品并侵入冰水冷却。经水银温度计校正，4 组温度曲线（DT_A、DT_B、DT_C、DT_D）的初始温度分别为 20.1、30.3、40.3、50.1℃，其升温速率分别为 1.12、1.13、1.04、1.02℃/min。取样时，在无菌条件下将样品袋剪开，向袋中加入 9mL 质量分数为 0.1%的无菌蛋白胨水，再将样品袋置于均质器上以最大速率正反两面各拍打 2min，经梯度稀释后涂布于 TSA/Rif 平板；所有平板置于 37℃恒温培养箱中培养 24h 后计数，单位为 lg CFU/g。

该研究所涉及的数学模型如表 13-25 所示，静态法分析过程中，结合 Excel（版本 2013）对等温条件下的热失活数据进行拟合，即可求得 *D* 值和 *Z* 值；动态法分析过程中，通过 MATLAB（版本 2018）结合非线性最小二乘法对动态失活数据进行拟合，可求解 $D_0$ 值和 *Z* 值。

表 13-25　　静态与动态方法中沙门菌热失活模型

| 方法 | 模型表达式 |
|---|---|
| 静态法 | $\lg(N)=\lg(N_0)-\frac{t}{D}$<br>$\lg(D)=\lg(D_0)-\frac{T}{Z}$ |
| 动态法 | $\lg(N)=\lg(N_0)-\int_0^t\frac{10^{\frac{T}{Z}}}{D_0}dt$<br>$T=T_0+\alpha t$<br>$\lg(N)=\lg(N_0)-\frac{Z}{2.303\alpha D_0}\left[10^{\frac{T_0+\alpha(t-t_0)}{Z}}-10^{\frac{T_0+\alpha t_0}{Z}}\right]$ |

**2. 实验结果**

（1）等温条件下金枪鱼中沙门氏菌的热失活　如图 13-41 所示，52.5~62.5℃条件下，金枪鱼中沙门菌热失活曲线呈现明显的线性，表明其失活行为遵循传统的一级动力学规律。图 13-44 表明，不同温度条件下，$D$ 值不同，其对数［lg（$D$）］随温度（$T$）升高而线性降低；通过计算图 13-42 中回归线斜率的负倒数，可得金枪鱼中沙门菌的 $Z$ 值为 4.56℃，lg（$D_0$）为 14.50。

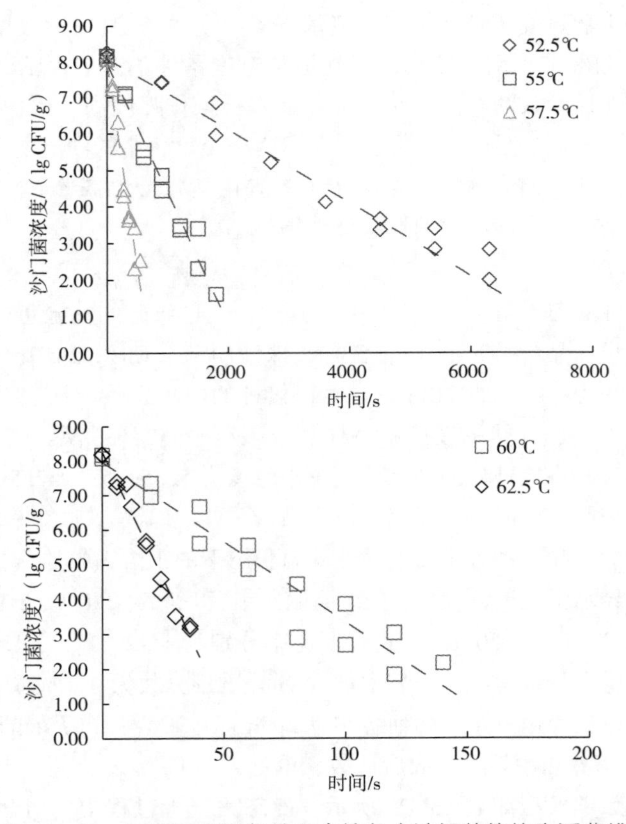


图 13-41　不同温度温条件下金枪鱼中沙门菌的热失活曲线

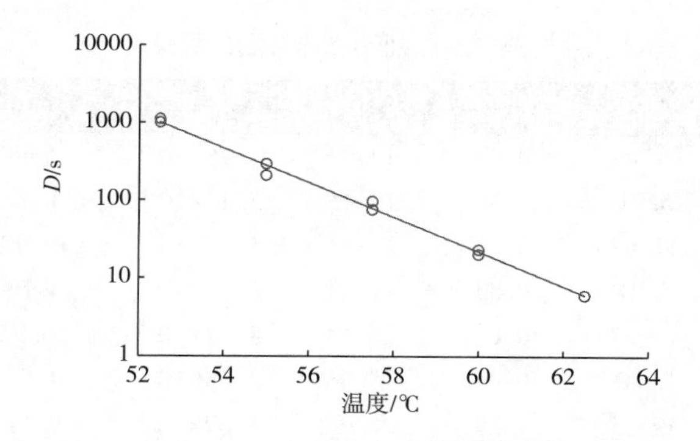


图 13-42　沙门菌 D 值与温度之间关系

（2）动态条件下金枪鱼中沙门菌的热失活　线性加热条件下的升温曲线（DT_A、DT_B、DT_C、DT_D）及与之对应的金枪鱼样品中沙门菌的热失活曲线如图 13-43 所示。分别对 4 组沙门菌的热失活数据进行拟合，lg（$D_0$）和 $Z$ 的估计值如表 13-26 所示。4 组动态加热条件下，初始温度不同，但升温速率相近，均介于 1.02～1.13℃/min，lg（$D_0$）和 $Z$ 的估计值分别为 11.58 和 5.71℃、11.67 和 5.84℃、12.57 和 5.40℃、12.35 和 5.52℃，其平均值分别为 12.12 和 5.62℃。图 13-43 中，实线和虚线分别为使用动态法和静态法测定的 lg（$D_0$）、$Z$ 计算的沙门菌热失活预测曲线，4 组动态条件下，两种方法准确度均基本相当。

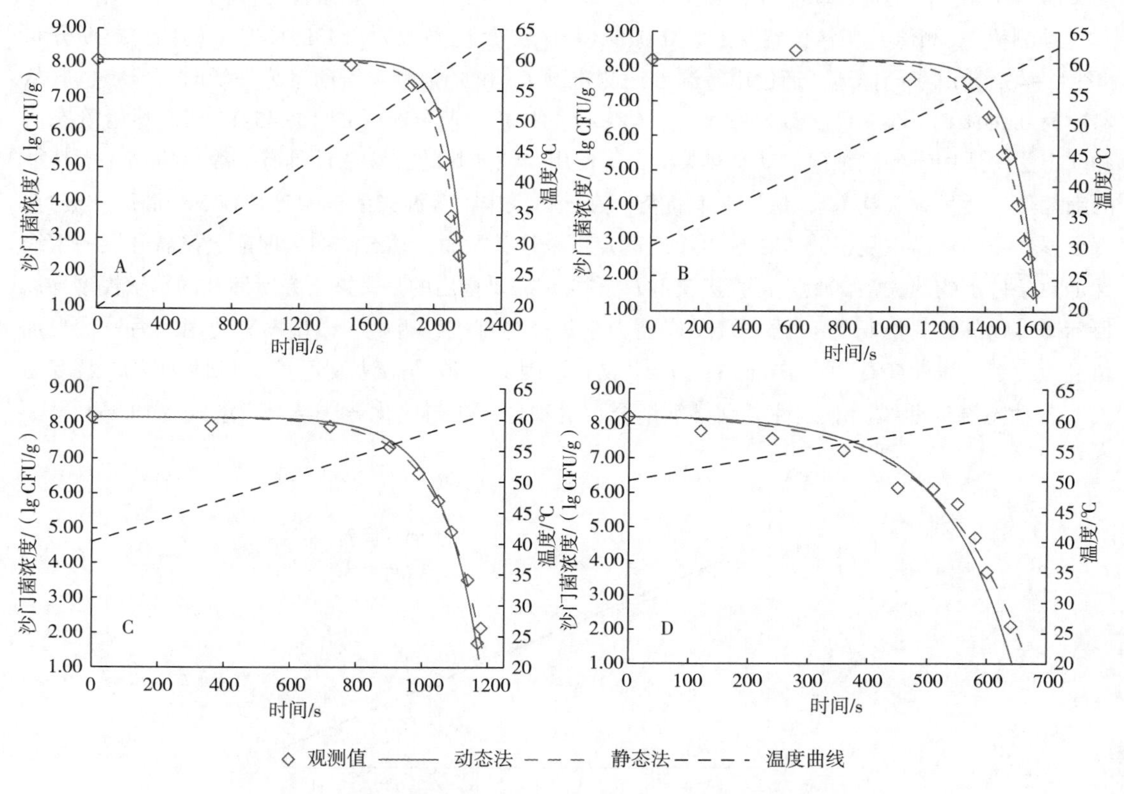


图 13-43　动态温度条件下金枪鱼中沙门菌的热失活曲线

表 13-26 金枪鱼中沙门菌动态热失活参数估计

| 温度 | 参数 | 参数值 | 标准差 | *t* 值 | *P* 值 | L95CI | U95CI | RMSE |
|---|---|---|---|---|---|---|---|---|
| DT_A | lg（$D_0$） | 11.89 | 0.99 | 12.07 | $1.96\times10^{-5}$ | 9.48 | 14.29 | 0.29 |
| | $Z$ | 5.71 | 0.56 | 10.15 | $5.33\times10^{-5}$ | 4.33 | 7.09 | |
| DT_B | lg（$D_0$） | 11.67 | 0.55 | 21.34 | $5.13\times10^{-9}$ | 10.43 | 12.91 | 0.22 |
| | $Z$ | 5.84 | 0.33 | 17.94 | $2.37\times10^{-8}$ | 5.10 | 6.57 | |
| DT_C | lg（$D_0$） | 12.57 | 0.69 | 18.14 | $8.77\times10^{-8}$ | 10.97 | 14.17 | 0.25 |
| | $Z$ | 5.40 | 0.34 | 15.46 | $3.05\times10^{-7}$ | 4.59 | 6.20 | |
| DT_D | lg（$D_0$） | 12.35 | 1.27 | 9.70 | $1.07\times10^{-5}$ | 9.41 | 15.29 | 0.38 |
| | $Z$ | 5.52 | 0.67 | 8.19 | $3.69\times10^{-5}$ | 3.97 | 7.08 | |
| 平均值 | lg（$D_0$） | 12.12 | | | | | | |
| | $Z$ | 5.62 | | | | | | |

（3）动态法与静态法的比较　图 13-44 比较了不同温度条件下，通过静态法和动态法测定的 $D_0$ 和 $Z$ 预测的沙门菌 $D$ 值的差异。4 组线性加热条件下，lg（$D_0$）平均值为 12.12，略低于通过等温方法测定的 lg（$D_0$）；另外，4 组动态条件下，$Z$ 值分别略大于等温条件下测定的 $Z$ 值，其平均值（5.62℃）也略大于通过等温方法测定的 $Z$ 值。虽然通过动态法与静态法测定的 $D_0$ 和 $Z$ 存在差异，但由图 13-43 可知，两种方法获得的 $D_0$ 和 $Z$ 均可等同地用于预测金枪鱼中沙门菌的热失活。此外，使用基于动态方法测定的 $D_0$ 和 $Z$ 预测 4 组线性加热条件下沙门菌的失活时，残差（预测值-实测值）服从位置参数为 0.05lg CFU/g，尺度参数为 0.43lg CFU/g 的拉普拉斯分布［图 13-45（1）］；同样地，通过由等温方法测定的 $D_0$ 和 $Z$ 预测 4 组动态热失活时，残差也服从参数为 0.05lg CFU/g，尺度参数为 0.20lg CFU/g 的拉普拉斯分布［图 13-45（2）］。尽管静态法和动态法均适用于预测细菌的动态热失活，但使用线性加热的方法估计具有一级反应动力学特征的细菌热失活参数（$D_0$ 和 $Z$ 值）具有优势。在该研究中，等温失活试验分别在 5 个温度下进行，每个温度条件均需重复，并且在 6~8 个时间点下采样；然而，动态法中，理论上仅需开展一组线性加热条件下的热失活试验即可直接获得 $D_0$ 和 $Z$。需要指出的是，该研究所涉及的数学模型均以目标微生物的热失活行为遵循一级反应动力学规律为基础，否则，模型不宜使用。另外，当加热温度（$T$）线性变化时，式（13-5）才成立。因此，该动态法仅适用于线性加热的温度曲线，若动态温度曲线为非线性，则必须结合数值积分方法与优化方法结合求解式（13-6）。

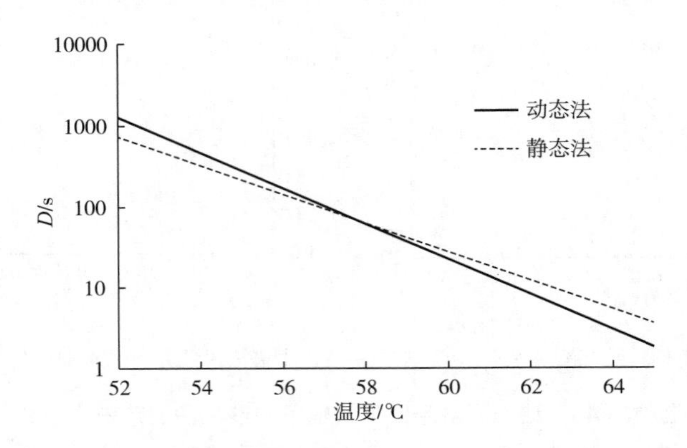


图 13-44　静态法与动态法预测的沙门菌 $D$ 值与温度的关系

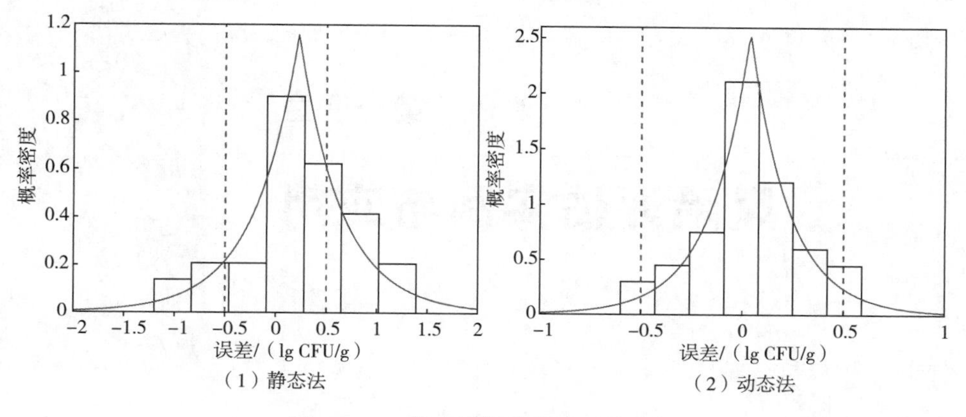


图 13-45　静态法与动态法误差分布

$$\lg(N) = \lg(N_0) - \frac{Z}{2.303\alpha D_0}\left(10^{\frac{T_0+\alpha(t-t_0)}{Z}} - 10^{\frac{T_0+\alpha t_0}{Z}}\right) \tag{13-5}$$

$$\lg(N) = \lg(N_0) - \int_0^t \frac{10^{\frac{T}{Z}}}{D_0}\mathrm{d}t \tag{13-6}$$

**3. 实验结论**

该研究分别通过静态法和动态法测定金枪鱼中沙门菌的热失活参数。恒定温度（52.5～62.5℃）条件下，金枪鱼中的沙门菌热失活遵循一级反应动力学规律，lg（$D$）随温度线性降低，lg（$D_0$）和 $Z$ 的估计值分别为 14.50℃和 4.56℃；在 4 组初始温度分别设置于 20.0～50.0℃，加热速率为 1.01～1.13℃/min 的动态升温曲线下，测定金枪鱼中沙门菌的热失活曲线，建模求解得到的 lg（$D_0$）的平均值为 12.12，$Z$ 的平均值为 5.62℃；此外，由静态法和动态法测定的动力学参数（$D_0$ 和 $Z$）均可用于预测线性加热条件下沙门菌的热失活曲线，且两者具有同等的准确度。

实例说明：该实例以金枪鱼鱼糜和沙门菌为研究对象，首先开展恒定温度条件下的热失活实验（静态法），基于一级反应动力学规律，通过 Excel 对各组静态热失活数据进行线性回归处理，逐步求解各温度对应的 $D$ 值和 $Z$ 值；其次，开展不同升温速率条件下的热失活实验（动态法），同样地基于一级反应动力学规律，通过 MATLAB 对动态热失活数据进行非线性回顾分析，一次性求解沙门菌热失活动力学参数（$D_0$ 和 $Z$）；最后，通过@ RISK 对模型误差进行拟合分析。

**思考题**

1. 简述食品预测微生物学模型的主要应用。
2. 简述基于静态法和动态法构建温度对微生物生长影响预测模型的区别。
3. 试列举几种常见的预测微生物学专用软件、平台或数据库。

第十三章拓展阅读　预测微生物学模型实例与应用

CHAPTER 14

# 第十四章 风险评估实例与应用

[学习目标]

1. 了解微生物风险评估的基本方法和流程。
2. 理解风险评估实例中风险评估结果分析方法。

定量微生物风险评估（quantitative microbial risk assessment，QMRA）是一种结构化、科学的微生物风险评估方法。在前面的章节中，我们主要介绍了风险分析理论框架、微生物风险评估基本理论及包括危害识别、暴露评估、危害特征描述、风险特征描述、预测微生物学模型、交叉污染及不确定性分析和疾病负担等在内的组成内容，这些内容系统地介绍了微生物风险评估相关的知识。本章主要介绍微生物风险评估的实例，以帮助读者更好地理解微生物风险评估的基本方法和过程，同时也为今后的微生物风险评估工作提供参考和借鉴，推动食品安全治理模式向事前预防转型，有助于提高公共安全治理水平。本章内容主要以猪或猪肉相关制品沙门菌的定量微生物风险评估为例，结合猪及猪肉制品全流程生产线，介绍定量微生物风险评估过程中每一个环节所设计的参数选择、设置及依据，使读者了解微生物风险评估的框架和流程，并能够根据微生物风险评估实例解析开展该风险评估工作的背景和目的，了解微生物风险评估的基本方法和流程，理解风险评估结果的分析方法。

由于各国政府对食品安全的重视，已经有大量关于食品微生物风险评估的文献和资料发表，其中包括国内外食品安全管理机构发布的官方微生物风险评估报告以及学术期刊发表的微生物风险评估相关论文。这些文献和资料涵盖了肉制品、乳制品、蔬菜、水和米面制品等各种食品，并涉及沙门菌、单核细胞增生李斯特菌、金黄色葡萄球菌、空肠弯曲杆菌、大肠埃希氏菌以及蜡样芽孢杆菌等各种病原菌。

在全球范围内，包括中国在内的全球食品安全管理和控制中受到越来越多的研究和越来越多的关注。我国食源性疾病监测表明，微生物因素占2014—2015年食源性疾病暴发的60%以上，其中沙门菌引起的病例数最多［2014年、2015年分别为2122例（12%）和2494例（11.7%）］。中国是世界上最大的猪肉生产国和消费国，与许多国家有国际贸易联系。猪肉是食源性疾病的重要载体，尤其是沙门菌病。非伤寒沙门菌（NTS）是食源性疾病的主要原因，对公共卫生造成重大影响。根据世界卫生组织（WHO）2010年食源性疾病负担的全球估计和区域比较，NTS造成了407万个“残疾调整生命年”，占腹泻病致病微生物疾病负担的23.04%。在欧洲和北美洲等工业化地区，NTS仍然是人胃肠道感染的第二大报告原因。根据美国疾病控制与预防中心（CDC）1998—2015年报告的数据，每年有大量的感染、住院和死亡病例与猪肉的消费有关（估计有525000例感染、2900例住院治疗和82例死亡归因于猪肉的消费，并报告了288次暴发与猪肉有关，导致6372人患病，443人住院，4人死亡），其中沙门菌感染病例占比高达46%。在确诊病因的病例中，归因于沙门菌的病例比例。2012—2015年是1998—2001年的四倍多，从11%增加到46%。此外，在美国，9.6%的食源性沙门菌病病例归因于零售猪肉样品，5.8%归因于工厂猪肉样品。据估计，猪肉是欧盟沙门菌病的第二大来源，占该来源病例的26.9%（95%CI 26.3%~27.6%）。许多研究都集中在猪肉中沙门菌流行的胴体污染上。实际上，猪肉在加工、包装、运输、分销、零售准备和零售期间的展示过程中可能会被食源性致病微生物交叉污染。如果新鲜猪肉再次受到污染，可能会因操作不当、交叉污染或温度滥用而导致食源性疾病暴发或疾病。因此，需要收集更多关于污染水平和致病微生物发生率的信息，开展在猪肉从市场到餐桌的食物链中沙门菌的风险评估。

本章选择的实例主要包括以下内容：①猪肉中沙门菌的定量微生物风险评估；②猪肉制品制备和食用过程中沙门菌的定量微生物风险评估模型；③猪肉消费过程中沙门菌定量微生物风险评估。通过本章的实例，读者可以了解到定量微生物风险评估的基本过程和方法，并了解到在不同环节中所需考虑的因素和参数选择。在实际的微生物风险评估工作中，应结合具体情况进行参数选择和模型构建，以得出更为准确的风险评估结果。

# 实例一 猪肉中沙门菌的定量微生物风险评估

本实例介绍的是一项关于欧盟猪肉中沙门菌定量微生物风险评估研究。实例中的风险评估涵盖了整个猪肉供应链，包括猪的饲养、屠宰、加工、储存和消费等环节。评估过程中使用了复杂的模型和数学算法，以评估沙门菌在不同环节的风险，进而确定欧盟猪肉中沙门菌的致病风险，并提出了控制沙门菌污染的建议。

## 一、背景及风险评估概况

在欧盟，沙门菌病是一种常见的食源性疾病。2010年，欧盟有近10万例确诊的沙门菌病病例，其中约三分之二由肠炎沙门菌和鼠伤寒沙门菌引起。肠炎沙门菌主要与家禽和鸡蛋的食用有关，而鼠伤寒沙门菌存在于一系列食品动物中，包括猪、家禽、牛和羊。鼠伤寒沙门菌是猪中最常见的血清型，因此人们普遍认为猪肉和猪肉制品是人感染沙门菌的主要来源。欧盟各成员国中沙门菌呈阳性的猪肉及其制品比例各不相同。2006—2007年，在欧盟对屠宰猪中沙门菌的基础调查中，发现沙门菌阳性的猪比例在0~29%。对于向欧洲食品安全局（European Food Safety Authority，EFSA）提供数据的国家中，加工厂的猪肉样本中有0~9%受到沙门菌污染，而类似的零售样本中则有0~6%受到沙门菌污染。据估计，欧盟四分之一的沙门菌病病例来自猪宿主，其主要传播途径包括通过食用受污染的猪肉/猪肉产品以及与猪的直接接触。

欧盟委员会（European Commission，EC）要求控制沙门菌和其他可能导致公共卫生风险的特定食源性病原菌。作为此项工作的一部分，欧盟计划在初级生产层面和食品链的其他阶段设定减少沙门菌的目标。因此，向欧盟委员会提供风险评估建议的独立机构欧洲食品安全局接受欧盟委员会要求对所有猪中沙门菌开展 QMRA，以评估在屠宰猪中降低患病率和在养殖场、运输、待宰和屠宰过程的重要控制措施对人群沙门菌病例数量的影响。同时，还要考虑养殖场育肥猪的感染源以及运输、待宰和屠宰过程对胴体污染的影响。因此，该实例以育成猪开始，展示了一个新开展的完整的从养殖场到消费的 QMRA，评估人群暴露于沙门菌以及致病可能性。该模型参考了先前英国、比利时、丹麦、爱尔兰和荷兰等国家猪中沙门菌 QMRA 的研究。然而，此次 EFSA 要求的 QMRA 是首次针对欧盟范围内猪中沙门菌进行的，面临许多挑战。特别是不同欧盟成员国的养猪场、屠宰场和消费模式上的差异需要纳入考虑。

通过本实例，可以了解 EFSA 开展从养殖场到消费的 QMRA 概况，包括对完整的养殖场到消费途径的分析，从而了解途径不同阶段与微生物数量和人类疾病之间的关系。

## 二、欧盟 QMRA 简介

此次 QMRA 的一个关键要求是考虑到欧盟内部的多样性，包括成员国内养殖场和屠宰场之间的差异性以及成员国之间的差异。这种差异可能相当大，不仅体现在每个成员国现有的生产系统类型上，还体现在每种系统的相对权重上。许多欧盟成员国拥有高度工业化的生猪生产系统（如丹麦和英国），其大部分生猪在室内饲养，并在大型屠宰场加工。相比之下，其他国家（如奥地利）更多的在户外饲养生猪，并使用小型屠宰场。因此，欧盟范围内，在养殖场和屠宰场的规模和类型、屠宰场屠宰方法都有很大的差异。另外，欧盟内部的猪肉消费模式，例如猪肉产品的消费类型和频率，也存在巨大差异。

开展 QMRA 时，描述欧盟多样性的要求必须与项目内可用资源相平衡。该项目资源有限，不足以为每个成员国分别开展 QMRA。此外，许多成员国可能没有足够的数据支撑开展完整的从养殖场到消费的 QMRA。鉴于每个成员国需要制定自己的猪沙门菌国家控制计划（national control plans，NCP），显然每个成员国都需要调查控制沙门菌对其自身情况的影响，同时考虑其生猪生产系统和沙门菌流行病学。因此，该实例中开发了一个通用的成员国模型，将生猪生产、屠宰方法和消费模式中的关键差异（与沙门菌传播、生存、污染和感染相关）纳入考量。该模型具有固定的模块链和模块内固定的处理步骤，但用户可以修改动态参数。每个成员国可以从多个来源估计参数，包括已出版和未出版的文献，必要时还可参考专家意见。在可能的情况下，一般使用统计分布来描述参数变异性。

为了体现猪肉消费的差异，本实例选择猪肉块、猪肉糜和即食香肠代表产品加工和消费者处理方式的差异。模型包含了每个成员国中所选产品的消费量信息，作为一组参数。图 14-1 展示了 QMRA 暴露评估示意图，说明了如何将不同的生产系统组合在一起以提供通用模型。各成员国可以用自己的数据开展 QMRA，但是为了演示模型的参数化，选择了成员国（MS1、MS2、MS3、MS4）作为示例。为了这些成员国，使用聚类分析方法将成员国分为四组，分组标准包括①养殖场规模（大/小）；②屠宰场的规模（大/小）；以及③消费模式（人均猪肉消费和香肠消费比例），从而将具有类似生产/消费模式的成员国分组。在每簇中，根据数据可用性选择一个案例研究成员国。最终，这四个成员国的结果不仅代表成员国特异性结果，还提供了①欧盟范围内猪肉消费导致沙门菌感染风险的变异性，以及②各成员国之间养殖场和屠宰场干预效果的变异性。

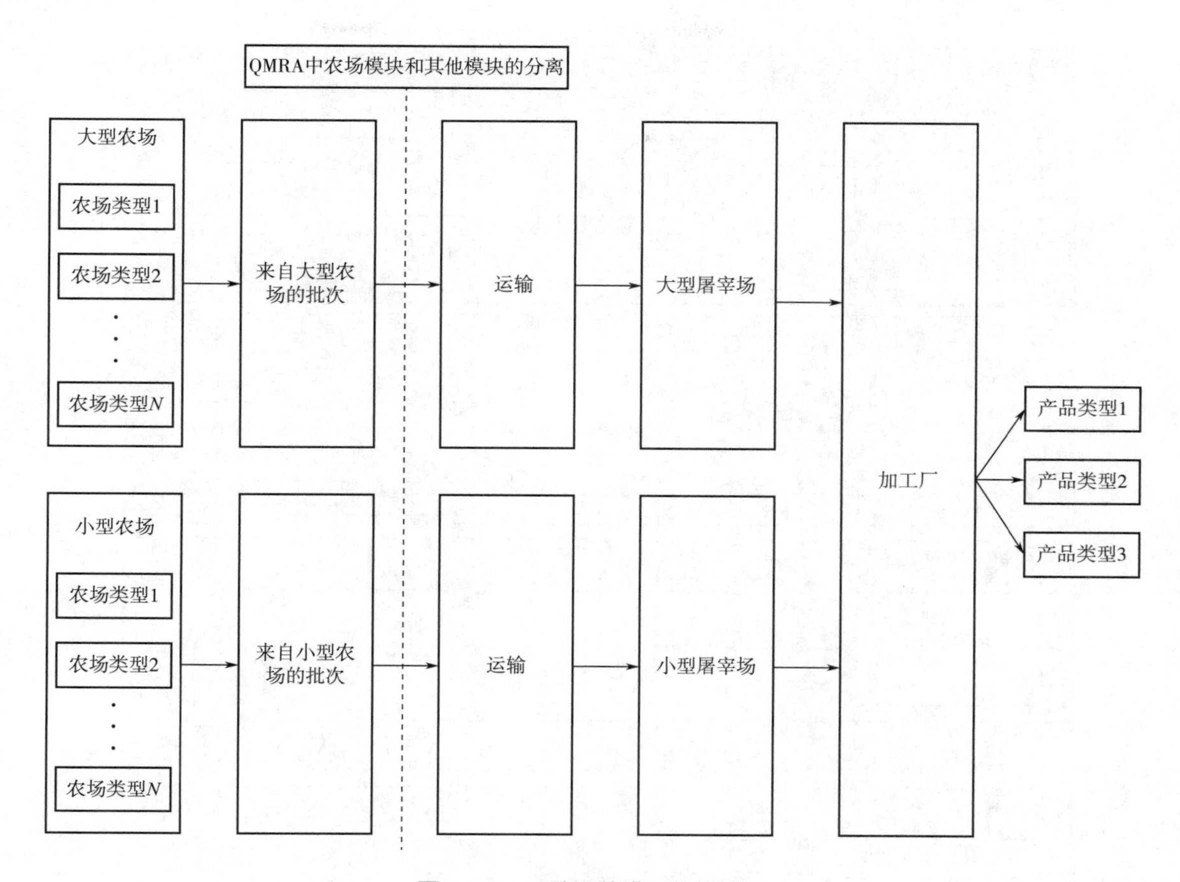


图 14-1 风险评估模型总体框架

注：养殖场为一个单独模块，根据养殖场类型为运输和待宰模块提供生猪。

## 三、定量微生物风险评估模型的框架

本实例展示的 QMRA 模型框架如图 14-2 所示。暴露评估分为四个模块：养殖场、运输和待宰、屠宰和加工、准备和消费。然后输入危害特征描述，特别是剂量反应模块。前一个模块的输出是下一个模块的输入，这样各模块共同模拟了从养殖场到致病的整个链条。在建模中为了尽可能考虑沙门菌感染和/或污染的自然变异性，模型通过使用概率分布和蒙特卡罗模拟实现参数值的随机变化。因此，尽可能详细地描述成员国内部和之间生猪批次、养殖场、运输车辆、屠宰场、加工厂和消费者行为的可变性。该模型在 Matlab v. 7. 1、R2008b 环境下开发，所有环节包括养殖场、运输和待宰、屠宰与加工、储存和消费以及剂量-反应关系和风险特征描述等参数设置信息均来源于已发表研究成果。

## 四、暴露评估

### 1. 养殖场

在养殖场模块中，QMRA 的目标是模拟任何欧盟成员国养殖场管理以及猪群间沙门菌的传播。养殖场模型是基于个体的易感-感染-易感（susceptible-infected-susceptible，SIS）传播模型。大养殖场和小养殖场模型的每次迭代都代表了一个养殖场在 500 天内猪的生产周期，并生

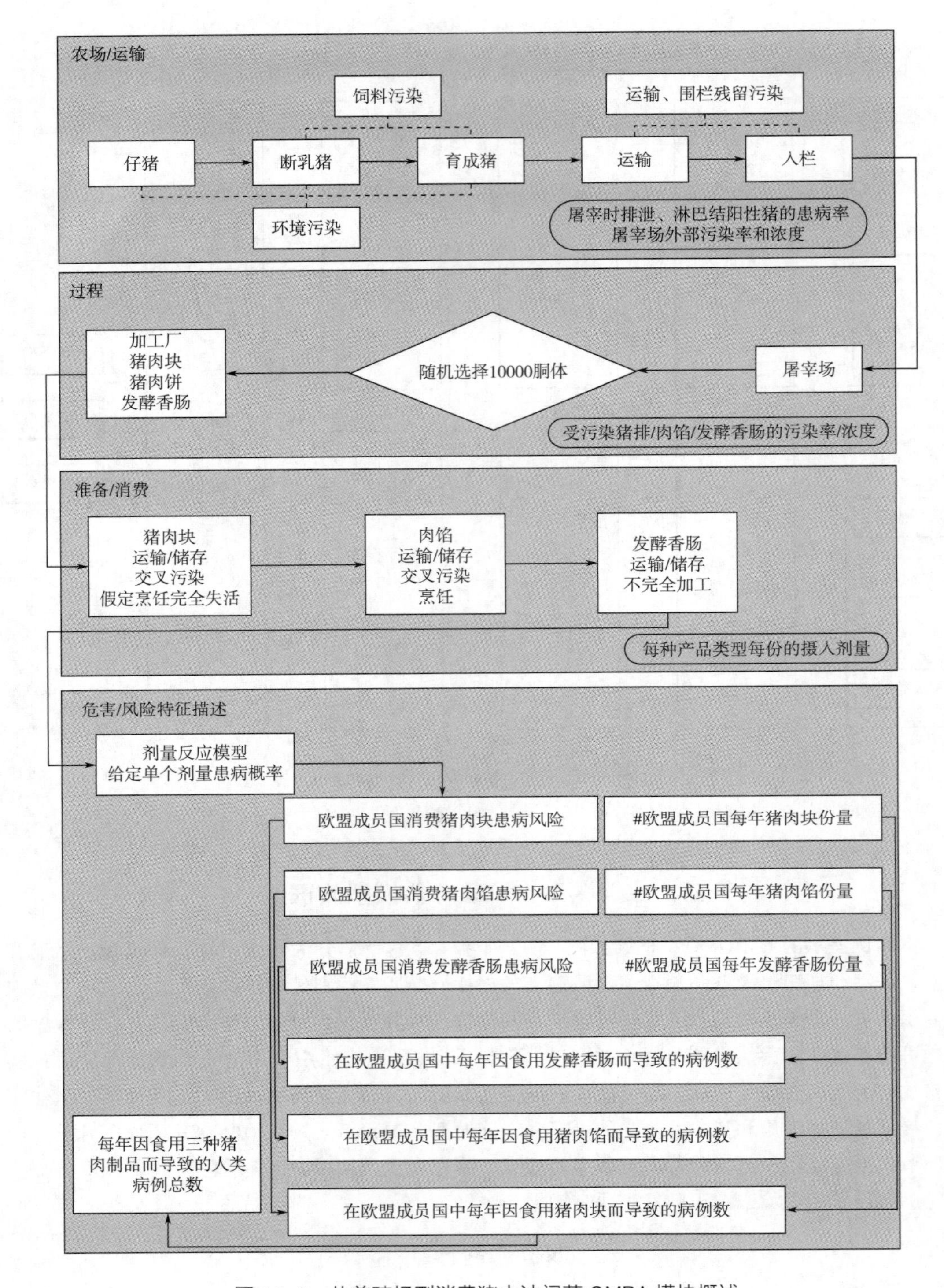


图 14-2 从养殖场到消费猪中沙门菌 QMRA 模块概述

注：在养殖场，沙门菌通过母猪感染仔猪、受污染的饲料和环境（如啮齿动物）引入。同样，在运输和待宰阶段，沙门菌由前一批次猪残留引入。

产用于肉类生产（即屠宰）的猪群批次。在500天期间内，猪群可能会多次感染沙门菌，进而导致其他猪的进一步感染。500天的时间间隔允许模型捕捉养殖场内变异程度和动态变化。养殖场间的差异通过考虑不同的养殖场管理系统来描述，例如规模（大/小）、生产类型（全进全出/连续生产）、厂房类型（板条/实心地板）、饲料类型（湿/干）和猪的来源（育成猪/育肥猪/断奶猪）。因此，每次模型迭代都会从56种可能的组合中选择一种养殖场类型，这是使用从欧盟食品安全局基线调查获得的养殖场类型的相对权重和其他数据，通过多项式分布中的随机抽样来实现。通过允许这种养殖场管理结构的变异，该模型可以描述大部分欧盟养猪场。在管理模型的基础上，传播模型描述了猪群内和猪群间沙门菌的感染动态，相关参数尽可能从已发表文献的数据中获取。该模型考虑了通过母猪（感染仔猪）、饲料及环境污染（如啮齿动物等）引入沙门菌途径，以及通过新引入的猪只感染途径。后一种引入途径通过数学模型模拟在断奶时引入的旧存栏猪与受感染的新猪的混合以及由此导致的沙门菌在养殖场内的传播。

对养殖场进行如此详细的建模会产生一个复杂的复杂模型，但它能够研究特定的养殖场干预措施。养殖场模块的主要输出是屠宰时淋巴结阳性率和猪中沙门菌的流行率/数量。

**2. 运输和待宰**

运输和待宰模块的运输部分考虑将育成猪运送到屠宰场的过程。每次模型迭代都模拟一个特定日期的随机屠宰场。要屠宰的生猪数量由成员国屠宰场能力决定，包括小型（每天最多400头）和大型（每天最多15000头）屠宰场。假设大型养殖场的猪在大型屠场屠宰和加工，而小型养殖场的猪则在小型屠场屠宰。对于每次迭代，模型从养殖场模块的输出中随机选择一批猪，直到达到屠宰场的容量。因此，该模型考虑了屠宰场之间的差异。该模型通过数学方法描述了这些猪的管理以及运输过程中沙门菌的感染动态。传播模型的结构类似于养殖场模型；也是在单个猪的基础上对这些猪群内沙门菌的传播进行建模。然而，模型也做了一些调整，例如包含了因压力而导致沙门菌排泄增加。管理因素如运输时间和货车每栏的猪只数目以及之前运输的猪只可能携带的沙门菌，也包含在模型中。

待宰模块在结构上类似于运输模型，既模拟了待宰环节中猪的管理，也模拟了沙门菌在此期间的传播。应该注意的是，在待宰阶段，猪群可能会被分成多个批次。因此，进入屠宰线的猪群可能仅是离开养殖场猪群的一部分。每次迭代，运输和待宰模块的输出包括每只感染猪粪便中沙门菌数量和猪体表受污染的沙门菌数量。

同一待宰栏的猪群被分在一起。然后，按照猪只进入屠宰过程的顺序对批次进行分类，生成肠道和皮肤沙门菌数量的有序列表。这种排序使得流动屠宰可以作为干预策略进行研究。

**3. 屠宰和加工**

屠宰和加工模块利用待宰模块的输出，预测加工结束时产品中或产品上存在的沙门菌的污染率和数量。然后，它继续对处理胴体和加工厂进行建模。

在屠宰模型中，猪和随后的胴体按照运输和加工模块分配的顺序通过屠宰线。对大型和小型屠宰场都进行了建模，假设小型屠宰场使用的专用机械较少，并且没有连续的屠宰线。在每个处理阶段，可能会发生一个或多个微生物过程，例如，灭活、分离、与环境的交叉污染等，这可能会增加或降低胴体上的沙门菌浓度。该模型通过考虑加工阶段的直接影响以及猪与环境（可能会污染后续猪）和环境（从屠宰线早期受污染的猪）之间移动的沙门菌数量，用数学方法描述了这些过程。该方法允许以非常高的精度对干预措施进行建模，并描述生产日中猪之间的变异性。屠宰场模块的输出是当天生产的半只胴体的污染率和污染程度。

加工厂模型有两个主要功能。首先，它将来自大型和小型屠宰场的半胴体分发到三类半胴体列表中。每个列表对应加工成特定产品：猪肉块、猪肉糜或发酵香肠。每个列表包含10000个半胴体，对应将要生产的10000份产品。每个列表是通过从大小屠宰场按照接近某成员国中大小屠宰场的真实生产比率随机抽样构成的。第二个主要功能是将半胴体中加工成猪肉产品。详细的模型将胴体分成几个主要部分，反映主要的加工生产线，以根据切割方式和位置来确定猪胴体特定部分的污染。香肠的发酵过程在模型后期处理；所以此时发酵香肠的部分以与肉糜部分（因为是香肠主要成分）的生产方式相同。因此，屠宰和加工模块的最终输出是一个包含10000份样品沙门菌数量的某一类食品载体。

**4. 准备和消费**

在准备和消费模块中，针对每个产品类型的10000份产品独立建模。该模块描述了运输、储存和餐食准备对三种类型产品的沙门菌流行和污染的影响，包括在运输和储存过程中沙门菌因时间和温度参数生长的可能性。关于餐食准备，模型考虑了产品和环境之间的交叉污染，特别是通过砧板、刀具、手和水龙头导致的。烹饪不充分（仅限肉糜）是另一种潜在的暴露途径，该模块建立了一个传热模型，用数学方法描述了肉糜馅饼内的热量传递，从而预测该馅饼内细菌的失活率。发酵香肠与其他产品有些不同，其发酵过程是在消费者阶段进行建模的。该模块的最终输出是每种产品在消费时每份产品中的沙门菌数量，即消费者摄入的沙门菌数量。

## 五、危害特性描述

每种产品10000份中一份上的沙门菌数量作为剂量应用到剂量-反应模型中，该模型预测食用该产品后的患病概率。使用$\beta$-二项式剂量-反应模型，该模型参数基于沙门菌暴发数据设定，计算每种产品类型中导致患病的10000份样品的比例，然后将其解释为食用某种特定产品时的患病概率。

## 六、风险特征描述和模拟

如上所述，模型进行了整合，如图14-1和图14-2所示。模型的输出是针对每个猪肉产品（猪肉块、猪肉糜和发酵香肠）消费者的个体患病概率分布。该风险输出可被放大以预测各成员国中每个产品每年的病例数。简而言之，风险是根据每种产品和成员国计算的，然后乘以成员国中该产品每年消耗份数。养殖场模块运行1000次迭代，而模型的其余模块（运输和待宰）运行5000次迭代，以确保收敛。

文献研究表明，无论是在受感染动物的粪便中，还是在受污染的胴体或产品上，危害物浓度对人体健康都有很大的影响。本实例中QMRA详细考虑了感染/污染情况以及影响关键模型输出的危害物浓度的重要性，进行了各种特别的模拟，以区分粪便和胴体表面沙门菌浓度对人患病风险的影响。

## 七、结果

表14-1提供了四个欧盟成员国的不同类型产品的患病概率和每年的病例情况。由表14-1可知，MS2的产品的患病概率最高，每个成员国中的患病概率最高的产品是发酵即食香肠。当换算成每种产品类型的病例数时，在MS1、MS3和MS4中，猪肉块导致的病例数最多，而在MS2中，肉糜造成的病例数最多。

表 14-1 每个成员国中每份食物导致的患病概率和每年病例数的情况

| 成员国 | 产品类型 | 每份食物患病概率平均值（2.5%，97.5%分位数） | 每种产品每年病例数平均值（2.5%，97.5%分位数） | 每年平均病例数 | 2008 年向食品安全署呈报的病例总数 |
| --- | --- | --- | --- | --- | --- |
| MS1 | 猪肉块 | 7.49（7.12~7.83）$\times10^{-7}$ | 509（484~532） | 1011 | 2310 |
| | 猪肉糜 | 8.56（7.81~9.53）$\times10^{-7}$ | 121（110~135） | | |
| | 发酵香肠 | 1.90（1.76~2.05）$\times10^{-6}$ | 381（352~411） | | |
| MS2 | 猪肉块 | 1.85（1.82~1.88）$\times10^{-5}$ | 9749（9591~9907） | 25125 | 11511 |
| | 猪肉糜 | 2.22（2.18~2.27）$\times10^{-5}$ | 11048（10849~11297） | | |
| | 发酵香肠 | 4.28（4.20~4.36）$\times10^{-5}$ | 4328（4247~4409） | | |
| MS3 | 猪肉块 | 3.80（3.50~4.10）$\times10^{-7}$ | 1138（1048~1228） | 1479 | 9149 |
| | 猪肉糜 | 2.21（1.83~2.59）$\times10^{-7}$ | 173（144~203） | | |
| | 发酵香肠 | 5.87（4.98~6.90）$\times10^{-7}$ | 168（142~197） | | |
| MS4 | 猪肉块 | 2.52（2.41~4.60）$\times10^{-6}$ | 1342（1283~1384） | 2663 | 10707 |
| | 猪肉糜 | 2.55（2.40~2.72）$\times10^{-7}$ | 55（52~59） | | |
| | 发酵香肠 | 4.37（4.12~4.66）$\times10^{-6}$ | 1266（1194~1350） | | |

QMRA 结果存在不确定性，结果的不确定性因素在成员国之间存在差异，包括群体内感染的感染率、饲料污染的概率、运输对沙门菌粪便排放的影响、剂量反应参数（猪和人）、毛发去除过程中泄露的粪便量和食用量等。

虽然屠宰场模型中考虑了本底沙门菌（“背景菌群”），但模型中沙门菌的主要来源是猪粪便。为了确定粪便污染对人健康风险的作用，对屠宰时粪便排放量大于 0、2、4 或 6lg CFU/g 粪便的猪的人健康风险进行了估算。这是通过去除排出数量低于相关数值的猪来完成的。例如，通过将任何排出少于 4lg CFU/g 粪便的猪的排出水平设置为零，来估计排出大于或等于 4lg CFU/g 粪便的猪对人健康的风险。还确定了在每个成员国中屠宰时，这些粪便污染类别中猪排出沙门菌的比例（图 14-3）。每个成员国的结果都非常相似。图 14-3 显示，排菌>2lg CFU/g 粪便的猪（在模型中）对几乎 100%的沙门菌病病例负责；意味着排菌低于 2lg CFU/g 粪便的猪对人的风险非常低。同时，模型中大约 15%的猪排菌>4lg CFU/g 粪便，在 MS1、MS2 和 MS4 造成了大约 90%的病例，在 MS3 造成了几乎 100%的病例。最后，很少数量的猪（大约 2%~3%）排菌超过 6lg CFU/g 粪便，但这些猪造成了 30%~40%的病例。这表明，大量致病病例与少量正在排菌的猪有关（≥4lg CFU/g 粪便）的沙门菌不成比例。

图 14-4 显示了在 MS2 中随机处理的 100000 头猪/胴体在屠宰时的粪便污染水平与相关胴体在劈开（去内脏后）时的最终污染水平的曲线图。从图 14-4 中可以看出，大量未被沙门菌感染的猪在屠宰时被污染，有时污染程度足以引起疾病（即超过 4lg CFU/胴体）。然而，绝大多数交叉污染的胴体的污染水平相对较低，因此消除作为胴体之间污染源的交叉污染不太可能显著减少病例。对胴体直接的、严重的污染造成了受污染最严重的胴体，例如粪便渗漏，正是这些导致了大多数人类风险/病例（图 14-3）。因此，为了减少病例方面取得最大的效果，减少加工结束时胴体上直接污染的沙门菌数量，应采取以下措施：在降低养殖场粪便中的沙门菌水平、在屠宰场引入控制步骤以减少粪便向猪外部的转移，或控制内脏剔除后胴体上的沙门菌水平。其他三个成员国（MS1、MS3 和 MS4）的结果与 MS2 相似。

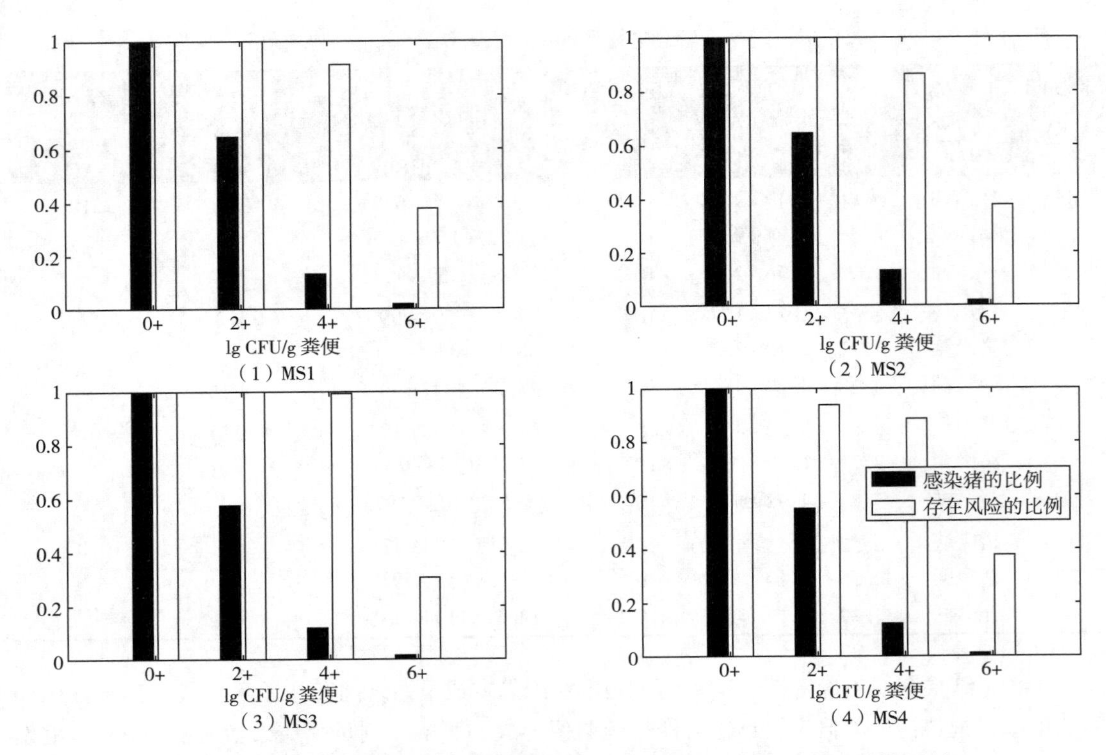


图 14-3　对四个欧盟成员国受感染猪的不同水平粪便污染对人风险的贡献

注：例如，MS2 屠宰点的 4lg CFU/g 粪便水平的感染猪中有 10%的沙门菌排菌。然而，同样是这些猪对人健康构成了 90%的基线风险。

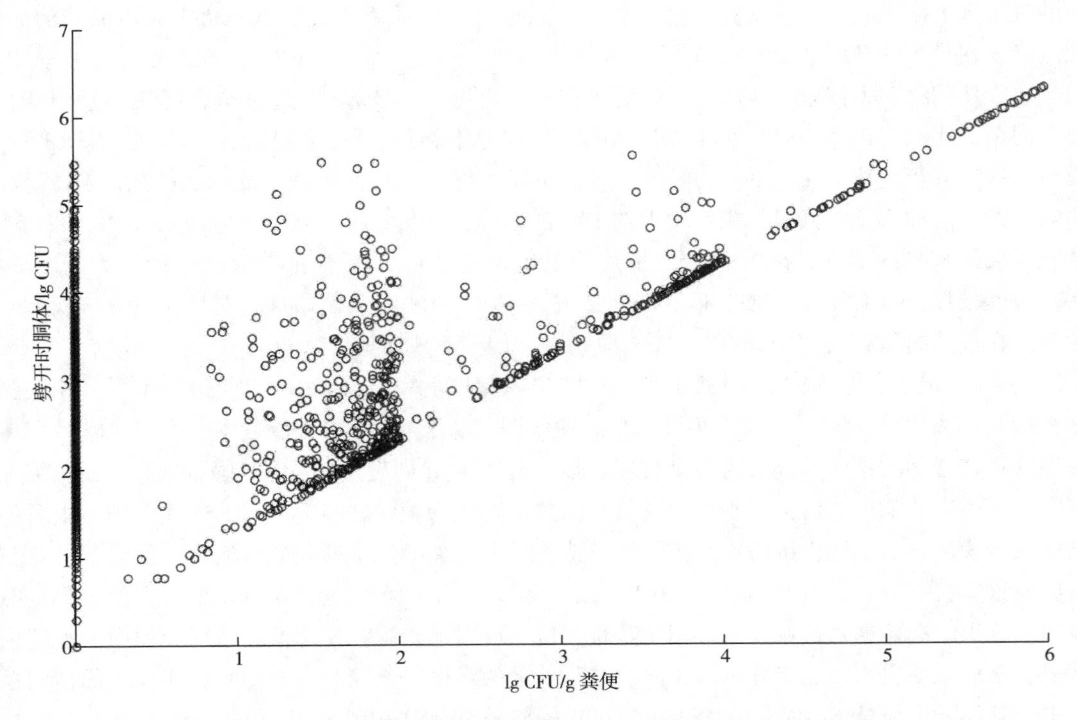


图 14-4　屠宰时猪粪便污染与胴体分离时胴体污染之间的关系

## 八、讨论

本实例展示的QMRA是一种非常详细的机制模型。这种建模方法有优点和缺点：它具有高度的灵活性，可以模拟多种干预策略和/或猪肉生产链中动态过程，但这也需要大量数据填充模型。建立机制模型还允许概念性地理解沙门菌在猪之间的传播动力学以及在屠宰场和家庭环境中的污染事件。

QMRA的结果是用于建模的三种猪肉产品类型的消费导致人群患病的概率，可以通过用成员国的相关数据填充该模型来使其应用于特定成员国。因为每个成员国中存在一定的漏报，所以验证QMRA的输出有一定难度，而且在所有报告的病例中，只有一部分是由这三种猪肉产品引起的。目前尚不清楚欧盟有多少人感染沙门菌病例是由于食用受污染的猪肉/猪肉制品造成的。然而，尽管如此，QMRA结果可能高估了各成员国的病例数。鉴于该模型为屠宰环节阳性流行率和零售环节产品污染提供了合理的结果，因此认为高估的原因可能是准备和消费模块中的因素以及危害特征描述。

由于食品生产链这些阶段数据的缺乏（包括但不限于对食用猪肉的沙门菌的准确的剂量-反应关系和/或免疫的影响），存在很大的不确定性。此外，在QMRA中考虑所有沙门菌属，没有考虑到沙门菌血清型之间在环境中生长/存活的能力或感染人（毒力）的能力的差异，可能会显著影响病例数的估算。这也将影响剂量-反应模型，该模型通常只代表引起人类临床疾病的沙门菌菌株。因此，QMRA通常会高估病例数。考虑到这一点，对于任何QMRA来说，应更多地关注相对风险（例如干预分析）而不是绝对风险。

虽然QMRA的主要结果很重要，但对欧盟内国家控制计划的设计最重要的是整个养殖场到消费途径中感染的动态、人类沙门菌驱动因素以及干预策略的预测效果。本实例中，考虑到养殖场中使用的数据和假设模型，沙门菌感染的主要来源似乎是母猪，感染母猪的后代会继续感染断奶仔猪，进而传染给育成猪群。因此，如果将排泄沙门菌的猪引入围栏，减少猪舍/养殖场环境污染的干预措施（例如，清洁和消毒、重新繁殖前的修整）的效果就会受到限制。全进全出（AIAO）可以减少不同批次猪群之间的传播，但仍可能在单个批次的猪中发现高水平的感染。因此，根据模型的结果，建议在猪进入断奶/育成场之前，应从消除和/或减少猪粪便中沙门菌的排泄开始控制，即只有控制种猪中的沙门菌，才能实现有效控制的第一步。

根据屠宰和加工模块，屠宰场内最后一个胴体上沙门菌的来源主要是由于胴体在去掉内脏之前粪便泄漏。污染最严重的是那些被粪便严重污染的胴体，这也是大多数人类疾病的源头，而高度污染的胴体又源于猪排出高浓度的沙门菌（$\geq 10^4$CFU/g粪便）。因此，基于本实例中的模型，可知粪便/胴体的污染水平影响着人类风险的最终估计。因此，仅基于存在/不存在数据得出的关于人类风险的结论可能无法全面反应实际情况，或者至少存在高度不确定性。正因为如此，食源性致病微生物国家控制战略应考虑微生物存在/不存在和微生物量的控制。欧盟已在家禽弯曲杆菌问题上认识到了这一点，EFSA建议家禽颈和胸表面的微生物学限量为1000CFU/g，可使公共卫生风险降低50%以上，而500CFU/g的限量标准则可使风险降低90%以上。

长期以来，人们一直假设屠宰场的交叉污染是导致人类沙门菌病风险的关键因素，因为如果没有良好的卫生程序减少交叉污染的机会，越来越多的胴体可能在加工阶段被沙门菌污染。例如，清洗环节可能会发生严重的交叉污染。然而，QMRA模型模拟了多个胴体之间的微生物重新分布，并得出结论，交叉污染的污染水平通常比对胴体的直接粪便污染低一个数量级。因此，假设模型中的模型和假设充分描述了传播动力学，模型的结果表明，交叉污染会增加胴体污染的流行率，但其对人类疾病的相对风险远远低于通过粪便泄漏直接污染胴体的风险。

这一结论对干预分析的结果也具有重要意义。屠宰场的交叉污染将是猪肉生产链上的主要因素之一，预计会在屠宰时的感染率和人类风险之间产生高度非线性关系，即屠宰猪的沙门菌流行率下降 $y\%$ 不会带来人类风险的 $y\%$ 下降。然而，从对四个成员国案例的干预分析结果中发现相反的结果。的确，屠宰猪流行率的降低与人类疾病的数量之间似乎存在高度正比例关系。这是因为高度污染的胴体的比例（随后导致大多数人类疾病，见图 14-3）与屠宰时猪在粪便中排泄高浓度沙门菌的比例直接相关（粪便直接污染导致高度污染的胴体，见图 14-4）。通过在养殖场实施多种干预措施，减少猪粪便中的沙门菌，可能会对降低屠宰猪的感染率产生累积效果。然而，任何以养殖场干预措施的采用率和正确实施情况是不同的，如果不是在各成员国中普遍应用，减少人类疾病的效果将会受限。因此，考虑到在养殖场实施干预措施的实际情况，在屠宰场进行干预可以最大限度地降低人类风险。事实上，胴体去内脏后污染水平降低 1 个对数单位，将降低约 90% 的风险。要通过养殖场干预措施达到同样的效果，就需要将屠宰猪的感染率降低 90%。以目前的知识和技术，这种程度的降低，在任何欧盟成员国都是无法实现的，而在较短时间内实现去内脏后的胴体污染水平的持续降低 1 个对数单位是可能的。

考虑到 QMRA 模型的不确定性，在模型中获得精确结果是不明智的。如上所述，相对风险和对系统动态的理解才是开展 QMRA 的成员国获得的最大收益。本实例的结果已被 EFSA 用于提供科学意见，这些科学意见和三项成本效益分析（CBA）构成了制定任何潜在欧盟成员国国家控制计划的重要证据基础。最初只进行了两项 CBA，均考虑在养殖场层面进行干预（一项针对种畜，另一项针对屠宰猪），但由于养殖场干预措施在效果和成本效益方面的限制，还进行了屠宰场 CBA。结论是，在某些情况下，在屠宰场引入干预措施可能具有正向成本效益，但并不是所有成员国都会受益。因为减少屠宰猪胴体感染沙门菌的措施效益如何，取决于很多因素，包括这些措施的实际效果、屠宰猪导致的沙门菌病病例以及这些措施在多快时间内能降低对人体健康的影响。

本实例中展示的风险评估模型非常灵活，目前已调整为更便于用户使用的格式。任何欧盟成员国都可以利用它用于调查干预策略，以优化养殖场和屠宰场的潜在国家控制计划选项，并能够为未来的 CBA 提供干预效果的信息。

## 实例二　猪肉制品制备和食用过程中沙门菌的 QMRA 模型

本实例展示了一种针对欧盟猪肉中沙门菌的定量微生物风险评估模型，对猪肉生产和加工过程中对沙门菌传播的动态过程进行了建模，并考虑了多种干预措施的影响。使用该模型，对欧盟不同成员国的猪肉供应链进行了评估，并估计了各个环节的沙门菌污染水平和人类感染风险。结果表明，当前欧盟猪肉供应链中沙门菌感染的风险较低，但仍存在风险，建议进一步采取措施来减少沙门菌在猪肉供应链中的传播和污染。

## 一、背景及风险评估概况

本实例展示了欧洲食品安全局（EFSA）屠宰场和育成猪中沙门菌在准备和消费环节的定量微生物风险评估（QMRA）。消费阶段不同于养殖场、屠宰或零售阶段，它不能通过立法加以控制。食物准备习惯是高度可变的，很难获得准确的关于食品处理实践的准确观察数据。尽管如此，消费者阶段是食物链必不可少的一部分，因为它将零售中微生物危害的流行率和浓度与人类接触联系起来。本实例旨在描述三种典型的猪肉菜肴（猪肉块、猪肉糜和发酵香肠）中沙门菌在食物链消费阶段的转移、生长和存活的动态。食物链是包括消费者从零售到消费者摄入的整个流程。消费环节的数据输入，即每种产品类型每份的沙门菌的数量，是从屠宰环节获得的。欧盟成员国 MS1 和 MS2 作为欧盟猪肉生产实践方面的代表性成员，提供本实例中 QMRA 参数的设置。对于猪肉切割，交叉污染被认为是最重要的过程，因此对其进行了详细地建模。对于肉糜，交叉污染和未煮熟都是相关的过程。对于这些产品，还对细菌在运输和储存期间的生长进行了建模。发酵香肠是生吃的，该产品的代表性可能有缺陷。消费者行为之间的差异以及养殖场和屠宰场生产过程之间可变性的影响都被考虑在内。结果表明，在运输和储存过程中，产品中的沙门菌含量可能显著增加。加热在降低细菌数量方面非常有效，但交叉污染仍然在受污染的产品中发挥着重要作用。对发酵香肠来说，干燥是降低沙门菌的重要途径。敏感性分析显示，交叉污染因素“清洗刀具”和“沙拉准备”两个环节是猪肉块风险的重要影响因素。而对于肉糜案板的清洗，沙拉食用、冰箱温度和储存时间的影响是显著的。

消费环节是通过猪肉加工厂结合到屠宰环节的，每个场景的结果输出被传递给对应的准备和消费环节中的场景。对一个屠宰环节场景的解释是“在典型生产环境的实现中生产猪肉”，因此对各个场景的差异是随着不同生产设施而变化的。屠宰环节的输出是每份量的多少（默认为 10000 份），从猪肉生产总量中随机抽样。这个分量多少足以衡量不同份量的可变性，这是通过比较模型多次运行的输出结果来评估的；结果重现性很好。在当前的消费环节中，每一份量都被准备和消费。有关整个风险评估模型结构的更详细内容可以参考实例一。

本实例考虑了三种猪肉产品：猪肉块、肉糜和发酵的即食香肠。之所以选择这三种产品，是因为每种产品都代表着明显不同的危险。猪肉通常烹饪很彻底，但在切割和处理肉类时存在交叉污染的可能性。肉糜要完全混合，肉饼（或肉丸等）内部可能存在沙门菌。由于肉饼的核心比外部加热效率低，可能会发生未煮熟，沙门菌可能存活。干腌香肠，包括各种各样的香肠，如意大利香肠、意大利腊肠等，都是生吃的。尽管盐浓度（降低水活度 $A_W$）和低 pH 是限制因素，发酵过程后出现的任何沙门菌都可能存活或生长。

消费环节的输出结果是每个人每天摄入的沙门菌数量，每个猪肉产品和每个案例研究都是如此。这一结果被输入到最后一个环节，然后使用剂量-反应关系模型来计算患病风险。在本环节中，每份量食物的摄入频率和人口规模也被考虑在内。

## 二、风险评估模型框架

**1. 评估路径**

根据食物链 QMRA 的模块化过程风险模型（MPRM）方法，该研究将食物链划分为几个阶段（MPRM 中的模块）。每个阶段代表一个不同的步骤，并分配一个特定的微生物过程：生长、灭活、交叉污染、分割、混合或去除。图 14-5 显示了每种产品的路径。该模型不考虑肉类冷冻和解冻的影响。冷冻对沙门菌的浓度影响很小，而且有关冷冻和解冻操作的数据也很少。

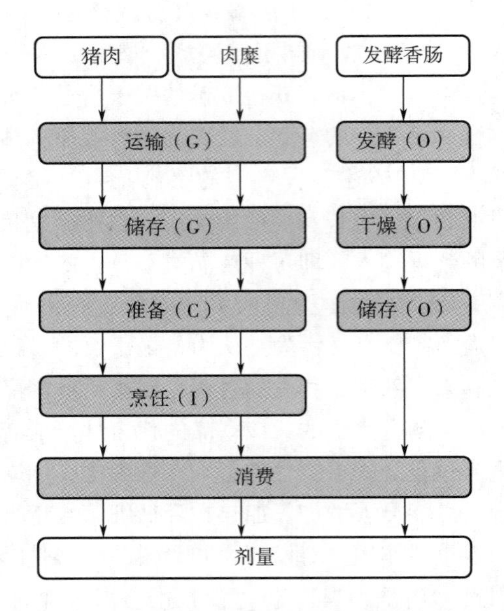


图 14-5 猪肉块、肉糜和发酵香肠的食物路径

注：基本过程 G—生长 C—交叉污染 I—失活

发酵香肠有一个特殊的模型，该研究将其基本工艺列为 O—其他。

## 2. 生长模型

在运输和储存猪肉块和碎肉的过程中，有细菌滋生的可能。根据已发表关于微生物生长模型文献以及在线数据库 ComBase，可以获取大量关于沙门菌失活和生长的原始数据，包含文献中所引用的大部分数据。接下来，应用 Baranyi 模型来描述生长动力学，因为该模型比较灵活，并且有生物学意义。表 14-2 列出了 Baranyi 模型的参数值，由 DMFit 软件计算，并从 ComBase 数据导出。需要注意的是，发酵香肠是用一个不依赖于 Baranyi 生长模型的特殊模型建模的。表 14-2 中的温度涵盖了所需的温度范围（运输和冰箱温度）。对于未列出的温度，生长速率是通过线性插值法计算的。迟滞期是通过最近邻插值法计算（所有温度>23℃插值到 23，所有温度低于 4.4℃插值到 4.4）。渐近线不包括在内。由于缺乏数据，生长模型中不包括 pH 和 $A_W$ 的影响。然而，它们在发酵香肠模型中起着重要作用。

表 14-2 猪排和肉糜在不同温度下的生长率和迟滞期

| 产品 | T/℃ | 产品 | 生长速率/(1/h) | 迟滞期/h | 渐近线/(lgCFU/g) |
|---|---|---|---|---|---|
| 猪排 | 23 | 猪排 | $1.1\times10^{-1}$ | $2.7\times10^{-1}$ | — |
| 猪排 | 10 | 猪排 | $5.1\times10^{-3}$ | 0 | — |
| 猪排 | 7.2 | 猪排 | $1.4\times10^{-3}$ | 0 | — |
| 猪排 | 4.4 | 猪排 | $1.7\times10^{-3}$ | 0 | — |
| 肉糜 | 23 | 肉糜 | $2.5\times10^{-1}$ | 4.3 | — |

续表

| 产品 | T/℃ | 产品 | 生长速率/(1/h) | 迟滞期/h | 渐近线/(lgCFU/g) |
|---|---|---|---|---|---|
| 肉糜 | 10 | 肉糜 | $2.9\times10^{-2}$ | $1.3\times10^{1}$ | 5.3 |
| 肉糜 | 7.2 | 肉糜 | $8.1\times10^{-3}$ | 0 | — |
| 肉糜 | 4.4 | 肉糜 | $5.4\times10^{-3}$ | 0 | — |

注：数据从 ComBase 导出并用 DMFit 计算。

### 3. 猪肉块模型

猪肉块模块描述从运输到食用环节。所呈现的计算是针对单份食用并给出了食用分量。对于 10000 份食品中的每一份，初始污染水平由之前的猪肉屠宰模块中确定。配菜没有特定的食用分量。所有分量均被认为完全被消耗。每个量都有一个与之相对应的数字作为下标，这些下标对应于猪肉切割模块中的各个阶段。这些阶段如下：①运输至分销及零售，并在分销及零售处储存；②从零售到家庭的运输；③冰箱储存；④猪肉切块；⑤砧板清洗；⑥刀具清洗；⑦洗手；⑧沙拉准备。

（1）运输和储存　分销和零售的总时间 $t_1$ 和温度 $T_1$ 被输入到 Baranyi 模型中，以估计每猪肉块沙门菌数量的增加。加工厂环节输出值作为此环节的沙门菌数输入值 $P_0$，即屠宰后的环节转化为 $P_1$。从零售店到家庭的运输，以及在冰箱中的储存都是相似的，使用时间为 $t_2$、$t_3$，温度为 $T_2$、$T_3$，产生沙门菌数量为 $P_2$ 和 $P_3$。

（2）制备　在运输和储存阶段之后，产品在家中制备。同时，制备了一种即食食品作为配菜，通过没有清洗的切菜板或手部而受到污染。选择生菜代表即食食品，因为此产品具有可用的转移数据。使用转移系数来模拟制备阶段的交叉污染步骤。这样的系数表示从一个物体迁移的沙门菌的比例。

由于存在交叉污染，将此制备环节与刚刚介绍猪肉切割（本章第一节）区分开来，在切割过程中，沙门菌在沙拉或猪肉与刀、砧板和手之间发生转移。在清洗过程中，手和水龙头之间存在交叉污染，清洗过的器皿上的沙门菌也会被清除。

目标物上的微生物数量（CFU）是变量 $P$（猪肉）、$K$（刀具）、$B$（砧板）、$H$（手）、$T$（龙头）和 $S$（沙拉）。使用首字母来标记转移系数，例如，$q_{PH}$ 表示从猪肉块到手的转移系数。包含 CFU 数量的向量以考虑它们的阶段为下标。对于切割，该研究假设转移到刀、板和手是同时进行的，并获得：

$$\begin{bmatrix} P \\ K \\ B \\ H \\ T \\ S \end{bmatrix}_4 = \begin{bmatrix} 1-q_{PK}-q_{PB}-q_{PH} & 0 & 0 & 0 & 0 & 0 \\ q_{PK} & 1 & 0 & 0 & 0 & 0 \\ q_{PB} & 0 & 1 & 0 & 0 & 0 \\ q_{PH} & 0 & 0 & 1 & 0 & 0 \\ 0 & 0 & 0 & 0 & 1 & 0 \\ 0 & 0 & 0 & 0 & 0 & 1 \end{bmatrix} \begin{bmatrix} P \\ K \\ B \\ H \\ T \\ S \end{bmatrix}_3 \tag{14-1}$$

这是一个用于在三个对象之间转移的矩阵；稍后将定义用于在两个单元之间作用的其余交叉污染步骤的矩阵。本实例中总是让矩阵作用于所有变量，即使矩阵产生相同的结果（如上面的 $T_4=T_3$ 和 $S_4=S_3$）。这是为了便于矩阵相乘，如下所述。请注意，$q_{PK}+q_{PB}+q_{PH}$ 有可能大于 1，导致沙门菌数量为负值。这是从不同的实验中获取转移率数据的结果。然而，考虑到转移率通常在百分之一或千分之一数量级上，$q_{PK}+q_{PB}+q_{PH}>1$ 的风险可以忽略不计。

下一步，可能存在一定的洗手、清洗案板或刀的污染概率。洗手时，手上有一定量的沙门菌会污染水龙头。之后，当关闭水龙头时，手会再次受到污染。此外，为了使交叉污染具有相关性，必须准备一道配菜。这些事件是伯努利随机变量，$X_B \sim B_{(PB)}$、$X_H \sim B_{(PH)}$ 等。因此，明确地说，$X$ 是随机变量，取值如下：

$$X_B = \begin{cases} 1 & \text{不安全的砧板处理} \\ 0 & \text{安全的砧板处理} \end{cases}$$
$$X_H = \begin{cases} 1 & \text{未洗手} \\ 0 & \text{洗手} \end{cases} \tag{14-2}$$
$$X_K = \begin{cases} 1 & \text{不安全的刀具处理} \\ 0 & \text{安全的刀具处理} \end{cases}$$
$$X_S = \begin{cases} 1 & \text{准备沙拉} \\ 0 & \text{未准备沙拉} \end{cases}$$

假设清洗的顺序是：案板、刀、手。此外，假设只在准备配菜的情况下考虑清洗；因此，$X_S$ 和 $X_B$ 仅作为乘法对出现。

定义转移矩阵 $Q_{ab}$ 包含从 $a \in \{P, K, B, H, T, S\}$ 到 $b \in \{P, K, B, H, T, S\}$ 的转移率。例如，$Q_{PH}$ 是从猪肉块到手的交叉污染转移矩阵。矩阵在同一列的条目（$a$，$b$）上有元素 $q_{ab}$，在对角线上有元素 $1-q_{ab}$。当 $a$ 和 $b$ 相等时，$q_{aa}$ 表示 a 的失活。在这种情况下，只有在位置（a，a）处有一个元素 $q_{aa}$，其余对角线元素均为 1。例如，$Q_{KK}$ 表示刀具上的失活。

然后，使用以下方法对砧板清洗进行建模：

$$Z_5 = \{X_S X_B + (1 - X_S X_B) Q_{HT} Q_{BB} Q_{TH}\} Z_4 \tag{14-3}$$

这里引入了阶段 $S$ 的向量 $Z_S = [P, K, B, H, T, S]_S^T$ (14-4)

然后，清洗刀具，

$$Z_6 = \{X_S X_K + (1 - X_S X_K) Q_{HT} Q_{KK} Q_{TH}\} Z_5 \tag{14-5}$$

最后，洗手，

$$Z_7 = \{X_S X_H + (1 - X_S X_H) Q_{HT} Q_{HH} Q_{HT}\} Z_6 \tag{14-6}$$

切沙拉环节：

$$Z_8 = \{(1 - X_S) + X_S Q_{HS} Q_{BS} Q_{KS}\} Z_7 \tag{14-7}$$

最后，将矩阵链在一起，以 $P_3$ 表示 $P_8$ 和 $S_8$。为了获得可处理的表达式，定义

$$Y_B = X_B X_S \tag{14-8}$$
$$Y_K = X_K X_S \tag{14-9}$$
$$Y_H = X_H X_S \tag{14-10}$$

和

$$G = q_{HT}[(1 - q_{TH})(1 - q_{HT})(1 - Y_B)(1 - Y_K) - Y_B Y_K + 1] \tag{14-11}$$

然后通过以下方式给出解决方案：

$$S_8 = P_3 X_S \{q_{PB} q_{BS}[Y_B(1 - q_{BB}) + q_{BB}] + q_{PK} q_{KS}[Y_K(1 - q_{KK}) + q_{KK}] + q_{PH} q_{HS}[Y_H(1 - G) + (Y_H - 1)(1 - q_{HT})(1 - q_{TH}) G - 1) q_{HH}]\} \tag{14-12}$$

$$P_8 = P_3(1 - q_{PB} - q_{PH} - q_{PK}) \tag{14-13}$$

这些结果可能有些难以解释，但简化后的不规范厨房做法的结果更容易理解：$Y_H = Y_B = Y_K =$

$X_S=1$，即，

$$S_7 = P_3(q_{PB}q_{BS} + q_{PK}q_{KS} + q_{PH}q_{HS}) \tag{14-14}$$

对于安全操作，$Y_H=Y_B=Y_K=0$，$X_S=1$，并且没有手和水龙头的交互作用，$q_{HT}=q_{TH}=0$，得到

$$S_7 = P_3(q_{PB}q_{BB}q_{BS} + q_{PK}q_{KK}q_{KS} + q_{PH}q_{HH}q_{HS}) \tag{14-15}$$

并且看到失活项 $q_{BB}$、$q_{KK}$ 和 $q_{HH}$ 出现。

（3）加热　对于猪肉切块，假设完全灭活，因为沙门菌只存在于产品的外部（与肉糜形成对比，肉糜在整个过程中都受到污染）。因此，只有配菜上的沙门菌才会被摄入。

**4. 肉糜模型**

肉糜模型在任何阶段都有使用下标编码的变量。阶段①~③类似于猪肉块的相应阶段，阶段④包括处理肉饼，阶段⑤描述沙拉的准备。最后，阶段⑥中对产品进行加热。

（1）运输和储存　肉糜的运输和储存模式与猪肉块的运输和储存模式相同，只是参数值不同。

（2）准备：运输和沙拉切割　肉糜的准备阶段包括两个步骤。首先，将切碎的肉处理成汉堡包肉饼或肉丸（阶段4）。然后，准备沙拉（阶段5）。肉糜交叉污染过程是对猪肉块制备模型的简化。首先，没有使用刀具。其次，研究者发现沙门菌存活率很低，所以将存活率设为零并不会显著改变结果。最后，该研究还拆下了水龙头，因为通过水龙头造成的交叉污染没有太大的影响。

这些假设导致了一个更简单的肉糜交叉污染模型，就 $M$ 和 $L$ 而言，即描述肉糜和生菜上沙门菌数量的随机变量，

$$M_5 = (1 - q_{MH} - q_{MB})M_3 \tag{14-16}$$

$$L_5 = X_S(X_H q_{MH} q_{HL} + X_B q_{MB} q_{BL})M_3 \tag{14-17}$$

生菜（$L_5$）上的沙门菌将被直接摄入，而留在肉糜（$M_5$）中的沙门菌将接受额外热处理。

（3）准备：加热　由于肉饼中心的温度表现出与外部不同的时间-温度行为，所以本实例对空间温度分布进行了较为详细的建模。肉饼油炸的基本物理过程首先是从煎锅到油再到产品的传导传热，同时伴随着内部热量的扩散再分配。假设从锅到油再到产品的传热是完美的，即产品的底部始终保持在油炸温度。还有其他的过程在起作用，如结皮，抑制从内部到外部的热流，以及产品内部的水和油成分的运输。该研究忽略了第二个过程，但以一种简化的方式解释了硬皮的形成。

根据牛顿冷却定律，温度扩散作为时间和空间坐标的函数由热方程控制。在其他边界，热流取决于环境温度。这个模型能够更详细地描述肉饼的烹饪过程。该研究根据 Bergsma 等描述的食谱对以下阶段进行建模。

①将肉饼的一面在高温下煎 1min：热量通过馅饼的侧面，这取决于与环境（环境温度）的温差。

②产品翻转：假设在这一点上已经形成了一个硬皮，该研究将所有边的电导率设置为零（即一个完美的绝缘块）。

③将产品在较低的温度下再煮几分钟。

利用时间和 $Z$ 值（表 14-3）所得到的随时间变化的温度场可以用来计算沙门菌的存活率。首先，大量但任意数量的 6lg CFU 均匀分布在馅饼上。该研究将时间跨度划分为离散的时间步长，对于每个时间步长，对于每个网格单元，①在下一个时间点使用欧拉方法计算热方程的有

限差分解；②使用该温度，计算并应用沙门菌的减少量，存储新的沙门菌数。

整个肉饼中存活的沙门菌总数也是通过将每个网格细胞的贡献加起来作为时间的函数来计算的。结果表明，使用三次插值可以很好地逼近来自模拟的数据。这一结果最终被用来描述该研究的肉糜烹饪模型中的失活，

$$\lg(N_4) = \lg(N_3) - 4.36\times10^{-3}t_4^{\,3} - 1.02\times10^{-2}t_4^{\,2} + 4.73\times10^{-2}t_4^{\,1} \quad (14-18)$$

式中 $N_3$——交叉污染阶段后肉糜中沙门菌数量；

$t_4$——加热时间，min。

表 14-3 参数估计

| 参数 | 单位 | 描述 | 方法或引用中的位置 | 产品 |
|---|---|---|---|---|
| $t_1=110$ | h | 从加工到零售的运输时间 | 参考文献 | 肉糜，肉块 |
| $T_1=G$（[-2，-1，0，1，2，3，4，5，6，7，8]，[0.9，2.5，7.7，12.6，21.4，25.3，18.5，7.4，2.8，0.9]/100） | ℃ | 从加工到零售运输过程中的温度 | 参考文献 | 肉糜，肉块 |
| $t_2=G$（[0，30，50，120]，[0.96，0.02，0.02]） | min | 从零售到家庭的运输时间 | 参考文献 | 肉糜，肉块 |
| $T_2=G$（[-2，0，2，4，6，8，10]，[0.003，0.023，0.135，0.242，0.253，0.344]） | ℃ | 送至家庭住宅的运输过程中的温度 | 参考文献 | 肉糜，肉块 |
| $t_3=G$（[16，72，104，29，13，3，0，11，0，0，0，0，3，0]，[1/4，1/2，1，2，3，4，5，6，7，8，9，10，12，14]） | h | 冰箱中储存时间 | 参考文献 | 肉糜，肉块 |
| $T_3=G$（[0，1，2，3，4，5，6，7，8，9，10，11，12]，[0.01，0.02，0.05，0.09，0.11，0.17，0.22，0.15，0.12，0.04，0.01，0.01]） | h | 冰箱温度 | 参考文献 | 肉糜，肉块 |
| $p_H=0.14$ | — | 不洗手的概率 | 参考文献 | 肉糜，肉块 |
| $p_K=0.38$ | — | 不洗刀的概率 | 参考文献 | 肉块 |
| $p_B=0.27$ | — | 不洗砧板的概率 | 参考文献 | 肉糜，肉块 |
| $p_S=0.3$ | — | 准备沙拉的概率 | 参考文献 | 肉糜，肉块 |
| $t_{MH}=0.04$ | — | 肉糜转移到手上 | 参考文献 | 肉糜 |
| $t_{MB}=0.02$ | — | 肉糜转移到砧板上 | 参考文献 | 肉糜 |
| $t_{HL}=0.06$ | — | 手转移到生菜上 | 参考文献 | 肉糜 |

续表

| 参数 | 单位 | 描述 | 方法或引用中的位置 | 产品 |
| --- | --- | --- | --- | --- |
| $t_{BL}=0.26$ | — | 木板转移到生菜上 | 参考文献 | 肉糜 |
| $t_{KK}=0.0$ | — | 刀鱼的成活率 | 参考文献 | 肉块 |
| $t_{BB}=0.02$ | — | 木板上的存活率 | 参考文献 | 肉块 |
| $t_{PB}=0.03$ | — | 猪肉块转移到板上 | 参考文献 | 肉块 |
| $t_{BS}=0.26$ | — | 木板转到沙拉上 | 参考文献 | 肉块 |
| $t_{PK}=0.05$ | — | 猪肉块转移到刀具 | 参考文献 | 肉块 |
| $t_{KS}=0.58$ | — | 刀子转移到沙拉 | 参考文献 | 肉块 |
| $t_{PH}=0.08$ | — | 猪肉块转移到手上 | 参考文献 | 肉块 |
| $t_{HS}=0.02$ | — | 手上转移到沙拉上 | 参考文献 | 肉块 |
| $t_{TH}=0.023$ | — | 水龙头转移到手上 | 参考文献 | 肉块 |
| $t_{HH}=0.006$ | — | 手上的存活率 | 参考文献 | 肉块 |
| $t_{HT}=0.002$ | — | 手上转移到水龙头上 | 参考文献 | 肉块 |
| $t_4=\mathrm{N}(11.5, (15-8)/(2\times1.96))$ | min | 烹饪时间 | 假设95%符合官方推荐，为正态分布 | 肉糜 |
| $Temp_0=180$ | ℃ | 初炸温度 | 假设 | 肉糜 |
| $Temp_1=100$ | ℃ | 主炸温度 | 假设 | 肉糜 |
| $D_{60}=4.8$ | | 肉糜的 $D$ 值 | 参考文献 | 肉糜 |
| $Z=9.14$ | | 肉糜的 $Z$ 值 | 参考文献 | 肉糜 |
| $a=N(4.9, 0.5)$ | — | 干燥开始时的 pH | 参考文献 | 发酵香肠 |
| $b=N(0.87, 0.002)$ | — | 干燥结束的 $A_W$ | 参考文献 | 发酵香肠 |
| $c=U(4, 25)$ | ℃ | 储存温度 | 参考文献 | 发酵香肠 |
| $N=U(4, 9)$ | 天 | 储存期 | 参考文献 | 发酵香肠 |

### 5. 发酵即食香肠模型

该研究将发酵 RTE 香肠定义为通过发酵和干燥过程将其 $A_W$ 降低到至少 0.9（相当于25%～50%的水分损失），并将其 pH 降低到至少 5.3。假设香肠的基料是80%的猪肉糜。

发酵 RTE 香肠的制备可分为几个阶段。首先，将原料腌制，灌装香肠，还可能添加发酵剂。然后，进行实际发酵，降低 pH。这可以在 25～43℃（北美风格）或<25℃（欧洲风格）之间的温度下进行。最后，在长时间干燥（也称为“成熟”或“老化”）期间，$A_W$ 会降低。如果将制成的香肠储存起来，温度不能超过 25℃。在表 14-4 中总结了发酵香肠制备过程的相关条件。

表 14-4 干腌香肠的制备简况

| 阶段 | 时间 | T/℃ | pH 开始 | pH 结束 | $A_W$ 开始 | $A_W$ 结束 |
|---|---|---|---|---|---|---|
| 盐渍 | — | <5 | 5.5 | 5.5 | 0.96 | 0.96 |
| 发酵 | 2~4 天 | 25~43 | 5.5 | 4.6~5.3 | 0.96 | 0.96 |
| 干燥 | >4 周 | 10~15 | <5.3 | <5.3 | 0.96 | 0.90 |
| 储存 | | <25 | <5.3 | <5.3 | 0.90 | 0.90 |

提出了一个成功发酵的模型，该模型基于沙门菌对数还原的多项式拟合，依赖于 pH、$A_W$ 和温度。作者还对以前的测量结果进行了广泛的综述，并与这些数据显示出良好的一致性。该研究根据发酵［$F$，（lg CFU）］、干燥［$D$，（lg CFU）］和储存［$S$，（lg CFU/天）］的对数减少来再现他们的结果，这取决于干燥开始时的 pH（$a$）、干燥结束时的 $A_W$（$b$）和储存温度（$c$），

$$F(a) = -90.5a+8.9a^2+230.9 \tag{14-19}$$

$$D(a, b) = 5.6a+21.4b-11.7ab+0.5a^2+8.1b^2-13.6 \tag{14-20}$$

$$S(a, b, c) = -6.0a-72.4b+0.14c+7.0ab-0.1bc+20b^2+47 \tag{14-21}$$

数量 $S$ 需要乘以储存天数 $N$，之后发酵导致的总对数减少由下式给出 $F(a)+D(a, b)+NS(a, b, c)$.

这个模型是基于从几个发酵过程中获得的数据集。数据集包括从 0.86~0.92 的 $A_W$，从 4.6~5.2 的 pH，以及 4~30℃的温度。一个复杂的因素是发酵也可能失败。失败可能归因于几个事件，例如，发酵过程中未能达到较低的 pH，或干燥过程中未能达到较低的 $A_W$。本实例选择不对发酵失败情形进行建模，因为缺乏关于发酵失败过程的数据，而且人们可以估计可归因于发酵失败的案例的数量与来自成功发酵的案例的数量相比微不足道。

**6. 参数设置**

表 14-3 中列出了参数，其设置多参考相关文献资料。每当多个数据源中的值在数量级上不同时，就选择取几何平均值，以避免使较小的值变得无关紧要。此外，一些来自消费者问卷的来源报告值可能会受到主观喜好的影响。

由于缺乏 MS 特有的数据，该研究无法通过消费模块中参数值的差异来区分成员国 MS1 和 MS2。

**7. 敏感性分析**

为了确定模型参数的可变性对模型的影响程度，还进行了单因素方差分析（ANOVA）测试，测试了包含可变性的模型参数［即使用统计分布来描述可变性（例如，冰箱温度）相对于响应变量的可变性］。方差分析方法以前曾被用作食品安全风险评估的敏感性分析方法；输入（或“因素”）按四分位数分组，由方差分析得出的 $F$ 值确定了给定因素对反应变量的影响，即消费时产品上沙门菌的平均数量。根据 $F$ 值的相对大小来评估参数的重要性，因此 $F$ 值越大，参数的变化对响应变量的变化越显著。

## 三、结果

**1. QMRA 不同阶段模型的结果**

猪肉块交叉污染模型的相关结果是肉类向沙拉转移与不规范操作的函数关系。实例中改变了 $X_B$、$X_H$ 和 $X_K$ 的值，并计算了从肉类到沙拉的转移率，如表 14-5 所示。

表 14-5　由于厨房中的不规范操作，从猪肉到沙拉的模型转移率

| 洗手 | 清洗刀具 | 清洗砧板 | 猪肉块到沙拉的转移率 |
| --- | --- | --- | --- |
| N | N | N | $3.8\times10^{-2}$ |
| N | N | Y | $3.1\times10^{-2}$ |
| N | Y | N | $9.4\times10^{-3}$ |
| N | Y | Y | $1.7\times10^{-3}$ |
| Y | N | N | $3.7\times10^{-2}$ |
| Y | N | Y | $2.9\times10^{-2}$ |
| Y | Y | N | $7.8\times10^{-3}$ |
| Y | Y | Y | $1.7\times10^{-4}$ |

注：Y 表示洗手或清洗，N 表示未洗手或未清洗。

本表中的转移率显示，肉块和沙拉之间不洗刀对转移率的影响最大。当使用伯努利随机变量的期望值时，该研究可以计算平均总转移率。因此，该研究使用概率 $p_B=E(X_B)$、$p_K=E(X_K)$、$p_H=E(X_H)$ 和 $p_S=E(X_S)$，并且对于期望值 $E(P_7)=0.84P_3$，$E(S_8)=0.013P_3$。相对较大比例（84%）的沙门菌残留在猪肉（随后加热）上，而较小比例（1.3%）的沙门菌最终留在沙拉上（直接食用）。

在肉糜模块中，计算由于准备肉糜而预期的减少值。在概率 $p_B=E(X_B)$、$p_S=E(X_S)$ 和 $p_H=E(X_H)$ 的情况下，期望值分别为 $m_2=E(M_2)=0.94m_0$ 和 $l_2=E(l_2)=5.2\times10^{-4}m_0$。因此，平均而言，肉品仍有可能受到高度污染，而通过 RTE 直接摄入的剂量要低得多。

图 14-6 显示了加热模型在烹饪过程中的肉饼平均温度和核心温度。当肉饼翻转和降温时，平均温度和核心温度除了在 2min 后斜率发生变化外，其余大部分都是上升的。核心温度总是低于平均温度，有点类似于 S 型曲线。

图 14-7 显示沙门菌总数在最初的几分钟内缓慢下降。随着时间的推移，降幅会变得更大。从图中可知，三次多项式与数据的拟合非常准确。

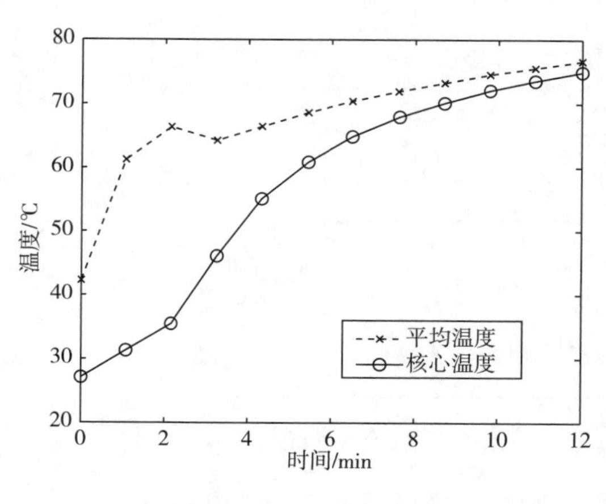


图 14-6　加热过程中肉饼的中心温度和平均温度

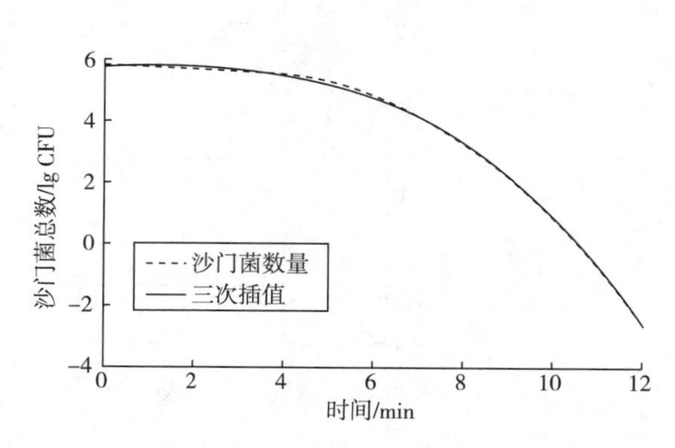


图 14-7　肉饼烹饪过程中沙门菌总数与插值法数值比较

**2. 整体模型的结果**

图 14-8~图 14-10 分别显示了两个成员国中猪肉块、肉糜和发酵香肠的模型结果。对于每个阶段，沙门菌的平均数量和流行情况都有展示。从图中这些数据可以看出：首先，正如预期的那样，流行率在冷藏阶段之前不会改变，因为没有交叉污染或灭活。由于微生物生长，沙门菌的数量确实稳步增加。对于猪肉块，烹饪时的流行率和沙门菌数量均为零（图 14-8），因为烹饪被认为是完全有效的。然而，在食用时，由于食用了受污染的配菜，患病率和人数都有所增加。对于肉糜来说，情况就有点不同了。在食用时，受污染食物的流行率和沙门菌数量是沙拉和在烹饪过程中幸存下来的沙门菌的总和（图 14-9）。各产品消费时污染率情况列在表 14-6 中。

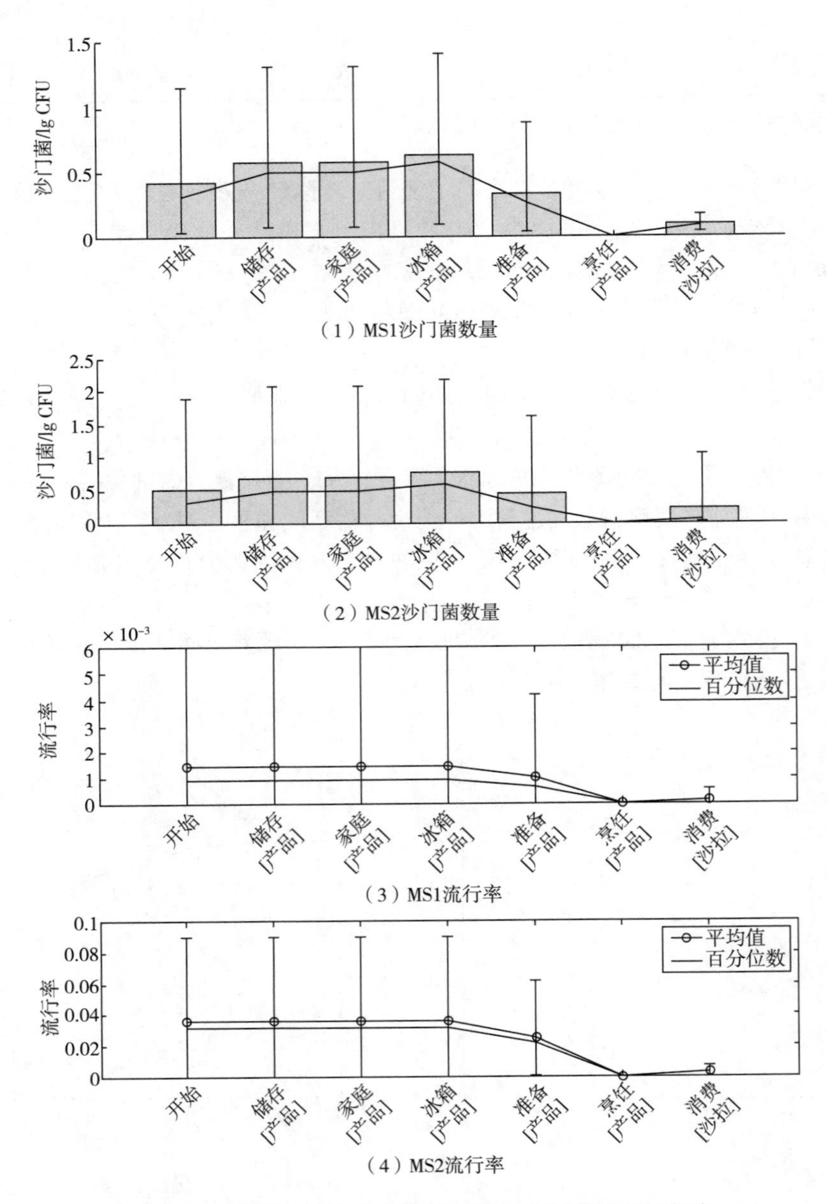


图 14-8 猪肉块消费模式阶段后的沙门菌数量和流行率

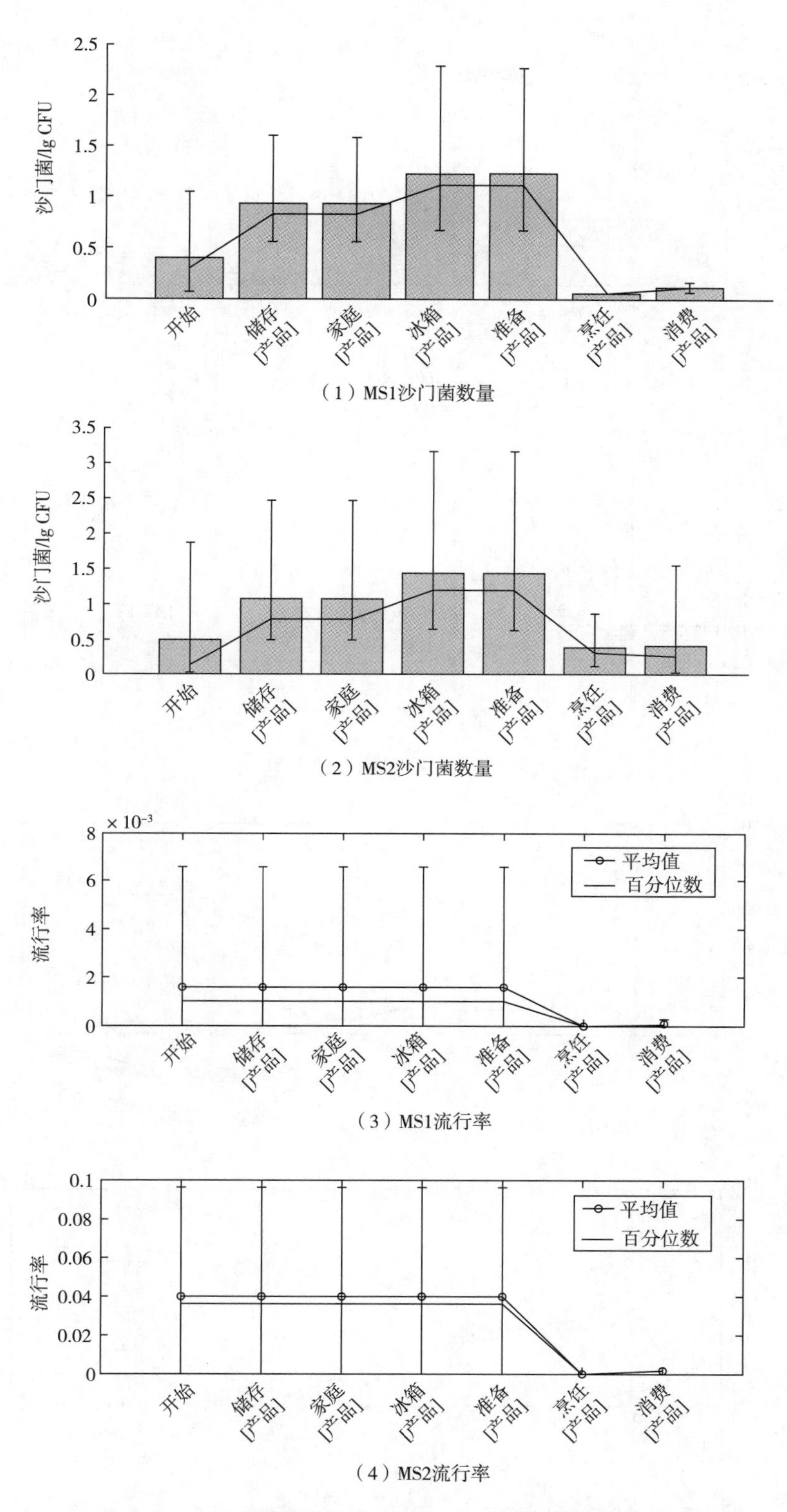


图 14-9　在肉糜消费模式阶段之后，沙门菌数量和流行率

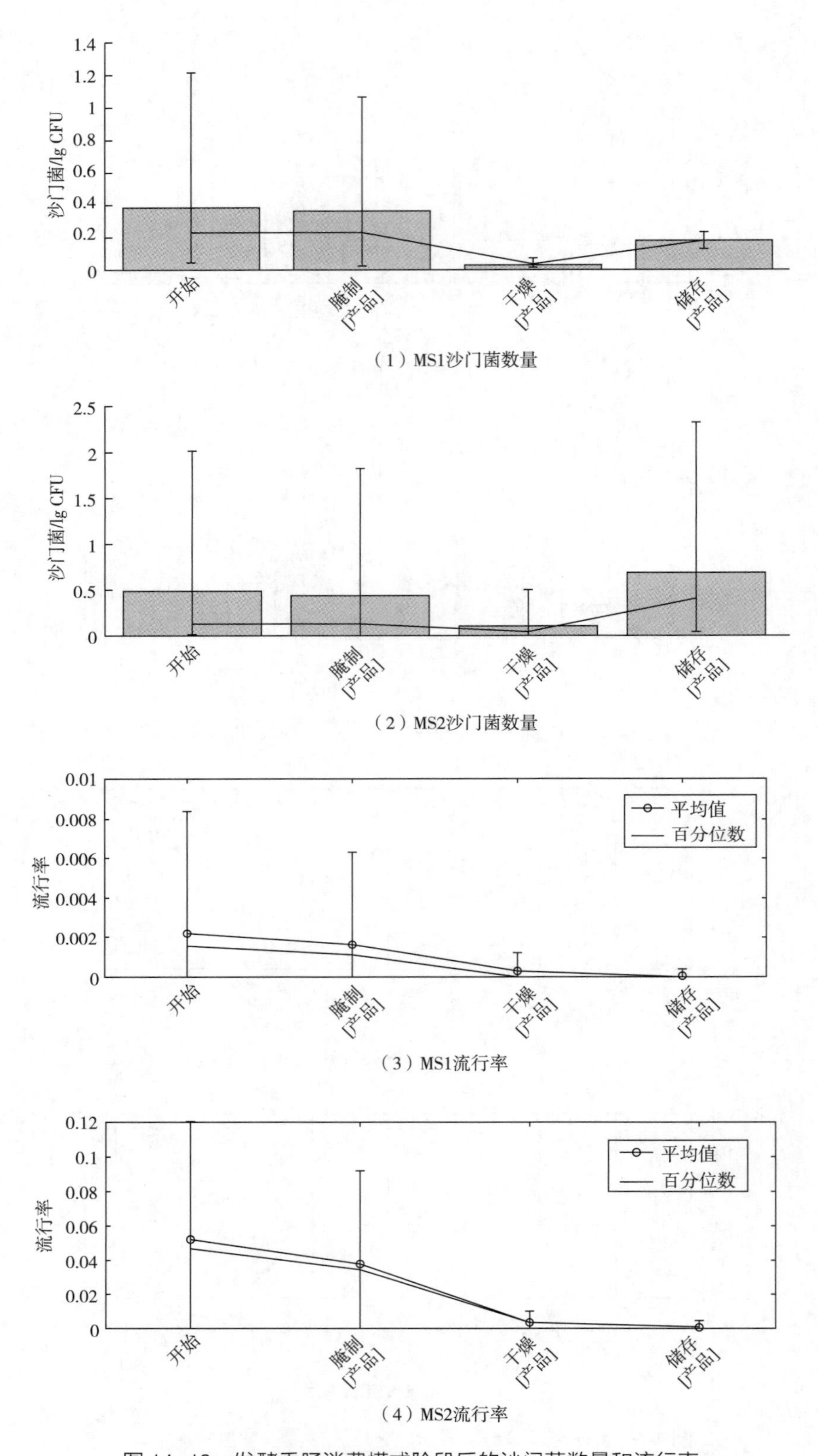


图 14-10　发酵香肠消费模式阶段后的沙门菌数量和流行率

表 14-6 两个欧盟成员国中的不同产品消费时计算得到的污染率

| 成员国 | 猪肉块 | 肉糜 | 发酵香肠 |
|---|---|---|---|
| MS1 | $1.1\times10^{-4}$ | $5.2\times10^{-5}$ | $4.1\times10^{-5}$ |
| MS2 | $2.7\times10^{-3}$ | $1.2\times10^{-3}$ | $9.0\times10^{-4}$ |

消费时沙门菌数量在单个产品上的分布是剂量-反应模型的输入，如表 14-7 所示。该研究选择一个具体的案例研究和产品，因为其他产品在质量上表现出相似的行为，尽管发酵香肠的分布更向右倾斜。总体来说低剂量的概率最高，而高剂量的概率要低得多。

表 14-7 摄入一定数量沙门菌的概率

| 沙门菌的数量 | 摄入沙门菌概率的对数值 平均值（95%区间） | |
|---|---|---|
| | MS1 | MS2 |
| 1~10 | -4.3（-∞，-3.5） | -3.0（-∞，-2.6） |
| 10~100 | -5.3（-∞，-4.0） | -3.9（-∞，-3.3） |
| 100~1000 | -5.9（-∞，-∞） | -4.4（-∞，-3.7） |
| 1000~10000 | -6.5（-∞，-∞） | -5.1（-∞，-4.0） |

### 3. 敏感性度分析

图 14-11 和图 14-12 展示了对两个成员国的猪肉块和肉糜模型的敏感性分析结果。对于猪肉块，清洗刀具和沙拉消费频率是最敏感的变量（图 14-11）。对于肉糜，砧板清洗和沙拉消费对成员国 MS1 有重要影响，而冰箱时间和温度是成员国 MS2 的敏感变量（图 14-12）。对于发酵香肠，两个成员国的各影响因素的显著性差异都很小（未列出图表）。*F* 值都很低，表明任何因素的变异性都不会对响应变量产生显著的影响。

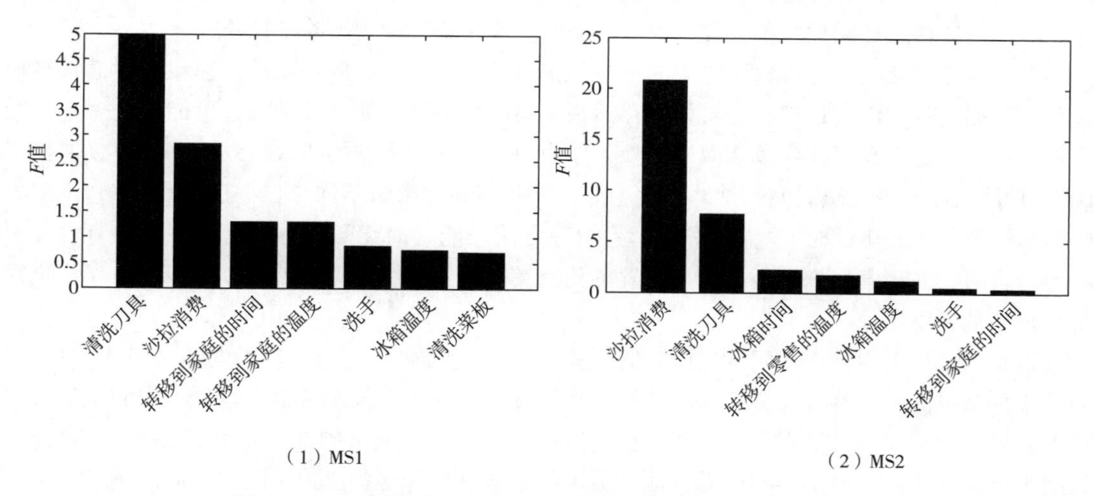


图 14-11 成员国 MS1 和 MS2 中猪肉块模型的敏感度分析

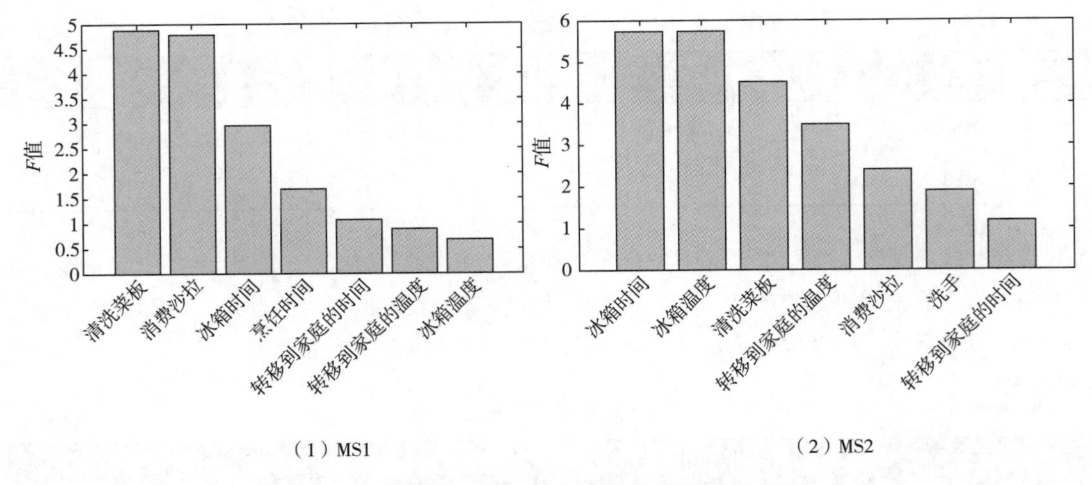


图 14-12 成员国 MS1 和 MS2 肉糜模型的敏感度分析

## 四、讨论

本实例展示了猪肉沙门菌从养殖场到餐桌 QMRA 模型的准备和消费模块。根据相关的危害，选择了三种产品作为猪肉产品类型的替代产品：猪肉切块可能导致交叉污染的配菜，肉糜可能加热不足，发酵香肠生吃。本实例中的模型预测结果显示，猪肉块暴露的可能性高于肉糜。对于猪肉块，暴露是通过同时准备的配菜受到污染。尽管这一过程也对肉糜的暴露起到了一定作用，但猪肉块的暴露程度更高，因为猪肉是切成块的，涉及刀具和切菜板，成了导致配菜交叉污染的载体。肉糜不需要切割，肉饼核心的不完全失活是暴露风险的一个重要因素。最后，肉糜和猪肉块一起吃的沙拉中的污染水平在一个数量级。发酵香肠在受污染的产品上的沙门菌数量相当，但患病率比肉糜和猪肉块低约 10 倍。

对于本实例中的模块来说，交叉污染模型和肉饼失活模型尤为重要。交叉污染模型使用了先前开发的方法，适用于猪肉中的沙门菌。结果表明，猪肉块和沙拉之间的刀具清洗是最重要的控制点，可能是因为猪肉块到刀具、从刀具到沙拉的转移率较高。另外，通过水龙头的污染路径与其他转移路径相比并不重要。因此在肉糜交叉污染模型中删除了该路径。

肉饼煎炸灭活模型允许肉饼中心的一些细菌存活。这种方法的优点是，它包括了通常被认为对细菌在制备和消费过程中的转移和存活很重要的细节。例如，交叉污染可能通过多种途径发生，每一种途径都可能导致暴露。此外，作为肉饼油炸的肉糜的热灭活效应并不直接取决于 $D$ 值的可用性和/或加热时间和油炸温度：必须将热传递对肉饼不同部位温度的影响结合起来，以了解细菌正在经历的时间-温度分布。另一种方法可能是简化假设，但这种假设的有效性只能用适当的数据和模型来检验。一旦开发了几个类似本实例中模型，就可以分析不同（和更简单）模型的性能。

本实例结果表明，在不同成员国之间，模块开始时的初始流行率对最终结果有很大影响。初始流行率越低，消费时的流行率就越低，受污染产品的沙门菌水平也就越低。本实例展示过程中凸显的一个问题是数据不足。最严重的数据不足是某些成员国在运输和存储阶段的时间-温度组合。因此必要时不得不参考其他成员国的数据，尽管这些值很可能在不同的国家之间有所不同。此外，转移率和不规范操作行为的概率只用了一些数据来设置参数。其中，敏感性分析结果显示不规范操作行为发生的概率为关键因素。因此，建议应努力收集与食品卫生操作规范相关的消费者行为数据。

## 实例三 猪肉消费过程中沙门菌的定量风险评估

本实例展示的是澳大利亚猪肉在零售过程中的肉糜，再制作成汉堡在家中食用时可能导致沙门菌感染的定量微生物风险评估。通过定量的方法，研究了潜在的食品安全风险，包括在购买、储存、烹饪和食用过程中可能存在的沙门菌数量，并确定了每个步骤的风险。结果表明，在家中制作汉堡时，可能存在沙门菌感染的风险。为了最小化风险，建议消费者在购买猪肉时选择经过认证的质量和卫生标准，并在食用前对其进行充分加热。

### 一、背景及风险评估概况

澳大利亚每年约有16000例沙门菌病病例，2010年前后沙门菌病的真实病例数估计为39600例。许多食品包括猪肉被认为是造成这种情况的原因。澳大利亚沙门菌病暴发与猪肉制品有关。南澳大利亚州最近的一项来源归因研究估计，2.5%的散发性沙门菌病病例归因于猪源，仅次于绵羊（2.9%）、牛（7.4%）、鸡（34.6%）和鸡蛋（37.1%）。相反，国际上归因研究得出结论，受沙门菌污染的猪肉产品在食源性疾病暴发中占很大比例。例如，2014年，丹麦国内和进口猪肉被估计为沙门菌病的最大食物来源，占实验室确诊沙门菌病病例的16.5%，其次是肉鸡（4.9%）。据估计，2015年，国内和进口猪肉仍然是沙门菌病的最大食物来源，占实验室确诊沙门菌病病例的10.3%，其次是肉鸡（2.9%）。在意大利，猪肉被确定为2002—2010年人类沙门菌病的主要来源，43%~60%的感染归因于猪肉。然而，这些国家的生产方式与澳大利亚猪肉行业不同，消费者的消费模式也不同，相比之下，猪肉消费相对较低。在新西兰，由于这两个国家的文化历史，猪肉消费模式可能与澳大利亚相似；然而，文献资料表明，在新西兰猪肉被证明是主要传染源。在澳大利亚，沙门菌似乎是猪肉制品被确定为病因的主要原因。2003—2015年，澳大利亚所有与猪肉或猪肉制品相关的食源性疾病暴发，只有一次与猪相关的暴发是由沙门菌以外的食源性致病微生物引起的。

澳大利亚猪肉行业目前正在将猪肉汉堡作为猪肉肉糜的替代食用方式进行市场推广。基于从食用牛肉汉堡中大肠埃希氏菌O157：H7导致疾病的历史，与整个分割猪肉相比，猪肉汉堡被认为是一种潜在的高风险产品。这是由于肉糜可能导致致病微生物在肉中重新分布。由于致病微生物的内部存在可能，这些产品需要比完整的猪肉块更彻底的烹饪，需要更高的烹饪温度或更长的时间来确保热量传递到肉饼内部。因此，澳大利亚猪肉行业委托进行风险评估，以更好地为行业风险管理方法提供信息。

由于汉堡中猪肉是肉糜，与其他猪肉制品相比，其患沙门菌病的风险可能会更高。本实例展示的是如何采用随机风险评估方法，考虑从零售到家庭消费的猪肉供应链中的风险因素，对澳大利亚猪肉汉堡的沙门菌病风险进行评估。建模条件包括猪肉糜中沙门菌的污染率和浓度、零售、消费者运输和家庭储存过程中的时间和温度影响以及烹饪的影响，并根据这些影响估计因消费而患病的可能性。

## 二、方法

通过建立包括猪肉供应链从零售到家庭消费的二维随机风险评估模型，对澳大利亚猪肉汉堡消费引起的沙门菌病风险进行了量化。模型中明确考虑的因素包括：去骨后肉糜中沙门菌的流行率和浓度、零售展示期间的时间和温度影响、消费者运输、家庭储存和烹饪的影响。根据这些影响，利用联合国粮食及农业组织/世界卫生组织（FAO/WHO）提出的剂量反应模型，估计了澳大利亚食用猪肉汉堡引起沙门菌病的可能性。然后用随机模型来确定影响患病风险最大的因素。该模型符合食品法典委员会食品安全微生物风险评估指南。为了告知风险评估的暴露评估和风险表征部分，该模型描述了从零售商到消费者的每个供应链或过程步骤对猪肉糜和猪肉汉堡沙门菌污染的影响。

风险评估模型在统计软件 R 软件的 mc2d 包进行二维随机建模。该工具包包括允许分别对可变性和不确定性的影响进行建模的工具，允许对风险估计中的不确定性进行量化。模型的结构如图 14-13 所示，模型参数和公式见参考文献［38］。在去骨之前或去骨时的交叉污染的影响没有包括在这个模型中，因为这些场景发生在流行率和浓度输入被建模之前。另外，建模过程中未考虑消费者交叉污染，因为该风险评估模型仅试图确定猪肉汉堡馅饼的风险，而不是归因于其他食品来源的非工作风险源。

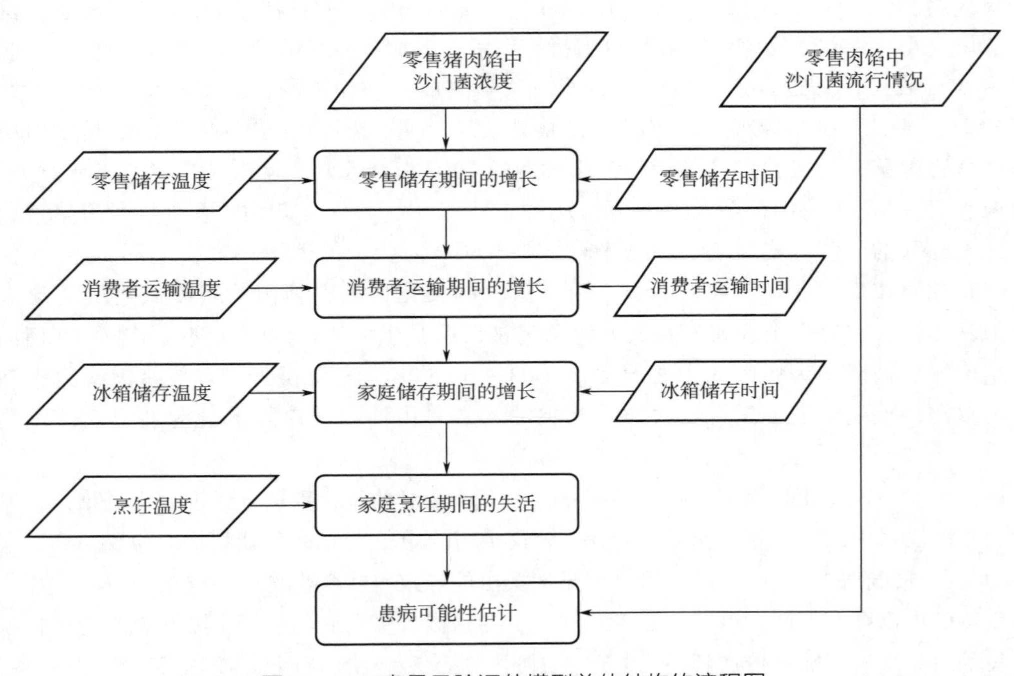


图 14-13　定量风险评估模型总体结构的流程图

场景模拟用于评估各种因素对最终风险估计的影响，如表 14-8 所示。这些方案用于调查与当前或基线条件（现状）的理论偏差，并命名为场景 1～场景 11。这些方案调查沙门菌浓度、零售储存温度、烹饪温度和随机建模方法的变化。

表 14-8　　模拟每个场景的描述

| 场景 | 描述 | 出现这种情况的原因 |
|---|---|---|
| 1 | $C_{mince} \sim N$（$\mu=0.22$，$\sigma=0.97$） | 检查沙门菌浓度增加 1lg 对风险的影响 |
| 2 | $C_{mince} \sim N$（$\mu=-1.78$，$\sigma=0.97$） | 检查沙门菌浓度增加 1lg 对风险的影响 |
| 3 | $T_r \sim S_{Normal}$（$\mu=3$，$\sigma=2.11$，$\xi=0.77$） | 检查零售储存温度降低对风险的影响 |
| 4 | $T_r \sim S_{Normal}$（$\mu=5$，$\sigma=2.11$，$\xi=0.77$） | 检查零售储存温度降低对风险的影响 |
| 5 | $T_r \sim S_{Normal}$（$\mu=6$，$\sigma=2.11$，$\xi=0.77$） | 检查零售储存温度降低对风险的影响 |
| 6 | $T_r \sim S_{Normal}$（$\mu=7$，$\sigma=2.11$，$\xi=0.77$） | 检查零售储存温度降低对风险的影响 |
| 7 | $T_{ct}$ 常数 | 检查在最终最高温度下假设消费者运输温度恒定而不是在运输过程中模拟温度升高对风险的影响 |
| 8 | $\Delta T_{ct}$ 从数据中取样 | 直接从数据中检查消费者运输过程中温度变化的取样对风险的影响 |
| 9 | $T_{cook}$ 从 EcoSure 取样（2008） | 研究用美国牛肉汉堡数据取代澳大利亚消费者烹饪温度对风险的影响 |
| 10 | 山夫登堡沙门菌用于失活模型 | 检查在灭活模型中使用山夫登堡沙门菌作为血清型对风险的影响 |
| 11 | 鼠伤寒沙门菌用于失活模型 | 检查灭活模型中使用鼠伤寒沙门菌作为血清型对风险的影响 |

## 三、暴露评估

暴露评估部分描述了零售和消费之间发生的沙门菌流行率和浓度的模拟变化，包括零售储存、消费者运输、家庭储存期间沙门菌生长的影响，以及烹饪期间沙门菌浓度的降低。这些信息用于形成风险特征描述。

**1. 沙门菌初始污染**

对澳大利亚零售猪肉糜中沙门菌的流行情况进行了调查。从 25g 零售猪肉糜样品中，148 次检测中检测出了 2 个沙门菌阳性，推断每 25g 猪肉糜中沙门菌的患病率为 1.4%。根据参数为 $\alpha=3$ 和 $\beta=147$ 的贝塔分布变化模拟初始污染流行率。

一项澳大利亚全国性研究调查了从猪肉屠宰场收集的猪肚条样品（$n=403$）和切边样品（$n=417$）中沙门菌的浓度。样品经检测，使用适当的表格计算沙门菌的 MPN。这些结果见表 14-9。

表 14-9　　沙门菌检出样本中沙门菌浓度及未检出样本数

| 沙门菌浓度/（MPN/g） | 样本数目 |
|---|---|
| 未检出沙门菌 | 792 |
| 检测到沙门菌，浓度未知 | 1 |
| <0.3 | 18 |

续表

| 沙门菌浓度/(MPN/g) | 样本数目 |
|---|---|
| <3 | 7 |
| 1 | 1 |
| 4 | 1 |
| 14 | 1 |

注：猪肚条样品的定量限为0.3MPN/g，切边样品的定量限为3MPN/g。

使用流行率和浓度值来估计每份食物中沙门菌的数量。患病率从基于25g实验室样本的估计值调整为100g。这一调整是由：

$$P_{serve}=1-(1-P_{mince})^4 \tag{14-22}$$

其中$P_{serve}$和$P_{mince}$分别在猪肉汉堡肉饼食用分量和实验室样本中的感染率。指数为4，是每份食用分量（$W_{serve}=100g$）和实验室检测样品重量（25g）的比值。每一份受污染的猪肉汉堡中沙门菌的数量是基于零截断泊松分布（ZTP）：

$$N_{serve} \sim ZTP(\lambda = 10^{C_{mince}} \times W_{serve}) \tag{14-23}$$

$\lambda$是截断前普通泊松分布的平均值，$C_{mince}$和$W_{serve}$如前所述。之所以使用截断分布，是因为这种分布要求每个受污染的食品中至少含有一个沙门菌。所得分布的平均值略大于$\lambda$，虽然这种差异很小，因为这个方法只减少了大约3%的食用分量。

**2. 沙门菌生长模型**

为了模拟沙门菌的生长，相关生长速率（GR）数据从ComBase数据库中整理。由于专门针对猪肉进行的实验数量有限，来自猪肉、牛肉和家禽产品实验的相关生长速率包含在数据集中。仅保留相关记录的特定过滤器应用于数据，包括“温度<60”，不包含条件“$CO_2$”“$N_2$”“$O_2$”“醋酸”“柠檬酸”“苯甲酸”“乳酸”“Modified_ Atmosphere”“月桂苷”“HCl”“dried”和“rate”>0。之所以使用这些条件，是因为与目前提供给消费者的生猪肉相比，它们有望抑制沙门菌的生长。两项研究被删除，因为它们是在鸡皮上进行的。使用了1447份沙门菌生长试验的数据，包括猪肉中的99份、牛肉中的253份和家禽中的1095份。支持信息中提供了使用的完整数据摘录。对于来自ComBase的数据，DMFit Excel附加模块（3.0版）用于估计每个试验的GR、滞后期持续时间（LPD）和最大生长密度（MPD）。

（1）生长速率　使用Ratkowsky方程模拟沙门菌GR与温度之间的关系。这个公式是：

$$GR=[b(T-T_{min1})]^2 \times 1-\exp[c(T-T_{max1})] \tag{14-24}$$

式中　GR——生长速率，1/h；

$b$和$c$——回归系数；

$T_{min1}$和$T_{max1}$——预测沙门菌能够生长的理论最低和最高温度，℃。GR的平方根拟合到式（14-24）的平方根，估计$b$为0.030，$c$为0.105，$T_{min1}$为5.71℃和$T_{max1}$为48.72℃。对于最低温度，置信区间与ICMSF的范围一致。对于最高温度，置信区间低于ICMSF报告的值49.5℃和50℃。

（2）迟滞期　本次风险评估未对迟滞期进行建模。迟滞期将有望减少沙门菌对猪肉产品的预期增长。作为不明确模拟迟滞期的决定的一部分，该研究预计在生产阶段，为前面提到的流行率和浓度研究获取样品时，任何沙门菌都可能适应其当前的环境。先前的风险评估也没有包括迟滞期，其依据是假设从屠宰时初始污染和后处理之间的时间足够长使细菌适应产品条件。如果没有足够的数据来计算迟滞期，也可以不包括迟滞期。通过省略迟滞期，风险估计将更高，因此模型更保守。

（3）最大生长密度 MPD和温度之间的关系一般用以下形式模拟：

$$MPD = a\frac{(T - T_{min2})(T - T_{max2})}{(T - T_{submin})(T - T_{supmax})} \tag{14-25}$$

式中 MPD——最大生长密度，lg CFU/g；

$T_{min2}$ 和 $T_{max2}$——预测 MPD 为 0lg CFU/g 时的理论温度；

$T_{submin}$——小于 $T_{min2}$ 的温度；

$T_{supmax}$——大于 $T_{max2}$ 的温度。当式（14-25）与 ComBase 数据拟合时，估计 $a$ 为 11.83，$T_{min2}$ 为 3.84℃，$T_{submin}$ 为-2.54℃，$T_{max2}$ 为 50.31℃，$T_{submax}$ 为 53.12℃。数值从 lg CFU/g 转换为 CFU/份食用量，以估计每份餐食的沙门菌总数。

（4）微生物生长 通过计算沙门菌在零售和家庭储存中的生长量：

$$N_r = \min[10^{\lg}(N_{serve}) + GR(T = T_r) \times t_r],\ MP_{serve}(T = T_r) \tag{14-26}$$

$$N_{ds} = \min[10^{\lg}(N_{ct}) + GR(T = T_{ds}) \times t_{ds}],\ MP_{serve}(T = ds) \tag{14-27}$$

式中 $N_{serve}$、$N_r$、$N_{ct}$、$N_{ds}$——零售前和零售后、消费者运输后和储存后每份食品的沙门菌数量；

$T_r$ 和 $T_{ds}$——零售储存和家用储存期间的温度；

$t_r$ 和 $t_{ds}$——零售储存和家用储存期间的持续时间；

GR、$MP_{serve}$ 和 $W_{serve}$——如前所述。

如果上一模型步骤中的沙门菌数量大于当前模型步骤估计的最大数量，则 MPD 成为生长后的沙门菌数量。本章第三节描述了计算消费者运输过程中增长的方法。当尝试使用不确定参数（即生长参数可以根据 bootstrap 参数估计而变化）开发生长模型时，由于极端参数的影响，该模型使得实现模拟的收敛变得困难。因此，可变的生长参数是不可行的。

由于缺乏建模所需的数据，未对竞争微生物群的影响进行建模。竞争的影响将导致肉糜中沙门菌生长速率的降低，由于估计的沙门菌初始浓度较低，这将产生更大的影响。通过不考虑竞争微生物群的影响，模型预测中增加了更高水平的保守性。

**3. 零售储存**

肉糜预计将在零售时冷藏，直到消费者购买。如果温度控制不当，沙门菌可能会生长，储存的时间和温度决定了生长的程度。

在澳大利亚或海外，没有实证数据可以描述肉类在零售货架上的储存时间。先前对牛肉汉堡中大肠埃希氏菌 O157：H7 的风险评估假设，在美国零售的牛肉糜，在美国销售的澳大利亚牛肉糜和加拿大（最多 10 天截短）的贮存时间呈指数分布。通过将指数分布的速率参数建模为均匀分布在 0.5~1.5 天，将不确定性纳入这些风险评估中。在没有相反证据的情况下，这项风险评估使用了相同的方法来描述澳大利亚零售猪肉糜的储存时间，缩短为 10 天。

零售猪肉糜的模拟温度是基于夏季澳大利亚超市家禽产品的调查结果。在澳大利亚，猪肉产品通常与家禽产品存放在同一柜子中，即家禽零售展示温度被认为是可靠的替代品。观察到数据中的负偏度（$S=-0.44$），因此数据无法通过正态分布很好地描述。其他分布要么正偏斜，要么只需要正值。偏斜正态分布，如“fGarch” R 包所定义，拟合数据，均值估计为 3.40℃，标准差为 2.11℃，偏度参数 0.77℃。使用分位数-分位数图验证分布对数据的拟合。通过生成非参数引导样本，模型中包含了平均值、标准偏差和偏度参数的最大似然估计的不确定性。在表 14-8 的场景 3~6 中，通过将平均值分别更改为 3、5、6 或 7℃，检查了平均零售温度对整体风险估计的影响。

对于每一份食物，其储存期和温度从其分布中随机抽样。假定产品的温度在整个储存期间是恒定的。使用 GR 模型来确定储存期间沙门菌水平的对数增长，并将其加到该份食物的初始沙门菌对数中。

**4. 消费者运输**

很少有定量数据能描述猪肉在澳大利亚的运输时间或温度范围。美国通过跟踪鲜肉产品（$n=916$）在消费者从零售到家庭运输过程中的变化，对这些因素进行了调查，并将这些数据用作澳大利亚肉糜运输时间和温度变化的替代数据。对于运输时间，伽马分布拟合到运输持续时间范围，$\alpha=7.40$，$\beta=6.32$，平均运输持续时间为 1.17h。使用分位数-分位数图和 Kolmogorov-Smirnov 检验（$P=0.36$）验证了伽马分布的拟合情况。对于产品在运输过程中的温度变化，伽马分布与观察到的温度升高范围（转换为℃）相吻合 $\alpha=1.78$ 和 $\beta=0.55$，导致平均温度变化 3.24℃。由于该分布与分布上尾端的数据不太吻合，因此在表 14-8 的场景 8 中研究了直接从数据中采样消费者运输过程中的温度变化而不是使用伽马分布的影响。运输持续时间和温度升高都是严格正值，因此，比较了伽马分布和指数分布对数据拟合的能力，伽马分布提供了更好的拟合。运输时间与传输过程中温度变化的相关性估计为 0.11。这种相关性被发现是显著的（$P<0.001$），并使用 Iman 和 Conover 的方法纳入模型，如“mc2d” R 包的 cornode 函数所实现的。

消费者运输的温度分布假定为线性。由于生长模型需要在评估期间保持恒温，因此研究了两种不同的方法作为生长模型的场景。基准情景中使用的方法将消费者运输划分为 100 个持续时间相等的子间隔。总转运时间（$t_{ct}$）和转运温度变化（$T_{ct}$）除以 100，以确定每个间隔的持续时间（$\delta_{tct}$）和每个间隔的温度变化（$\delta T_{ct}$）。对于亚区间 $i$，沙门菌的生长通过以下方法进行估计：

$$N_{ct,\ i} = \min\{10^{\lg(N_{ct,\ i-1})+GR[T=T_r+i\times\delta T_{ct}]\times i\times\delta t_{ct}} \tag{14-28}$$

$$MP_{serve}[T = T_r + i \times \delta t_{ct}] \tag{14-29}$$

最后一个时间间隔内估计的沙门菌数量被标记为 $N_{ct}$。

第二种方法用于估计消费品运输期间的增长更简单、更保守，并假设整个运输期间的产品温度等于 $T_r+T_{ct}$，即消费品运输结束时的产品温度。消费者运输期间的增长估计如下：

$$N_{ct} = \min[10^{\lg(Nr)+GR(T=Tr+\Delta Tct)\times tct}, \tag{14-30}$$

$$MP_{serve}(T = T_r + \Delta T_{ct}) \tag{14-31}$$

该方法对最终风险估计的影响在表 14-8 的场景 8 中进行了检查。

**5. 家庭存储**

在该模型中，假设猪肉糜被冷藏在消费者家里直到煮熟，但没有数据说明澳大利亚人在烹饪之前在冰箱里存放了多长时间。取而代之的是，对新西兰消费者的调查结果被用来描述猪肉糜的储存情况。消费者（$n=293$）被要求从四种持有时间中选择一种，报告的时间分布如下：

0~2 天：216；2.5~4 天：62；4.5~7 天：14；7~14 天：1。这些数据符合指数分布来描述家用冰箱中猪肉糜的储存时间，指数分布是根据以前用于描述家用储存时间的分布选择的。使用“fitdistrplus”软件包来拟合这些区间截尾反应的分布。估测的速率参数为 1.53 天，并通过检验诊断图来评估这一分布的适合性。与以前的风险评估相比，这种分布给出了产品在家中存储时间的更保守的估计。

通过使用“fitdistrplus”R 包中的“bootdistcens”函数生成非参数引导样本，将速率参数的最大似然估计中的不确定性包括在模型中，样本数量等于模型中不确定性维度的长度。这些 Bootstrap 样本被指定为二维模型不确定性维度中的速率参数值。

澳大利亚对家用冰箱的温度进行了调查。新南威尔士州食品管理局记录了 57 台家用冰箱在正常周末（即周五午夜至周日午夜）每隔 10min 的温度，并在持续数天的特殊活动期间（复活节或新年前夕）记录了另外 6 台冰箱的温度。调查期间记录的每台冰箱的原始温度数据由新南威尔士州食品管理局提供。数据中有明显的高温出现，可能是因为在调查期间的一段时间里，打开冰箱门，添加食物（可能是热的）或温度计被放在冰箱外的。因此，对这些异常高温①记录的温度高于 15℃，或②参与者在调查表格上记录他或她打开了冰箱门，进行了“数据清理”以消除这些异常高温。清洁是在假设温度的短期变化对内装物品影响不大的情况下进行的，因为里面的物品会相互缓冲，以防温度突然变化，而且个别物品需要较长的时间才能升温。在这些情况下，移除的温度高于调查期间剩余时间观察到的最高温度。计算每台冰箱所有清洁温度的平均值。假设这一分布代表了澳大利亚冰箱的温度，用平均值为 3.35℃，标准差为 1.94℃的正态分布来描述，并根据温度直方图的形状选择正态分布。通过分位数-分位数曲线图和柯尔莫戈罗夫-斯米尔诺夫检验（$P=0.9912$）验证了该分布的拟合程度。通过生成非参数 bootstrap 样本，模型中包含了均值和标准差的最大似然估计的不确定性。

假设产品在冰箱中的温度在储存过程中保持不变，冰箱的平均温度为产品在冰箱中的温度。利用这些假设，该研究利用式（14-26）计算了每一份猪肉糜中沙门菌的生长情况，并从猪肉糜在家庭冷藏过程中的持续时间和温度分布中随机取样。

**6. 猪肉汉堡中沙门菌的灭活**

在模型中，通过汉堡肉饼的内部终点烹调温度来估计由于烹调而导致的沙门菌的减少。目前还没有关于澳大利亚消费者烹调猪肉汉堡的内部温度的数据。为了克服这一数据差距，开展了消费者问卷调查。消费者被要求评价他们对新鲜猪肉（$n=1199$）或猪肉汉堡（$n=1200$）的偏好。消费者被要求从四个等级的“颜色”中选择：“三分熟，粉红色”“五分熟，略带粉红色”“五分熟/全熟，白色”或“全熟”。文献给出了在猪肉中达到每种程度的“熟化”所需的内部烹饪温度。这些值被用来将调查类别转换为烹饪温度。调查结果及内部温度的转换记录于表 14-10。为了将这些温度纳入模型，该研究从四个内部温度中随机抽取样本，按消费者偏好百分比加权。表 14-8 中场景 9 中调查了澳大利亚消费者偏好转向不太熟透的猪肉汉堡的影响。在这种方案中，美国消费者对牛肉糜的内部终点烹饪温度进行了抽样，并进行了替换，为每个汉堡分配了一个烹饪温度。

表 14-10　　消费者对猪肉产品的偏好

| 熟度 | 内部温度 | 消费者偏好，*n*（所占比例%） | |
|---|---|---|---|
| | | 新鲜猪肉 | 猪肉汉堡 |
| 三分熟，粉红色 | 63 | 67（5.6） | 53（4.7） |
| 五分熟，略带粉红色 | 71 | 415（34.6） | 261（23.1） |
| 五分熟/全熟，白色 | 74 | 463（38.6） | 442（39.1） |
| 全熟 | 77 | 254（21.2） | 374（33.1） |
| 未食用 | | 无选择 | 70（-） |

失活模型被用于仅基于内部终点温度来估计烹调猪肉汉堡的沙门菌的存活率。其他模型需要烹饪时间和猪肉肉饼的传热模型。使用失活模型中描述的另外两个沙门菌血清型的效果也被验证（表 14-8 场景 10 和场景 11）。沙门菌因烹调而减少的量估计如下：

$$N_{cook} = \exp[\ln(N_{ds}) - \ln(1 + Z)] \tag{14-32}$$

$$Z = \exp\{-[19.46 + 2.89S_{senft} - 3.55S_{typh} + 0.62F_{mince} - (0.49 + 0.050S_{senft} + 0.071S_{typh} + 0.0099f)T_{cook}]\}. \tag{14-33}$$

对于每个汉堡，$T_{cook}$ 是内部终点温度，$S_{senft}$ 是山夫登堡沙门菌的指示变量，Styph 是鼠伤寒沙门菌的指示变量，Fmince 是生肉糜的脂肪百分比。当 $S_{senft}=0$ 和 $S_{typh}=0$ 时，该模型估计了肠炎沙门菌的存活率。猪肉糜的脂肪含量对烹调过程中的失活有显著影响。澳大利亚猪肉糜的平均脂肪百分比估计为 9.4g/100g，即 9.4%，最低和最高脂肪值分别为 2.51%和 14.64%。脂肪百分比的变异性通过将脂肪百分比描述为模式 9.4、最小值 2.51 和最大值 14.64 的三角形分布来建模。

## 四、危害特征描述

危害描述步骤描述了食用受沙门菌污染的猪肉汉堡导致人类沙门菌病的可能性。根据食用时每个汉堡中残留的存活沙门菌的数量，计算出汉堡被沙门菌污染后患病的可能性。假设生汉堡肉饼的重量为 100g，直径为 8cm，厚度为 2cm。平均患病概率估计每份沙门菌病的平均风险。

**1. 剂量-反应模型**

本实例中使用了 FAO/WHO 构建的沙门菌病剂量-反应模型，该模型估计在污染食品中所摄入的沙门菌数（Pill | cont）给出发病的概率，而不估计疾病的严重程度。剂量-反应模型参数中的不确定性通过允许它们根据三角形分布变化而被包括在内。对于 $\alpha$，最小值为 0.0763，众数为 0.1324，最大值为 0.2274。对于 $\beta$，最小值为 38.49，众数为 51.45，最大值为 57.96。

肉饼的风险评估模型运行 25 亿次，其中 50000 个污染肉饼存在变异性，50000 个污染肉饼存在不确定性。这些值是根据估计的运行均值和置信区间的收敛性选择的。在可能的情况下，使用拉丁超立方体抽样来减少收敛所需的馅饼数量。对可变性维度中的 50000 个肉饼中的每一个计算平均患病概率，得到 50000 个计算平均值，并使用这些估计值的平均值来估计平均患病概率。根据 50000 个平均值的 2.5%和 97.5%分位数计算出不确定度的 95%可信区间。

## 五、风险特征描述

### 1. 风险估计

该模型预测，因进食猪肉汉堡而出现症状性沙门菌病的平均概率（计算平均数）为 $1.54\times10^{-8}$，即每食用 6500 万份，约有 1 例沙门菌病个案。不确定度的 95%可信区间为（$7.2\times10^{-10}$，$4.96\times10^{-8}$）。

零售储存过程中沙门菌浓度的平均增加估计为 0.0030lg CFU/份或 0.6946%，在变异的 99%、99.9%、99.99%和 99.999%分位数处分别为 0.0850、0.3481、0.7859 和 1.3lg CFU/份或 21.63%、99.9%、510.81%和 1882.62%。在运送到消费者家中的过程中，沙门菌平均浓度的变化为 0.00205lg CFU/份，在变异的 99%、99.9%、99.99% 和 135.77%分位数处分别为 0.0456、0.126、0.249 和 0.372lg CFU/份或 11.07%、33.55%、77.25%和 99.999%。家用制冷过程中沙门菌平均浓度的变化在 99%、99.9%、99.99%和 99.999%分位数处分别为 0.0059lg CFU/Serve 和 1.3670%，分别为 0.155、0.662、1.55 和 2.62lg CFU/Serve 或 42.90%、99.9%、3453.12%和 41904.01%。这些估计的平均值变化很小，反映出沙门菌预计几乎不会增长，因此对风险估计几乎没有影响。

### 2. 敏感性分析

通过计算输入和患病概率（$P_{ill}$）之间的斯皮尔曼等级相关性进行敏感性分析。这些相关性如图 14-14 所示，不确定性周围有 95%的可信区间。对患病概率影响最大的三个输入是烹饪温度 $T_{cook}$（$\rho=0.731$）、猪肉糜中沙门菌的浓度 $C_{mince}$（$\rho=0.609$）和猪肉糜的脂肪含量 $F_{mince}$（$\rho=0.128$）。

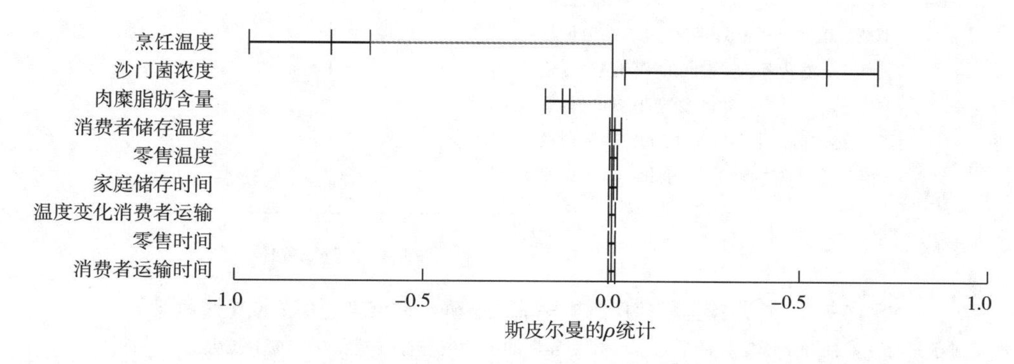


图 14-14 变异维度中模型输入和疾病概率之间的相关性排序（飓风图）

注：对于每个输入，给出了具有 95%可信区间的平均相关性。

输入不确定性对最终风险估计不确定性的影响也进行了检查，结果如图 14-15 所示。不确定性的最大来源是猪肉糜中沙门菌的浓度，在可变性的 97.5%分位数，$C_{mince}$（$\rho=0.663$），其次是猪肉糜中沙门菌的流行率，$P_{mince}$（$\rho=0.569$）和剂量-反应模型的 $\alpha$ 参数（$\rho=0.205$）。

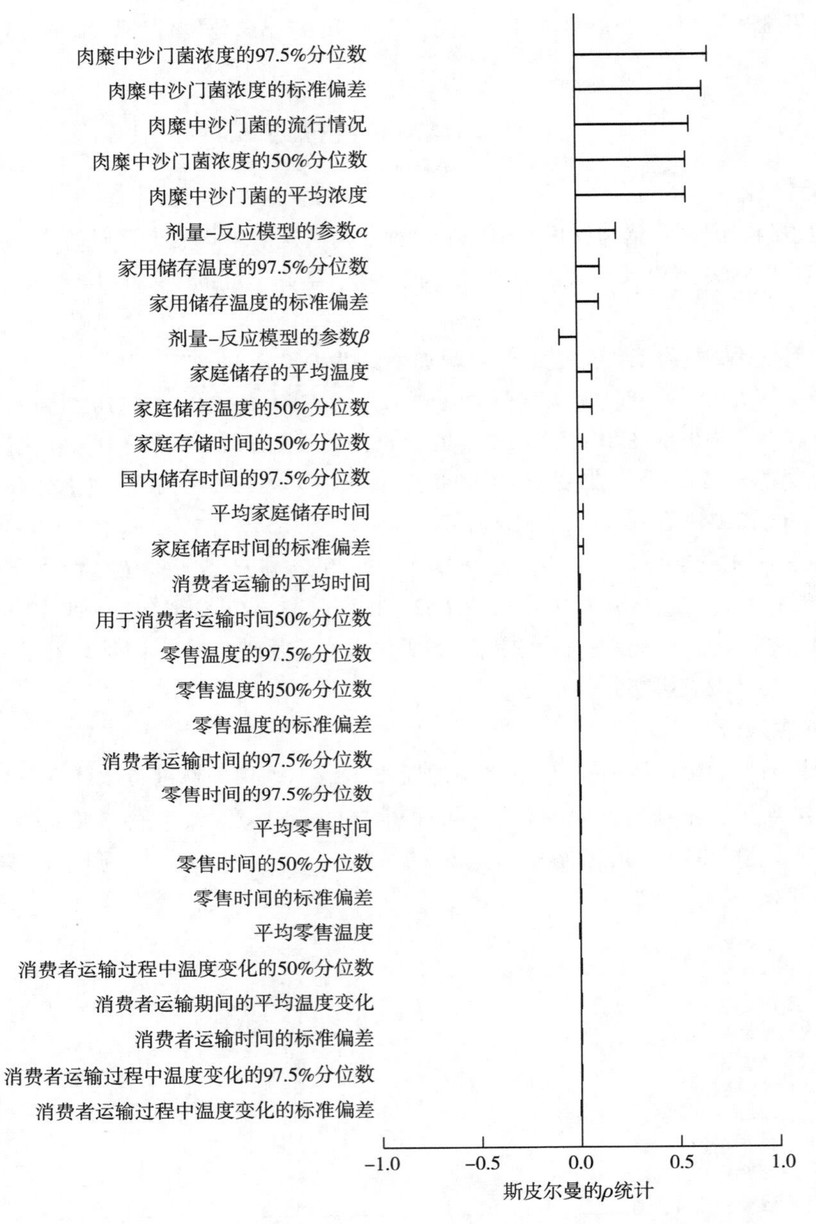


图 14-15 输入模型和疾病的概率非热不确定性维度的相关性（飓风图）

注：对于具有变异性和不确定性的节点，计算变异性的平均值、标准差和 97. 5%分位数的相关性。

### 3. 场景分析

为了允许在方案之间进行比较，在模拟每个场景之前，随机数生成器的随机种子被设置为相同的数字。表 14-8 中场景 1~11 的平均风险估计值在表 14-11 和图 14-16 中列出。基线风险估计值也包括在内以供比较，并计算出每个方案与基线之间的相对差异。对风险估计有最大相对影响的情景是使用美国烹饪温度数据，而不是澳大利亚烹饪温度数据。另一种对风险有很大影响的情景是增加沙门菌的平均浓度，这是可以预期的。

表 14-11　场景分析结果

| 场景 | 描述 | 平均 $P_{ill}$ | 与基线的比率 |
|---|---|---|---|
| | 基础模型 | $1.54\times10^{-8}$ | |
| 1 | $C_{mince}\sim N$（$\mu=0.22$，$\sigma=0.97$） | $8.95\times10^{-8}$ | 5.82 |
| 2 | $C_{mince}\sim N$（$\mu=-1.78$，$\sigma=0.97$） | $4.84\times10^{-9}$ | 0.315 |
| 3 | $T_r\sim S_{Normal}$（$\mu=3$，$\sigma=2.11$，$\xi=0.77$） | $1.53\times10^{-8}$ | 0.994 |
| 4 | $T_r\sim S_{Normal}$（$\mu=5$，$\sigma=2.11$，$\xi=0.77$） | $1.9\times10^{-8}$ | 1.24 |
| 5 | $T_r\sim S_{Normal}$（$\mu=6$，$\sigma=2.11$，$\xi=0.77$） | $4.14\times10^{-8}$ | 2.7 |
| 6 | $T_r\sim S_{Normal}$（$\mu=7$，$\sigma=2.11$，$\xi=0.77$） | $1.91\times10^{-7}$ | 12.4 |
| 7 | $T_{ct}$ 常数 | $1.56\times10^{-8}$ | 1.01 |
| 8 | $\Delta T_{ct}$ 从数据中取样 | $1.53\times10^{-8}$ | 0.996 |
| 9 | $T_{cook}$ 源于文献 EcoSure（2008） | $1.73\times10^{-4}$ | 11.300 |
| 10 | 用于失活模型的山夫登堡沙门菌 | $8.64\times10^{-9}$ | 0.562 |
| 11 | 用于失活模型的鼠伤寒沙门菌 | $6.38\times10^{-8}$ | 4.15 |

注：与基线值的比值是每种情况的平均患病概率与基线情况的平均患病概率的比值。

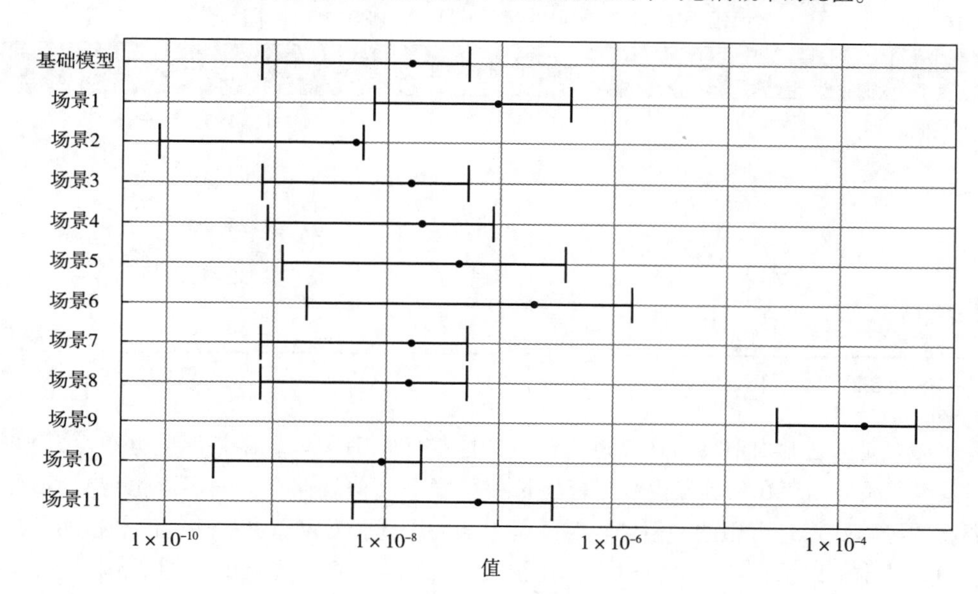


图 14-16　方案结果的比较

注：点表示每种情况下的平均疾病风险，而误差条表示平均风险估计数的 95%不确定区间。

## 六、讨论

本实例中展示的猪肉汉堡沙门菌病的平均患病概率估计低于欧盟四个成员国（未指明）对同一致病微生物和食用情况的估计（表 14-12）。无法使用欧盟的风险评估模型来评估澳大利亚猪肉汉堡消费中沙门菌病的风险，因为无法获得与欧盟模型中使用的国家特定数据类似的澳大利亚数据。为了克服这一限制，这里提供的模型使用澳大利亚可用的数据和不同的方法将这些数据合并到风险评估模型中。在某些情况下，来自其他国家的替代数据被用来填补数据空白。只有在预计它们与澳大利亚的条件或做法相似或比澳大利亚更保守的情况下，才会使用这些来源。本实例提出的基线风险估计低于 Moller 等提出的值，也低于 Bollaerts 等关于普通人群的风险估计（$7.704\times10^{-6}$）。由于多种因素的综合作用导致这些风险估计值较高。首先，澳大利亚猪肉糜的沙门菌流行率和浓度都很低，而且低于 Moller 等在他们的风险评估中用作初始条件的估计（患病率为 4.2%，而在本风险评估中使用的是 1.4%，平均浓度为-0.51lg CFU/g，而在本风险评估中使用的为-0.79lg CFU/g）。此外，在澳大利亚的情况下，零售展示、消费者运输和消费者储存期间几乎没有生长（详见本章第三节）。澳大利亚消费者也声称比美国消费者更喜欢猪肉产品，估计有 72.2%的猪肉汉堡烹调到 74℃左右或超过 74℃，再加上灭活模型估计在 63℃时沙门菌浓度会减少 5lg，这导致烹饪对烹调前沙门菌污染水平较低的汉堡产生了很大的预测影响。最近对澳大利亚南澳大利亚州沙门菌病的源头归因研究发现，只有 2.5%的零星病例可归因于猪源，进一步支持了此处的低风险估计。这种低风险也反映在 OzFoodNet 工作组的食源性疫情报告中，相对于其他沙门菌食品来源，几乎没有列出沙门菌和猪肉的疫情。猪肉汉堡消费造成的沙门菌病估计病例数量较少，这也是因为澳大利亚每年估计消费的汉堡数量较少。

表 14-12 猪肉汉堡风险评估与 VLA/DTU/RIVM（2011）结果比较

| 地区 | 患病概率 |
| --- | --- |
| 澳大利亚 | $1.54\times10^{-8}$ |
| MS1 | $8.84\times10^{-7}$ |
| MS2 | $2.24\times10^{-5}$ |
| MS3 | $2.32\times10^{-7}$ |
| MS4 | $2.58\times10^{-7}$ |

注：MS 代表欧盟成员国。

零售储存是通过政府监管对产品进行控制和监控的最后关口。零售温度分布（$T_r$）预测，16%的零售产品将储存在预计发生沙门菌生长的温度下（假设储存期间温度恒定）。虽然零售储存温度的经验数据是可用的，但储存时间是未知的。基于专家意见的估计已经被用于此和以前的风险评估中，以估计这一持续时间，在其实施中包含了很大的不确定性范围。表 14-8 中场景 3~6 调查了零售平均产品温度变化的影响。产品平均温度的升高导致消费者患沙门菌病的风险增加，尽管与较低的平均温度（3~5℃）相比，较高的平均温度（6~7℃）对风险的相对增加要大得多。这一结果并不出人意料，因为人们普遍认为沙门菌生长的最低温度是 5℃。虽然根据澳大利亚法律，零售温度超过 5℃是不允许的，但确实会发生偏差，并包括超过此温度的情况，以调查失去温度控制的影响。此评估不包括对“使用日期”影响的考虑，因为它们的规格因零售商的不同而有很大差异。

假设消费者运输过程中的最高温度恒定不会对最终风险估计产生很大影响，如表 14-8 中场景7所示，此情景与基线之间几乎没有差异。这一结果并不出人意料，因为增长可能发生的时间很短。此外，表14-8中场景8（运输过程中的温度变化直接从数据中采样）和基线模型之间估计的差别很小。

与模型的零售和消费者运输部分相比，家庭储存期间沙门菌的增长导致沙门菌的平均浓度增加最多。对于国内储存猪肉，储存温度分布（$T_{ds}$）和沙门菌生长模型预测，在恒定储存温度的情况下，13.6%的产品会出现沙门菌生长。这意味着，数据表明，与零售储存相比，在家庭储存期间，支持沙门菌生长的温度下储存的产品略少。据预测，零售店的平均储存时间（1天）比家庭储存（1.5天）要短。因此，虽然产品在零售时暴露在生长温度下的比例更大，但产品在家庭储存中的平均储存时间更长。

本研究中使用的烹饪温度来自消费者对猪肉“熟度”的偏好数据。理想情况下，这些数据将从消费者烹调猪肉汉堡过程中达到的最终内部温度调查中获得。这一估计没有给出任何关于汉堡烹调到极致（无论是非常罕见还是非常熟透）的比例的信息。表14-10中显示的消费者对猪肉汉堡的偏好随着“完好度”的降低而下降。基于这一点，汉堡烹调到“半熟”以下的比例可能会很小。也很难将“熟度”的描述转换为温度，因为“熟度”是一种主观评估，部分基于肉饼的颜色，这是牛肉汉堡肉饼中不可靠的安全指标，在猪肉汉堡肉饼中也可能是一个糟糕的指标。表14-8中场景9的结果调查了烹饪温度降低的影响，与美国报道的牛肉汉堡的结果相似，提出了平均风险估计是平均基线风险估计的11300倍。这一结果调查了与美国报道的牛肉汉堡类似的烹饪温度降低的影响，得出的平均风险估计是平均基线风险估计的11300倍。这种情况下的结果需要仔细解释，因为EcoSure报告的温度是牛肉汉堡，而不是猪肉汉堡。据报道，猪肉的烹饪温度高于牛肉所报道的等同程度的“熟度”高于牛肉的烹饪温度。这意味着，猪肉需要更高的内部烹饪温度，才能达到与牛肉相同的视觉“完好度”。在表14-8中场景9中，澳大利亚消费者声称烹调猪肉汉堡的温度相对较高，这对估计的低患病风险有很大贡献。如果消费者偏好转向猪肉汉堡，预计将大大增加澳大利亚消费者因食用猪肉汉堡而感染沙门菌的风险。

已经提出了许多复杂程度不同的沙门菌致病概率的剂量-反应模型，这些模型要么基于喂养试验数据，要么基于暴发数据，或者基于替代数据。发表的最保守的剂量-反应模型预测，沙门菌剂量为10000个生物体的患病概率超过0.95。最不保守的剂量-反应模型基于白喉沙门菌喂养试验数据，预测10000个沙门菌的患病概率为0。在剂量-反应模型中，剂量反应模型的选择对最终的风险估计有很大影响。在本实例中，该研究使用了FAO/WHO的沙门菌剂量-反应模型，该模型基于沙门菌暴发数据。根据模型与现有数据的拟合，该模型似乎最能描述已知的观察到的疾病暴发。

目前，澳大利亚没有因食用猪肉汉堡而暴发沙门菌病的报告。这进一步证明，本实例展示的风险估计可靠地反映了澳大利亚当前的做法和实际情况。在目前的情况下，猪肉汉堡似乎不太可能导致澳大利亚沙门菌病的暴发。

## 七、结论

即使在风险评估的变化中包括了一系列保守的假设之后，猪肉汉堡引起的沙门菌病的估计风险也很低。这在很大程度上是由于澳大利亚生产的猪肉中沙门菌的流行率和浓度较低，猪肉的冷藏条件良好，特别是澳大利亚消费者更喜欢“熟透”的猪肉汉堡。如果市场销售成功地增加了猪肉汉堡的消费，这似乎不太可能大幅增加沙门菌病的疾病负担。

## 思考题

1. 试述实例中开展微生物风险评估工作的背景和意义。
2. 试探讨风险评估结果对于食品安全风险管理的作用。

第十四章拓展阅读　风险评估实例与应用

# 缩略词表

| 中文全称 | 英文全称 | 英文简称 |
| --- | --- | --- |
| 每日允许摄入量 | Acceptable Daily Intake | ADI |
| 适当保护水平 | Appropriate Level of Protection | ALOP |
| 德国联邦风险研究所 | Federal Institute for Risk Assessment | BfR |
| 牛海绵状脑病 | Bovine Spongiform Encephalopathy | BSE |
| 食品法典委员会 | Codex Alimentarius Commission | CAC |
| 国际食品污染物法典委员会 | Codex Committee on Contaminants in Foods | CCCF |
| 国际食品添加剂法典委员会 | Codex Committee on Food Additives | CCFA |
| 国际食品兽药残留法典委员会 | Codex Committee on Residues of Veterinary Drugs in Foods | CCRVDF |
| 国家食品安全风险评估中心 | China National Center for Food Safety Risk Assessment | CFSA |
| 伤残调整寿命年 | Disability-Adjusted Life Year | DALY |
| 丹麦食品和兽医研究所 | Danish Institute for Food and Veterinary Research | DFVF |
| 伤残调整系数 | Disability Weight | DW |
| 欧盟委员会 | European Commission | EC |
| 欧洲疾病预防和控制中心 | European Centre for Disease Prevention and Control | ECDC |
| 欧洲食品安全局 | European Food Safety Authority | EFSA |
| 联合国粮食及农业组织 | Food and Agriculture Organization of the United Nations | FAO |
| 食源性疾病负担 | Foodborne Disease | FBD |
| 美国食品药品监督管理局 | Food and Drug Administration (USA) | FDA |
| 食源性疾病负担流行病学专家组 | Foodborne Disease Burden Epidemiology Reference Group | FERG |
| 澳大利亚新西兰食品标准局 | Food Standards Australia New Zealand | FSANZ |
| 日本食品安全委员会 | Food Safety Commission of Japan | FSCJ |
| 食品安全目标 | Food Safety Objective | FSO |

| | | |
|---|---|---|
| 关贸总协定 | General Agreement on Tariffs and Trade | GATT |
| 全球疾病负担项目 | Global Burden of Disease | GBD |
| 全球食源性感染性疾病网络 | Global Foodborne Infections Network | GFN |
| 国际食品安全协会 | Global Food Safety Forum | GFSF |
| 全球健康估计 | Global Health Estimates | GHE |
| 全球沙门菌监测 | Global Salmonella Surveillance | GSS |
| 危害分析和关键控制点 | Hazard Analysis and Critical Control Points | HACCP |
| 国际微生物标准委员会 | International Commission on Microbiological Specifications for Foods | ICMSF |
| 健康指标与评估研究所 | Institute for Health Metrics and Evaluation | IHME |
| FAO/WHO 微生物风险评估专家联席会议 | Joint FAO/WHO Expert Meetings on Microbiological Risk Assessment | JEMRA |
| FAO/WHO 联合食品添加剂专家委员会 | Joint FAO/WHO Expert Committee on Food Additives | JECFA |
| FAO/WHO 联合农药残留专家委员会 | Joint FAO/WHO Meeting on Pesticide Residues | JMPR |
| 低收入和中等收入国家 | Low-and Middle-Income Countries | LMIC |

# 参考文献

［1］白莉，刘继开，李薇薇，等．中美食源性疾病监测体系比较研究［J］．首都公共卫生，2018，12（2）：62-67.

［2］［美］查尔斯·N. 哈斯（Charles N. Haas），琼·N. 罗斯（JOANB. ROSE），查尔斯·P. 格伯（CHARLES P. GERBA）．微生物定量风险评估［M］．滕婧杰，译．北京：中国环境出版社，2017.

［3］［英］福赛思．食品中微生物风险评估［M］．石阶平，等，译．北京：中国农业大学出版社，2007.

［4］国际食品微生物标准委员会（ICMSF）．食品加工过程的微生物控制原理与实践［M］．刘秀梅，曹敏，毛雪丹，译．北京：中国轻工业出版社，2017.

［5］郭伟，张杰，李颖．细菌的致病性［J］．中国医疗前沿，2008，（4）：8-9.

［6］韩海红．生食贝类中副溶血性弧菌污染水平调查、定量风险评估和分离菌株特征分析［D］．北京：中国疾病预防控制中心，2015.

［7］姬华．对虾中食源性弧菌预测模型建立及风险评估［D］．无锡：江南大学，2012.

［8］贾华云，王晔茹，王彝白纳，等．零售生鲜猪肉中沙门菌污染对居民健康影响的初步定量风险评估［J］．卫生研究，2021，50（4）：646-652，664.

［9］姜红如，李凤琴，于红霞．食品加工过程中交叉污染与微生物定量风险评估［J］．卫生研究，2013，42（5）：875-879.

［10］江荣花．整合低温乳化香肠加工过程交叉污染的单增李斯特菌风险评估及管理［D］．上海：上海理工大学，2017.

［11］李宁，杨大进，郭云昌，等．我国食品安全风险监测制度与落实现状分析［J］．中国食品学报，2011，11（3）：5-8.

［12］刘建学．食品保藏学［M］．北京：中国轻工业出版社，2006.

［13］刘秀梅．食品中微生物危害风险特征描述指南［M］．北京：人民卫生出版社，2011.

［14］宁喜斌．食品安全风险评估［M］．北京：化学工业出版社，2017.

［15］（新西兰）Nigel Perkins，（新西兰）Mark，Stevenson．动物及动物产品风险分析培训手册［M］．王承芳，译．北京：中国农业出版社，2004.

［16］吕少丽，李士雪，曲江斌，等．评价健康水平的新指标—伤残调整期望寿命［J］．卫生经济研究，2001，（12）：7-9.

［17］强婉丽，谢天，李慧，等．食品保质期研究概况分析［J］．粮油食品科技，2020，28（4）：43-47.

［18］石慧，陈启和．食品分子微生物学［M］．北京：中国农业大学出版社，2019.

［19］石阶平．食品安全风险评估［M］．北京：中国农业大学出版社，2010.

[20] Stephen J. Forsythe. 食品中微生物风险评估 [M]. 石阶平，史贤明，岳田利，译. 北京：中国农业大学出版社，2007.

[21] 孙秀兰. 食品安全学应用与实践 [M]. 北京：化学工业出版社，2021.

[22] 唐晓阳. 水产品中副溶血性弧菌风险评估基础研究 [D]. 上海：上海海洋大学，2013.

[23] 唐晓阳，邱红玲，巴乾，等. 食品微生物风险评估概述 [J]. 生命科学，2015，27 (3)：383-388.

[24] 田静. 熟肉制品中单增李斯特菌的风险评估及风险管理措施的研究 [D]. 北京：中国疾病预防控制中心，2010.

[25] 王鹏宇. 农业食品加工中的微生物污染及其控制研究 [J]. 南方农机，2021，52 (3)：73-74.

[26] 汪雯. 虾仁中副溶血弧菌杀菌技术的微生物预测模型与定量风险评估 [D]. 杭州：浙江大学，2013.

[27] 王海梅. 气单胞菌在厨房内不同食物接触表面间的交叉污染 [D]. 上海：上海理工大学，2015.

[28] 王盼盼. 食品企业员工卫生的管理 [J]. 肉类研究，2011，25 (2)：4.

[29] 韦光贤，牛德宝，谢仁珍，等. 食品加工企业食源性交叉污染风险控制分析 [J]. 轻工科技，2014，7：36-37.

[30] 国家卫生健康委员会. 食品安全风险评估管理规定 [S]. 卫监督发〔2021〕34 号，2021.

[31] 肖兴宁. 肉鸡供应链沙门氏菌风险评估 [D]. 杭州：浙江大学，2019.

[32] 徐蔼婷. 德尔菲法的应用及其难点 [J]. 中国统计，2006，(9)：57-59.

[33] 叶俊，赵衡秀. 概率论与数理统计 [M]. 北京：清华大学出版社，2005.

[34] 吴限鑫，林秋君，郭春景，等. 国内外主要粮油产品中真菌毒素限量，检测标准及风险评估现状分析 [J]. 中国粮油学报，2019，34 (9)：138-146.

[35] 张伟，霍斌. 食品包装存在的安全隐患及对策 [J]. 中国包装工业，2007，4 (3)：26-27.

[36] 钟延旭，赵鹏. 我国食源性疾病监测工作进展 [J]. 应用预防医学，2019，25 (1)：80-82.

[37] Anderson JB，Shuster TA，Hansen KE，*et al.* A Camera’s view of consumer food-handling behaviors [J]. Journal of the American Dietetic Association，2004，104 (2)：186-191.

[38] Buchanan RL，Smith JL，Long W. Microbial risk assessment：dose-response relations and risk characterization [J]. International journal of food microbiology，2000，58 (3)：159-172.

[39] Broom DM. Animal welfare：concepts and measurement [J]. Journal of animal science，1991，69 (10)：4167-4175.

[40] Haas CN，Rose JB，Gerba CP. Quantitative microbial risk assessment [M]. FAO/WHO. Microbiological Risk Assessment-Guidelines for food [R]. FAO/WHO，2021.

[41] FAO/WHO. Risk assessments of Salmonella in eggs and broiler chickens [R]. FAO/WHO，2002.

[42] Membré J M，Boué G. Quantitative microbiological risk assessment in food industry：Theory and practical application [J]. Food Research International，2018，106：1132-1139.

[43] Pujol L，Albert I，Johnson NB. *et al.* Potential application of quantitative microbiological risk assessment techniques to an aseptic-UHT process in the food industry [J]. International Journal of Food Microbiology，2013，162 (3)：283-296.

[44] World Health Organization. Microbiological risk assessment-guidance for food [J]. Vol. 36. Food & Agriculture Org.，2021.

[45] Ilsi. Revised framework for microbial risk assessment [R]. International Life Science Institute Press,

2000.

[46] Mercer A. Infections, chronic disease and the epidemiological transition [M]. NED-New edition. Boydell & Brewer, 2014.

[47] Wu F, Doyle M, Beuchat L. Fate of Shigella sonnei on parsley and methods of disinfection [J]. Journal of Food Protection, 2000, 63 (5): 568-572.

[48] Scallan E, Hoekstra RM, Angulo FJ. Foodborne illness acquired in the United States—major pathogens [J]. Emerging infectious diseases, 2011, 17 (1): 7.

[49] Merrell DS, Butler SM, Qadri F. Host-induced epidemic spread of the cholera bacterium [J]. Nature, 2002, 417 (6889): 642-645.

[50] Slikker JRW. Biomarkers and their impact on precision medicine [J]. Experimental Biology and Medicine, 2018, 243 (3): 211.

[51] Haas, C. N., Rose, J. B., & Gerba, C. P. Quantitative Micoobial Risk Assessment [M]. Hoboken: John Wiley & Sons, 2014.

[52] Teunis P, Havelaar A. The Beta Poisson dose-response model is not a single-hit model [J]. Risk Analysis, 2000, 20 (4): 513-520.

[53] Mccullagh P, Nelder J A. Generalized linear models [M]. Routledge, 2019.

[54] Harrell JRFE. Regression modeling strategies: with applications to linear models, logistic and ordinal regression, and survival analysis [M]. Springer, 2015.

[55] Hogg r V, Mckean J, Craig AT. Introduction to mathematical statistics [M]. Pearson Education, 2005.

[56] Sakamoto Y, Ishiguro M, Kitagawa G. Akaike information criterion statistics [J]. Dordrecht, The Netherlands: D. Reidel, 1986, 81 (10.5555): 26853.

[57] Neath AA, Cavanaugh JE. The Bayesian information criterion: background, derivation and applications [J]. Wiley Interdisciplinary Reviews: Computational Statistics, 2012, 4 (2): 199-203.

[58] CAC. Principles and guidelines for the conduct of microbiological risk assessment [R]. Rome: Codex Alimentarius Commission, 1999.

[59] Lee H, Kim K, Choi KH, *et al.* Quantitative microbial risk assessment for *Staphylococcus aureus* in natural and processed cheese in Korea [J]. Journal of Dairy Science, 2015, 98 (9): 5931-5945.

[60] Lien KW, Yang MX, Ling MP. Microbial risk assessment of *Escherichia coli* O157∶H7 in beef imported from the United States of America to Taiwan [J]. Microorganisms, 2020, 8 (5): 676.

[61] Sumner J, Ross T. A semi-quantitative seafood safety risk assessment [J]. International Journal of Food Microbiology, 2002, 77 (1-2): 55-59.

[62] Pérez-rodríguez F, Valero A, Carrasco E, *et al.* Understanding and modelling bacterial transfer to foods: A review [J]. Trends in Food Science & Technology, 2008, 19 (3): 131-144.

[63] Montville R, Schaffner DW. Inoculum size influences bacterial crosscontamination betweensurfaces [J]. Applied and Environmental Microbiology, 2003, 69 (12): 7188-7193.

[64] Moore G, Blair I S, Mcdowell D A. Recovery and transfer of *Salmonella* typhimurium from four different domestic food contact surfaces [J]. Journal of Food Protection, 2007, 70 (10): 2273-2280.

[65] Goh SG, Leili AH, Kuan CH, *et al.* Transmission of *Listeria monocytogenes* from raw chicken meat to cooked chicken meat through cutting boards [J]. Food Control, 2014, 37: 51-55.

[66] Kusumaningrum HD, Van asselt ED, Beumer RR, *et al.* A quantitative analysis of cross-contamination of *Salmonella* and *Campylobacter* spp. via domestic kitchen surfaces [J]. Journal of Food Protection, 2004,

67 (9): 1892-1903.

[67] Munther D, Luo Y, Wu J, *et al.* A mathematical model for pathogen cross-contamination dynamics during produce wash [J]. Food Microbiology, 2015, 51: 101-107.

[68] Pérez-rodríguez F, Todd ECD, Valero A, *et al.* Linking quantitative exposure assessment and risk management using the food safety objective concept: an example with *Listeria monocytogenes* in different cross-contamination scenarios [J]. Journal of Food Protection, 2006, 69 (10): 2384-2394.

[69] Klontz KC, Timbo B, Fein S, *et al.* Prevalence of selected food consumption and preparation behaviors associated with increased risks of food-borne disease [J/OL]. Journal of Food Protection, 1995, 58 (8): 927-930.

[70] Redmond EC, Griffith CJ. Consumer food handling in the home: a review of food safety studies [J]. Journal of Food Protection, 2003, 66 (1): 130-161.

[71] Smith J, Brown L. Risk assessment methods for biological and chemical hazards in food [M]. New York: Academic Press, 2020.

[72] Possas A, Carrasco E, García-gimeno RM, *et al.* Models of microbial cross-contamination dynamics [J]. Current Opinion in Food Science, 2017, 14: 43-49.

[73] Haas, C. N., Rose, J. B. & Gerba, C. P. 2014. Quantitative microbial risk assessment. Second edition. Hoboken, USA, Wiley. 440.

[74] Bassett J, Jackson T, Jewell K, *et al.* Impact of microbial distributions on food safety [M]. International Life Sciences Institute (ILSI) Europe, 2010.

[75] EFSA. 2018a. Guidance on uncertainty analysis in scientific assessments [J]. EFSA Journal, 16 (1): e05123. https://doi. org/10. 2903/j. efsa. 2018. 5123.

[76] Frey H C, Mokhtari A, Danish T. Evaluation of selected sensitivity analysis methods based upon applications to two food safety process risk models. Washington, DC, USA, Office of Risk Assessment and Cost-Benefit Analysis, U. S. Department of Agriculture. 2003. (also available at https://www. ccee. ncsu. edu/wpcontent/uploads/2015/08/risk-phase-2-final. pdf).

[77] Charles N Haas, Joanb Rose Charles P Gerba. Quantitative microbial risk assessment (2rd edition) John Wiley & Sons, Inc. 2014. ISBN 978-1-118-14529-6.

[78] Bernardo R, Barreto A S, Nunes T, *et al.* Estimating *Listeria monocytogenes* growth in ready-to-eat chicken salad using a challenge test for quantitative microbial risk assessment [J]. Risk Analysis, 2020, n/a (n/a). doi: 10. 1111/risa. 13546.

[79] Bollaerts K E, Messens W, Delhalle L, *et al.* Development of a quantitative microbial risk assessment for human *Salmonellosis* through household consumption of fresh minced pork meat in belgium [J]. Risk Analysis, 2009, 29 (6), 820-840.

[80] Chang S L, G Berg, K A Busch, *et al.* Applicationof the "mostprobable number" method for estimating concentrations of animal viruses by the tissueculture technique [J]. Virology, 1958, 6: 27-42.

[81] De Oliveira Mota J, Guillou S, Pierre F, *et al.* Quantitative assessment of microbiological risks due to red meat consumption in France [J]. Microbial Risk Analysis, 2020, 15, 100103. doi: 10. 1016/j. mran. 2020. 100103.

[82] Ding T, Iwahori J, Kasuga F, *et al.* Risk assessment for *Listeria monocytogenes* on lettuce from farm to table in Korea [J]. Food Control, 2013, 30 (1), 190-199.

[83] Ding T, Yu Y Y, Schaffner D W, *et al.* Farm to consumption risk assessment for Staphylococcus aureus and staphylococcal enterotoxins in fluid milk in China [J]. Food Control, 2006, 59, 636-643.

[84] FAO/WHO, W. H. O. (2002). Risk assessments of Salmonella in eggs and broiler chickens (Vol. 1): World Health Organization.

[85] Gurman P M, Ross T, Kiermeier A. Quantitative microbial risk assessment of *Salmonellosis* from the consumption of Australian pork: minced meat from retail to burgers prepared and consumed at home [J]. Risk Analysis, 2018, 38 (12), 2625-2645.

[86] Heidinger J C, Winter C K, Cullor J S. Quantitative microbial risk assessment for staphylococcus aureus and staphylococcus enterotoxin a in raw milk [J]. Journal of Food Protection, 2009, 72 (8), 1641-1653.

[87] Lee H, Kim K, Choi K H, *et al.* Quantitative microbial risk assessment for Staphylococcus aureus in natural and processed cheese in Korea [J]. Journal of Dairy Science, 2015, 98 (9), 5931-5945.

[88] Maffei D F, Sant'Ana A S, Franco B D G M, *et al.* Quantitative assessment of the impact of cross-contamination during the washing step of ready-to-eat leafy greens on the risk of illness caused by *Salmonella* [J]. Food Research International, 2017, 92, 106-112.

[89] Notermans S, Dufrenne J, Teunis P, *et al.* A risk assessment study ofBacillus cereuspresent in pasteurized milk [J]. Food Microbiology, 1997, 14 (2), 143-151.

[90] Oscar T P. A quantitative risk assessment model for *Salmonella* and whole chickens [J]. International Journal of Food Microbiology, 2004, 93 (2), 231-247.

[91] Pouillot R, Garin B, Ravaonindrina N, *et al.* A risk assessment of campylobacteriosis and *Salmonellosis* linked to chicken meals prepared in households in dakar, senegal [J]. Risk Analysis, 2012, 32 (10), 1798-1819. doi: 10. 1111/j. 1539-6924. 2012. 01796. x.

[92] Ravishankar S, Zhu L, Jaroni D. Assessing the cross contamination and transfer rates of *Salmonella* enterica from chicken to lettuce under different food-handling scenarios [J]. Food Microbiology, 2010, 27 (6): 791-794.

[93] Soares VM, Pereira JG, Viana C, *et al.* Transfer of *Salmonella* enteritidis to four types of surfaces after cleaning procedures and cross-contamination to tomatoes [J]. Food Microbiology, 2012, 30 (2): 453-456.

[94] Statistical aspects of the microbiological examination of foods (3rd edition) [M]. Basil Jarvis, Academic Press, 2016. ISBN: 978-0-128-03973-1.

[95] Snary E L, Swart A N, Simons R R L, *et al.* A quantitative microbiological risk assessment for *Salmonellain* pigs for the European Union [J]. Risk Analysis, 2016, 36 (3), 437-449.

[96] Swart A N, Van Leusden F, Nauta M J. A qmra model for *Salmonellain* pork products during preparation and consumption [J]. Risk Analysis, 2016, 36 (3), 515-530.

[97] Tackling bacterial biofilms [J]. Chemistry & Industry, 2012, 76 (2): 30-32.

[98] USDA-FSIS. 1998. *Salmonella* enteritidis risk assessment. Shell Eggs and Egg Products. Final Report. https://www. fsis. usda. gov/node/2017.

[99] Vermeltfoort PBJ, Van der mei HC, Busscher HJ, *et al.* Physicochemical factors influencing bacterial transfer from contact lenses to surfaces with different roughness and wettability [J/OL]. Journal of Biomedical Materials Research, 2004, 71B (2): 336-342.

[100] Vose, David. Risk analysis: a quantitative guide (3rd edition) [M]. John Wiley & Sons, Ltd. 2008. ISBN 978-470-51284-5 (H/B).

[101] WHO. Risk assessment of *Vibrio parahaemolyticus* in seafood [R]. 2016.

[102] WHO. Risk characterization of microbiological hazards in food [R]. 2009.